Guerilla Marketing des 21. Jahrhunderts

Gelbe Seiten
Internetauftritt   Kontaktformular
Telefonbucheintrag Firma
Schild am Haus
Visitenkarte vollständig
Briefköpfe / Umschläge - Stempel
Preis Kleinanzeigen Dübener Kurier / Eilenburg
                    Torgau, Oschatz, WB
VHS Eilenburg : Energiepass 2009 was ist zu
               beachten (Eintritt 4€)
Messebesuch Energie : Konkurrenz & Partner
                      analyse

»Mr. Guerilla Marketing« *Jay Conrad Levinson* ist Unternehmensberater und Autor der Erfolgsbücher zum Thema Guerilla Marketing. Vor der Gründung seines eigenen Unternehmens war Levinson Vizepräsident und Kreativdirektor bei verschiedenen Werbeagenturen.

Jay Conrad Levinson
mit Jeannie Levinson und Amy Levinson

Guerilla Marketing des 21. Jahrhunderts

Clever werben mit jedem Budget

Aus dem Englischen von Birgit Schöbitz

Campus Verlag
Frankfurt / New York

Die englische Originalausgabe erschien 2007 unter dem Titel *Guerilla Marketing. Easy and Inexpensive Strategies for Making Big Profits from Your Small Business*.
Copyright © 2007 by Jay Conrad Levinson
Published by special arrangement with Houghton Mifflin Company.
All rights reserved.

Bibliografische Information der Deutschen Nationalbibliothek:
Die Deutsche Nationalbibliothek verzeichnet diese Publikation in der Deutschen Nationalbibliografie. Detaillierte bibliografische Daten sind im Internet unter http://dnb.d-nb.de abrufbar.
ISBN 978-3-593-38708-6

Das Werk einschließlich aller seiner Teile ist urheberrechtlich geschützt. Jede Verwertung ist ohne Zustimmung des Verlags unzulässig. Das gilt insbesondere für Vervielfältigungen, Übersetzungen, Mikroverfilmungen und die Einspeicherung und Verarbeitung in elektronischen Systemen.
© 2008. Alle deutschsprachgen Rechte bei Campus Verlag GmbH, Frankfurt am Main
Umschlaggestaltung: Guido Klütsch, Köln
Satz: Campus Verlag, Frankfurt am Main
Druck und Bindung: Druck Partner Rübelmann GmbH, Hemsbach
Gedruckt auf säurefreiem und chlorfrei gebleichtem Papier.
Printed in Germany

Besuchen Sie uns im Internet: www.campus.de

Ich widme dieses Buch

Mike Lavin	Loral Langemeier	T. Harv Eker
Thane Croston	Allan Caplan	Steve Nease
Alexis Makar	Jill Lublin	Declann Dunn
Wally Bregman	Rick Frishman	Jonathon Mizel
Taylor Middleton	David Perry	Armand Morin
Charles Kessler	Charles Rubin	Joe Vitale
Norm Goldring	Bob Kaden	Jeremy Huffman
Elaine Petrocelli	Al Lautenslager	Mark Joyner
Mark Steisel	Theo Brandt-Sarif	Scott Holman
David Garfinkel	Jeff McNeal	Marty und Laura Higgins
Bill Quateman	Liz Hymans	Tony Robbins
Steve Savage	Jay Abraham	Joshua Huffman
Les McGhee	Alex Mandossian	Mark Victor Hansen
Tom Pollgreen	Roy Williams	Bob Allen
Chet Holmes	Mike McLaughlin	Bill Gallagher
David Hancock	Al Ries	Frank Adkins
Mark S. A. Smith	Jack Trout	Sharon Ro
Grant Hicks	Tony Buzan	Monroe Mann
George Reskin	Joel Christopher	Bill Gallagher Jr.
Don Cooper	Mark Drevno	Howard Gossage
Jason Crain	Terri Lonier	Leo Burnett
Dan Solomon	Joe Sugarman	
Mike Stemnock	Seth Godin	*... allesamt großartige Marketing-Guerillas*

Inhalt

Einleitung 9

Teil I
Der Guerilla Marketing-Ansatz 13

1 Modernes Guerilla Marketing – Was heißt das? 15
2 Wer braucht Guerilla Marketing? 24
3 Die 16 großen Geheimnisse des Guerilla Marketings 36
4 Die Entwicklung des Guerilla Marketing-Plans 53
5 Kreativ werben 67
6 Sichere Marketingmethoden 78
7 Die Kunst der Sparsamkeit 95
8 Marktforschung: Ausgangspunkt der Guerilla Marketing-Kampagne 109

Teil II
Marketing mit individuellen Medien 121

9 Fakten über Marketing mit individuellen Medien 123

Teil III
Massenmedien-Marketing 197

10 Massenmedien-Marketing im Guerilla-Stil 199

Teil IV
Marketing-Spezialitäten 259

11 Marketing mit E-Medien 261
12 Infomedien-Marketing 306
13 Der Mensch als Marketingmedium 325
14 Indirektes Marketing 344

Teil V
Das Wesen des Guerillas 371

15 Was braucht die Guerilla-Firma? 373
16 Die innere Einstellung 392
17 Die Psychologie des Guerilla Marketings 402

Die 200 Waffen des Guerilla Marketings 408
Danksagung 413
Literatur 416
Register 434

Einleitung

Entsetzt musste ich im Alter von 50 Jahren feststellen, wie schlecht informiert der 50-jährige Durchschnittsmensch im Vergleich zum durchschnittlichen Hochschulabsolventen ist. In Anbetracht dessen, dass jeder junge Mensch in seinem Studium tagtäglich mit den neuesten Informationen gefüttert wird, ist das natürlich ganz logisch, es sei denn, man würde sich als Fünfzigjähriger ebenso intensiv der Lektüre aller wichtigen neuen Bücher, Zeitschriften und Zeitungen, TV-Dokumentationen, Webseiten und Webcasts widmen.

Hier ist das gesamte Marketingwissen eines Durchschnittsstudenten enthalten. Das Buch vermittelt diejenigen wichtigen neuen Marketingerkenntnisse – manche davon zeitlos, andere brandneu –, mit denen Sie sich überlebenswichtige Vorteile im Konkurrenzkampf sichern können.

Wie die Studenten entwickelt sich auch das Marketing kontinuierlich weiter und gewinnt an Reife. Jetzt wurden die alten Guerilla-Techniken verfeinert, was bedeutet, dass diese alten Regeln noch immer gültig sind und nach wie vor zutreffen, da sich auch die Menschen im Wesentlichen nicht verändert haben. Dieses Buch wird Ihnen einen Überblick verschaffen, wie viele neue Möglichkeiten sich innerhalb des Marketings eröffnet haben, seit die ersten Guerilla Marketing-Bücher erschienen sind. *C'est la guerre.*

Betrachten Sie das Ganze einfach aus dieser Sicht: Jede Veränderung kann sich als profitabel erweisen, sofern Sie von ihr nicht überrascht werden und rechtzeitig die entsprechenden Maßnahmen ergreifen können. Allerdings ist es unmöglich, von jeder Veränderung zu profitieren, daher müssen Sie lernen, die besten Chancen zu erkennen. Dann werden Sie clever einige der zuverlässigsten Marketingwaffen und bewährten Taktiken mit einer Auswahl an innovativen Geschützen kombinieren, um die Konkurrenz vernichtend zu schlagen.

Wer es versäumt, seine Marketingbemühungen kontinuierlich auf den neuesten Stand zu bringen, wird bald die ersten Symptome des betrieblichen Untergangs zu spüren bekommen. Erfolgsbasierte Unternehmen verändern sich und wachsen entweder, oder sie gehen unter. Die häufigste Todesursache von Unternehmen ist die mangelnde Fähigkeit, sich anzupassen.

In *Guerilla Marketing des 21. Jahrhunderts* geht es vor allem um die kleinen und großen Kniffe, mit denen Sie Ihr Marketing auf Vordermann bringen können. Weitere wichtige Themen sind die persönlichen Einstellungen und Eigenschaften, die im heutigen und zukünftigen Konkurrenzkampf über das Überleben entscheiden. Eine Voraussetzung, um Guerilla-Techniken erfolgreich im Marketing einsetzen zu können, ist, die Kunst der *Aufmerksamkeit* zu beherrschen. Immer und überall gilt es, auf die Medien, die Mitbewerber, die Kunden, auf aktuelle Ereignisse – auf die Szenerie als Ganzes – zu achten. Wenn Sie beim spannenden Thriller um sich herum nicht aufmerksam bei der Sache sind, kauen Sie vielleicht noch verträumt auf Ihrem Popcorn herum, während der Hauptdarsteller im Film nach dem Schokoriegel Ihres Mitbewerbers greift.

Manche der vorgeschlagenen Guerilla-Techniken werden Sie bereits kennen, andere werden Sie gleich begeistert in die Tat umsetzen wollen. Das kann ich gut verstehen, denn ich war genauso begeistert, als mir zum ersten Mal der Gedanke kam, mit Guerilla Marketing eine neue Welt zu erobern: die Welt der Milliardengeschäfte – und meine Begeisterung hat sich bis heute nicht gelegt. Marketingexperten betrachten unsere heutige Zeit als Schnittpunkt zweier Zeitalter. In dem einen kommt es vor allem auf die gute alte Tugend an, so lange geduldig ausharren zu können, bis sich irgendwann der Profit einstellt. In dem anderen spielen Angebote, denen man einfach nicht widerstehen kann, ebenso die Hauptrolle wie umfangreiche Mailinglisten und der überzeugende Online-Auftritt, um schnell das große Geld zu machen. Der moderne Marketing-Guerilla bewegt sich in beiden Zeitaltern gleichermaßen sicher.

Marketing-Guerillas sind über die vielen Veränderungen auf ihrem Terrain hoch erfreut. Ihnen ist bewusst, dass die meisten ihrer Konkurrenten der Modernisierung ihrer Marketingstrategien wenig bis keine Beachtung schenken, da im Allgemeinen das Credo herrscht, man müsse sich nicht aktiv um neues Marketing bemühen, solange das alte noch hübsch anzusehen ist.

Damit sich das Marketing aber voll entfalten kann, benötigt es intensive Pflege und Ihre Energie, um zu gedeihen. Die folgenden beiden Aussagen legen unsere Marschroute fest:

1. *Für Guerilla Marketing sind Theorie und Praxis wichtig.* Den theoretischen Teil übernehme ich. Doch Sie müssen für sich festlegen, welche Auf-

gaben Sie als Nächstes angehen müssen. Dazu müssen Sie aber genau wissen, worum es im Marketing eigentlich geht, und weshalb sich Guerilla Marketing in so vielen Ländern quasi als Lizenz zum Gelddrucken erwiesen hat.

2. *Lernen Sie Ihre Optionen als Marketing-Guerilla kennen.* Dank der unzähligen neuen Schachzüge, die Marketing-Guerillas heute zur Auswahl stehen, ist ihnen der Erfolg so gut wie sicher. Und dafür sind Sie zuständig, meine Aufgabe ist es, Sie dabei zu unterstützen. Packen wir es an!

TEIL I
Der Guerilla Marketing-Ansatz

1 Modernes Guerilla Marketing – was heißt das?

Marketing umfasst jeden einzelnen der vielen Kontakte, die Ihr Unternehmen mit der Außenwelt hat. Jeden einzelnen. Daraus ergeben sich jede Menge Marketingchancen. Was sich daraus jedoch nicht ergibt, ist die Notwendigkeit, jede Menge Geld zu investieren.

Was das bedeutet, ist klar: Zum Marketing gehören Ihr Firmenname, die Entscheidung, Produkte oder Dienstleistungen anzubieten, die Art der Produktion oder Präsentation einer Dienstleistung, die Farbe, Größe und Form Ihrer Produkte, ihre Verpackung, der Standort, die Werbung, Öffentlichkeitsarbeit, die Webseite, Markenpflege und E-Mail-Signatur, die Ansage auf dem Anrufbeantworter, die Verkaufspräsentation und die telefonische Kontaktpflege, die Schulung des Vertriebspersonals, die Problemlösungen, der Wachstumsplan ebenso wie ein Plan, um weiterempfohlen zu werden, und die Mitarbeiter, Sie selbst und die Folgeaktionen. Zum Marketing gehören zudem die Idee für Ihre Marke, Ihr Kundendienst, Ihre persönliche Einstellung und die Leidenschaft, mit der Sie Ihre Geschäfte tätigen. Wenn Sie aus alldem schließen, dass Marketing eine ziemlich komplexe Angelegenheit ist, liegen Sie völlig richtig.

Marketing ist die Kunst, Menschen dazu zu bewegen, ihre Ansichten zu ändern – oder ihren Ansichten treu zu bleiben, sofern diese lauten, mit Ihnen Geschäfte tätigen zu wollen. Sie sollen entweder die Marke wechseln oder bei einer neuartigen Ware oder Dienstleistung zugreifen, und damit verlangen Sie ihnen ziemlich viel ab. Jede Kleinigkeit, die Sie tun, sagen und darstellen – und das nicht nur in der Werbung auf Ihrer Webseite –, beeinflusst, wie die Verbraucher Sie wahrnehmen.

Der Marketingerfolg stellt sich sicherlich nicht sofort ein. Auch nicht nach einem Monat, und vielleicht auch nicht nach einem Jahr. Daher ist es wichtig, Marketing nicht als ein einzelnes Ereignis, sondern als Prozess zu begreifen. Marketing mag aus einer Abfolge mehrerer Ereignisse bestehen, doch für einen echten Marketing-Guerilla hört Marketing nie auf, auch wenn es einen Anfang und eine Mitte erkennen lässt.

Übrigens: Denken Sie nicht nur an Ihre potenziellen Kunden, wenn Sie »Marketing« lesen. Diesen Fehler sollten Sie lieber nicht machen. Mindestens die Hälfte der Zeit, die Sie in das Marketing investieren, sollte Ihrem bestehenden Kundenstamm gewidmet werden. Ein Eckpfeiler des Guerilla Marketings ist die Kundenpflege. Wird sie vernachlässigt, waren sämtliche Investitionen in die Akquise dieser Kunden hinausgeworfenes Geld.

Marketing heißt auch, nüchternen Fakten verführerische Faszination einzuhauchen.

Aus der Perspektive des Guerillas betrachtet, stellt Marketing immer eine Gelegenheit dar, Interessenten und Kunden zu Erfolgen zu verhelfen. Egal, ob der Erfolg nun daraus besteht, mehr Profit zu erwirtschaften, ein Unternehmen zu gründen, abzunehmen, einen Lebenspartner zu finden, die körperliche Fitness zu verbessern oder das Rauchen aufzugeben, eines ist sicher: Sie können dabei helfen. Sie wissen, wie das jeweilige Ziel erreicht werden kann. Im Marketing geht es nie um Sie. Es geht um die anderen. Denken Sie immer daran.

Richtig angepackt, ist Marketing außerdem ein ewiger Kreislauf. Am Anfang steht die Idee, die Ihnen Ihr Leben finanziell versüßen soll. Zu einem Kreislauf wird Marketing, wenn Sie mit Kunden gesegnet sind, die Ihnen treu bleiben und Sie weiterempfehlen. Je mehr Sie verinnerlicht haben, dass Marketing ein Kreislauf ist, umso stärker werden Sie sich auf diese treuen Seelen und die durch sie gewonnenen Neukunden konzentrieren. Der höchst angenehme Nebeneffekt dieser Sichtweise ist, dass Sie weniger in Ihr Marketing investieren müssen, Ihre Profite aber dennoch kontinuierlich steigen.

Mit zunehmend innovativen Möglichkeiten, um das Verbraucherverhalten zu messen und vorherzusagen, um Einfluss auszuüben und Marketingstrategien zu beziffern und zu testen, entwickelt sich das Marketing zu einer Wissenschaft für sich. Dies trifft umso mehr zu, je genauer menschliche Verhaltensweisen aus psychologischer Sicht erklärt werden können.

Zweifellos ist Marketing auch eine Form der Kunst, da sie die künstlerischen Ausdrucksformen des Schreibens, Zeichnens, Fotografierens, Tanzens, Singens, Editierens und der Schauspielerei beinhaltet. Zusammengenommen bilden sie die Grundlage des Marketings – die vermutlich eklektischste Kunstform, die es je gegeben hat.

Doch lassen wir dieses Thema beiseite, und prägen Sie sich jetzt folgende Kernaussage ein: *Marketing ist ein Geschäft. Und Sinn und Zweck eines jeden Geschäfts ist es, Gewinne zu erwirtschaften.* Wenn Wissenschaft und Kunst dabei helfen, Gewinne zu erwirtschaften, ist der Drahtzieher dieses Coups wahrscheinlich ein Marketing-Guerilla – einer der Sorte Unternehmer, die mit unkonventionellen Mitteln so konventionelle Ziele wie Profite und Spaß an der Geschäftstätigkeit verfolgen.

Der Besitzer eines kleinen Buchladens hatte das Pech, dass sein Laden genau zwischen zwei weiteren Buchhandlungen lag, die jeweils einer großen Kette angehörten. Als unser Buchhändler eines Morgens zur Arbeit kam, entdeckte er im Schaufenster seines rechten Nachbars ein riesiges Werbeplakat: »Schnäppchenpreise zu unserem Jubiläum! Alles um 50 Prozent billiger!« Das Werbeplakat war größer als die gesamte Ladenfront unseres Buchhändlers. Zu allem Überfluss zog der Nachbar zu seiner Linken mit einem noch größeren Plakat nach: »Alles muss raus! Preise um 60 Prozent gesenkt!« Neben diesem Plakat fiel der kleine Laden überhaupt nicht mehr auf. Und nun? Als Marketing-Guerilla wusste sich unser Buchhändler zu helfen. Er entwarf ein eigenes Plakat für sein Schaufenster, auf dem schlicht und einfach »Haupteingang« stand.

Marketing-Guerillas verlassen sich nicht darauf, dass ein gewaltiges Marketingbudget schon sämtliche Hürden im Sturm nehmen wird. Stattdessen verlassen sie sich auf die überwältigende Kraft einer lebhaften Fantasie. Sie unterscheiden sich von traditionellen Marketingprofis in 20 Punkten. Früher habe ich Guerilla Marketing immer mit dem Lehrbuch-Marketing verglichen, doch seit meine Bücher in vielen Studiengängen selbst als Lehrbücher eingesetzt werden, muss ich es mit dem traditionellen Marketing vergleichen.

Würde man untersuchen, inwiefern sich das Marketing im 21. Jahrhundert verändert hat, würde man auf dieselben 20 Punkte kommen, die auch das Guerilla Marketing vom traditionellen Marketing unterscheiden.

1. Im traditionellen Marketing galt immer die Regel, dass der richtige Marktauftritt finanzielle Investitionen erfordert. Im Guerilla Marketing dagegen gilt, dass Geld investiert werden kann – *aber nicht muss, sofern man gewillt ist, stattdessen Zeit, Energie, Fantasie und Wissen einzusetzen.*
2. Traditionelles Marketing ist von so vielen undurchsichtigen Geheimnissen umgeben, dass sich viele Unternehmer davon eingeschüchtert fühlen, weil nicht klar ist, ob Marketing nun den Vertrieb, den Internetauftritt oder die PR-Abteilung betrifft. Und wer sich unsicher fühlt, hat natürlich Angst, Fehler zu machen, weshalb er lieber die Finger davon lässt. *Guerilla Marketing räumt mit der Geheimniskrämerei auf und betrachtet Marketing als das, was es tatsächlich ist – ein Prozess, der vom Menschen gesteuert wird und nicht umgekehrt.*
3. Traditionelles Marketing ist auf große Unternehmen zugeschnitten. Bevor ich 1984 das erste Guerilla Marketing-Buch schrieb, konnte ich kein einziges

Fachbuch für Firmen finden, deren monatliches Marketingbudget unter 300 000 US-Dollar lag. Es stimmt zwar, dass für das Vertriebs- und Marketingpersonal vieler Fortune-500-Unternehmen das Buch *Guerilla Marketing* mittlerweile zur Pflichtlektüre gehört, doch *es sind nach wie vor die kleinen Unternehmen, für die sich Guerilla Marketing mit Leib und Seele einsetzt*: die Kleinbetriebe mit großen Träumen und winzigen Budgets.

4. Die Effizienz des traditionellen Marketings wird an den Verkaufszahlen, den Reaktionsquoten auf Angebote, den Besucherzahlen auf der Webseite oder dem Publikumsverkehr in Ladengeschäften gemessen. Dabei stehen die falschen Zahlen im Rampenlicht. *Guerilla Marketing rückt die Zahl wieder in den Vordergrund, die Ihnen tatsächlich den Lohn für Ihre Arbeit bescheinigt: die Höhe Ihres Profits.* Schon viele Unternehmen feierten Umsatzrekorde, die unterm Strich mehr Geld kosteten, als sie in die Kassen spülten. Der Profit ist die einzige Kennzahl, die Ihnen offen und ehrlich den Weg weist. Lässt sich damit kein Geld verdienen, haben Sie sich wohl verlaufen.

5. Traditionelles Marketing basiert auf Erfahrungswerten und Urteilsvermögen, was eine höfliche Umschreibung dafür ist, ins Blaue hinein zu raten. Ein Marketing-Guerilla kann es sich jedoch nicht leisten, falsch zu raten, weshalb er sich *psychologische Erkenntnisse – Regeln über das menschliche Verhalten – so weit wie möglich zunutze macht*. 90 Prozent aller Kaufentscheidungen werden zum Beispiel vom Unterbewusstsein, tief im Inneren des menschlichen Gehirns, getroffen. Heutzutage kennt man einen treffsicheren Trick, um auf die Ebene des Unterbewusstseins vorzudringen: Wiederholung. Wenn Sie nur einmal kurz darüber nachdenken, zeichnet sich vielleicht schon ein wenig ab, wie Guerilla Marketing funktioniert. Wiederholung versetzt Berge.

6. Die übliche Vorgehensweise im traditionellen Marketing ist, das geschäftliche Wachstum voranzutreiben und anschließend das Portfolio zu streuen. Schon viele Unternehmen sind auf diesem Kurs in heftige Turbulenzen geraten, da sie sich dabei von ihren Kernkompetenzen entfernen. Das Guerilla Marketing betrachtet Wachstum nicht als Muss, sondern als Option, *sofern der ursprüngliche Kurs strikt eingehalten wird*. Schließlich haben Sie es genau diesem Kurs zu verdanken, dass Sie so weit gekommen sind.

7. Im traditionellen Marketing konzentriert man sich auf lineares Wachstum, das heißt neue Zielgruppen werden nacheinander angesprochen. Dies bedeutet, dass Wachstum ziemlich langsam vonstatten geht und mitunter hohe Kosten verursacht. Im Guerilla Marketing konzentriert man sich auf *geometrisches Wachstum*, das heißt parallel zur traditionellen Wachstumsförderung

wird jede Transaktion ausgeweitet, die Anzahl der Transaktionen pro Verkaufszyklus wird bei jedem Kunden erhöht und die äußerst wirkungsvolle Mundpropaganda wird in vollem Umfang ausgeschöpft. Und wenn das Unternehmen in vier Dimensionen gleichzeitig wächst, sollte es nicht allzu schwer sein, daraus Profit zu schlagen.

8. In der irrigen Annahme, das Marketing hätte mit einem Geschäftsabschluss seinen Zweck erfüllt, wird in seiner traditionellen Variante sämtliche Munition für eben diesen Vorgang verpulvert. Das Guerilla Marketing führt dagegen das Argument ins Feld, dass 68 Prozent aller verpassten Geschäftsgelegenheiten aus dem Grund verpasst wurden, dass einem Käufer nach dem Geschäftsabschluss kein Interesse mehr entgegengebracht wurde – der Kunde wurde einfach ignoriert. *Die Kundenpflege – kontinuierlich Kontakt halten und zuhören – ist daher eines der am eifrigsten verkündeten Gebote des Guerilla Marketings.* Ein Guerilla verliert keinen einzigen Kunden aufgrund von Unaufmerksamkeit.

9. Das traditionelle Marketing empfiehlt, wachsam nach potenziellen Feinden Ausschau zu halten, die eliminiert werden müssen. Im Guerilla Marketing dagegen wird nach potenziellen Verbündeten Ausschau gehalten, deren Zielgruppen und Standards den eigenen ähneln, *um von gemeinsamen Marketingkampagnen zu profitieren.* Dadurch erweitert sich die Reichweite Ihres Marketings, während sich die erforderlichen Kosten reduzieren, da sie unter den Partnern aufgeteilt werden. Der Marketing-Guerilla bezeichnet diese Taktik als *Fusion Marketing.* »Fuse it or lose it« lautet das Motto. Ein typisches Beispiel für Fusion Marketing wäre zum Beispiel ein Werbespot, in dem für McDonald's, für Coca-Cola und gleichzeitig auch für den neuesten Spielfilm von Walt Disney geworben wird. Eben diese Weltkonzerne setzen Fusion Marketing ein, wie übrigens auch FedEx und Kinko's, am weitesten verbreitet ist diese Strategie jedoch unter den Kleinunternehmen, vor allem den japanischen.

10. Im traditionellen Marketing gilt ein Firmenlogo – das Identifikationssymbol eines Unternehmens – als absolutes Muss. Bildlich vermittelte Argumente prägen sich um 78 Prozent besser ein als gesprochene Worte. Im Guerilla Marketing gilt das Firmenlogo als nicht mehr zeitgemäß, da es kaum mehr leistet, als die Verbraucher an den Firmennamen zu erinnern. *Marketing-Guerillas stellen ihre Firma lieber durch ein Mem dar* – durch ein Symbol oder ein einziges Wort, das eine Vorstellung kommuniziert, wie es beispielsweise bei Straßenverkehrsschildern der Fall ist. In einer so hektischen Zeit wie der unseren vermittelt ein Mem in kürzester Zeit die meis-

ten Informationen. Vor allem für Ihre Webseite, die Interessenten möglicherweise nur für wenige Augenblicke besuchen, erweisen sich Meme als Geschenk des Himmels. Wir werden uns später noch eingehender mit Memen befassen. Der Begriff wurde 1976 geprägt, ist also noch ziemlich neu. Meme gehören ins Arsenal jedes Guerillas und können Ihre Gewinn-und Verlust-Rechnung auf den Kopf stellen.

11. Traditionelles Marketing war schon immer ein egozentrisches Geschäft. Auf so gut wie jeder Homepage von Firmen finden Sie Informationen über »unser Unternehmen«, »unsere Geschichte«, »unsere Produkte« und »unsere Konzernleitung«. Glauben Sie wirklich, dass das die Leute interessiert? »Ich-Marketing« hat die Wirkung einer Schlaftablette. Marketing-Guerillas praktizieren daher »Du-Marketing«, in dem es in jeder Hinsicht um den Kunden, den Besucher der Homepage, geht. Sie müssen bedenken, dass kein normaler Mensch sonderliches Interesse an Ihrer Firma hat. Jeder interessiert sich vor allem für sich und seine Belange. Wenn Sie nun die Person und Belange Ihrer Kunden ansprechen, schenken sie Ihnen volle Aufmerksamkeit.

12. Im traditionellen Marketing zerbricht man sich darüber den Kopf, wie sich am meisten aus einem Kunden herausschlagen lässt. Guerillas ist die Bedeutung des Customer Lifetime Value (CLV) – eine Kennzahl aus der Betriebswirtschaft – selbstverständlich auch klar. Dennoch zerbrechen sie sich zudem darüber den Kopf, was sie einem Kunden geben könnten. Und zwar umsonst. Was sich in unserem Informationszeitalter anbietet, sind zum Beispiel wertvolle Informationen, die nichts kosten – Broschüren, Links auf interessante Webseiten, Prospekte, TV-Infomercials – und an Kunden verteilt werden, wann immer möglich. Wie bereits erwähnt, sollten Sie Marketing immer als Chance betrachten, Kunden und Interessenten beim Erreichen ihrer Ziele zu unterstützen. Außerdem bietet sich Marketing auch als gute Problemlösungsstrategie an. Und wenn Sie diese Hilfe kostenlos anbieten können, sind Sie in der Tat ein echter Guerilla.

13. Das traditionelle Marketing flunkert Ihnen vor, dass Werbung funktioniert, dass Webseiten funktionieren, dass Direktwerbung und E-Mails funktionieren. Diesen überholten Ansichten schmettert ein Marketing-Guerilla entgegen: *Unsinn, Unsinn und noch mal Unsinn!* Werbung funktioniert nicht, zumindest nicht mehr so wie früher. Webseiten? Wachen Sie auf! Tag für Tag müssen viele Verbraucher auf die harte Tour lernen, dass Webseiten auch der schnelle Weg in den finanziellen Ruin sein können und Träume wie Seifenblasen zerplatzen lassen. Direktwerbung und E-Mails haben frü-

her funktioniert, doch diese Zeiten sind vorbei. Was funktioniert dann überhaupt noch? Guerillas wissen es: die Kombination verschiedener Marketingstrategien. Schalten Sie eine Reihe von Anzeigen, gestalten Sie einen gelungenen Internetauftritt und versenden Sie anschließend Direktwerbung oder E-Mails, dann funktioniert diese Kombination nicht nur, sondern die einzelnen Komponenten verstärken sich auch gegenseitig. Die Zeiten, in denen das Marketing mit nur einer Waffe Siege feiern konnte, waren einmal. Heute ist die Kombination verschiedener Marketinginstrumente der einzig passende Schlüssel zum Erfolg. Der Besitzer eines kleinen Einzelhandelsgeschäfts beispielsweise schaltet regelmäßig kleine Anzeigen und sendet kurze Radiospots, in denen jeweils auf seine Homepage verwiesen wird. Auf der Homepage wiederum lädt er dazu ein, sein Geschäft zu besuchen, und hier verkauft er seine 3 000 US-Dollar teuren Betten erstaunlich schnell, mühelos und lukrativ. Die Marketingkombination aus Anzeigen, Radiospots und Homepage funktioniert hervorragend und lässt die Kasse klingeln.

14. Traditionelle Marketingprofis zählen am Ende des Monats Geld. *Für Guerillas zählen neue Kundenbeziehungen.* Da Menschen bekanntermaßen Beziehungen eingehen möchten, setzen Guerillas alles daran, zu jedem Kunden eine persönliche Beziehung herzustellen und zu pflegen. Natürlich würde kein Guerilla jemals behaupten, Geld spiele für ihn keine Rolle, was seinem Interesse am großen Profit ja gänzlich widerspräche, doch tief in seinem Inneren weiß er, dass der Weg zum großen Geld über langfristige Kundenbeziehungen führt.

15. Das traditionelle Marketing hat dem technologischen Fortschritt noch nie besondere Beachtung geschenkt, da neue Technologien bis vor kurzem zu teuer, zu inflexibel und zu kompliziert waren. Heute ist die Situation völlig anders. Die verfügbaren Möglichkeiten verhelfen Kleinunternehmen zu einem relativ unfairen Wettbewerbsvorteil. Kleinunternehmen können mittlerweile wie die ganz Großen agieren, ohne jedoch ebenso viel investieren zu müssen. Guerilla Marketing erwartet von Ihnen, ein begeisterter Technologiefan zu werden, denn Technologiephobie verhindert, dass Ihr Kleinunternehmen gedeiht. Falls Sie jedoch darunter leiden sollten, vereinbaren Sie sofort einen Termin mit Ihrem Therapeuten, denn so eine Phobie endet heute in den meisten Fällen tödlich.

16. Das traditionelle Marketing wendet sich mit Werbebotschaften an Zielgruppen. Je größer die Gruppe, desto besser. *Das Guerilla Marketing wendet sich mit Werbebotschaften üblicherweise an Einzelpersonen, und wenn*

eine Zielgruppe angesprochen werden soll, gilt die Regel: je kleiner, umso besser. Im traditionellen Marketing wird großflächig bombardiert, während im Guerilla Marketing ganz gezielt kleine oder gar winzige Ziele ins Visier genommen werden. Das großflächige Bombardement wird in der Fachsprache als Broadcasting bezeichnet, die Scharfschützenstrategie als Narrowcasting, Microcasting und Nanocasting.

17. Das traditionelle Marketing landet größtenteils zufällige Treffer. Obwohl ihm all die schweren Geschütze wie Radio, Fernsehen, Zeitungen, Zeitschriften und Webseiten zur Verfügung stehen, werden die wichtigen Kleinigkeiten – wie schnell und freundlich werden Anrufe entgegengenommen, wie ist das Büro eingerichtet, wie verhalten sich die Mitarbeiter? – üblicherweise missachtet. Im Guerilla Marketing wird nichts dem Zufall überlassen. Allen Kleinigkeiten, die bei jedem Kontakt mit der Außenwelt mitspielen, wird große Aufmerksamkeit gezollt. Nichts ist so unbedeutend, dass es missachtet werden darf, denn der Teufel steckt ja bekanntlich oft im Detail.

18. Im traditionellen Marketing glaubt man fest daran, dass allein schon die Werbung zu einem Geschäftsabschluss führt. Das mag vielleicht früher einmal der Fall gewesen sein, heute ist es eher die Ausnahme. *Das Guerilla Marketing mahnt dazu, die Sache realistisch zu sehen und zu akzeptieren, dass heutzutage schon viel gewonnen ist, wenn die Empfänger sich damit einverstanden erklären, noch mehr Werbematerial zugeschickt zu bekommen.* Die meisten Menschen werden sich weitere Werbematerialien jedoch ausdrücklich verbitten, wofür Sie ihnen dankbar sein sollten. Denn damit teilen sie Ihnen doch ganz klar mit, dass weitere Bemühungen Ihrerseits die reine Geldverschwendung wären. Doch es wird immer einige wenige geben, die mehr erfahren möchten, was einen neuen Marketingbegriff entstehen ließ: Opt-in – ein Verfahren, bei dem der Verbraucher sich beispielsweise durch den Eintrag in eine Abonnentenliste explizit mit dem Empfang von Werbematerial einverstanden erklärt. So inseriert die Betreiberin eines Ferienlagers im Nordosten der USA in verschiedenen Zeitschriften. In ihren Anzeigen wirbt sie allerdings nicht dafür, die Kinder für das Ferienlager anzumelden, sondern dafür, eine kostenlose DVD anzufordern. Auch bei verschiedenen Freizeitmessen verteilt sie die DVD an ihrem Stand. Darauf sind neben fröhlichen Jugendlichen gut geschultes Personal, die fantastische Umgebung und die ausgezeichnete Ausstattung des Ferienlagers zu sehen. Wird auf der DVD versucht, den Eltern eine Buchung aufzuschwatzen? Nein! Vielmehr wird dafür geworben, sich in aller Ruhe zu Hause beraten zu lassen. Nach einem solchen Beratungsgespräch melden

80 Prozent der Eltern eines oder mehrerer ihrer Kinder für das Ferienlager an. Nicht zu vergessen sind die Verwandten, Freunde oder Klassenkameraden, die sich möglicherweise anschließen möchten. Weil so ein Sommerferienlager für Jugendliche eine feine Sache ist, kommen viele in den nächsten Jahren gerne wieder. Und zwar erst recht, weil die Betreiberin nicht krampfhaft versucht, ihr Angebot an den Mann oder die Frau zu bringen. Sie bemüht sich zunächst nur um das Einverständnis, ihre DVD zusenden zu dürfen, und auf diesem Einverständnis baut sie auf. Die zugrunde liegende Idee hat Seth Godin in *Permission Marketing* (deutschsprachig: München 2001) ausführlich beschrieben.

19. Traditionelles Marketing ist ein Monolog. Einer redet oder schreibt etwas, alle anderen hören zu oder lesen. Denkbar ungünstige Voraussetzungen für eine gute Beziehung. *Guerilla Marketing ist ein Dialog.* Einer redet oder schreibt etwas, der andere reagiert darauf. Ein interaktiver Prozess beginnt. Der Kunde wird in das Marketing einbezogen. Dies ist eine der wirklich erfreulichen Seiten des Internets. Beziehungen entwickeln sich über den Dialog. Indem man die Besucher seiner Homepage dazu auffordert, sich für etwas registrieren zu lassen, den Newsletter zu abonnieren, ein Werbegeschenk anzufordern, an einem Wettbewerb teilzunehmen oder an einer Onlineumfrage teilzunehmen, lädt man sie zum Dialog ein, den man dann natürlich prompt fortsetzt. Kleine Unternehmen können das, während große Konzerne üblicherweise inflexibler und schwerfälliger reagieren.

20. Das Arsenal des traditionellen Marketings besteht hauptsächlich aus den schweren Geschützen: Radio, Fernsehen, Zeitschriften, Direktwerbung und Internet. *Guerilla Marketing ist mit seinen 200 Marketingwaffen, von denen viele sogar kostenlos zur Verfügung stehen, deutlich besser gerüstet.*

Die zentrale Regel des Guerilla Marketings lautet, die Waffen, die man ins Feld führen möchte, richtig handhaben zu können. Grundvoraussetzung dafür ist natürlich, die 200 Waffen zu kennen und möglichst viele davon zu testen, um diejenigen aussortieren zu können, die ihr Ziel verfehlt haben. So werden Sie Ihre persönliche Waffenkammer letzen Endes mit den Waffen bestücken, die sich bewährt und als absolut vernichtend erwiesen haben.

2 Wer braucht Guerilla Marketing?

Als Kleinunternehmer benötigen Sie Guerilla Marketing mehr denn je, weil die Konkurrenz intelligenter, raffinierter und auch aggressiver als in der Vergangenheit ist. Doch für Guerillas ist das kein Problem.

Nehmen wir an, Sie verfügen über eine fundierte betriebswirtschaftliche Ausbildung und die Grundzüge des Marketings für große Konzerne sind Ihnen vertraut. Allerdings sollten Sie das meiste davon vergessen, denn Ihr Marketingplan als Kleinunternehmer unterscheidet sich massiv von dem eines Global Players. Einige Prinzipien mögen übereinstimmen, aber die *Details* sind grundverschieden. Wie Männer und Frauen. Vom Prinzip her sind sie gleich, aber sie unterscheiden sich durchaus – in entscheidender Weise.

Für die meisten Konzerne war Guerilla Marketing bislang kein Thema, doch mittlerweile sind uns einige auf den Fersen. Zum Glück werden die Taktiken des Guerilla Marketings von den Titanen am Markt nur selten praktiziert, denn Großunternehmen verfügen über die großen Budgets, die Ihnen fehlen.

Sie müssen sich auf etwas verlassen, dass ebenso effektiv, aber weniger kostspielig ist. Die gute Nachricht lautet, dass eine geringe Größe in diesem Fall von Vorteil ist. Als kleiner Betrieb, Start-up-Unternehmen oder Selbstständiger können Sie bei den Guerilla-Taktiken aus dem Vollen schöpfen. Gerade Sie verfügen über die Fähigkeit, sich schnell zu mobilisieren, unterschiedlichste Marketingtools einzusetzen und die Ideen der brillantesten Marketinghirne zu Spottpreisen für sich arbeiten zu lassen. Vielleicht müssen Sie nicht jede Waffe aus dem Marketingarsenal einsetzen, aber einige davon werden Sie brauchen. Deshalb sollten Sie alle kennen und wissen, wie sie anzuwenden sind. Und: Das Internet muss Ihr bevorzugter Aufenthaltsort werden.

Ein Unternehmen muss nicht unbedingt werben. Aber es braucht einen Marketingplan. Vielleicht profitieren Sie so von Empfehlungen zufriedener Kunden, dass Ihr Unternehmen allein damit ein Vermögen macht. In diesem Fall wurde die positive Mundpropaganda höchstwahrscheinlich von einer effektiven Marketingstrategie angestoßen. Tatsächlich gehört eine starke Mundpropaganda-Strategie zu einem guten Marketing. Ebenso wie Visitenkarten, Briefpapier, Geschäftszeiten – natürlich innerhalb der gesetzlich vorgeschriebenen Grenzen – und die Kleidung, die Sie (und Ihre Mitarbeiter) tragen. Auch Ihr Standort spielt eine Rolle, wenngleich es immer offensichtlicher wird, dass der beste Standort *online* ist.

Marketing ist der schmerzlich langsame Prozess, mit dessen Hilfe Sie nichtsahnende Menschen weg von ihrem Sofa hinein in Ihre Kundendatenbank locken, wie Sie ganz sanft von ihrem Denken Besitz ergreifen und sie nie mehr loslassen. Jeder Aspekt, der Ihnen hilft, Ihre Produkte oder Dienstleistungen zu verkaufen, ist Teil des Marketingprozesses. Kein Detail ist unwichtig. Im Gegenteil, je winziger das Detail, desto wichtiger ist es dem Kunden. Je mehr Sie diese Regel verinnerlichen, desto besser wird Ihr Marketing. Und je besser Ihr Marketing ist, desto mehr Geld werden Sie verdienen.

So weit die guten Nachrichten. Die schlechte Nachricht lautet, dass Sie eines Tages kein Kleinunternehmer mehr sein werden. Wenn Sie die Prinzipien des Guerilla Marketings erfolgreich in die Praxis umsetzen, werden Sie reich und berühmt und verlieren unter Umständen die schlanke, hungrige Mentalität eines Unternehmensgründers.

Wenn Sie einmal dieses Stadium erreicht haben, können Sie wieder auf das Lehrbuch-Marketing zurückgreifen, weil Sie vermutlich zu sehr mit Mitarbeitern, Regeln, Papierkram, Managementebenen und Bürokratie beschäftigt sind, um noch die nötige Flexibilität für Guerilla Marketing aufzuweisen. Es ist jedoch wahrscheinlich, dass Sie an diesem Zustand nichts auszusetzen haben. Immerhin haben auch Coca-Cola, Microsoft, Procter & Gamble und Ford einmal klein angefangen. Sie können sich sicher sein, dass diese Unternehmen damals so viele Techniken des Guerilla Marketings wie möglich angewendet haben. Sie können sich aber auch sicher sein, dass sie ihr Marketing heute nach Schema F erledigen.

Vielleicht werden diese Konzerne eines Tages von Unternehmen überflügelt, die heute gegründet und von Jungunternehmern wie Ihnen vorangetrieben werden. Dazu bedarf es einer Kombination von Faktoren, geniales Marketing ist einer davon.

Sicher ist Ihnen bewusst, dass Erfolg nur mit Produkten oder Dienstleistungen angemessener Qualität möglich ist. Selbst das beste Marketing der Welt würde einen Kunden nicht dazu bringen, bei schlechter Qualität mehr als einmal zuzugreifen. Es ist sogar so, dass Guerilla Marketing dafür sorgt, dass sich die Minderwertigkeit eines Produkts oder einer Dienstleistung schneller herumspricht. Sie müssen alles in Ihrer Macht Stehende tun, um die Qualität Ihres Angebots zu gewährleisten. Sobald Sie hochwertige Produkte anbieten, können Sie mit Guerilla Marketing beginnen.

Weiterhin ist zwingend erforderlich, dass Sie über Kapital in angemessener Höhe verfügen, um Guerilla Marketing zu betreiben. Das bedeutet, Sie brauchen so viel Geld, dass Sie Ihr Unternehmen über einen Zeitraum von mindestens drei Monaten oder im Idealfall über ein volles Jahr hinweg aggressiv bewerben können. Das könnte Sie 200 Euro, 20 000 Euro oder 200 000 Euro kosten – abhängig von Ihren Zielen.

In den USA sind Tausende von kleinen Unternehmen tätig. Viele von ihnen bieten qualitativ hochwertige Produkte und attraktive Dienstleistungen an. Doch nicht einmal 0,01 Prozent von ihnen werden jemals außerordentliche finanzielle Erfolge feiern können. Der feine Unterschied zwischen einem Eintrag in den Gelben Seiten und einer Notierung an der Börse besteht im *Marketing*.

Mit diesem Buch halten Sie den Schlüssel in der Hand, um zu dem winzigen Prozentsatz der Unternehmensgründer zu gehören, die aufs Ganze gehen. Wenn Ihnen klar ist, dass die unterschiedlichsten betrieblichen Aspekte in die Kategorie Marketing fallen, verfügen Sie bereits über einen entscheidenden Vorsprung gegenüber Ihren Konkurrenten, die keinen Unterschied zwischen *Werbung* und *Marketing* sehen.

Je aufgeschlossener Sie für das Marketing sind, umso mehr Aufmerksamkeit werden Sie ihm schenken. Und das wiederum wird zu einer verbesserten Vermarktung Ihres Angebots führen. Schätzungsweise haben weniger als 10 Prozent der Unternehmensgründer und Kleinunternehmer mehr als ein Dutzend aller verfügbaren Marketingtools ausprobiert. Zu diesen Methoden gehören Webseiten, Marktforschung, persönliche Anschreiben, Telefonmarketing, Postwurfsendungen, Broschüren, Aushänge an Schwarzen Brettern, Kleinanzeigen, Werbetafeln, Direktmailing, Warenproben, Seminare, Vorführungen, Eventsponsoring, Messestände, bedruckte T-Shirts, Öffentlichkeitsarbeit, Himmelsstrahler, Werbegeschenke wie bedruckte Kugelschreiber, Anzeigen in den Gelben Seiten, in Zeitungen und Zeitschriften, im Radio und Fernsehen sowie auf Plakatwänden. Guerilla Marketing *erfordert*, dass Sie *all* diese Marketingmethoden (und noch viele mehr) gründlich analysieren und dann eine *Kombination* derjenigen einsetzen, die sich für Ihr Geschäft am besten eignen.

Nach dem Start des Guerilla Marketing-Programms prüfen Sie, welche Waffen ihr Ziel erreichen und welche fehlschlagen. Allein dieses Wissen kann die Effektivität Ihres Marketingbudgets *verdoppeln*.

Keine Werbeagentur spezialisiert sich auf Guerilla Marketing. Während meiner Tätigkeit als Manager in einigen der größten (und kleinsten) Werbeagenturen der Welt fiel mir auf, dass die Agenturen keine Ahnung hatten, welche Werbe- oder Marketingtaktiken einen Jungunternehmer zum Erfolg führen. Großen Unternehmen konnten sie helfen, aber ohne das Muskelspiel dicker Budgets waren sie völlig hilflos. An wen können Sie sich also wenden, wenn Sie Hilfe brauchen? Zunächst an *Guerilla Marketing*. Im Anschluss daran sollten Sie Ihre eigene Kreativität und Energie anzapfen. Und schließlich werden Sie wahrscheinlich den Rat eines Marketing- oder Werbeprofis in Anspruch nehmen müssen für die Bereiche, in denen sich Guerilla Marketing und traditionelles Marketing überlappen. Aber erwarten Sie nicht, dass die Profis so kampferprobt sind wie Sie. Wahrscheinlich sind Letztere besser in ihren schicken Agenturräumen aufgehoben.

Guerilla Marketing heißt, jeden Aspekt des Marketings zu verstehen, mit vielen davon zu experimentieren, die Nieten auszusortieren, verstärkt auf die Gewinner zu setzen und schließlich die Marketingtaktik einsetzen, die sich unter realen Bedingungen bewährt hat.

Wer Guerilla Marketing betreibt, muss die unzähligen Gelegenheiten da draußen erkennen und *jede einzelne nutzen*. Egal, welches Produkt Sie vertreiben, es werden Probleme auftreten. Lösen Sie diese Probleme und bereiten Sie sich auf neue Probleme vor, die gelöst werden müssen – nicht nur die bestehender Kunden, sondern auch die potenzieller Kunden. Unternehmen, die Probleme lösen, haben größere Erfolgschancen als die, die es nicht tun. Da heutzutage Zeit immer wichtiger wird als Geld, florieren Unternehmen, die Menschen helfen, Zeit einzusparen. Da Zeitmangel ein Problem ist, unter dem eine zunehmende Anzahl von Menschen in der industrialisierten Welt leidet, wird diese Branche in unserer Gesellschaft drastisch an Bedeutung gewinnen.

Sie müssen die großen Gelegenheiten beim Schopf ergreifen und dürfen zugleich die kleineren Gelegenheiten nicht vernachlässigen oder die winzigen Probleme übersehen. Sie müssen an alles denken und aufs Ganze gehen. Das ist eine der Grundlagen des erfolgreichen Guerilla Marketings.

Tatendrang allein genügt jedoch nicht; er muss von Intelligenz begleitet werden. Intelligentes Marketing ist Marketing, das sich zunächst auf eine Hauptidee konzentriert. Ihr gesamtes Marketing muss eine Erweiterung dieser Idee sein: Werbung, Briefpapier, Postwurfsendungen, Telefonmarketing, Anzeigen in den Gelben Seiten, Verpackung, Internetpräsenz, alles. Die bessere Idee allein genügt nicht; Sie benötigen eine scharf umrissene Strategie. Heute suchen sich viele große Unternehmen einen Experten für die Marke, einen

7 Sätze » 7 Wörter

anderen für das Werbeprogramm und wieder einen anderen für die Planung des Direktmailings und möglicherweise einen weiteren Spezialisten für die Standortwahl. In neun von zehn Fällen wird jedoch jeder dieser Experten das Unternehmen in eine andere Richtung lenken.

Richtig wäre es, all diese Marketingprofis an einem Strick ziehen zu lassen – in eine im Vorfeld definierte, langfristige, sorgfältig ausgewählte Richtung. So entsteht automatisch ein Synergieeffekt, und fünf Marketingtaktiken erledigen die Arbeit von zehn. Die Richtung wird immer klar sein, wenn Sie Ihre Ideen in einem Kernkonzept bündeln, dass sich zunächst in maximal sieben Sätzen und, später dann auf das Wesentliche reduziert, mit nur sieben Wörtern ausdrücken lässt. Unmöglich? Versuchen Sie es doch einmal!

Hier ein Beispiel. Ein Unternehmensgründer wollte Computerkurse anbieten, wusste aber, dass die meisten Menschen unter »Technophobie« leiden. Seine Werbeanzeigen für Kurse in Textverarbeitung, computergestützter Buchführung und Tabellenkalkulation fanden nur wenig Anklang, und so entschied er sich dafür, die Grundaussage seines Angebots umzuformulieren. Seine erste Aussage lautete: »Ich möchte den Menschen ihre Angst vor Computern nehmen, damit sie erkennen können, welch enormen Wert und Wettbewerbsvorteil sie sich durch die Arbeit mit Computern sichern können.« Dann reduzierte er diesen Gedanken zu einer Aussage mit sieben Wörtern: »Ich will Menschen beibringen, Computer zu bedienen.« Diese Kurzfassung klärte seine Aufgabe – für ihn selbst, für seine Vertriebsmitarbeiter und für seine potenziellen Kursteilnehmer. Später entwickelte er einen Namen für sein Unternehmen, der sein Kernkonzept in nur drei Wörtern ausdrückte: *Computer für Anfänger*. So umging er das Problem der Technophobie, formulierte seine Kernaussage und wurde attraktiv für Einsteiger. Anfangs umfasste sein Konzept sechs Seiten. Weil er seine Geschäftsidee auf den Punkt brachte, konnte er Klarheit erzielen. Und Klarheit führt fast immer zum Erfolg.

Das Konzept, das Marketing auf eine Kernidee zu reduzieren, ist sehr simpel. Wenn Sie beginnen, Ihr Produkt auf diese Weise zu vermarkten, werden Sie Teil einer aufgeklärten Minderheit und befinden sich auf dem besten Weg zum Marketingerfolg – einer Grundvoraussetzung für finanziellen Erfolg.

Guerilla Marketing vereinfacht die komplexe Realität und erläutert, wie man Marketing einsetzt, um mit minimalen Investitionen maximale Gewinne zu erzielen. Anders ausgedrückt, dieses Buch kann ein kleines Unternehmen groß machen. Es kann einem Selbstständigen helfen, möglichst schmerzlos möglichst viel Geld zu verdienen. Häufig ist der einzige Faktor, der über Erfolg oder Versagen bestimmt, die Art und Weise, wie ein Produkt vermarktet wird.

Das Wissen in diesem Buch rüstet Sie für den Erfolg und macht Ihnen bewusst, welche Fehler zum Scheitern führen.

Halten jetzt Sie einen Moment inne und fragen Sie sich, ob es um Ihr Marketing im Moment gut bestellt ist. Sie können sich ziemlich sicher sein, dass die Antwort ein lautes Nein! ist, wenn eines der folgenden sieben Warnsignale auf Ihr Geschäft zutrifft:

1. Ihr Absatz wird hauptsächlich vom Preis gesteuert.
2. Kunden können Ihre Produkte oder Dienstleistungen nicht von denen der Konkurrenz unterscheiden.
3. Sie bringen Werbegimmicks unters Volk, die nichts mit Ihren Produkten oder Dienstleistungen zu tun haben.
4. Sie haben keinen einheitlichen Plan, wie Sie Ihre Botschaft dem Kunden oder im Handel vermitteln.
5. Die meisten Neukunden werden vom Vertriebspersonal akquiriert.
6. Stammkunden sagen: »Ich wusste nicht, dass Sie *das* auch anbieten.«
7. Sie haben keine Datenbank für bestehende oder potenzielle Kunden.

Trotz des ständigen Wandels von Marketing, Märkten und Medien bietet der Guerilla-Ansatz noch immer für jeden, der sich mit Marketing beschäftigt, eine Quelle guter Ideen. Für Unternehmensgründer und Kleinunternehmer bleibt er nach wie vor die beste Wahl. Die erfolgreichen Geschäftsleute, die sich trotz kleiner Budgets und massenhafter Konkurrenz am Markt durchsetzen konnten, können Ihnen verraten, wie wichtig es ist, dass Sie das Guerilla Marketing so sehr verinnerlichen, dass es ein Teil von Ihnen wird.

Guerilla Marketing ist weder teuer, einfach, gewöhnlich noch nutzlos, es bietet keine graue Theorie, es wird (noch nicht) an den einschlägigen Ausbildungsstätten gelehrt, die meisten Werbeagenturen greifen (noch nicht) darauf zurück, und es ist nicht bekannt bei der Mehrheit Ihrer Konkurrenten. Wenn es so wäre, wären alle Unternehmer Guerillas und Ihr Weg zum Erfolg wäre asphaltiert und kein geheimer Pfad zum Ende des Regenbogens, an dem ein größerer Topf mit Gold auf Sie wartet, als Sie es sich jemals erträumt haben.

In einem Artikel in der *Harvard Business Review* erinnern uns John A. Welsh und Jerry F. White daran, dass »ein kleines Unternehmen kein kleines großes Unternehmen ist«. Ein Unternehmensgründer ist kein multinationales Konglomerat, sondern ein Einzelkämpfer, der Gewinne machen will. Um zu überleben, muss er einen anderen Horizont haben und seiner Arbeit andere Kriterien zugrunde legen als der Chef eines großen oder selbst eines mittleren Unternehmens.

Ein anderer Unterschied zwischen kleinen und großen Unternehmen besteht darin, dass kleine Unternehmen an dem leiden, was der Artikel in der *Havard Business Review* als »Ressourcenarmut« bezeichnet – eine Tatsache, die einen völlig anderen Marketingansatz erfordert. Wenn große Werbebudgets nicht nötig oder nicht verfügbar sind, wenn eine teure Anzeigenproduktion begrenztes Kapital vergeudet, wenn jeder Marketingcent zweimal umgedreht wird, wenn die Firma, das Kapital und das materielle Wohlergehen einer Person auf dem Spiel stehen, kann Guerilla Marketing das Blatt wenden und solide Gewinne einfahren.

Ein Großunternehmen kann in eine groß angelegte Werbekampagne investieren, die von einer Werbeagentur durchgeführt wird, und verfügt über die erforderlichen Ressourcen, auf eine andere Kampagne umzuschwenken, wenn die erste nicht erfolgreich war. Und wenn der Werbeleiter des Unternehmens auch nur ein Fünkchen Verstand besitzt, wird er das nächste Mal eine andere Agentur beauftragen. Dieser Luxus steht Unternehmensgründern, die es von Anfang an richtig machen müssen, nicht zur Verfügung. Unternehmensgründer, die zugleich Guerillas sind, machen es von Anfang an richtig, weil sie wissen, wie es geht – so wie Sie.

Das heißt nicht, dass ich die Methoden großer Konzerne schlechtmachen will – im Gegenteil. Ich habe Werbekampagnen für Alberto-Culver, Quaker Oats, United Airlines, Citicorp, Visa, Sears und Pillsbury entwickelt und dabei die üblichen Marketingtechniken für Großunternehmen erfolgreich angewendet. Aber anzudeuten, dass die Kleinunternehmer, die ich berate, dieselben Techniken verwenden sollten, wäre unverantwortlich und die reinste Geldverschwendung. Stattdessen greife ich in diesen Fällen auf die Techniken des Guerilla Marketings zurück, Techniken, für die ich bei Procter & Gamble oder IBM ausgelacht werden würde.

Viele der Ansätze und einige der Techniken sind gleich. Auch Kleinunternehmer müssen die taktischen Operationen an der Marketingstrategie ausrichten und ihre Marketingaktionen vor dem Hintergrund dieser Strategie prüfen. Zudem müssen sie alle Marketingwege prüfen, die ihnen zur Verfügung stehen. Einzig und allein der Profit macht den Unterschied. Jungunternehmer müssen sehr viel genauer als große Unternehmen darauf achten, was unter dem Strich dabei herauskommt.

Kleinunternehmer müssen viel weniger Geld aufwenden, um ihre Marketingtaktik zu testen; ihr Marketing muss bereits für einen Bruchteil der Summen, die von den Großen ausgegeben wird, entsprechende Resultate zeigen. Kleine Unternehmen setzen Marketing persönlicher und realistischer ein.

Große Unternehmen denken sich nichts dabei, fünf Werbespots nur zu Testzwecken produzieren zu lassen. Kleine Unternehmen würden davon nicht einmal zu träumen wagen. Große Unternehmen beschäftigen mehrere Managementebenen, um die Effektivität ihrer Werbung zu analysieren. Kleine Unternehmen vertrauen der Urteilskraft einer Person. Große Unternehmen denken zuerst ans Fernsehen – neben dem Internet natürlich, dem effektivsten aller Marketingmedien. Kleine Unternehmen denken zunächst fast immer an Anzeigen im Lokalblatt. Große Unternehmen bezahlen teure Berater, um ihre Internetpräsenz zu maximieren. Kleine Unternehmen machen das selbst. Beide Unternehmen wollen Umsätze machen, an denen sie (gut) verdienen, aber dieses Ziel erreichen sie auf völlig unterschiedliche Art und Weise.

Große Unternehmen wollen häufig Branchenführer sein oder zumindest einen Markt oder ein großes Marktsegment dominieren, und sie nutzen Marketingmethoden, die für diese ehrgeizigen Ziele entwickelt wurden. *Kleine Unternehmen oder Selbstständige dagegen können sich schon als erfolgreich bezeichnen, wenn sie nur ein winziges Stück einer Branche, eine hauchdünne Scheibe eines Marktsegments für sich erobern.* Unterschiedliche Kriege erfordern eben unterschiedliche Taktiken.

Große Unternehmen müssen von Anfang an werben und hören praktisch nie mehr damit auf, aber bei kleineren Unternehmen kann es ausreichen, in der Gründungsphase zu werben und sich dann nur noch auf Guerilla-Waffen und Mundpropaganda zu verlassen. Können Sie sich vorstellen, was passieren würde, wenn sich Budweiser auf Mundpropaganda verlassen würde? Keine Frage, Miller würde deutlich mehr Bier verkaufen.

Eine gut gemachte Info-Broschüre, an einen großen Konzern geschickt, kann ausreichend Umsatz generieren, um die Kasse eines engagierten Telefonmarketing-Trainers für lange Zeit ordentlich zu füllen. Kein börsennotiertes Unternehmen könnte so vorgehen.

Viele Kleinunternehmer bekommen über Aushänge an Schwarzen Brettern mehr Aufträge, als sie brauchen. Ein großes Unternehmen würde diese Möglichkeit nie in Betracht ziehen. Und wenn, dann wäre es bald nicht mehr so groß. Methoden, die sich für kleine Unternehmen eignen, passen eben nicht unbedingt zu großen Unternehmen und umgekehrt.

Manager großer Unternehmen haben in der Regel sehr einfache Visitenkarten. Name, Firmenname, Adresse und Telefonnummer genügen. Vielleicht noch die Position. Bei einem Kleinunternehmer sollte die Visitenkarte jedoch deutlich mehr Informationen beinhalten. Auf der Visitenkarte einer Bekannten, die Dienstleistungen in der Textverarbeitung anbietet, steht neben den üblichen Angaben auch noch: »Professionelle Textverarbeitung: Verträge, wissenschaftliche Arbeiten, Statistiken, Manuskripte, Lebensläufe und Geschäftskorrespondenz.« Ihre Visitenkarte erfüllt zwei Aufgaben, und das muss sie auch. Das ist es, worum es bei Guerilla Marketing geht.

Eine Visitenkarte kann auch als Broschüre, Rundschreiben, Anzeige in Brieftaschengröße und Produktbeschreibung fungieren. Kunden wissen solche Minibroschüren zu schätzen: Zeit und Raum sind teuer, und so eine Visitenkarte spart Zeit und nimmt wenig Platz in Anspruch. Sie ist nicht nur ein Stück Papier, auf dem Name, Adresse und Telefonnummer stehen: Sie ist eine Marketingwaffe.

Ein großer Konzern kann Werbespots im Radio oder Fernsehen schalten, bei denen am Ende jedes Spots der Kunde aufgefordert wird, sich die Adresse der nächsten Vertriebsstelle in den Gelben Seiten herauszusuchen.

Als Einzelunternehmer würde man es nicht wagen, Hörer oder Zuschauer an die Gelben Seiten zu erinnern. So würde man potenzielle Kunden nur auf die Konkurrenz aufmerksam machen und ihnen unter Umständen die dominante Marktpräsenz eines Mitbewerbers vor Augen führen. Stattdessen verweist der schlaue Kleinunternehmer Interessenten auf das örtliche Telefonbuch, in dem die Konkurrenz nicht nach Branchen geordnet nebeneinander wirbt, und die kleine Schriftgröße der eigenen Firma nicht nachteilig ausgelegt wird.

Der vielleicht größte Unterschied zwischen einem Einzelunternehmer und einem großen Unternehmen ist der Grad an Flexibilität. Hier ist das kleine Unternehmen deutlich im Vorteil. Weil es eben nicht unzählige Managementebenen und eine gigantische Vertriebsorganisation auf Taktik und Strategien des Marketingplans eingeschworen hat, kann es Veränderungen sofort umsetzen. Ein kleines Unternehmen lässt sich blitzschnell mobilisieren, um auf Marktveränderungen, Winkelzüge der Konkurrenz, unentdeckte Servicenischen, Konjunkturschwankungen, neue Medien, interessante Ereignisse und kurzfristige Angebote zu reagieren.

Einem großen Unternehmen wurde einmal wertvolle Sendezeit zu einem Bruchteil des normalen Preises angeboten. Da das Angebot nicht in den in Stein gemeißelten Marketingplan des Unternehmens passte und der Sachbearbeiter, dem das Angebot unterbreitet wurde, mit so vielen Vorgesetzten Rücksprache halten musste, wurde nichts daraus. Stattdessen griff ein kleines Unternehmen zu: ein 30-Sekunden-Werbespot kurz vor Anpfiff des Super Bowl, dem Finale der US-amerikanischen Football-Profiliga, für unglaubliche 400 US-Dollar. Die Kosten dieses Werbespots (der im Großraum San Francisco ausgestrahlt wurde) lagen damals normalerweise beim Zehnfachen. Aufgrund seiner

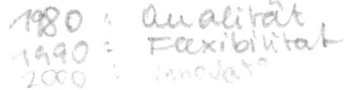

mangelnden Flexibilität konnte der riesige Konzern dieses Schnäppchen nicht nutzen. Geschwindigkeit und Flexibilität sind die Quintessenz des Guerilla Marketings.

Die Wirtschaft scheint sich in jedem Jahrzehnt einem allgemeinen Konzept zu unterwerfen. In den 1980er Jahren war es die *Qualität*. Qualität wurde sogar zur Voraussetzung, um in den 1990ern überhaupt unternehmerisch tätig zu sein. Das Konzept der 1990er lautete *Flexibilität*. Je mehr angeboten werden konnte, umso besser war das Angebot und umso mehr Kunden wurden zufriedengestellt. Flexibilität schien ein Brunnen zu sein, der positive Mundpropaganda speiste. Während des ersten Jahrzehnts des 21. Jahrhunderts hieß das Schlüsselkonzept *Innovation*. Anhänger des Guerilla Marketings sollten sich jedoch erst einen guten Ruf für Qualität und Flexibilität aufbauen und dieses Marktversprechen kontinuierlich erfüllen, bevor sie sich auf Innovationen konzentrieren.

Ein erfolgreicher Kleinunternehmer muss lernen, anders über Marketing und Werbung zu denken, als es große Unternehmen tun. Obwohl Sie über die Hauptmarketingtools genauso viel wissen müssen wie der Manager einer großen Firma, müssen Sie zugleich einen sechsten Sinn für die Chancen entwickeln, die sich nur kleinen Unternehmen bieten. Möglicherweise ist ein persönlicher Brief oder Besuch genau das Richtige. Ein Manager eines großen Unternehmens würde solche banalen Taktiken niemals erwägen. Vielleicht ist eine Telefonmarketingkampagne angesagt. Können Sie sich vorstellen, wie Coca-Cola versucht, Kunden per Telefonmarketing zu gewinnen? Oder wie Shell Oil versucht, Neukunden in einem persönlichen Gespräch zu überzeugen?

Die Möglichkeit eines kleinen Unternehmens, Persönliches ins Spiel zu bringen, ist eine Riesenchance. Kleine Unternehmen können Kunden gewinnen und halten, ihr Geschäft aufbauen und vergrößern, indem sie auf scheinbar kleine Details achten. Ein kleiner Betrieb kann zu seinen Kunden auf Tuchfühlung gehen, kann wirklich *persönlich* werden.

Mit kleinen Familienbetrieben assoziiert man in der Regel ein gewisses Maß an Wärme. Auch wenn Sie Ihr Unternehmen mit dem Geschäftssinn eines multinationalen Großkonzerns betreiben, können Sie von dieser Assoziation profitieren, indem Sie Ihren Stil mit einer Extraprise Wärme würzen.

Sie verfügen über die nötige Flexibilität, können schnell reagieren und haben keinen Ruf zu verteidigen. Deswegen können Sie Rundfunkspots schalten und Studenten beschäftigen, die Flugblätter in der Fußgängerzone verteilen. Sie müssen keinen sorgfältig ausgearbeiteten Unternehmensrichtlinien folgen, sind keinem Ausschuss Rechenschaft schuldig, müssen keine betrieblichen

Strukturen einhalten. Sie sind eine Guerilla. Sie sind das Unternehmen. Sie sind sich selbst Rechenschaft schuldig. Sie machen die Regeln, und Sie brechen sie. Und deswegen sind Sie verblüffend, unverschämt, überraschend, unvorhersehbar, brillant und schnell.

Vielleicht haben Sie das seltene Glück einer anhaltend positiven Mundpropaganda. Wenn Sie wirklich gut sind bei dem, was Sie tun, und wissen, wie man Empfehlungsmarketing einsetzt, kann es genügen, um Ihre Kassen klingeln zu lassen. Ich kenne kein Fortune-500-Unternehmen, das sich diese Annehmlichkeit leisten kann.

Scheinbares Empfehlungsmarketing ist übrigens häufig eine Kombination von Werbung in Zeitungen, Zeitschriften und Radio sowie Postwurfsendungen und Empfehlungen. Täuschen Sie sich nicht: Ohne Werbung in den Medien können Sie nicht überleben. Damit zu überleben ist wie ein Sechser im Lotto mit dem ersten Lottoschein Ihres Lebens.

Merken Sie sich, dass kein großes Unternehmen mit Mundpropaganda allein erfolgreich sein kann, ein kleines Unternehmen aber durchaus. Tun Sie sich jedoch einen Gefallen und verlassen Sie sich nicht nur auf die Empfehlungen zufriedener Kunden. Selbst für einen Guerilla ist konsistentes Marketing entscheidend für den Erfolg.

Ein Gesamtmarketingplan für einen Selbstständigen könnte folgende Komponenten umfassen: ein Eintrag in den Gelben Seiten, eine Webseite, eine E-Mail-Kampagne, ein Werbeschreiben mit beigelegter Visitenkarte, ein Schild vor der Tür und ein Nachfassanruf bei allen, denen Sie Ihr Werbematerial geschickt haben. Diese sechsfache Aktion könnte ausreichen, um ein Geschäft auf die Beine zu stellen. Sie können sich sicher sein, dass kein großes Unternehmen einen derart kurzen, einfachen und günstigen Marketingplan hat.

Stellen Sie sich vor, ein Tacker und eine Handvoll kopierter Zettel wären die einzigen Marketingwerkzeuge. IBM würde jeden hinauswerfen, der es wagte, so etwas ernsthaft vorzuschlagen. Doch viele erfolgreiche Dienstleister brauchen nicht viel mehr. Die Bekannte, von der ich eingangs sprach, gründete ihr Textverarbeitungsbüro mit selbst gestalteten Anzeigen, die ihr Können unter Beweis stellten und die sie mit ihrem Tacker an den Schwarzen Brettern der örtlichen Universitätsfakultäten befestigte. Heute macht sie keine Aushänge mehr, auf ihrem Tacker hat sich reichlich Staub angesammelt. Jetzt verlässt sie sich auf positive Mundpropaganda und bekommt ihre gesamten Aufträge über Empfehlungen.

Es gibt Kleinunternehmer, die sich dauerhaft über ein profitables Geschäft freuen können, indem sie Kleinanzeigen in Printmedien und im Web schalten.

Beim Durchsehen der Kleinanzeigen finden Sie Massen solcher Anzeigen. Kleinanzeigen sind übrigens Pflichtlektüre für angehende Unternehmer, denn sie verraten Ihnen die gängigen Preise. Im Verlauf dieses Buches werden Sie noch viel darüber lesen. Was ich Ihnen hier klarmachen möchte, ist, dass Kleinanzeigen ein wichtiges Werkzeug für Selbstständige und Kleinunternehmer sind – kein Werkzeug für große Unternehmen. Ich bezweifle, dass die meisten professionellen Werbeagenturen der Welt Kleinanzeigen korrekt einsetzen können, aber für Selbstständige und Kleinunternehmer können Kleinanzeigen von unschätzbarem Wert sein.

Der Einsatz von Kleinanzeigen ist nicht wirklich ein Geheimtipp. Aber es gibt 16 bedeutende Marketinggeheimnisse, die wirklich alle Unternehmer kennen sollten. Diese werden Sie im nächsten Kapitel kennenlernen.

3 Die 16 großen Geheimnisse des Guerilla Marketings

Als waschechter Guerilla sind diese 16 Geheimnisse für Sie natürlich alles andere als Geheimnisse. Diese bewährten Marketingweisheiten findet man jedoch aus irgendeinem unerfindlichen Grund nicht im Standardrepertoire großer und kleinerer Unternehmen. Ein beliebiges Produkt oder eine Dienstleistung kann meiner Meinung nach aber nur dann erfolgreich vermarktet werden, wenn diese Geheimnisse bekannt sind und in die Praxis umgesetzt werden. Allein schon dadurch, dass diese Geheimnisse erlernt und umgesetzt werden, sind sicherlich 80 bis 90 Prozent des steinigen Weges zum Marketingerfolg überwunden.

Ihr Kleinbetrieb soll einmal ganz groß und stark werden? Dann setzen Sie die 16 Geheimnisse in die betriebliche Praxis um. Wenn Ihnen diese Konzepte in Fleisch und Blut übergehen, verschaffen Sie sich gegenüber all denjenigen, die sich nicht darum bemühen, einen gewaltigen Vorsprung.

Um Sie nicht länger auf die Folter zu spannen, will ich die Geheimnisse jetzt und hier lüften. Für den mit der englischen Sprache vertrauten Leser nenne ich zuerst die englischen Begriffe, die sich leicht einprägen lassen, da sie allesamt auf *-ent* enden: Commitment, Investment, consistent, confident, patient, Assortment, subsequent, convenient, Amazement, Measurement, Involvement, dependent, Armament, Consent, Content und augment. All denjenigen, die lieber mit deutschen Begriffen arbeiten, steht zwar keine Eselsbrücke zum Einprägen zur Verfügung, aber Sie können sich 16 einfache Schlagworte sicherlich auch so merken: Engagement, Investition, Wiedererkennungswert, Vertrauen, Geduld, Arsenal, Anschluss, Komfort, Verblüffung, Kontrolle, Verbundenheit, Abhängigkeit, Waffen, Einverständnis, Substanz, Ausbauen.

1. Zeigen Sie *Engagement* für Ihr Marketingprogramm.
2. Betrachten Sie das Marketingprogramm als *Investition*.
3. Achten Sie auf ein hohes Maß an *Wiedererkennungswert* bei der Gestaltung des Programms.

4. Bauen Sie bei potenziellen Kunden *Vertrauen* in Ihre Firma auf.
5. Üben Sie sich in *Geduld*, damit Ihr Engagement nicht schwindet.
6. Marketing muss für Sie im Grunde nichts anderes als ein *Waffenarsenal* sein.
7. Denken Sie immer daran, dass sich der beste Profit erst im *Anschluss* an den Verkauf einstellt.
8. Gestalten Sie Ihre Betriebsabläufe so, dass Sie Ihren Kunden möglichst hohen *Komfort* bieten können.
9. Sorgen Sie mit Ihrem Marketingkonzept für *Verblüffung*.
10. Unterziehen Sie die Wirksamkeit Ihrer Waffen einer *Kontrolle*.
11. Beweisen Sie Ihre *Verbundenheit* mit Kunden und Interessenten, indem Sie regelmäßig mit ihnen Kontakt aufnehmen.
12. Lernen Sie, gegenseitige *Abhängigkeiten* mit Kooperationspartnern einzugehen.
13. Lernen Sie, mit den *Waffen* eines Guerillas umzugehen, das heißt mit der Technologie.
14. Sichern Sie sich mithilfe des Marketings das *Einverständnis* potenzieller Kunden. Vertiefen Sie es anschließend, sodass die Einverständniserklärung in einem Kauf mündet.
15. Bieten Sie *Substanz* statt Äußerlichkeiten, verkaufen Sie niemals eine Mogelpackung und handeln Sie stets nach dem Motto »Nur der Inhalt zählt!«.
16. Wenn Sie ein gutes Marketingprogramm ausgetüftelt haben, ruhen Sie sich bitte nicht auf Ihren Lorbeeren aus, sondern arbeiten Sie fleißig daran, es weiter *auszubauen*.

Wenn Ihnen das Guerilla-Dasein jetzt schon Freude macht, werden Sie sich freuen zu hören, dass es zu den 16 Schlagworten noch eine Garantie obendrauf gibt: Wenn Sie sich diese einprägen und die dazugehörigen Konzepte in Ihre Betriebsabläufe integrieren, wird das Ergebnis Ihre kühnsten Erwartungen übertreffen. Wenn Sie allerdings nur 15 auswendig lernen, beschweren Sie sich bitte nicht über den ausbleibenden Erfolg.

Dazu ein Fallbeispiel: Als ich bei einer Werbeagentur in Chicago angestellt war, beorderte uns ein Zigarettenhersteller aus New York vor Ort und beauftragte uns damit, ihn von Platz 31 unter den großen US-amerikanischen Zigarettenmarken weiter nach vorne zu bringen und das Image der als feminin geltenden Marke zu verändern. Um 1960 herum gab es zwar mehr Raucherinnen als Raucher, doch Männer rauchten deutlich mehr. Unser Kunde wollte daher von uns wissen, ob wir uns der Aufgabe gewachsen sahen, seine Marktposition zu verbessern und der Marke ein maskulineres Image zu verleihen.

»Schaffen Sie das?«, fragte er uns. »Wir können es zumindest probieren«, entgegneten wir und flogen nach Chicago zurück. Wir schickten sofort zwei Fotografen und einen Kreativdirektor auf eine Ranch im Westen von Texas, die einem echten Rinderbaron gehörte, der mit dem Kreativdirektor befreundet war. Unsere Fotografen hatten den Auftrag, zwei Wochen lang die Cowboys bei der Arbeit zu fotografieren. »Authentische Fotos, bitte!«, lautete der Auftrag. »Wir wollen Cowboys, Pferde und eine wildromantische Kulisse. Keine Kühe, keine Frauen, keine gestellten Posen.«

Während unsere Fotografen ihren Job erledigten, erfanden wir ein neues Land, das wir »Marlboro Country« tauften. Als Slogan entschieden wir uns für »Come to where the flavor is. Come to Marlboro Country.«. Dann kamen unsere Fotografen zurück, und wir entwickelten die Bilder, vergrößerten sie und fügten unseren Slogan ein. Unserer Ansicht nach hatten wir ganze Arbeit geleistet und konnten es kaum erwarten, sie dem Marlboro-Markenteam zu präsentieren. Nach der Landung in New York schnappten wir uns ein Taxi in die Park Avenue, wo sich die Zentrale von Philipp Morris befand, zu dem Marlboro gehörte. Während der Fahrt unterhielten wir uns aufgeregt über die bevorstehende Präsentation, und irgendwann mischte sich der Taxifahrer in unser Gespräch ein. »Sind Sie in der Werbebranche?«, fragte er. Wir bejahten, woraufhin er von uns wissen wollte, ob wir denn allen Ernstes glaubten, Werbung hätte irgendeine Wirkung.

»Ja sicher, Werbung funktioniert«, entgegneten wir.

»Bei mir ganz bestimmt nicht«, behauptete unser Taxifahrer. »Ich habe mich noch nie von der Werbung beeinflussen lassen, wenn ich etwas kaufen will, und dabei wird's auch bleiben!«

»Welche Zahnpasta verwenden Sie denn?«, wollten wir wissen.

»Ich putze meine Zähne mit Gleam, aber das hat nichts mit der Gleam-Werbung zu tun. Ich benutze sie, weil ich mir in meinem Job nicht nach jeder Mahlzeit die Zähne putzen kann.«

Der Gleam-Werbeslogan lautete damals »Für alle, die sich nicht nach jeder Mahlzeit die Zähne putzen können«. Die eigentliche Pointe der Geschichte kommt aber erst noch. Wir stellten dem Marlboro-Markenteam den Marlboro-Mann mit allem Drum und Dran vor: Marlboro Country, den Slogan, die TV-Werbespots (untermalt von der Titelmusik von *Die Glorreichen Sieben*, die wir für eine Gebühr von 50 000 US-Dollar pro Jahr nutzen durften. Damals war es noch legal, in Funk und Fernsehen für den krebserregenden Zigarettenkonsum zu werben), die Werbeplakate und die Anzeigen für Zeitungen und Zeitschriften.

Unsere Auftraggeber waren begeistert. So begeistert, dass sie für das erste Jahr der Kampagne bereitwillig 18 Millionen US-Dollar investierten. Ab diesem Moment begegnete man dem Marlboro-Mann überall – im Radio, im Fernsehen, in Zeitungen und Zeitschriften, auf Werbeschildern und Plakaten. In weniger als einem Jahr erlangte er den Status eines kulturellen Idols. Damals brachte man Lungenkrebs noch nicht mit dem Zigarettenkonsum in Zusammenhang, und auch wir waren uns des Risikos nicht bewusst. Der auch für die US-Marine zuständige Verteidigungsminister legte Beschwerde dagegen ein, dass unser Marlboro-Mann tätowiert war, da er sich über das Infektionsrisiko sorgte, dem sich viele Seeleute in den eher schmuddeligen Tätowierungsstudios aussetzten, doch der US-amerikanische Gesundheitsminister hatte offensichtlich keine Einwände.

Nach einem Jahr kehrten wir nach New York zurück, um uns auf die Schulter klopfen und beglückwünschen zu lassen. Doch dann mussten wir zu unserem Entsetzen erfahren, dass die Marke Marlboro nach einem Jahr noch immer auf Platz 31 der Zigarettenmarken war. Die Befragung von Fokusgruppen in fünf US-amerikanischen Städten hatte ergeben, dass sich an dem femininen Image der Marke nichts geändert hatte! Trotz unserer echten Cowboys, die auf einer echten Ranch echte Schwerstarbeit leisteten, trotz der Tatsache, dass jedes einzelne Bild unserer Werbekampagne betont maskulin war, empfanden die Verbraucher Marlboro noch immer als Frauenmarke.

Wie sieht es heute aus? Heute ist Marlboro die führende US-amerikanische Zigarettenmarke, für Männer ebenso die Nummer eins wie für Frauen. Marlboro ist weltweit die bekannteste aller Zigarettenmarken. Jede fünfte Zigarette, die irgendwo auf der Welt verkauft wird, ist eine Marlboro. Die Pointe an der ganzen Geschichte ist die: An der Werbung hat sich absolut nichts geändert. Sie dreht sich noch immer um den Marlboro-Mann in Marlboro Country. Es darf zwar in Funk und Fernsehen und auch in den Printmedien nicht mehr für Zigaretten geworben werden, aber an der Kampagne an sich wurde seit ihrem Debüt nichts verändert.

Marlboro gilt heute als die am besten vermarktete Marke aller Zeiten. Der wahre Held der Kampagne war der damalige Philipp Morris-Chef Joseph Cullman IV. Als er uns nach dem ersten Jahr darüber informierte, dass die Marke nach wie vor auf Platz 31 rangierte, waren wir einfach nur sprachlos. Doch der gute Mr. Cullman tröstete uns, indem er uns an unsere eigenen Worte erinnerte: »Sie sagten doch, dass es einige Zeit dauern würde. Nun, ich für meinen Teil kann warten.«

Engagement

Widmen wir uns nun dem ersten Schlagwort, dem Engagement. Zwar gebe ich es nur äußerst ungern zu, aber ein mittelmäßiges Marketing mit hohem Engagement funktioniert wesentlich besser als ein brillantes Marketing ohne Engagement. Was ist also das Geheimnis eines funktionierenden Marketings? Müsste man diese Frage mit nur einem Wort beantworten, hieße es *Engagement*. Was ist das Geheimnis einer glücklichen Ehe, eines erfolgreichen Geschäfts, des Durchhaltens bei einem Marathonlauf? Die Antwort lautet Engagement, und glückliche Eheleute, erfolgreiche Geschäftsleute und sportliche Siegertypen wissen das.

Wenn Sie sich für Ihr Marketingprogramm nicht engagieren, sich nicht persönlich dafür einsetzen, wird es für Sie vermutlich nicht funktionieren. Meinen Kunden schärfe ich immer ein, dass *Engagement* das wichtigste Schlagwort ist, an das sie bei all ihren Marketingbemühungen denken müssen. Es bedeutet, Marketing ernst zu nehmen. Es bedeutet, nicht damit herumzuspielen und keine Wunder zu erwarten. Für spielerische Versuche ist das Budget zu knapp bemessen, das heißt, es muss gehandelt werden. Ohne Engagement verpufft jede Form des Marketings wirkungslos.

Ein Marketingplan muss so oft entwickelt, überarbeitet und erneut überarbeitet werden, bis er *seinen Zweck effizient erfüllen kann*. Erst dann setzen Sie ihn um und halten ihn strikt ein, komme, was wolle (eine Planänderung sollte die absolute Ausnahme sein). Bereiten Sie sich darauf vor, dass er zuerst nur langsam Wirkung zeigt, Fahrt aufnimmt und dann womöglich ins Stocken gerät, anschließend zwei Schritte nach vorne und wieder einen Schritt zurück macht, an Sicherheit gewinnt, bevor er wieder über eine Hürde stolpert, aber schließlich Triumphe feiert und Sie auf der Erfolgswelle mitreißt. Ihr Plan geht auf, die Kasse klingelt, Ihre Kontoauszüge animieren Sie zu Luftsprüngen. Und all das, weil Sie sich für Ihren *Marketingplan engagiert haben*.

Was aber, wenn Sie ungeduldig werden, weil Ihr Plan nur langsam Wirkung zeigt? Vielleicht ändern Sie ihn einfach, was ja viele tun. Was, wenn Sie Ihren Plan verwerfen, sobald er ins Stocken gerät? Viele Marketingprofis tun es und erweisen damit der Konkurrenz einen riesigen Gefallen. Was, wenn Sie die Nerven verlieren, nur weil Ihr Plan Sie einen Schritt zurückwirft? Wahrscheinlich versuchen Sie, ihn aufzupolieren. Stellen Sie sich vor, Sie ließen Ihren Plan fallen, weil er über eine Hürde stolperte, was wirklich jedem Marketingplan früher oder später einmal passiert. Das Ergebnis wäre katastrophal. Da Sie aber Ihrem Plan treu geblieben sind – weil Sie sich für ihn engagiert haben –, konnte er schließlich Fuß fassen. Der anschließende Erfolg ist größtenteils dem Umstand zu verdanken, dass Sie verstanden haben, was persönliches Engagement wirklich bedeutet. Ohne echte Einsatzbereitschaft für Ihren Marketingplan hätten Sie ihn vermutlich abgeschossen – und damit auch jede Chance auf Erfolg im Keim erstickt. *Engagement* zahlt sich für jeden aus, der begreift, was es bedeutet.

In Boulder, im US-Bundesstaat Colorado, sollte ein neues Matratzengeschäft eröffnet werden. Der Besitzer hatte von mir gehört und kam nach Kalifornien, um sich mit mir zu unterhalten. Wir haben uns sofort gut verstanden und diskutierten lebhaft darüber, was Engagement für ein Marketingprogramm bedeutete. Er gab offen zu, null Ahnung von Marketing zu haben, und überließ die ganze Sache mir. Ich stellte also einen Marketingplan auf, ließ ihn von meinem Kunden absegnen und schärfte ihm noch einmal ein, dass der Erfolg des Plans von seinem Engagement abhing. Wir reden hier von jemandem mit einem einzigen, winzig kleinen Laden, wohlgemerkt!

Die Marketingstrategie wurde umgesetzt, und nach sechs Wochen teilte mir mein Kunde telefonisch mit, dass sich trotz seines Engagements noch nicht absehen ließe, ob sich die Strategie für ihn als richtig erweisen würde. Er sähe die Sache aber völlig entspannt, da er glaube verstanden zu haben, worauf es beim Engagement ankäme. Nach zwölf Wochen rief er mich wieder an, um mir zu berichten, dass sich langsam die ersten Erfolge des Marketingprogramms einstellten. Nach sechs Monaten eröffnete er einen zweiten Laden, nach neun Monaten einen dritten, und nach einem Jahr besaß er fünf Läden. Mit unvermindertem Engagement setzte er sich für sein Marketingprogramm ein, und innerhalb von sechs Jahren gehörten ihm 42 Matratzengeschäfte in den US-Bundesstaaten Colorado, Iowa, Kansas, Wyoming und Missouri.

Hätte sich mein Kunde nicht strikt an unseren Plan gehalten, wäre er meiner Überzeugung nach nie so weit gekommen, die Eröffnung eines zweiten Ladens auch nur in Erwägung zu ziehen. Er hätte vom Plan abweichen können, doch der Plan war wohl überlegt und exakt auf seine Bedürfnisse zugeschnitten.

Abgesehen von möglichst kostengünstigen Testläufen, Ihrer Intuition und Ratschlägen von Menschen, denen Sie vertrauen, lässt sich in der Anfangsphase Ihres Marketingplans unmöglich sagen, ob er sich als gut oder schlecht erweisen wird. Sobald Sie an Ihren Plan glauben, müssen Sie sich in Geduld üben. Geduld und Engagement gehören untrennbar zusammen.

Der Plan für meinen Kunden beinhaltete wöchentliche Werbeanzeigen in der Zeitung, tägliche Hörfunkwerbung, überzeugende Ladenreklame, wöchentliche Schulungen für das Verkaufspersonal, konsequente Kundenpflege und Werbegeschenke für Kunden während sämtlicher Werbeaktionen. Das war in den 1970ern. In den 1980ern kamen TV-Werbespots hinzu, die jeden Monat drei Wochen hintereinander täglich ausgestrahlt wurden. In den 1990ern – in denen die Firma für eine geradezu unanständig hohe Summe verkauft wurde – wurde der Marketingplan um eine Videobroschüre und eine Homepage ergänzt, die mit anderen national und international tätigen Firmen verlinkt war. Über die gesamte Zeit wurde der Marketingplan im Wesentlichen unverändert beibehalten – weil der Eigentümer immer ein echter Guerilla blieb.

Stellen Sie einen wirklich guten Plan auf und halten Sie ihn ein, bis er Ihnen die gewünschten Erfolge beschert. Wie lange Sie darauf warten müssen? Drei Monate, wenn Sie Glück haben. Wahrscheinlich eher sechs Monate, vielleicht aber auch ein Jahr. Im Fall von Marlboro dauerte es sogar noch länger. Absolut sicher ist, dass Sie ganz bestimmt nicht in den ersten 60 Tagen erfahren werden, ob Ihr Plan aufgeht. Engagement ist eine direkt von der Zeit abhängige Größe. Je länger Sie Ihrem Plan treu bleiben, desto stärker wird Ihr Engagement. Wenn Sie auf See Schiffbruch erleiden und zum rettenden Ufer schwimmen müssen, geben Sie ja auch nicht einfach auf, wenn Sie es nach einer Stunde – oder nach fünf – noch nicht erreicht haben. Um zu überleben müssen Sie sich *voll dafür einsetzen*, wieder festen Boden unter die Füße zu bekommen.

Denken Sie daran, und auch an Marlboro, wenn Sie ungeduldig mit dem Gedanken spielen, Ihren Marketingplan schon nach kurzer Zeit abzuändern. Das nächste Mal, wenn eine Anzeigenwerbung nicht die Resultate erbringt, die Sie erwartet haben, sollten Sie sich Folgendes in Erinnerung rufen, um die letzten Missverständnisse in punkto Engagement auszuräumen.

1. Ein Mann, der eine Werbung zum ersten Mal sieht, nimmt sie nicht wahr.
2. Beim zweiten Mal schenkt er ihr keine Beachtung.
3. Beim dritten Mal wird er sich zumindest ihrer Existenz bewusst.
4. Beim vierten Mal erinnert er sich dunkel daran, dass er sie schon einmal gesehen hat.
5. Beim fünften Mal liest er sie.
6. Beim sechsten Mal rümpft er darüber die Nase.

7. Beim siebten Mal liest er sie komplett durch und denkt sich: »Au weia!«.
8. Beim achten Mal denkt er sich: »Das schon wieder!«.
9. Beim neunten Mal fragt er sich, ob an der Werbung wohl irgendetwas dran ist.
10. Beim zehnten Mal fragt er seinen Nachbarn, ob er das Produkt schon einmal probiert hätte.
11. Beim elften Mal fragt er sich, ob sich die viele Werbung für den Hersteller wohl lohnt.
12. Beim zwölften Mal glaubt er, es könnte ja eigentlich etwas Gutes sein.
13. Beim dreizehnten Mal glaubt er, ein Versuch könnte sich lohnen.
14. Beim vierzehnten Mal erinnert er sich daran, dass er so etwas doch schon immer haben wollte.
15. Beim fünfzehnten Mal ärgert er sich, dass er es sich nicht leisten kann.
16. Beim sechzehnten Mal weiß er, dass er es sich eines Tages kaufen wird.
17. Beim siebzehnten Mal schreibt er es sich auf seinen persönlichen Wunschzettel.
18. Beim achtzehnten Mal flucht er darüber, dass er so wenig Geld hat.
19. Beim neunzehnten Mal rechnet er noch einmal ganz genau nach.
20. Sieht er die Werbung zum zwanzigsten Mal, kauft er sich das Produkt – oder schickt seine Frau vor.

Diese Auflistung hat ein gewisser Thomas Smith aus London im Jahr 1885 zusammengestellt. So viel zum Engagement. Wenden wir uns nun dem zweiten der 16 wichtigsten Geheimnisse zu – der Investition.

Investition

Marketing und Werbung sollten als konservative *Investitionen* betrachtet werden. Sie bewirken keine Wunder, sie sind keine Zaubersprüche und sie bescheren keine unmittelbaren Erfolge. Wer Marketing nicht als konservative Investition begreift, wird sich mit dem Engagement für das Marketingprogramm ziemlich schwertun.

Nehmen wir an, Sie kaufen sogenannte Blue-Chip-Aktien, mit denen eigentlich nichts schiefgehen kann. Fällt der Kurs nach einigen Wochen, behalten Sie Ihre Aktien trotzdem, da Sie darauf hoffen, dass der Kurs sicher bald wieder steigt. Aller Wahrscheinlichkeit nach wird er das auch tun. So ist das nun einmal mit konservativen Investitionen. Betrachten Sie Ihr Marketing aus derselben Perspektive. Falls Ihre Marketinginitiative sofortige Wirkung zeigt, ist das natürlich ganz ausgezeichnet, im Normalfall aber lassen die Erfolge länger auf sich warten.

Das Marketing leistet einen langsamen, aber sicheren Beitrag zu Ihrem Geschäftserfolg. Am Ende eines Geschäftsjahres werden Sie sehen können, dass Sie mit Marketinginvestitionen in der Höhe von X Umsatzsteigerungen in der Höhe von X plus Y erzielt haben. Rechnen Sie aber bitte nicht mit einer plötzlichen Verdoppelung Ihres Umsatzes. Das ist zwar auch schon vorgekommen, ist aber eher selten. Machen Sie sich diesen Umstand klar, können Sie mit einem guten Gefühl Jahr für Jahr in Ihr Marketing investieren. Wenn Sie Ihre Erwartungen höher schrauben, werden Sie höchstwahrscheinlich enttäuscht werden. Wenn Sie realistische Erwartungen hegen, werden Sie höchstwahrscheinlich mit Erfolg belohnt werden.

Dazu ein Beispiel einer kurzsichtigen Geschäftsentscheidung: Zusammen mit meinem Kunden, für den Zeitungswerbung absolutes Neuland war, entwickelte ich ein Marketingprogramm, eine Kreativstrategie und einen Medienplan für seine vier Brillengeschäfte. Wir sprachen ausführlich über die Notwendigkeit seines Engagements, dann wurden die Anzeigen geschaltet. Vier Wochen später teilte mir mein Kunde mit, dass er das gesamte Marketingprogramm einstellen wolle. Als ich ihn nach seinen Gründen fragte, erzählte er mir, dass er sich nach den ersten vier Wochen mindestens die Verdoppelung seines Umsatzes erwartet hatte. Ich hätte ihn zwar darauf hingewiesen, dass Werbung nicht so funktioniere, er wolle aber kein Geld mehr für Werbemaßnahmen ausgeben, die keine sofortige Umsatzsteigerung bewirkten. Ich versuchte ihm klarzumachen, dass die Ausgaben eine echte, lohnenswerte Investition darstellten, auch wenn es momentan ganz und gar nicht danach aussähe.

Ich wünschte, ich hätte ihm klarmachen können, dass seine Werbeausgaben tatsächlich nichts anderes als eine konservative Investition waren. Vielleicht hätte er ihr Potenzial – und ihre Grenzen – dann besser verstehen können. So aber stellte er das Programm ein und erlitt finanzielle Verluste. Er hatte das Konzept der Investition nicht verstanden, sondern Wunder, sofortige Ergebnisse und radikale Veränderungen erwartet. Mit so einer Erwartungshaltung setzen Sie Ihr Geld garantiert in den Sand, denn Marketing funktioniert nun einmal nicht so. Betrachten Sie jeden Cent, der in eine Marketingmaßnahme fließt, nicht als Ausgabe, sondern als *Investition*.

Wiedererkennungswert

Das dritte Marketinggeheimnis besteht im Wiedererkennungswert Ihres Programms. Bleiben Sie bei Ihrem Medium. Bleiben Sie bei Ihrer Botschaft. Bleiben Sie bei dem Format Ihrer Grafiken. Variieren Sie meinetwegen Ihre Angebote, Überschriften und sogar Ihre Preise, aber bewahren Sie sich Ihre Identität. Und verschwinden Sie nicht einfach für einen längeren Zeitraum von der Bildfläche. Sobald Sie für Ihren Marktauftritt bereit sind, müssen Sie konsequent für Ihr Produkt oder Ihre Dienstleistung werben. Der Wiedererkennungswert steigt, je regelmäßiger und langfristiger Sie werben. Das heißt, lieber häufig kleine Anzeigen schalten als alle paar Monate eine große. Das heißt, lieber jede Woche zwölf Radiospots ausstrahlen, als alle paar Monate 55 Spots geballt zu senden. Sofern Sie regelmäßig auf sich aufmerksam machen, können Sie sich ruhig einmal eine Woche lang aus den Medien zurückziehen.

Der Wiedererkennungswert stärkt den Bekanntheitsgrad, ein hoher Bekanntheitsgrad stärkt das Selbstvertrauen, und Selbstvertrauen fördert den Umsatz. Sind Ihre Produkte oder Dienstleistungen von ausreichend hoher Qualität, lockt das Selbstvertrauen, mit dem Sie für Ihr Angebot werben, Kaufinteressenten besser als alles andere.

Vertrauen

Das vierte Geheimnis ist, bei Interessenten das *Vertrauen* in Ihr Angebot zu wecken und zu stärken. Vertrauen ist extrem wichtig – wichtiger als die Qualität, die Angebotspalette, der Preis oder der Service. Vertrauen wird sich als ein treuer Verbündeter erweisen. Und Ihr Engagement, das sich im regelmäßigen, konsequenten und wiedererkennbaren Marketing zeigt, weckt das Vertrauen in Sie am besten.

Seit über 40 Jahren zählt die Besitzerin eines Möbelgeschäfts zu meinen Kunden. Als sie erstmals für ihre Möbel warb, gab sie ein Vermögen für Werbespots im Fernsehen aus. Ob sie sich das als Jungunternehmerin leisten konnte? Nein, natürlich nicht. Sie war jedoch davon überzeugt, dass sich ihr geschäftlicher Erfolg nur über TV-Spots einstellen würde. In Anbetracht der immensen Kosten dafür begab sie sich damit allerdings auf den besten Weg zum geschäftlichen Ruin, da sie sich wöchentlich nur zwei Spots leisten konnte, auch wenn diese in den Werbepausen der damals beliebtesten TV-Shows ausgestrahlt wurden. Mit nur zwei TV-Spots in der Woche bringen sogar hohe Zuschauerquoten rein gar nichts. Selbst ein Nicht-Guerilla kann sich ausrechnen, dass so kein Gewinn zu machen ist. Inzwischen ist meine Kundin dazu übergegangen, in regionalen Kabelkanälen viele Spots auszustrahlen, was ihr höchst zufriedenstellende Gewinne einbringt und sie nur einen Bruchteil ihres Marketingbudgets kostet. Auf das Thema Fernsehwerbung komme ich später noch ausführlicher zu sprechen. An dieser Stelle sollte ein wichtiger Tipp genügen: Finger weg von Medien, die Sie nicht effektiv nutzen können!

Meiner Kundin gelang es, die Katastrophe abzuwenden, auf die sie mit ihren ruinösen TV-Werbeausgaben zugesteuert war. Als wir uns trafen, sprachen wir über Engagement, Investitionen, Wiedererkennungswert und die anderen Geheimnisse des Guerilla Marketings. Seit unserem ersten Treffen schaltet sie jeden Sonntag eine kleine Anzeige in der Zeitung, und ihre Umsätze verbessern sich stetig. Ohne von ihrem Bruttogewinn prozentual immer mehr in ihr Marketing investieren zu müssen, haben sich über den Zeitraum von mehreren Jahren die Umsätze drastisch erhöht. Ihre Ladenfläche hat sich inzwischen vervierfacht, was sich natürlich im Gewinn bemerkbar macht. Wie schon erwähnt, nutzt sie auch das Werbemedium Fernsehen wieder und strahlt für zwei Wochen im Monat täglich zehn Spots aus. Ihren fantastischen Erfolg hat sie konsequenter Werbung mit hohem Wiedererkennungswert zu verdanken. Ihre sonntägliche Zeitungsanzeige, die mittlerweile gar nicht mehr so klein ist, bezeichnet meine Kundin als »Garant für ihr täglich Brot«, und das sieht sie ganz richtig. Immerhin ist es genau diese Anzeige, die ihre Kunden in den Laden strömen lässt, was ihr immer wieder bestätigt wird. Bedenkt man, wie winzig die ursprüngliche Anzeige war, ist das kaum zu glauben. Bedenkt man allerdings, dass sie diese und ähnliche Anzeigen seit vielen Jahren in derselben Zeitung an immer derselben Stelle an jedem Sonntag schaltet, ist es wiederum völlig einleuchtend. Damit schafft meine Kundin bei den Verbrauchern ein Gefühl der Vertrautheit und des Vertrauens in ihr Angebot – was die Verkaufszahlen belegen.

Geduld

Meine Kundin ist engagiert. Sie betrachtet ihr Marketing als Investition. Sie ist konsequent präsent und somit wiedererkennbar, und sie stellt ihre Geduld andauernd unter Beweis. Außerdem hat sie ihr Marketingarsenal mit der Zeit sehr sorgfältig aufgerüstet.

Waffenarsenal

Die Ausrüstung mit den geeigneten Waffen erschließt meiner Kundin viele neue Geldquellen, deren Erträge die Erwartungen meist übertreffen. Je breiter gefächert Ihr Arsenal der Marketingwaffen ist, umso breiter wird Ihr Lächeln beim Lesen Ihres Jahresabschlusses.
Hakt meine Kundin bei den Käufern ihrer Möbel regelmäßig schriftlich nach? Selbstverständlich! Ihr ist vollkommen klar, dass Marketing nach einem Verkauf längst nicht zu Ende ist.

Anschluss

Die sattesten Profite lassen sich mit den Marketingaktionen erzielen, die im *Anschluss* an einen Verkauf stattfinden. Der finanzielle Aufwand, ein Produkt oder eine Dienstleistung einem Neukunden schmackhaft zu machen, ist sechs Mal höher als bei einem bestehenden Kunden. Daher schreibt meine Möbelgeschäftsinhaberin immer ihre bereits bestehenden Kunden an, und der sichere Lohn für ihre Mühe besteht daraus, dass ihre treue Kundschaft immer wieder bei ihr einkauft.

Komfort

Das Möbelgeschäft meiner Kundin ist eine höchst komfortable Einkaufsadresse. Es hat nicht nur sieben Tage die Woche geöffnet, sondern bietet auch lange tägliche Öffnungszeiten. Für die Geschäftsinhaberin ist das zwar weniger komfortabel, für die Kunden aber umso mehr. Sie betreibt eine faszinierende Homepage und akzeptiert jede Kreditkarte, die Sie sich nur vorstellen können. Mit Schecks oder in Raten man natürlich auch bezahlen, die Möbel werden auf Wunsch ins Haus geliefert und montiert, und wer mit ihr Kontakt aufnehmen möchte, kann dies rund um die Uhr per Telefon, E-Mail oder Fax tun. Für bequeme Parkmöglichkeiten ist selbstverständlich auch gesorgt.

Verblüffung

Auch wenn ihr Laden eigentlich von selbst brummt, weiß meine Kundin, dass sie mit ihrem Marketing *verblüffen* muss. Daher der Hinweis an ihre Kunden, dass kundenspezifisch gefertigte Möbel zum Fabrikpreis erhältlich sind, da sie die Stücke in ihrer eigenen Fabrik fertigen lässt. Die Möbel verblüffen nicht nur durch ihren individuellen Stil, sondern auch durch ihre verblüffend günstigen Preise. Maßgefertigte Möbel zu Preisen wie für Massenanfertigungen verleihen der Werbung einen zusätzlichen Aha-Effekt.

Kontrolle

Am erstaunlichsten ist, dass meine Kundin die Effektivität ihrer Marketingmaßnahmen sogar verdoppeln konnte! Wie ist ihr dieses Wunder wohl gelungen? Nun, Sie wissen ja: Vertrauen ist gut, *Kontrolle* ist besser. Sie unterzog sämtliche Marketingmaßnahmen einer sorgfältigen Effektivitätskontrolle, indem sie jeden Besucher ihres Ladens fragte, wie er von ihr erfahren hatte. Mit dieser Information gewappnet strich sie alle Marketingwaffen und Werbemedien, die sich als unwirksam herausstellten, und konzentrierte sich auf die, die sich als besonders wirkungsvoll erwiesen hatten. Die Folge war eine Verdoppelung des Profits, allein aus diesem Grund: Kontrolle (oder Messung, Prüfung oder auch Sourcing, wenn Ihnen das lieber ist).

Verbundenheit

Tag für Tag wiederholen sich im Möbelgeschäft meiner Kundin Begegnungen der besonderen Art: das Wiedersehen mit zufriedenen Stammkunden, die immer herzlich begrüßt und kompetent beraten werden. Die Beziehung zwischen den Beteiligten ist von dem Gefühl der *Verbundenheit* geprägt – dem elften Geheimnis. Zusammen mit ihren Mitarbeitern stellt die Geschäftsinhaberin die Verbundenheit zu ihren Kunden kontinuierlich unter Beweis: mit Anschreiben, Einladungen zu persönlichen Verkaufsgesprächen, mit speziell auf die Kundenbedürfnisse zugeschnittenen Angeboten, der Pflege der äußerst hilfreichen Homepage und mit ihrer aufmerksamen, freundlichen Art, zu der gehört, dass sie die Namen fast aller ihrer Kunden kennt. Die Kunden wiederum beweisen ihre Verbundenheit, indem sie immer wieder einmal hereinschauen, um zu sehen, womit sich ihr Zuhause verschönern ließe. Und normalerweise geht niemand mit leeren Händen wieder hinaus. Sie beweisen ihre Verbundenheit, indem sie das Geschäft weiterempfehlen oder ihre Freunde beim Möbelkauf im Schlepptau haben, indem sie lautstark Mundpropaganda betreiben und ausliegende Fragebogen ausfüllen.

Abhängigkeit

Meine Kundin sieht sich nicht als eigenständige, autonome und unabhängig agierende Alleinkämpferin, ganz im Gegenteil. Sie ist sich der Abhängigkeit von ihrer Möbelfabrik bewusst, von den Zulieferern und nahe gelegenen Möbelgeschäften, die nicht in direkter Konkurrenz zu ihr stehen, von den Medien, die sie über preisgünstige Sonderaktionen informieren und sich einen Werbeplatz auch einmal mit einem gemütlichen Sofa – oder zwei – bezahlen lassen, und von der Konkurrenz, mit der sie sich auf Messen über die Neuigkeiten der Branche austauscht. Andererseits sind all diese Menschen wiederum von ihrer Bereitschaft abhängig, Informationen weiterzugeben, Geschäfte zu tätigen und Empfehlungen auszusprechen. Die Lektion besteht darin zu lernen, dass mit wachsender wechselseitiger Abhängigkeit auch die Profite für alle Beteiligten steigen. Sich auf Abhängigkeiten einzulassen ist ein weiteres Geheimnis eines Guerillas. Viele Kleinunternehmer sehen sich als unabhängige Einzelkämpfer, doch ein Guerilla weiß, dass gemeinsam mehr geleistet werden kann als alleine.

Als die erste Ausgabe dieses Buches erschien, hatte meine Kundin überhaupt keine Ahnung von Computern. Heute ist der Computer aus ihrem Geschäftsbetrieb nicht mehr wegzudenken, und mit seiner Hilfe werden ihre Marketingausgaben immer geringer, während ihre Gewinne in die Höhe schnellen.

Waffen

Wer in den Krieg ziehen und ihn gewinnen will, sollte sich vorher um die geeigneten *Waffen* bemühen. Die Waffen des Marketing-Guerillas sind technologisches Rüstzeug. Dazu gehören Computer, Internetauftritt, Funktelefon, Funkrufempfänger – auch als »Piepser« bekannt –, interne und externe Verbindungsleitungen, Telefonanlage, Fax und Funkverbindungen mit der Fahrzeugflotte. In einer Fabrik gehören dazu große und kleine Maschinen und Anlagen, mit denen mit möglichst geringem Kapital- und Materialaufwand möglichst viele Qualitätsprodukte hergestellt werden können. Die richtigen Waffen für Ihren Marketingfeldzug lassen sich mithilfe eines erschwinglichen DTP-Programms zusammenstellen. Das riesige Angebot an höchst einfallsreichen Waffen stellt für jeden noch so großen und finanzschweren Gegner eine tödliche Gefahr dar.

Einverständnis

An dieser Stelle möchte ich noch einmal auf einen relativ neuen Begriff aus dem sogenannten Permission Marketing hinweisen: *Opt-in* – ein Verfahren, bei dem sich der Verbraucher explizit damit einverstanden erklärt, Informationsmaterial zugeschickt zu bekommen. Mit Werbung lässt sich heutzutage kaum noch etwas verkaufen. Die beste Werbung und das beste Marketing zielen daher darauf ab, sich das *Einverständnis* der Verbraucher zu sichern, weitere Informationen zu erhalten. Ihre Aufgabe ist es dann, dieses Einverständnis so weit zu vertiefen, dass es in einem Kauf mündet. Wie gut das funktionieren kann, haben Sie in Kapitel 1 am Beispiel des Ferienlagers gelesen. Die Betreiberin wirbt sehr erfolgreich für ihr Angebot, indem sie sich zuerst das Einverständnis einholt, ihre DVD zuschicken zu dürfen, und baut dann darauf auf, bis sie um ein persönliches Beratungsgespräch bei den Interessenten gebeten wird. Weltweit gehen Firmen dazu über, auf ihren Webseiten das Einverständnis der Besucher einzuholen, bevor Werbematerial versendet wird. Liegt das Einverständnis vor, wird es vertieft, bis das geweckte Kaufinteresse zu einem Kauf führt. Je besser Sie das Opt-in-Prinzip verstehen, umso weniger Enttäuschungen undum so schönere Ergebnisse hält das Marketing für Sie bereit.

Substanz

Das vorletzte der 16 Geheimnisse – *Substanz* – soll Sie daran erinnern, dass die Verbraucher immer höhere Ansprüche stellen und sich immer weniger von spektakulären Spezialeffekten beeindrucken lassen. Der Verbraucher kennt den Unterschied zwischen Schein und Sein ganz genau. Auch wenn ein auffälliges Drumherum durchaus Neugierde weckt, wechselt kein Geld die Hände, wenn nicht auch Substanz dahintersteckt. Nur mit der eigentlichen Substanz Ihres Angebots gewinnen Sie Kunden und den Wettbewerb. In einem Witz fragt der hungrige Restaurantgast nach einem Blick auf den Teller den Kellner verzweifelt, wo das bestellte Schnitzel sei. »Sehen Sie doch einmal unter dem Salatblatt nach«, lautet die Antwort. Es bringt also nichts, noch so viele Beilagen aufzutischen, das Interessanteste ist und bleibt doch das Schnitzel – die Substanz! Fehlt Ihrem Angebot die Substanz, besorgt man sie sich anderswo.

Ausbau

Wenn Sie sich nun entspannt zurücklehnen und glauben, Ihr Job wäre erledigt, kommt Geheimnis Nummer 16 daher und rüttelt sie auf. Ihre Konkurrenten schlafen schließlich auch nicht, im Gegenteil. Jeden Tag werden sie ein bisschen schlauer und gefährlicher. Ihr härtester Job kommt jetzt erst, und er besteht darin, Ihren Marketingangriff weiter *auszubauen*. Arbeiten Sie an Ihrem Plan, polieren Sie Ihre Homepage auf, rüsten Sie Ihre Waffenkammer auf! Suchen Sie für Fusion Marketing nach weiteren Verbündeten, versuchen Sie, Ihre Marketinginvestitionen rentabler zu gestalten! Veränderungen sind im Marketing an der Tagesordnung. Welche Taktiken und Techniken lassen sich einsetzen, um mit dem geringsten Aufwand die größten Triumphe zu feiern?

Die 16 Geheimnisse stellen die wertvollsten Informationen dar, die Sie in diesem Buch zu lesen bekommen. Allerdings ist es extrem schwierig, die Regeln tatsächlich einzuhalten.

Wenn Ihr Marketingplan keine sofortige Wirkung zeigt, werden Freunde, Kollegen, Lebenspartner, Familienangehörige und Zulieferer auf Sie einreden, den Plan zu ändern. Dieselben Menschen, die es ja nur gut mit Ihnen meinen, werden auch jedes Marketingprogramm in Frage stellen, das Ihre Umsätze nicht in kürzester Zeit in die Höhe schnellen lässt. Diese Menschen werden sicherlich auch die ersten sein, die Ihre Marketingstrategie mitsamt allen Anzeigen und Spots für langweilig halten. Ihre Kunden sind aber garantiert anderer Ansicht. Ihre Kunden sind auf dem besten Weg, Vertrauen in Sie und Ihr Angebot aufzubauen, und Sie sollten nichts unternehmen, was diesen Prozess aufhalten oder untergraben könnte.

Setzen Sie Ihren Marketingplan also erst dann – und nur dann – in die Praxis um, wenn Sie bereit sind, sich mit Leib und Seele dafür zu engagieren. Segnen Sie ihn erst ab, wenn Sie bereit sind, in ihn zu investieren, und Sie Ihre Erwartungen an die Rentabilität auf ein realistisches Maß heruntergeschraubt haben. Setzen Sie ihn erst um, wenn Sie sich absolut sicher sind, dass Sie ihn konsequent befolgen werden. Das heißt nicht, dass keine Veränderungen erlaubt sind, das wäre Unsinn. Wichtig ist, dass Sie bei Veränderungen darauf achten, dass der Wiedererkennungswert erhalten bleibt.

- Ihre Mission: Die Kunden müssen Ihnen *vertrauen*
- Ihre Geheimwaffe: *Engagement*
- Ihre Spezialität: *Geduld*
- Ihr Marketing: *Waffenarsenal* mit mindestens 20 Waffen
- Ihre Finanzen: einige kluge *Investitionen* ins Marketing
- Ihr Fokus: Aktivitäten im Vorfeld und im *Anschluss* an den Verkauf
- Ihr Geschäft: höchster *Komfort* für den Kunden
- Ihre kreative Botschaft: enthält ein Element der *Verblüffung*
- Ihr unspektakulärster, aber extrem lukrativer Trick: *Kontrolle*, woher Ihre Kunden Sie kennen und wer sie eigentlich sind
- Ihre Kundenbeziehung: zeugt von Ihrer *Verbundenheit*
- Ihre Beziehung zu Geschäftspartnern: Zum gegenseitigen Nutzen gehen Sie wechselseitige *Abhängigkeiten* ein
- Ihr Marketingarsenal: ist hervorragend mit der Guerilla-*Ausrüstung* ausgestattet – mit benutzerfreundlicher Technologie
- Ihre Marketingziel: das *Einverständnis* Ihrer (potenziellen) Kunden, Werbematerial zugesendet zu bekommen
- Der Grund, weshalb Ihre Homepage oder Ihr Geschäft ständig gut besucht ist: viel *Substanz* und hervorragende Ideen, die die Fantasie anregen
- Ihr immerwährender Dauerjob: der *Ausbau* Ihrer Waffenkammer, Ihrer Kenntnisse und Fähigkeiten, damit Ihre Gegner schon bei der Erwähnung Ihres Namens die Flucht ergreifen

Damit wissen Sie nun alles Wesentliche über die 16 wichtigsten Marketinggeheimnisse. Es liegt an Ihnen, sie zu verinnerlichen und in Ihre Geschäftsabläufe zu integrieren, um sich einen ordentlichen Vorsprung im Wettbewerb zu sichern. Wie sich dieser Vorsprung sogar noch vergrößern lässt, erfahren Sie im nächsten Kapitel, in dem es darum geht, wie Sie die Planung Ihres Marketings am besten anpacken. Vorher aber verrate ich Ihnen noch Geheimnis Nummer 17: Die *Umsetzung* der 16 vorherigen! Ihre wichtigste Mission als Guerilla ist, Ihr Wissen in die Tat umzusetzen.

4 Die Entwicklung des Guerilla Marketing-Plans

1. Positionierung

Aber allein mit dem Wissen um die 16 Marketinggeheimnisse sind Sie noch nicht ausreichend für Ihre Marketingoffensive gerüstet. Zunächst brauchen Sie noch die sogenannte *Core Story*: eine wahre Geschichte über ein Problem, das Ihre Zuhörer haben, und darüber, wie Ihre Lösung das Leben dieser Menschen verbessern wird.

Die zwei wichtigsten Voraussetzungen für Ihren Erfolg mit Guerilla Marketing sind: 1. Machen Sie sich einen Plan und 2. halten Sie sich daran. Wenn Sie diese zwei Ratschläge beherzigen, sind Sie von Anfang an auf Erfolgskurs.

Aber wie entwickelt man die Sorte Plan, der man bedenkenlos zustimmen kann? Sie müssen forschen, grübeln, alle Einzelheiten prüfen und Ihre Core Story entwickeln. Der Unterschied zwischen Erfolg und Niederlage besteht allein in der Planung Ihres Marketingplans. Alles hängt davon ab, ob Sie eine Geschichte zu erzählen haben oder nicht. Ganz gleich, ob Sie als Alleinunterhalter auftreten oder ein Home-Office betreiben, Sie müssen Ihrer Strategie folgen, genau wie die ganz großen Unternehmen. Nur: Als Guerilla kann Ihre Geschichte mehr bewirken, weil sie persönlicher sein kann als die der Großkonzerne.

Ein Wort, das Sie von jetzt an verstehen und verwenden sollten, lautet *Positionierung*: Finden Sie die konkrete Nische, die Ihr Angebot ausfüllen soll. Was wollen Sie in den Augen Ihrer Kunden darstellen? Vielleicht kennen Sie JetBlue – eine amerikanische Fluglinie, die gegründet wurde, als die Reisebranche gerade in einer schweren Krise steckte. Mit einem soliden Marketingplan legte die neue Fluggesellschaft einen fulminanten Start hin. Sie positionierte sich als Fluglinie für alle – luxuriös, mit komfortablen Ledersitzen und viel Beinfreiheit, Bildschirmen an jedem Sitz, einer reichhaltigen Filmauswahl und überraschend niedrigen Flugpreisen. Der Erfolg ließ nicht lange auf sich warten. Die Marketingidee war das Ergebnis intelligenter Marktplanung und einer brillanten Positionierung.

Einer der bekanntesten Namen in amerikanischen Werbekreisen ist David Ogilvy. Nachdem er Milliarden von Dollar für Werbung ausgegeben hatte, stellte Ogilvy eine Liste mit 32 Marketing-Erkenntnissen auf. Seiner Ansicht nach war die wichtigste davon die Positionierung des Produkts. Marketingergebnisse hingen seiner Erfahrung nach weniger von der Qualität der Werbung ab als vielmehr von der Positionierung des Produkts.

Im Guerilla Marketing dienen Plan beziehungsweise Strategie als Sprungbrett für wirksames Marketing. Prüfen Sie Ihr Angebot im Hinblick auf die Ziele, Stärken und Schwächen des Angebots, den Wettbewerb, den Zielmarkt, die Bedürfnisse dieses Zielmarkts und die aktuellen wirtschaftlichen Bedingungen. Diese Fakten sollten bei der Etablierung einer korrekten Positionierung entscheidend sein. Stellen Sie sich folgende grundlegende Fragen: In welcher Branche bin ich tätig? Wie lautet mein Ziel? Welchen Nutzen kann ich meinen Kunden bieten? Worin bin ich meiner Konkurrenz überlegen? Was fürchte ich?

Erst wenn Sie die wahre Natur Ihres Geschäfts, aber auch Ihre Ziele, Stärken und Schwächen, Ihre Vorteile und Nachteile im Vergleich mit Ihrer Konkurrenz sowie die Bedürfnisse Ihres Zielmarkts kennen, ist es ein Kinderspiel für Sie, sich zu positionieren und eine Strategie zu formulieren.

Kleine Unternehmen haben einen Vorteil gegenüber großen, weil sie sich kleinere Nischen suchen, sie dominieren und darin florieren können. Ein kleiner Betrieb kann sich zum Beispiel auf Palmen spezialisieren, anstatt das komplette Baum- und Pflanzenprogramm anzubieten. Bestimmt kein Riesensegment, aber perfekt für eine kleine Firma.

Fragen Sie sich: Wie sieht mein Zielmarkt aus? Vielleicht lautet Ihre Antwort auf diese Frage heute anders als zu Beginn Ihrer Unternehmertätigkeit. Es gibt viele große neue Märkte, und viele Guerillas freuen sich über rekordverdächtige Gewinne, indem sie diese Märkte erobern. Eine Tatsache des Guerilla Marketings lautet: Je größer die Anzahl der Märkte, in denen man agiert, desto höher der Profit.

Beschränken Sie Ihr Marketing nicht auf eine einzige Zielgruppe. Das größte Kopierunternehmen der San Francisco Bay Area, das eigentlich versucht hatte, Unternehmen aller Art anzusprechen, entschied sich, einen Teil seines Marketingbudgets gezielt für Juristen einzusetzen, weil in dieser Branche die meisten Kopien benötigt werden. Diese Aktion führte zu einem 31-prozentigen Anstieg der Gewinne in einem Jahr, ohne dass das Unternehmen einen Cent mehr für Marketing ausgeben musste. Auch Sie müssen *all* Ihre Märkte kennen, bevor Sie loslegen.

Die großen Vier

In den USA haben sich in der Vergangenheit vier relativ neue Märkte als rentable Zielgruppen erwiesen. Sie werden nun mit Marketing bombardiert – ein Trend, der vermutlich länger anhalten wird. Diese Zielgruppen sind *Senioren, Frauen, ethnische Gruppen, insbesondere Amerikaner asiatischer und hispanischer Abstammung, und kleine Unternehmen,* vor allem solche, die von zu Hause aus operieren.

Laut Forschungsarbeiten der University of Michigan verlassen sich Senioren, wenn es um Verbraucherinformationen geht, stärker auf die Werbung in den Massenmedien als auf ihre Freunde oder Verwandten. Studien aus verschiedenen Quellen belegen, dass dieser Bevölkerungsgruppe ihre Gesundheit am wichtigsten ist, gefolgt von finanzieller Sicherheit, Gott und schließlich der Familie. Früher verstarben sehr viele Menschen kurz nach ihrem Eintritt ins Rentenalter. Heute steht ihnen ein Vermögen von 1,5 Billionen US-Dollar zur freien Verfügung.

Bei der Kommunikation mit älteren Menschen verwenden Guerillas bevorzugt die Begriffe *Ältere Menschen* oder *Menschen im besten Alter* anstatt *Senioren.* Und statt »über 55« sagen Sie bitte »55 plus«. Ihre Bilder sollten aktive, ältere Menschen zeigen, die ihr Leben offensichtlich in vollen Zügen genießen. Allzu Trendiges wird vermieden. Ältere Menschen reagieren positiv auf Produkte und Dienstleistungen, die ihre Selbstständigkeit ansprechen. Sie haben die Verantwortung für ihre Gesundheitsvorsorge übernommen. Aber ihre Sehkraft lässt nach, verwenden Sie also große Schrift in Ihrem Werbematerial. Wissen Sie, welche Zeitschrift die höchste Auflage in den USA hat? Früher war es *Reader's Digest,* dann die Fernsehzeitschrift *TV Guide* und heute *AARP,* das Magazin des gleichnamigen Seniorenverbandes.

Heute wird mehr als die Hälfte aller neuen Unternehmen in den USA von Frauen gegründet, und diese Unternehmen haben mehr Erfolg als die von Männern gegründeten. Frauen im 21. Jahrhundert unterscheiden sich stark von den Frauen des letzten Jahrhunderts. Sie sind freundlicher, zuvorkommender und besitzen mehr Unternehmergeist. Heute gehört eines von sechs US-amerikanischen Unternehmen einer Frau. Studien zeigen, dass 57 Prozent aller Frauen davon träumen, eine eigene Firma zu leiten, wobei 48 Prozent sagen, dass der Grund dafür darin besteht, ihre eigene Chefin sein zu wollen.

In den USA befinden sich 10,6 Millionen Firmen im Eigentum von Frauen – das ist fast die Hälfte aller kleinen Unternehmen. Frauen in den USA beschäftigen mehr als 19 Millionen Menschen, und ihre Unternehmen wachsen mit einer Geschwindigkeit, die doppelt so hoch ist wie der landesweite Durchschnitt. Frauen in den USA generieren insgesamt den beachtlichen Jahresumsatz von 2,5 Billionen US-Dollar.

Die moderne Frau von heute hat vielfältige Interessen und lässt sich über mehr Medien ansprechen als früher. Und: Frauen treffen Kaufentscheidungen. So werden zum Beispiel 79 Prozent aller Bettenkäufe von Frauen entschieden, auch wenn in 77 Prozent aller Fälle der Mann zahlt. Ähnliche Prozentsätze sind bei anderen kostspieligen Anschaffungen zu beobachten, so bei Häusern und Autos, die in der Regel die teuersten Anschaffungen im Leben eines Verbrauchers darstellen.

Guerillas beziehen Frauen nicht nur in ihre Zielgruppe mit ein, sondern richten auch einen Großteil ihres Marketings direkt und ausschließlich an Frauen.

Sprechen wir nun über die Macht von Frauen. Frauen kontrollieren mehr als 60 Prozent des gesamten Vermögens und Markteinflusses in den USA. Darüber hinaus verfügen sie über rund 75 Prozent ihres Haushaltseinkommens. Die Mehrheit der alleinstehenden Erwachsenen in den USA sind Frauen. 1970 war 1 Prozent der amerikanischen Geschäftsreisenden weiblich, 2005 waren es bereits 45 Prozent. Gemäß dem Internetforschungsunternehmen Jupiter sind 50 Prozent der Internetnutzer Frauen.

Mit freundlicher Genehmigung der Zukunftsforscherin Faith Popcorn möchte ich Ihnen nun sieben gängige Mythen über Frauen widerlegen:

- Mythos 1: *Man kann Frauen über einfache Produktdifferenzierung ansprechen*. Stimmt nicht. Frauen wollen eine Beziehung: Sie kaufen lieber Spülmittel von einem Unternehmen, das sich für die Kinderbetreuung engagiert. Innovative Beziehungen sind Frauen wichtiger als innovative Produkte.
- Mythos 2: *Produkte sprechen für sich*. Ein weiterer Mythos. Werbung ist ein Dialog. Jede Kommunikation muss in beide Richtungen laufen.
- Mythos 3: *Frauen kaufen gerne ein*. Nein, auch das trifft nicht zu. Ein Bericht des *Wall Street Journals* enthüllte, dass für 60 Prozent aller Frauen Einkaufen mit negativen Gefühlen verbunden ist.
- Mythos 4: *Mit Single-Exposure-Marktforschung lassen sich die Vorlieben von Frauen effektiv erforschen*. Faith Popcorn zufolge ist es nicht möglich zu beurteilen, ob es mithilfe von Werbung gelingt, eine langfristige Beziehung aufzubauen, wenn das entsprechende Werbematerial nur einmal vorgelegt wird.

- Mythos 5: *Unternehmensrichtlinien sind unwichtig*. Falsch, die Werte eines Unternehmens sind untrennbar mit seinen Marketingaktivitäten verknüpft.
- Mythos 6: *Service gibt's in der Kundendienstabteilung*. Weit gefehlt. Service ist die ultimative Marketingfunktion. Jeder Mitarbeiter muss sich voll und ganz dem Kundenservice verschreiben.
- Mythos 7: *Frauen haben keinen Geschäftssinn*. Stimmt nicht. Frauen gründen doppelt so viele Unternehmen wie Männer und beschäftigen mehr Mitarbeiter als alle Fortune-500-Unternehmen zusammen.

Unglücklicherweise bringt Arbeit Stress mit sich. Die Zeitschrift *Working Woman* fragte ihre Leserinnen nach dem besten Mittel gegen Stress. Die Antworten legten nahe, dass in 61 Prozent aller Fälle mehr Geld helfen würde, in 56 Prozent mehr Zeit.

Ethnische Gruppen sind eine potenzielle Goldgrube. In Nordamerika leben heute zehn Millionen Amerikaner asiatischer Abstammung, von denen viele wohlhabend und gebildet sind und für die Markenloyalität – zum Glück für jeden Guerilla – noch ein Fremdwort ist.

Der hispanische und der asiatische Markt in den USA verfügen gemeinsam über eine Kaufkraft von 216 Milliarden US-Dollar. Interessant ist, dass sich diese Menschen nicht mehr unbedingt assimilieren müssen, wenn sie es nicht wollen. Dank moderner Kommunikationstechnik können neue Immigranten ihre kulturelle und sprachliche Identität behalten, und Marketing-Guerillas diese Märkte mit maximaler Präzision erobern.

Als Guerilla sollten Sie sich der Kaufkraft der verschiedenen ethnischen Bevölkerungsgruppen bewusst sein. 2004 führten die »Weißen« in den USA mit einer Kaufkraft von 8600 Milliarden US-Dollar, dicht gefolgt von der »farbigen« Bevölkerung mit 7077 Milliarden US-Dollar, der asiatischen mit 363 Milliarden US-Dollar, der gemischtrassischen mit 258 Milliarden und der indianischen mit 47 Milliarden US-Dollar. Bis 2008 wird die kombinierte Kaufkraft der Afroamerikaner, der Amerikaner asiatischer Herkunft und der Indianer bei über 1,5 Billionen US-Dollar liegen. Lernen Sie sie kennen. Sorgen Sie dafür, dass sie Sie kennen.

Ausländische Einwohner der USA machen heute mehr als 10 Prozent der Bevölkerung aus, das sind fast 30 Millionen Menschen. Damit stellen sie ein größeres Segment dar als je zuvor in den letzten fünf Jahrzehnten. Auch wenn der asiatische Markt bislang den kleinsten der ethnischen Gruppen darstellt, wächst er doch rasch. Statistiken zeigen, dass das mittlere Einkommen in diesem Segment über dem Durchschnitt Nordamerikas liegt.

Guerillas betonen die Werte, die traditionellerweise für Amerikaner asiatischer Herkunft von Bedeutung sind: *Unabhängigkeit, Freizeit und die Familienzusammengehörigkeit als Mittel, um finanziellen Erfolg und einen höheren sozialen Status zu erreichen.* Asienstämmige Amerikaner lassen sich von Unternehmen ansprechen, die Glaubwürdigkeit und Erfahrung ausstrahlen. Die asiatisch-amerikanischen Marktsegmente beinhalten Chinesen, Koreaner, Japaner, Vietnamesen und Laoten.

Um die verschiedenen ethnischen Gruppen zu erreichen, können Sie Anzeigen in den von ihnen gelesenen Zeitungen schalten, Spots auf deren TV-Kabelkanälen senden, in ihren Onlineforen, Chat-Gruppen und -Konferenzen präsent sein, mit Direktmailing experimentieren, Events unterstützen, deren Zielgruppe mit Ihrer übereinstimmt, und sich mit ihren Webseiten verlinken, wenn Ihr Webangebot für diese Menschen von Nutzen ist. Viele ethnische Gruppen besorgen sich Verbraucherinformationen über Medien in ihrer Muttersprache.

So mancher Marketing-Profi hat Angst vor ethnischen Märkten, fremden Kulturen und Sprachen, die er nicht versteht. Guerillas stellen sich der Herausforderung, indem sie mit darauf spezialisierten Werbeagenturen zusammenarbeiten, die Ihnen helfen, Zugang zu den verschiedenen ethnischen Gruppen zu finden. Verschiedene Werbeagenturen haben sich bereits auf den riesigen afroamerikanischen Markt spezialisiert. Sammeln Sie Informationen über Ihre ausländischen Mitbürger und packen Sie es an.

Ein weiterer faszinierender und erstaunlich schnell wachsender Markt sind kleine Unternehmen. Mehr als 90 Prozent aller Unternehmen in Amerika sind kleine Unternehmen und 24 Prozent aller Amerikaner bezeichnen sich selbst als Telependler. Laut IDC/Link, einem Marktforschungsunternehmen, arbeiten mehr als 40 Millionen Amerikaner von zu Hause aus, und ihre Anzahl wächst jährlich um 20 Prozent. 1993 gab es 12,4 Millionen solcher Unternehmen, 2005 lag diese Zahl schon bei über 20 Millionen.

Der durchschnittliche amerikanische Home-Office-Worker ist 40,2 Jahre alt, hat ein Haushaltseinkommen von 59 200 US-Dollar, arbeitet am Schreibtisch und lebt in einer Großstadt oder deren Einzugsbereich. Beeindruckende 48 Prozent dieser Menschen haben eine College-Ausbildung abgeschlossen, 65 Prozent sind verheiratet. Welche Arbeit sie ausüben? Die häufigsten Berufe sind Berater – Management- oder Finanzberater, technischer Berater, Marketing- und Internetberater – sowie Grafikdesigner, Vertriebsvertreter, Groß- und Einzelhändler und Autoren.

Klingt das nach einer vernünftigen Zielgruppe für Sie? Sollte es, denn dank der modernen Technik ist es einfacher denn je, als kleines Unternehmen Erfolg zu haben, von zu Hause aus zu arbeiten und viel Geld zu verdienen.

Klären Sie Ihre Position

Wenn Sie Ihren Markt oder Ihre Märkte deutlich vor Augen haben, können Sie Ihre Marktposition klären. Beurteilen Sie die Position anhand der vier folgenden Kriterien: (1) Bietet meine Position einen Vorteil, den meine Zielgruppe wirklich will? (2) Ist es ein ehrlicher Vorteil? (3) Setzt mich meine Position klar von der Konkurrenz ab? (4) Ist sie einzigartig und/oder schwer nachzuahmen?

Solange Sie mit Ihren Antworten nicht völlig zufrieden sind, sollten Sie weiter nach der richtigen Position suchen. Haben Sie die Fragen zu Ihrer eigenen Zufriedenheit beantwortet, verfügen Sie auch über eine vernünftige Position, die Sie zu Ihrem Ziel führen wird. Eine genaue Marktposition erfordert klare, konstruktive Ziele und Bemühungen. Positionierung ist der Schlüssel zum Marketing. Kein Guerilla würde glauben, dass er ohne einen ordentlichen Marketingplan, zu dem eine klare Positionierungserklärung gehört, auch nur andeutungsweise richtiges Marketing betreiben würde.

Vor dem Formulieren Ihres Marketingplans sollten Sie üben, in großen Maßstäben zu denken. Ihre Fantasie kennt keine Grenzen, öffnen Sie sich für alle Möglichkeiten, die Ihr Unternehmen bietet.

Der fertiggestellte Marketingplan kann zehn Seiten umfassen. Versuchen Sie jedoch zunächst, ihn in einem Absatz zusammenzufassen, und vergessen Sie nicht, dass er sich, wie bereits erläutert, auch in sieben Wörtern ausdrücken lassen sollte. Aber konzentrieren wir uns jetzt auf den Goldstandard: die Guerilla Marketing-Strategie in sieben Sätzen.

Die Guerilla Marketing-Strategie in sieben Sätzen

Ohne diese Strategie dürfen Sie nicht aus dem Haus gehen und sich auch nicht an Ihren Schreibtisch setzen. Sie brauchen weder Waffen noch Rüstung, doch ohne einen einfachen Marketingplan sollten Sie nicht einmal daran denken, unternehmerisch aktiv zu werden. Guerillas planen eine Strategie mit sieben einfachen Sätzen:

1. Das Ziel Ihres Marketings – die Handlung, die Ihr potenzieller Kunde ausführen soll: zum Beispiel auf eine Webseite klicken, Ihr Ladengeschäft besuchen, einen Coupon ausschneiden, eine gebührenfreie Nummer wählen, beim Einkaufen nach Ihrem Produkt suchen, eine Probefahrt machen, seinen Arzt nach Ihrem Produkt fragen.
2. Wie Sie dieses Ziel erreichen – Ihr Wettbewerbsvorteil und der Nutzen Ihres Angebots.
3. Ihr Zielmarkt – oder Ihre Zielmärkte.
4. Ihre Marketingwaffen.
5. Ihre Nische, Ihre Position, Ihre Überzeugungen.
6. Die Identität Ihres Geschäfts.
7. Ihr Budget, ausgedrückt in Prozent Ihres erwarteten Nettoumsatzes. 2006 investierte ein Durchschnittsunternehmen in den USA 4 Prozent seines Bruttoerlöses ins Marketing.

Das Beispiel Freedom Press

Stellen Sie sich vor, Ihr Unternehmen hieße Freedom Press und vertriebe Bücher für Selbstständige. Ihre Strategie könnte mit folgenden Sätzen beginnen:

> Ziel des Marketings von Freedom Press ist es, Menschen zu bewegen, die von Freedom Press vertriebenen Bücher online oder per Mailorder zu bestellen, um eine maximale Anzahl von Büchern zu den niedrigsten Vertriebskosten zu verkaufen. Dies soll durch die Positionierung von Freedom Press erreicht werden: Der Wert der Bücher muss für den Leser weitaus höher sein als ihr Preis. Der Zielmarkt sind Menschen, die bereits selbstständig sind oder planen, sich selbstständig zu machen.

Der nächste Absatz könnte lauten:

> Die einzusetzenden Marketingtools sind Kleinanzeigen in Zeitschriften und Zeitungen (Print- und Onlinemedien), Direktmailing, Verkauf bei Seminaren, Pressearbeit, Direktvertrieb an Buchhandlungen, Direktversandwerbung in Zeitschriften, wöchentliche Postings in Selbstständigen-Onlineforen, E-Mails an Unternehmer sowie eine Webseite, die Links zu nützlichen Internetangeboten für Selbstständige bietet. Die Nische, die Freedom Press besetzen möchte, ist, Selbstständigen wertvolle Informationen zu bieten. Wir stehen für Fachkompetenz, Verständlichkeit und eine hohe Reaktionsgeschwindigkeit auf Kundenanfragen. 30 Prozent des Umsatzes sind für das Marketing vorgesehen.

Das ist ein langer Absatz, und überdies sehr einfach formuliert. Aber er erledigt seine Aufgabe. Es geht um ein Produkt, nicht um eine Dienstleistung, um ein Geschäft, das fast keinen direkten Kontakt mit der Öffentlichkeit erfordert. Dieser Versandhandel braucht nur sehr wenig Marketing. Und er funktioniert im wahren Leben ganz wunderbar – für mich seit 1974.

Der Plan beginnt mit dem Ziel des Marketings – das heißt, mit dem Kerngeschäft. Es folgt eine Beschreibung von dem Nutzen des Angebots und von denjenigen, die das Ziel erfüllen sollen – der Zielgruppe. Dann werden die Marketingtools aufgelistet. Danach kommt die Positionierungsaussage, die erklärt, wofür Produkt und Unternehmen stehen – warum das Angebot nützlich ist und warum es gekauft werden sollte. Schließlich wird die Identität (kein aufgesetztes Image, sondern eine ehrliche Identität) erläutert. Abgerundet wird der Plan durch die Kosten des Marketings.

Nehmen Sie sich einen Moment Zeit, um sich den entscheidenden Unterschied zwischen einem *Image* und einer *Identität* klarzumachen. *Image* impliziert etwas Künstliches, Falsches; *Identität* dagegen definiert, worum es bei Ihrem Geschäft wirklich geht, nämlich um Ihre Persönlichkeit.

Unternehmer A setzt sich mit seinen Mitarbeitern zusammen, um ein Image zu definieren – ein Begriff, der oft mit »Vorstellung« assoziiert wird. Der Marketingplan spiegelt das gewählte Image wider. Merken die Kunden, dass das Unternehmen den Erwartungen nicht entspricht, wenden sie sich enttäuscht ab.

Unternehmerin B setzt sich mit ihren Mitarbeitern zusammen, um gemeinsam – auf Grundlage der Wahrheit – ihre Identität zu bestimmen. Das Marketing spiegelt diese Identität wider. Die Kunden sehen, dass das Unternehmen genau ihren Erwartungen entspricht, und entspannen sich. Sie wissen, dass sie dieser Firma vertrauen können.

Wer von beiden ist der Guerilla? Was ist besser für Ihr Unternehmen: eine fadenscheinige Vorstellung oder eine ehrliche Identität?

Hier die Marketingstrategie der Firma Tech-Know Academy:

Ziel des Marketings von Tech-Know Academy ist es, dass sich unsere Zielgruppe online über unsere Webseite für unsere Computerseminare anmeldet, sodass sie zu 100 Prozent ausgebucht sind. Dies erreichen wir mit dem herausragenden Ruf unserer Dozenten, den gewählten Seminarstandorten und der technischen Ausrüstung. Unser Zielmarkt sind lokale Geschäftsleute, die von guten Computerkenntnissen profitieren. Als Marketingtools eingesetzt werden E-Mails, unsere Webseite, persönliche Anschreiben, Postwurfsendungen, Broschüren, Aushänge an Schwarzen Brettern, Postings in Onlineforen und Mailinglisten, ein

Blog, Kleinanzeigen im Lokalblatt, Werbung in den Gelben Seiten, Direktmailing, Werbegeschenke, kostenlose Probeseminare, Pressearbeit für lokale Zeitungen, Radio und Fernsehen. Unser Unternehmen soll als erste Wahl für individuelle Computerschulungen mit Erfolgsgarantie positioniert werden; die Positionierung wird intensiviert durch eine positive Präsenz in der Region, aber auch durch die Büroeinrichtung, die Bekleidung der Mitarbeiter, den freundlichen Umgangston und die Auswahl der Schulungsstandorte. Die Identität unseres Unternehmens beruht auf Professionalität, persönlicher Aufmerksamkeit und Freundlichkeit. 10 Prozent des Umsatzes sind für das Marketing vorgesehen.

Die meisten Marketingpläne, insbesondere wenn sie auf einen Absatz komprimiert sind, scheinen täuschend einfach zu sein. Ein vollständiger Businessplan, der fünf Absätze kurz – Marketingplan, Kreativplan, Medienplan, Finanzplan und Managementplan –, aber auch zehn oder hundert Seiten (nicht empfehlenswert) lang sein kann, sollte als *Richtlinie* dienen. Er muss nicht jedes Detail enthalten.

Der Vorsitzende und CEO von Coca-Cola erkannte diesen Bedarf nach Einfachheit, als er sagte: »Wenn ich unseren Businessplan in einem Satz ausdrücken sollte, würde er folgendermaßen lauten: ›Wir wollen auf unseren bestehenden Marketingstärken aufbauen, um in den kommenden zehn Jahren ein profitables Wachstum zu erzielen.‹«

Natürlich identifiziert der Marketingplan den Markt. Er bietet den Rahmen für die Erstellung des Werbematerials, wie wir im nächsten Kapitel sehen werden. Der Marketingplan listet die zu verwendenden Medien mitsamt ihrer Kosten auf, was Sie in Kapitel 6 erfahren werden. Und das ist wirklich alles, was der Marketingplan leisten muss. Natürlich kann er noch mehr tun, zum Beispiel die Farbe des Autos beschreiben, das Sie fahren werden. Aber so detailliert muss man nicht unbedingt werden, denn mitunter ist weniger mehr.

Eine Guerilla Marketing-Strategie ist kurz, damit Sie sich bei der Planung gezwungenermaßen fokussieren – und damit Ihre Mitarbeiter, Fusions-Marketing-Partner, Lieferanten und sonstigen Geschäftspartner bei der Präsentation nicht einschlafen.

Ein Businessplan kann zusätzliches Material erfordern, zum Beispiel Marktforschungsergebnisse, die Wettbewerbssituation, Kalkulationen und andere Details. Sie sollten diese jedoch nicht in den Marketingplan selbst einfügen. Guerilla Marketingpläne sind kurz, und Ihr Marketingplan sollte der Inbegriff von Kürze sein. Wenn Ihre Mitarbeiter den Plan lesen, müssen sie Ihre Ziele sofort verstehen können, weil Ihre Strategie klar ist und auf den Punkt kommt. Je kürzer der Plan, desto einfacher lässt er sich einhalten. Polstern Sie ihn mit

Einzel ist ein Traum mit einer Frist

so vielen Begleitdokumenten aus, wie Sie wollen. Aber fügen Sie diese zusätzlichen Informationen nicht in den Plan selbst ein, sondern heben Sie sich die Details für das Begleitmaterial auf.

Sobald Sie Ihren Plan ausgearbeitet und fokussiert haben, können Sie ihn auf die restlichen Bereiche erweitern, die für Ihr Geschäft relevant sind. Dabei sollten Sie nie vergessen, dass Ihr Hauptzweck darin besteht, Ihren Gewinn zu maximieren. Gewinn ist etwas völlig anderes als Umsatz. Jeder kann Umsätze generieren, aber es braucht einen Guerilla, um dauerhaft Profite zu erzielen. Sie machen Gewinn, wenn Sie all Ihre Ziele klar auflisten – dazu gehören das Timing, Budgets für alle Geschäftspläne und Hochrechnungen. Ohne Hochrechnungen steht Ihnen keine Messlatte zur Verfügung. Ihr erweiterter Plan sollte zunächst Ihre langfristige Vision ausführen, dann Ihre kurzfristige. Ein Ziel ist ein Traum mit einer Frist.

Viele erweiterte Marketingpläne enthalten eine Situationsanalyse mit Informationen über Ihre Hauptkunden, Ihre potenziellen Mitbewerber sowie die Möglichkeiten, Wahrscheinlichkeiten und Realitäten des aktuellen Markts. Während Sie Ihre Situation analysieren, müssen Sie stets im Auge behalten, warum Sie das alles machen. Die laufenden Geschäfte dürfen nie das *Ziel* Ihres Unternehmens untergraben. Stellen Sie sicher, dass Sie am Wesentlichen arbeiten und nicht einfach an Ihrem Umsatz. Die von Ihnen eingesetzten Mittel müssen Ihrem Ziel dienen.

Computer erlauben uns heute, Ergebnisse auf Grundlage von Hypothesen hochzurechnen. In einem erweiterten Marketing- oder Businessplan lassen sich diese Was-wäre-wenn-Situationen untersuchen. Hier sollten alternative Richtungen für verschiedene Eventualitäten erörtert werden. Ein detaillierter Marketingplan kann Listen mit Zielen, Prioritäten, Überwachungsmethoden, Problemen, Gelegenheiten und Verantwortlichkeiten enthalten. Das ist jedoch eher Luxus als Notwendigkeit. Viele Unternehmensgründer verzetteln sich in Details, bis das Feuer ihrer anfänglichen Motivation erstickt ist. Großen Konzernen steigt die verfügbare Technik zu Kopf, sodass sie sich von ihren ursprünglichen Träumen ablenken lassen.

Ob Ihr Marketingplan nun kurz ist oder um viel Begleitmaterial erweitert wurde, sie sollten ihn jährlich auf den Prüfstand stellen. Ihr Ziel sollte dabei sein, ihn beizubehalten. Seien Sie konservativ: *Never change a running system.*

Mit welchen Extras auch immer Sie Ihren ersten Plan aufgepeppt haben, ganz gleich, welches Begleitmaterial Sie auch erstellt haben, Sie müssen trotzdem wissen, wer Sie sind, wohin Sie gehen und wie Sie dorthin kommen. Sie müssen mit einem kurzen und einfachen Marketingplan beginnen. Nutzen Sie die Pläne in diesem Kapitel, um sich erfolgreich anleiten zu lassen. Das erste Beispiel ist für eine echte Firma, das zweite für ein fiktives Unternehmen. Diese Pläne lassen sich von Unternehmensgründern umsetzen, die im Bereich Buchversandhandel (egal, ob Sie die Bücher selbst schreiben oder nur vertreiben) oder Computerschulungen (ganz gleich, ob Sie selbst unterrichten oder Dozenten beschäftigen) aktiv werden wollen. Beide folgen einer einfachen Formel, die als Grundlage für wirklich jedes Unternehmen dienen kann. Das Beste daran ist, dass sich beide Pläne ganz einfach an Ihr Unternehmen anpassen lassen.

Solche Pläne sind in gewissem Umfang flexibel, allerdings nicht allzu sehr. Zum Beispiel könnte die Tech-Know Academy nur einmal eine Anzeige in der lokalen Ausgabe einer Zeitschrift platzieren und stattdessen täglich im Radio werben. Der Marketingplan wäre trotzdem erfüllt.

Ein guter Marketingplan sollte jedoch nicht zu flexibel sein. Schließlich wird ein Plan erstellt, um ihn einzuhalten. Wenn Sie etwas ändern möchten, tun Sie es *vor* der Ausarbeitung des Plans. Und vergessen Sie nie – insbesondere wenn Sie ihn das erste Mal anderen vorstellen –, dass Sie daran *glauben* müssen. Wenn Sie das können, beweisen Sie Ihre *Führungspersönlichkeit*. Wenn nicht, sind Sie ein Scharlatan, der sich anmaßt, eine zu sein.

Was tun Sie als Nächstes, wenn Sie Ihr Unternehmen mithilfe eines Marketingplans positioniert haben? Sie entwickeln einen Kreativplan, der den Inhalt Ihres Marketings – Ihre Botschaft – erläutert. Und erst dann erstellen Sie einen detaillierten Medienplan mit exakten Zahlen, den Namen der Zeitschriften, Fernseh- oder Rundfunksender, den Daten und Größen der Anzeigen, der Frequenz der Werbung, den zu verwendenden Werbegeschenken, den Kontakten für die Öffentlichkeitsarbeit, der Onlinemarketingstrategie und der Identität Ihres Unternehmens.

Gehen wir also davon aus, dass Sie einen Marketingplan erstellt haben, der beschreibt, wie Sie Ihr Unternehmen bewerben. Sie haben einen Kreativplan, der Ihre Botschaft und Ihre Identität formuliert. Sie haben einen Medienplan, der genau erläutert, wie, wo und wann Sie Ihr Geld ausgeben werden. Jetzt müssen Sie nur noch den Rest erledigen – Finanzen, Management, Rechtliches, Buchhaltung, die Fähigkeit, qualitativ hochwertige Produkte oder Dienstleistungen anzubieten, die richtige Technik und die richtige geistige Einstellung – und können anfangen, Geld zu verdienen.

Manchmal bekommen selbst Guerillas an diesem Punkt kalte Füße. Sie sehen die ersten Ergebnisse und stoppen dann ihre Marketingkampagne, um noch einmal über alles nachdenken zu können. Das ist allerdings keine gute Idee. Wenn Sie, nachdem Sie Ihr Unternehmen gegründet haben und ein Marketingprogramm gestartet haben – mit ernsthaften Investitionen zwischen 100 und 1 000 000 US-Dollar pro Monat –, erwägen sollten, Ihren Marketingplan zu stoppen, dann lesen Sie sofort die folgenden Gründe, warum Sie Ihre Marketingoffensive fortsetzen *müssen*.

1. *Der Markt ändert sich fortwährend.* Neue Familien, neue wirtschaftliche Bedingungen und neue Trends verändern den Markt. Jeder fünfte Amerikaner zieht jedes Jahr um. Ein Drittel aller Amerikaner zwischen 20 und 30 Jahren zieht jedes Jahr um. Der Durchschnittsamerikaner zieht elf Mal in seinem Leben um. Fast sechs Millionen Amerikaner heiraten jährlich. Wenn Sie aufhören zu werben, verpassen Sie neue Chancen. Wenn Sie aufhören zu werben, sind Sie draußen.

2. *Menschen vergessen schnell.* Jeden Tag wird der Durchschnittsamerikaner mit ungefähr 4 700 Werbe- und Marketingbotschaften bombardiert. Allerdings habe ich auch eine Studie gelesen, die diese Zahl eher bei 30 000 ansiedelt. Im Rahmen einer anderen Studie wurde ein Fernsehspot einmal pro Woche über einen Zeitraum von 13 Wochen ausgestrahlt. Nach Ablauf der 13 Wochen erinnerten sich 63 Prozent der befragten Zuschauer an den Spot. Einen Monat später erinnerten sich noch 32 Prozent. Zwei Wochen später waren es noch 21 Prozent. Das heißt, 79 Prozent der Zuschauer hatten die Werbung nach sechs Wochen vergessen.

3. *Die Konkurrenz schläft nicht.* Menschen geben Geld aus, um Dinge zu kaufen. Wenn Sie die Menschen nicht darauf aufmerksam machen, dass Sie etwas zu verkaufen haben, geben sie ihr Geld bei Ihrer Konkurrenz aus.

4. *Marketing stärkt Ihre Identität.* Wenn Sie Ihr Marketingprogramm stoppen, schwächen Sie Ihren Ruf und Ihre Zuverlässigkeit, und Ihre Kunden werden das Vertrauen in Sie verlieren. Verschlechtern sich die wirtschaftlichen Rahmenbedingungen, setzt der schlaue Unternehmer weiter auf Marketing. Das Band der Kommunikation ist zu kostbar, um es mutwillig zu zerreißen.

5. *Marketing ist die Bedingung für Überleben und Wachstum.* Niemand – fast niemand – weiß, dass Ihr Betrieb existiert, wenn Sie das nicht publik machen. Wenn Sie aufhören zu werben, werden Sie bald darauf nicht mehr existieren. Ebenso wenig wie Sie ein Unternehmen ohne Marketing gründen können, können Sie es ohne Marketing am Leben erhalten.

6. *Mit Marketing halten Sie Ihre Kunden.* Viele Unternehmen leben von Wiederholungs- und Empfehlungskunden. Dafür brauchen Sie loyale Kunden. Wenn Ihre Kunden nicht mehr von Ihnen oder über Sie hören, vergessen sie Sie.

7. *Marketing hebt die Moral.* Ihre Moral verbessert sich, wenn Sie Ihr eigenes Marketing bei der Arbeit beobachten. Das Gleiche gilt für Ihre Mitarbeiter. Auch Kunden, die Ihrer Werbung aktiv folgen, könnten fehlendes Marketing als Zeichen Ihres Versagens deuten.
8. *Ihr Marketingprogramm verschafft Ihnen einen Vorteil gegenüber der Konkurrenz, die nicht mehr wirbt.* Eine kränkelnde Wirtschaft bietet dem cleveren Unternehmer einen entscheidenden Vorsprung. Wenn Ihre Konkurrenz aufhört zu werben, können Sie deren Kunden übernehmen. In schlechten Zeiten gibt es immer Gewinner und Verlierer.
9. *Nur mit Marketing bleiben Sie im Geschäft.* Sie haben immer noch Fixkosten: Telefon, Gelbe Seiten, Internetzugang, Miete, Gerätekosten, möglicherweise Personalkosten. Ohne Marketing können Sie sich das nicht leisten.
10. *Sie werden alles, was Sie bisher investiert haben – Geld, Zeit und Arbeit – verlieren.* Wenn Sie Ihr Marketing aufgeben, verschenken Sie auch das Geld, das Sie bisher für Anzeigen, Spots, für Werbezeit und -fläche ausgegeben haben. Zudem verspielen Sie die Aufmerksamkeit der Kunden. Natürlich können Sie sich diese zurückkaufen, aber dann müssen Sie wieder ganz von vorne beginnen. Wenn Sie nicht komplett aussteigen wollen, ist es selten eine gute Idee, das Marketing völlig aufzugeben.

Denken Sie darüber nach: Sparen Sie also wirklich Geld, wenn Sie Ihr Marketingprogramm stoppen? Verschreiben Sie sich Ihrem Marketingplan lieber mit Leib und Seele. Betrachten Sie Ihre Marketinginvestition als etwas Obligatorisches und Automatisches, wie die Miete oder das Abzahlen eines Kredits. Ein Marketingplan ist für jedes Unternehmen und für jeden Unternehmer notwendig – ja, essenziell. Doch der Plan allein ist wie ein schickes Auto ohne Benzin. Das Benzin, das Ihr Fahrzeug antreibt, ist das Marketing selbst: sein Inhalt und seine Form. Mit dem Marketing kommt die Kreativität ins Spiel. Und keine Angst – es gibt immer Möglichkeiten, die eigene Kreativität zum Sprudeln zu bringen. Auf den nächsten Seiten erfahren Sie, wie das geht.

5 Kreativ werben

Für Marketing-Guerillas gibt es nur eine Definition von Kreativität: Kreativ ist, was Profite erwirtschaftet. Kreatives Marketing dreht sich ausschließlich um Profitabilität und schert sich nicht um Auszeichnungen und Anerkennung.

Die kreativen Aspekte des Marketingprozesses bieten normalerweise den größten Spaßfaktor, so viel ist sicher. Soll Ihr Kleinunternehmen einmal groß und stark werden, sollten Sie bei allem, was Sie dafür tun, so kreativ wie möglich vorgehen. Befassen wir uns zunächst damit, Ihr Marketing kreativer zu gestalten, und anschließend widmen wir uns der Kreativität bei der Auswahl der Marketingmedien, bei der Marketingplanung und der Öffentlichkeitsarbeit.

So gut wie jeder Marketingprofi wird Ihnen dasselbe sagen: *Marketing ist nur dann kreativ, wenn es den Umsatz ankurbelt.* Am besten entwerfen Sie erst einmal eine Kreativstrategie, dann ergibt sich kreatives Marketing fast von selbst. Eine solche Strategie unterscheidet sich von einem Marketingplan eigentlich nur darin, dass sie sich ausschließlich mit dem Werbematerial und dessen Inhalt befasst.

Wenn Sie glauben, es gäbe eine einfache Faustregel, um eine Kreativstrategie zu entwerfen, haben Sie vollkommen recht. Eine kreative Guerilla-Strategie, die in nur drei Sätzen leicht verständlich ausdrückt, welchen Zweck die kreative Botschaft erfüllen soll, welche Vorteile dabei besonders zu betonen sind und welche Charaktermerkmale die Marke auszeichnen, könnte lauten:

> Zweck unseres Marketings für Kid-a-Licious-Frühstücksflocken ist, unsere Zielgruppe – die Mütter von bis zu 12-jährigen Kindern – davon zu überzeugen, dass Kid-a-Licious-Frühstücksflocken das nahrhafteste und gesündeste Frühstück sind, das momentan auf dem Markt erhältlich ist. Zu diesem Zweck werden die enthaltenen Vitamine und Mineralstoffe auf jeder Verpackung aufgedruckt. Die Werbung soll optimistisch, natürlich, ehrlich sein und ein Gefühl von Geborgenheit vermitteln.

Vielleicht kommt Ihnen diese Kreativstrategie irgendwie bekannt vor:

Zweck der Werbung für ....-Batterien ist, unsere Zielgruppe – primär 18- bis 45-jährige Männer – davon zu überzeugen, dass ....-Batterien über eine außergewöhnlich lange Lebensdauer verfügen. Zu diesem Zweck wird in der TV-Werbung ein mit ....--Batterien betriebener Spielzeughase unermüdlich und über Jahre hinweg über den Bildschirm marschieren. Die Werbung muss zugleich witzig, aber auch zielgerichtet sein, den Schwerpunkt auf die Langlebigkeit der Batterie legen und den Zuschauer zum Schmunzeln bringen.

Bei der Entwicklung Ihres Marketingprogramms besteht der erste Schritt daraus, eine einfache Kreativstrategie in der Art des oben genannten Beispiels von Duracell zu entwerfen. Verfassen Sie zur Übung einige Strategien für x-beliebige Produkte. Knöpfen Sie sich eine Werbeanzeige aus der Zeitung, dem Fernsehen, einer Webseite und einer Wurfsendung vor und verfassen Sie dazu jeweils eine Kreativstrategie, die auf drei Sätze beschränkt ist. Wiederholen Sie die Übung für einige Produkte der Konkurrenz. Diese Übung verbessert nicht nur die Einschätzung Ihrer eigenen Positionierung, sondern reduziert auch das Risiko, dass Sie Marketingkampagnen anderer imitieren.

Steht Ihre – hoffentlich sorgfältig und wohlüberlegte – Strategie, wenden Sie einfach das folgende Sieben-Punkte-Programm an, das Ihnen den Erfolg Ihres Marketings sichern wird.

1. *Identifizieren Sie die dramatische Komponente Ihres Angebots.* Sie möchten durch den Verkauf eines Produkts und/oder einer Dienstleistung schließlich Geld verdienen. Die dramatische Komponente finden Sie am besten heraus, indem Sie sich überlegen, weshalb der Verbraucher sich für Ihr Produkt entscheiden sollte. Irgendetwas muss an Ihrem Angebot besonders interessant sein, sonst lässt es sich nicht an den Mann bringen. Bei den Kid-a-Licious-Frühstücksflocken waren es die vielen Vitamine und Mineralstoffe.

2. *Formulieren Sie die dramatische Komponente in einen überzeugenden Vorteil um.* Denken Sie immer daran, dass der Verbraucher kein Geld für Artikel, sondern für die Vorteile ausgibt, die er sich davon verspricht. Niemand kauft sich einfach nur Shampoo, sondern will glänzendes, leicht kämmbares oder schuppenfreies Haar. Niemand kauft sich einfach nur ein Auto, sondern will Tempo, Ansehen, Eleganz, geringen Benzinverbrauch, Luxus und Pferdestärken. Mütter kaufen nicht einfach nur Frühstücksflocken, sondern setzen auf die gesunde Ernährung, auch wenn viele ratlose Mütter alles ausprobieren, weil ihren Sprösslingen so gar nichts schmecken mag. Schreiben

Sie den wichtigsten Vorteil, den Sie zu bieten haben, auf und achten Sie darauf, dass er sich direkt aus der dramatischen Komponente erschließt. Begnügen Sie sich mit einem Vorteil oder zwein – keinesfalls mehr als drei –, selbst wenn Sie noch mehr zu bieten hätten.

3. *Formulieren Sie die Vorteile so glaubwürdig wie möglich.* Zwischen Ehrlichkeit und Glaubwürdigkeit liegen Welten. Selbst wenn Sie absolut ehrlich sind (was sich empfiehlt), ist noch längst nicht gesagt, dass man Ihnen glaubt. Sie müssen das Misstrauen, das die Verbraucher der oft maßlos übertriebenen Werbung entgegenbringen, überwinden und den Vorteil Ihres Produkts so formulieren, dass kein Zweifel an der Ehrlichkeit Ihrer Aussage besteht. Kid-a-Licious könnte den Vorteil zum Beispiel so formulieren: »Eine Portion Kid-a-Licious-Frühstücksflocken versorgt Ihr Kind mit fast genauso vielen Vitaminen wie eine Multivitamintablette.« Diese Aussage enthält die dramatische Komponente als Vorteil formuliert, der durch die Einschränkung »fast« an Glaubwürdigkeit gewinnt.

4. *Machen Sie auf sich aufmerksam.* Kein Mensch achtet besonders auf Werbung. Jeder Mensch achtet aber auf Dinge, die für ihn interessant sind, und manchmal entdeckt er sie in der Werbung. Daher müssen Sie die Aufmerksamkeit potenzieller Käufer auf sich ziehen und ihr Interesse schüren – und zwar das Interesse an Ihren Produkten oder Dienstleistungen, nicht an Ihrer Werbung! Sicherlich können auch Sie sich noch an eine bestimmte Werbung erinnern, wissen aber nicht mehr, für welches Produkt damit eigentlich geworben wurde. Werbung, die deutlich interessanter ist als das, wofür sie wirbt, ist keine Seltenheit. Um diesen Fehler zu vermeiden, kann ich Ihnen nur raten: *Vergessen Sie die Werbung! Stellen Sie lieber sicher, dass Ihr Produkt oder Ihre Dienstleistung interessant ist.* Für die Kid-a-Licious-Frühstücksflocken könnte mit folgendem Bild geworben werden: Im Vordergrund wird eine Vitamintablette in zwei Hälften zerbrochen. Einzelne Flocken fallen heraus und in eine Schüssel, in der sich schon appetitlich angerichteten Frühstücksflocken befinden. Im Hintergrund leckt sich das Kind voller Vorfreude schon die Lippen.

5. *Motivieren Sie Ihre Zielgruppe dazu, selbst aktiv zu werden.* Laden Sie zu einem Besuch in Ihrem Geschäft ein, ermutigen Sie sie dazu anzurufen, an einem Preisausschreiben teilzunehmen, weitere Informationen anzufordern, sich persönlich über Ihr Produkt zu informieren, Ihre Homepage zu besuchen oder an einer kostenlosen Produktvorstellung teilzunehmen. Lassen Sie Ihrer Fantasie freien Lauf. Damit Guerilla Marketing für Sie

funktioniert, müssen Sie klar formulieren, was Sie sich von Ihrer Zielgruppe erhoffen.

6. *Reden Sie Klartext.* Ihnen ist glasklar, was Sie kommunizieren möchten, doch kommt es bei Ihren Lesern, Zuschauern oder Zuhörern ebenso eindeutig an? Fakt ist, der Zielgruppe ist Ihr Unternehmen egal, und selbst wenn sie Ihre Werbung beachtet, schenkt sie ihr sicherlich nicht ungeteilte Aufmerksamkeit. Geben Sie bei der Vermittlung Ihrer Botschaft unbedingt Ihr Bestes. Der Kid-a-Licious-Hersteller würde bestimmt zehn Testpersonen nach dem wichtigsten Vorteil seines Produkts befragen. Versteht ihn nur einer der Befragten nicht, kommt die Botschaft bei 10 Prozent der Zielgruppe nicht an. Sehen 500 000 Verbraucher die Werbung, geht die Botschaft an 50 000 Menschen vorbei. Das ist absolut inakzeptabel. Das Ziel sollte immer sein, einen hundertprozentigen Treffer zu landen! Kid-a-Licious könnte Abhilfe schaffen, indem in einem Nebensatz erklärt wird, »Kid-a-Licious-Frühstücksflocken sind ebenso gesund wie eine Vitamintablette – schmecken aber viel besser!« Ihre Mission lautet: Null Missverständnisse!

7. *Legen Sie Ihre Werbeanzeige, Ihren TV-Spot, Ihr Werbeschreiben, Ihre Homepage und/oder Werbebroschüre auf den Prüfstand Ihrer Kreativstrategie.* Die Strategie ist Ihre Blaupause, Ihr Masterplan. Erfüllt Ihre Marketingkampagne nicht die strategischen Vorgaben, ist die Werbung nichts wert, egal, wie gut sie Ihnen gefällt. Ab in den Papierkorb damit und auf ein Neues ans Werk gemacht! Lassen Sie sich immer und ausschließlich von Ihrer Kreativstrategie leiten, was den Inhalt Ihrer Werbung betrifft. Erfüllt die Werbung die strategischen Vorgaben, können Sie sich anderen Aspekten widmen.

Das Wichtigste am kreativen Marketing ist eine clevere Kreativstrategie. Der Maßstab des kreativen Marketings ist der Profit. Erwirtschaften Sie mit Ihrem Angebot keine Profite, sind Sie einfach nicht kreativ genug. Überhaupt wird Ihre Kreativität noch weiter gefordert, da es nicht damit getan ist, einen Marketingplan aufgestellt zu haben.

Wenn Sie Ihre Marketingwaffen in Stellung gebracht haben – Homepage, E-Mail-Standardtext, Anzeigen, TV- und Radio-Spots, Blogs, Logo, Rundbriefe und/oder Geschäftsausstattung –, kommt es darauf an, sie kreativ einzusetzen. Ein TV-Werbespot für ein Deodorant beispielsweise wurde im Winter ausgestrahlt. Da in der kalten Jahreszeit die Nachfrage nach Deodorants relativ gering ist, fragt man sich schon, was sich der Hersteller dabei gedacht hat. Der Hintergrund war eine äußerst clevere Überlegung: Der Firma standen nicht die finanziellen Mittel zur Verfügung, um mit den großen Marken mithalten zu können. Anstatt also zu versuchen, in der hitzigsten Wettbewerbsphase im Sommer gegen die Konkurrenz anzutreten, wurde die Werbung im Winter ausgestrahlt, als die Firma die Bühne ganz für sich alleine hatte.

Der Kreativität sind keine Grenzen gesetzt. Wie wäre es damit, persönliche Anschreiben von einem Boten, einem Kurierdienst, Fahrradkurier oder irgendeinem ausgefallenen Botendienst überbringen zu lassen? Oder Sie entwerfen ein witziges Kostüm oder ein anderes besonderes Outfit und lassen Werbegeschenke verteilen. Hängen Sie an ungewöhnlichen Stellen Plakate auf oder organisieren Sie eine Art Demonstration, bei der Ihre Plakate durch die Innenstadt getragen werden (ein wirklich ungewöhnlicher, aber ganz bestimmt wirkungsvoller Marketingcoup). In den Gelben Seiten können Sie hinsichtlich Größe, Text, Farbe und Logo ebenfalls kreativ werden. Eine Möglichkeit, in der Zeitung kreativer zu werben, wäre zum Beispiel, an einem Tag sechs kleine Anzeigen anstelle einer großen zu schalten. Schreiben Sie kreative E-Mails und würzen Sie Ihre Homepage mit einer guten Prise Kreativität. Beschert Ihnen die Werbung Gewinne, heißt das, Sie sind kreativ. Falls nicht, wartet noch einiges an Arbeit auf Sie.

Wie Sie sehen, gibt es unzählige Möglichkeiten, im Marketing kreativ zu werden. In meinem schon etwas älteren Buch *Earning Money Without a Job* habe ich über ein Paar berichtet, das die lokale Presse und den lokalen TV-Sender über die bevorstehende Trauung informierte, die in der Boutique des Paares stattfinden sollte. Logisch, dass Presse und Fernsehen zur Hochzeit erschienen und somit ordentlich die Werbetrommel für die beiden rührten.

Mein ehemaliger Chef, der verstorbene Leo Burnett, den ich zutiefst bewundere, pflegte uns immer zu sagen, dass jemand, der mit Socken zwischen den Zähnen die Treppe herunterkommt, auch Kreativität beweist – doch wozu sollte so ein Auftritt gut sein? Kreativität muss immer zweckmäßig sein und darf nie von der eigentlichen Botschaft ablenken.

Die Werbekampagne für Budweiser Clydesdales ist kreativ und schlägt frontal bei der Zielgruppe ein. Eine so kreative Treffsicherheit ist selten und ein Stück Schwerstarbeit, von der Konkurrenz allerdings auch kaum noch zu schlagen. Genau deshalb spielt für Guerillas *zielgerichtete Kreativität* eine so wichtige Rolle.

Als praktizierender Marketing-Guerilla müssen Sie in allen Teilbereichen Ihres Marketings kreativer sein als die Konkurrenz. Stellen Sie einen fundierten, klugen, klar verständlichen, kreativen und konsequenten Marketingplan auf, um sicher sein zu können, dass Sie Ihr Produkt oder Ihre Dienstleistung optimal vermarkten. Sie müssen kein begnadeter Texter oder Grafiker sein, um kreativ werden zu können. Sie müssen lediglich den kreativen Gedankenblitz beisteuern. Die *Idee* ist Ihr Sechser im Lotto. Einen Texter oder Grafiker mit der Umsetzung zu beauftragen ist die leichteste Aufgabe. Doch jemanden zu finden, der für Sie und Ihren Geschäftserfolg die zündende Idee liefert, dürfte ziemlich schwierig sein. Und eigentlich ist das ja auch Ihr Job, der Ihnen kein Kopfzerbrechen, sondern das größte Vergnügen bereiten sollte. Vielleicht inspiriert Sie ja das eine oder andere Beispiel über Kreativität in Aktion:

- Zur Ankurbelung seines Geschäfts verschickte ein CPA – Certified Public Accountant ist der US-amerikanische Berufstitel für Fachleute der Unternehmensrechnung mit CPA-Examen – alle drei Monate einen kostenlosen Newsletter mit Informationen über die neuesten Änderungen im Steuerrecht an Adressaten, die er sich als potenzielle Kunden notiert hatte. Er etablierte sich dadurch als echte Autorität auf diesem Gebiet und gewann zahllose neue Kunden. Nicht gerade revolutionär kreativ, aber immens erfolgreich.

- Um das Image loszuwerden, Wasserbetten wären nur etwas für exzentrische Menschen, zog ein kleiner Laden in ein elegantes Einkaufszentrum um. Die Angestellten hatten sich von da an tadellos zu kleiden, und für die Hörfunkwerbung wurde ein Sprecher mit einer vertrauenerweckenden, seriösen Stimme engagiert. Das Ganze wurde ein umwerfender Erfolg.

- Ein Juwelier überlegte sich, wie sich auch während der Ferienzeit glänzende Geschäfte machen lassen könnten. Ganz kreativ entwarf er exotische Geschenkideen für den etwas größeren Geldbeutel: zum Beispiel eine Frisbeescheibe mit einem Diamanten in der Mitte für 5 000 US-Dollar, eine Miniatursanduhr für 10 000 US-Dollar, in der kein Sand, sondern ganz kleine Diamanten rieselten, und ein mit Edelsteinen verziertes Backgammon-Spiel für 50 000 US-Dollar. Auch wenn diese Stücke nicht gerade reißenden Absatz fanden, verhalfen sie ihm doch zu landesweiter Berühmtheit, und während seiner speziellen Ferienaktionswochen war das Geschäft immer gut besucht.

- Um die Beziehung zu seinen Mandanten zu vertiefen, gewöhnte es sich ein Anwalt an, jedem eine besondere Höflichkeit zu erweisen und ihm etwas von seiner kostbaren Zeit zu schenken. Er begleitete den Mandanten zum Fahrstuhl, fuhr mit ihm 23 Stockwerke nach unten und brachte ihn zum Auto oder der nächsten Bus- oder U-Bahn-Haltestelle.

WISSEN → KREATIVITÄT

Sicherlich ist Ihnen aufgefallen, dass in keinem dieser Beispiele kreative Anzeigenwerbung auch nur erwähnt wird. Dass man sich auf diesem weiten Feld kreativ austoben kann, versteht sich von selbst. Die oben aufgeführten Beispiele sollen Sie zu mehr Kreativität bei der Kundenakquise, der Gestaltung Ihrer Geschäftsräume, dem Auftreten Ihrer Mitarbeiter und hinsichtlich kostenloser Möglichkeiten, auf sich aufmerksam zu machen, anregen. Gewöhnen Sie sich an, Kreativität als das Gegenteil von Mittelmäßigkeit zu verstehen, dann werden Sie jedes Ihrer Marketinginstrumente ganz automatisch auf die kreativste Weise einsetzen, die Sie sich denken können. In Kapitel 11, in dem elektronische Medien besprochen werden, stelle ich Ihnen eine vielversprechende neue Technologie namens RSS – Really Simple Syndication – vor. Ist dieses Nachrichtenformat für die »wirklich einfache Verbreitung« kreativ? Nur, wenn Sie es kreativ nutzen. Es kommt ganz auf Sie an, denn die Technologie kümmert sich ebenso wenig um ihren Nutzer wie ein Ferrari um seinen Fahrer.

Was zündet eigentlich den kreativen Geistesblitz? Das Schweizer Unternehmen Nestlé lud mich einmal nach Genf ein, um von mir zu erfahren, wie Kreativität entsteht. Vor meiner Abreise stellte ich diese Frage allen kreativen Freunden und Geschäftspartnern, und jeder antwortete mir dasselbe: Kreativität entsteht aus Wissen. Ich dachte darüber nach, begriff es, hielt meinen Vortrag in Genf und nun wiederhole ich es für Sie: *Kreativität entsteht aus Wissen*. Wissen über das Produkt oder die Dienstleistung, über die Mitbewerber, die Zielgruppe, über zeitgemäßes Marketing, die Wirtschaft, aktuelle Ereignisse und die Trends der Zeit. Mit diesen Wissen sind Sie optimal ausgestattet, um ein kreatives Marketingprogramm *und* kreatives Marketingmaterial zu entwickeln.

Um mit dem Weltgeschehen Schritt zu halten und meinen Wissensstand zu vertiefen, nutze ich die üblichen Medien: Täglich lese ich eine Online-Seite mit den wichtigsten Nachrichten und werde aus zwei Quellen ständig mit den neuesten Schlagzeilen versorgt. Ich habe ein Wochenmagazin, zwei branchenspezifische E-Zines und zehn monatlich erscheinende Fachzeitschriften über verschiedene Themen abonniert. Morgens und abends sehe ich mir die Nachrichten im Fernsehen an. Einige Talkshows und die 20 populärsten TV-Serien stehen auch auf meinem Programm. Ich lese die Tageszeitung und fünf Newsletter pro Woche. Ungefähr eine Stunde im Monat surfe ich im Internet, und außerdem lese ich eigentlich immer gerade einen Roman oder ein Fachbuch. Geradezu süchtig bin ich nach Quizsendungen und Live-Übertragungen von Gerichtsverhandlungen, dazu ein großer Fan von *Survivor* und *American Idol*, den US-amerikanischen Varianten von *Inselduell* und *Deutschland sucht den Superstar*. Und natürlich versuche ich, möglichst kein Spiel der White Sox im Fernsehen zu verpassen. Für einen energischen Kleinunternehmer sind meine persönlichen Vorlieben und Sünden in punkto Wissensvertiefung jedoch nicht ausreichend.

Guerillas müssen genau wissen, was in der Welt und vor ihrer eigenen Haustür geschieht, und jeden neuen Trend erkennen. Überlebenswichtig ist auch, sich gut über die Marketingkampagnen der Konkurrenz zu informieren, denn wer nicht Schritt halten kann, wird zum Nachzügler. Und das kann sich kein Guerilla leisten.

Mit diesem Wissen bewaffnet, eröffnet sich Ihnen die Möglichkeit zu – wie es viele nennen – Kreativität in Reinform: die Kombination von Marketingelementen, die noch niemals zuvor miteinander gekoppelt wurden. Als beispielsweise 7Up umsatzmäßig mit Coca-Cola und Pepsi Cola gleichziehen wollte, bezeichnete das Unternehmen das eigene Produkt kurzerhand als »The Uncola«. Damit reihte man sich in die Produktkategorie ein und betonte gleichzeitig die Andersartigkeit. Mit der neuen Wortschöpfung, in der die Vorsilbe *un* – also *nicht* – mit dem Begriff Cola kombiniert wurde, stellte 7Up größte Kreativität unter Beweis. Der geistige Schöpfer dieses Geniestreichs kannte sich hervorragend mit Pop-Art aus und setzte bei der Print- und TV-Werbung auf psychedelische Kunst. Dank des fundierten Wissens über das Produkt, die Konkurrenz, die anvisierte und die bestehende Zielgruppe sowie über aktuelle Trends stellte 7Up eine außerordentlich kreative Marketingkampagne auf die Beine, die aus Wissen gewachsen war und deren Erfolg sich über Umsatz- und Profitsteigerungen nachweisen ließ.

Bei Marlboro bestand die kreative Meisterleistung aus der Kombination von Cowboy und Zigarette. Der Telekommunikationskonzern AT&T kombinierte die Vorstellung einer gefühlsgeladenen Situation sehr kreativ mit dem Telefon, was die beruhigende Botschaft vermittelte, dass immer jemand erreichbar ist, wenn man jemanden zum Reden braucht. Der kreative Coup von Avis Rent-a-Car bestand daraus, sich nicht als Branchenführer, sondern als Nummer zwei unter den Autovermietern zu präsentieren, wozu der schlichte Slogan »We try harder« hervorragend passt. In Wahrheit rangierte Avis auf Platz drei hinter Hertz und National, aber »zweitgrößter« Autovermieter hört sich eben besser an. Microsofts Kreativität zeigte sich in den TV-Spots, die private und berufliche Erfolgsgeschichten von Menschen herausstellten, die das Glück hatten, sich schon im Kindesalter mit Computern vertraut gemacht zu haben. Nike ebnete sich den Weg zum Global Player nicht mit Worten, sondern mit einem schlicht geschwungenem Haken, dem weltberühmten Swoosh-Logo, das kreativ sämtliche Sprachbarrieren überspringt. In jedem der erwähnten Fälle war es schlicht und einfach Wissen, was die Kreativität beflügelte.

Kreatives Marketing ist nicht nur auf Werbung über Massenmedien beschränkt. Die Kunden des kleinen Getränkehandels Crystal Fresh Bottled Water, die sich ihr Mineralwasser ins Haus liefern lassen, erhalten ein Dankesschreiben, das von Jeanette, Lee, Joyce, Diane, Jered, Nancy, Chet, Tim, Walt, Raye, Shelly und Dan unterschrieben wurde. Ich bin mir ziemlich sicher, dass die Kunden ihren Freunden und Nachbarn von dieser netten Aufmerksamkeit erzählen. Kreativität im Guerillastil kostet Zeit und Energie, setzt Einfallsreichtum und Wissen voraus. Viel Geld ist dafür aber nicht erforderlich.

Zwingend erforderlich ist jedoch, dass ein Guerilla sich breit gefächertes Wissen aneignet. Guerillas sind keine Spezialisten, sondern Generalisten. Guerillas wissen, dass sich Kreativität durch die Fähigkeit, *rückwärts zu denken*, erschließt. Ein kreativer Guerilla schlüpft *zum Zeitpunkt der Kaufentscheidung* in die Haut des Verbrauchers. Was war sein Entscheidungskriterium? Wie verliefen seine Gedankengänge? Was war ausschlaggebend, auf welche Knöpfe haben Sie auf welche Weise bei Ihrem Kunden gedrückt? Rückwärtsdenken führt Sie direkt zu den Bedürfnissen und Wünschen, die Ihre Kunden am stärksten zum Kauf motivieren.

Um kreativ und erfolgreich zu sein, ist es natürlich ebenfalls sinnvoll, *vorwärts zu denken*. Vermitteln Sie Ihrer Zielgruppe eine Vorstellung davon, inwiefern sich ihr Leben nach dem Kauf Ihres Produkts verschönern wird. Bieten Sie Ihrer Zielgruppe einen Vorgeschmack auf das Gefühl, das sich nach ihrer Kaufentscheidung einstellen wird. Dieses kreative Einfühlungsvermögen unterscheidet den Guerilla vom Gorilla.

Kommen wir an dieser Stelle kurz auf Marketing und Psychologie zu sprechen.

Skinnersches Marketing zielt auf Verhaltensänderungen ab. Was in der Werbung gesagt, gezeigt oder getan wird, soll den Verbraucher zu einer Verhaltensänderung bewegen, die Ihrer Intention entspricht. Dabei wird der Kunde sanft dazu angeschubst, etwas zu kaufen, eine Webseite zu besuchen, anzurufen, vorbeizuschauen, Vergleiche anzustellen, einen Gutschein auszuschneiden, an einem bestimmten Aktionstag einer Einladung zu folgen, weil das Geschäft ja gleich um die Ecke ist.

Freudsches Marketing zielt auf das Unterbewusste ab – die Ebene, die den größten Einfluss ausübt. Skinnersches Marketing wendet sich an die bewusste Ebene, die weniger einflussreich, dafür aber leichter zugänglich ist.

Guerilla Marketing zielt auf die bewusste *und* die unterbewusste Ebene ab. Es versucht, persönliche Einstellungen und Verhaltensweisen zu ändern. Es dringt von allen Seiten auf den Verbraucher ein, will sich den Verbraucher durch Überzeugungskraft und sanften Druck, durch Verführungskünste und Zwang, durch romantische Vorstellungen und pure Autorität gefügig machen. Guerilla Marketing überlässt nichts dem Zufall. Oft wird Kreativität ja mit grenzenloser Gedankenfreiheit und Fantasie assoziiert, in Wahrheit aber ist sie das Produkt exakter Planung.

Dank des technologischen Fortschritts sind die Chancen, mit denen die Kontrahenten im Marketing gegeneinander antreten, inzwischen annähernd gleich hoch. Marketing-Guerillas wissen heute sehr genau, welche Rolle sie in der Gemeinschaft übernehmen können, und erfüllen sie auf kreative Weise. In der Firmenphilosophie von Ben & Jerry's, deren Eisspezialitäten weltweit erfolgreich sind, steht zu lesen: »Das beste Eis der Welt herzustellen allein reicht uns nicht. Wir wollen außerdem sozial und wirtschaftlich verantwortungsvoll handeln. Wir verstehen die Wirtschaft als einen zentralen Teil der Gesellschaft, von der wir nehmen und der wir auch etwas zurückgeben möchten. Deshalb haben wir es uns zur Aufgabe gemacht, innovative Wege zu beschreiten, um die Welt, in der wir leben, zu einem schöneren Ort zu machen.« Dass dies nicht nur leere Worte sind, beweisen die Spenden für diverse Hilfsorganisationen, die sich für Kinderschutz, den Erhalt des Regenwalds, Umweltschutz und vieles mehr einsetzen. Ben & Jerry's unterstützen zudem die Veranstaltung von Konzerten, um die wichtigste Botschaft zu verbreiten – in der es nicht um das Eis, sondern um die Rettung unseres Planeten geht. Das Statement, der Gesellschaft etwas zurückgeben zu wollen, ist Ben & Jerry's kreatives Verkaufsargument. Es bürgt für Menschlichkeit und Vernunft, für aufrichtigen Edelmut – und es sorgt für gute Umsätze.

Vor 50 Jahren hätte man dieses Verkaufsargument noch als Spinnerei belächelt. Im 21. Jahrhundert zeugt es von brillantem Marketinggeschick und Menschlichkeit.

Ben & Jerry's ist mit seinen guten Taten berühmt geworden. Doch was ist mit Sears, das sich heute für Recycling ebenso stark macht wie Safeway, Bank of America, Coca-Cola, American Airlines, 3M, Anheuser-Busch, DuPont, UPS, oder auch den zahlreichen Marketing-Guerillas rund um den Erdball, deren Firmen noch keine Berühmtheit erlangt haben? Nun, heutzutage muss eine kreative Marketingstrategie schon auch eine gute Sache unterstützen.

Der Modekonzern Liz Clairborne setzt sich für Opfer häuslicher Gewalt ein. Der Outdoor-Ausstatter Patagonia wirbt für Umweltschutz. Die Modemarke Esprit macht sich für eine höhere Wahlbeteiligung stark. Über 1 Milliarde US-Dollar fließen jährlich in zweckgebundene Marketingaktionen, die sich mit brennenden Themen wie Aids, Brustkrebs, multiple Sklerose, häusliche Gewalt, gesunde Ernährung oder Obdachlosigkeit befassen. Die unternehmerische Verantwortung für das Gemeinwohl wurde schon vor vielen Jahren erkannt – Mitte der 1980er Jahre setzte sich American Express dafür ein, die Freiheitsstatue zu restaurieren.

Sind kreative Marketingstrategien, die sich für eine gute Sache engagieren, denn wirklich so erfolgreich? In einer Umfrage gaben 83 Prozent der Verbraucher an, ausschließlich aus ökologischen Gründen schon Marken gewechselt zu haben, und für 80 Prozent der Verbraucher ist es wichtig, welchen Ruf ein Unternehmen in punkto Umweltschutz genießt. Viele sind außerdem bereit, für Bioprodukte mehr Geld auszugeben.

Neben dem gestiegenen Verantwortungsbewusstsein der Öffentlichkeit und der Unternehmen werden in den USA heimische Produkte immer beliebter. Besonders oft greifen Frauen und Senioren an der Ostküste und im Mittleren Westen der Vereinigten Staaten zu Produkten »Made in USA«. Verbraucher zwischen 18 und 35 Jahren, die mit importierten Produkten aufgewachsen sind, lassen sich von dem Trend weniger beeinflussen.

Wird für Kleidungsstücke explizit mit »Made in USA« geworben, steigt der Umsatz um 25 bis 50 Prozent, berichtet der Einzelhandel. Das sind Zahlen, die man ebenso wenig ignorieren sollte wie die Erfolge des zweckgebundenen Marketings.

Aber Vorsicht: Passen Sie auf, dass Sie Ihre kreative Strategie nicht einer Sache widmen, die momentan in aller Munde ist, aber schnell wieder in Vergessenheit geraten kann. Ein Guerilla ist zwar für alle gesellschaftlichen Strömungen offen, kennt aber den Unterschied zwischen einer dauerhaften und einer von den Medien aufgebauschten Entwicklung.

»Was will ich eigentlich sagen?« ist vermutlich die klügste Frage, die sich ein Guerilla stellen kann. Die Antwort darauf lautet: *Sie wollen Ihren Kunden und denen, die es noch werden sollen, sagen, worauf sie sich freuen können, wenn sie Ihr Produkt gekauft haben.*

Kann Marketing tatsächlich so einfach sein? Ja, sofern Sie es nicht verkomplizieren. Guerillas passen ihr Marketing, ihre kreative Botschaft und ihre Philosophie der Realität an, in der sie leben. Statt gegen Veränderungen anzukämpfen, passen sie sich ihnen an. Wie klug diese Einstellung ist, zeigt sich am finanziellen Erfolg.

Das Ziel der kreativen Guerilla-Botschaft ist nicht, dass der Verbraucher über eine Werbung sagt, »Wie kreativ!«, sondern: »Das muss ich einfach haben!«

6 Sichere Marketingmethoden

Als gewissenhafter Guerilla verfügen Sie bereits über eine unglaublich kreative Strategie und können nun Ihre gute Sache bewerben. Es gibt jedoch viele Fallstricke; einer davon ist die richtige Werbung im falschen Medium. Wie unterscheiden Sie richtig von falsch? Jede Marketingmethode hat ihre besonderen Stärken. Das Radio ist – neben Telefonmarketing und Internet – eines der *intimsten* Medien; mit Hörfunkwerbung können Sie in sehr privaten Situationen auf Ihre Zielgruppe einwirken. Natürlich hört man manchmal Radio in einem überfüllten Restaurant, aber häufig läuft das Radio im Auto oder zu Hause – wenn man allein ist. Genauso intim oder sogar noch intimer ist das Internet mit seiner eingebauten Interaktivität, den Feedbackmöglichkeiten, der Unmittelbarkeit und den gemütlichen Chat-Sessions.

Die Zeitung ist das Hauptmedium für die Verbreitung von *Nachrichten*. Werbung in der Zeitung sollte, außer in den Kleinanzeigen, etwas Neues bringen, den Lesefluss bewusst unterbrechen und auf den Punkt gebracht sein.

Zeitschriften sind ein Medium, mit dem sich der Leser identifiziert; dieses Medium verleiht Ihnen die größte Glaubwürdigkeit. Unabhängig davon, ob am Kiosk gekauft oder im Abonnement bezogen, Zeitschriften werden in der Regel in Ruhe und gründlich gelesen. In Ihrer Zeitschriftenanzeige können Sie versuchen, den journalistischen »Tonfall« der Zeitschrift aufzugreifen. Sie können mehr Informationen unterbringen, weil der Leser sich für das Lesen einer Anzeige in einer Zeitschrift mehr Zeit nimmt als für eine Zeitungsannonce. Die Glaubwürdigkeit der Zeitschrift überträgt sich zumindest teilweise auf Sie.

Fernsehen ist das umfassendste Medium: Es ermöglicht Ihnen, Ihre Zielgruppe per *Vorführung* zu überzeugen. Vorführungen – ein machtvolles Verkaufstool – sind sonst nur bei Seminaren, Messen, im Laden, mit digitalen Broschüren oder Flash-Videos auf Webseiten und im persönlichem Gespräch möglich. Im Fernsehen kombinieren Sie Text mit Bildern und Musik und dringen so direkt in das Unterbewusstsein Ihrer Kunden vor. Das Fernsehen ist ein *visuelles* Medium. Da viele Zuschauer in den Werbepausen den Ton ausschalten, müssen Sie Ihre Geschichte auch visuell erzählen, anderenfalls erzählen Sie nämlich überhaupt keine Geschichte und können Ihr Produkt nicht an den Mann bringen. Außerdem ist Fernsehwerbung sehr teuer, weswegen sie richtig gemacht werden muss. Fernsehen ist definitiv kein Medium für Amateure.

Dank Kabel- und Satellitenfernsehen ist das Medium jedoch in greifbare Nähe für alle gerückt. Für einen Guerilla sind das wunderbare Neuigkeiten. Ein TV-Spot zur Hauptsendezeit für weniger als 20 US-Dollar? Das war im 20. Jahrhundert nicht möglich. Heute schon – zumindest in Amerika. Manch kleines Unternehmen ist so groß geworden. Betrachten Sie Kabel- und Satellitenfernsehen als Einladung, etwas ernsthaft in Erwägung zu ziehen, was jemand einmal als »den unbestrittenen Schwergewichtsweltmeister des Marketings« bezeichnet hat.

Mit Direktmailing, auch per E-Mail, zielen Sie am sorgfältigsten auf Ihre Zielgruppe. Professionelles Direktmailing leitet Sie durch den gesamten Vertriebsprozess – vom Ansprechen des potenziellen Neukunden bis hin zu Coupons, die ausgefüllt werden können, oder gebührenfreien Telefonnummern. Wie auch Fernsehen kann Direktmailing außerordentlich kostspielig werden, wenn es falsch eingesetzt wird, insbesondere angesichts steigender Portokosten und bei großen Mengen. Für einen Guerilla sind Portogebühren nicht so wichtig; was zählt, ist die Rücklaufquote. Wenn man zum doppelten Preis den dreifachen Rücklauf bekommen würde, wäre es schlichtweg dumm zu versuchen, die Portokosten einzusparen. Auch wissen Guerillas, dass sie dem Direktmailing Follow-up-Mailings, ultraselektives Targeting, Telemarketing und individualisierte Mailingpakete folgen lassen sollten. Direktmailing ist die präziseste Marketingwaffe.

Auch wenn die persönliche Kundenakquise – das Klinkenputzen – mehr Zeit als andere Marketingmethoden in Anspruch nimmt, bleibt sie doch äußerst effektiv. Sie lässt sich fast immer einsetzen und bietet *persönlichen Kontakt*. Oft fällt es schwer, die Kundenakquise selbst durchzuführen, sodass es eine gute Idee ist, sie an Profis oder auch Studenten – das hängt von der Komplexität der Verkaufspräsentation ab – zu delegieren. Es bietet sich geradewegs an, diese Art der Kundenakquise durch Massenmarketingmethoden zu unterstützen.

Außen- und Plakatwerbung ist perfekt, um Kunden daran zu *erinnern*, dass es Sie gibt und warum, muss aber in den meisten Fällen von anderen Marketingmethoden begleitet werden. Innenwerbung ist eine völlig andere Geschichte, weil sie Impulsreaktionen genau dort erzeugt, wo sie gebraucht wer-

Sichere Marketingmethoden | **79**

den – am Einkaufsort, wo 77 Prozent der Kaufentscheidungen getroffen werden. Überzeugend getextet und gestaltet *gibt Innenwerbung den entscheidenden Kaufimpuls auf Grundlage der Vorarbeit, die Ihre anderen Marketingmittel geleistet haben.* Leo Burnett, Gründer einer der besten Werbeagenturen der Welt, erinnerte uns immer daran, »den Verkauf schon bei der Gestaltung der Anzeige zu planen«. Er liebte die Macht der Innenwerbung. Sie sollte da weitermachen, wo andere Werbung aufhört. Zur Innenwerbung zählen Videos, ein Hologramm oder ein bewegliches Schild. Begrenzen Sie Ihre Werbeflächen nicht auf Ihre Betriebsräume – auch andere Lokalitäten sind sehr gut dafür geeignet. Versuchen Sie dort zu sein, wo Ihre Kunden sind, an Flughäfen, in Hotellobbys, an Schwarzen Brettern in Sportclubs und in Geschäften, von denen Sie sich Synergieeffekte erhoffen.

Online-Marketing ist für Guerillas das Marketing ihrer Träume – das Land der goldenen Möglichkeiten. Online-Marketing steht für *Interaktivität* und außerdem für Aktion, Konnektivität, Zielgenauigkeit, Internetgemeinschaften und finanziellen Erfolg – wenn Sie die Dinge richtig angehen. Zum Online-Guerilla-Marketing, dem Mercedes unter den Marketingmethoden, gehören, wenn Sie es richtig machen wollen, E-Mails, Postings in Mailinglisten, Audio- und Video-Postkarten, Chaträume, Foren, Blogs und Webseiten. Die große Stärke des Online-Mediums ist die bereits erwähnte Interaktivität und die Möglichkeit, so viele Informationen anzubieten, wie Ihr Kunde möchte. Ihre Webseite ist etwas ganz anderes als ein Fernsehspot, eher eine *Sitzung*. Menschen kommen und bleiben so lange, wie sie wollen. Und dann gehen sie. Ob sie zurückkommen, hängt von dem Inhalt Ihrer Webseite und Ihrem Reaktionsvermögen ab. Erfolgreiches Online-Marketing beruht auf acht Elementen: Planung, Inhalt, Design, Engagement, Produktion, Follow-up, Promotion und Wartung. Der Schlüssel zum Online-Erfolg liegt in Ihrer E-Mail-Adressen-Datenbank, dem Inhalt Ihrer Webseite, der Wartezeit auf Ihre Antworten, der Aktualität Ihrer Daten und der Personalisierung Ihrer Botschaft. In der Kürze liegt die Würze, wenn es darum geht, Kunden auf Ihre Webseite zu locken. Auf Ihrer Webseite dagegen wäre Kürze eine schlechte Idee. Sobald Sie online gehen, müssen Sie Ihre Webseite außerdem offline bewerben. Im Cyberspace kommen die Leute zu Ihnen und hinterlassen ihre Namen. Echte Guerillas nutzen sie!

Beim Golf geht es um Putting, beim Baseball um Pitching, beim Basketball um Verteidigung, und im Internet-Marketing um die Qualität und Quantität Ihrer Mailingliste.

Mit den Gelben Seiten und Kleinanzeigen zielen Sie auf die *heißesten* Ihrer potenziellen Kunden. Wer diese Quellen nutzt, sucht bereits nach den Informationen, die Sie anbieten, deshalb müssen Sie nicht viel Aufwand betreiben, um bemerkt zu werden. Ihr Werbeslogan ist hier bares Geld wert; Sie sollten also gut über ihn nachdenken. Dieser Werbeträger konfrontiert Sie auch direkt mit Ihrer Konkurrenz, weswegen Sie Ihre Botschaft so präzise wie nur möglich formulieren sollten.

Broschüren sind perfekt, um Ihre Produkte oder Dienstleistungen detailliert zu beschreiben. Von Broschüren wird ein hohes Maß an Informationsdichte erwartet, die sie auch liefern sollten. Mit der richtigen Software ist es einfacher und kostengünstiger, eine überzeugende Broschüre zu gestalten und zu produzieren. Wenn Sie eine Broschüre haben, sollten Sie sie auch auf Ihrer Webseite zur Verfügung stellen.

Telefonmarketing kann noch intimer als Hörfunkwerbung sein und bietet zudem *maximale Flexibilität*. Aber beachten Sie die einschlägigen Gesetze! Insbesondere in Amerika gilt der Grundsatz: Rufen Sie niemanden an, der sich auf der »Do-not-call«-Liste eingetragen hat, oder Sie handeln sich ernsthaften Ärger ein. Seit Gründung dieser Liste im Jahr 2003 haben sich über 60 Millionen Amerikaner eintragen lassen.

Ihre Telefonmarketingkampagne kann, muss aber nicht, durch Direktmailing oder andere Marketingmethoden ergänzt werden. Sie können auch Ihre Zielgruppe im Rahmen einer Postkartenaktion fragen, ob sie einverstanden ist, von Ihnen telefonisch kontaktiert zu werden, und wenn ja, wann. Eine Telefonkampagne kann aus jemandem, der Ihrem Produkt gegenüber gleichgültig eingestellt ist, jemanden machen, der bereit ist, Ihr Produkt zu kaufen.

Nehmen Sie Aufträge auch an, wenn Ihre Kunden mit Kreditkarte bezahlen wollen. Ein Guerilla akzeptiert alle Kreditkarten. Sollten Ihre Kunden ihr Limit bei Visa und MasterCard erreicht haben, nehmen Sie American Express, Discover, Carte Blanche und Diners Club. Machen Sie es Ihren Kunden so einfach wie möglich zu bezahlen, indem Sie PayPal akzeptieren, ein Online-System, das von eBay und anderen smarten E-Unternehmen genutzt wird. Sie sind nicht etwa geldgierig, nein, Sie bieten Ihren Kunden *Komfort*, und diese werden die Tatsache, dass Sie es ihnen einfach machen, bei Ihnen zu kaufen, zu schätzen wissen. Immer eine gute Idee sind automatische Abbuchungen und Verlängerungen, falls Ihr Produkt oder Ihre Dienstleistung regelmäßig, zum Beispiel monatlich gekauft wird. Dann werden die Kreditkarten Ihrer Kunden automatisch monatlich belastet, was das Leben Ihrer Kunden und Ihr eigenes vereinfacht. Es kann sogar sinnvoll sein, denjenigen, die diesen Service in Anspruch nehmen, einen Rabatt anzubieten.

Kleine Aushänge an Schwarzen Brettern sorgen dafür, dass Sie Teil des *öffentlichen Lebens* werden. Das erhöht das Vertrauen der Leute in Sie. Außerdem kosten Aushänge nichts oder sehr wenig und können oft ein fruchtbares Werbemittel darstellen, wenn Ihr Produkt oder Ihre Dienstleistung bislang unerfüllte Wünsche erfüllt. Genau wie Gelbe Seiten und Kleinanzeigen werden Aushänge an Schwarzen Brettern von ernsthaften Interessenten gelesen. Das ist bei Fernsehwerbung zum Beispiel nicht der Fall.

Werbegeschenke wie T-Shirts, Kugelschreiber, Kalender, Mauspads und Basketballkappen funktionieren wie Schwarze Bretter und *erinnern* die Leute daran, dass es Sie gibt. Werbegeschenke verkaufen nicht Ihr Produkt, können aber in Verbindung mit anderen Marketingmitteln Ihrem Angebot den Weg ebnen. Das Gleiche gilt für die finanzielle Unterstützung von Sportvereinen und Veranstaltungen.

Die Präsenz des eigenen Unternehmens auf Messen und Ausstellungen sorgt häufig für einen starken Anstieg der Verkaufszahlen. Hier haben Sie die Gelegenheit, mit Menschen zu sprechen, die etwas kaufen wollen und an Ihrem Thema grundsätzlich schon einmal interessiert sind, was natürlich sehr vorteilhaft ist. Weniger Barrieren sorgen für mehr Abschlüsse. Manche Unternehmen akquirieren ihre gesamte Kundschaft auf Fachmessen. Falls Sie in diese Kategorie fallen sollten: Glückwunsch – Sie haben es leichter als andere.

Public Relations (PR) oder Öffentlichkeitsarbeit, dazu gehören Community Relations, Publicity und die Mitgliedschaft in Vereinen und Organisationen, ist eine Marketingmethode, die Ihnen Glaubwürdigkeit verleiht. Viele Leute trauen Werbung nicht ganz über den Weg, aber Öffentlichkeitsarbeit nehmen sie ernst. PR erhöht Ihre *Glaubwürdigkeit* und rückt Ihr Unternehmen ins Licht der Öffentlichkeit. Guerillas glauben allerdings nicht daran, dass »auch schlechte Publicity gute Publicity ist, solange der Namen des Unternehmens richtig geschrieben wird«. Ein schlechter Ruf in der Öffentlichkeit schadet Ihrer Firma und Ihren Zielen – vermeiden Sie ihn unbedingt.

Community Relations – gemeinnütziges Engagement für Ihren Stadtteil, Ihre Stadt, Ihre Region – kann wertvolle Kontakte generieren, vor allem wenn Sie wirklich hart und ohne Gegenleistung schuften (und zwar nicht nur, um Ihren Geschäftsinteressen zu dienen). Ihre Gewissenhaftigkeit beweisen Sie besser mit *Taten* als mit Worten. Wer von Ihrer gemeinnützigen Arbeit erfährt, nimmt an, dass Sie für Ihr Geschäft mindestens doppelt so hart arbeiten, was für Kundschaft sorgt. Über Mitgliedschaften in Vereinen und gemeinnützigen Organisationen knüpfen Sie Kontakte, die wiederum für Sie nützlich sein können. Es scheint etwas eigennützig zu sein, nur aus diesem Grund beizutreten, ist aber ein verbreitetes, weil lohnendes Vorgehen. Der feine Unterschied: *Guerilla Marketing ist aggressiv, aber nie derb.*

Ihnen steht also eine unbegrenzte Anzahl von Marketingwaffen zur Verfügung, die 100 besten davon werden in allen Einzelheiten in diesem Buch erläutert. Für welche Waffen sollen sie, der Guerilla, sich nun entscheiden? Nutzen Sie so viele, wie Sie können – solange Sie damit umgehen können. *Der Prozess des Guerilla Marketings beginnt damit, dass man (1) sich alle verfügbaren Marketingwaffen bewusst macht, (2) viele von ihnen einsetzt und dabei sorgfältig prüft, welche fehlschlagen und welche Wunder bewirken, und schließlich (3) diejenigen eliminiert, die ihr Ziel verfehlen, und diejenigen verdoppelt, die ins Schwarze treffen.*

Sobald Sie die Marketingmittel ausgewählt haben, die Sie Ihrem Ziel näherbringen, sollten Sie sicherstellen, dass sie auch vernünftig und logisch eingesetzt werden. Das lässt sich am besten durch die Nutzung eines Marketingkalenders erzielen, der dafür sorgt, dass alle Elemente Ihres Programms ineinandergreifen. So ein Kalender ermöglicht Ihnen, Ihr Budget zu planen und unvorhergesehene Ausgaben zu vermeiden. Er verhindert Marketing nach dem Prinzip Versuch und Irrtum, vermeidet Fehler und böse Überraschungen und hilft enorm bei Planung, Einkauf und Personaleinsatz. Es heißt, dass man dem Himmel nie näher sei als mit einem Marketingkalender, sofern man seinen Tod nicht auf sich nehmen will.

Ein Guerilla Marketing-Kalender stellt übersichtlich dar, welche Marketingmethoden Sie wann verwenden werden, welche konkreten Absatzförderungsaktionen Sie online oder offline durchführen werden und wie lange diese Aktionen andauern sollen, welche Fusions-Marketing-Aktionen sich anbieten und, sofern zutreffend, welche Kooperationsbudgets vonseiten der Hersteller verfügbar sind, mit deren Hilfe Sie die Rechnung für einige oder sämtliche Ihrer Aktivitäten bezahlen können. Zusätzlich können Sie den Kalender auch für die Auflistung der Kosten einzelner Werbeaktionen verwenden.

Mit dem Marketingkalender bewaffnet – wie es jeder richtige Guerilla sein sollte – können Sie sozusagen in die Zukunft sehen. Der Marketingprozess wird Ihnen klar vor Augen stehen. Es wird Ihnen deutlich leichter fallen, an Ihren Marketingplan zu glauben. Sie werden ihn als wertvolle Investition betrachten, die er ja auch ist, und Sie werden seine Beständigkeit schätzen lernen.

Ein Guerilla nutzt so viele Marketingmittel, wie er oder sie effektiv einsetzen kann. Ein Marketingkalender deckt auf, ob Sie diese Methoden korrekt anwenden können, weil er Sie dazu zwingt, sich mit den Kosten und Realitäten des gewählten Mediums auseinanderzusetzen.

Marketingkalender von Electronic Alley

Datum	Marketing-Aktion	Dauer (in Wochen)	Hersteller-unterstützung	Radio	Zeitung	Kosten pro Aktion (in US-Dollar)
13.9.	Extragroßer Flachbildschirm	1	Ja	Ja	Chron/Sun	726
20.9.–4.10.	Neuer Plasmafernseher	3	Ja	Ja	Chron/News	1860
11.10.–18.10	Videoerfahrung	2	Nein	Ja	Chron/IJ	998
25.10.–15.11.	Werbung mit Prominenten	4	Ja	Ja	Chron/Gaz	2697
22.11.	Halloween-Ausverkauf	1	Ja	Ja	Chron/Sun	708
29.11.	DVR-Aktion	1	Ja	Nein	Chron/News	750
6.12.–20.12.	Weihnachtsaktion	3	Ja	Ja	Chron/IJ	2309
27.12.	Letzte Woche mit reduzierten Preisen	1	Ja	Ja	Chron/IJ	744
3.1.–17.1.	Fernsehen ist langweilig?	3	Nein	Nein	Chron/Sun	1494
24.1.–7.2.	Wir nehmen Ihr altes Gerät in Zahlung	2	Nein	Nein	Chron/News	1200
14.2.–21.2.	iPods & MP3-Geräte	2	Ja	Ja	Chron/IJ	2484
28.2.–28.3.	Wir lösen Ihre TV-Probleme	5	Nein	Ja	Chron/Gaz	3555

4.4.–18.4.	HD-Fernsehen	3	Ja	Ja	Chron/Times	2 444
25.4.–2.5.	Surround-Sound	2	Nein	Nein	Chron/News	1 200
9.5.–16.5.	Heimkino	2	Ja	Nein	Chron/IJ	1 184
23.5.	Rabattaktion	1	Ja	Ja	Chron/Gaz	831
30.5.–13.6.	Kreditkauf leicht gemacht	3	Nein	Ja	Chron/Sun	2 025
20.6.–27.6.	DVD-Rekorder	2	Ja	Nein	Chron/Rep	1 276
4.7.–11.7.	Videoerfahrung	2	Nein	Nein	Chron/IJ	1 284
18.7.–25.7.	Game-Sessel	2	Nein	Ja	Chron/Gaz	1 522
1.8.–8.8.	Kostenlose Vorführung vor Ort	2	Nein	Nein	Chron/Sun	630
15.8.–29.8.	Extragroßer Flachbildschirm	3	Ja	Ja	Chron/News	2 550
5.9.	Satellitenfernsehen	1	Nein	Nein	Chron/IJ	592
12.9.	Spielkonsolen	1	Nein	Nein	Chron/Gaz	951

Sehen wir uns einmal den Marketingkalender auf diesen zwei Seiten an. Alle 52 Wochen des Jahres sind verplant. Auf einen Blick sieht der Besitzer dieses kleinen Einzelhandels, welche Anzeigen wann geschaltet werden sollten, welche Produkte im Bestand sein müssen, welche Kosten auf ihn zukommen und wann welche Sonderverkäufe zu planen sind.

Laut Kalender werden wöchentlich Anzeigen im *Chronicle* und einer zweiten Zeitung geschaltet, hier rotieren die Zeitungen *Sun*, *News*, *Independent-Journal* und *Gazette* wöchentlich. Vorgesehen ist auch ein Testlauf in der *Times* und im *Reporter*. Das scheinen eine Menge Zeitungen zu sein, aber es ist klar, dass der *Chronicle* der Werbeträger Nummer 1 ist.

Die Länge der Marketingaktivitäten variiert von einer bis fünf Wochen und stellt so eine gesunde Mischung aus lang-, kurz- und mittelfristigen Ereignissen dar, wodurch für Abwechslung gesorgt ist. Auch Hörfunkwerbung wird genutzt, aber nicht jede Woche. Mit diesem Kalender folgt Electronic Alley einem durchdachten Plan. Die Kombination aus Absatzförderungsmaßnahmen und Sonderverkäufen ist ausgewogen.

Nutzen Sie Marketingmittel nur, wenn Sie den professionellen Umgang damit beherrschen. Schließlich müssen Sie stets Zeit, Energie, Geld, Talent und Wissen einbringen. Deswegen sollten Sie nur die Marketingwerkzeuge, die mit Ihrem Geschäft kompatibel sind, auswählen. Alle kompatiblen Marketingmethoden, die Sie professionell und dauerhaft anwenden können, sollten Sie auch einsetzen. In Kapitel 4 haben wir gesehen, wie das Unternehmen Tech-Know Academy 15 Marketingmethoden auswählte – noch ohne Innenausstattung, Bekleidung und Standort. Ganz gleich, ob Tech-Know Academy ein Ein-Mann-Betrieb oder ein Unternehmen mit mehreren Mitarbeitern ist, sollte es folgende Werbemittel einsetzen: Briefe, Wurfsendungen, Broschüren, Webinare, Teleseminare, eine intelligent gemachte Webseite mit aktuellen und korrekten Informationen, Aushänge an Schwarzen Brettern, Kleinanzeigen und Annoncen in lokalen Zeitungen, Zeitschriftenwerbung, Hörfunkwerbung, Direktmailing, Werbegeschenke, kostenlose Probeseminare, Online-Kleinanzeigen und Pressearbeit für Zeitungen, Radio und Fernsehen. Das klingt nach einem teuren Marketingplan. So ist es aber nicht. Um als Guerilla zu werben, müssen Sie kein Vermögen ausgeben – vermutlich würden Sie Fehler machen, wenn Sie zu viel Geld zur Verfügung hätten. Natürlich bekommen Sie so viel Marketing nicht umsonst. Investieren müssen Sie schon. Trotzdem können Sie sehr viele Marketingmethoden ausprobieren und viel Geld sparen.

Bevor Sie die für Sie geeigneten Marketingmethoden auswählen, müssen Sie Ihre Zielgruppe bestimmen. Schließlich ist es weitaus besser, seinen Ehepartner mit all seinen Stärken und Schwächen zu kennen, als stundenlang über das Konzept der Ehe schwadronieren zu können. Ebenso sollten Sie auch Ihre potenziellen Kunden kennenlernen, um Ihren Marketingplan mit der erforderlichen Präzision zu gestalten.

Jugendliche lesen keine Zeitungen, und junge Mädchen keine Wirtschaftszeitschriften. Dafür hören sie Radio, aber natürlich nur ganz bestimmte Sender. Erwachsene wiederum abonnieren selten Teen-Zeitschriften. Das ist die Realität, und Sie müssen Ihre Marketingmethoden daran anpassen.

Wählen Sie so viele Methoden, wie Sie können, aber wählen Sie nur diejenigen, die von Ihrer Zielgruppe auch gelesen, gesehen oder gehört werden. Viele Unternehmer entscheiden sich für Werbestrategien, die sie selbst ansprechen. Damit können Sie aber ganz falsch liegen, wenn Ihre Kunden Ihnen nicht sehr ähnlich sind – und dieser Fehler kann sich als sehr kostspielig erweisen.

Auch wenn kein Marketingbudget dem anderen gleicht, könnte es sich lohnen, sich die Budgets folgender fiktiver Unternehmen anzusehen. Zunächst möchte ich Sie mit dem Jungunternehmen Handyman Hero bekannt machen, das Arbeiten und Reparaturen in Haus und Garten übernimmt. Handyman Hero liegt in einer Stadt mit etwa 40 000 Einwohnern, das Einzugsgebiet umfasst jedoch 150 000 Bürger. Bei der zweiten Firma, Computer Smarts, handelt es sich um ein seit drei Jahren bestehendes Institut für EDV-Seminare, das im Herzen einer Stadt mit einer halben Million Einwohnern angesiedelt ist, deren Einzugsgebiet liegt bei rund 600 000 Menschen. Die dritte Firma, Music Mart, ist ein Einzelhandelsunternehmen, das seit fünf Jahren in einer Großstadt mit einer Million Einwohnern Stereoanlagen verkauft.

Nehmen wir an, dass Handyman Hero einen monatlichen Umsatz von 4 000 US-Dollar hat. Der Besitzer will 7,5 Prozent des Umsatzes für das Marketing ausgeben, das sind 300 US-Dollar im Monat beziehungsweise 3 600 US-Dollar im Jahr. Von seinen monatlichen Einnahmen von 20 000 US-Dollar investiert Computer Smarts 10 Prozent ins Marketing: das ergibt 2 000 US-Dollar monatlich beziehungsweise 24 000 US-Dollar jährlich. Music Mart hat einen durchschnittlichen Umsatz von 54 000 US-Dollar im Monat. Aggressive 12,5 Prozent davon werden für Marketing ausgegeben, was sich auf 6 750 US-Dollar monatlich oder 81 000 US-Dollar jährlich beläuft.

Weil diese Unternehmen nicht neu am Markt sind, müssen sie nicht erst werben, um öffentlich bekannt zu werden. Sie haben bereits ein Logo – zwei von ihnen sogar ein Mem – sowie Werbegeschenke, Visitenkarten, Briefpapier und Rechnungsformulare. Vor ihrem ersten Marktauftritt investierten Handyman Hero 500 und Music Mart sogar 5 000 US-Dollar in eine professionelle Marketingberatung. Sie verfügen also alle drei über einen Marketingplan, eine Kreativ- und eine Medienstrategie. Ihre Investition in professionelle Beratung hat ihnen auch pfiffige Werbeslogans, klare Identitäten und ein visuelles Format eingebracht. Handyman Hero erhielt extrem viele Beraterstunden für ex-

Handyman Hero (300 US-Dollar im Monat)

Marketingmethode	Monatliche Kosten	Kommentar
Persönliche Kundenakquise	0	Kostet Zeit
Persönliche Anschreiben	0	Kostet Zeit
Flyer	20	Jährliche Kosten 240 US-Dollar, amortisiert
Broschüren	50	Jährliche Kosten 600 US-Dollar, amortisiert
Aushänge an Schwarzen Brettern	0	Als Aushang werden die Flyer verwendet
Kleinanzeigen	40	Einmal wöchentlich Kleinanzeigen in zwei Zeitungen
Gelbe Seiten	20	Kleiner Eintrag in einer Rubrik
Zeitungsanzeigen	100	Anzeigen in einer Zeitung, einmal wöchentlich
Direktmailing	10	Nur Portokosten
Kostenlose Seminare	0	Broschüren bei Seminaren verteilen
Messestand	10	Konzeption und Produktion des Messestands sind einmal anfallende Kosten, die sich amortisieren
Öffentlichkeitsarbeit	20	Nur Materialkosten, sorgt für Öffentlichkeit
Produktion	30	Amortisiert sich in einem Jahr, Tausch gegen Anstreichjob
Online-Kleinanzeigen	0	Einträge in vier Rubriken

trem wenig Geld, weil er einem Marketingberater bei dem Bau seiner Terrasse geholfen hatte. So wie ich meine Guerillas kenne, hatten Computer Smarts und Music Mart ähnliche Tauschhandel eingefädelt. Schauen Sie sich die folgenden Tabellen an, um zu sehen, wie diese Guerillas ihr Budget aufteilten.

Handyman Hero hat sehr viele Marketingmethoden ausgewählt. Sein Hauptmedium sind Zeitungen, aber es kommen auch viele Kunden über die Aushänge an Schwarzen Brettern und die kostenlosen Heimwerkerkurse, die der Besitzer selbst durchführt. In dem Maße, wie immer mehr Menschen entdecken, wie einfach und bequem es ist, online nach Anbietern zu suchen, führen auch die Online-Kleinanzeigen zu Aufträgen. Die Aushänge, die Seminare und die Online-Anzeigen kosteten Handyman Hero keinen Cent und waren, aufgrund der parallel geschalteten Zeitungswerbung, sehr erfolgreich. Handyman Hero installierte außerdem für einen Grafiker einen Himmelstrahler, der ihm als Gegenleistung dafür Layout, Illustrationen, Satz und eine reprofertige Druckvorlage im Gesamtwert von 1000 US-Dollar erstellte. Der Besitzer von Handyman Hero war auf einer Heimwerker-Messe mit einem Stand vertreten, ließ Flyer verteilen und initiierte eine Mailingliste. Seine monatlichen Marketinginvestitionen betragen 7,5 Prozent des diesjährigen Umsatzes. Der Besitzer geht davon aus, dass im nächsten Jahr 300 US-Dollar nur noch 5 Prozent des Umsatzes darstellen, da er aufgrund des guten Marketings steigende Erlöse erwartet. (Die hier genannten Zahlen ähneln den Zahlen aus meinem ersten Buch auf frappierende Weise. Die Online-Konkurrenz sorgt dafür, dass die Werbemittelpreise auf einem vernünftigen Niveau bleiben. Es ist hart, gegen kostenlose E-Mails und Kleinanzeigen zu konkurrieren.)

Computer Smarts hat viele Empfehlungskunden. Die Broschüren sorgen für Mundpropaganda, während die Zeitungsanzeigen Interessenten motivieren, Computer Smarts anzurufen. Am Telefon nennt man ihnen alle Verkaufsargumente, und sie werden gefragt, ob sie eine kostenlose Broschüre zugesendet haben möchten. In der Hörfunkwerbung werden Interessenten aufgefordert, eine gebührenfreie Telefonnummer zu wählen. Auch wenn Computer Smarts nur wenig für Telefonmarketing ausgibt, bestehen infolge der Zeitungs- und Hörfunkwerbung viele Telefonkontakte.

Am liebsten würde Computer Smarts die eigene Fachkompetenz im Fernsehen demonstrieren, kann es sich aber einfach nicht leisten. Jedes Jahr im September spendet das Unternehmen öffentlichkeitswirksam gebrauchte und überholte Computer für Grundschulen. Über diese Aktion, die einzige PR-Maßnahme von Computer Smarts, berichtet das Fernsehen – kostenlos.

Computer Smarts (2 000 US-Dollar im Monat)

Marketingmethode	Monatliche Kosten	Kommentar
Persönliche Briefe	0	Akquise von Firmenkunden
Flyer	30	Jährliche Kosten 360 US-Dollar, amortisiert
Broschüren	80	Jährliche Kosten 960 US-Dollar, amortisiert
Aushänge an Schwarzen Brettern	30	Monatliche Gebühr für kommerzielle Aushänge
Kleinanzeigen	40	Einmal wöchentlich in einer Zeitung
Webseite	150	Monatliche Kosten für Internetprovider und Webmaster
Gelbe Seiten	30	Mittlerer Eintrag, eine Rubrik
Zeitungsanzeigen	940	Eine Anzeige pro Woche, zwei Zeitungen
Zeitschriftenanzeige (einmalig)	100	Eine ganzseitige Anzeige in der *Times*, amortisiert sich über ein Jahr
Hörfunkwerbung	400	100 US-Dollar pro Woche, ein Sender
Werbegeschenke	30	Kosten für Kalender mit Computermotiven
Kostenlose Kurse	0	Verteilung von Broschüren
Kostprobe	0	Wird Firmenkunden angeboten
Öffentlichkeitsarbeit	20	Amortisiert sich über eine öffentlichkeitswirksame Maßnahme pro Jahr
Produktion	200	Amortisiert sich innerhalb eines Jahres – die gesamte Produktion der Flyer, Broschüren, Anzeigen, Radiospots
Online-Kleinanzeigen	0	In vier Rubriken

Der prozentuale Anteil des Umsatzes, der ins Marketing investiert wird, wird im folgenden Jahr aufgrund der voraussichtlichen Umsatzsteigerung auf 7,5 Prozent sinken. Die tatsächlichen Marketingausgaben sollten gleich bleiben.

Ist es nicht interessant, dass Music Mart mit dem größten Budget am wenigsten unterschiedliche Marketingmethoden benutzt? Zwei Methoden werden jedoch in hohem Maße angewendet: Radio und Zeitung. Die Kosten für die Hörfunkwerbung sind sehr gering, da die Spots über die interne Werbeagentur des Unternehmens aufgrund des Jahresvertrags ebenso wie die Zeitungsanzeigen zu einem sehr günstigen Preis eingekauft wurden. Die Fernsehwerbung wird sehr intensiv zweimal im Jahr eingesetzt, zu einem Preis von 3 000 US-Dollar pro Woche. Die Kosten für die Homepage enthalten eine attraktive und umfangreiche Webseite, die wöchentlich aktualisiert wird und Preislisten für viele Produktkategorien enthält.

Wie andere Guerillas gibt auch Music Mart einen großen Betrag – 12,5 Prozent – für das Marketing aus. Diese Taktik hat verschiedene andere Mitbewerber, die weniger intensiv warben, aus dem Markt gedrängt. (Deren Marketing hatte die Tatsache, dass sie höhere Jahresumsätze als Music Mart erzielen konnten, nicht reflektiert.) Music Mart plant, wie alle intelligenten Guerilla-Werber, im nächsten Jahr den gleichen Betrag für das Marketing auszugeben, erwartet aber, dass dieser Betrag dann nur noch 7,5 Prozent des Umsatzes ausmacht. Mindestens sollen jedoch 7,5 Prozent für das Marketing ausgegeben werden, weil die Unterhaltungselektronikbranche stark umkämpft ist.

Desktop-Publishing (DTP) kann die Kosten des Marketings senken, insbesondere wenn gedruckte Newsletter und Direktmailings erstellt werden. Früher habe ich mehr als einmal behauptet, dass Marketing nichts für Amateure sei und man das Desktop-Publishing am besten Profis überlasse. Ich habe mich getäuscht. Die heutige Computersoftware macht Desktop Publishing so unglaublich einfach (lesen Sie das englische Buch *The Deskop Publisher's Idea Book* von Chuck Green oder die deutsche Ausgabe *Web Design für Dummies* von Roger Parker), dass ich DTP mittlerweile als Guerilla-Geheimwaffe betrachte. Es ist so einfach zu nutzen, und man kann damit so sagenhaft seriöses Material erstellen, dass es Kleinunternehmern einen unfairen, aber willkommenen Wettbewerbsvorteil bietet. Der Preis für Glaubwürdigkeit auf hohem Niveau ist seit der Erfindung des Guerilla Marketings stark gefallen. Benutzen Sie also moderne Computersoftware, wenn Sie bei der Gestaltung und Herstel-

Music Mart (6750 US-Dollar im Monat)

Marketingmethode	Monatliche Kosten	Kommentar
Broschüren	200	Allgemeine Broschüren ohne Preise
Innenwerbung	205	Einmalige Kosten, nach einem Jahr amortisiert
Gelbe Seiten	200	Großer Eintrag in zwei Rubriken
Zeitungsanzeigen	2800	Eine Anzeige pro Woche, zwei Zeitungen
Hörfunkwerbung	1400	Kontinuierlich auf drei Sendern
Fernsehwerbung	500	Zweimal jährlich einwöchige Intensivbewerbung
Direktmailing	300	Drei Mailings pro Jahr, amortisiert
Kostenlose Seminare	0	Im Laden mit anschließendem Verkauf
Himmelsstrahler	20	Für eine Promotion pro Jahr, amortisiert
Produktion	625	Amortisiert sich innerhalb eines Jahres
Webseite	500	Für Webdesign, Promotion und Wartung

lung von Flyern, Broschüren, Wurfsendungen, Schildern, Webseiten und anderem viel Geld sparen möchten.

Wenn Profis über Medien sprechen, verwenden sie die Begriffe *Reichweite* und *Häufigkeit*. Reichweite bezieht sich auf die Anzahl der Personen, die mit dem Medium in Kontakt kommen, Häufigkeit darauf, wie oft jede Person mit dem Medium in Kontakt kommt. Häufigkeit ist wichtiger, denn Vertrautheit schafft Vertrauen, und Vertrauen dient als Sprungbrett für den Verkauf. Häufigkeit ist ergo besser als Reichweite, wenn es um Vertrauen geht. Dabei ist es überhaupt nicht notwendig, jedem alles zu sagen, abgesehen davon, dass das überhaupt nicht geht. Wenn Sie das trotzdem versuchen, endet es damit, dass Sie niemandem alles oder allen nichts sagen. Ihr Ziel sollte es sein, jemandem etwas zu sagen. Ihre Marketingbotschaft ist das »etwas«, Ihre Zielgruppe »jemand«. Genau wie Sie darauf achten müssen, was Sie sagen, sollten Sie auch darauf achten, wem Sie sich mitteilen. Es reicht nicht, den falschen Leuten das Richtige zu sagen. Auch wenn Fernsehwerbung gut für Ihr Ego ist – wenn Ihre potenziellen Kunden kaum fernsehen, ist es völlig unsinnig.

An dieser Stelle möchte ich betonen, wie sehr ich an die Effizienz von Nanocasting und Podcasting glaube. Eine der vielversprechendsten neuen Guerilla Marketingmethoden ist das Internetradio, wozu Podcasting und Nanocasting gehören. Dank der »Ausstrahlung« über das Web ist diese Form des Radios eine sehr kostengünstige Methode, um eine globale Zielgruppe zu erreichen, Glaubwürdigkeit und Markenimage aufzubauen, neue Kunden zu finden und seine Produkte zu bewerben. 2005 schloss sich Guerilla Marketing International mit Jackstreet Media zusammen, um eine Guerilla Marketing-Pilotsendung namens »A Guerilla Marketing Minute with Jay Conrad Levinson – On the Road« zu starten. Ziel der Sendung war es, die Guerilla Marketing-Association (GMA) zu fördern. Das Podcast wurde ein beliebtes Feature der Webseite; viele Besucher aus aller Welt hörten sich während eines Besuchs oft mehrere Sendungen an. Mit der zunehmenden Beliebtheit von Podcasting, Nanocasting und Internet-Radio wuchs auch die tägliche Zuhörerzahl. Mehr als Tausend GMA-Mitglieder wurden Nanocasting-Partner, die die Audiodatei auf ihren Webseiten zur Verfügung stellten und neue Mitglieder für GMA warben. Besonders effektiv war die Funktion »Weiterempfehlen«, über die Besucher die GMA Minutes schnell an Freunde und Bekannten schicken konnten und so für Mundpropaganda sorgten.

Sehen Sie sich wirklich jede Marketingmethode in diesem Kapitel ganz genau an. Wählen Sie dann anhand von drei Kriterien die für Sie geeigneten Marketingmethoden aus: 1) Ist die Methode für Ihre Zielgruppe geeignet? 2) Lässt sie sich professionell einsetzen? 3) Ist sie für Sie erschwinglich? Sobald Sie Ihre Auswahl getroffen haben, legen Sie los, wobei Sie den Nutzen und die Professionalität der Methode maximieren sollten. Wenn Sie zwei todsichere Marketingmethoden mit zwei anderen todsicheren Methoden kombinieren, so ist das Ergebnis größer als die Summe der Einzelteile. Es entsteht ein Synergieeffekt, der dafür sorgt, dass zwei plus zwei sage und schreibe fünf, sechs oder sogar sieben ergibt. Kombinieren Sie fünf Marketingmethoden mit fünf anderen, potenzieren sich Ihre Möglichkeiten entsprechend.

Je mehr Marketingmethoden Sie einsetzen und je geschickter Sie sie auswählen, desto praller wird Ihr Bankkonto gefüllt. Der Clou besteht darin, die richtige Marketingbotschaft mit dem richtigen Marketingmedium zu kombinieren.

7 Die Kunst der Sparsamkeit

Ein Marketing-Guerilla spart Geld, das für sein Marketing budgetiert wurde, in erster Linie dadurch, dass er kein dafür vorgesehenes Geld verschwendet. Denn wichtiger als günstig einzukaufen ist, sich profitabel zu verkaufen. Sich Ausgaben ersparen zu können ist schon ganz gut, viel Geld zu verdienen ist aber viel besser. Natürlich muss so gut wie jeder – Verbraucher, Großkonzerne wie Kleinbetriebe – sparsam mit seinem Geld umgehen. Speziell in kleineren Unternehmen, die im Allgemeinen unter Ressourcenmangel leiden und jeden Cent zweimal umdrehen müssen, ist Sparsamkeit oberstes Gebot. Eine Investition muss sich irgendwie als wertvoller erweisen, als ihr Geldbetrag suggeriert. Geht das überhaupt? Schlaue Kleinunternehmer wissen, dass es geht, und wie es geht. In diesem Kapitel erfahren Sie diverse Tipps, wie Sie aus Ihren Marketinginvestitionen mehr herausholen können, ohne sie in ihrer Effizienz zu schmälern.

Als Erstes sollten Sie sich *von dem Gedanken verabschieden, Ihre Marketingkampagne müsse ständig geändert werden.* Immer neue Kampagnen verschlingen viel Geld und schwächen gleichzeitig die Gesamtwirkung Ihrer Werbung ab. Behalten Sie eine Kampagne bei, bis ihre Anziehungskraft wirklich nachlässt. Das ist gar nicht so einfach. Zuerst kommt Ihre Anzeige oder Homepage sicher bei allen gut an. Nach einiger Zeit finden Sie sie langsam langweilig. Dann fangen Ihre Freunde und Familienmitglieder damit an, dass sie sie nicht mehr sehen können. Bald darauf nörgeln auch Kollegen, Mitarbeiter und Geschäftspartner, dass etwas Neues fällig wäre, und spätestens jetzt werden Sie Ihre Werbung ändern wollen. Tun Sie's nicht! Warten Sie, bis Ihr Rechnungsprüfer oder Steuerberater eine Änderung empfiehlt. Hören Sie nur auf die Person, die sich eingehend mit Ihrem Betriebsgewinn befasst. Diese Person wird keine Werbung, die langfristig Geld in die Kasse bringt, als langweilig bezeichnen. Das Einzige, was zählt, ist die Reaktion der Verbraucher auf Ihre Werbung, und erfahrungsgemäß dauert es sehr lange, bis diese eine Off- oder Online-Kampagne als langweilig empfinden. Wenn Sie diesen Tipp immer beherzigen, können Sie eine Menge mehr aus Ihren Marketinginvestitionen herausholen und zugleich neue Ausgaben sparen. Sie werden in diesem Kapitel zwar noch weitere Spartipps finden, der wichtigste und wirkungsvollste ist und bleibt aber: *Behalten Sie Ihren Marketingplan bei und ersparen Sie sich damit viel Geld!* Sie werfen Unsummen zum Fenster hinaus, wenn Sie Ihren Plan zu schnell verwerfen.

Eine weitere Möglichkeit, erkleckliche Summen zu sparen, ist das sogenannte Bartergeschäft – der gute alte Tauschhandel. Auch wenn der lokale Radiosender oder Zeitungsverlag Ihr spezielles Produkt nicht gebrauchen kann, gibt es sicher *etwas anderes*, das gerade sehr gelegen käme, und höchstwahrscheinlich können Sie es dem Sender oder dem Verlag besorgen, indem Sie mit dem Anbieter des Gewünschten einen Tauschhandel durchführen. So kommen Sie als Gegenleistung für Ihr Produkt oder Ihre Dienstleistung zu einem Radio-Spot oder einer Zeitungsanzeige, was Sie nur einen *Bruchteil des regulären Preises* kosten dürfte. Um sich die aufregende Welt des Tauschhandels zu erschließen, brauchen Sie eigentlich nur die Suchworte *Bartergeschäft* oder *Bartering* in Google eingeben. Sie werden überrascht sein, wie viele Partner vielleicht gerade jetzt auf einen Tauschhandel mit Ihnen warten. Es lohnt sich ganz bestimmt, sich über diese Art des globalen Handels zu informieren.

Wie so ein Bartergeschäft aussehen kann, zeigt folgendes Beispiel. Der Besitzer eines Ladens für Stereoanlagen wollte im Radio für sich werben, doch der Preis des Senders für diese Leistung war ihm zu hoch, und das stattdessen angebotene Equipment war für den Sender uninteressant. Sehr interessant wäre allerdings eine neue Eingangshalle, teilte man dem Ladenbesitzer mit. Der wiederum fand einen Bauunternehmer, der unbedingt eine neue Stereoanlage haben wollte. Der Bauunternehmer bekam eine Anlage und einen Fernseher im Wert von 5 000 US-Dollar und baute eine neue Eingangshalle für den Radiosender. Der Ladenbesitzer bekam Radio-Werbezeit im Wert von 5 000 US-Dollar, wobei ihn das eingetauschte Equipment selbst nur die Hälfte gekostet hatte. Eigentlich machte er sogar ein noch besseres Geschäft, da er Auslaufmodelle eingetauscht hatte, die er wahrscheinlich regulär nicht mehr hätte verkaufen können.

Viele Verlage akzeptieren alles Mögliche als Gegenleistung für eine Werbeanzeige, je nachdem, was gerade dringend gebraucht wird. In jedem Verlag gelten andere Regeln, und die Bartergeschäfte werden üblicherweise von Fall zu Fall ausgehandelt. Trotzdem gilt im Allgemeinen, dass immer jemand irgendetwas braucht. Wenn Sie sich darüber informieren, womit Sie beim Medienanbieter Ihrer Wahl ins Schwarze treffen, können Sie vielleicht ein sehr vorteilhaftes Tauschgeschäft in die Wege leiten. In der virtuellen Welt blüht der Tauschhandel. Als echter Guerilla sollten Sie sich rege daran beteiligen.

Als ich die Welt der Bartergeschäfte entdeckte, musste ich an meinen ersten Tauchgang denken, bei dem ich überrascht feststellte, dass innerhalb meines kleinen, vertrauten Universums eine bislang unbekannte, fremde Welt existierte. Wenn man sich vor Augen hält, dass die Hälfte der Medienwerbung heutzutage über Bartergeschäfte abgewickelt wird, erhält man eine Vorstellung davon, in welchem Umfang sich der Tauschhandel in unserer Wirtschaft bereits etabliert hat.

Mit *Kooperation bei der Werbung* lässt sich ebenfalls Geld sparen. Größere Firmen zeigen sich für die Erwähnung ihres Namens oder die Abbildung ihres Logos in den Anzeigen kleinerer Firmen oft erkenntlich. Die Besitzerin eines kleinen Möbelgeschäftes erhält zum Beispiel jedes Mal eine Prämie, wenn sie in ihrer Werbeanzeige den Namen eines großen Matratzenherstellers erwähnt. Logisch, dass sie in fast allen ihrer Anzeigen auf einen Hersteller verweist, der sich ihre Kooperation eine Kleinigkeit kosten lässt. Kooperative Werbung hilft Kleinbetrieben nicht nur beim Sparen, sondern bietet noch einen anderen Vorteil: Die Verbindung mit einem bekannten Hersteller und dessen Marke stärkt den Ruf und verbessert die Glaubwürdigkeit. Auch für die Kooperation bei der Werbung gelten unterschiedliche Spielregeln. Manche Unternehmen zahlen nur dann etwas, wenn außer ihnen kein anderer Firmenname erwähnt wird. Andere legen lediglich Wert auf einen richtig geschriebenen Firmennamen, wieder andere darauf, dass ihr Slogan und Logo in der Anzeige erscheinen. Wer klug ist und Geld sparen will, sucht sich Kooperationspartner, die mit der Erwähnung mehrerer Firmennamen einverstanden sind, denn so lässt sich der Preis für eine Werbeanzeige oft um mehr als 50 Prozent reduzieren. Es lohnt sich also für Sie, etwas Recherche- und Organisationsaufwand zu betreiben.

Erkundigen Sie sich doch einfach bei Ihren Zulieferern, ob sie sich bereits an einer Werbekooperative beteiligen oder ob Interesse besteht, eine ins Leben zu rufen. Einer meiner Kunden deckt mehr als die Hälfte seiner Marketingkosten permanent über kooperative Werbung. Für seine Videothek konnte er Filmstudios als Kooperationspartner gewinnen. Ihre Werbeagentur wird Ihnen wohl kaum dabei helfen, Kooperationspartner für Ihr Marketing zu finden, das müssen Sie schon selbst machen. Da es Ihre Marketingkosten aber ganz beträchtlich reduziert, lohnt sich jede Minute, die Sie oder Ihr zuständiger Marketing-Guerilla der Aufgabe widmen.

Als weitere Sparmaßnahme empfiehlt sich der Versuch, mit dem Anbieter Ihres Werbemediums eine *PI- oder PO-Vereinbarung* auszuhandeln. PI steht für

»per inquiry«, pro Anfrage, PO für »per order«, also pro Auftrag. Eine Zahlungsvereinbarung pro Anfrage oder pro Auftrag ist eine recht übliche Methode, um Geld zu sparen und gleichzeitig welches zu verdienen. Über den Suchbegriff »Pay per Order« finden Sie im Internet ausführliche Informationen.

In der Praxis könnte das folgendermaßen aussehen: Sie erkundigen sich bei einem Fernsehsender, ob Interesse an einer PI- oder PO-Vereinbarung besteht, das heißt, Sie bezahlen für Ihre Sendezeit eine vereinbarte Summe pro Anfrage oder Auftrag. Nehmen wir an, Sie verkaufen ein Buch zum Preis von 10 US-Dollar. Der Deal ist, dass Sie für jedes verkaufte Buch 3 Dollar an den Sender zahlen. Bis jetzt hat noch kein Geld die Hände gewechselt. Wahrscheinlich können Sie nun das professionelle Equipment des Senders nutzen, um einen Werbespot zu produzieren. In den USA kostet eine Minute Werbezeit normalerweise so um die 100 US-Dollar, doch Sie kostet das im Moment noch gar nichts. Ihr Spot wird ausgestrahlt, und 50 Leute bestellen ein Buch. Nun erhält der Sender 3 Dollar pro Buch, also 150 Dollar, womit er ein ziemlich gutes Geschäft macht. Sie ebenfalls, denn die 50 Bestellungen bringen Ihnen auch ohne riskante Marketingausgaben 500 Dollar ein (abzüglich der Versandkosten und des Anteils für den Sender). Mal angenommen, Sie könnten – was in den USA möglich ist – einen solchen Deal mit 100 Fernsehsendern vereinbaren, würden Sie beträchtliche Profite einfahren, ohne Geld für Marketing ausgeben zu müssen.

Zumindest in den USA sind PI- oder PO-Vereinbarungen mit Zeitschriftenverlagen, Radiosendern, TV-Sendern und vor allem mit Websiteprovidern (»Pay per Click«) durchaus üblich. Im Zusammenhang mit Tageszeitungen habe ich noch nicht davon gehört, aber ich könnte mir vorstellen, dass einige der weitsichtigeren Verlage dieser Methode durchaus aufgeschlossen gegenüberstehen. Unterbreiten Sie dem Anbieter Ihres Lieblingsmediums doch einfach ein schriftliches Angebot, in dem Sie Ihre Vorstellungen erläutern. Hält der Anbieter den Vorschlag für lukrativ, steht der Deal, und Sie sind in der Lage, professionell für sich zu werben. Und abgesehen von den relativ niedrigen Produktionskosten müssen Sie keinerlei Geld für Ihre Werbung vorstrecken. Wenn Sie großes Pech haben, wird Ihr TV-Spot nach Mitternacht ausgestrahlt, da generell wenig Nachfrage nach dieser Werbezeit besteht. Normalerweise aber können Sie sich darauf verlassen, dass Ihr Deal aufgeht, denn der Sender will schließlich an Ihrer Vereinbarung verdienen. Und wenn der Sender Profit macht, tun Sie das auch.

Schon viele findige Kleinunternehmer haben dank dieser noch wenig verbreiteten Sparmethode ziemlich gute Geschäfte machen können. Die PI-Vereinbarung mit einem Zeitschriftenverlag brachte einem meiner Kunden Newsletter-Abonnements im Gesamtwert von 3 000 US-Dollar ein. Statt ihm für eine ganzseitige Werbeanzeige die regulären 900 US-Dollar zu berechnen, war der Verlag mit der Hälfte jeder Abonnementgebühr einverstanden: 50 Dollar pro Abo. Bei 30 Abonnenten erhielten der Verlag und mein Kunde jeweils 1 500 Dollar, und das bereits im ersten Jahr der Aktion. Im Folgejahr konnte mein Kunde aufgrund der zu erwartenden Abo-Verlängerungen mit einem besseren Profit rechnen.

Der Zeitschriftenverlag hätte den Deal gerne verlängert, doch mein Kunde lehnte logischerweise ab und bezahlte lieber den regulären Preis für seine ganzseitige Anzeige.

Jeder Mensch genießt das Interesse an seiner Person und redet gerne über sich selbst. Machen Sie sich diese typisch menschliche Eigenheit zunutze, indem Sie Ihre Kunden ausführlich befragen. So erhalten Sie umfangreiche Verbraucherdaten, die Sie so gut wie nichts kosten. Erstellen Sie einen Fragebogen, der alle für Sie interessanten Themenbereiche abdeckt. Einige werden Ihren Fragebogen zwar ungelesen ins Altpapier werfen, andere aber werden ihn sorgfältig ausfüllen und Ihnen eine Fülle an wertvollen Informationen liefern, für die Ihnen jedes Marktforschungsunternehmen vermutlich ein Vermögen abknöpfen würde. Befragen Sie Ihre Kunden und Zielgruppen selbst, kommen Sie mit einem Minimum an finanziellem Aufwand an diese Daten. Mehr darüber finden Sie im nächsten Kapitel.

Das wahrscheinlich reichhaltigste Jagdgebiet für wirtschaftlich denkende Guerillas ist das Internet. Hier wimmelt es geradezu von Kleinbetrieben und Ein-Mann-Unternehmen, die Tauschhandel betreiben wollen, oder die für Sie werben, wenn Sie im Gegenzug für ihre Produkte werben, oder die Ihnen dafür, dass Sie in einer Rundmail an Ihren Kundenstamm deren Produkte vorstellen, ein hübsches Sümmchen bezahlen. Erst kürzlich unterhielt ich mich mit jemandem, der E-Books verkauft. Obwohl seine E-Books nur 20 Dollar kosten, zahlt er seinen Kooperationspartnern für jedes Buch, das über deren Homepages verkauft wird, eine Kommission in Höhe von 40 Dollar. Wie er mir erklärte, kann er es sich leisten, so großzügig zu sein, weil ihm jedes verkaufte Buch *Zusatzaufträge* in Form von ergänzenden Produkten, Weiterbildungskursen und umfangreichen Lernmodulen sichert. Was kostet es wohl, ein so lukratives Geschäft auf die Beine zu stellen? Null Cent, aber Zeit, Energie, Fantasie und Wissen – und den Aufwand, eine Schar an kooperativen Partnern zu finden.

Sobald Ihnen klar ist, dass Sie als geschickter Guerilla mit Onlinemarketing ein Vermögen machen können, kommt es nur noch darauf an, das Beste aus

Ihren Investitionen herauszuholen. Zusammen mit einer gelungenen Kombination aus Werbemedien, Brief- und E-Mail-Werbung wird Ihnen Ihr ausgeklügeltes Marketingprogramm jede Menge Zulauf bescheren. Allerdings sollten Sie nachvollziehen können, welche Ihrer Marketingstrategien sich tatsächlich bewähren, damit Sie sich von den ineffizienten trennen können. Die Effizienz Ihres Marketings nachzuvollziehen ist gar nicht so schwierig und außerdem das Klügste, was Sie tun können, um kein Geld für überflüssige Medien und Strategien zu verschwenden.

Die Effizienz einer Werbung lässt sich am besten messen, wenn Sie den Werbeträger mit einer Kennung versehen, über die sich Anfragen und Käufe ihrem Auslöser zuordnen lassen. Nachfolgend lernen Sie drei Möglichkeiten kennen – die zumindest in den USA gängig sind –, wie Sie den Bezug zwischen Marketing und Verbraucherreaktion herstellen können:

1. *Kennungen.* Weisen Sie Ihren Werbeanzeigen und Briefsendungen eindeutige Kennungen zu. Nehmen wir an, Sie schalten in diversen Zeitschriften Anzeigen. Zur Werbewirksamkeitskontrolle müssen sich die Kennungen nicht nur der Zeitschrift, sondern auch der Ausgabe zuordnen lassen. Ihre Anzeige in der Januarausgabe des *Skisportmagazins* ist daher mit der Kennung *SK-1* versehen, während die Anzeige im *Bodybuildermagazin* vom Februar die Kennung *BB-2* aufweist. Die Kennungen sind bereits auf den Rücksendecoupons abgedruckt, sodass Sie sofort sehen können, aufgrund welcher Werbung eine Anfrage bei Ihnen eingeht. Oft sind Kennungen auch schon auf den Rückumschlägen von Werbeanschreiben aufgedruckt. Schauen Sie einmal genauer hin, wenn Sie das nächste Mal einen Stapel Werbung im Briefkasten finden. Wahrscheinlich finden Sie darunter das eine oder andere Schreiben, das einen Code aus Buchstaben und/oder Ziffern auf dem Rückumschlag und dem Anfrageformular aufweist.

2. *Spezielle Telefonnummern und Uniform Resource Locators (URL).* Eine gute Idee ist es, für die verschiedenen Teilbereiche Ihres Marketingprogramms über gesonderte und gebührenfreie Telefonnummern zu verfügen. Wenn Sie beispielsweise in Ihrem TV-Spot eine spezielle, einfach zu merkende und gebührenfreie Telefonnummer einblenden und der Radio- und Anzeigenwerbung für dasselbe Produkt andere Kennungen zuweisen, lässt sich die Effizienz der verschiedenen Marketingmedien genau unterscheiden. Die Bereitstellung eindeutiger URLs ist eine weitere Methode, um die Wirksamkeit von Offline-Kampagnen nachzuvollziehen. Mit Domain-Parking – Reservieren von Domainnamen – und Domain-Pointing – Weiterleitung auf

eine andere Domain – sichern Sie sich verschiedene Versionen Ihres Domainnamens beziehungsweise verschiedene URLs, die automatisch zu einer festgelegten Webseite führen, die für die Besucher optimiert wurde – die sogenannte Landeseite (auch *Landing Page* genannt). So könnten Sie als Bootsausstatter beispielsweise in Ihrer Werbekampagne die leicht zu merkende Internetadresse MeinBoot.com nutzen, über die alle Interessenten direkt auf Ihre Homepage weitergeleitet werden. Über welche URL wie viele Interessenten auf Ihrer Homepage landen, lässt sich aus dem Internetprotokoll ersehen.

3. *Online-Effizienz.* Mittlerweile ist Ihnen sicher klar geworden, wie wichtig es ist, die Effizienz Ihres Marketings nachzuvollziehen. Weisen Sie daher unbedingt jeder Marketingmaßnahme – ob Online-Anzeige oder Rundmail – eine eindeutige Kennung zu. In welchem Umfang sich die Besucherzahl Ihrer Homepage auf Ihre Werbung hin erhöht, lässt sich erkennen, indem Sie nach der URL ein Fragezeichen und die jeweilige Kennung eingeben. Das heißt, statt MyDomain.com geben Sie MyDomain.com?A ein. Dies wirkt sich nicht auf Ihrer Landeseite aus, sondern erscheint nur im Internetprotokoll. Alternativ können Sie Kopien Ihrer Landeseite erstellen – mit jeweils eindeutigen Dateinamen – und anschließend sämtliche Anfragen, die aufgrund Ihrer Rundmail oder Online-Anzeige eingehen, mit einer bestimmten Landeseite verknüpfen.

Bei der Beurteilung der Effizienz Ihrer Werbeaktionen geht es aber natürlich mehr um die Konversions- denn um die Reaktionsrate. Wenn Sie alle Verbraucherreaktionen zur jeweiligen Marketingmaßnahme zurückverfolgen können, zeigt sich schnell, welche Ansätze und Angebote die lukrativsten Profite nach sich ziehen.

Die eben vorgestellten Maßnahmen – Effizienzmessung, PI-Vereinbarungen, Bartergeschäfte und Marketingkooperativen – lassen sich natürlich nicht von heute auf morgen umsetzen. Dennoch gehen immer mehr kluge Köpfe, die von größerer finanzieller Unabhängigkeit träumen und die Geduld aufbringen, an der Verwirklichung dieses Traums zu arbeiten, zu diesen Möglichkeiten über. Sofern geduldig an einem soliden Fundament gearbeitet wird, ist schließlich nichts dagegen einzuwenden, Luftschlösser zu bauen.

Ungeduld verträgt sich sowieso nicht mit gutem und kostensparendem Marketing. Falls Sie sich von Ihrem Marketing maximale Wirkung und zugleich Spareffekte erhoffen, sollten Sie voreilige Aktionen meiden wie die Pest. Ein sinnvoller Zeitplan, in dem Ihre Marketingaktionen auf ein Jahr im Voraus festgelegt sind, hat sich als Heilmittel gegen Anfälle von Ungeduld am besten bewährt.

Um sparsames Marketing betreiben zu können, sollten Sie mit drei Variablen vertraut sein: Qualität, Wirtschaftlichkeit, Schnelligkeit. Nun wählen Sie sich *zwei beliebige* aus, die für Sie gelten sollen. Die Wahl eines Guerillas fällt üblicherweise auf die beiden ersten. Als Meister der strategischen Planung ist ein Guerilla fast nie in Eile, weshalb er auf Qualität und Wirtschaftlichkeit setzt.

Macht man sich klar, dass über Werbezeit in Funk und Fernsehen wie über alles andere auch verhandelt werden kann, lassen sich auch ordentliche Summen sparen. An die besten Sendezeiten kommen Sie vielleicht nicht so einfach und günstig heran, andererseits stellt jede nicht verkaufte Werbeminute einen unwiderruflichen Verlust für jeden Sender dar. In den USA ist es durchaus üblich, dass Radio- und Fernsehsender ihre »Restposten« weit unter dem üblichen Preis verschleudern. Fragen kostet ja nichts, also tun Sie es.

Um neue Kunden – Marktneulinge – zu werben, bieten viele US-amerikanische Fernsehsender Werbezeit zu verlockenden Preisen an. Alte Hasen wissen aber, dass diese Lockangebote, denen Kleinbetriebe oft auf den Leim gehen, sich im Nachhinein als Abzocke entpuppen. Glauben Sie also nicht alles, was Sie lesen. Sparen Sie Marketingkosten lieber dadurch, dass Sie selbst ein *Angebot unterbreiten, das Ihrem Geldbeutel entspricht*. Die Chancen stehen nicht schlecht, dass es vom Sender akzeptiert wird.

Beim Thema Funk- und Fernsehwerbung könnte folgender Spartipp für Sie interessant sein: Erwiesenermaßen sind 30 Sekunden Werbung fast ebenso wirkungsvoll wie 60 Sekunden. Fassen Sie sich also kurz und vermitteln Sie Ihre Botschaft in einer halben Minute, lässt sich einiges an Geld sparen. Eine präzise, gezielte Botschaft lässt sich sogar in weniger als 30 Sekunden vermitteln. Im Jahr 2005 waren über 80 Prozent der US-amerikanischen TV-Werbespots kürzer als 30 Sekunden. Die kürzesten Botschaften werden schon gar nicht mehr als TV-Spots, sondern als *Electronic Billboards* – elektronische Reklameplakate – bezeichnet.

Dieselbe Sparmaßnahme können Sie auch für Ihre Printwerbung ergreifen. Sofern es nicht absolut notwendig ist, große und teure Anzeigen zu schalten, erweisen sich günstigere Kleinanzeigen, in denen Sie Interessenten auf Ihre Homepage verweisen, bestimmt als ebenso wirkungsvoll.

Auch wenn Sie damit nicht ganz so imposant auftreten wie Firmen mit ganzseitigen Anzeigen, Geld verdienen Sie trotzdem. Eine der wichtigsten Marketingregeln ist, konsequent Präsenz zu zeigen, und das gelingt mit kleinen

Anzeigen ebenso gut wie mit großen. Es ist der Wiedererkennungswert, der das Vertrauen der Verbraucher in Sie stärkt, nicht die Größe Ihrer Anzeige – eine Tatsache, die Ihnen immense Ausgaben erspart.

Fakt ist auch, dass das Erscheinungsbild Ihrer Anzeige direkt auf Ihr Image zurückfällt. Bei der Printwerbung im Allgemeinen und bei Zeitungsanzeigen im Besonderen ist es daher keine gute Idee, das grafische Design aus Kostengründen dem Verlag zu überlassen. Beauftragen Sie damit lieber einen Profi.

Professionelle Grafiker lassen sich grob in zwei Kategorien einordnen: diejenigen mit horrenden Honoraren und diejenigen mit vernünftigen Preisen. Die kostengünstigste Lösung mit dem qualitativ hochwertigsten Ergebnis ist, einen der teureren Grafiker für die erste Werbeaktion, die Homepage und das optische Erscheinungsbild Ihrer Firma zu engagieren. Steht das Gerüst, können Sie alles weitere Marketingmaterial von einem weniger kostspieligen Grafiker entwerfen lassen, der sich an den vorhandenen Vorgaben orientiert. Falls Sie moralische Bedenken haben, kann ich Sie beruhigen! Der zweite Grafiker freut sich sicherlich unbändig über den guten Auftrag, und den ersten haben Sie schließlich gut bezahlt. Bei den Honorarverhandlungen sollten Sie sich jedoch gut überlegen, worauf Sie sich einlassen, denn viele Grafiker verlangen eine Nutzungsgebühr für die Weiterverwendung ihrer künstlerischen Werke. Auf alle Fälle sichern Sie sich so die gleichbleibend hochwertige Qualität Ihrer Werbeanzeigen und müssen dafür nur einmal tief in die Tasche greifen. Ihre Werbung hat langfristig Format und Klasse, und abgesehen von der Honorarrechnung des ersten Grafikers hält sich der finanzielle Aufwand sehr in Grenzen. Jeder Guerilla, der diese Strategie gewählt hat, wird Ihnen bestätigen, dass sie jeden Cent wert sind.

Es ist ganz bestimmt eine gute Idee, Ihre Werbeanzeige, Homepage oder Ihren TV-Spot von einem Profi gestalten zu lassen. Selbst wenn Sie über wenig künstlerisches Geschick verfügen, können Sie viel Geld sparen und verdienen, indem Sie weitere Marketingunterlagen selbst am PC entwerfen. Werden Sie kreativ, was Flyer, Broschüren, Kataloge, Ladenreklame und Messewerbung betrifft, erstellen Sie Multimediapräsentationen, Newsletter und einen dynamischen Internetauftritt. *Diese Marketingwaffen warten auf Ihrem Schreibtisch darauf, von Ihnen eingesetzt zu werden.*

Haben Sie eine halbe Stunde Zeit? Länger dauert es nämlich nicht, einen Newsletter zu gestalten, der jedem Kleinunternehmer Ehre macht. Neue Designs zu entwerfen ist völlig überflüssig, denn die kinderleicht zu bedienenden Softwareprogramme verfügen über umfangreiche Grafikbibliotheken, in denen Sie sicher fündig werden. Per Mausklick lassen sich Seitenlayout, Grafiken, Formate, Impressum und Schriftarten ganz einfach auswählen. Lassen Sie sich überraschen, wie kreativ Sie sein können, wie profitabel es ist, mit einem umfangreichen Waffenarsenal zuschlagen zu können, und wie viel Geld Sie sich sparen, wenn Sie dieses Arsenal selbst zusammenstellen. Es ist wirklich ein Kinderspiel!

Jede Menge Geld sparen Sie, wenn Sie bereits vorhandenes Werbematerial wiederverwenden. Das Foto aus Ihrer Anzeige in der Fachzeitschrift ist besonders gut gelungen? Dann verwenden Sie es doch auch in der Werbebroschüre, für den Messestand, im Produktkatalog, in einem Zeitungsartikel, auf der Homepage oder in dem Kalender, den Sie als Werbegeschenk verteilen. Wenn Sie professionelle Hochglanzbilder immer wieder neu verwenden können, amortisiert sich mit der Zeit selbst das höchste Fotografenhonorar.

Kostensparend ist auch, zeitlose Marketingtexte zu verfassen. Im Internet lässt sich alles ganz schnell aktualisieren. Änderungen kosten so gut wie nichts und sind in wenigen Minuten durchgeführt. Ganz andere Regeln gelten jedoch für die Printwerbung.

Planen Sie den Druck einer Firmenbroschüre, sollten Sie besser nicht schreiben, dass Ihr Betrieb heuer fünf Jahre besteht, denn dann müssen Sie die Broschüre nächstes Jahr aktualisieren. Schreiben Sie lieber, dass Ihr Unternehmen 2003 gegründet wurde – daran wird sich nichts mehr ändern. Verzichten Sie auch auf Fotos Ihrer Mitarbeiter, denn aus dem einen oder der anderen könnte schon bald ein Mitbewerber werden. Mit Zeitlosigkeit lässt sich prima sparen.

Mit *erst probieren, dann investieren* sparen Sie übrigens auch. Bevor Sie sich blindlings in eine Kampagne stürzen, sollten Sie diese erst einmal antesten. Mit einem Anschreiben, in einem Chat-Room, über eine Umfrage auf Ihrer Webseite oder mithilfe einer günstigen Zeitungsanzeige können Sie testen, wie Ihre Idee ankommt. Schalten Sie in fünf regionalen Zeitungen dieselbe Anzeige, um zu erfahren, in welcher sie für den größten Rücklauf sorgt. Dann schalten Sie in dieser Zeitung fünf unterschiedliche Anzeigen, um zu sehen, welche am besten funktioniert. Im schlimmsten Fall ist kein Unterschied zu merken. Versenden Sie eine gleichlautende E-Mail an fünf verschiedene Mailinglisten, um zu prüfen, in welcher Ihr Angebot auf das größte Interesse stößt. Versenden Sie anschließend fünf unterschiedlich formulierte E-Mails an diese Liste, um herauszubekommen, welcher Text am besten ankommt. Lassen Sie sich nicht von Rückschlägen entmutigen, denn in der Testphase geht es nicht darum, Geld zu scheffeln, sondern *fundierte Informationen* zu sammeln. Mit den richtigen Daten stellt sich der finanzielle Erfolg ganz von alleine ein.

Wissen Sie eigentlich, dass es auch für Werbeanzeigen günstige »Restplätze« geben kann? Viele US-amerikanische Verlage geben regionale Ausgaben ihrer landesweit erscheinenden Magazine heraus. Der Anzeigenplatz wird dann üblicherweise an regional ansässige Unternehmen verkauft. Drucktechnisch ergibt ein großer Bogen vier Seiten eines Magazins, und hin und wieder kommt es vor, dass zu wenig Anzeigenplatz verkauft wurde, um einen Bogen vollständig zu bedrucken. Mit einer leeren Seite, dem Restplatz, kann der Verlag nichts anfangen, weshalb der Platz zu einem Schnäppchenpreis zu haben ist. Kontaktieren Sie doch einfach Ihren lokalen Zeitungsverlag und erkundigen Sie sich nach dieser Möglichkeit. US-amerikanische Restplatzjäger wenden sich beispielsweise an Media Networks Inc., das sich darauf spezialisiert hat, Werberestplätze zu vermitteln. Über eine gebührenfreie Telefonnummer kann sich jeder sogar ein kostenloses Medienaufbereitungs-Tool bestellen. Media Networks vermittelt extrem günstige Werberestplätze in fast allen US-amerikanischen Magazinen.

Eine ganzseitige Schwarz-Weiß-Anzeige im US-amerikanischen Magazin *Time* kostet zum Beispiel 85 000 US-Dollar. Über Media Networks Inc. ist es möglich, eine Schwarz-Weiß-Anzeige dieser Größe für nur 3 000 US-Dollar oder weniger in einer regionalen Ausgabe von *Time* zu schalten. Ein stattlicher Preisunterschied von 82 000 Dollar!

Beim Thema Anzeigenplatz darf eine der kostensparendsten Strategien im Marketing nicht fehlen: die hausinterne Werbeagentur. Werbeagenturen erhalten normalerweise einen Agenturrabatt von 15 Prozent von Verlagshäusern und Sendern. Wenn Sie mit einer Werbeagentur arbeiten, kostet Sie Ihre Anzeige oder Ihr Werbespot den regulären Preis von 1 000 Dollar, die Agentur zahlt dem Verlag oder Sender jedoch nur 850 Dollar und streicht den Differenzbetrag ein. Dafür erhält der Agenturkunde aber professionelle Unterstützung, und die Werbeaktion würde ihn auch ohne Agentur 1 000 Dollar kosten.

Was aber, wenn es sich für Sie nicht lohnt, die Dienste einer Werbeagentur in Anspruch zu nehmen? Was, wenn Sie es einfach *nicht wollen*? *Gründen Sie doch einfach Ihre hausinterne Werbeagentur!* In den USA reicht es oft aus, sich dem Anbieter des gewünschten Mediums als hausinterne Werbeagentur des eigenen Betriebs vorzustellen. Manchmal muss ein separates Firmenkonto für die Werbeagentur vorgewiesen werden können (auf dem ein kleines Guthaben meiner Erfahrung nach ausreicht), und ein Briefkopf für die Werbeagentur lässt sich ja auch problemlos erstellen. So bekommt die Firma Atlantic Manufacturing eine hausinterne Werbeagentur namens Atlantic Advertising, die über eine eigene Geschäftsausstattung verfügt, die schnell am Computer erstellt wurde.

Mit einem eigenen Konto und Briefpapier ist die hausinterne Werbeagentur schon gegründet, was die Kosten für viele Werbeaktionen um 15 Prozent reduziert. Zeitungsanzeigen sind davon üblicherweise ausgenommen, allerdings gilt für eine Agentur der Anzeigenpreis für örtliche Einzelhändler, der sowieso nicht sonderlich hoch ist. Die ganze Sache ist so einfach, dass es mich wundert, weshalb nicht mehr Kleinunternehmer ihre eigene Werbeagentur gründen. Außerdem lässt sich damit viel Geld sparen. Die Anzeige in der Regionalausgabe des *Time* Magazins würde so statt 3 000 nur noch 2 550 Dollar kosten.

Wenn Sie mit TV-Spots liebäugeln, verfassen Sie am besten zuerst kurze, gut ausformulierte Skripts, die Sie auf CD oder Band aufnehmen. Proben Sie den Spot vor dem Produktionstermin und versuchen Sie dann, gleich drei oder vier Spots aufzunehmen. Für die TV-Spots der großen Softdrink-, Bier- und Automarken, der Fast-Food-Ketten, der von Prominenten beworbenen Marken und aller Möchtegern-Spielbergs fielen 2006 in den USA im Durchschnitt 200 000 US-Dollar Produktionskosten an. Wenn Sie an einem Produktionstermin aber mehrere Spots aufnehmen, über ein gutes Skript verfügen, einen bereits vorhandenen Soundtrack nutzen und mit Schauspielern arbeiten, die keine exorbitanten Gagen verlangen, lassen sich die Produktionskosten auf rund 1 000 Dollar senken. Nur 1 000 Dollar für einen TV-Spot, kann das sein? Warum machen dann so viele Unternehmen freiwillig 200 000 Dollar locker? Nun, in den meisten Fällen aus unternehmerischer Selbstbeweihräucherung.

Aber es gibt natürlich viele Gründe für den enormen Unterschied in den Produktionskosten. Zum vollen Programm einer Werbefilmproduktion gehören die vielen Teams, die sich um Beleuchtung, Requisiten, Make-up, Styling und Gerätetransport kümmern, was die Kosten logischerweise in die Höhe treibt. Guerillas versuchen, mit möglichst wenigen Helfern möglichst viel zu erreichen. Guerillas sind keine Ausbeuter, wollen aber immer die beste Ausbeute bei allem, was sie tun.

Die Nachbearbeitung eines auf Videoband aufgezeichneten Werbefilms war bisher immer eine der teuersten Angelegenheiten, doch dank digitaler Aufnahmetechniken ist der Nachbearbeitungsaufwand mittlerweile sehr gering.

Wer glaubt, sein Produkt ließe sich mithilfe eines Prominenten besser unter die Leute bringen, treibt seine Kosten um 5 000 bis 500 000 Dollar in die Höhe. Gut möglich, dass sich die zig Millionen Dollar, die sich Nike die Werbung mit Tiger Woods und Michelle Wie kosten ließ, in zigfachen Profiten bezahlt machen, doch ein Guerilla verlässt sich lieber auf seine eigene Überzeugungskraft und spart sich die Ausgaben.

Besondere Kulissen, Spezialeffekte und tolle Requisiten kosten natürlich auch. Und läuft die Kamera erst einmal, mischen viele Leute mit und sich ein. So muss eine Szene womöglich vier oder fünf Mal wiederholt werden, nur um vier oder fünf Egos zu streicheln. Guerillas können darauf verzichten, denn für sie ist der finanzielle Erfolg der größte Kick für das Ego.

Hinzu kommt, dass professionelle Werbefilmproduzenten bei der Aufnahme eines Spots ganz eigene Maßstäbe anlegen. Oft monieren sie Kleinigkeiten, die keinem normalen Menschen auffallen würden, und wiederholen die Aufnahme so lange, bis sie endlich zufrieden sind. Guerillas dagegen nehmen kleine Schönheitsfehler hin und sehen zu, dass der Spot möglichst zügig abgedreht wird.

Diese verschiedenen Vorgehensweisen sorgen zwar für beträchtliche Unterschiede in den Produktionskosten, nicht aber in der Qualität. Werbefilme, von denen mich keiner mehr als 500 US-Dollar gekostet hat, wurden von Profis auf jeweils mindestens 10 000 Dollar Produktionskosten geschätzt. Meiner Meinung nach werden die Werbeetats vieler großer Unternehmen von völlig überflüssigen Produktionskosten bis auf den letzten Cent verschlungen. Das lässt sich vermeiden, also vermeiden Sie es.

Guerillas achten außerdem peinlich genau darauf, dass ihre eigentliche Botschaft im Mittelpunkt der Aufmerksamkeit bleibt. Der Zuschauer soll sich schließlich nicht an die tollen Spezialeffekte, sondern an Sie und Ihr Produkt erinnern. Sie wollen schließlich nicht, dass sich die Zuschauer zwar an einen lustigen Spot, aber nicht an das erinnern, weshalb der Spot ausgestrahlt wurde. Eine zu clevere Präsentation lenkt die Aufmerksamkeit zu sehr auf sich anstatt auf den Vorteil für den Verbraucher, und macht somit Ihr verlockendes Angebot zur Nebensache. Der Zuschauer wird zwar vielleicht zum Lachen gebracht, aber eigentlich wollen Sie ihn doch dazu bringen, Ihr Angebot wahrzunehmen.

Der beste Spartipp ist, sich für Ihr Marketingprogramm zu engagieren, ihm treu zu bleiben und Zeit zu geben, damit es sich entfalten und bewähren kann. Der zweitbeste Spartipp lautet: Umwerben Sie vor allem *Altkunden* und konzentrieren Sie sich weniger auf mögliche Neukunden. Einem Altkunden etwas zu verkaufen kostet Sie nur ein Sechstel des Betrags, den Sie für Neukundenakquise ausgeben müssten – oder gar nur ein Zehntel, wie manche Profis heute glauben. Geben Sie Ihr Marketingbudget primär dafür aus, bei Ihren Kunden nachzuhaken, ihre Erwartungen zu übertreffen, sie zu Wiederholungskäufen zu motivieren, von ihnen weiterempfohlen zu werden und die Transaktionen mit ihnen auszuweiten. Die anschließenden besseren Geschäfte werden sich im steigenden Profit sogar noch deutlicher bemerkbar machen als in dem Spareffekt, den Sie mit einem auf Altkunden statt auf Neukunden abgestimmten Marketing erzielen.

Letztendlich gibt es nur zwei Arten von Marketing: teures und günstiges. Teures Marketing ist Marketing, das nicht funktioniert. Günstiges Marketing ist Marketing, das gut funktioniert – ganz unabhängig davon, wie viel Sie tatsächlich dafür ausgeben. Am wirtschaftlichsten agieren Sie, wenn Sie in jeder Hinsicht günstig werben – und die gewünschten Ergebnisse erzielen. *Ergebnisse* sind wichtiger als Kosten. Für Guerillas bedeutet Wirtschaftlichkeit nicht, Geld zu sparen, sondern kein Geld zu verschwenden.

8 Marktforschung: Ausgangspunkt der Guerilla Marketing-Kampagne

Es gibt zwei Arten von Marktforschung: kostenlose, die Sie, wie auf den folgenden Seiten zu lesen, selbst durchführen können, und professionelle, die Geld kostet – weil sinnvolle Investitionen eben Geld kosten, wobei ihr Ertrag die Investition oftmals weit übersteigt. Guerillas nutzen meist beide Formen. Wer neu im Geschäft ist, setzt auf kostenlose Marktforschung, weil man die Daten *will*. Wenn das Geschäft dann brummt, setzt man auf bezahlte Marktforschung, weil man die Daten *braucht*.

Verstehen Sie mich richtig: Marktforschung ist – wenn auch oft Auslöser für zündende Ideen – kein Ersatz für Inspiration. Vielmehr sorgt sie für eine Verbindung zu Ihren Kunden, die Sie dorthin bringt, wohin Sie wollen – bloß schneller und rentabler.

Marktforschung beruht auf der Überzeugung, dass die Meinung des Kunden wichtig ist. Wenn Sie die richtigen Fragen stellen, werden Ihnen Ihre Kunden sagen, was Sie tun müssen, um Ihr Geschäft zu verbessern. Wenn Sie Ihren Kunden zuhören, liegen Sie viel öfter richtig, als wenn Sie immer alles alleine entscheiden.

Erinnern Sie sich, wie Coca-Cola New Coke einführte und damit böse auf die Nase fiel? Lesen Sie, was Sergio Zyman, damals Chief Marketing Officer bei Coca-Cola, zu dem Thema zu sagen hatte:

> Wir organisierten eine gigantische Einführungsveranstaltung [für New Coke], über die in allen Medien berichtet wurde ... wir waren sehr von uns überzeugt ... bis die Verkaufszahlen eintrafen. Innerhalb weniger Wochen wurde uns klar, dass wir komplett versagt hatten. Die Verkaufszahlen stagnierten, und die Medien wendeten sich gegen uns. 77 Tage nach der Geburt von New Coke trafen wir die zweithärteste Entscheidung in der Firmengeschichte: Wir zogen die Reißleine. Was falsch gelaufen war? Die Antwort war peinlich einfach. Wir wussten nicht genug über unsere Kunden. Wir wussten nicht einmal, warum sie überhaupt Coke kauften. Unser Fehler bestand darin zu glauben, dass Innovation – das bewährte Produkt für ein neues aufzugeben – unsere Probleme beheben würde.

Nach dem Debakel nahmen wir Kontakt zu unseren Kunden auf und fanden heraus, dass sie mehr als nur den Geschmack wollten, wenn sie eine Coke kauften. Coke zu trinken erlaubte ihnen, die Coca-Cola-Erfahrung zu leben, Teil der Coke-Geschichte zu sein und die Kontinuität und Stabilität der Marke zu fühlen. Statt einem Neubau hätte es eine Renovierung nach dem Motto »Weniger ist mehr« getan. Statt ein neues Produkt zu schaffen und zu hoffen, es würde gekauft werden, hätten wir die Kunden nach ihren Wünschen fragen und sie ihnen erfüllen sollen. Sobald wir anfingen, unseren Kunden zuzuhören, reagierten sie entsprechend, und wir konnten unsere Umsätze von 9 auf 15 Milliarden Kästen Coke pro Jahr steigern.

Im Fall von New Coke hätte man mit ein wenig Zuhören ein teures Desaster vermeiden können. Bei vielen Unternehmen, ob groß oder klein, verhindert ein Übermaß an Bauchpinselei oder schlicht Sturheit, dass dem Kunden zugehört wird. Leider erkennen zu viele kleine Unternehmen nicht, welche Bedeutung Marktforschung und die Meinung des Kunden haben. Und selbst wenn dies erkannt wird, wird Marktforschung meist als unbezahlbar verworfen.

Denken Sie daran: *Ignoranz ist teurer als bezahlte Marktforschung.* Auch wenn dank E-Mail die Kosten für Tests beträchtlich gesunken sind, kostet Sie der Testprozess häufig viel Geld, weil Sie einfach noch nicht wissen, was Ihre Kunden mögen. Kleinunternehmer müssen ständig Entscheidungen treffen, über Medien, Auflagenzahlen, Überschriften, Betreffzeilen, Preise, Farben, Formate, Häufigkeit und Zielgruppen. Dabei haben Sie immer zwei Optionen: gleich durchstarten oder erst einmal testen.

Viele Marketingprofis werden Ihnen sagen, dass die drei wichtigsten Dinge, um irgendetwas erfolgreich zu bewerben, darin bestehen zu testen, zu testen und zu testen. Ein guter Rat. Das große Geheimnis dabei ist, dass Sie kein Geld ausgeben müssen, um etwas über Ihren Zielmarkt zu lernen. Wenn Sie wissen, wonach Sie suchen müssen, und wo Sie es finden, können Sie entscheidende Informationen erhalten, ohne auch nur einen Cent auszugeben. Sehen wir uns einige der Dinge an, die Sie herausfinden sollten.

1. Was sollen Sie bewerben – Ihre Produkte, Ihre Dienstleistungen oder beides?
2. Soll Ihr Marketing den Preisvorteil herausstellen?
3. Sollen Sie sich selbst anpreisen, Ihr Angebot, Ihre Palette, Ihren Komfort, Ihren Service oder nur die Existenz Ihres Geschäfts?
4. Sollten Sie Ihre Konkurrenz angreifen oder ignorieren?
5. Wer genau ist Ihre Konkurrenz?

6. Wer sind Ihre besten potenziellen Kunden?
7. Welche Einkommensgruppe stellen sie dar?
8. Was motiviert sie zum Kauf?
9. Wo leben sie?
10. Welche Medien lesen, sehen oder hören sie?
11. Haben sie Faxgeräte?
12. Nutzen sie das Internet?
13. Haben Sie ihre E-Mail-Adressen? Je mehr Antworten Sie bekommen, desto mehr Geld können Sie verdienen.
14. Haben sie Kinder? Wenn ja, wie alt sind sie?
15. Welcher Sport interessiert sie?
16. Was sind ihre Hobbys?
17. Welchen Beruf üben ihre Ehepartner aus?
18. Was interessiert ihre Kinder im Schulalter?
19. Auf welcher Schule/Universität waren sie?
20. Welche Ausgaben planen sie für das kommende Jahr?
21. Was mögen sie an Ihrem Unternehmen?
22. Was würden sie vorschlagen, dass Sie tun sollten, um Ihr Angebot zu perfektionieren?
23. Würden sie Ihren kostenlosen E-Mail-Newsletter abonnieren?

Vollständige Antworten auf diese Fragen wären für Ihr Marketing unbezahlbar, fehlende Antworten möglicherweise katastrophal. Tun Sie, was Sie tun können, um Antworten zu erhalten.

In den meisten Fällen geht guter Werbung ebenso gute Marktforschung voraus. Mit vier kostengünstigen Marktforschungsmethoden bekommen Sie die Informationen, die den entscheidenden Unterschied zwischen Erfolg und Scheitern ausmachen können.

Die erste Methode besteht darin, Ihre Lieblingssuchmaschinen besser kennenzulernen. Google, Yahoo! und Ask.com sollten Ihre besten Freunde sein. Diese Suchmaschinen haben die Art und Weise, wie Marktforschung betrieben werden kann, komplett verändert. Sie haben aber keine Lust, mit einem Computer herumzuspielen? Gehen Sie in die Stadtbibliothek. Bibliothekare werden häufig unterschätzt, dabei können sie Ihnen zeigen, wie Suchmaschinen funktionieren, ihnen Tastaturkürzel beibringen und sie zu Büchern und anderen

Veröffentlichungen hinführen, die massenhaft Informationen enthalten, die Sie zu barem Geld machen können. Bibliothekare kennen das Internet besser als die meisten anderen Menschen, es gehört einfach zu ihrem Job.

Einige der Quellen, die Sie entdecken werden, enthalten Marktstudien aus Ihrer Region, durchgeführt von Unternehmen, die Unsummen für diese Daten bezahlt haben. Andere enthalten Studien über Produkte oder Dienstleistungen, die Ihren ähneln, und zeigen ihre Akzeptanz in der Öffentlichkeit. Wieder andere enthalten Volkszählungsdaten, Marktforschungs- und Branchenstudien. Wenn ich früher ein Buch geschrieben habe, war ich ständig in Bibliotheken zu Gast, auf der Suche nach Informationen. Wenn ich heute ein Buch schreibe, gehe ich ins Internet. Ich vertraue den Suchmaschinen sehr, die immer einfacher werden und ihren Job immer besser machen. Und wer ist der wahre Experte für diese Suchmaschinen? Richtig – der Bibliothekar Ihres Vertrauens.

Je mehr Informationen Sie über Ihre Kunden haben, desto besser sind Sie ausgestattet, um diese Kunden zu bedienen. Hier macht sich Neugierigkeit bezahlt. Eine unbezahlbare Methode, Informationen zu erhalten, die häufig übersehen wird, besteht darin, *die eigenen Kunden zu befragen*. Wenn Sie Ihr Unternehmen erst gründen, sollten Sie einen langen Fragebogen für Ihre zukünftigen Kunden vorbereiten.

Große Unternehmen legen ihren Produkten – Fernseher, Rasierapparate, Föhne – kurze Fragebögen bei und können sich über eine Rücklaufquote von über 50 Prozent freuen. Diese Fragebögen bestehen oft nur aus fünf oder sechs Fragen. Andererseits kenne ich einen Unternehmer, der seinen Kunden einen Fragebogen mit 15 Fragen überreichte. Unglaubliche 87 Prozent der Formulare wurden ausgefüllt und zurückgegeben. Anscheinend macht es vielen Menschen Spaß, persönliche Informationen preiszugeben, solange sie dabei anonym bleiben dürfen.

Nehmen wir an, Sie möchten ein Unternehmen gründen, das Autos beim Kunden vor Ort und nicht in der Werkstatt repariert. Sie könnten eine Umfrage vorbereiten – per E-Mail, per Post oder auf Ihrer Webseite –, in der Autofahrern die folgenden Fragen gestellt werden:

Wir möchten einen Kfz-Reparaturservice gründen, der Hausbesuche macht. Um uns zu helfen, unseren Service zu perfektionieren, bitten wir Sie um folgende Angaben:

- Welche Automarke fahren Sie?
- Welches Baujahr? Welches Modell?

- Wie lange gehört es Ihnen schon?
- Wer repariert in der Regel Ihr Auto?
- Würden Sie es vorziehen, dass diese Arbeiten bei Ihnen zu Hause durchgeführt werden?
- Führen Sie drei Gründe auf, warum Sie Hausbesuche für Ihr kaputtes Auto schätzen würden.
- Würden Sie mehr bezahlen, wenn Ihr Auto bei Ihnen zu Hause repariert wird?
- Sind Sie männlich/weiblich? Wie alt sind Sie?
- Wie hoch ist Ihr monatliches Haushaltseinkommen?
- Welche Zeitungen lesen Sie?
- Welche Radiosender hören Sie?
- Welche Fernsehsendungen sehen Sie?
- Welche Zeitschriften lesen Sie?
- Als was arbeiten Sie?
- Haben Sie ein Fax? Wie lautet Ihre Faxnummer?
- Nutzen Sie das Internet? Wie lautet Ihre E-Mail-Adresse?
- Haben Sie eine Webseite? Wie lautet Ihre Web-Adresse?
- Würden Sie Produkte und Dienstleistungen von einem fahrenden Kfz-Service beziehen?
- Wen halten Sie für unsere Konkurrenz?
- Wo sollen wir Ihrer Meinung nach werben?
- Möchten Sie uns sonst noch etwas sagen?

In diesem Spiel mit 20 Fragen gibt es nur einen Gewinner: Sie. *Allein* durch das Lesen der Fragen können Sie enorm viel lernen. Was glauben Sie, wie viel Ihnen erst die Antworten bringen werden! Diese Art von Fragebogen sollte über mehrere Monate hinweg verteilt und die Antworten monatlich analysiert werden, um auch Trends zu erkennen, die sich erst nach der Unternehmensgründung herauskristallisieren. Name und Adresse des Kunden werden übrigens nicht abgefragt, denn die Wahrung der Anonymität ermöglicht persönlichere Fragen. Andere Fragebögen fragen nach Namen und Adressen, opfern die Anonymität auf der Jagd nach persönlichen Daten. Guerillas nutzen beides, denn je mehr Daten Sie haben, desto perfekter können Sie das Marketing auf Ihre Zielgruppe zuschneiden.

Wenn Sie die ausgefüllten Fragebögen analysieren, sammeln Sie konkretes Wissen über Ihre Kunden: Wie können Sie sie am besten über die Medien erreichen, womit können Sie sie ansprechen, und welches Auto fahren sie? Vielleicht finden Sie heraus, dass die Mehrheit der interessierten Kfz-Besitzer ausländische Autos fährt. Das bringt Sie auf die Möglichkeit, eine Mailingaktion durchzuführen, die auf die Besitzer ausländischer Autos zugeschnitten ist. Deren Namen erhalten Sie von Adressenhändlern. Vielleicht fahren Ihre Kunden aber auch vorwiegend ältere Autos. Auch diese Zielgruppe können Sie über ein maßgeschneidertes Mailing erreichen. Mit dem Fragebogen konzentrieren Sie Ihr Marketing auf die richtigen Leute.

Dem Fragebogen entnehmen Sie außerdem, wer Ihre Konkurrenz ist, da Sie ja gefragt haben, wer bislang den Kfz-Service für Ihre möglichen Kunden durchgeführt hat. Sie erfahren auch, was mögliche Kunden an Ihrem Angebot reizt – was Ihnen wiederum hilft, den richtigen Tonfall für Ihre Werbung zu finden. Sie erfahren Geschlecht und Alter Ihrer Kunden und wie und wo Sie mit Ihnen kommunizieren können, da sie Ihnen ihre bevorzugten Zeitungen, Zeitschriften, Radiosender und Fernsehsendungen nennen. Wenn Ihre Kunden vorwiegend Angestellte sind, werden Sie dies erfahren und können Ihre Medienauswahl an diese Tatsache anpassen. Sie finden heraus, welche Marketingmethoden am effektivsten für Sie sein werden und erhalten Feedback über Ihren Service.

Mit einer solchen Analyse gestalten Sie Ihre Marketingoffensive, fast ohne Geld auszugeben. Nutzen Sie die gewonnenen Informationen, um Ihren Marketingplan zu aktualisieren oder zu ändern. Ihre Ausgaben bestanden ausschließlich im Kopieren des Fragebogens – deutlich unter 100 US-Dollar. Das ist kostenlose Marktforschung vom Feinsten, die Sie unbedingt nutzen sollten. Wiederholen Sie Ihre Fragebogenaktion alle paar Jahre, um Veränderungen im Kundenverhalten sofort zu bemerken und Ihrer Konkurrenz immer eine Nasenlänge voraus zu sein.

Die dritte Art günstiger Marktforschung besteht darin, einen ähnlichen Fragebogen an Personen zu verteilen, die die Art von Dienstleistungen oder Produkten, die Sie anbieten, bereits nutzen. So bekommen Sie Antworten von ernsthaften Interessenten. Vielleicht liegt die Rücklaufquote unter 78 Prozent, aber Sie lernen dazu – was besser ist als nichts. Natürlich sollten Sie Ihren Fragebogen nicht an Autofahrer verteilen, wenn Sie EDV-Seminare anbieten möchten. In dem Fall drücken Sie Ihre Fragebögen besser Menschen in die Hand, die gerade aus einem Computergeschäft herauskommen. Wenn Sie ein Friseur sind, der Hausbesuche anbietet, verteilen Sie Ihre Fragebögen an Kunden, die gerade Kosmetik- oder Friseursalons verlassen. Was auch immer Sie anbieten, Sie werden Ihre potenziellen Kunden finden: am Spielplatz, im Park, in der Innenstadt, am Supermarkt, am Sportplatz, vor der Volkshochschule. Bestimmt wissen bereits, wo Sie hinmüssen.

Wie aber stellen Sie sicher, dass Sie Ihre ausgefüllten Fragebögen auch zurückbekommen? Legen Sie einen frankierten Rückumschlag bei. Oder auch kostenlose (und von Ihnen preiswert eingekaufte) Geschenke. Bieten Sie Rabatte an, Newsletter-Abonnements, einen Gutschein – wenn Sie Ihren Fragebogen ausgefüllt zurückbekommen. Seien Sie ehrlich, indem Sie gleich zu Beginn des Fragebogens erklären, warum Sie so viele Fragen stellen. Und vergessen Sie auf keinen Fall, Ihre Adresse anzugeben, damit der Fragebogen auch an die richtige Adresse zurückgeschickt (oder -gebracht) werden kann.

Beginnen Sie Ihren Fragebogen zum Beispiel so:

> Mit diesem Fragenbogen versuchen wir, möglichst viel über die Autofahrer in diesem Stadtteil zu erfahren, um Ihnen den bestmöglichen Kfz-Service anbieten zu können. Wir entschuldigen uns bereits im Vorfeld dafür, dass wir so viele Fragen stellen, versichern Ihnen jedoch, dass Sie davon langfristig profitieren werden. Wir versprechen, dass Ihre Antworten anonym bleiben (wir fragen Sie nicht nach Ihrem Namen). Und Sie können sicher sein, dass wir die Informationen dafür verwenden, um Ihnen den besten Kfz-Service anbieten zu können.

Solch eine Einleitung entwaffnet auch Menschen, die normalerweise keine Fragebögen ausfüllen, und erläutert ganz genau, warum Sie diese Umfrage machen.

Und wieder bekommen Sie wertvolle Informationen. Und wieder kostet es Sie so gut wie nichts. Als wahrer Guerilla nutzen Sie am besten *alle drei Methoden*, um kostenlos an Marktdaten heranzukommen. Dann setzen Sie diese Informationen um, um einen erstklassigen Marketingplan aufzustellen, und stützen sich bei der Auswahl der Marketingmethoden, der Analyse der Wettbewerbssituation und der Formulierung der Kreativbotschaft auf die gewonnenen Daten.

Die vierte Methode kostenloser Marktforschung besteht darin, die größte Informationsquelle anzuzapfen, die jemals entwickelt wurde. Essenzielle Informationen wie die persönlichen Daten Ihrer Kunden werden Sie natürlich nicht im Internet finden, dafür müssen Sie immer einen Fragebogen einsetzen. Es gibt aber Erkenntnisse über die Internetforschung, die alle Cyber-Guerillas kennen. Im Folgenden die wichtigsten:

- Wenn Sie das Internet verwenden, um branchenspezifische Informationen zu erhalten, durchsuchen Sie zunächst die Webseiten von Geschäften, die bereits in dieser Branche tätig sind. Sie werden eine Fülle von Informationen finden. Als ich ein Kapitel über Computer-Networking für ein kürzlich fertiggestelltes Buch schrieb, fand ich auf der Webseite von 3Com mehr relevante und verständlicher aufbereitete Informationen als in Fachzeitschriften. 3Com stellt Networking-Hardware her, insofern ist es nur im Interesse des Unternehmens, Informationen klar und verständlich darzustellen. Dasselbe galt für die Webseite von Cisco Systems.
- Nutzen Sie *mehrere* Suchmaschinen. Suchmaschinen werden ständig verbessert und konkurrieren miteinander um Benutzerfreundlichkeit und Datenvielfalt. Es gibt nicht die eine Suchmaschine, die für alle Zwecke optimal geeignet ist – jede hat ihre ganz eigenen Stärken. Probieren Sie verschiedene aus, um die nützlichsten und aktuellsten Informationen zu bekommen.
- Suchen Sie nicht nur im Web, wenn Sie online Informationen sammeln. Millionen von Dokumenten und Dateien sind über Gopher, WAIS (Wide Area Information Server) und FTP (File Transfer Protocol) verfügbar, und mit Suchwerkzeugen wie TurboGopher, Win-Gopher, Archie, Anarchie und Veronica finden Sie sie. Gopher-Server speichern Universitäts- und Regierungsdokumente wie Handelsstatistiken oder die Ergebnisse von Meinungsumfragen. WAIS enthalten unter anderem Artikel, Berichte und Reden von wichtigen Persönlichkeiten im Volltext, auf FTP-Servern liegen Dateien, die umfangreiche Berichte, Grafiken, Diagramme und Videoclips enthalten. Viele dieser Dateien sind vielleicht nie im Web verfügbar. Nutzen Sie diese speziellen Suchmaschinen, um möglichst vollständige Daten zu erhalten.
- Auch Chaträume sind geeignet, um schnelle Antworten auf Ideen, Produkte und Marketingkonzepte zu erhalten. Viele intelligente Leute chatten online und sind in der Regel nur allzu gerne bereit, ihre Meinung kundzutun. Suchen Sie nach Chaträumen, in denen Ihre Fragen angemessen erscheinen, und fragen Sie, was immer Ihnen einfällt.
- Nutzen Sie das bequeme Medium der E-Mails für Kundenumfragen. Deren Rücklaufquote ist erheblich höher ist als bei Umfragen, die per Post zurückgeschickt werden müssen. Haben Sie keine Angst, dass Sie zu viele Fragen stellen könnten, aber übertreiben Sie es auch nicht. Bieten Sie den Teilnehmern an, ihnen die Ergebnisse der Umfrage zukommen zu lassen, da sie in der Regel neugierig darauf sind.

Das sind nicht die einzigen Methoden für kostengünstige Marktforschung, aber die häufigsten und effektivsten. Informieren Sie sich; es gibt zum Beispiel in Hülle und Fülle kostenlose – gute – Newsletter zu diesem Thema. Fragen Sie mich nicht wo, nutzen Sie Ihre Suchmaschinen. Informationen bekommen Sie auch von der Industrie- und Handelskammer, von Berufsverbänden und aus Fachzeitschriften. Suchen Sie Menschen aus Ihrer Branche auf, die außerhalb Ihrer Region ansässig sind. So erweitern Guerillas ihre Marktforschung. Wissen ist die Währung des Jahrhunderts.

Bei der Befragung Ihrer Zielgruppe ist es hilfreich, deren grundlegende Bedürfnisse zu kennen. Bitten Sie sie, die Begriffe anzukreuzen, von denen sie angesprochen werden. Die meisten Menschen reagieren auf eines oder mehrere der folgenden Grundbedürfnisse (im Werbejargon als Appelle bezeichnet):

- Konformität (Gruppendruck)
- Freundschaft
- Gesundheit und Wohlbefinden
- Unabhängigkeit
- Liebe
- Macht
- Besitzerstolz
- Profit
- Sparen oder Wirtschaft
- Zeit sparen
- Selbstverwirklichung
- Soziale Akzeptanz (Status)
- Stil

Wenn Sie glauben, dass Ihre Kunden nur zu Ihnen kommen, weil Ihr Service bequem und günstig ist, täuschen Sie sich: Sie werden anhand Ihrer Fragebogenaktion erfahren, dass viele Menschen Ihre Stammkunden geworden sind, weil Sie beispielsweise deren Bedürfnis nach Sicherheit befriedigen.

Noch mehr kostenlose Marktdaten bekommen Sie, indem Sie sich das Marketing Ihrer Mitbewerber und anderer Unternehmen bewusst ansehen. Sprechen Sie offen mit Ihren Kunden, Ihrer Konkurrenz und anderen Geschäftsleuten in Ihrer Stadt. Sie werden merken, dass sie Ihnen nützliche Informationen geben, ohne etwas dafür zu verlangen. Mit Marktforschung sparen und verdienen Sie bares Geld, und mit kostenloser Marktforschung umso mehr.

Robert Kaden ist der Autor von *Guerilla Marketing-Research*, einem Buch, das in jeder Guerilla-Bibliothek stehen sollte. Obwohl er auch für kostenlose

Marktforschung plädiert, möchte er nicht, dass Sie die Möglichkeiten professioneller Marktforschung übersehen. Seine Gründe sind folgende:

Für kleine Unternehmen und Selbstständige ist Marktforschung so ziemlich das Letzte, was man sich leisten würde. Meist wird Marktforschung als überflüssige, schwer zu rechtfertigende Ausgabe betrachtet, weil der Nutzen der Marktforschung nicht einfach zu beziffern ist.

Der Besitzer einer kleinen Fabrik sagte einmal zu mir: »Wenn ich 50 000 US-Dollar für Marktforschung ausgebe, bekomme ich dann 100 000 US-Dollar zurück?« Ich erwiderte: »Wenn Sie kein Geld für Marktforschung ausgeben, woher wissen Sie dann, dass Sie nicht 500 000 US-Dollar zum Fenster hinauswerfen, weil Sie die falsche Werbebotschaft verwenden?«

Ein anderer sagte: »Für die Kosten Ihrer Marktforschung könnte ich zwei neue Verkäufer einstellen. Da weiß ich wenigstens, wie viel Umsatz und Gewinn ich erwarten kann.« Meine Antwort: »Vielleicht sollten Sie einen Verkäufer einstellen und das gesparte Geld für den zweiten dafür ausgeben, Ihre Kunden kennenzulernen und zu erfahren, warum Sie nicht mehr bei Ihnen kaufen. So können Sie den Verkäufern, die Sie jetzt haben, helfen, effektiver zu sein. Es ist durchaus möglich, dass Ihre Verkäufer mit mehr Wissen über Ihre Kunden deutlich mehr verkaufen.«

Investiert man das erste Mal in Marktforschung, muss man dem gesamten Prozess einfach vertrauen. Man hat nichts als die vage Hoffnung, dass dessen Ergebnisse zu intelligenteren Entscheidungen führen werden, die Umsätze und Gewinne erhöhen. Umso wichtiger, dass die Marktforschung sorgfältig geplant wird und berücksichtigt, welche Maßnahmen nach Beendigung der Studien durchgeführt werden sollen.

Mitunter suggerieren Marktstudien, dass es besser ist, von manchen Maßnahmen die Finger zu lassen. Wenn Sie eine neue Geschäftsidee oder eine Kursänderung erwägen, ist dies immer mit Kosten und Risiken verbunden. Häufig führt Marktforschung zu der Erkenntnis, dass eine Idee es nicht wert ist, verfolgt zu werden. Oder dass das erforderliche Geld einfach nicht vorhanden ist.

In diesen Fällen hilft die Marktforschung dabei, kostspielige Fehler zu vermeiden.

Ein Gütesiegel eines Marketing-Guerillas verdient er sich durch seine Bereitschaft, sich immer weiterzubilden, ein weiteres, weil er ständig den Markt erforscht. Ziehen auch Sie niemals einen Schlussstrich unter die Marktforschung. Schließlich macht es das Internet so einfach. Selbst mit einem kurzen Ausflug in die wunderbare Welt der Suchmaschinen werden Sie mit Unmengen an Daten neuester Forschung, Fakten und Informationen bombardiert, die Ihnen helfen zu expandieren.

Von einem proaktiven Ansatz profitieren Sie und Ihr Unternehmen. Das Internet ist eine stetig wachsende Quelle von Informationen. Benutzen Sie es häufig. Stellen Sie Fragen über Ihr Geschäft. Gehen Sie in die Bibliothek. Sprechen Sie mit Ihren Freunden und Verwandten. Nutzen Sie Ihre Zeit für kostenlose Dienste. Wenn Ihr kontinuierliches Wachstum allerdings von den richtigen Antworten auf die Fragen abhängt, hilft nur professionelle Marktforschung.

Vielleicht fallen Ihnen eines Tages keine Fragen mehr ein, und Sie meinen, es wäre an der Zeit, mit der Marktforschung aufzuhören. Für diesen Fall habe ich zehn Fragen nach Robert Kaden parat. Seiner Meinung nach können Sie sich, wenn Sie auch nur eine von ihnen mit Ja beantworten, ein neues Auto, ein Boot, ein Wohnmobil, ein Ferienhaus oder was auch immer kaufen, weil Sie das Geld offensichtlich nicht für professionelle Marktforschung benötigen.

1. Verzeichnet Ihr Unternehmen kontinuierliche Umsatz- und Gewinnsteigerungen ohne jegliches Zutun Ihrerseits?
2. Wächst Ihr Unternehmen ohne Verbesserungen?
3. Wissen Sie über alle Tricks Ihrer Konkurrenten Bescheid, um Sie auszubremsen?
4. Sind Sie davon überzeugt, dass Sie keine Kunden verlieren oder gewinnen können?
5. Sind Sie sicher, dass nichts passieren könnte, was Ihre Produkte überflüssig werden lassen könnte?
6. Sind Sie davon überzeugt, dass Ihr Unternehmen keinen Trends unterworfen ist, die sich andauernd ändern?
7. Sind Sie sicher, dass Sie der Einzige sind, der gute Ideen hat?
8. Können Sie in die Zukunft sehen?
9. Können Sie die Aktienkurse von morgen in der Zeitung von heute lesen?
10. Liegt Ihnen ein Angebot für Ihr Unternehmen in Millionenhöhe vor?

Es gibt zwei Variablen, die Sie beim Sammeln von Marktdaten stets berücksichtigen müssen. Bei diesen Variablen handelt es sich zum einen um die Qualität der Daten und zum anderen um die Zuverlässigkeit ihrer Quelle. Beides muss hohen Ansprüchen genügen, damit Ihre Ausgaben für die Marktforschung nicht umsonst waren, sondern Ihnen zu Profiten in beeindruckender Höhe verhelfen.

TEIL II
Marketing mit individuellen Medien

9 Fakten über Marketing mit individuellen Medien

Guerillas sind gezwungenermaßen überaus geschickt im Umgang mit individuellen Medien. Sich persönlich um Aufträge bemühen, persönliche Anschreiben verfassen und Postkarten versenden, Telefonmarketing betreiben, eigenhändig Postwurfsendungen verteilen, Reklame im Kino um die Ecke aufhängen, Schwarze Bretter mit Werbung zupflastern, in der lokalen Zeitung unter »Kleinanzeigen« inserieren, Werbeplakate der etwas anderen Art kreieren, sich in die Gelben Seiten eintragen lassen und Visitenkarten gleich haufenweise verteilen – all das gehört nicht gerade zum Standardrepertoire konventioneller Marketingprofis. Dass die Großen der Branche die kleinen Marketingmedien wenig beachten, ist Ihr Glück, denn abgesehen von Ihren Mit-Guerillas werden Sie hier nur auf wenige Konkurrenten treffen. Wiegen Sie sich aber nicht in Sicherheit, denn die Anzahl der Guerillas wächst *täglich*, was Sie schnell feststellen werden, wenn Sie sich näher mit individuellen Medien befassen. Sie werden aber auch merken, dass Sie viel von Ihren Mitbewerbern lernen können. Bereiten Sie sich darauf vor, schnell zu reagieren. Im Gegensatz zu den schwerfälligen Konzernriesen sind Sie deutlich agiler und flexibler.

Ihr Marketing mit individuellen Medien muss selbstverständlich dem Marketingplan als Ganzes entsprechen. Es verlangt nach Talent und Stil und muss die grundsätzlichen Spielregeln beachten, gestattet aber auch Ausnahmen. So können Sie beispielsweise sehr persönliche Anschreiben verfassen und ausgefallene Plakate aufhängen. Bei Telefonaten setzen Sie Ihren Kleinbetrieb ganz groß in Szene, indem Sie freundlich auf Ihren Gesprächspartner eingehen und hilfreiche Informationen auf professionelle Weise vermitteln.

Bedienen Sie sich dabei aller Medien, mit denen Sie umgehen können, und konzentrieren Sie sich auf den Einsatz von individuellen Medien. Die Nutzung kostengünstiger Medien schont Ihren Werbeetat. Im Gegensatz zur Werbung über Massenmedien, die Sie trotz Ideenreichtum arm machen kann, können Sie in individuellen Medien glänzen. In diesem Fall ist es kein Nachteil, sondern ein Vorteil, klein zu sein.

Wenn Sie all diese Marketingmethoden schon als Kleinunternehmer nutzen, dann wissen Sie genau, welche am besten funktionieren, wenn Ihr Geschäft weiter wächst.

Ein Kleinbetrieb genießt den Vorteil, besonders guten Kundenservice bieten zu können. Befinden sich Ihr Geschäft und Ihre Zielgruppe in Ihrem Heimatort, ist die geografische Nähe zum Kunden – plus die Tatsache, dass Sie ein waschechter Einheimischer sind – eine extrem wirkungsvolle Waffe, die kaum einem Großkonzern zur Verfügung steht. Sie kennen Ihre Kunden, ihre Namen, und mit einigen sind Sie wahrscheinlich per Du. Sie begegnen ihnen regelmäßig, nicht nur in Ihrem Geschäft, sondern auch auf der Straße. Sie sind in der Lage, ganz speziell auf individuelle Vorlieben einzugehen und Lösungen anzubieten, die auf die finanzielle Situation einzelner Kunden zugeschnitten sind. In dieser Hinsicht wird Ihnen ein Großunternehmen kaum das Wasser reichen können. In Konzernen ist der Kundenservice notwendigerweise Teil der Firmenpolitik, was ihn unflexibel und schwerfällig werden lässt.

Der zweite Vorname eines jeden Guerillas ist Flexibilität, und die lässt sich wiederum in einen Kundenservice umsetzten, nach dem sich jeder Kunde die Finger leckt. Kleine Medien nutzen und großen Service bieten gehören zusammen. Das 21. Jahrhundert hat den individuellen Medien eine Vielzahl an Neuerungen und Änderungen beschert, die jedem Kleinunternehmer riesige Vorteile bringen:

- Per E-Mail ist es möglich, so schnell wie noch nie zuvor miteinander zu kommunizieren. Aber: Finger weg von Spams und Junk-Mails! Wenn allerdings Kunden und Interessenten Informationen anfordern, kommen Sie dieser Bitte natürlich sofort nach.
- Schneller als die Post kommt ein Fax bei Ihrem Kunden an (versenden Sie aber keine Werbung per Fax, darüber ärgert sich jeder).
- Über Internet-Foren lassen sich bestimmte Zielgruppen ins Visier nehmen, mit denen Sie im Forumsbereich oder über E-Mail Kontakt aufnehmen können.
- Informieren Sie sich über die Möglichkeiten, im Internet kostenlos für sich zu werben.
- Gebührenfreie Rufnummern werden immer günstiger und könnten Ihnen 30 bis 700 Prozent mehr telefonische Anfragen einbringen.
- Dank DTP-Programmen kann heute jeder Kataloge, Newsletter und Broschüren ganz einfach selbst am PC entwerfen.

- DTP-Programme sind inzwischen einfach zu benutzen, deutlich preisgünstiger als früher und zudem unverzichtbar für kleine Firmen, die fantastisches Marketingmaterial ohne zusätzlichen finanziellen Aufwand selbst am PC erstellen wollen. Der kreative Künstler in Ihnen darf sich jetzt so richtig austoben. Am besten sofort.
- Eine Dienstleistung per Telefon über eine gebührenpflichtige 900er-Nummer lässt sich sowohl als Marketingwaffe wie auch als neue Einkommensquelle nutzen.
- Viele Magazine, die regionale Ausgaben herausgeben, bieten mittlerweile Anzeigenplatz zu relativ günstigen Preisen an. Nutzen Sie diese Chance, sich für wenig Geld viel Präsenz zu verschaffen. Oft gibt es in den Regionalausgaben auch die Rubrik »Kleinanzeigen«, in der Sie inserieren können.
- In vielen Tageszeitungen gibt es regelmäßig Sonderbeilagen, deren Themen jeweils für spezielle Zielgruppen interessant sind. Nutzen Sie die oft günstigeren Anzeigenpreise, die für Sonderbeilagen gelten.
- Die Computertechnik gestattet es heute jedem, sich in Netzwerken mit anderen auszutauschen, mit vielen Menschen gleichzeitig zu kommunizieren und die eigenen Datenbanken immer auf dem neuesten Stand zu halten.
- In den USA gibt es heute so viele Kabelkanäle, dass TV-Werbezeit auch für kleine Unternehmen erschwinglich ist. Auch Sie können und sollten sich über TV-Werbung informieren.
- Ganz spezielle Absatzmärkte lassen sich gezielt über Satellitenprogramme erreichen.
- TV-Shopping animiert die Zuschauer zum sofortigen Kauf des vorgestellten Produkts, was sowohl den Käufer wie auch den Verkäufer unmittelbar zufriedenstellt.
- Mobilfunktelefone, Funkmeldeempfänger und Satellitentelefone bieten fortschrittliche Kommunikationsmöglichkeiten, die Zeit sparen und personalisierte Dienste ermöglichen.
- In über 90 Prozent aller US-amerikanischen Haushalte steht mindestens ein Video- oder DVD-Player, weshalb Videobroschüren immer beliebter werden.
- Bahnbrechende psychologische Erkenntnisse über menschliche Verhaltensweisen können für effizienteres Marketing genutzt werden.

- Wo immer man auch hinsieht, überall entstehen neue Werbeflächen: auf Gepäckförderbändern von Flughäfen, auf den Bildschirmen im Flugzeug, auf Fesselballons, ja sogar auf Raketen, beim Bäcker und Metzger, auf öffentlichen Toiletten, auf Postkarten und in Bank- und Postfilialen – überall wird für etwas geworben. Neue Medien schleichen sich in Spielfilme und TV-Shows ein und durchdringen die virtuellen Welten.

- Um keine Langeweile aufkommen zu lassen, werden Hotline-Anrufer in der Warteschleife über neue Produkte und Dienste informiert, und viele Kunden schätzen diesen Service.

- Dank fortschrittlicher Aufnahmetechniken können auch kleine Firmen mit niedrigen Werbeetats TV-Spots produzieren, die sich sehen lassen können.

Seit der Prägung des Begriffes *Guerilla Marketing* hat sich auf dem Gebiet der individuellen Medien so unglaublich viel bewegt, dass eine ausführliche Besprechung den Rahmen dieses Buches sprengen würde. Die Massenmedien, die in Kapitel 10 besprochen werden, waren lange nur den finanzstarken Unternehmen vorbehalten, doch damit ist nun Schluss. Als echter Guerilla müssen Sie sowohl alle hochmodernen wie auch alle klassischen Marketingwaffen beherrschen. Dass neue, schlagkräftige Marketingwaffen heutzutage im 24-Stunden-Takt entwickelt werden, ist eine Nebenerscheinung unserer Zeit – dem Zeitalter des Unternehmertums. Und jede neue Marketingwaffe eröffnet Ihnen neue Chancen.

Ob Sie daraus Kapital schlagen, ist Ihre Sache. Dass Sie die Chancen erkennen können, ist die Aufgabe dieses Buches.

Auf Kundenfang

Am besten beginnen Sie mit der unspektakulären, aber effektiven Taktik des *Kundenfangs* – der *Kundenakquise*, falls Ihnen das besser gefällt –, bei der Sie Ihrem Gegenüber ganz offen und direkt ein Geschäft vorschlagen.

Diese direkte Methode gab es schon lange vor jeder anderen Marketingtechnik. Das erste Geschäft in der Geschichte der Menschheit vollzog sich vor Urzeiten, als ein Höhlenmensch auf die Idee kam, den anderen zu fragen: »Gibst du mir dein Bärenfell für diese Frucht?« Werbung war damals ebenso überflüssig wie ein Marketingplan. Es ist eben alles etwas komplizierter geworden.

Sich auf Kundenfang zu begeben ist wahrscheinlich die günstigste Werbemethode überhaupt. Sie muss überhaupt nichts kosten, außer Zeit. Und wenn Sie Ihre Geschäftstätigkeit gerade erst beginnen, sollten Sie davon reichlich haben. Im Grunde müssen Sie schließlich nur potenzielle Kunden fragen, ob Interesse an einem Deal besteht. Keine Frage, Kundenakquise ist interaktiv. Wahrscheinlich stellt sie das erste aller interaktiven Medien dar – wenn nicht gar das erste Medium überhaupt. Kunden fangen Sie am besten in drei Schritten.

Der erste Schritt besteht aus dem *Kontakt* mit dem Interessenten. Zeigen Sie sich dabei von Ihrer besten Seite, denn der erste Eindruck prägt sich ein: Seien Sie freundlich, optimistisch, kundenorientiert, ehrlich und herzlich. Versuchen Sie, eine *persönliche Beziehung* zu knüpfen. Lächeln Sie freundlich, suchen Sie Blickkontakt und zeigen Sie im Gespräch, dass Sie sich den *Namen* Ihres Gegenübers gemerkt haben. Es ist auch nicht notwendig, dass Sie sofort auf das Geschäftliche zu sprechen kommen. Einige der erfolgreichsten Unternehmen halten ihr Vertriebspersonal sogar ausdrücklich dazu an, kein Kundengespräch mit geschäftlichen Themen zu beginnen, sondern zuerst etwas Smalltalk zu betreiben. Sprechen Sie über etwas Persönliches, das Wetter, ein gerade brandaktuelles Thema, über Sport oder, noch besser, erkundigen Sie sich nach dem Befinden Ihres Gesprächspartners. Aller Wahrscheinlichkeit ist das sowieso sein Lieblingsthema. Politische und religiöse Themen sind tabu, alle anderen aber sind unbedenklich.

Der zweite Schritt besteht aus der *Präsentation*, die normalerweise etwas länger dauert, aber auch nach einer Minute zu Ende sein kann. In der Präsentation gehen Sie im Detail auf Ihr Angebot ein und stellen heraus, welche Vorteile es dem Kunden bringt, mit Ihnen Geschäfte zu machen. Besonders engagierte Kundenfänger behaupten bisweilen, »wer viel redet, verkauft viel«, aber ich bin mir da nicht so sicher. Es kommt nämlich ganz darauf an, was Sie verkaufen. Wollen Sie dem Kunden die Vorzüge einer Alarmanlage verdeutlichen, ist eine 15-minütige Präsentation durchaus zu rechtfertigen. Bieten Sie dagegen an, das Auto Ihres Kunden auf Hochglanz zu polieren, sollte Ihre Präsentation nicht länger als eine Minute dauern. Eine Präsentation mit dem Ziel, einen Computer zu verkaufen, kann einige Stunden dauern, für die Verkaufspräsentation einer neuen SAT-Anlage mit allem Drum und Dran können Sie ein bis zwei Tage einplanen, und wenn Sie High-Tech-Schaltanlagen für ein paar Millionen an den Mann bringen wollen, kann sich die Präsentation auch ein bis zwei Jahre hinziehen. Je höher der Preis für Ihr Produkt oder Ihre Dienstleistung, umso länger die Präsentation.

Der dritte und wichtigste Schritt ist der *Abschluss*; der magische Moment, in dem das Geschäft abgeschlossen wird. Der Moment, in dem Ihr Gesprächspartner *Ja* sagt, den Vertrag unterzeichnet, seine Brieftasche zückt oder einfach nur zustimmend nickt. Wenn Sie nicht gut darin sind, einen Deal unter Dach und Fach zu bringen, ist es ziemlich egal, wie gut Sie Kontakte knüpfen und Ihr Angebot präsentieren können. Der Kundenfang ist nur dann ein erfolgreicher Beutezug, wenn Sie das Verhandlungsgespräch mit einem Verkauf abschließen können.

Kunden lassen sich auf verschiedene Weise einfangen. Sie können Klinken putzen gehen. Sie können in Ihrer Nachbarschaft, im nächsten Industriegebiet oder auf Messen nach Aufträgen angeln. Sie können Ihre potenzielle Beute telefonisch oder schriftlich darauf vorbereiten, dass Sie demnächst an der Tür klingeln werden, oder Sie vereinbaren gleich einen festen Termin. Bis dahin sollten Sie Ihre Präsentationstaktik aber bereits ausgearbeitet haben. Guerillas gehen üblicherweise ohne Vorwarnung auf Kundenfang. Es ist manchmal ganz hilfreich, wenn Sie bereits die Werbetrommel für sich gerührt haben, damit Ihre Beute zumindest schon einmal etwas von Ihnen gehört oder gelesen hat, wenn Sie vor der Türe stehen. Unbedingt notwendig ist die vorherige Werbung aber nicht. Wenn Sie beim ersten Kontakt überzeugen, Ihr Angebot im besten Licht präsentieren und den Deal mit einem Abschluss besiegeln, ist es gut möglich, dass Sie kein einziges anderes Marketinginstrument brauchen. Wenn Sie Ihren Kunden ein verlockendes Angebot zu bieten haben, werden sie sich bereitwillig einfangen lassen.

Es ist zwar richtig, dass Kundenakquise nichts kosten muss, dennoch sollten Sie ein bisschen Geld ausgeben, zum Beispiel für Ihr Erscheinungsbild. Sie möchten ja gut aussehen und Vertrauen erwecken. Wenn Sie Ladenbesitzern anbieten, ihre Schaufenster zu putzen, brauchen Sie natürlich nicht in Anzug und Krawatte aufzutreten, aber Ihre Arbeitskleidung sollte frisch gewaschen und ordentlich sein, und das mitgebrachte Fensterleder macht sauber auch einen besseren Eindruck.

Eine Investition in Visitenkarten lohnt sich ebenfalls. Sie wirkt professionell, und falls Ihr Gegenüber generell interessiert ist, aber gerade keinen Bedarf an Ihrem Angebot hat, weiß er dank Ihrer Visitenkarte, wie er Sie erreichen, und vor allem, wie er Sie weiterempfehlen kann. Wenn Sie eine Broschüre oder einen Reklamezettel aushändigen möchten, müssen Sie noch etwas mehr Geld investieren. Dieses Werbematerial können Sie während der Präsentation zur Veranschaulichung nutzen und nach dem Abschluss des Deals aushändigen. Denken Sie aber daran, dass Ihr potenzieller Kunde sicherlich nicht gleichzeitig

Ihrer Präsentation lauschen und Ihre Werbung lesen wird. In der Kontaktphase überreichtes Werbematerial bietet dem Verhandlungspartner außerdem die Möglichkeit, sich vor dem Geschäftsabschluss zu drücken. »Ich möchte mir erst in aller Ruhe Ihre Broschüre durchlesen und melde mich dann bei Ihnen«, bekommt man oft zu hören.

Wer jetzt nicht kauft, wird auch später nichts kaufen. Davon können Sie prinzipiell ausgehen. Aber gehen Sie auch davon aus, dass Ihnen irgendjemand schon etwas abkaufen wird. Manche Guerillas verteilen auf ihrer Kundenpirsch Werbegeschenke oder kostenlose Probeexemplare. Dadurch erhöht sich zwar die Investition, aber sie könnte sich durchaus lohnen. Manch einer behauptet, Kunden ließen sich dadurch sozusagen kaufen.

Sobald Sie gelernt haben, wie Sie erfolgreich auf Kundenfang gehen, sollten Sie Ihr weiteres Vorgehen planen. Möchten Sie diese Werbestrategie beibehalten? Lässt sie sich weiter perfektionieren? Wäre es sinnvoll, die Kundenakquise zu delegieren? Wenn ja, an wen? An eine oder mehrere Personen? An eine ganze Horde Vertreter (Vertriebspersonal)?

Die Vorteile der persönlichen Kundenakquise liegen auf der Hand. Zuerst einmal kostet sie so gut wie nichts. Sie ist hervorragend geeignet, vor allem wenn Sie am Anfang Ihrer Geschäftstätigkeit stehen. Sie ermöglicht Ihnen, enge Kontakte zu knüpfen, denn kein Anschreiben, kein Anruf und keine Anzeige ist so persönlich wie das Verkaufsgespräch unter vier Augen. Außerdem erfahren Sie dabei zwangsläufig, wenn irgendetwas an Ihrem Angebot nicht überzeugt. Die persönliche Kundenakquise zieht sofortige Ergebnisse nach sich und stellt sicher, dass Ihre Botschaft verstanden wird. Sie vereint die Vorteile der TV-, Radio-, Zeitungs- und Zeitschriftenwerbung in sich, da Sie sowohl etwas vorführen, persönlich werden, auf die neuesten Neuigkeiten eingehen und zudem Ihr Gegenüber einbeziehen können. Und wie das Direktmarketing zielt sie auf einen sofortigen Verkauf ab.

Wie erfolgreich Sie beim Kundenfang sind, hängt einzig und alleine von Ihnen ab. Misserfolge lassen sich nicht dem Medium in die Schuhe schieben, dafür sind die Erfolge ausschließlich Ihr Verdienst. Die Effizienzmessung ist alles andere als kompliziert, denn schließlich wissen Sie sofort, ob Ihre Marketingstrategie aufgeht. Bei ausgefeilteren Marketingmedien sind die Ergebnisse oft nicht so leicht nachzuvollziehen.

Nehmen wir nun an, Sie haben gerade einen Ein-Mann-Betrieb namens Always Alert gegründet und möchten Alarmanlagen und Rauchmelder verkaufen. Visitenkarten haben Sie, das ist aber auch alles. Ihr Marketingplan lautet, sich zwei Monate darum zu kümmern, Aufträge an Land zu ziehen. Im ersten

Monat klappern Sie potenzielle Geschäftskunden ab, im zweiten Monat gehen Sie bei Privatpersonen Klinken putzen. Anschließend entscheiden Sie, ob Sie sich mehr auf Geschäfts- oder Privatkunden konzentrieren sollten und ob Sie mit der Kundenakquise wie gehabt fortfahren. Nehmen wir weiter an, dass Sie so knapp bei Kasse sind, dass Sie sich noch nicht einmal eine kleine Annonce leisten können.

Nun planen Sie die Details Ihres Beutezugs. Was sollten Sie anziehen? Wenn Sie Ihren Kleidungsstil dem Ihrer Zielgruppe anpassen, können Sie normalerweise nichts verkehrt machen, egal ob Sie Jeans oder einen Anzug tragen. Möchten Sie bei Geschäftskunden vorsprechen, empfehle ich Anzug oder Kostüm in dunkelblau, -grau oder schwarz. Dunkle Farben wirken seriös und vertrauenswürdig. Schon Anzug oder Kostüm allein sehen professionell aus. Verzichten Sie auf jegliches Accessoire, das diesen Eindruck schmälern könnte. Zum gepflegten Äußeren gehören natürlich auch ordentlich frisierte Haare und saubere Fingernägel. Besorgen Sie sich eine schicke Aktentasche für Warenmuster und Produktbroschüren des Herstellers. So gestylt fühlen Sie sich bestimmt so gut, dass Sie ganz automatisch freundlich lächeln.

Professionell und elegant, wie Sie jetzt aussehen, stellt sich die Frage, wie Sie Ihr Gespräch gestalten. Was sagen Sie in dem wichtigen Moment des ersten Kontakts? Die beste Einleitung ist üblicherweise eine freundliche Äußerung über das Geschäft Ihres Gegenübers. Zum Beispiel: »Ihre Schaufenstergestaltung gefällt mir wirklich gut. Man muss einfach stehen bleiben und sich alles anschauen. Darf ich mich vorstellen? Tim Winston von Always Alert. Wir haben uns auf Sicherheitstechnik für Ladengeschäfte spezialisiert. Welches System haben Sie denn?«

Das einleitende Kompliment über die gelungene Schaufenstergestaltung zeigt dem Ladeninhaber, dass Sie es *wahrgenommen* haben, was ihn sicher freut. Sicher haben Sie auch daran gedacht, ihm freundlich lächelnd in die Augen zu blicken, als Sie sich und Ihre Firma vorgestellt haben. Anschließend haben Sie ihn mit einer einzigen Frage als potenziellen Kandidaten für Ihr Produkt *qualifiziert*, das bedeutet, Sie haben festgestellt, dass Bedarf an Ihrem Produkt besteht. Teilt Ihnen der Ladeninhaber mit, dass er bereits über eine Alarmanlage inklusive Rauchmelder verfügt, können Sie sich Ihre Präsentation sparen, sich bei ihm für die Information bedanken und sich verabschieden. Erkundigen Sie sich aber zuvor noch, ob er denn mit seiner Anlage zufrieden ist, und geben Sie ihm für alle Fälle Ihre Visitenkarte. Gewöhnen Sie sich an, möglichst wenig Zeit mit Leuten zu vertrödeln, die bereits haben, was Sie verkaufen. Schließlich kostet das nicht nur Sie wertvolle Zeit, sondern auch Ihre potenziellen Kunden.

Im nächsten Geschäft, das auf Ihrer Liste steht, ist keine Alarmanlage installiert. Das ist Ihr Stichwort, Ihre Präsentation abzuhalten. Denken Sie daran, dass Sie jedes funktionale Merkmal mit dem entsprechenden *Vorteil für den Kunden* stützen. Für Merkmale wird selten Geld ausgeben, für Vorteile dagegen schon. Das könnte sich in etwa so anhören: »Die Sicherheitssysteme von Always Alert sind mit Solarzellen ausgestattet, sodass keine Batterien erforderlich sind. Sie verbrauchen keinen teuren Strom aus dem Netz und sind komplett wartungsfrei.« Das funktionale Merkmal ist der Betrieb über Solarzellen. Die Vorteile sind, dass erstens keine Batterien gekauft werden müssen, sich zweitens die Stromrechnung nicht erhöht und drittens keine Wartungsarbeiten nötig werden.

Gestalten Sie Ihre Präsentation so lange wie nötig und so kurz wie möglich. Schließlich haben Sie und Ihr Gesprächspartner auch noch andere Dinge zu tun. Achten Sie während der Präsentation darauf, ob man Ihnen Kaufbereitschaft signalisiert. Vielleicht haben Sie Ihren Kunden ja schon längst überzeugt, und er möchte das Geschäft abschließen. Wenn Sie die Signale jedoch nicht erkennen und munter weiter auf Ihren eigentlich kaufbereiten Partner einreden, könnte es sein, dass er es sich wieder anders überlegt. Die erfolgreichsten Verkäufer empfehlen: Allzeit bereit zum *Abschluss*!

Haben Sie Ihre Präsentation beendet, versuchen Sie das Geschäft abzuschließen, indem Sie eine Frage stellen, die sich nicht einfach mit Ja oder Nein beantworten lässt. Zum Beispiel: »So, das wäre geklärt. Passt Ihnen als Termin für die Installation der Dienstag oder der Mittwoch besser?« Oder: »Möchten Sie bei Einbau der Anlage zahlen oder auf Rechnung?«

Über die Kunst des Verkaufens gibt es viele hervorragende Bücher, in denen Kontakt-, Präsentations- und Abschlussphase ausführlich besprochen werden. Ich kann Ihnen das Buch *Guerilla Verkauf* wärmstens empfehlen, das ich zusammen mit Bill Gallagher und Orvel Ray Wilson geschrieben habe – nicht, weil es auch aus meiner Feder stammt, sondern weil mir Ihr Erfolg am Herzen liegt! Wenn Sie ein Guerilla werden wollen, müssen Sie alle Register ziehen und nicht nur halbherzig mitmischen.

Die persönliche Kundenakquise erfordert Verkaufstalent. Dazu gehört, den Kontakt herzustellen, eine überzeugende Präsentation abzuliefern und das Geschäft abzuschließen. Grandioses Verkaufstalent zeichnet sich aber nicht nur in der *Qualität*, sondern auch in der Quantität aus. Ein spitzenmäßiger Autoverkäufer schafft an einem guten Tag vielleicht zehn Kontakte, Präsentationen und Abschlüsse. Wenn es für Sie gut läuft, schaffen Sie das in einer Stunde. Um erfolgreich Aufträge an Land zu ziehen, müssen Sie von Ihrem

Produkt begeistert sein, Spaß am Umgang mit Menschen haben und Ihr Ziel entschlossen verfolgen.

Wenn Sie mit Ihrer kleinen Firma große Pläne verfolgen und vom unternehmerischen Erfolg träumen, hat die persönliche Kundenakquise als alleiniges Marketinginstrument irgendwann einmal ausgedient, auch wenn Sie im Zuge Ihres Marketingmix weiterhin um Kunden werben. Die Nachteile der persönlichen Kundenakquise werden Sie bald feststellen: Sie ist unglaublich zeitaufwändig, die Ausbeute ist selbst nach einem wirklich guten und entsprechend anstrengenden Tag relativ gering, und außerdem ist Ihr Jagdgebiet geografisch begrenzt. Diese Nachteile lösen sich in Wohlgefallen auf, wenn Sie andere auf Kundenfang schicken. Und wenn Sie erfolgreich Kunden werben können, wird es Sie schon bald in den Fingern jucken, Ihr Wirkungsgebiet auszudehnen.

Damit Sie ein Meisterkundenfänger werden, vertiefen wir nun die Lektionen über Kontakt, Präsentation und Abschluss. Machen Sie sich als Erstes klar, dass *irgendjemand* Ihrem potenziellen Kunden etwas verkaufen wird. Vielleicht einer Ihrer Mitbewerber, vielleicht auch irgendein Bekannter Ihres Kandidaten. Sicher ist, dass jemand ihm etwas verkaufen wird. Dieser Jemand könnten genauso gut Sie sein. So lange der potenzielle Käufer Ihr Gegenüber ist, haben Sie unmittelbaren Einfluss darauf, mit wem er ein Geschäft abschließt – diese Chance werden Sie nie wieder haben. Sind Sie erst einmal weg, ist es damit vorbei. *Der beste Zeitpunkt, den Deal zum Abschluss zu bringen, ist jetzt,* während Sie beide miteinander verhandeln. Schon bei Ihrem ersten Kontakt und während Ihrer Präsentation blinkt vor Ihrem geistigen Auge der Befehl *Abschluss, Abschluss, Abschluss*. Ist Ihnen dieses Ziel immer präsent, arbeiten Sie ganz automatisch und konsequent darauf hin, das Geschäft unter Dach und Fach zu bringen, während Sie sich nebenbei mit Ihrem Gegenüber unterhalten.

So wichtig der Abschluss auch ist, absolut essenziell ist es, den *Kontakt herzustellen*. Gelingt das nicht, kommen Sie womöglich gar nicht dazu, auf den Abschluss hinzuarbeiten. Andererseits fliegt Ihnen der Abschluss vielleicht von alleine zu, wenn Sie beim ersten Kontakt mitten ins Schwarze treffen. Daran zeigt sich, wie wichtig der Augenblick des Erstkontakts wirklich ist.

Stehen Sie bei einem wildfremden Menschen vor der Tür, mit dem Sie im Zuge einer Initiativanrufaktion einen Termin vereinbart haben, sollten Sie sich besondere Mühe geben, damit aus dem Fremden ein neuer Bekannter wird. Handelt es sich bei Ihrem potenziellen Kunden um jemanden, dem Sie empfohlen wurden, der sich aufgrund Ihrer Annonce bei Ihnen meldete oder der Ihnen irgendwie signalisierte, dass aus ihm ein Kunde werden könnte, können Sie auf dieser zwischen Ihnen bestehenden Verbindung aufbauen. So lässt sich das Eis viel schneller brechen. Sie sind kein völlig Fremder, sondern zumindest der Bekannte eines Bekannten. Nachfolgend noch einige Tipps von Profis:

- Begrüßen Sie Ihre Gesprächspartner mit aufrichtiger Herzlichkeit und nehmen Sie häufig Blickkontakt auf.
- Lassen Sie ihnen etwas Zeit, mit Ihnen warm zu werden und ein bisschen Smalltalk zu betreiben. Fallen Sie nicht gleich mit der Tür ins Haus, aber verschwenden Sie auch nicht die Zeit Ihres Gegenübers.
- Unterhalten Sie sich erst einmal ganz ungezwungen, am besten über etwas, was Ihrem Gesprächspartner wichtig ist. Seien Sie freundlich und vermeiden Sie, dass aus dem Dialog ein Monolog wird. Erweisen Sie sich als guter Zuhörer, aber zeigen Sie auch, dass Ihre Zeit kostbar ist. Sie sind da, um etwas zu verkaufen, nicht, um sich zu unterhalten.
- Stellen Sie sinnvolle Fragen und hören Sie gut zu, was man Ihnen antwortet.
- Stellen Sie fest, ob Sie mit der richtigen Person sprechen. Ist er oder sie überhaupt autorisiert, den Kauf zu tätigen? Überlegen Sie sich, welche Punkte Sie bei Ihrer Präsentation besonders betonen sollten, und achten Sie darauf, wie Ihr Gegenüber auf die Art Ihres Angebots reagiert. Konzentrieren Sie sich auf Bedenken, Erwartungen und Gefühlsäußerungen, um in Ihrer Präsentation exakt darauf einzugehen.
- Versuchen Sie, etwas über Ihren Gesprächspartner in Erfahrung zu bringen, um ihm das Gefühl vermitteln zu können, dass Sie ihn nicht nur als Käufer, sondern in erster Linie als Menschen sehen. Ihr Kunde soll Sie sympathisch finden. Mit Leuten, die man gut leiden kann, macht man gerne Geschäfte. Aber tragen Sie nicht zu dick auf! Am besten ist es, Ihrem Gegenüber das Gefühl zu geben, etwas Besonderes zu sein, indem Sie zeigen, dass Sie seine individuellen Bedürfnisse ganz genau verstanden haben.
- Kommen Sie auf freundliche, offene und interessierte Art und Weise auf den Punkt, und verstellen Sie sich nicht.
- Besitzen Sie einen eigenen Laden, fragen Sie einfach jeden Kunden, ob Sie ihm behilflich sein können. Schon ist der Kontakt hergestellt.
- Auch wenn Sie ja tatsächlich etwas verkaufen wollen, sollten Sie sich selbst nie als Verkäufer, sondern als möglichen Geschäftspartner für Ihren Interessenten betrachten. Mit dieser positiven Einstellung wächst die Chance für den Abschluss des Deals. Machen Sie sich klar, dass Sie Ihren Kunden *hel-*

fen können, in dem, was sie sich vorgenommen haben, *erfolgreich* zu sein. Finden Sie schnellstmöglich heraus, von welchen Erfolgen Ihr Gegenüber träumt, und dann zeigen Sie ihm, dass Ihr Produkt seinem Erfolg auf die Sprünge hilft.

Wichtige Elemente in der Kontaktphase sind ein freundliches Lächeln, das äußere Erscheinungsbild, das Auftreten, die Bereitschaft zuzuhören und der Blickkontakt. Die nonverbale Kommunikation ist ebenso wichtig wie die verbale. Ob Sie einen guten Eindruck machen, hängt sowohl davon ab, was Sie sagen, als auch davon, was Sie nicht sagen.

Oft ist der Deal schon nach dem ersten Kontakt beschlossene Sache. Dieser Glücksfall tritt ein, wenn der potenzielle Kunde Ihrem Angebot gegenüber aufgeschlossen ist und Sie ihn davon überzeugen, dass Sie aufrichtig daran interessiert sind, ihm weiterzuhelfen. So wird aus dem Kontakt der Beginn einer freundschaftlichen Partnerschaft, die mit dem ersten Geschäftsabschluss besiegelt wird – dem im Idealfall noch viele weitere folgen werden. Von den drei Phasen der persönlichen Kundenakquise ist der Kontakt am schnellsten hergestellt. Denken Sie immer daran, dass er die Basis für die Präsentation und den Abschluss darstellt.

Bei Ihrer Präsentation sollten Sie sich immer vor Augen halten, dass Sie nicht als Alleinunterhalter auftreten. Sie möchten schließlich auf ein konkretes Ziel hinaus. Und wenn Ihnen Ihr potenzieller Kunde noch aufmerksam zuhört, will auch er auf ein konkretes Ziel hinaus. Das Ziel heißt verkaufen. Entweder verkaufen Sie ihm etwas, oder er verkauft Ihnen eine Geschichte, weshalb er nun doch nicht mehr interessiert ist. Wer hier wem letztendlich etwas verkauft, liegt ganz bei Ihnen.

Die gute Nachricht ist, dass sich die meisten Leute gerne etwas verkaufen lassen. Wenn Sie mit aufrichtiger Begeisterung von Ihrem Produkt schwärmen, kommt das bei jedem gut an. Was allerdings bei niemandem gut ankommt ist, sich unter Druck gesetzt zu fühlen. Die folgenden Tipps helfen Ihnen dabei, eine gelungene Präsentation abzuhalten.

- Zählen Sie jeden einzelnen Vorteil auf, den Sie zu bieten haben. Je mehr Vorteile sich ein Kunde verspricht, umso wahrscheinlicher geht er auf Ihr Angebot ein. Bei der Zusammenstellung der Vorteile empfiehlt es sich, mit Ihren Mitarbeitern und mindestens einem bereits bestehenden Kunden zusammenzuarbeiten. Glauben Sie nicht, die Vorteile wären offensichtlich und nicht der Erwähnung wert. Der potenzielle Kunde muss sie auf alle Fälle zu *hören* bekommen.

- Stellen Sie Ihre *Alleinstellungsmerkmale* heraus. Die können Sie sicher aus dem Stegreif abspulen, da Ihre gesamte Marketingstrategie auf ihnen aufbaut. Hacken Sie nicht auf der Konkurrenz herum, aber stellen Sie ruhig heraus, was Sie vom Rest der Branche positiv abhebt – sofern Sie immer schön bei der Wahrheit bleiben.
- Hat Ihr potenzieller Kunde noch keine Erfahrungen mit der Sorte Produkt, die Sie verkaufen, vermitteln Sie ihm zuerst eine generelle Übersicht und gehen anschließend auf die Besonderheit Ihres Angebots ein. Wenn Sie Alarmanlangen verkaufen, informieren Sie ihn zuerst über den Vorzug, gegen Einbrecher gewappnet zu sein, und anschließend über die speziellen Vorteile Ihrer Anlage.
- Passen Sie Ihre Präsentation an Ihren jeweiligen Gesprächspartner an. Hier kommen Ihnen die Informationen gelegen, die Sie während der Kontaktphase – und schon lange vorher – gesammelt haben.
- Ersparen Sie Ihren potenziellen Kunden das Gefühl, Ihr Versuchskaninchen zu sein. Erzählen Sie ihnen, wie zufrieden man mit Ihrem Produkt oder Ihrer Dienstleistung ist, vor allem, wenn Sie in der Gegend schon Kunden gewonnen haben. Können Sie diese als Referenz aufführen, dann nur zu. Je mehr Erfolgsgeschichten Sie erzählen können, umso mehr Abschlüsse wird es Ihnen einbringen. Aber gehen Sie nicht zu sehr ins Detail. Wenn Sie Ihren potenziellen Kunden zu Tode langweilen, wird nämlich nichts aus dem Deal.
- Wenn Sie Ihr Gegenüber gut genug einschätzen können, können Sie bei der Präsentation seinen Blickwinkel einnehmen. Die Zahl Ihrer Geschäftsabschlüsse wird sich dadurch immens erhöhen. Nicht der Durchschnittsmensch, sondern Ihr momentaner Gesprächspartner steht im Mittelpunkt Ihrer Präsentation.
- Achten Sie mit Argusaugen auf die Körpersprache Ihres Gegenübers. Lässt er seinen Blick durch die Gegend schweifen, müssen Sie sofort etwas unternehmen, um seine Aufmerksamkeit zurückzugewinnen. Ist sein Lächeln einem besorgten Stirnrunzeln gewichen, sind Sie vielleicht etwas zu ernsthaft geworden. Zaubern Sie wieder ein Lächeln auf seine Lippen. Unruhige Handbewegungen, das Herumspielen mit dem Ehering und Ähnliches deuten Langeweile an, weshalb Sie mit etwas Interessantem aufwarten sollten.
- Dem Auge lässt sich leichter etwas verkaufen als dem Ohr. Ergänzen Sie Ihre Präsentation um möglichst viele Fotos, Zeichnungen, Druckmaterial, ein Muster oder einen Werbefilm – was auch immer dazu passt. Ihre Erfolgsquote wird sich dadurch um 78 Prozent erhöhen.

- Preisen Sie den Vorteil jedes Produktmerkmals an. Zum Merkmal Solarzellen gehört der Vorteil des Stromsparens. Zur Computersoftware gehört der Vorteil der Geschwindigkeit, Leistung oder Wirtschaftlichkeit.
- Erwähnen Sie Erfolgsgeschichten einiger Ihrer Kunden, um Ihrem Gegenüber zu zeigen, dass Sie der Schlüssel zu seinem Erfolg sein können und ihn nicht über den Tisch ziehen wollen.
- Sie dürfen ruhig stolz auf Ihren Preis, Ihre Vorteile und Ihr Angebot sein, und es spricht alles dafür, dies durch Mimik, Tonfall und Wortwahl zu zeigen. Für die verbale Kommunikation stehen Hunderttausende gebräuchlicher Worte zur Verfügung, doch für die nonverbale Kommunikation gibt es wahrscheinlich doppelt so viele Ausdrucksmöglichkeiten. Körperhaltung, Mimik und Gestik sind unglaublich ausdrucksvoll. Machen Sie sich die Grundlagen der Körpersprache bewusst und setzen Sie sie auch bewusst ein. Das kostet nichts und ist ein weiteres Musterbeispiel für Guerilla Marketing in Reinform: enormer Nutzen zu null Kosten.
- Gehen Sie während der Präsentation immer davon aus, dass ihr *sicher* der Abschluss des Geschäfts folgen wird. Ihr Gegenüber kann Ihre innere positive Einstellung fühlen, und das kann sich vorteilhaft auf die Auftragserteilung auswirken.

Aber egal, wie viel Bedeutung man Kontakt und Präsentation zumisst, der Abschluss ist und bleibt doch das Wichtigste. Effektive Verkäufer und Kundenwerber zeichnen sich durch größtes Abschlusstalent aus. Je mehr Sie an Ihrem feilen, umso deutlicher wird sich das an Ihrem steigenden Einkommen zeigen. Der effektivste Abschluss ist immer der sofortige Abschluss. Die folgenden Tipps helfen dabei:

- Gehen Sie immer davon aus, dass Ihr potenzieller Kunde kauft, was Sie ihm anbieten. Leiten Sie den Abschluss immer mit einer Frage wie »Sollen wir diese oder nächste Woche liefern?« oder »Möchten Sie das Produkt lieber in Grau oder in Braun?« ein.
- Fassen Sie die wichtigsten Kaufargumente zusammen und leiten Sie voller Optimismus zum Abschluss über, indem Sie beispielsweise sagen: »Ich schätze, wir haben alles geklärt. Füllen wir am besten gleich das Bestellformular aus.«
- Versuchen Sie, dem Kunden eine Entscheidung abzuringen, die Ihnen den Geschäftsabschluss ermöglicht. Typische Entscheidungen, die bei jedem Geschäft getroffen werden müssen, betreffen Liefertermin, Bestellmenge

und Zahlungsart. Mit einer Frage wie »Ich könnte die Anlage morgen, am 8., was mir der liebste Termin wäre, oder am 15. installieren, wie sieht es bei Ihnen aus?« stellen Sie den Kunden vor eine Entscheidung, die den Abschluss in die Wege leitet. Bringen Sie den Auftrag schnell unter Dach und Fach, indem Sie es dem Kunden so einfach und bequem wie möglich machen. Klappt es nicht gleich beim ersten Mal, versuchen Sie es ein zweites und drittes Mal. Versuchen Sie es immer wieder. Wenn Sie aufgeben, gibt der Kunde sein hart verdientes Geld woanders aus. Vergessen Sie nicht, dass die Leute sich *gern etwas verkaufen lassen* und ein Geschäft abschließen *wollen*. Die Initiative werden sie jedoch nicht ergreifen, daher leisten Sie ihnen einen Gefallen, wenn Sie es tun. Achten Sie aufmerksam auf Signale der Kaufbereitschaft. Zählen Sie nicht darauf, dass Ihnen der Kunde schon sagen wird, wann er bereit ist. Lesen Sie also zwischen den Zeilen und deuten Sie seine Körpersprache. Schon eine leichte Gewichtsverlagerung von einem Bein auf das andere könnte das Signal zum Abschluss darstellen.

- Geben Sie Ihrem Verhandlungspartner einen guten Grund, den Deal *sofort* zu besiegeln. Vielleicht sind Sie vorerst nicht mehr in seiner Gegend, vielleicht bietet die schnelle Nutzung Ihres Angebots den größten Wettbewerbsvorteil, möglicherweise ist in absehbarer Zeit mit einem Preisanstieg zu rechnen, oder Sie können aufgrund der Nachfrage nicht garantieren, dass Sie zu einem späteren Zeitpunkt überhaupt noch liefern können.

- Lassen Sie Ihren potenziellen Kunden wissen, wie erfolgreich sich Ihr Produkt oder Ihre Dienstleistung verkauft. Bei Geschäftsleuten *wie ihm*, die erst *kürzlich* oder *in seiner Gegend* zugegriffen haben. Bei Menschen, mit denen sich Ihr Kunde *problemlos identifizieren* kann.

- Bei Referenzen, Zeitangaben, Kosten, Lieferterminen und Vorzügen sollten Sie immer korrekte Angaben machen. Ausweichende Auskünfte fallen negativ auf Sie zurück.

- Zeigt sich Ihr Gesprächspartner begeistert von Ihrem Angebot, will aber den Auftrag noch nicht erteilen, fragen Sie ihn einfach, weshalb er noch zögert. Wenn er Sie über seine Bedenken informiert, zeigen Sie Verständnis und lösen das Problem. Dann steht einem Abschluss nichts mehr im Weg. Es ist überhaupt eine geschickte Vorgehensweise, sich nach möglichen Einwänden zu erkundigen und deren Ursachen sofort zu beheben. Haben Sie während Ihrer Präsentation den Eindruck, die Zeit für den Abschluss wäre jetzt reif, starten Sie einen Versuch mit dem wichtigsten Verkaufsargument, das Sie noch nicht ins Feld geführt haben. Denken Sie immer daran, dass Ihr

Gegenüber genau weiß, worauf Sie hinauswollen, dass der Zweck dieses Treffens ein Geschäftsabschluss ist und Sie ja auch etwas Gutes zu bieten haben. Mit dieser Einstellung fällt es Ihnen leichter, den Abschluss einzuleiten. Bekommen Sie allerdings zu hören, »Ich denke mal in Ruhe darüber nach«, ist das ein eindeutiges Nein.

- Gelingt Ihnen der Abschluss nicht gleich im Anschluss an Ihre Präsentation, können Sie den Auftrag vermutlich abschreiben. Die meisten Menschen scheuen davor zurück, klare Absagen zu erteilen, und erfinden lieber irgendwelche Ausreden. Geben Sie sich daher die größte Mühe, sie zu einem Kauf zu bewegen. Tun sie es nicht, macht ein besserer Verkäufer als Sie das Geschäft.
- Verbinden Sie das Geschäftliche mit dem Persönlichen und leiten Sie den Abschluss mit einer freundlichen Bemerkung ein. Zum Beispiel: »Mit unserer Sicherheitstechnik können Sie sich rundum sicher fühlen, und das ist doch beruhigend, nicht wahr? Sollen wir den Rauchmelder morgen oder übermorgen installieren?«

Wer bei der persönlichen Kundenakquise nur mit Menschen zu tun hat, die auf die eine oder andere Weise ehrliches Interesse an den Produkten oder Dienstleistungen angemeldet haben, kann sich als Glückspilz bezeichnen. In den meisten Fällen aber beginnt die Kundenakquise mit mühseligen Initiativanrufen und unangemeldeten Besuchen (*Cold Calls*, die eingedeutscht auch als *kalte Anrufe* bezeichnet werden). Und das bei Wind und Wetter! Einer, der es wissen muss, kam zu dem Schluss, dass »eiskalte Füße seit jeher zu den Plagen gehören, die dem Menschen jegliche Kraft rauben«.

Guerillas bekommen beim Gedanken an kalte Anrufe und Überraschungsbesuche keine kalten Füße. Im Gegenteil, Guerillas sind darauf spezialisiert, ihre Beute kalt zu erwischen, ohne Vorstellung, Empfehlung und Termin. Sie wissen, dass ihr Erfolg davon abhängt, in kürzester Zeit Interesse zu wecken. Deshalb hier sechs heiße Tipps gegen kalte Füße bei Spontanbesuchen:

1. *Machen Sie Ihre Hausaufgaben.* Bringen Sie möglichst viel über die Firma in Erfahrung, der Sie einen Besuch abstatten wollen. Je mehr Sie wissen, umso besser können Sie Ihre Präsentation dem jeweiligen Publikum anpassen.
2. *Wenden Sie sich an den richtigen Ansprechpartner.* Fragen Sie nach einem leitenden Mitarbeiter, der zur Erteilung von Aufträgen befugt ist. Informieren Sie sich, wie dieser Mensch heißt und welche Funktion er innehat. Was auch immer Sie über ihn in Erfahrung bringen können, hilft Ihnen weiter.

3. *Fassen Sie sich kurz.* Über vergeudete Zeit ärgert sich jeder. Formulieren Sie Ihre Botschaft kurz und prägnant. Bei allen Spontanbesuchen gilt: In der Kürze liegt die Würze – und der Erfolg.
4. *Kommen Sie zur Sache.* Dank Ihrem Produkt oder Ihrer Dienstleistung kann etwas schneller, einfacher, langfristiger, effizienter, energiesparender oder anderswie besser erledigt werden. Stellen Sie die wichtigsten Vorteile unverzüglich dar.
5. *Nennen Sie Referenzen.* Zählen Sie zufriedene Kunden auf, am besten sind natürlich Namen von Personen oder Firmen, die der potenzielle Kunde kennt und schätzt.
6. *Kommen Sie zum Abschluss.* Vereinbaren Sie einen Termin, schlagen Sie eine ausführliche Präsentation oder Demonstration vor. Machen Sie sich im Voraus klar, was Sie erreichen wollen, und schließen Sie Ihren Spontanbesuch mit exakt diesem Ziel ab.

Wie immer Sie auch vorgehen, arbeiten Sie auf die Auftragserteilung hin. Sind Sie nicht der Typ, der jederzeit den Abschluss forcieren kann, dann *denken* Sie wenigstens jederzeit daran. Dieser Gedanke wird auch auf Ihren Verhandlungspartner überspringen, was Ihnen mehr Aufträge einbringen wird. Irgendwann werden Sie Ihr Verkaufstalent auf größere Zielgruppen anwenden wollen. Die Grundregeln der persönlichen Kundenakquise lassen sich auch auf die Massen anwenden.

Was Ihnen bei der persönlichen Kundenakquise im Handumdrehen zu mehr Glaubwürdigkeit verhilft, ist eine gelungene, zeitgemäße Geschäftskarte – auch Visitenkarte genannt.

Die Visitenkarte

Neben den üblichen Informationen gehören E-Mail-Adresse, Homepage-Adresse, Pager und Handynummer auf die Geschäftskarte. Angaben über Ihre Firma, Ihr Mem, Logo oder Slogan sind auf einen Blick ersichtlich. Auch auf der Rückseite ist Platz für Werbung, zum Beispiel für die schlagkräftigsten Wettbewerbsvorteile, für Servicenummern, das Gründungsjahr Ihrer Firma oder ein ganz besonders überzeugendes Angebot. Eine gelungene Geschäftskarte lässt sich auch für ein Werbeanschreiben, eine Anzeige oder sogar für eine Minibroschüre nutzen. Minibroschüren kommen bei Kunden prima an und erhalten oft einen Ehrenplatz auf dem Schreibtisch, da sie kaum Platz einnehmen und doch extrem informativ sind. Verwenden Sie farbiges, hochwertiges Papier, damit Ihre Visitenkarte sofort auffällt und sich gut anfühlt. Drucken Sie sie im Querformat aus, da die übliche Aufbewahrungsart für Geschäftskarten für dieses Format ausgelegt ist. Ihr Kunde soll sich schließlich nicht den Kopf verrenken müssen. Mit einem unüblichen Format fällt Ihre Geschäftskarte eher negativ aus dem Rahmen – im wahrsten Sinn des Wortes, wenn Ihr Kunde sie in seiner Rollkartei aufbewahren will. Eine gute Geschäftskarte ist als Marketinginstrument viel wirkungsvoller, als Sie vielleicht glauben. Geben Sie sich daher nicht mit einer Billiglösung zufrieden, wenn Sie für ein paar Euro mehr eine qualitativ hochwertige Geschäftskarte haben können. Sie wissen ja, welche Bedeutung dem ersten Eindruck zugemessen wird. Und die Geschäftskarte vermittelt oft den ersten Eindruck über Ihre Firma.

Persönliche Anschreiben

Persönliche Anschreiben – auf dem Postweg oder auf elektronischem Weg versandte Briefe, in denen Sie sich im Gegensatz zur Massenwerbung persönlich an den Empfänger wenden – stellen eine höchst effiziente, einfach umzusetzende, preisgünstige und oft ignorierte Marketingmaßnahme dar. Da mit ihr nur ein relativ kleiner Personenkreis angesprochen werden kann, ist diese Kommunikationsmethode für große Unternehmen ziemlich uninteressant. Für Kleinunternehmer und Ein-Mann-Betriebe dagegen haben sich persönliche Anschreiben schon oft als Wegbereiter zum Erfolg erwiesen. Sofern Sie sich fehlerfrei und verständlich ausdrücken und Ihre Botschaft in wenigen Worten formulieren können, lassen sich mit persönlichen Anschreiben so viele Kunden gewinnen, dass Sie kaum noch auf andere Marketingmethoden zurückgreifen müssen. Selbst wenn Sie mit Rechtschreibung, Grammatik und Stil auf Kriegsfuß stehen, wird es Ihnen mithilfe der heutigen Softwareprogramme sicher gelingen, Ihre Gedanken in einer akzeptablen Form zu Papier zu bringen. Dass Ihr Textverarbeitungsprogramm über Funktionen wie Rechtschreib- und Grammatikprüfung verfügt und sogar Wortwiederholungen aufspüren kann, ist Ihnen ja sicherlich bekannt.

Der größte Vorteil eines persönlichen Anschreibens ist, dass Sie den Empfänger gezielt ansprechen und somit besondere Empfindungen in ihm auslösen können. Mit der Ausnahme von speziellen Methoden des Telefonmarketings ist es bei keinem anderen Marketingmedium möglich, Gedankengänge so spezifisch zu vermitteln wie in einem persönlichen Brief.

Zeilen wie »Liebe Frau Adkins, Ihre Gardenien und Nelken sind heuer eine wahre Pracht, nur Ihre Rosen sehen so aus, als könnten sie etwas Pflege gebrauchen. Darf ich Ihnen dabei zur Hand gehen und Ihre Rosen wieder zum Blühen bringen?« sind nur in einem persönlichen Brief denkbar. Deutlich unpersönlicher dagegen klingt: »Lieber Gartenfreund! Hat die Blühfreude Ihrer Pflanzen nachgelassen? Mit unserer breiten Produktpalette rund um den Garten stehen wir Ihnen mit Rat und Tat zur Seite und verwandeln Ihren Garten in ein Blütenmeer.«

In einem persönlichen Anschreiben können, sollen und müssen Sie so viele persönliche Bezüge herstellen wie möglich. Ihr Computer hilft Ihnen dabei.

Es versteht sich von selbst, dass Sie Ihren Adressaten namentlich ansprechen. Dann beziehen Sie sich auf seinen Lebensstil, seine Berufstätigkeit, sein Auto, Haus oder seinen Garten, je nachdem, in welchem Bereich Sie sich geschäftlich betätigen und welche Dienste Sie anbieten. So werben Sie für sich nicht auf die laute, brachiale Tour, sondern auf leise, unaufdringliche Weise. Natürlich können Sie weder den vollständigen Namen noch irgendetwas Persönliches schreiben, wenn Sie den Empfänger nicht kennen. Das heißt für Sie: Hausaufgaben machen! Sammeln Sie Informationen über Ihre potenziellen Kunden. Was machen sie beruflich, welche Art von Leben führen sie, wovon träumen sie, welche Ziele verfolgen sie und mit welchen *Problemen* kämpfen sie? Die Frage nach Problemen darf in Ihrem Kundenfragebogen nicht fehlen, denn die Antworten darauf sind für Sie äußerst aufschlussreich.

Wer gut darin ist, die Probleme anderer Menschen zu lösen, und ihnen somit zu mehr Zeit verhilft, wird sich weder heute noch in Zukunft über leere Auftragsbücher beklagen können. Das Geheimnis des geschäftlichen Erfolgs ist das fundierte Wissen über die Kunden. Dieses können Sie sich mithilfe Ihrer Online-Kundenumfrage, Ihres Fragebogens und einer guten Beobachtungsgabe aneignen. Wenn Sie dieses Wissen gezielt in persönlichen Anschreiben nutzen, können Sie sich auf einen umwerfenden Effekt gefasst machen, der sich sogar verdoppeln lässt, wenn Sie innerhalb von zwei Wochen einen weiteren Brief versenden oder beim Empfänger anrufen – am besten beides.

Ihr zweiter Brief muss nicht lang sein, denn primär soll er dem Empfänger nur Ihr erstes Anschreiben in Erinnerung rufen. Dennoch sollten Sie einige zusätzliche Informationen bieten, um dem Empfänger noch mehr gute Gründe zu liefern, mit Ihnen Geschäfte zu machen.

Bei Ihrem Anruf beziehen Sie sich auf die Anschreiben. Erkundigen Sie sich, ob sie gelesen wurden, und machen Sie sich den Vorteil zunutze, dass die Hemmschwelle, sich mit einem Fremden zu unterhalten, durch Ihre Briefe deutlich gesenkt wurde. Immerhin sprechen Sie beide ja jetzt miteinander. Versuchen Sie im Gespräch, eine Beziehung zu knüpfen. Je besser es Ihnen gelingt, umso höher ist die Wahrscheinlichkeit, dass Ihr Gesprächspartner Ihr Angebot wahrnimmt. Und je mehr Sie in Ihrem Anschreiben auf die *Person* des Empfängers eingegangen sind, umso mehr können Sie die Beziehung nun vertiefen, da Sie den Verdacht bereits entkräftet haben, Ihr Schreiben wäre nur eine clever aufgemachte Massenreklame.

Es ist ja heute so, dass Briefkästen und E-Mail-Posteingänge vor Massenwerbung überquellen. Damit Ihr Anschreiben in dieser Flut nicht untergeht, planen Sie von Anfang an eine Kampagne aus drei bis vier Anschreiben. Sofern Sie nicht den elektronischen Postweg wählen, kostet das zwar etwas mehr, zeigt aber auch viel mehr Wirkung. Viele Studien belegen, dass Verbraucher lieber bei Anbietern kaufen, die ihnen bekannt sind. Eine der aufschlussreichsten Studien beschäftigte sich mit den Faktoren, die sich auf die Kaufentscheidung auswirken. Dabei gaben 5 000 Verbraucher an, das wichtigste Kaufkriterium sei das Vertrauen in den Anbieter, an zweiter Stelle folgte die Qualität, an dritter die Angebotspalette, an vierter der Service und erst an fünfter Stelle der Preis. Falls es Sie überrascht, wie vergleichsweise unwichtig der Preis ist: In den 1980er Jahren nahm er sogar nur den neunten Platz ein. Der Preis ist immer nur für die Minderheit der Verbraucher das entscheidende Kaufkriterium.

Fakt ist, dass Kaufentscheidungen in den verschiedenen Branchen, Altersgruppen, Zielmärkten und sonstigen Umständen aus ganz unterschiedlichen Gründen getroffen werden. Der ausschlaggebende Anreiz, der eine Mutter zum Kauf einer bestimmten Babynahrung veranlasst, ist schließlich ein ganz anderer als der, der sie einen Sportwagen kaufen lässt.

Wenn Sie keine klare Vorstellung darüber haben, mit welchen Kaufanreizen Sie Ihre Zielgruppe überzeugen können, sind persönliche Anschreiben vergebliche Liebesmühe. Die besten Erfolge erzielen Sie nur mit der Kombination aus Kaufanreiz und persönlichem Bezug. Außerdem sollte Ihnen natürlich klar sein, was Sie mit Ihrem Anschreiben überhaupt erreichen möchten. Zum Beispiel die Erteilung eines Auftrags, die Anforderung weiterer Informationen oder die Vereinbarung eines Treffens.

Mit dem Versenden von Folgebriefen lernt der Empfänger Sie kennen und kann Vertrauen fassen, was die Voraussetzungen schafft, eine Beziehung aufzubauen und Geschäfte zu tätigen. Den Luxus, eine Zielgruppe so trefflich ins Visier zu nehmen, kann sich nur ein Kleinunternehmer leisten. Die Zielgruppen von Großunternehmen sind einfach zu groß, um persönliche Anschreiben zu versenden.

Ein persönliches Anschreiben ist nicht dasselbe wie ein *personalisierter Serienbrief*. Letzterer hat einen eher unpersönlichen Text, in dem lediglich Anschrift, Anrede und ein paar Kleinigkeiten von Adressat zu Adressat ausgetauscht werden. Die Personalisierung erledigt die Software. Ein persönlicher Brief dagegen verdient diese Bezeichnung zu Recht. Er ist ausschließlich an eine Person gerichtet und stellt mit ganz persönlichen Informationen unter Beweis, dass er für niemand anderen außer dem Empfänger verfasst wurde. Er ist handschriftlich unterzeichnet – am besten in Tinte, das sieht nach etwas aus. Der Unterschrift folgt ein handgeschriebenes Postskriptum. Wenn das keinen besseren Eindruck macht als ein liebloser Serienbrief!

Mithilfe Ihres Computers können Sie aber natürlich auch personalisierte Serienbriefe gestalten, die sich von persönlichen nicht unterscheiden lassen. Achten Sie darauf, die jeweils erforderlichen Änderungen im Dokument auszuführen, und unterschreiben Sie den Ausdruck per Hand. Anschließend verpassen Sie dem Brief mit einem handgeschriebenen P.S. den letzten, persönlichen Schliff.

Was den persönlichen Touch betrifft, kann eine E-Mail einem Brief nicht das Wasser reichen. Zum einen können Sie kein handschriftlich verfasstes Postskriptum einfügen, zum anderen verfehlt das P.S. die Wirkung, die es in einem per Postweg versendeten Brief erzielt. Vor allem mangelt es der E-Mail an der Fähigkeit, die optische und sensorische Wirkung zu erzielen, die ein persönlicher Brief, mit einer Sondermarke frankiert und auf hochwertigem Briefpapier ausgedruckt, erreicht.

Der Empfänger Ihres persönlichen Anschreibens darf sich nie dazu genötigt fühlen, *darauf antworten zu müssen*. Natürlich geben Sie Ihre E-Mail-Adresse, Anschrift und Telefonnummer an, doch fordern Sie den Adressaten nicht dazu auf, schriftlich oder telefonisch auf Ihr Schreiben zu reagieren. Verzichten Sie auch auf Rücksendecoupons und dergleichen. Allerdings sollte Ihr Anschreiben dem Leser schmackhaft machen, was Sie zu bieten haben. Kündigen Sie außerdem an, dass Sie sich innerhalb der nächsten Woche telefonisch mit ihm in Verbindung setzen werden, um einen Termin zu vereinbaren oder ein Verkaufsgespräch zu führen.

Ein persönliches Anschreiben erfüllt mehrere Funktionen: Es zwingt den Empfänger dazu, über Ihr Angebot nachzudenken, da er weiß, dass Sie sich schon bald bei ihm melden werden. Dadurch heben Sie sich von vielen anderen Angeboten ab, bei denen die Initiative dem Verbraucher überlassen wird. Sie dagegen kündigen an, dass Sie die Initiative ergreifen und weitere wichtige Informationen zu vermitteln haben. *Ihr Brief bereitet den Leser auf Ihren An-*

ruf vor, was den Vorteil hat, dass er ihn bereits erwartet und Sie nicht als ungebetenen Störenfried empfindet.

Große Unternehmen können sich den Luxus nicht leisten, bei Anschreiben auf irgendeine Form von Antwortaufforderungen zu verzichten, da dies bei Massenwerbung höchst ineffizient wäre. Das Gegenteil ist im Guerilla Marketing der Fall, wodurch es sich deutlich von der Massenwerbung abhebt. Das persönliche Anschreiben ist ein einzigartiges Marketinginstrument, mit dem Sie sich die ungeteilte Aufmerksamkeit des Empfängers sichern können.

Ihr Schreibstil sollte geschäftliche Professionalität mit persönlicher Ansprache vereinen und individuell auf den jeweiligen Leser zugeschnitten sein. Schreiben Sie einen Firmenchef an, beziehen Sie sich in Ihrem Brief auf seine verantwortungsvolle Position, die Bedeutung seiner Aufgaben und die Herausforderungen, die es in dieser Position zu überwinden gilt. Überzeugen Sie durch flüssige Formulierungen und die geeignete Wortwahl.

Ein persönliches Anschreiben im Guerilla-Stil umfasst üblicherweise eine Seite. Vermitteln Sie alle notwendigen Informationen, aber fassen Sie sich möglichst kurz. Sofern *nicht unbedingt erforderlich*, beschränken Sie sich am besten immer auf eine Seite, was vollkommen ausreicht, um den Empfänger mit freundlichen, persönlichen Worten zur Nutzung Ihres Angebots zu motivieren. Ob Sie Ihrem Brief eine Infobroschüre oder Ähnliches beilegen, bleibt Ihnen überlassen. Bedenken Sie aber, dass eine Werbebeilage den persönlichen Touch Ihres Anschreibens beträchtlich schmälern kann.

Was Ihr Brief auf alle Fälle enthalten sollte, sind wichtige Informationen, die dem Empfänger ohne Ihr Schreiben möglicherweise entgangen wären. Ich informiere potenzielle Kunden beispielsweise über interessante Veranstaltungen oder Marketinglösungen, die sich bei anderen hervorragend bewährt haben. Ein Gärtner könnte beispielsweise über die besten Pflanzzeiten verschiedener Blumensorten informieren, während ein Schulungsanbieter über die beruflichen Karrieremöglichkeiten informiert, die seine Kurse eröffnen. *Bieten Sie dem Leser etwas, das über Ihr rein geschäftliches Angebot hinausgeht.* Beeindrucken Sie ihn durch Fachwissen, interessante Neuigkeiten und Persönlichkeit. Das Preisgeben wichtiger Informationen ist zwar keine Garantie dafür, dass der Empfänger auch tatsächlich Sie als Geschäftspartner wählt, doch normalerweise lohnt sich das Risiko trotzdem.

Denken Sie immer daran, dass es in Ihrem Brief nicht um Sie, sondern um den Empfänger geht. Sprechen Sie seine Sprache und beziehen Sie sich auf sein Privat- oder Berufsleben. Bieten Sie ihm möglichst viele individuelle Vorteile. Je mehr, desto besser. Denken Sie bei der dramaturgischen Gestaltung Ihres

Anschreibens an die Oper *Aida*. Zuerst soll der Leser denken: »Alle Achtung, das ist aber *interessant*.« Anschließend sagt er sich: »Donnerwetter, was für ein tolles *Angebot*!« Anders ausgedrückt, verschaffen Sie sich Aufmerksamkeit, stellen Sie die Vorzüge heraus, die Sie zu bieten haben, und schließen Sie Ihr Schreiben mit dem Hinweis ab, was der Empfänger nun tun kann – Ihre Homepage besuchen, sich telefonisch oder schriftlich in Verbindung setzen, Seite 15 der Tageszeitung aufschlagen, da hier Ihre Anzeige zu finden ist, Ihren Anruf erwarten oder Ihr Produkt beim nächsten Einkauf erwerben. Machen Sie eine konkrete Aussage, denn der Leser Ihres Briefes wird keinen Gedanken daran verschwenden, was Sie eigentlich von ihm erwarten.

Guerillas verfassen persönliche Anschreiben gemäß diesen goldenen Regeln:

- Eine Seite ist genug.
- Ein Absatz besteht aus maximal sechs Zeilen.
- Abstände zwischen den Absätzen und/oder die Einrückung der ersten Zeile verbessern die Lesbarkeit und den optischen Eindruck.
- Unterstreichungen, Großbuchstaben und Klammersetzung sind sparsam einzusetzen.
- Der persönliche Brief muss sich deutlich von einem Standardbrief abheben.
- Die Unterschrift hebt sich farblich ab.
- In einem Postskriptum wird eine wichtige Information nachgeliefert, wodurch ein Gefühl der Dringlichkeit vermittelt wird.

Wer einen persönlichen Brief – oder eine Drucksache – erhält, liest diversen Studien zufolge zuerst die Anrede und anschließend das Postskriptum. Aus diesem Grund sollte Ihr P.S. das wichtigste Kaufargument oder das stärkste Handlungsmotiv enthalten – irgendetwas, das den Leser zu schneller Reaktion animiert. Ein gutes Postskriptum zu verfassen ist eine Kunst, die jeder lernen kann. Ich kann Ihnen nur empfehlen, alle persönlichen Anschreiben – für E-Mails gilt dies nicht – generell mit einem P.S. abzuschließen, denn damit stellen Sie zweifelsfrei unter Beweis, dass Ihr Brief keine Massenware ist, sondern sich ausschließlich an den Empfänger wendet. In unserer anonymen, automatisierten Welt sticht jede persönliche Ansprache positiv heraus.

Zehn Weisheiten rund um das Postskriptum:

1. Motivieren Sie den Empfänger dazu, aktiv zu werden. Fordern Sie dazu auf, jetzt sofort die Bestellung aufzugeben. Zögerliche Kunden sind schlecht für Ihr Geschäft.
2. Unterstreichen Sie Ihr Angebot. Wiederholen Sie es noch einmal und formulieren Sie es eindringlicher als vorher.
3. Weisen Sie – erneut oder als nachträgliches Argument – auf eine Vergünstigung oder kostenlose Dreingabe bei Auftragserteilung hin. Wer etwas umsonst haben kann, lässt sich schneller überzeugen.
4. Erwähnen Sie eine Überraschung für schnell Entschlossene. Eine Kleinigkeit reicht vielleicht schon aus, um den Empfänger Ihres Schreibens zum Neukunden zu machen.
5. Kommen Sie noch einmal auf den Preis oder die Angebotsbedingungen zu sprechen. Falls Sie mit einen Schnäppchenpreis werben, gehört dieses Verkaufsargument unbedingt in das P.S.
6. Lässt sich Ihr Produkt steuerlich absetzen, verdient dieser Vorteil im Postskriptum erwähnt zu werden.
7. Machen Sie auf Rückgabe- und Garantiefristen aufmerksam, damit jeder Interessent weiß, dass mit dem Kauf Ihres Produkts keinerlei Risiko verbunden ist.
8. Führen Sie zufriedene Kunden als Referenz auf. Je konkreter Sie hierbei werden, umso reizvoller wird es, mit Ihnen Geschäfte zu tätigen.
9. Verfügen Sie über eine gebührenfreie Servicenummer, wiederholen Sie diese im P.S., um den Anruf bei Ihnen so einfach wie möglich zu gestalten.
10. Betonen Sie den Aspekt der Dringlichkeit. Informieren Sie darüber, dass Ihr Angebot nur befristet gilt, dass Ihre Lagerbestände begrenzt sind oder es andere Gründe gibt, weshalb sich eine sofortige Bestellung empfiehlt.

Ebenso wie eine gelungene Werbeanzeige muss ein gelungenes persönliches Anschreiben Ihre Botschaft ankündigen, vermitteln und wiederholen. Das mag Ihnen überflüssig erscheinen, doch angesichts der Werbeflut, die Briefkästen und Postfächer für E-Mails überquellen lässt, ist so eine Wiederholung sinnvoll und zweckmäßig.

Von zehn Briefen landet vermutlich die Hälfte ungelesen im Altpapier, und nur einer führt zu einer Geschäftsbeziehung. Diese erweist sich aber üblicherweise als so lukrativ, dass sie für die neun umsonst geschriebenen mehr als entschädigt. Im Vergleich zu der bei Massenwerbung üblichen Antwortquote von 2 Prozent stellen 10 Prozent ein hervorragendes Ergebnis dar.

Als Anregung nun eines meiner persönlichen Anschreiben, dem ich damals eine druckfrische Ein-Dollar-Note beigelegt habe. Ich habe es an zwölf potenzielle Kunden geschickt – ohne jegliche Reaktion. Der 13. Empfänger aber erteilte mir einen richtig fetten Auftrag, der mich über Monate beschäftigte. Die Idee für den Brief ist schon über 30 Jahre alt, sorgt aber in ihren modernen Varianten immer noch für beeindruckende Antwortquoten. Als ich statt dem Dollar einen Scheck über eine Million beilegte (natürlich nicht unterschrieben), war die Erfolgsquote ebenso gut. Im Prinzip ging es mir darum, mein schriftliches Versprechen mit einem witzigen Knüller zu untermauern.

H. H. Thomas
Pacific Telephone
1313 53rd Street
Berkeley, CA 94705

Sehr geehrter Mr. Thomas,

sicher freuen Sie sich über den beigelegten Dollar. Tausende davon könnte sich Pacific Telephone sparen, wenn Sie meine Dienste als freiberuflicher Werbetexter in Anspruch nehmen.

Visa, Crocker Bank, Pacific Plan, Gallo, Bank of America, die University of California und das Public Broadcasting System zählten im vergangenen Jahr zu meinen zufriedenen Kunden. Obwohl diese Unternehmen normalerweise nicht mit Freiberuflern zusammenarbeiten, konnte ich Sie von meiner Kompetenz überzeugen und als Auftraggeber gewinnen.

Alle Projekte wurden zur vollsten Zufriedenheit meiner Kunden abgeschlossen. Jedem abgeschlossenen Projekt folgte ein neuer Auftrag. Dafür gibt es sicherlich gute Gründe.

Falls Sie der Ansicht sind, Pacific Telephone hätte den besten freiberuflichen Texter verdient, der mit Projekten unterschiedlichster Art – und unmöglich erscheinenden Terminvorgaben – vertraut ist, setzen Sie sich bitte mit mir in Verbindung.

Hintergrundinformationen über meine berufliche Laufbahn finden Sie in der Anlage. Vielleicht interessiert es Sie, dass ich mit einigen der bedeutendsten Medienpreise ausgezeichnet wurde und als Vizepräsident und Kreativdirektor bei J. Walter Thompson Advertising tätig war. Ich kann Ihnen jedoch versichern, dass mir ausgezeichnete Geschäftsbeziehungen wesentlich wichtiger sind als geschäftliche Auszeichnungen.

Ist es Geldverschwendung, sich mit ordentlichen Durchschnittswerbetexten zufriedenzugeben und unkonventionelle kreative Quellen nicht zu erschließen? Viele der Fortune-500-Unternehmen haben sich diese Frage bereits mit Ja beantwortet.

Ich werde Sie Dienstagvormittag anrufen, um einen Termin für die Besprechung unseres Pilotprojekts zu vereinbaren. Ich freue mich sehr darauf, Sie kennenzulernen.

Mit freundlichen Grüßen
Jay Conrad Levinson

P.S. Falls Sie für die Auftragsvergabe an Freiberufler nicht zuständig sind, möchte ich Sie bitten, mein Anschreiben – mitsamt dem Dollar – an den zuständigen Kollegen weiterzuleiten. Herzlichen Dank.

Mit einer Anlage der besonderen Art wirkt Ihr Anschreiben meistens noch besser. Ein interessanter Artikel aus einer Zeitung oder Fachzeitschrift, eine Werbeanzeige Ihres potenziellen Kunden oder seiner Konkurrenz öffnet häufig Türen, da der Empfänger Ihres Briefes es sicherlich als nette Aufmerksamkeit Ihrerseits empfindet, dass Sie ihm diese Informationen zukommen lassen. In meinem Fall war es die Dollarnote, die meinen Brief aus der Masse der – sicherlich meist mehr als einen Dollar pro Stück teuren – Werbesendungen herausstechen ließ. Und meine Anlage war sicherlich die einzige, die in der Druckerei der US-Notenbank gedruckt wurde.

Mein Brief hat bisher immer gut funktioniert. Solange er nicht allzu viele Nachahmer findet, wird sich daran vermutlich auch nichts ändern. In Zeiten einer wirtschaftlichen Flaute würde ich allerdings eine kleine Anpassung vornehmen und nach dem vierten Absatz beispielsweise so darauf eingehen: »Für meine Dienste verlange ich ein angemessenes Honorar. Doch je härter der Wettbewerb ist, umso weniger können Sie es sich leisten, an Qualität zu sparen.«

Das Timing ist enorm wichtig. Zu bestimmten Zeiten scheint plötzlich jeder persönliche Anschreiben zu versenden. In diesem Fall warten Sie ab, bis die Briefflut wieder abebbt. Der geeignete Zeitpunkt für Ihre Briefaktion könnte zum Beispiel sein, wenn ein neuer Mitbewerber die Bühne betritt, wenn Sie von einem bestimmten Problem Ihres potenziellen Kunden Wind bekommen oder wenn die Jahreszeit bevorsteht, in der Ihr Angebot besonders attraktiv ist.

Falls es aufgrund einer Wirtschaftskrise an Attraktivität einbüßt, denken Sie daran, dass ein Guerilla sich auch in Krisenzeiten immer zu helfen weiß.

1. Kümmern Sie sich weniger um Neukunden, sondern mehr um Ihre Stammkunden. Die Menschen, die Ihnen bereits ihr Vertrauen geschenkt haben, verdienen nun Ihr Vertrauen, Ihre Aufmerksamkeit und die besten Angebote.
2. Haken Sie bei den Empfängern Ihrer Anschreiben telefonisch nach. Nun geht es darum, die Kontakte zu vertiefen, die Sie mit Ihrem Brief bereits geknüpft haben. In harten Zeiten ist das Telefon eine effiziente Waffe, und Guerillas zögern nicht, sie zu benutzen.
3. Lassen Sie nicht den leisesten Zweifel an Ihrer geschäftlichen Vertrauenswürdigkeit zu. Geben Sie eine umfassende Garantie auf Ihre Produkte und legen Sie größten Wert auf ausgezeichneten Kundendienst. *Zeigen Sie Ihren Kunden, dass Sie erst dann zufrieden sind, wenn sie es sind.* Mit dieser Taktik beruhigen Guerillas auch den besorgtesten Kunden.
4. Halten Sie wachsam Ausschau nach neuen Einkommensquellen, Fusion-Marketing-Partnern und Kooperationsmöglichkeiten. In schlechten Zeiten gibt es viele Leidensgenossen, die Interesse daran haben, die Flaute gemeinsam zu überwinden.
5. Anstatt Ihr Angebot abzuspecken, sollten Sie es erweitern. Setzen Sie alles daran, mehr zu investieren, um lukrativere Angebote unterbreiten zu können. Denken Sie daran, dass geometrisches Wachstum die Ausweitung Ihrer Transaktionen, Wiederholungskäufe sowie Empfehlungen voraussetzt. Dehnen Sie sich, wann immer möglich, in alle Richtungen aus.
6. Lassen Sie Ihre Kunden spüren, dass Sie sich der brisanten Wirtschaftslage durchaus bewusst sind und die Gestaltung Ihrer Preise und Ihres Angebots daran ausrichten. Ihre Kunden werden es Ihnen mit Loyalität und Treue danken.
7. Machen Sie sich den Schneeballeffekt guter Mundpropaganda zunutze, indem Sie Ihre Kunden freundlich, zuvorkommend und aufmerksam behandeln. Als Gegenleistung werden sie Sie bestimmt weiterempfehlen oder Ihnen sogar einige Personen nennen, mit denen Sie Kontakt aufnehmen können.

Ob aber nun gerade gute oder schlechte Zeiten herrschen, wichtig ist immer, dass Sie Ihr Anschreiben an die richtige Person adressieren. Informieren Sie sich im Internet oder erkundigen Sie sich telefonisch bei den Firmen nach dem zuständigen Ansprechpartner. Im Zweifelsfall adressieren Sie Ihren Brief an den Firmenchef, der ihn an den zuständigen Mitarbeiter weiterleiten wird, sofern er bei ihm an der falschen Adresse sein sollte. Es empfiehlt sich, vorher beim Empfang anzurufen und sich den Namen des Firmenchefs buchstabieren zu lassen. Ein echter Guerilla nimmt sich dafür ebenso Zeit wie für die vielen anderen winzigen Details. Wenn der Firmenchef Ihren Brief an einen Mitarbeiter weitergibt, können Sie sich darauf verlassen, dass er ihn auch lesen wird.

Computer und Drucker machen es möglich, Tausende von Briefen und Abertausende von E-Mails zu versenden. Jeder Brief und jede E-Mail kann so geschickt personalisiert werden, dass der Touch eines persönlichen Anschreibens erzielt wird. Dies setzt allerdings voraus, dass Sie sich die Zeit nehmen, persönliche Daten über die Empfänger in Erfahrung zu bringen. Jedes Anschreiben verdient nur dann die Bezeichnung »persönlich«, wenn sein Inhalt auf die Person des Empfängers zugeschnitten ist. Und das ist mit Technologie nicht zu erreichen – wohl aber mit Psychologie.

Persönliche Anschreiben müssen nicht massenweise versendet werden, oft reichen schon einige wenige. In jedem Fall stellen sie ein wertvolles Marketinginstrument dar, mit dem Sie sich einen enormen Wettbewerbsvorteil gegenüber den Branchenriesen verschaffen. Gelingt Ihnen das, praktizieren Sie meisterhaftes Guerilla Marketing.

Sobald Sie einen Kunden geworben haben, legen Sie sich ins Zeug, um die Beziehung zu vertiefen. Jeden gleich zu behandeln ist hier völlig fehl am Platz. Ich kenne den Besitzer eines Herrenbekleidungsgeschäfts, in dessen Kundendatenbank 47 000 Namen gespeichert sind. Seine Anschreiben verschickt er jedoch immer nur an maximal 3 000 Kunden, immer nur an diejenigen, die sein Angebot interessant finden könnten. Bekommt er eine neue Kollektion topmodischer Herrenhosen geliefert, schreibt er nur die Kunden an, von denen er weiß, dass sie Wert auf brandaktuelle Mode legen. Dank der individuellen Behandlung seiner Kunden erzielen seine Anschreiben Rücklaufquoten von rund 30 Prozent.

Kostet das mehr Zeit? Ja. Kostet das mehr Energie? Ja. Kostet das mehr kreative Anstrengung? Ja. Kostet das mehr Geld? Nein. Im Gegenteil, es bringt Ihnen ziemlich viel Geld ein. Und deshalb ist es eine waschechte Guerilla Marketing-Strategie.

Telefonmarketing

Telefonmarketing heißt, sich die Liste mit den aussichtsreichsten Kontakten zu schnappen, sich hinter den Hörer zu klemmen und einen der Kandidaten anzurufen. Mein Mit-Guerilla Chet Holmes nennt diese Liste die »Traum 100«, denn sie umfasst die 100 Kunden, die Sie am liebsten gewinnen möchten. Er rät: Oberste Priorität sollte immer sein, diese Kunden als Geschäftspartner zu gewinnen – vielleicht nicht gleich, denn das ist unrealistisch, aber irgendwann schon, und das ist realistisch. Befolgen Sie also seinen Rat und erstellen sich gleich eine Liste Ihrer 100 Lieblingskunden. Damit Sie Ihre Liste abhaken können, folgen jetzt einige Lektionen in punkto Telefonmarketing. Seit 1982 werden in den USA mehr Gewinne mit Telefonmarketing als mit Direktwerbung erzielt, und die Erfolgsquote steigt Jahr für Jahr. Mehr als die Hälfte aller Produkte und Dienstleistungen wurde 2005 über das Telefon verkauft. Nicht nur aufstrebende Kleinunternehmer, sondern auch etablierte Branchenriesen betreiben Telefonmarketing. 1983, als Guerilla Marketing erfunden wurde, nutzten gerade einmal 175 000 Menschen das Telefon als Verkaufsinstrument. Heute sind in den USA über zwölf Millionen Beschäftigte im Telemarketing tätig.

Obwohl sich viele Verbraucher durch einen Eintrag in »Do Not Call«-Listen Anrufe verbitten und dem Telemarketing einen Dämpfer verpassen, hat es sich vor allem im B2B-Marketing als verkaufsfördernde Werbemaßnahme durchgesetzt. Davon ausgenommen sind allerdings viele der Telekommunikationsunternehmen, die mit Vorliebe zur Essenszeit private Haushalte mit Anrufen belästigen.

Telefonmarketing lässt sich in drei Varianten betreiben. Die erste besteht darin, Einzelpersonen persönlich anzurufen. Die zweite ist, eine Telemarketingfirma oder die eigene Marketingabteilung, falls vorhanden, damit zu beauftragen, Tausende potenzieller Kunden zu kontaktieren. Die dritte ist die per Computer automatisierte Variante mit Tonbandansagen. Der Angerufene wird dabei automatisch durch das Verkaufsgespräch geführt, kann Angaben machen, Fragen beantworten und Bestellungen aufgeben. Automatisierte Anrufe sind sehr unpersönlich und werden von vielen als extrem lästig und störend empfunden, stellen jedoch eine ganz übliche Praxis dar, die sich für viele Unternehmen als ziemlich lukrativ erweist. Eine Maschine lässt sich durch vehemente Ablehnung schließlich nicht frustrieren, und selbst eine ein- bis zweiprozentige Erfolgsquote lohnt sich.

Ein Anruf ist schneller gemacht als ein Überraschungsbesuch, ist persönlicher als ein Brief, kostet so gut wie nichts und ermöglicht es Ihnen, sofort in direkten Kontakt mit dem Gesprächspartner zu treten. Andererseits gilt natürlich, dass es schwierig ist, jemandem von Angesicht zu Angesicht eine Absage zu erteilen. Eine Absage am Telefon fällt schon leichter, und am einfachsten ist es, ein Anschreiben oder eine E-Mail zu ignorieren.

Ein Guerilla nutzt Telemarketing zur Verstärkung seiner Werbeanzeigen und anderer Marketingmaßnahmen. Er weiß, dass nur 7 Prozent der Angerufenen jeden sofort abwimmeln, 42 Prozent zumindest manchmal zuhören, und immerhin 51 Prozent erst einmal jedem Telefonwerber zuhören. Eine knappe, aber eben trotzdem eine Mehrheit. Und auch wenn Ihnen die meisten letztendlich doch eine Absage erteilen, können Sie jedem Einzelnen für sein klares Nein danken, da es Ihnen unnötige Zeitvergeudung erspart.

Erfahrene Telefonwerber wissen auch, dass sie oft nicht gleich bei ihrem gewünschten Gesprächspartner, sondern erst einmal am Empfang oder im Sekretariat landen, und dass die hier Beschäftigten nicht als Gegner, sondern als Verbündete zu betrachten sind. Erweisen Sie dem Empfangs- oder Sekretariatspersonal Respekt und informieren Sie die Damen und Herren nicht nur über Ihr Produkt oder Ihre Dienstleistung, sondern vor allem über die Vorzüge, die Sie zu bieten haben. Der leichteste Weg in das Büro des Chefs führt über das Vorzimmer.

Wer setzt Telemarketing eigentlich ein? Am weitesten verbreitet ist es im B2B-Bereich, das heißt bei Unternehmen, die mit anderen Unternehmen Geschäfte tätigen. Dicht auf dem Fuß folgen Kleinbetriebe und Freiberufler, die sich direkt an private Haushalte wenden, um bruchsichere Glastüren, Windschutzscheiben, Familienfotos, Kaminkehrerdienste und vieles mehr an den Mann zu bringen. Und auch Hilfsorganisationen und Wohltätigkeitsvereine haben Telefonmarketing als praktisches Mittel entdeckt, um hilfsbereite Menschen zum Spenden zu animieren. Mein Neffe George hat so viel Geld für den neuen Konzertsaal des San Francisco Symphonieorchesters gesammelt, dass er dafür einen Dirigentenstab verliehen bekommen sollte. Wer erfolgreich Telefonmarketing betreiben will, muss den Anruf bis in alle Einzelheiten planen: Ziel, Formulierungen, Stimmlage und Stimmung, Nachhaken.

Bevor ein Telefonprofi zum Hörer greift, macht er sich Folgendes klar: Was weiß er über seinen Gesprächspartner? Was muss er wissen, damit das Gespräch den gewünschten Verlauf nimmt? Welche Informationen lassen sich beispielsweise über die Sekretärin in Erfahrung bringen? Welche Nachricht hinterlässt man, falls sich nur ein Anrufbeantworter einschaltet? Wie stellt man sich vor, um das Gespräch einzuleiten, welche Fragen will man stellen und wie den Anruf *beenden* (unabhängig vom Gesprächsverlauf)?

Telefonmarketing sollte immer nur einen Teilaspekt eines umfassenden Marketingplans darstellen und kontinuierlich betrieben werden. Mit einem einzigen Anruf ist kein Blumentopf zu gewinnen. Übertragen Sie die Aufgabe einem anderen, sollten Sie seine Motivation mit einer Sonderprämie fördern.

Telefonwerber werden üblicherweise immer pro Anruf und pro Verkaufserfolg bezahlt. Auch wenn einer Ihrer Angestellten die Anrufe tätigt, verdient er zusätzlich zu seinem Gehalt noch einen Bonus. Und demjenigen, der es schafft, telefonisch einen Neukunden zu gewinnen, sollten Sie auf seinen Gehaltsscheck noch etwas drauflegen.

Stimm- und Sprechtraining empfiehlt sich für jeden, der mit Telefonmarketing Kunden gewinnen will. Denken Sie immer daran, sich klar und verständlich auszudrücken. Formulieren Sie möglichst kurze Sätze und sprechen Sie laut. Etwas Abstand zum Mundstück verbessert die Tonqualität. Tonfall und Stimmlage müssen Seriosität, aufrichtige Freundlichkeit und Vertrauenswürdigkeit vermitteln. Formulieren Sie Ihre Botschaft möglichst prägnant. Absolut tabu ist es, von einem Skript abzulesen. Überhaupt nicht tabu, sondern erwiesenermaßen hilfreich ist es aber, ein Skript *auswendig* zu lernen und Formulierungen, die unpassend erscheinen, zu ändern. Der Trick dabei ist, mit dem Skript so vertraut zu sein, dass Sie völlig natürlich und ungezwungen klingen, obwohl Sie den Inhalt im Schlaf herunterbeten können. Verwenden Sie Formulierungen und Begriffe, die Ihnen ganz von selbst in den Sinn kommen. Lassen Sie Ihren Gesprächspartner ebenfalls zu Wort kommen. Ein Guerilla hat jedes Telefonat voll im Griff und hält seinem Gesprächspartner keine merkwürdig klingenden Vorträge.

Kürzlich erzählte mir ein Freund, dass er mit Sprechunterricht sein Einkommen verdreifacht hätte. Er könne nun in drei völlig verschiedenen Tonlagen sprechen, was aus ihm als Voice-over-Spezialist praktisch drei Personen mache. Eine seiner Stimmen ist in den Werbetrailern vieler Spielfilme zu hören, während er bei einem großen Fernsehsender mit einer völlig anderen Stimme Kommentare spricht, und seine dritte Stimme ist seiner eigenen Marketingagentur vorbehalten. »Und das Beste dabei ist, dass ich 99 Prozent aller Aufträge in meinem Tonstudio erledigen kann«, schloss er begeistert.

Branchenübergreifende Studien über Telefonmarketing belegen, dass mit einem auswendig gelernten Drehbuch für den Gesprächsverlauf immer bessere Erfolge zu erzielen sind als wenn nur grob umrissen wurde, worum es gehen soll. Vielleicht sind Sie ja der Meinung, die Wahl der richtigen Worte sollte jedem selbst überlassen bleiben. Das Problem dabei ist nur, dass vielen die richtigen Worte fehlen, wenn es darauf ankommt. Die Zeiten, in denen es hieß, ein paar Stichpunkte reichten aus, und man solle den Gedanken einfach freien Lauf lassen, sind vorbei. Dennoch muss sich das Verkaufsgespräch zumindest so anhören, als entwickle sich alles ganz von selbst. Je ungezwungener die Konversation, umso besser die Verkaufsquote. Das will geübt werden. Wie sich ein Telefonat entwickelt, hängt natürlich auch stark davon ab, wie der Angerufene reagiert, doch echte Telefonprofis haben das Gespräch zu jeder Zeit unter Kontrolle. Sie verlieren diese Kontrolle nie, da sie mithilfe gezielter Nachfragen und Auskünfte das Gespräch immer auf die Bedürfnisse des Kunden lenken.

Bei der Planung Ihres telefonischen Verkaufsgesprächs halten Sie sich am besten an die folgenden Tipps. Eine stichpunktartige Strukturierung sollte nicht mehr als eine Seite umfassen. Betrachten Sie Ihre Notizen als Hilfsmittel, um Ihre Gedanken zu sortieren und zum geplanten Gesprächsverlauf zurückzukehren, falls Sie sich von Ihrem Gesprächspartner ablenken ließen. Wenn Sie sich mit ausführlichen schriftlichen Unterlagen am wohlsten fühlen, schreiben Sie am besten ein Skript. Anschließend warten drei Aufgaben auf Sie. Erstens, nehmen Sie Ihr Skript auf Tonband auf und hören Sie es sich an. Achten Sie darauf, wie es klingt, was sich stark von dem unterscheiden kann, wie es sich liest. Worte, die sich meiner Erfahrung nach am anderen Ende der Leitung hervorragend anhören sind *Profit, Verkaufszahlen, Ertrag, Einkommen, Cash-Flow, Einsparung, Zeit, Produktivität, Arbeitsmoral, Motivation, Resultate, Image, Triumph, Marktanteile* und *Wettbewerbsvorteil*. Auf verschlossene Ohren treffen dagegen unverständliches Fachchinesisch und nichtssagende Phrasen. Zweitens, vergewissern Sie sich, dass Ihr Skript nicht stereotyp wie Werbung, sondern wie eine ungezwungene Unterhaltung klingt. Halten Sie zwischendrin einmal die Luft an, damit Ihr Gesprächspartner auch zu Wort kommen kann. Drittens, werfen Sie Ihr Skript nicht weg. Formulieren Sie es um, aber behalten Sie Ihre Verkaufsargumente und deren Reihenfolge bei. Verwenden Sie Begriffe und Formulierungen, mit denen Sie vertraut sind. Und zu guter Letzt stellen Sie sicher, dass das Skript Ihnen ausreichend Spielraum lässt, um spontan reagieren zu können. Es könnte ja schließlich sein, dass Ihr Gesprächspartner sofort auf Ihr Angebot eingeht und Sie nach den ersten zwei Sätzen schon zum Geschäftsabschluss übergehen können.

Ist Ihnen schon einmal aufgefallen, dass manche Leute – vielleicht sogar Sie selbst – sich am Telefon plötzlich ganz fremd anhören? Dieser Persönlichkeitswandel ist oft nur subtil, aber trotzdem spürbar. Versuchen Sie, Ihr steifes Telefon-Ich abzulegen, und üben Sie mit einem Freund oder mithilfe eines Diktiergeräts, so natürlich und ungezwungen wie möglich am Telefon zu sprechen. Falls Sie intensives Telefonmarketing betreiben möchten, spielen Sie mit einem Freund oder Kollegen verschiedene Telefonate durch, und schlüpfen Sie abwechselnd in die Rollen des Anrufers und des Angerufenen. Über Rollenspiele können Sie sehr gut beurteilen, wie sich Ihr Angebot und Ihre Botschaft telefonisch am besten vermitteln lassen. Spielen Sie Ihre Anrufe so lange durch, bis Sie mit Ihrer Präsentation rundum zufrieden sind.

Viele Telefonwerber lassen sich von Einwänden ihres Gesprächspartners aus dem Konzept bringen, obwohl jeder Einwand in Wahrheit eine Chance in sich birgt. Viele erfolgreiche Telefonverkäufer (und Verkaufstalente im Allgemeinen) können Geschäfte abschließen, indem sie geschickt auf Einwände eingehen. Für viele Verkaufsprofis sind Einwände sogar das beste Mittel, um einen Deal unter Dach und Fach zu bringen. Eine Möglichkeit, gekonnt mit Einwänden umzugehen, ist, sie umzuformulieren. Dadurch lassen sie sich oft schon ausräumen. Bekommen Sie zu hören, »Kein Bedarf, wir werden bereits von einem anderen Hersteller beliefert«, haken Sie nach: »Und Sie sind mit Preis, Qualität und Kundendienst so zufrieden, dass ein besseres Angebot für Sie nicht in Frage käme?« So umformuliert wird der Einwand nicht nur entschärft, sondern verwandelt sich in eine Chance für Sie.

Versuchen Sie auch am Telefon immer, eine persönliche Beziehung zu Ihrem potenziellen Kunden herzustellen, selbst wenn es bei diesem einen Gespräch bleiben sollte. Am besten beginnen Sie mit einigen allgemeinen Fragen oder Bemerkungen. Plaudern Sie über ein unverfängliches Thema, das sich nicht um etwas Geschäftliches dreht. Knüpfen Sie die ersten Bande als Mensch, nicht als möglicher Geschäftspartner. Vielleicht stellt sich heraus, dass Sie im Privatleben ähnliche Interessen verfolgen. Nutzen Sie, falls vorhanden, Gemeinsamkeiten als Ausgangsbasis für alles Weitere.

Aber vergessen Sie eines nicht: Der Zweck Ihres Anrufs ist, etwas zu verkaufen. Also tun Sie es! Für viele Guerillas hat sich der direkteste Weg als der erfolgreichste erwiesen:

> Guten Tag, darf ich mich vorstellen? Mein Name ist (Ihr Name) von der Firma (Ihr Unternehmen). Wir haben uns darauf spezialisiert, (hier beziehen Sie sich auf die Branche Ihres Kunden) bei (hier beziehen Sie sich auf die Herausforderungen Ihres Kunden) zu unterstützen. Je nachdem, was Sie für (hier nennen Sie eine übliche Problemlösung) einsetzen, möchte ich Ihnen ein Angebot unterbreiten, das Sie sicherlich interessiert.

Als gute Einleitung hat sich auch erwiesen, den Grund Ihres Anrufs zu nennen.

> Guten Tag, Mr. Crain. Sie fahren doch einen Sportwagen Baujahr 2004, nicht wahr? Der Grund meines Anrufs ist, dass meine Firma auf Originalbauteile Ihrer Sportwagenmarke spezialisiert ist und viele Pflegeprodukte im Programm hat, damit Ihr Schmuckstück seinen Glanz behält. Ihr Flitzer ist schließlich auf dem

besten Weg, ein begehrter Klassiker zu werden. Am Dienstagnachmittag, dem 2. November, haben wir einige Termine in Ihrer Gegend und kommen auch gerne bei Ihnen vorbei. Welche Uhrzeit passt Ihnen am besten?

Halten Sie sich an diese Reihenfolge: Kontakt, Präsentation und Abschluss. Dabei gilt nach wie vor, den Kontakt möglichst herzlich zu gestalten, in der Präsentation schnell auf den Punkt zu kommen und die Vorzüge zu nennen und dann entschlossen zum Abschluss überzuleiten. Reden Sie nicht um den heißen Brei herum. Es ist schließlich nichts daran auszusetzen, dass Sie etwas verkaufen möchten und um einen Auftrag bitten. Achten Sie nur darauf, dass Ihr Gesprächspartner dem Verkaufsgespräch mit einem einfachen Ja oder Nein kein jähes Ende bereiten kann. Leiten Sie den Abschluss immer mit Fragen wie »Möchten Sie auf Rechnung oder per Karte bezahlen?« ein.

Das folgende Skript wurde für eine Telefonmarketingaktion verfasst, die im Anschluss an persönliche Anschreiben durchgeführt wurde. Eine Kombination, die es in sich hat. Je mehr persönlich adressierte Werbung verschickt wird, umso sinnvoller ist es, telefonisch nachzuhaken. Wenn es um wirklich fette Aufträge geht, ist es für Guerillas sogar obligatorisch. In diesem Beispiel erfolgte der erste Anruf zwei Wochen nach dem Versenden der Anschreiben, nach einer weiteren Woche wurde erneut telefonisch nachgehakt. Mit großem Erfolg. Die Anschreiben alleine hätten keine so durchschlagende Wirkung gezeigt.

> Guten Tag, spreche ich mit .... ? Hier ist .... vom Wilford Hotel in Los Angeles. Waren Sie schon einmal Gast in unserem Haus? Wann waren Sie das letzte Mal in Los Angeles? Wir hatten Ihnen kürzlich eine Einladung geschickt, haben Sie sie erhalten? Sind Sie für die Organisation der auswärtigen Firmenveranstaltungen zuständig? Falls nicht, wäre ich Ihnen sehr verbunden, wenn Sie mich an die richtige Stelle weiterleiten könnten. Haben Sie sich schon entschieden, unser Angebot wahrzunehmen, oder möchten Sie weitere Informationen erhalten? Wie Sie unserem Anschreiben entnehmen konnten, gelten zwischen dem 1. April und dem 30. Juni Sonderkonditionen für Unternehmen, die das Wilford Hotel als Veranstaltungsort für ihre Firmentreffen wählen. Planen Sie in diesem Zeitraum eine Veranstaltung? Hat Sie unser Angebot überzeugt? Haben Sie diesbezüglich noch Fragen? Halten Sie Ihre Firmentreffen üblicherweise in Hotels wie dem Wilford ab? Mit wie vielen Teilnehmern rechnen Sie? Wo treffen Sie sich normalerweise? Ich bin mir sicher, dass es Ihnen im Wilford gefallen wird. Wie gesagt, unser Angebot gilt vom 1. April bis zum 30. Juni und beinhaltet

- Vergünstigte Zimmerpreise
- Konferenzraum ohne Aufpreis
- Ein Glas Wein auf Kosten des Hauses zum Abendessen
- Eine kostenlose Übernachtung pro 15 Buchungen
- Täglich kostenloser Kaffee und Tee während der Besprechungspause
- Rabatt auf die Nutzungsgebühr für unsere technischen Geräte
- Vorabanmeldung für die Teilnehmer Ihrer Veranstaltung
- Eine Suite für den Organisator

Das klingt doch gut, oder? Dieses Angebot können Sie schon bei einer Mindestzahl von 15 Buchungen wahrnehmen. Können wir sonst noch etwas für Sie tun? Für wann ist Ihre nächste Firmenbesprechung geplant? Wann möchten Sie die Reservierung für die Teilnehmer vornehmen? Wenn Sie die Teilnehmerzahl bereits wissen, können Sie auch gleich telefonisch reservieren. Wann steht die Teilnehmerzahl fest? Wäre es Ihnen lieber, wenn ich mich noch mit einem anderen Mitarbeiter Ihrer Firma in Verbindung setze? Vielen Dank, dass Sie sich die Zeit für dieses Gespräch genommen haben. Auf Wiederhören.

Wie Sie sehen, beinhaltet ein gutes Skript viele Fragen. Dadurch fühlt sich der Gesprächspartner nicht »zugetextet«, sondern gleichberechtigt in die Unterhaltung mit einbezogen. Alles, was Sie am Telefon von sich geben, muss mit Ihrem Marketing und Kreativplan harmonieren, weshalb Sie das Skript an Ihren Marketingstrategien ausrichten sollten.

Was Telemarketing manchmal etwas unerfreulich macht, ist, dass der Gesprächsverlauf oft schlecht geplant ist. Es erfordert einiges an Können, um ein gutes Telefonat zu führen, und Wortgewandtheit allein reicht nicht aus. Ein Skript im Guerilla-Stil hilft dabei, die Personalfluktuation unter den Telemarketingmitarbeitern zu reduzieren, da es Mutlosigkeit, nachlassender Begeisterung und frustrierenden Absagen entgegenwirkt. Es hält die Telefonwerber bei der Stange und stellt zudem sicher, dass die Angerufenen auch wirklich die Informationen erhalten, die wichtig und richtig sind. Und es scheut sich nicht, Einwände zu provozieren und auszuräumen.

Die meisten Skripts erweisen sich deshalb als erfolglos, weil sie den Faktor Mensch sträflich vernachlässigen, und Telemarketing bei den immer besser informierten Verbrauchern keinen guten Ruf genießt. Geben Sie sich daher größte Mühe, ein informatives Skript zu verfassen, das gleichzeitig emotionale Wärme versprüht. Sie finden, das sei ganz schön viel verlangt? Stimmt.

Ihr Skript muss vor emotionaler Wärme geradezu glühen und dem menschlichen Miteinander Rechnung tragen. Lassen Sie Ihren Telefonwerber eigene

Formulierungen in das Skript einbringen, denn je entspannter er sich damit fühlt, umso entspannter ist auch derjenige am anderen Ende der Leitung. Und entspannte Interessenten werden ganz schnell zu Kunden.

Beschränken Sie Ihr Skript auf eine Seite. Im ersten Absatz stellt sich der Anrufer vor und gibt an, in wessen Auftrag er anruft. Im zweiten Absatz wird der Grund des Anrufs oder das Angebot genannt. Der dritte Absatz stellt die Vorzüge des Angebots hervor. Der vierte und fünfte Absatz leiten den Geschäftsabschluss ein oder stellen die Weichen für den nächsten Schritt, zum Beispiel die Vereinbarung eines Termins.

Der Anruf muss überzeugend begründet werden. Sie haben gerade einmal 15 bis 20 Sekunden, um Interesse und Aufmerksamkeit zu wecken, das heißt, jede Sekunde und jedes Wort zählen. Ein Guerilla-Skript enthält ungefähr vier verbale Aufhänger, die sich Gehör verschaffen und direkt zu den Vorzügen des Angebots überleiten. Zudem enthält es geeignete Fragen, mit denen sofort eine persönliche Beziehung hergestellt werden kann.

Gute Skripts bieten Soforthilfe im Umgang mit Einwänden und können diese in Verkaufsargumente verwandeln. Wenn Sie sich für eine Telefonmarketingaktion entscheiden, sollten Sie sich auf massive Ablehnung gefasst machen. Genau aus diesem Grund ist die Mitarbeiterfluktuation in Telemarketingagenturen extrem hoch.

Ein großer Vorteil des Telefonmarketings ist, dass Sie sofortiges Feedback auf Ihr Angebot erhalten. Gibt es Einwände, lassen sich diese gleich ausräumen. Sie knüpfen viele neue Kontakte, die Sie in die Kategorien Kunden, Beinahe-Kunden und Nicht-Kunden einordnen können. In seltenen Ausnahmefällen brauchen Sie außer dem Telefon kein einziges anderes Marketinginstrument. Bei manchen Firmen klappt das. Aber selbst bei Dell Computer lernt man den persönlichen Kundenkontakt zunehmend zu schätzen.

Es liegt auf der Hand, weshalb Telefonmarketing in der B2B-Branche erfolgreicher ist als bei Privatpersonen, die sich durch Telefonmarketing eher belästigt fühlen, da sie sich in ihrer Freizeit nicht mit geschäftlichen Angelegenheiten befassen möchten. Ein Geschäftsmann hat während seiner Arbeitszeit immer Zeit, um am Telefon etwas Geschäftliches zu besprechen. Außerdem geht es bei geschäftlichen Transaktionen zwischen Unternehmen um deutlich lukrativere Aufträge, weshalb sich Telemarketing lohnt, was bei Geschäften mit Privatpersonen dagegen nicht unbedingt zutrifft.

Erwarten Sie sich nicht zu viel von Ihrer Telefonaktion. Als Anreiz, die Firmenbroschüre anzufordern, stellte ein Finanzinstitut in einem Anschreiben an potenzielle Kunden ein kleines Geschenk in Aussicht. Bei jedem, der die Broschüre anforderte, wurde telefonisch nachgehakt, um einen persönlichen Beratungstermin zu vereinbaren, womit sich auch viele einverstanden erklärten. Und erst bei diesen Beratungsterminen kam es zu den eigentlichen Geschäftsabschlüssen. Abschlüsse sind zwar auch über das Telefon möglich, doch Telemarketing ist grundsätzlich immer nur ein Rädchen in der gesamten Verkaufsmaschinerie.

Beim Telemarketing müssen Sie wissen, welche Vorzüge Ihr Gesprächspartner wirklich zu schätzen weiß. Dann betonen Sie diese ausdrücklich. Vergewissern Sie sich, dass Sie mit dem richtigen Ansprechpartner verbunden sind. Machen Sie ihm ein ganz besonderes Angebot – eines, dass Sie nur befristet und nicht jedem unterbreiten können. Lernen Sie, mit Einwänden und Abweisungen umzugehen, weil Sie damit genauso oft konfrontiert werden wie mit Besetztzeichen und Anrufbeantwortern.

Je mehr Leute Sie anrufen, umso mehr werden Sie verkaufen. Rechnen Sie damit, dass Sie 20 Rufnummern wählen müssen, um überhaupt mit fünf Leuten sprechen zu können. Von den restlichen 15 sind immer ein paar zu beschäftigt, krank, gerade nicht am Platz, telefonieren mit jemand anderem oder sind anderweitig indisponiert. Von 20 Leuten, die Sie tatsächlich erreicht haben, ist vielleicht einer gewillt, am Telefon ein Geschäft abzuschließen. Sie werden also rund 100 Nummern wählen müssen, um sich ein Erfolgserlebnis zu verschaffen. Das hört sich zwar nach wund gewählten Fingern an, aber ein echter Profi sieht es positiv: Zehn Verkaufserfolge nach nur schlappen 1 000 Anrufen! Sie lassen sich von keiner der 99 Absagen entmutigen, denn die eine Zusage ist die Mühe mehr als wert. Rechnet man pro Anruf einen Zeitaufwand von drei Minuten (manche dauern zehn, manche aber auch noch nicht mal eine Minute), besteht die Ausbeute von 50 Stunden am Telefonhörer aus zehn Verkaufserfolgen.

Das heißt, entweder Sie oder jemand anderer verbringen eine anstrengende Arbeitswoche am Telefon. Ist der Profit pro Verkauf hoch genug, lohnt sich Telefonmarketing für Sie. Falls Sie pro Woche aber unbedingt mehr als zehn Aufträge benötigen, sollten Sie lieber auf andere Marketingmethoden ausweichen. Für manche Kleinunternehmer bedeuten zehn Abschlüsse pro Woche Wohlstand und die Erfüllung ihrer Träume – Grund zum Jubeln also. Wenn sich Telefonmarketing für Ihre Art der Geschäftstätigkeit eignet, dann schlagen Sie zu, bevor es die Konkurrenz tut.

Vor Beginn einer Telefonmarketingaktion empfiehlt sich die Aufstellung einer Kosten-Nutzen-Rechnung. Einen automatisierten Anruf mit Tonbandansage hören sich nur 3 Prozent der Angerufenen an, während 33 Prozent immerhin zuhören, wenn am anderen Ende der Leitung ein Anrufer aus Fleisch und Blut mit ihnen spricht. Nur 4 Prozent sind bereit, sich am Telefon etwas verkaufen zu lassen. Verschaffen Sie sich einen Überblick, welche neuen Trends sich im Telefonmarketing durchsetzen. Lassen Sie sich beraten. Der erste Ratschlag wird sicherlich sein, Ihr Skript, Ihre Telefonwerber und Ihre Zielgruppe einer genauen Prüfung zu unterziehen.

Wenn Sie mit den Ergebnissen Ihres Telefonmarketings zufrieden sind – was Sie sein werden, wenn Sie es mit anderen Guerillamethoden kombinieren –, denken Sie daran, dass es sich immer verbessern lässt. Guerillas basteln ständig an Verbesserungen und spielen mit Worten, Formulierungen und neuen Ideen. Der Lohn dieser kontinuierlichen Verbesserung besteht aus kontinuierlich steigenden Erfolgsquoten.

Bei Telemarketing und Callcentern wird zwischen Inbound- und Outbound-Telefonaten unterschieden. In diesem Kapitel haben wir uns nur mit der Inbound-Seite – das Anrufen bei Kunden und Interessenten – beschäftigt. Die Entgegennahme von Anrufen ist hier kein Thema, da eine besondere Telefonetikette zu beachten ist, und Outbound-Callcenter sowieso eher bei großen Konzernen als bei Guerillabetrieben zu finden sind. Allerdings verschiebt sich diese Grenze langsam, da auch kleine Unternehmen die lukrative, aufregende Welt des Home Shoppings für sich entdecken.

Haben Sie hauptsächlich mit ortsansässigen Kunden und Interessenten zu tun, können Sie auf eine gebührenfreie Telefonnummer gut verzichten, da sonst Ihr Heimvorteil – man kennt Sie und vertraut Ihnen – untergeht.

Telemarketing ist eine höchst effiziente Miniwaffe, deren Reichweite immer größer wird und auch in Massenmedien wie Funk und Fernsehen Einzug hält. Probieren Sie es einfach aus, vor allem, wenn Sie hauptsächlich mit Geschäftskunden zusammenarbeiten. 2005 betrug der durchschnittliche Wert einer telefonischen B2B-Transaktion – ein mit einem Geschäft abgeschlossener Kontakt – in den USA rund 550 US-Dollar. Vielleicht können Sie den Schnitt ja verbessern.

Werbung mit Handzetteln & Co.

Zwischen Handzetteln, Flugblättern und dergleichen besteht kein sonderlich großer Unterschied, wohingegen Broschüren sozusagen auf einem ganz anderen Blatt stehen. Handzettel sind, sowohl was ihren Inhalt als auch was ihren Umfang betrifft, meist einseitig, während Broschüren auf mehreren Seiten viele detaillierte Informationen liefern.

Handzettel, Flugblätter und Broschüren können auf vielerlei Weise unters Volk gebracht werden: Sie liegen Anschreiben oder Lieferungen bei, werden in Briefkästen geworfen, klemmen in Haustüren oder unter Scheibenwischern, werden in der Fußgängerzone, auf Messen und überall dort verteilt, wo sich viele potenzielle Kunden tummeln, liegen zum Mitnehmen in Geschäften aus, hängen an Schwarzen Brettern oder warten in Hotelzimmern darauf, gelesen zu werden.

Wenn Sie vorhaben, massenweise Werbung zu verteilen, empfehlen sich Handzettel und Ähnliches, da die Stückkosten niedrig sind. Setzen Sie dagegen eher auf Qualität statt Quantität, ist eine Broschüre besser.

Die einfachste Form des Handzettels besteht aus einer einseitig bedruckten Seite. Eine zweiseitig bedruckte Seite stellt einen Tick höhere Ansprüche an die Formatierung. Zwei beidseitig bedruckte und in der Hälfte gefaltete Seiten ergeben schon so etwas wie eine kleine Broschüre, die diesen Namen aber nur verdient, wenn sie informativen Inhalt bietet, der textlich oder grafisch professionell gestaltet ist. Ist das nicht der Fall, ist es keine Broschüre, sondern ein gefalteter Handzettel. Manche Broschüren bestehen aus 24 Seiten.

Für viele gerissene Guerillas ist der schlichte Handzettel die unkomplizierteste aller Waffen. Bei geschickten Gebrauch bringt er sofortige Resultate. Er kostet kaum etwas, vor allem, wenn man ihn selbst am PC erstellt. Er lässt sich je nach Gusto und Fantasie auffällig und knallbunt gestalten, und wenn man es richtig anpackt, kinderleicht und flexibel einsetzen. Ein Handzettel sollte

- Ein unmissverständliches und verlockendes Angebot enthalten
- Zur Eile aufrufen
- Sofort auf den Punkt kommen
- Dem Leser ganz offen sagen, was er zu tun hat
- Ihre Persönlichkeit widerspiegeln

Denken Sie bei der Planung daran, dass eine gefaltete Seite vier kleine Seiten ergibt (auf jeder Seitenhälfte ist auf Vorder- und Rückseite Platz für Werbung). Sie sollten sich daher vorab überlegen, wie Sie eine vierseitige Werbung gestalten möchten. Broschüren bestehen üblicherweise aus vier, acht oder zwölf Seiten, wobei ganz unterschiedliche Broschürenformate möglich sind. Die Seiten einer klassischen Broschüre lassen sich ganz einfach durchblättern, bei anderen Formaten lassen sich die Seiten beidseitig (Fensterfalz) oder sogar wie eine Ziehharmonika auffalten (Leporellofalz). Probieren Sie einfach verschiedene Formate aus, achten Sie aber darauf, dass sich Ihre wie auch immer gefaltete Werbung in einem Standardbriefumschlag versenden lässt.

Wichtiger als die Form ist natürlich der Inhalt. Hier kommt es nicht nur darauf an, wichtige Informationen zu vermitteln, sondern diese mit einem Hauch Persönlichkeit und Stil zu beleben. Im Gegensatz zu Werbeanzeigen, die vor allem auf sich aufmerksam machen müssen, dient eine Broschüre oder ein Handzettel primär dem Zweck, zum Kauf anzureizen. Die meisten Broschüren, und auch einige Handzettel, bestechen zwar durch optisch attraktive Gestaltung, verfolgen aber dennoch einzig den Zweck, mithilfe überzeugender Informationen etwas zu verkaufen.

Bevor Sie sich dem eigentlichen Text widmen, machen Sie sich den Kern Ihrer Aussage klar. Suchen Sie dann nach einem Bild (Grafik oder Foto), das sie unterstreicht. Sobald Sie Ihre Grundidee so knapp wie möglich formuliert haben, können Sie Ihr Angebot etwas ausführlicher erklären. Und vergessen Sie nicht das *Wichtigste*: Ihre Anschrift und Telefonnummer! Ein Handzettel ist wie eine Schlagzeile. Guerillas sind sogar der Ansicht, er sei *die* Schlagzeile schlechthin. Es ist völlig überflüssig, um Aufmerksamkeit zu buhlen, denn man hat sie ja schon auf sich gezogen. Jetzt zählt nur noch, das Angebot so zu unterbreiten, dass es auf den ersten Blick verstanden wird. Wem das nicht gelingt, kann seine Handzettel gleich wieder einpacken. Denken Sie einfach daran, dass Sie nicht sämtliche Vorzüge Ihres Angebots aufzählen, sondern nur den wichtigsten. Mein erster Chef und großes Vorbild Howard Gossage sagte immer: »Wild um sich zu ballern, um den angreifenden Tiger zu erledigen, ist nicht angesagt. Ein gezielter Schuss sollte ja wohl ausreichen.«

Schauen wir uns einmal an, wie ein geschäftstüchtiger Handwerker, der sich als Held der Arbeit bezeichnet, die Werbetrommel für sich rührt. Um an neue Aufträge zu kommen, überlegt er sich, ob er lieber Flugblätter oder lieber Broschüren verteilen soll. Zuerst entwirft er ein Flugblatt, um auszuprobieren, ob sich ein solches Marketinginstrument für ihn überhaupt als tauglich erweist. Falls ja, kann er später immer noch eine Broschüre daraus machen. Auf seinem Flugblatt fügt er eine Grafik ein, die einen Mann (natürlich ihn) zeigt, der heldenhaft fünf handwerkliche Aufgaben gleichzeitig erledigt. Über dem Bild steht der Name seines Betriebs, der sich praktischerweise prima als Schlagzeile auf dem Flugblatt macht: HELD DER ARBEIT! Unter dem Bild folgt sein Angebot:

Er baut Wintergärten und pflastert Terrassen.
Er baut Dachfenster und Badewannen ein.
Er streicht und tapeziert.
Er kann mauern und Leitungen verlegen.

Er erledigt Umbauten und Anbauten.
DER HELD DER ARBEIT ERLEDIGT ALLES RUND UMS HAUS!
Rufen Sie an, rund um die Uhr, sieben Tage die Woche.
Gewährleistung auf alle Arbeiten. Ust.-Ident.-Nr. XXX.

Vielleicht nicht gerade sonderlich einfallsreich, aber sehr informativ. Kosten für den Werbetext: Null. Für die Grafik bezahlt unser Held einem Studenten der Kunstakademie 50 Dollar, der Ausdruck von 5 000 Flugblättern inklusive Papier kostet ihn 100 Dollar. Wenn er einen Computer hätte, käme es ihn noch günstiger. Bei Gesamtkosten von 150 US-Dollar beträgt der Stückpreis pro Flugblatt 3 Cent. Und auch wenn die Kopierläden die Preise angezogen haben, dürfte der Stückpreis 5 Cent nicht überschreiten. Auf teuren Farbdruck verzichtet unser Held, doch mit blauer Schrift auf sandfarbenem Papier bringt er auch so genug Farbe in seine Werbung.

Seine Flugblätter bringt der Held der Arbeit auf verschiedenen Wegen unter die Leute. 1 000 verschickt er per Post, weitere 1 000 lässt er von einem Schüler gegen ein kleines Entgelt unter Scheibenwischer klemmen, 1 000 verteilt er auf einer Fachmesse, weitere 1 000 auf Flohmärkten. Die letzten 1 000 behält er, um sie zufriedenen Kunden mit der Bitte um Weiterempfehlung in die Hand drücken zu können. Unser geschäftstüchtiger Freund fragt bei jedem Kunden nach, wie dieser von ihm erfahren hat. Lautet die Antwort, »Ich habe eines Ihrer Flugblätter mitgenommen«, erkundigt er sich auch gleich, von wo. Dadurch erfährt er, welche Verteilungsmethode die beste ist. Das ist Guerilla Marketing! Es kostet wenig und bringt viel ein. Mit einem einzigen Auftrag könnten die gesamten Marketingausgaben bereits wieder gedeckt sein. Und da unser Held 5 000 Flugzettel verteilt, kann man getrost davon ausgehen, dass er mehr als nur einen Auftrag an Land zieht.

Die Werbebroschüre

Vielleicht entscheidet sich unser Held der Arbeit eines Tages dazu, eine Werbebroschüre zu verteilen. Was wäre wohl besser? Eine gedruckte Broschüre, die teuer ist, oder eine Online-Broschüre auf der Homepage? Er würde sich bestimmt erst einmal fragen, was er mit der Broschüre überhaupt erreichen will. Diese Frage empfiehlt sich ganz unabhängig von der Geschäftstätigkeit immer. Will man erst einmal neue Kontakte knüpfen oder sofort neue Aufträge an Land ziehen? Sollen Interessenten anrufen oder die Homepage besuchen? Niemand außer unserem Helden – und Ihnen – wird sich darüber Gedanken machen.

Um bei unserem fleißigen Handwerker zu bleiben, tippe ich darauf, dass er seine Broschüre mit Fotos über abgeschlossene Arbeiten bebildert. Für sein umfangreiches Angebot wäre eine achtseitige Broschüre angemessen. Wie wäre es denn mit einer Videobroschüre, die kaum komplizierter als eine Druckausgabe zu erstellen ist? Eine *visuell* vermittelte Botschaft ist sehr einprägsam. Mit Bildern lässt sich vieles besser vermitteln als mit Worten. Fesseln Sie den Zuschauer durch eine möglichst tolle Optik. Achten Sie aber darauf, dass die visuelle Botschaft Ihre Geschäftstätigkeit ins rechte Bild setzt. Ihre solide Geschäftsidee soll ja nicht unter Spezialeffekten untergehen.

Eine Videobroschüre ist schick und spannender als eine Druckversion, verfolgt aber denselben Zweck: etwas zu verkaufen. Diesen Zweck kann sie alleine, in Begleitung eines Vertriebsmitarbeiters oder Hand in Hand mit einem persönlichen Anschreiben oder Telefonat erfüllen. Gemeinsam sind sie stark, und Bilder haben an sich starke Wirkung. So schön Ihre Videobroschüre aber auch sein mag, sie ist immer nur so stark wie Ihre zugrunde liegende Idee.

Broschüren in elektronischer und gedruckter Form sind teuer. Treffen Sie daher nur Aussagen, die Sie so schnell nicht wieder revidieren müssen.

Pflegen Sie regelmäßigen Kontakt mit jedem, der Ihre Broschüre anfordert, egal in welcher Form sie vorliegt.

Sofern Sie sich keine mehrfarbige Broschüre leisten können – was aber gut wäre, da Farbdruck die Kundenloyalität um 57 Prozent und die Kauffreude um 41 Prozent verbessert –, vermitteln Sie Ihre Botschaft samt Bildern eben schwarz auf weiß. Wenn nicht weiß, dann in einer hellen Farbe, und je nach Geschmack auf Hochglanz- oder mattem Papier.

Unser Handwerker würde auf der ersten Seite seiner Broschüre sicherlich dieselbe Grafik einfügen, die ihm auf dem Flugblatt schon so gute Dienste geleistet hat, und wirtschaftlich ist die Wiederverwendung ja auch. Auf die erste Seite gehört natürlich auch der Firmenname, der sich wunderbar als »Hingucker« macht. Optional passt auch die Aufzählung seiner Leistungen hierher, um gleich auf der Vorderseite möglichst viele Informationen zu vermitteln. *Im Marketing sind Wiederholungen eher eine gute als eine schlechte Strategie.* Außerdem soll die erste Seite den Ausschlag geben, um die restlichen Seiten zu lesen, wie jeder Guerilla weiß. Bereits hier muss jeder potenzielle Kunde schon ganz genau erkennen können, ob es sich für ihn überhaupt lohnt weiterzulesen.

Auf Seite zwei würde der Held der Arbeit aufzählen, über welche handwerkliche Ausbildung und Berufserfahrung er verfügt, welche Dienste er anbietet und mit welchen Referenzen er aufwarten kann. Wahrscheinlich findet sich hier auch ein Foto von ihm. Auf dieser Seite soll seine Glaubwürdigkeit und Kompetenz untermauert werden, denn als Guerilla weiß er, dass sich seine Glaubwürdigkeit auch auf die Erfolge anderer Marketingaktionen auswirkt.

Auf der dritten Seite könnte das Bild einer professionell gepflasterten Terrasse zusammen mit einem kurzen Text die Kompetenz des Handwerkers unterstreichen. Weitere Beweise seines Könnens folgen auf den nächsten Seiten, die nach demselben Muster ein eingebautes Dachfenster, eine Badewanne, einen gestrichenen und einen tapezierten Raum, eine ausgebesserte Hauswand und eine sauber verlegte Elektroinstallation, einen Umbau und einen Anbau zeigen. Unter jedem Beispielfoto wiederholt er die zugehörige Zeile seiner Angebotspalette. So stünde unter dem großartig gelungenen Umbau eines Zimmers zu lesen: »Der Held der Arbeit erledigt alle Umbauten.« Unter sämtlichen Fotos finden sich knapp formulierte Erklärungen, denn die Broschüre soll *informieren*.

Auf der letzten Seite sind Firmenname, Telefon- und Faxnummer, Homepage- und E-Mail-Adresse und die Umsatzsteueridentifikationsnummer angegeben. Abgerundet wird der gute Eindruck noch einmal vom schönsten Foto, das auch in der Broschüre abgebildet ist. So eine Broschüre kann pro Stück durchaus einen Dollar kosten, was sich aber lohnt, wenn man den durchschnittlichen Auftragswert betrachtet. So geradlinig wie das Geschäft unseres Handwerkers ist auch seine Broschüre. Für besondere handwerkliche Arbeiten wie den Einbau von Buntglasscheiben oder ausgefallener Badewannen würde er sicher eine gesonderte Broschüre entwerfen.

Eine Solarheizungsfirma, für die ich eine Werbebroschüre entworfen hatte, sah sich mit einem Problem konfrontiert. Meinem Kunden gefiel die Broschüre zwar, und er versprach sich davon auch neue Aufträge, doch die technologischen Branchenstandards veränderten sich so rapide, dass er zögerte, den Druckauftrag zu erteilen. Mir fiel eine gute Lösung ein: Ich entwarf eine achtseitige Broschüre mit einer Einsteckhülle auf der Rückseite, in welcher der Kunde die neuesten Informationen über den technologischen Fortschritt beliebig austauschen konnte. Die vorherigen Seiten informierten über die Aspekte der Solarenergie, an denen sich nichts mehr ändern würde: Wirtschaftlichkeit, Umweltverträglichkeit, Maßnahmen gegen den Klimawandel, internationale Akzeptanz und weltweite Erfolge. Die Preisliste, die sich ebenfalls immer wieder ändert, konnte dank der Einsteckhülle ebenfalls bei Bedarf ausgetauscht werden. Mein Kunde war mit der Flexibilität der Broschüre sehr zufrieden.

In San Francisco gibt es einen Juwelier, der umwerfend schöne Schmuckstücke fertigt – zu umwerfend hohen Preisen. Um die Exklusivität seines Geschmeides zu unterstreichen, ließ er eine Broschüre entwerfen, die ein wahrer Hochgenuss war. Natürlich mehrfarbig, auf Hochglanzpapier, mit Fotos, auf denen die berühmtesten Highlights von San Francisco abgebildet waren. Schlug man die Broschüre auf, war auf einer Seite eine der fantastischen Sehenswürdigkeiten der Stadt, auf der anderen eines seiner Schmuckstücke abgebildet. So verlieh er jedem seiner Stücke auf subtile Weise einen zusätzlichen Hauch von Luxus, der mit einem einzelnen Foto nicht zu erreichen gewesen wäre. Außerdem verband er auf diese Weise geschickt sein Juweliergeschäft mit San Francisco, einem der beliebtesten Touristenziele in den USA. Die Broschüre machte das Juweliergeschäft zu einer echten Goldgrube.

Ein anderer meiner Kunden vermietet Ferienunterkünfte in Mexiko. Er beauftragte kurzerhand einen Fotografen, vor Ort Fotos von den Villen und Ferienwohnungen zu schießen. Mit diesen Fotos gelang es ihm, eine farbenfrohe Werbebroschüre zu gestalten, die schon beim Ansehen Lust auf Urlaub macht. Ohne Fotos hätte er seine Unterkünfte nur mit Worten beschreiben können, mit den Fotos versprühte die Broschüre förmlich Ferienstimmung. Und mein Kunde konnte sich auch freuen, denn seine Umsätze vervierfachten sich. Die Bilder waren das Medium, das die Villen und Ferienwohnungen mitsamt Traumstränden, Swimmingpools, Balkonen und Terrassen, luxuriösen Wohnzimmern und geräumigen Schlafzimmern zu überzeugenden Argumenten machte. Und die Broschüre war genau das richtige Werbemittel dafür.

Auch eine andere Firma erfuhr dank einer tollen Broschüre einen immensen Wachstumsschub. Sie hatte sich ein innovatives Produkt patentieren lassen, das die herkömmliche Lötlampe weit in den Schatten stellte, doch es war ein Ding der Unmöglichkeit, den Kunden die fantastischen Vorteile über Werbeanzeigen, Anschreiben und Telefonate zu vermitteln. Auch Produktvorführungen bei Kunden vor Ort kamen aufgrund des großen logistischen Aufwands nicht in Frage. Die Broschüre löste diese Probleme. Sie ging detailliert auf alle innovativen Produktmerkmale ein, nannte die Namen bekannter Unternehmen als Referenz und enthielt großartige Abbildungen, die das Produkt im Einsatz zeigten. Die Aussagen zufriedener Kunden füllten eine ganze Seite, und wen das noch nicht überzeugte, der konnte die technischen Spezifikationen studieren, die so detailliert waren, dass sie selbst den misstrauischsten Ingenieur beeindrucken mussten. Trotz aller nüchternen Fakten war die Broschüre zudem sehr hübsch anzusehen, was das Vertrauen in den Hersteller stärkte. Bis heute sind die Firmenhomepage und diese Broschüre die primären Marketinginstrumente des Unternehmens.

In einer Broschüre lässt sich über Text und Grafiken vieles verständlicher und überzeugender vermitteln als in einer Werbeanzeige. Sie sollten sich daher ernsthaft überlegen, einen großen Teil Ihres Marketingbudgets in eine hochwertige Broschüre zu investieren. In den USA bewegen sich die Gesamtkosten in einem Rahmen von 500 bis 50 000 US-Dollar, und auch in Deutschland werden Sie relativ wenig bis extrem viel für eine Broschüre ausgeben können. Lassen Sie sich von 50 000 Dollar nicht einschüchtern, denn über das Geschäftsjahr verteilt sind es auch nur 4 166,67 Dollar pro Monat, und diese Summe wird oft schon alleine von der Anzeigenwerbung verschlungen. Vielleicht erweist sich Ihre Broschüre als solcher Knüller, dass Sie auf Massenwerbung ganz verzichten können.

Andererseits ist es angesichts der Kosten nur allzu verständlich, dass Online-Broschüren immer beliebter werden. Sie lassen sich ganz einfach aktualisieren, es fallen keine Ausgaben für Druck und Papier an, und man muss sich nie wieder darüber ärgern, dass die Farbpatrone des Tintenstrahldruckers schon wieder leer ist.

Vergessen wir aber die beunruhigend hohe Summe von 50 000 Dollar und wenden wir uns lieber dem unteren Extrem des Kostenspektrums zu. Handzettel, Flugblätter und Broschüren können heutzutage so günstig und kinderleicht wie nie zuvor hergestellt werden – dank bedienerfreundlicher Software. Ein Guerilla wie der fleißige Handwerker kann mit einem eigenen Computer und neuer Software locker einige Nullen streichen, sodass sich die Kosten nur noch in einem Rahmen zwischen 50 und 500 Dollar bewegen. Genau deshalb sind Guerillas begeisterte Anhänger der fortschrittlichen, bedienerfreundlichen Technologie.

Es wäre ein fataler Fehler zu glauben, es müsse ja nicht alles hundertprozentig perfekt sein. Schlampigkeit, Tintenpatzer, Grammatik- und Rechtschreibfehler, widersprüchliche Aussagen, vergessene Satzzeichen und Layoutfehler sind heutzutage absolut tabu. Nutzen Sie die Rechtschreibprüfung Ihres Textverarbeitungsprogramms und lassen Sie anschließend einen Profi alles Korrektur lesen, was an die Öffentlichkeit gelangt. Besser ein Freund oder Kollege amüsiert sich über Ihre Tippfehler als Tausende von Lesern Ihrer Broschüre.

Teilen Sie Ihren potenziellen Kunden auf der letzten oder vorletzten Seite unbedingt mit, was sie nun tun können, um auf Ihr Angebot einzugehen – anrufen, vorbeikommen, die Homepage besuchen, ein Fax oder eine E-Mail senden. Geben Sie konkrete Anweisungen, was Sie sich jetzt, nachdem Sie über sich informiert haben, von ihnen erwarten. Ein Guerilla hofft nicht einfach darauf, dass schon alles klappen wird, sondern geht immer auf Nummer sicher.

Obwohl es in der Regel nur von Vorteil ist, Broschüren zu verteilen, gibt es natürlich auch zu dieser Regel eine Ausnahme. Wer ein Ladengeschäft führt und seine Broschüre jedem Interessenten aushändigt, gibt ihm gleichzeitig eine gute Ausrede in die Hand, den Einkauf noch *nicht* zu tätigen, weil er sich erst einmal in Ruhe die Broschüre durchlesen will. Sofern sie nicht extrem teure Produkte im Laden führen, rate ich meinen Kunden immer dazu, Broschüren nur an diejenigen auszuhändigen, die entweder bereits etwas gekauft haben oder das Geschäft sowieso gerade verlassen wollen. Allerdings sollte man nachfragen, ob eine Broschüre gewünscht wird, sonst verpulvert man die wertvolle Munition möglicherweise umsonst.

Wer in Zeitungen oder Zeitschriften mit Informationen gespickte Anzeigen schaltet, sollte sich überlegen, ob sich diese nicht auch als Broschüre nutzen ließen.

Falls große Werbeanzeigen Ihr Budget zu sehr strapazieren, schalten Sie doch einfach kleine, in denen Sie anbieten, Interessenten eine kostenlose Broschüre zuzusenden. Ein Bekannter sichert sich mit dieser Strategie sein Einkommen – ein sechsstelliges, wohlgemerkt. Er wirbt mit einer wirklich winzigen Anzeige, die in unzähligen Zeitschriften erscheint. Diejenigen, die sich die Mühe machen, seine kostenlose Broschüre schriftlich anzufordern, sind an seinem Angebot dann aber auch ernsthaft interessiert. Der komplette Verkaufsprozess wird über die Broschüre abgewickelt. Sie enthält die Angebotsbeschreibung, nennt alle erforderlichen Details, enthält die Bitte um Auftragserteilung und das Bestellformular. Die kleinen Anzeigen und die Broschüre sind die einzigen Marketingwaffen, die mein Bekannter einsetzt, und sein Erfolg beweist, wie effizient sich eine Broschüre nutzen lässt.

Für Guerillas ist die Broschüre immer Teil eines Zweierteams. Ihr Teampartner ist eine vielfach geschaltete kleine Anzeige, die das Angebot schmackhaft macht und die magische Formel enthält: »Fordern Sie einfach unsere *kostenlose* Broschüre an – telefonisch, schriftlich oder per E-Mail.« Geben Sie unbedingt mehrere Möglichkeiten an, mit Ihnen Kontakt aufzunehmen, denn manche Leute telefonieren nicht gerne, andere sind schreibfaul, und wieder andere haben keinen PC, um eine E-Mail zu schicken. Dass die Broschüre nichts kostet, muss ins Auge stechen, denn *kostenlos* und *umsonst* sind gerade in der Werbung Zauberworte mit magischer Anziehungskraft.

Nun wird Ihre kostenlose Broschüre also angefordert. Schicken Sie sie kommentarlos an die Interessenten? Natürlich nicht! Angesichts der Tatsache, dass heutzutage jeder mit rund 4 700 Werbebotschaften täglich bombardiert wird, zeugt es doch von höchst bemerkenswerter Eigeninitiative, Sie um Ihre Broschüre zu bitten. Dafür sollten Sie sich in einem kurzen Anschreiben ausdrücklich bedanken, das Sie persönlich und in Schönschrift unterzeichnen. Haken Sie innerhalb von zehn Tagen (besser noch einer Woche) schriftlich nach, um dem Geschäftsabschluss einen Schritt näher zu kommen. Dadurch können Sie zwischen 25 und 35 Prozent der Interessenten als zahlende Kundschaft gewinnen. Broschüren sollten immer nur auf Nachfrage verteilt werden, während Handzettel und Geschäftskarten großzügig ausgehändigt werden dürfen.

Das Einzige, was den Zweck einer Broschüre noch besser erfüllt als die Druckversion, ist eine digitale Variante – eine fünf- bis zehnminütige Version der Druckausgabe.

Ist ein Video für Sie und Ihre Geschäftsidee nicht das geeignete Medium, kann sich die Botschaft aber vielleicht besser hören als lesen lassen. Wie wäre es dann mit einer *Audiobroschüre* auf CD oder DVD? Fast jeder hat einen DVD- oder CD-Player oder beides, und viele Pendler haben jeden Tag Zeit, sich auf dem Weg zur Arbeit oder nach Hause etwas anzuhören. Und warum sollte man nicht einmal statt Radio zu hören einer Audiobroschüre lauschen, die ja nur fünf bis zehn Minuten in Anspruch nimmt? Schließlich kann man dabei etwas lernen, ohne kostbare Arbeits- oder Freizeit damit zu verschwenden.

Guerillas geben Broschüren normalerweise nur an Interessenten heraus, die das ausdrücklich möchten. Sie legen immer ein persönlich unterzeichnetes Anschreiben bei, in dem sie sich als Geschäftsinhaber für das Interesse an ihrem Angebot bedanken. Sie haken prinzipiell innerhalb einer Woche nach Versenden der Broschüre beim jeweiligen Empfänger nach. Jeder, der sich die Mühe macht, die Broschüre anzufordern, zeigt, dass er sich ausführlich informieren möchte und auf dem besten Weg ist, ein neuer Kunde zu werden. Wie lange ist es her, dass Ihnen ein Firmenchef herzlich dafür dankte, dass Sie seine Broschüre anforderten? Ewig und drei Tage? Deshalb werden Sie sich mit Ihrem Dankeschön aus der undankbaren Masse abheben.

Guerillas arbeiten hart, um aus neugierigen Interessenten zahlende Kunden zu machen. Zu diesem Zweck entwerfen sie rundum gelungene, professionelle Broschüren für wenig Geld, haken gewissenhaft bei den Empfängern nach und gehen individuell auf deren Wünsche ein. Und jetzt sind Sie an der Reihe!

Kleinanzeigen

Vermutlich denken Sie bei Kleinanzeigen spontan an Jobangebote, Gebrauchtwagen, Wohnungsauflösungen, Mietgesuche und dergleichen. Aber Kleinanzeigen eignen sich auch für geschäftliche Werbung, was Ihnen viele erfolgreiche Kleinbetriebe bestätigen können.

In meiner Tageszeitung wimmelt es an jedem beliebigen Wochentag nur so von Kleinanzeigen, in denen Selbstständige und Freiberufler alle nur erdenklichen Dienste und Produkte anbieten. Ich habe sie einmal gezählt und bin auf 124 ganz unterschiedliche Angebote gekommen. In der Wochenendausgabe habe ich mir das Zählen erspart. Sehen Sie sich die Kleinanzeigen und Geschäftsempfehlungen in Ihrer Tageszeitung auch einmal etwas genauer an. Am besten regelmäßig, denn Kleinanzeigen wandeln sich andauernd – sehr zur Freude ortsansässiger Familienbetriebe, Kleinunternehmer und Freiberufler, die diese Tatsache gewinnbringend nutzen.

Je mehr Anzeigen sich unter den Kleinanzeigen und Geschäftsempfehlungen Ihrer Tageszeitung finden, umso ernsthafter sollten Sie sich überlegen, auch mitzumischen. Manche Anzeigen lesen Sie wahrscheinlich schon seit Jahrzehnten, was doch bestätigt, dass sich die Ausgaben dafür lohnen.

Die Consulting-Agentur Classified Intelligence hat ermittelt, dass in den USA Kleinanzeigen im Gesamtwert von 28 bis 30 Milliarden US-Dollar aufgegeben werden. Weltweit wird das Geschäft mit den Kleinanzeigen auf rund 100 Milliarden US-Dollar geschätzt. Diese Zahlen zeigen erhebliches Marktpotenzial!

Noch mehr Kleinanzeigen und Geschäftsempfehlungen finden sich in Zeitschriften und Magazinen, auch wenn man manchmal den Eindruck hat, schon die Zeitung bestünde nur noch aus Anzeigen. Offensichtlich sind sie ein wirkungsvolles Marketingmedium. Wenn Sie sich davon nur einen kleinen Vorteil versprechen können, lohnt es sich, ein bisschen zu recherchieren und eine Kleinigkeit zu investieren. Nehmen Sie sich fünf Minuten Zeit und geben Sie in Google oder einer anderer Metasuchmaschine den Suchbegriff »kostenlose Kleinanzeige« ein. Sie werden überrascht sein, in wie vielen Zeitungen und Zeitschriften Sie umsonst inserieren können. Informieren Sie sich im Internet auch über Printmedien, die sich auf Kleinanzeigen spezialisiert haben. Ungefähr ein Drittel des für Zeitungswerbung ausgegebenen Budgets wird für Kleinanzeigen ausgegeben.

Kleinanzeigen können in Zeitschriften, täglich oder wöchentlich erscheinenden Zeitungen und Magazinen, reinen Anzeigeblättern und in zunehmendem Maß auch online – hier oft umsonst – geschaltet werden. Spricht vor allem die Nähe zu Ihren Kunden für Ihr Angebot, können Sie Zeitschriften von Ihrer Liste streichen. Ist Ihr Angebot über geografische Grenzen hinweg verlockend, können Sie sich die Anzeige in Ihrer Tageszeitung sparen. In einer Zeitschrift und Ihrer Tageszeitung zu inserieren ist nur dann sinnvoll, wenn die Tageszeitung auch anderswo gelesen wird, und Sie lokale mit landesweiter Werbung kombinieren möchten.

Vielleicht ist Ihnen schon aufgefallen, dass *Kleinanzeigen zunehmend in Zeitschriften* Einzug halten. Die Verlagshäuser sind eben auch geschäftstüchtig genug, um zu erkennen, dass sich mit den Kleinanzeigen der Firmen, die sich keine teure Anzeigenwerbung leisten können, auch nicht schlecht verdienen lässt. Erkundigen Sie sich, denn die Kleinanzeigen, die oft auf den letzten Seiten abgedruckt werden, sind vielleicht gar nicht so teuer, dass Sie es sich nicht leisten könnten, in einer renommierten Zeitschrift zu werben.

Zu diesem Thema noch ein *Guerilla-Geheimtipp*: 61 Prozent aller US-Amerikaner – und wahrscheinlich ist der Prozentsatz in Deutschland vergleichbar – blättern Zeitschriften von hinten nach vorne durch. Da hat Ihre Kleinanzeige doch ausgezeichnete Chancen, gelesen zu werden. Natürlich weisen Sie auch gleich darauf hin, dass Sie Interessenten gerne Ihre kostenlose Broschüre zusenden.

Eine Kleinanzeige kostet nicht die Welt, und wahrscheinlich bietet der Verlag sogar einen Rabatt an, wenn die Anzeige nicht nur einmal, sondern drei- oder fünfmal geschaltet wird. Diese Variante des Anzeigenrabatts wird als Malrabatt bezeichnet. Je häufiger Sie Ihre Anzeige wiederholen, umso höher ist üblicherweise der Nachlass. Ob sich der Preis für eine Kleinanzeige nach der Wortzahl, Zeilenzahl oder Anzeigenhöhe richtet, erfahren Sie beim Verlag. Auch Qualität und Auflage der Zeitschrift machen sich preislich bemerkbar.

Es gibt Menschen, die jeden Tag sorgfältig Kleinanzeigen studieren – weil sie etwas Bestimmtes suchen, weil sie einfach gerne schmökern oder weil sie finden, Kleinanzeigen wären spannender und interessanter als jeder Zeitungsbericht. Nehmen Sie sich die Kleinanzeigen auch einmal vor. Welche fallen Ihnen auf? Würde Ihre hierhin passen? Bald werden Sie ein Gespür dafür haben, was sich gut und was sich weniger gut macht. Kleinanzeigen sind zwar kurz und bestehen nur aus Text, der aus Platzgründen oft viele Abkürzungen enthält, doch so einfach, wie man glaubt, ist es nicht, eine gute aufzugeben.

Die Online-Kleinanzeige ist die älteste und am weitesten verbreitete Form der Online-Werbung. Beim Stichwort »eBay« leuchten die Augen eines jeden Kleinunternehmers auf, und selbst die englischsprachige »Craig's List« hat mittlerweile schon fünf deutsche Großstädte erobert. Eine Online-Anzeige ist oft kostenlos und kann manchmal sogar mit Bild und Ton untermalt werden, sodass potenzielle Kunden, die sich für Ihre Beratungsdienste interessieren oder eine virtuelle Rundtour durch Ihren Betrieb machen, nebenbei musikalisch unterhalten werden – das ist Kleinanzeigenwerbung des 21. Jahrhunderts. Auf den meisten Webseiten können die Besucher über eine Stichwortsuche schnell und bequem finden, wonach sie suchen. Selbst mit multimedialen Optionen sind Online-Kleinanzeigen viel günstiger als ihre Druckversionen, sodass Guerillas mit Grafik, Ton und bewegten Bildern interaktiv und fortschrittlich für sich werben können – zu konkurrenzlos niedrigen Preisen.

Mit Kleinanzeigen erreichen Sie Menschen, die etwas *kaufen möchten*. Die Inserate sind schnell erstellt, können im Handumdrehen geschaltet werden, zeigen sofort, ob sie wirken, und haben sich seit Jahrhunderten als lukratives Werbemedium bewährt. Beim Entwerfen helfen Ihnen die folgenden nützlichen Tipps.

Der optische Aufhänger oder die Überschrift muss kurz sein und sollte durch Großbuchstaben oder Fettdruck auf sich aufmerksam machen. Vermeiden Sie unbedingt unverständliche Abkürzungen. Als meine Frau und ich für eine Zeit lang nach England zogen, studierten wir natürlich auch Kleinanzeigen. Immer wieder stolperten wir bei der Wohnungssuche über die Abkürzung »inkl. CCF&F«. Ohne die Hilfe unserer britischen Bekannten wären wir nie darauf gekommen, dass damit Wohnungen inklusive Teppichböden, Vorhängen sowie beweglichen und unbeweglichen Einrichtungsgegenständen gemeint waren (Carpets, Curtains, Fixtures and Fittings).

Kryptische Zeichenfolgen haben in Ihrer Anzeige ebenfalls nichts verloren, es sei denn, Sie sind sich sicher, dass 99 Prozent der Leser wissen, was sie bedeuten. Formulieren Sie Ihre Annonce nicht als bloße Kaufaufforderung und denken Sie daran, Ihre Telefonnummer oder andere Kontaktmöglichkeiten mindestens einmal zu nennen.

Falls Sie unsicher sind, können Sie sich bei der Formulierung beraten lassen. Können Sie sich selbst gut schriftlich ausdrücken, schaffen Sie es sicher ohne Hilfe. Falls nicht, wenden Sie sich lieber an einen Profi, anstatt den Text von der Anzeigenabteilung des Verlags entwerfen zu lassen, denn wären die dort Beschäftigten brillante Texter, würden sie nicht in der Anzeigenannahme sitzen.

Ihre Anzeige sollte sich durch eine gute Formulierung von all den vielen anderen Annoncen in derselben Rubrik abheben. Vergleichen Sie die Rubriken verschiedener Zeitungen und überlegen Sie sich gut, in welcher Ihre Anzeige erscheinen soll. Natürlich kann Ihr Inserat auch in mehreren Rubriken erscheinen.

Merkwürdig, aber wahr ist, dass Kleinanzeigen oft besser funktionieren als aufwändigere Werbeanzeigen. Es wäre ein Irrtum zu glauben, dass nur teure und bebilderte Werbung Wirkung zeigt. Manche Firmen schalten in ein und derselben Zeitung beide Anzeigenarten, um verschiedene Verbrauchergruppen zu erreichen.

Meine Kleinanzeige brachte mir über mindestens zwölf Jahre jeden Monat 500 US-Dollar ein, für die ich nur jeweils eine halbe Sunde arbeiten musste. Ich schaltete sie regelmäßig und änderte ab und zu mal ein Wort hier und eine Formulierung dort. Im Lauf meiner freiberuflichen Tätigkeit als Texter habe ich ziemlich viele wertvolle Erfahrungen gesammelt, die man nur in der Praxis lernen kann. Um meine Erfolgsrezepte für Freiberufler weiterzugeben, schrieb ich ein Buch, das ich auch selbst veröffentlichte: *The Secrets of Successful Freelancing*. Es umfasste zwar nur 43 Seiten, doch da ich fand, das Buch sei es wirklich wert, wollte ich 10 US-Dollar dafür haben. Das Drucken und Binden eines Buches kosteten mich rund 1 Dollar, und die Werbekosten beliefen sich pro Exemplar auf ungefähr 3,33 Dollar. 5,67 Dollar pro verkauftem Werk waren also mein Gewinn. Meine Kleinanzeige lautete – von kleinen Modifikationen abgesehen – so:

ALS FREIBERUFLICHER VERDIENE ICH MEHR ALS ZU MEINER ZEIT ALS VIZEPRÄSIDENT / KREATIVDIREKTOR BEI J. WALTER THOMPSON. So gerne ich bei JWT gearbeitet habe, meine freiberufliche Tätigkeit werde ich um keinen Preis mehr aufgeben. Ich wohne, wo es mir gefällt, ich arbeite zu Hause, und das nur drei Tage pro Woche. Und ich fahre in den Urlaub, wann und wie lange ich will. Davon träumen Sie auch? Machen Sie Ihren Traum wahr, und lesen Sie mein Erfolgsrezept in *Secrets of Successful Freelancing* nach. Nach dem Eingang von 10 US-Dollar bei Prosper Press, 123 Alto Street, San Rafael, CA 94902, wird Ihnen mein Buch umgehend zugestellt. Und falls es Ihnen nicht gefällt, erhalten Sie elf US-Dollar zurück.

Wie Ihnen vielleicht aufgefallen ist, habe ich meine Anzeige nicht als offensive Verkaufsanzeige, sondern eher im Erzählstil formuliert. Gute Wirkung zeigten auch meine Kleinanzeigen im »umgangssprachlichen« Stil. In der Masse der »Zu Verkaufen«-Anzeigen fallen selbst ganz normal formulierte Texte positiv ins Auge.

Die Anzeige kostete mich 36 US-Dollar pro Zoll, und im englischen Original war sie genau 2,54 Zentimeter hoch. Jeder Dollar, den ich in die Anzeige investierte, brachte mir einen Umsatz von 3 und einen Gewinn von 2,50 Dollar ein, denn Umschlag und Porto kosteten mich 50 Cent.

Die größte Schwierigkeit war für mich, genügend geeignete Printmedien zu finden, in denen ich meine Kleinanzeige schalten konnte. Schließlich interessiert sich ja nicht jeder x-beliebige Zeitungsleser für ein Buch über freiberufliche Tätigkeit. Ich wählte daher drei Marketingmagazine, zwei Publikationen, die sich explizit an Art Directors wenden, zwei Fachblätter für Texter und Autoren, das *Wall Street Journal* und vier Zeitschriften mit ausschließlich gewerblichen Anzeigen. Ich schaltete meine Kleinanzeige alle drei Monate, und nach einiger Zeit stellte sich heraus, dass sich vier der zwölf Zeitschriften als großartige Werbemedien erwiesen, die mir eine hohe Nachfrage und monatlich 500 US-Dollar einbrachten – nach Abzug sämtlicher Kosten. Den Versand hatte ich einer Firma übertragen, die meine Bücher am Eingangstag der Bestellung verschickte, die Namen der Kunden in eine Datenbank eintrug und mir jede Woche einen Scheck zukommen ließ – auf dem eine Kennung stand, sodass ich nachvollziehen konnte, welche Printmedien am effizientesten funktionierten.

Im US-amerikanischen Buchversandhandel machen im Durchschnitt um die 5 Prozent der Käufer von ihrem Rückgaberecht Gebrauch. Im Falle meines Buches waren es nur 1,2 Prozent, obwohl ich nicht nur den Kaufwert von 10 Dollar erstattete, sondern noch 1 Dollar extra zur Entschädigung drauflegte.

Die halbe Stunde Arbeit pro Monat brauchte ich, um mich über die Effizienz der Werbemedien auf dem Laufenden zu halten und die Schecks einzulösen. Und 30 Minuten Arbeit für 500 Dollar sind ein ziemlich guter Schnitt, wenn man bedenkt, dass ich nur in einer Kleinanzeige für mein Buch warb.

So mancher Online-Guerilla schaltet Kleinanzeigen nur, um auf seine Webseite aufmerksam zu machen, oder um zu testen, wie überzeugend Produkte, Verkaufsargumente, Preise, Slogans und Anreize ankommen. Kleinanzeigen sind eine preisgünstige Möglichkeit, um wertvolle Informationen zu sammeln, und was klein begonnen hat, kann ja durchaus im Großformat fortgesetzt werden. Andererseits haben Kleinanzeigen mitunter größere Werbewirkung als herkömmliche Werbeanzeigen.

Spicken Sie Ihren Text nicht mit zu vielen nichtssagenden Adjektiven. Konzentrieren Sie sich auf die Fakten, um Ihre Botschaft auf den ersten Blick unmissverständlich zu vermitteln. Betrachten Sie Ihre Kleinanzeige als Verkaufspräsentation, in der die schlagkräftigsten Argumente für Ihr Angebot nicht fehlen dürfen. Vielleicht wird Ihre Anzeige dadurch etwas länger und somit teurer, doch Knauserei wäre hier völlig fehl am Platz. Die Steigerung Ihres Umsatzes wird Sie für den etwas höheren Anzeigenpreis mehr als entschädigen. *Werbekosten werden nicht in Relation zu den Ausgaben, sondern zu den potenziellen Einnahmen beurteilt.*

Wenn Sie mit dem Gedanken spielen, eine Kleinanzeige aufzugeben, ist das Wichtigste, sich klar auszudrücken, und das Zweitwichtigste, Interesse zu wecken. Sie müssen auf sich aufmerksam machen, zum Beispiel mit einem Schlagwort wie GHOSTWRITER oder einer Überschrift wie EINFACH MEHR VERDIENEN. Sie haben nur einen Augenblick Zeit, um Interesse zu wecken, und dafür brauchen Sie einen auffälligen Aufhänger. Der Anschlusstext sollte direkt daran anknüpfen. Führen Sie GHOSTWRITER beispielsweise so fort: »Professioneller Texter schreibt, überarbeitet und formatiert Ihre Briefe, Artikel, Manuskripte und Werbetexte.« Nach EINFACH GELD VERDIENEN könnte stehen: »Ihre finanzielle Situation zu verbessern ist einfacher, als Sie glauben.« Wenn ich Geld bräuchte, würde ich weiterlesen. Sie nicht auch?

Für den Text Ihrer Kleinanzeige gilt, dass er das über den Aufhänger geweckte Interesse weiter fesseln muss. Schreiben Sie so, als würden Sie sich nicht an die breite Masse, sondern an den individuellen Leser wenden. Obwohl Sie natürlich so viele Fakten und Vorzüge wie möglich nennen sollten, empfiehlt es sich, manche Informationen gezielt zu unterschlagen. Durch das Auslassen bestimmter Fakten – zum Beispiel den Preis oder Ihren Standort – erreichen Sie, dass sich Interessenten telefonisch, auf Ihrer Homepage oder anderswie informieren müssen, um sich ein vollständiges Bild über Ihr Angebot zu verschaffen. Andererseits dürfen Sie natürlich nicht so viele Informationen zurückhalten, dass sich Unmengen von Menschen bei Ihnen erkundigen, die nicht zu Ihrer Zielgruppe gehören.

Packen Sie Ihre Kleinanzeige am besten so an: Verfassen Sie einen ausführlichen Werbetext und streichen Sie anschließend immer mehr heraus, bis nur noch einige Zeilen und die wichtigsten Fakten übrig sind. Anschließend polieren Sie Ihren Text *qualitativ* auf, indem Sie die Fakten mit geeigneten Worten untermalen. »Ich lasse Ihren Altbau in neuem Glanz erstrahlen!« hört sich doch reizvoller an als »Preisgünstiger Fassadenanstrich«.

Eine Kleinanzeige muss nicht unbedingt winzig klein sein, aber eines muss sie unbedingt: potenzielle Kunden anlocken und zum Kauf verführen. Ein auf Kleinanzeigen spezialisierter Werbeprofi schwört darauf, dass schlichte und kurze Texte am wirkungsvollsten sind. Dabei ist es ziemlich schwierig, sich einfach und in nur wenigen Worten auszudrücken. Das Texten von Kleinanzeigen ist eine Kunst für sich. Sind sie schlecht formuliert, wirken sie unseriös. Nur weil sie kurz sind, heißt das noch lange nicht, dass man sich keine Mühe geben muss.

Machen Sie sich mit dieser Kunst vertraut, indem Sie die Kleinanzeigenrubriken in Zeitungen und Zeitschriften studieren. Wenn Sie Zeitschriften abonniert und gesammelt haben, sehen Sie einmal nach, welche Kleinanzeigen über viele Monate geschaltet werden. Die knöpfen Sie sich besonders sorgfältig vor, denn wären sie nicht erfolgreich, gäbe es sie nicht mehr. Wodurch zeichnen sie sich besonders aus? Durch die Überschrift? Den Preis oder die gelungene Formulierung? Nutzen Sie die so gewonnenen Erkenntnisse für Ihre eigene Geschäftstätigkeit. Online-Kleinanzeigen lassen sich logischerweise nicht mit älteren Versionen vergleichen, aber wenn Sie regelmäßig auf den einschlägigen Webseiten surfen, lässt sich auch verfolgen, welche Anzeigen gut funktionieren, da die anderen zwangsläufig von der Bildfläche verschwinden.

Von Charles Rubin, seines Zeichens Guerilla und Mitautor von *Guerilla Marketing Online*, wissen wir, dass Online-Kleinanzeigen sehr schnell veralten. In den einzelnen Rubriken finden sich oft Hunderte von Anzeigen, die chronologisch sortiert sind. Die neuesten erscheinen immer ganz oben auf der Liste, und Ihre heute geschaltete Online-Anzeige ist vielleicht morgen schon auf Seite vier gerückt und nicht mehr auf der ersten Bildschirmseite zu sehen. Wenn Sie also nicht völlig ins Hintertreffen geraten möchten, empfiehlt es sich, *Ihre Kleinanzeige täglich neu schalten zu lassen*, um sie möglichst weit oben auf der Liste zu platzieren. Um Ihre Anzeige mehrfach zu schalten, müssen Sie sie eventuell mit verschiedenen Überschriften einsenden. Auf alle Fälle können Sie davon ausgehen, dass Kaufinteressenten sich normalerweise nur die Anzeigen auf den ersten drei Bildschirmseiten ansehen.

Selbst Großunternehmen, die enorme Summen für Anzeigenwerbung und Marketingkampagnen, TV- und Radiospots und sonstige Öffentlichkeitsarbeit ausgeben, sind sich für Kleinanzeigen nicht zu schade, weil diese von bestimmten Zielgruppen – zum Beispiel Liebhabern antiker Möbelstücke oder Oldtimern – sehr aufmerksam gelesen werden. Mit Kleinanzeigen lassen sich nicht nur kleine Brötchen backen. Es gibt sogar Beratungsfirmen, die sich auf Kleinanzeigenwerbung *spezialisiert* haben. Man reicht einen Entwurf ein und erhält einen professionellen Text zurück, zusammen mit einer Empfehlung, in welchen Zeitschriften die Kleinanzeige erscheinen sollte. Falls Sie für Ihr Produkt oder Ihre Dienstleistung landesweit werben möchten, sollten Sie in mehreren großen Tageszeitungen und in Zeitschriften mit hohen Auflagen inserieren.

Mit einer Annonce in Ihrem Lokalblatt erreichen Sie die ortsansässige Zielgruppe. Mit einem Inserat in einer Zeitschrift wird Ihr Angebot von einem deutlich größeren Interessentenkreis gelesen. Eine Online-Kleinanzeige schafft beides auf einen Streich – was erneut das immense Potenzial des Online-Marketings unter Beweis stellt. Mit jeder Art von Kleinanzeige können Sie Ihre Strategie, Botschaft und Werbemedien auf den Prüfstand stellen. Sie ist der perfekte Rahmen für die magische Formel: »Fordern Sie einfach unsere KOSTENLOSE Broschüre an – telefonisch, schriftlich oder per E-Mail.«

Eine kleine Anzeige kostet nicht viel, ist aber ungemein wirkungsvoll. Ein Guerilla wird sich immer etwas einfallen lassen, um seine Kleinanzeige maximal auszunutzen. Kaum ein anderes Werbemedium ist so gut dafür geeignet, von der großen Masse der Verbraucher nur die aussichtsreichsten Kaufinteressenten anzusprechen, die mehr wollen, als nur im Internet zu surfen.

Geschenkgutscheine

Geschenkgutscheine sind schon lange nicht mehr nur Parfümerien, CD- oder Buchläden und dergleichen vorbehalten. Unter Guerillas setzt sich zunehmend die Erkenntnis durch, dass sich Gutscheine für fast jede Branche eignen, und ganz besonders dann, wenn sie eine Innovation darstellen.

Mit einem Geschenkgutschein treffen Sie Ihre potenziellen Kunden – und deren Freunde und Bekannte – von hinten durch die Brust ins Auge. Die meisten Leute suchen normalerweise ständig nach neuen Geschenkideen, und vielleicht eignet sich ja gerade Ihre Geschäftsidee als tolles neues Geschenk.

Erstellen Sie am Computer einen hübschen Gutschein und drucken Sie einige davon aus. Ihr Name oder der Ihrer Firma gehören ebenso darauf wie Ihre Unterschrift (oder die eines Mitarbeiters) und der Name des Beschenkten. Lassen Sie dafür etwas Platz, um ihn in Schönschrift einzutragen. Weisen Sie in Ihrem Geschäft, zum Beispiel an der Kasse oder am Eingang, darauf hin, dass Sie Gutscheine verkaufen, und fügen Sie in allen Werbeunterlagen die Aufforderung ein: »Fragen Sie nach unseren Geschenkgutscheinen!« Wenn die ersten Anfragen kommen, und das wird ganz sicher passieren, teilen Sie den Kunden mit, dass die Gutscheine in allen Preislagen erhältlich sind und für Ihre gesamte Angebotspalette ohne Verfallsdatum gelten.

Sie werden überrascht sein, wie gut Ihre Geschenkidee ankommt und wie viele Leute Ihre Gutscheine kaufen werden. Ein Geschenkgutschein ist oft das beste Geschenk überhaupt, denn die Kosten halten sich in einem vernünftigen Rahmen, und man macht dem Beschenkten damit eine echte Freude.

Man wird Ihnen die Geschenkgutscheine förmlich aus der Hand reißen, wenn Sie vor Weihnachten, vor dem Valentinstag oder dem Muttertag fleißig dafür werben. Sie werden aber eigentlich das ganze Jahr über gerne gekauft – Sie müssen Ihre Kundschaft nur wissen lassen, dass es sie gibt.

Richten Sie auf Ihrer Homepage ein Forum ein, damit zufriedene Kunden, die ihren Geschenkgutschein eingelöst haben, zu Wort kommen können, oder versenden Sie begeisterte Kommentare als Rundmail. So können Ihre Gutscheine zu einem echten Geheimtipp werden. Sie wissen ja selbst, wie schwierig es sein kann, ein passendes Geschenk zu finden, und möglicherweise wird Ihr Gutschein zu einem echten Renner. Falls Sie immer noch nicht von dieser Idee überzeugt sind, möchte ich noch einen Mercedeshändler erwähnen, der Geschenkgutscheine über Ersatzteile, Zubehör und Kundendienst verkauft – im Wert von 100 000 US-Dollar jährlich.

Große und kleine Werbeplakate

Hier muss unterschieden werden zwischen Reklame für Verbraucher *außerhalb* und *innerhalb* Ihrer Geschäftsräume. Zur ersten Kategorie gehören die Plakatwerbung, die Thema eines anderen Kapitels in diesem Buch ist, Flugblätter und Handzettel, die in diesem Kapitel besprochen wurden, sowie Schaufensterreklame, Werbebanner und Werbeplanen, Werbeschilder und Poster. Zur zweiten Kategorie gehört die Innenreklame am sogenannten Point of Purchase (PoP) oder Point of Sale (PoS) – dem Verkaufsort oder Einkaufsort also, je nachdem, ob Sie Ihre Perspektive oder die des Konsumenten einnehmen.

Egal, ob Sie sich für nur eine oder für beide Reklamearten entscheiden, wichtig ist dabei, dass sie mit Ihrer sonstigen Werbung harmoniert. Der Marketingprofi Leo Burnett prägte den Spruch: »Planen Sie den Kauf, sobald Sie die Werbung planen.« Ich möchte seinen Gedankengang so formulieren: »Reklame löst Spontankäufe aus, und Guerillas haben immer einen Finger am Auslöser.«

Ihre sonstigen Werbeaktionen haben bei der Zielgruppe bereits einen Eindruck hinterlassen. Mit Reklametafeln rufen Sie sich wieder in Erinnerung und können Interessenten zum Kauf motivieren. Aufgrund Ihrer Werbeanzeigen haben Sie sicherlich schon viele Verbraucher auf Ihr Angebot eingestimmt. Ihre Reklametafeln müssen der Botschaft und dem Charakter Ihrer Werbeanzeigen natürlich entsprechen, sonst verwirren Sie die Interessenten nur. Fügt sich die Reklame aber harmonisch in Ihre Kreativstrategie ein, erhöht sich die Kaufbereitschaft beträchtlich. Um die 75 Prozent aller Kaufentscheidungen werden direkt am Einkaufsort getroffen, weshalb die Ausgaben für Ladenwerbung in den letzten fünf Jahren branchenübergreifend gestiegen sind.

Die meisten Verbraucher betreten ein Geschäft mit einer vagen Kaufabsicht, ohne sich auf eine bestimmte Marke zu versteifen. Die tatsächliche Kaufentscheidung wird erst *im* Laden getroffen. Bei den Entscheidungskriterien gibt dabei manchmal die Verpackung, manchmal aber auch ein Reklameschild oder Werbeplakat den Ausschlag.

Überall dort, wo heftigst um die Aufmerksamkeit der Verbraucher und Schaufensterbummler gebuhlt wird – in Einkaufszentren, Kaufhäusern, Supermärkten und dergleichen –, spielen Werbeplakate und Reklametafeln eine wichtige Rolle. Viele schlaue Einzelhändler legen bei der Ladenwerbung und der Innenausstattung größten Wert auf modernes Design, um die Verbraucher, die über Massenmarketing bereits Vertrauen gefasst haben, mit geeigneten Anreizen zu Spontankäufen zu animieren. Dafür reicht manchmal bereits ein gelungenes Werbeplakat aus.

Die außerhalb eines Ladens angebrachte Reklame hat die Aufgabe, etwas in Erinnerung zu rufen, einen kleinen Impuls zu erzeugen, ein leises Verlangen weiter anzufachen, ein genaueres Bild zu vermitteln und eine ganz kurze Botschaft zu verkünden. Mit »kurz« meine ich höchstens sechs Wörter, auch wenn es einige gelungene Ausnahmen gibt.

Wer die richtigen Worte findet, hat sich damit eine mächtige Marketingwaffe verschafft. Die in der englischen Sprache üblichsten Wortwaffen, die im Marketing Schlagzeilen machen, sind den psychologischen Erkenntnissen an der Yale University zufolge diese:

Discovery – Entdeckung
Guarantee – Garantie
Love – Liebe
New – Neu
Results – Ergebnisse
Save – Sparen
Easy – Einfach
Health – Gesundheit
Money – Geld
Proven – Bewährt
Safety – Sicherheit
You – Sie (oder du)

Diese Liste möchte ich ganz schnell um folgende Wörter ergänzen:

Announcing – Ankündigen
Fast – Schnell
How – Wie
Power – Macht

Secrets – Geheimnisse
Why – Warum
Benefits – Vorteile
Free – Umsonst
Now – Jetzt
Sale – Schlussverkauf
Solution – Lösung
Yes – Ja

Nicht selten treffen Autofahrer spontane Entscheidungen und treten sofort aufs Bremspedal, wenn ihnen eine Werbetafel mit der Aufschrift SCHLUSS-VERKAUF! oder HEUTE GROSSE WERBEGESCHENKAKTION oder 50 PROZENT PREISNACHLASS ins Auge sticht. Wie Sie wahrscheinlich aus eigener Erfahrung bestätigen können, lassen sich viele Leute mit nur wenigen Worten zu einem sofortigen Kauf überreden.

Werbeschilder der unterschiedlichsten Sorte legten den Grundstein für den Erfolg vieler berühmter Unternehmen. Spontan fallen mir drei ein, die zumindest in den USA jeder kennt: Der Rasierseifenhersteller Burma-Shave, für dessen originelle Werbekampagne ich zwei Schilder entwerfen durfte, die es auch tatsächlich auf die Straße schafften; der Harold's Club in Reno und der Wall Drug Store in South Dakota. Allesamt große Namen, die jeder US-Amerikaner kennt. Werbeschilder verhalfen auch den vielen Firmen, die sich »nur« an ihrem jeweiligen Standort einen Namen gemacht haben, zu einem großen Bekanntheitsgrad. Die Leute von Burma Shave waren ebenso wie Harold und Mr. Wall Pioniere des Guerilla Marketings, die dank ihrer Strategien schon bald in Geld schwimmen konnten. Allerdings riefen sie auch die ersten Umweltaktivisten auf den Plan, die dagegen protestierten, dass die vielen Werbetafeln die Landschaft verschandelten. Lady Bird Johnson, die damalige First Lady höchstpersönlich, führte die Umweltschutzbewegung an, die heutzutage überall einen hohen Stellenwert einnimmt. Falls Sie sich nicht den Zorn der Umweltschützer zuziehen möchten, rate ich davon ab, die Gegend mit Reklametafeln zu bepflastern. Ein Guerilla passt sich an die wichtigen Trends seiner Zeit an, und ich persönlich bin sehr froh über das gestiegene Umweltbewusstsein, das sich auch in neuen Marketingstrategien, der Verwendung recyclebarer Materialien und in neuen Produktionsstandards widerspiegelt und der menschlichen Spezies hoffentlich zu etwas mehr kosmischer Harmonie verhilft.

Als »grüner« Guerilla machte sich Mike Lavin viele Gedanken darüber, wie er umweltverträglich und originell für sein Geschäft in Berkeley werben könnte.

Dank einer gesunden Mischung aus ökologischem und kapitalistischem Interesse gelang Mike ein lukrativer Coup. Mitten in einem Feld stellte er einen großen, leeren Bilderrahmen auf. Darunter stand zu lesen:»LANDSCHAFTSBILD, GESTIFTET VOM BERKELEY DESIGN SHOP.« Sein Laden, der seit über 25 Jahren unter ein und derselben Adresse in Berkeley zu finden ist, heißt heute European Sleep Works, und noch immer schwört Mike Lavin auf seine stummen Vertriebshelfer in Gestalt von Reklametafeln innerhalb und außerhalb seiner Geschäftsräume.

Außenreklame mit Aufschriften wie FLOHMARKT, KOSTENLOSE PARKPLÄTZE oder BILLIG TANKEN sind ebenfalls auffällig und wirkungsvoll. Die vermutlich sinnvollste Investition für jeden Ladenbesitzer ist ein Schild mit der Aufschrift GEÖFFNET. Zugegeben, diese Aufschriften zeugen nicht gerade von übermäßiger Fantasie, aber sie wirken. Wer zu Beginn seiner Geschäftstätigkeit zu geizig ist, in ein Reklameschild zu investieren, wird sich möglicherweise bald eines mit der Aufschrift GESCHÄFTSAUFGABE an die Tür hängen können.

Fast (aber nicht ganz) so wichtig wie die Aufschrift ist der Gesamteindruck des Schildes – Grafik, Schriftart, Farbe und Design. Mit einer guten Grafik wird den Worten mehr Ausdruck verliehen. Ein Schild mit der Aufschrift FRISCHE DONUTS ist doppelt so wirkungsvoll, wenn sie mit einer Zeichnung kombiniert wird, die zum Beispiel einen Bäcker zeigt, der ein Blech dampfender Donuts in seinen Händen hält. Lautet die Aufschrift KÖSTLICHE DONUTS, könnte die Nahaufnahme eines strahlenden Kindes, das gerade einen herzhaften Biss nimmt oder den Donut in seinen Kakao tunkt, höchst motivierend wirken.

Für Schilder empfiehlt sich helle Schrift auf dunklem Hintergrund oder andersherum. Bei der Schriftart kommt es darauf an, eine gut leserliche zu verwenden, denn hierbei gibt es große Unterschiede. Die Aufschrift muss groß genug sein, damit sie auch aus größerer Distanz zu lesen ist, und natürlich sollte einem Bild genügend Platz eingeräumt werden.

Ein Reklameschild ist zwar eher als Gedankenstütze anstatt als Verkaufshebel zu betrachten, was Sie aber keinesfalls davon abhalten sollte, Ihr Schild auch als Verkaufswaffe einzusetzen. Ein Guerilla verfügt schließlich nicht über das schier unbegrenzte Marketingbudget der Megakonzerne, die es sich leisten können, sich mit Reklameschildern nur in Erinnerung zu rufen. Da sich manche Verbraucher durchaus davon zum Kauf animieren lassen, entwerfen Sie Ihre Reklame am besten von Anfang an so, dass sie beiden Zwecken dient.

Sehen Sie sich einmal um. Sind Sie von einem Schilderwald umgeben? Falls ja, müssen Sie sicherstellen, dass *Ihre* Reklame heraussticht. Falls nein, sind Sie in der Gestaltung Ihres Schilds völlig frei. Als ich in England an einer Werbekampagne für ein besonders wirtschaftliches Produkt mitarbeitete, mussten wir uns auch mit dem »Schilderwaldproblem« auseinandersetzen. Unsere Lösung bestand aus einer Schwarz-Weiß-Reklame, die im Meer knallbunter Plakate und Tafeln sofort ins Auge stach. Mit der schlichten Eleganz unserer Werbung gewannen wir nicht nur einige Auszeichnungen, sondern auch viele Kunden. Dieselbe Werbung in Farbe wäre sicherlich nicht so erfolgreich gewesen, denn es war gerade dieser Kontrast, der den Aspekt der Wirtschaftlichkeit unterstrich und die Aufmerksamkeit der Verbraucher auf sich zog. Mit seinen TV-Spots in Schwarz-Weiß setzt übrigens auch Calvin Klein auf diese Strategie.

Wenn Sie mit vielen Schildern oder Plakaten werben möchten, brauchen Sie auf alle Fälle einen markanten optischen Blickfang. Mir kommt da spontan der Marlboro-Mann in den Sinn. Auch Sie sollten sich eine grafische Identität ausdenken, über die man Sie sofort erkennen kann. Ihre grafische Selbstdarstellung sollte originell sein, dem Charakter Ihrer Geschäftstätigkeit entsprechen und langfristig beibehalten werden können, damit Sie konsequent Präsenz zeigen können.

So ziemlich das einzige Satzzeichen, das auf Ihrem Schild etwas zu suchen hat, ist das Ausrufezeichen, mit dem Sie einen Hauch gespannte Aufregung erzeugen. Sofern es nicht unbedingt erforderlich ist, lassen Sie die Finger von dem in der Anzeigenwerbung beliebten Fragezeichen, da Sie die Verbraucher nicht zum Grübeln, sondern zum Kaufen animieren möchten. Bei Botschaften aus maximal sechs Wörtern sind Kommas und Punkte sowieso überflüssig, und auf lange Wörter sollten Sie auch verzichten.

Um mithilfe eines Bildes und ein paar schmissigen Worten etwas zu verkaufen, ist viel kreative Gedankenarbeit erforderlich. Wie bei allen Marketinginstrumenten steht am Anfang eines großartigen Werbeschildes eine geniale Idee. Fehlt Ihnen die zündende Idee, werden weder Worte noch Bilder explosive Wirkung zeigen. Mit den richtigen Worten und einer ansprechenden Grafik, dem richtigen Gedankenblitz und einem guten Standort wird sich Ihr Werbeschild allerdings als ein extrem verkaufsförderndes Werkzeug erweisen.

Gute Reklame innerhalb der Geschäftsräume erfordert noch mehr kreative Gedankenarbeit. Hier können und müssen Sie mit deutlich mehr als nur sechs Wörtern werben.

Wie viele Ladenbesitzer bestätigen werden, ist Innenreklame außerordentlich effektiv, da sie zu Spontankäufen animiert, die Verkaufsdynamik stärkt und das sogenannte Cross-Merchandising fördert, das heißt, Kunden dazu verleitet, mehr und anderes zu kaufen als beabsichtigt. Will jemand beispielsweise nur einen Stift kaufen, kommt ihm vielleicht spontan in den Sinn, auch noch bei den Aktentaschen zuzuschlagen, weil ein Schild verkündet, sie wären gerade herabgesetzt.

Die Reklame am Einkaufsort – PoP-Reklame – erleichtert den Kunden das Auffinden und die Auswahl der gewünschten Produkte. Sie ist der stille Helfer des Verkaufspersonals und informiert die Kundschaft über Produktmerkmale, sie unterstützt die übergeordnete Werbekampagne am Einkaufsort, verkündet Sonderangebote und Preisnachlässe und fördert somit ganz von selbst den Umsatz.

Manche Hersteller teilen großzügig PoP-Werbeartikel an ihre Kundschaft aus. Fragen Sie bei Ihrer nächsten Bestellung einfach danach. Gut möglich, dass man Ihnen Schilder, Broschüren, Regale, Schaufenster- und Tresendekoration, Ständer, Poster und sonstige Werbeträger zuschickt.

Die PoP-Werbebranche boomt, was immer mehr der großen Werbeagenturen dazu veranlasst, ihre Einstellung zu diesem höchst unglamourösen Marketingmedium neu zu überdenken. In den 1990er Jahren verdoppelten sich die Ausgaben für PoP-Werbemedien, und Werbeagenturen, die sich vor allem auf die traditionellen Medien wie Presse und Fernsehen konzentriert hatten, mussten feststellen, dass sich mit Ladenwerbung mittlerweile lukrativere Geschäfte machen ließen. Und dieser Trend setzt sich fort. Parallel dazu setzen sich Punktesysteme durch, die mit der PoP-Werbung Hand in Hand gehen. Der Leidenschaft, Punkte zu sammeln, kann der US-Bürger heute mit 63 Prozent der Frühstücksflockenmarken nachgehen, während sie 1987 nur auf 20 Prozent der Verpackungen zu finden waren. Trotz dieses eindeutigen Trends werden Innenreklame und Sammelpunkte von den meisten Werbeagenturen noch immer etwas abfällig belächelt. Dieser Fehler wird Ihnen als Guerilla jedoch nicht unterlaufen.

Die fortschrittliche Videotechnik eröffnet der Innenwerbung neue Möglichkeiten. Bildschirme prangen über Schaukästen und Regalen, über Theken und Kassen und mancherorts sogar an Einkaufswagen. Das ist definitiv ein ganz neuer Trend, der sich allerdings nicht ganz so schnell durchsetzt wie erwartet. Als Guerilla empfiehlt es sich, die neue Technologie zu nutzen, solange die Großen noch untätig abwarten, wie sich der Trend wohl entwickelt. Viele innovative Marketingwaffen sind einfach ideal für Guerillas, da sie wenig kosten, mit altmodischen Traditionen brechen und es ermöglichen, professionell zu werben, bevor die finanzkräftigere Konkurrenz überhaupt auf die Idee kommt, sich mit ihnen zu befassen.

In den 1980ern identifizierte das *Forbes Magazin* Telefonmarketing als die neue Wunderwaffe des Marketings. In den 1990ern verkündete *Adweek*, PoP-Marketing entwickle sich zur stärksten Kraft. Wie sich heute zeigt, lag *Adweek* richtig mit der Feststellung, dass Geld und Ware vor allem im Supermarkt die Hände wechseln. Zwar wird auch online eingekauft, doch die große Leistung der PoP-Werbung ist, mit den Mitteln des Massenmarketings den einzelnen Verbraucher am Ort seines Einkaufs anzusprechen, was sie außerdem extrem kosteneffizient macht. Einigen Studien zufolge ist in naher Zukunft damit zu rechnen, dass viele Unternehmen dazu übergehen, 80 Prozent ihres Werbebudgets in PoP-Werbung zu investieren.

Rufen wir uns noch einmal die Grundregel in Erinnerung, die vor jedem Marketing anzuwenden ist: Die Werbung zu planen heißt, den Kauf zu planen. Das bedeutet, sich von vornherein auf den Augenblick der Kaufentscheidung zu konzentrieren, anstatt darauf, wie sich eine Anzeige liest oder ein Radiospot anhört. Kann Ihre Werbebotschaft den Kunden in diesem entscheidenden Moment zum Kauf motivieren? Genau diesen Zweck muss PoP-Werbung in der Regel erfüllen. Sie springt den Kunden zum richtigen Zeitpunkt an. Er ist ja nicht nur da, sondern auch in Kauflaune, und die Ladenreklame sollte ihm viele gute Gründe liefern, den Geldbeutel zu zücken.

Für clevere Guerillas bietet es sich an, eine Werbeanzeige zu schalten, sie als Vorlage für ein großes Plakat zu verwenden, und das Werbeplakat im Geschäft, im Schaufenster und auf der Straße aufzuhängen. Das ist sogar ziemlich clever, denn es kostet nicht viel und stellt sicher, dass das Reklameplakat und die Werbeanzeige zusammenpassen.

Fordern Sie Ihre Kundschaft über PoP-Werbung dazu auf, Ihre Waren anzufassen, zu kosten, zu testen und mit Konkurrenzprodukten zu vergleichen. Auch komplizierte Verkaufsargumente lassen sich mithilfe leicht verständlicher Bilder prima erklären. Denken Sie immer daran, dass 75 Prozent der Kaufentscheidungen direkt am Ort des Einkaufs getroffen werden. Selbst der halbe Prozentsatz wäre noch Grund genug, die Nutzung von Werbeschildern & Co. sehr ernsthaft in Erwägung zu ziehen.

Kaufentscheidungen werden heutzutage sehr viel bewusster getroffen als früher, weshalb Kunden am Ort ihres Einkaufs dringend Ihrer Entscheidungshilfe bedürfen. Wenn Sie einen Laden haben, in dem sich Kunden ohne konkrete Kaufabsicht des Öfteren einfach nur umsehen, stellen Sie sich Ihre Verkaufsfläche als Kriegsschauplatz vor, auf dem der Kampf um das Geld der Kundschaft ausgetragen wird. Die Waffen, mit denen Sie den Kampf gewinnen oder verlieren, sind Ihre Werbeschilder und Marketingartikel.

Im Gegensatz zu anderen Marketingmethoden und Werbematerialien, die im Kunden das Verlangen nach einem Produkt erst wecken sollen, stellt PoP-Werbung die sofortige Befriedigung in Aussicht. Ein echter Guerilla weiß, dass die Kunden sein Geschäft nicht aus Zufall, sondern aus einer bewussten Entscheidung heraus aufsuchen. Aus dieser Erkenntnis lässt sich Kapital schlagen, indem man die treue Kundschaft durch reizvolle und informative Reklametafeln zum Kauf animiert. Ob ausführlich oder knapp, ob mit detaillierten Verkaufsargumenten oder Zitaten zufriedener Kunden, verziert oder schlicht, mit oder ohne Verweisen auf andere schöne Waren, ihr Zweck ist immer, so viele Produkte oder Leistungen wie möglich zu verkaufen.

Schlendern Sie hin und wieder einfach durch verschiedene Geschäfte und Läden, um auszuspionieren, wie PoP-Werbung aussehen kann. Und natürlich können Sie im Internet ausführliche Recherchen betreiben.

Es gibt Marketingwaffen, die den Verbraucher auf den Kauf vorbereiten, und es gibt eine Waffengattung, die ihn die Kaufentscheidung treffen lässt: das Reklameschild am Ort des Einkaufs. Es ist der Abzug, mit dem sich das Marketinggeschütz abfeuern lässt, das kämpferische Guerillas bereits in Stellung gebracht haben.

Werbung auf Anschlagtafeln

Ein Guerilla kämpft mit jeder Waffe, und sei sie noch so klein. Und kleine Nachrichten auf Anschlagtafeln haben sich schon für viele als überraschend effizient erwiesen. Klein ist durchaus wörtlich zu nehmen, denn selbst eine Visitenkarte kann auf einem Schwarzen Brett große Wirkung haben. Reklame muss nicht groß sein, um die Aufmerksamkeit potenzieller Kunden auf sich zu ziehen.

Dabei eignet sich diese Art der Werbung gleichermaßen für Nachhilfelehrer, Gärtner, Handwerker, Schreibkräfte, Texter, Babysitter, Möbelpacker, Steuerberater, Gästezimmervermieter, Musiklehrer, Krankengymnasten, Urlaubsvertretungen, Haustierhüter, Reinigungskräfte, Maler, Astrologen, Mechaniker, Kopierläden, Schneider, Innendekorateure, Webseitendesigner, Hunde-Gassi-Geher, Heckenstutzer, Alleinunterhalter – und viele andere mehr.

Falls Sie davon ausgehen können, dass Ihre zukünftigen Kunden Anschläge auf Schwarzen Brettern und dergleichen lesen, stellen Sie sich und Ihre Geschäftsidee doch einfach dort vor. Schwarze Bretter und sonstige Anschlagtafeln gibt es nicht nur in Universitätsgebäuden, sondern auch in Bibliotheken,

Cafés, Eingangsbereichen von Firmen, Büros, Supermärkten, Waschsalons, Sportheimen, Buchläden, Frisiersalons und vielen anderen Geschäften. Halten Sie einfach die Augen auf. Meine Frau und ich lesen regelmäßig die Anschläge auf den Schwarzen Brettern von Campingplätzen und sind dort schon häufig auf interessante Angebote gestoßen. In so gut wie jeder Stadt gibt es Hunderte von Anschlagtafeln an den verschiedensten Orten, und selbst in kleinen Ortschaften findet man zumindest ein paar. Ein Guerilla wirbt überall dort für sich, wo es nichts kostet und viele Leute hinsehen:

- Vor dem eigenen Geschäft
- Vor den umliegenden Geschäften
- An der U-Bahn- oder Bushaltestelle
- In Schulen
- In Altersheimen und Kurzentren
- An der Uni – im Eingangsbereich, vor der Mensa und im Studentenwohnheim
- In Verbindungshäusern der Studentenschaften
- In Gemeindehäusern
- In Vereinshäusern
- In großen Mietshäusern
- In Stadthallen
- In Lebensmittelgeschäften
- In Einkaufszentren
- In der Autowaschanlage
- In Jugendclubs und Kulturzentren
- In Eingangshallen von Hotels
- An Laternenpfählen
- In Schwimmbädern
- In Bürgerberatungsstellen
- In Messezentren
- An Baustellenzäunen
- In Bibliotheken
- In der Industrie- und Handelskammer
- Bei Berufsgenossenschaften
- Vor Eisporthallen, Kegelbahnen oder anderen Sporthallen
- In Wartezimmern von Ärzten, Anwälten und so weiter
- An Tankstellen

- An Anschlagtafeln in Firmen
- In Fremdenverkehrsbüros
- An Autobahnraststätten
- In Bankfilialen
- In Fabriken
- Im eigenen Auto – mit einer schönen Werbung, die von innen an der Scheibe befestigt ist. Das Auto sollten Sie dann aber besser auf einem gut besuchten Parkplatz abstellen.

Wie Sie sehen, ist die Auswahl riesig. Ob Sie Ihre Werbung selbst aufhängen oder jemanden damit beauftragen, ist Ihnen überlassen. In der San Francisco Bay Area gibt es eine Firma namens Thumb Tack Bugle, die schon 1981 rund 80 verschiedene Werbeflächen bepflasterte. Heute sind es über 100. Der große Erfolg ruft natürlich die Konkurrenz auf den Plan, und Thumb Tack Bugle hängt mittlerweile mit seinem Erzrivalen Your Daily Staple um die Wette Werbung auf. Jedem Guerilla sollte klar sein, dass dieses wirkungsvolle und preiswerte Marketingmedium zunehmend an Durchschlagskraft gewinnt.

Werbung auf Schwarzen Brettern und anderen Anschlagtafeln muss meist regelmäßig ausgetauscht werden (wöchentlich oder monatlich), manchmal kann sie sich aber auch wesentlich länger halten. In seltenen Fällen kostet das Aufhängen der Zettel etwas, aber sicher nicht viel und normalerweise gar nichts. In den USA garantiert der Plakatierdienst, dass die Werbung auf einer bestimmten Zahl an Anschlagtafeln zu sehen sein wird, und übernimmt auch den regelmäßigen Austausch vergilbter oder abgerissener Werbezettel. Falls Sie keine Zeit haben, sich darum selbst zu kümmern, erkundigen Sie sich am besten, ob ein Plakatierdienst oder ein Studentenvermittlungsservice in Ihrer Nähe diese Dienstleistung anbietet. Wenn Sie sich von dieser Art der Werbung Erfolg versprechen, lassen Sie die Laufarbeit lieber von jemandem erledigen, damit Sie sich auf das Geldverdienen konzentrieren können.

Achten Sie darauf, dass die Schrift auf Ihrer Werbung wirklich GUT lesbar ist. Eine Schriftart mit vielen Schnörkeln oder sonstigem Schnickschnack ist nicht angebracht. Wenn Sie sich unsicher sind, verwenden Sie einfach die Schriftart Times. Neben den Schriftarten Ihres Textverarbeitungsprogramms macht sich auch eine schöne handschriftliche Anzeige gut. Falls sich Ihre Handschrift nicht so gut sehen lassen kann, bitten Sie einen Bekannten oder einen Profi um einige schön geschriebene Zeilen. Fassen Sie sich kurz und kommen Sie schnell auf den Punkt. Und natürlich ist es vollkommen in Ordnung, Ihr Original zu kopieren. Mit den Kopien und ausreichend Reißnägeln oder Klebeband bewaffnet, verfügen Sie im Handumdrehen über ein Marketinginstrument, das Ihnen den gewünschten Geschäftserfolg bescheren kann. Auch hierbei finden Sie in der Technologie einen zuverlässigen Verbündeten, da es eine Vielzahl an bedienerfreundlicher Software gibt, mit der sich sehr schöne Werbeschriften entwerfen lassen.

Unser Held der Arbeit würde an Anschlagtafeln diese Nachricht hinterlassen:

HELD DER ARBEIT!
Er baut Wintergärten und pflastert Terrassen,
baut Dachfenster und Badewannen ein,
kann mauern und Leitungen verlegen
und erledigt Um- und Anbauten.
Rufen Sie an, rund um die Uhr, sieben Tage die Woche.
Gewährleistung auf jeden Handgriff.
USt.-Ident.-Nr. XXX.
E-Mail: Held_der_Arbeit@hotmail.com

Er muss keine neue Werbung entwerfen, sondern kann seinen schon vorher entworfenen Handzettel nutzen, an dem er eine kleine Änderung im Guerilla-Stil vornimmt: Am unteren Ende der Seite befinden sich Abreißstreifen mit seinem Namen, seiner Telefonnummer und E-Mail-Adresse. Fünf Streifen, die interessierte Leser einfach abreißen können, sind meist ausreichend.

Diese erfreulich preisgünstige Marketingmethode kann für manchen Kleinunternehmer dauerhaft für ausreichenden Kundennachschub sorgen. Vielleicht gehören Sie zu den Glücklichen, die keine weitere Werbestrategie benötigen. Marketing-Guerillas sollten zwar so viele Marketingmethoden wie möglich nutzen, andererseits geben sie natürlich nie unnötig Geld aus. Wenn Sie mit kleinen Zetteln genügend Kunden gewinnen, können Sie sich wirklich eine Menge Geld sparen. Und wenn Sie Ihre Werbezettel selbst erstellen, texten, kopieren und aufhängen, kostet es Sie praktisch nichts.

Desktop Publishing

Sie besitzen nicht nur einen Computer, sondern arbeiten auch regelmäßig an ihm? Dann erstellen Sie vermutlich in Gedanken schon Ihre nächste Werbung. Falls Sie über geeignete Software, Talent und Geschmack verfügen, sollten Sie das auch tun. Mit bedienerfreundlicher Technologie und etwas DTP-Geschick lassen sich Newsletter, Rundschreiben, Broschüren und eine Vielzahl anderer Werbemedien kinderleicht selbst erstellen.

Mit DTP-Talent und dem zugehörigen Equipment eröffnen sich unzählige Möglichkeiten. Auch in Ihnen steckt ein kreativer Künstler, der sich nun schöpferisch betätigen kann. Wenn Sie nicht gut zeichnen können, ist das überhaupt kein Problem, denn Ihnen stehen umfangreiche Bibliotheken mit fantastischen Grafiken zur Verfügung, aus denen Sie per Mausklick einfach auswählen, was Ihnen gefällt. Lassen Sie sich aber nicht dazu hinreißen, wertvolle Zeit mit Spielereien zu verschwenden, die Sie nicht wirklich weiterbringen. Wenn Sie mit DTP umgehen können, dann nur zu. Wenn Sie es toll finden, aber eigentlich etwas Sinnvolleres tun könnten, lassen Sie bitte einen DTP-Profi ans Werk. Eine der herausragendsten Fähigkeiten eines jeden Guerillas ist kluges Zeitmanagement.

Kunstvolle Verzierungen sind bei kleinen Werbeschildchen nicht unbedingt nötig, Umrahmungen, ansprechende Schriften und Bildchen peppen den optischen Eindruck aber durchaus auf. Werben Sie regelmäßig auf Schwarzen Brettern, empfiehlt es sich, Ihre Hauptaussage – ohne inhaltliche Veränderung – hin und wieder in anderen Worten auszudrücken. Auch eine gute Idee ist, Ihren Aushang auf farbiges Papier zu kopieren, damit er in der Masse auffällt. Wählen Sie eine Farbe, in der die Schrift gut zur Geltung kommt und leicht lesbar ist. Sie möchten ja schließlich Ihre zukünftigen Kunden dazu motivieren, mit Ihnen Geschäfte zu tätigen. Aber wenn diese Ihren Text nicht entziffern können, ist es mit der Motivation nicht weit her.

Studieren Sie die Anschlagtafeln und Schwarzen Bretter in Ihrer Umgebung, um sich einen Überblick zu verschaffen, wie clever andere diese einzigartige Marketingmethode nutzen. Ein echter Guerilla zieht diese Werbemaßnahme bei der Entwicklung seines Marketingplans in Erwägung, weil es für ihn alles andere als lächerlich ist, Werbung im Radio, in der Zeitung und auf Anschlagtafeln miteinander zu kombinieren. Für den Volkswagen-Konzern beispielsweise wäre dies völlig unmöglich.

Machen Sie Ihre Überschrift schön groß und sparen Sie nicht an Kopien. Wenn Sie eine Anschlagtafel mit Einsteckfächern finden, legen Sie am besten immer gleich zehn Kopien mit der Aufschrift »Bitte bedienen Sie sich!« oder einfach »Nimm mich mit!« hinein. Wer sich für Ihr Angebot interessiert, kann vielleicht auch gleich einigen Bekannten ein paar Exemplare mitbringen.

Werben Sie auf mehreren Schwarzen Brettern für sich, bringen Sie – wie bei anderen Werbeaktionen – in Erfahrung, welche Werbefläche am besten funktioniert. Fragen Sie Ihre Kunden, wie und wo sie von Ihnen erfahren haben, um herauszufinden, welche Anschlagtafeln den größten Kundenzulauf bringen. Je genauer Sie bestimmen können, welche Marketinginstrumente – einschließlich der Details wie Formulierungen, Farben, Ort der Werbung und Schriftbilder – am wirkungsvollsten sind, umso erfolgreicher wird Ihre Werbung.

Sind Ihnen in Ihrer Gegend andere gewerbliche Aushänge aufgefallen, rufen Sie doch einfach unter der angegebenen Telefonnummer an. Erkundigen Sie sich, wie lange und wo der- oder diejenige auf diese Weise wirbt, ob es verschiedene Versionen des Aushangs gibt, den Sie gesehen haben, wo die besten Plätze sind und ob es sich überhaupt lohnt. Die meisten Leute sind recht auskunftsfreudig und fühlen sich vielleicht sogar geehrt, als Profi um Rat gefragt zu werden.

Die Gelben Seiten

Falls Sie schon etwas länger im Geschäft sind, brauche ich Ihnen vermutlich nichts mehr über die Gelben Seiten erzählen. Wurde Ihre Geschäftsidee aber gerade erst geboren, könnten Sie sich einen Firmennamen überlegen, mit dem Sie sich in den Gelben Seiten einen Platz in den ersten Reihen sichern. Eine Firma, bei der man alles Mögliche einlagern kann, taufte sich beispielsweise Abaco Storage und ließ sich als einzige Werbemaßnahme in die Gelben Seiten eintragen. Schon im ersten Gründungsjahr stellte sich der Erfolg ein, da die meisten Leute einfach den ersten Anbieter anrufen, den sie in den Gelben Seiten finden.

Denken Sie einmal scharf nach, ob sich ein Eintrag in den Gelben Seiten lohnen könnte. Ist es üblich, dass man nach Ihrem Angebot in den Gelben Seiten sucht? Als Einzelhändler können Sie davon ausgehen, als Künstler oder Berater vielleicht, obwohl sich Interessenten möglicherweise lieber über andere Quellen informieren. Haben Sie sich für einen Eintrag entschieden, überlegen Sie, ob Sie sich nur in den örtlichen Gelben Seiten oder in denen eines Großraums eintragen lassen. Als Entscheidungshilfe könnten Ihnen die folgenden Erkenntnisse weiterhelfen, die von der US-amerikanischen Small Business Administration veröffentlicht wurden, auch wenn diese für amerikanische Kleinunternehmen gelten.

- Der Kundeneinzugskreis eines selbstständig geführten Geschäfts beträgt im Durchschnitt eine viertel Meile (ungefähr 400 Meter).

- Der Kundeneinzugskreis eines Geschäfts, das einer Kette angehört, beträgt im Durchschnitt eine dreiviertel Meile (ungefähr 1200 Meter).
- Der Kundeneinzugskreis eines Einkaufszentrums beträgt im Durchschnitt gut 4 Meilen (etwas über 6 Kilometer).

In so weitläufigen US-Bundesstaaten wie Montana und North Dakota nehmen Kunden manchmal sogar Anfahrten von über 100 Kilometern in Kauf, um bei ihrem Lieblingsgeschäft einzukaufen. Gute Möbelgeschäfte locken Käufer aus einem Umkreis von bis zu 20 Kilometern an, und eine meiner Firmen, Guerilla Marketing International, macht ihrem Namen alle Ehre, denn die Kunden kommen aus allen Ecken des Erdballs. Wie schätzen Sie den Einzugskreis Ihres Geschäfts ein? Soll Ihre Anzeige in verschiedenen Ausgaben der Gelben Seiten erscheinen, stellt sich die Frage, ob es sich lohnt, sie überall gleich groß zu schalten. Weiterhin müssen Sie sich gut überlegen, ob Sie besser eine etwas auffälligere Anzeige oder nur einen Ein- bis Zweizeiler mit Ihrem Namen und der Telefonnummer aufgeben. Entscheiden Sie sich für die Billigvariante, könnten Sie diese durch Fettschrift oder Großbuchstaben hervorheben. Zu guter Letzt steht noch die Frage an, ob Sie auch in der Online-Version der Gelben Seiten werben möchten.

Mein Verlagsgeschäft habe ich nur relativ klein in der Regionalausgabe der Gelben Seiten geschaltet, da ich mir davon nicht sehr viel versprochen habe. Einige meiner Kunden dagegen nutzen die Gelben Seiten sehr intensiv und werben mit Anzeigen verschiedener Größen manchmal schlicht, manchmal auffällig und zum Teil in Farbe in vielen Verzeichnissen.

In den Gelben Seiten zu werben ist alles andere als preisgünstig. Versuchen Sie von Mitbewerbern, die in Ihrer Branche tätig sind, herauszufinden, ob sich die Anzeige in den Gelben Seiten für sie lohnt. Einige meiner Kunden geben an, dass sich 6 Prozent ihrer Einnahmen aus Geschäften mit Leuten ergeben, die in den Gelben Seiten auf sie aufmerksam wurden, bei anderen beträgt dieser Prozentsatz stattliche 50, und wieder andere erwirtschaften über die Gelben Seiten nur 1 Prozent ihres Umsatzes, lassen sich aber nicht davon abbringen, weiter zu inserieren.

Ob überhaupt und wenn ja, wie und in welchen Gelben Seiten Sie werben sollten, sind keine einfachen Überlegungen. Einige wichtige Fragen und mögliche Antworten kennen Sie bereits, doch hier kommt gleich die nächste Frage: In welcher Branchenkategorie soll Ihr Eintrag denn erscheinen? Nehmen wir an, Sie verkaufen Schlafzimmereinrichtungen und Betten. Möchten Sie dann unter »Betten und Bettwaren«, unter »Möbel« oder unter »Matratzen« zu finden sein? Reicht es, in einer Branchenkategorie zu inserieren, oder müssen Sie tiefer in die Tasche greifen? Antwort: Sie müssen da zu finden sein, wo die Leute nach Ihnen suchen, und das heißt, in allen drei Kategorien.

Einer der größten Vorteile, den die Gelben Seiten zu bieten haben, ist, dass Sie Ihr Unternehmen so professionell, so groß und so etabliert darstellen können wie die ganz Großen Ihrer Branche. Die maximale Anzeigengröße ist eine Seite, und größer kann selbst Ihr schärfster Konkurrent nicht werben. Ergreifen Sie die Chance und stellen Sie Ihre Mitbewerber mit einer großen, professionellen Anzeige ins Abseits. Die größten Anzeigen erhalten oft den Ehrenplatz auf einer Seite, wo sie den Kunden sofort ins Auge stechen.

So mancher Kleinunternehmer wendet für das Inserat in den Gelben Seiten einen Großteil seines Marketingbudgets auf, sofern es das Geschäft nachweislich ankurbelt. Dazu noch ein ganz wichtiger Hinweis: Sofern Sie Ihre Branchenkategorie nicht eindeutig dominieren – mit der einzigen großen und einzigen guten Anzeige –, ist es ein großer Fehler, potenzielle Kunden in Ihrer Radio- oder Fernsehwerbung darauf zu verweisen, dass man Ihre Telefonnummer und sonstigen Kontaktdaten den Gelben Seiten entnehmen kann. Dadurch machen Sie Ihre Interessenten nur auf die Konkurrenz aufmerksam, und Ihre Anzeige ist die reinste Geldverschwendung. Diesen Fehler machen viele. In einer ansonsten gut gelungenen Hörfunkwerbung verweisen sie auf die Gelben Seiten und wundern sich dann, dass die Kundschaft ausbleibt. Die nämlich entdeckt in den Gelben Seiten viele andere Anbieter, bei denen das Produkt oder die Dienstleistung ebenfalls erhältlich ist.

Fordern Sie niemanden dazu auf, Sie in den Gelben Seiten zu suchen, wenn Sie nicht absolut sicher sind, dass Sie sich gegen die Konkurrenz auch durchsetzen können. Der Hinweis »Sie finden uns im Telefonbuch« ist da schon besser, denn von den harmlosen privaten Einträgen geht keine Wettbewerbsgefahr aus.

Betrachten Sie also die Gelben Seiten als ein Marketinginstrument, als Werbemedium, das Ihren Umsatz steigert. Manch einer glaubt ja, die Gelben Seiten wären nur ein Sammelsurium fett gedruckter Telefonnummern. Irrtum! Auf diesen Seiten wird mit harten Bandagen um aussichtsreiche Kunden gekämpft, und das sozusagen von Angesicht zu Angesicht. Sie haben etwas zu verkaufen. Andere verkaufen genau dasselbe. Wer in den Gelben Seiten blättert, ist in Kauflaune. Hier haben Sie die Möglichkeit, eine Anzeige zu schalten, die Ihnen zu einer sofortigen Umsatzsteigerung verhilft.

Lassen Sie diese übrigens unbedingt farbig gestalten, das zahlt sich auf jeden Fall aus.

SIE SUCHEN NACH EINEM NEUEN BETT?

Finden Sie Ihr Wunschbett zu einem traumhaft günstigen Preis. Das und noch mehr – Riesenauswahl, Erfahrung und kompetente Fachberatung – finden Sie bei Oysterbed Home, seit 1970 Ihre Adresse für erholsamen Schlaf in der Bay Aera.

[in der Anzeige folgten hier die Bilder dreier Betten]

- Mit die größte Auswahl in der gesamten Bay Area
- Betten für jeden Geschmack, jeden Geldbeutel und jedes noch so kleine Schlafzimmer
- Große Auswahl an Schlafzimmermöbeln; Betten aus massiver Eiche
- Lieferung ins Haus, fachmännische Aufstellung, Kundenservice der Extraklasse
- Breite Palette an Accessoires einschließlich Bettwäsche, Kissen und Bettbezügen
- Bezahlung mit Visa und MasterCard, Finanzierung sofort möglich

Besuchen Sie unsere Ausstellungsräume:

1400 Tennessee St.
San Francisco
Kundenparkplätze vorhanden

OYSTERBED Sleep Shop

415-626-4343

... einzigartig, traumhaft, erschwinglich

| Stockbetten | Hochbetten | Klappbetten | Federkernmatratzen |
| Himmelbetten | Wasserbetten | Schlafsofas | Schaumstoffmatratzen |

Ein Guerilla macht sich natürlich auch über die Online-Version der Gelben Seiten schlau und erkundigt sich bei dem Telefonbuchverlag nach den Kosten. Greifen Sie zum Hörer und rufen Sie bei einigen Anbietern an, die online inserieren, um herauszufinden, ob es sich auch für Sie als sinnvoll erweisen würde.

Entscheiden Sie sich für eine große Anzeige in der Regionalausgabe der Gelben Seiten, empfehle ich Ihnen deutlich kleinere in den überregionalen Ausgaben. Eine große und mindestens eine kleine Anzeige sollten schon drin sein. Da die ganze Angelegenheit ziemlich teuer ist, sollten Sie unbedingt auf guten Stil Wert legen – den die meisten Anzeigen übrigens vermissen lassen. Sorgfältig formulierte und gut gestaltete Anzeigen verfehlen ihre Wirkung mit Sicherheit nicht.

Von einem Geschäft in meiner Gegend weiß ich, dass es eine Zeit lang 2 Prozent seiner monatlichen Umsätze über die Anzeige in den Gelben Seiten machte. Nicht gerade viel, aber auf das Geld – und somit auf das Marketinginstrument – wollte und konnte die Ladenbesitzerin nicht verzichten. Sie probierte es daher einmal mit einem anderen Text – mit umwerfendem Erfolg! Aus den 2 wurden plötzlich 12 Prozent.

Aber warum? Der Ladenbesitzerin (sie führt eine ordentliche Auswahl an Betten und hat zwar nicht das größte Geschäft in der Gegend, kann es sich aber leisten, offensiv zu werben) war es gelungen, sich in die Leute hineinzuversetzen, die die Gelben Seiten konsultieren. Diese Leute suchen ganz gezielt nach speziellen Informationen, und meine Bekannte war sich der Tatsache bewusst, wie gut sich Menschen motivieren lassen, wenn sie einem Text voll und ganz zustimmen und Fragen prompt mit Ja beantworten können.

Die Ladenbesitzerin stellt gleich zu Beginn eine Frage, die jeder, der sich gerade nach Bettengeschäften umsieht, sofort bejaht: »Sie suchen nach einem neuen Bett?« Ja klar! Und deshalb liest auch jeder weiter. Ganz gezielt drückt diese Anzeige schon im ersten Satz auf den richtigen Knopf und füttert den interessierten Leser anschließend ganz ungeniert mit Informationen. Meine Bekannte hat genau erkannt, wie sich dieses Medium am wirkungsvollsten einsetzen lässt, und bemühte sich aktiv um neue Kunden. Die vielen anderen Bettenanbieter warben zum Teil mit einer genauso großen Anzeige, die aber neben einer Telefonnummer nur spärliche Informationen enthielt. Damit Sie bei Ihrer Anzeige alle Möglichkeiten ausschöpfen, nachfolgend einige Tipps, was Sie unbedingt tun und tunlichst bleiben lassen sollten:

- Listen Sie die wichtigsten Informationen über Sie auf.
- Verpassen Sie Ihrer Anzeige einen gewissen Stil.
- Betrachten Sie Ihre Anzeige als zwischenmenschliches Kommunikationsmedium und nicht als unpersönlichen Eintrag.
- Lassen Sie die Leser wissen, ob Sie Kreditkarten akzeptieren, Ratenzahlung möglich ist oder eine Finanzierung angeboten wird.

- Fesseln Sie die Aufmerksamkeit durch eine markante Überschrift.
- Nennen Sie Ihre Verkaufsargumente.
- Überlassen Sie die Gestaltung Ihrer Anzeige nie dem Verlag.
- Schalten Sie keine kleinen Anzeigen, wenn die Konkurrenz große nutzt.
- Finger weg von Anzeigen, die langweilig aussehen und sich ebenso anhören.
- Vergessen Sie nicht, dass ansprechende Grafiken ein ausgezeichnetes Kommunikationsmittel sind.
- Tragen Sie sich nicht in unnötig vielen Branchenverzeichnissen ein.
- Nehmen Sie Ihre Anzeige in den Gelben Seiten ebenso wichtig wie eine ganzseitige Hochglanzanzeige in einer Zeitschrift.
- Knausern Sie nicht mit Informationen. Wer in den Gelben Seiten blättert, sucht danach. Machen Sie ein Weitersuchen überflüssig.
- Verweisen Sie in Ihrer Anzeige auf Ihre Homepage, denn hier kann sich jeder noch viel besser über Sie informieren.

Versteifen Sie sich nicht auf die Idee, Ihre Anzeige in den Gelben Seiten müsste von überwältigender Schönheit sein. Glaubhaft und vertrauenswürdig, ja. Aber schön? Wer sich an Schönheit erfreuen möchte, geht in den Botanischen Garten oder in ein Museum, aber blättert doch bestimmt nicht in den Gelben Seiten. Hier will sich jeder informieren, um eine Kaufentscheidung treffen zu können. Je besser Sie informieren, umso mehr Leute werden sich zu einem Einkauf bei Ihnen entscheiden.

Tummelt sich in Ihrer Branche eine ganze Horde von Mitbewerbern in den Gelben Seiten, was meistens der Fall ist, möchte ich Ihnen noch einen Guerilla vorstellen, der sich als Chiropraktiker mit genau diesem Problem konfrontiert sah. Fünf Seiten mit Anzeigen anderer Chiropraktiker, wie sollte er da auf sich aufmerksam machen? Ganz einfach. Mit einer kleinen Anzeige, die schon optisch auffiel. Da alle anderen schwarzen Text auf gelbem Hintergrund gewählt hatten, schrieb er auf schwarzem Hintergrund mit gelber Schrift:

KOSTENLOSE TELEFONISCHE BERATUNG:
SO FINDEN SIE DEN RICHTIGEN CHIROPRAKTIKER!
Gebührenfreie Servicenummer: 1-800-000-0000.

Was glauben Sie, wer den Löwenanteil der schmerzgeplagten Patienten für sich gewann und so das Geschäft seines Lebens machte?

TEIL III
Massenmedien-Marketing

10 Massenmedien-Marketing im Guerilla-Stil

Massenmedien-Marketing arbeitet mit Medien wie Zeitungen, Zeitschriften, Hörfunk, Fernsehen, Plakaten und Direktmailing. Auch das Internet ist Teil davon, ein so wichtiger Teil, dass sich fast jedes Kapitel dieses Buchs darum dreht. Im Massenmedien-Marketing können Fehler Unsummen verschlingen. Auch kann das Budget der Konkurrenz Ihres unter Umständen um ein Vielfaches übersteigen. Trotzdem sollten Sie Marketing nicht als Kostenfaktor betrachten. Das ist es nämlich nicht. Teures Marketing ist ausschließlich Marketing, das nichts bewirkt. Wenn Sie 10 US-Dollar ausgeben, damit bei einem kleinen Lokalsender einmal ein Radiospot gesendet wird, der von niemandem gehört wird oder der niemanden anspricht, war es teures Marketing. Wenn Sie dagegen 10 000 US-Dollar springen lassen, um bei einem großen Sender mit einer breiten Zuhörerschaft eine Woche lang Werbespots zu schalten, und infolgedessen einen Extragewinn von 20 000 US-Dollar realisieren, war es kostengünstiges Marketing. In diesem Kontext geht es nicht um die Frage nach den Kosten, sondern nach der Effektivität.

Guerillas, die sich der Massenmedien bedienen, tun alles, was nötig ist, um sie effektiv und somit kostengünstig einzusetzen. Da sie sich von ihnen nicht einschüchtern lassen, integrieren Guerillas die Massenmedien in ihren Marketingplan, wenden sie präzise an und messen die Resultate. Wer Massenmedien erfolgreich nutzen will, muss über Intuition und zugleich über Geschäftssinn verfügen. Das Massenmedien-Marketing dreht sich um zweierlei: 1. um das Verkaufen und 2. um das Wecken eines ausgeprägten Kaufbedürfnisses. Zudem verbessert Massenmedien-Marketing den Erfolg des Marketings mit individuellen Medien – Rücklaufquoten auf einfache Wurfsendungen steigen massiv an, wenn ihnen Radiowerbung den Weg ebnet, und die Ergebnisse des Telemarketings verbessern sich drastisch, wenn Fernsehspots den Markt vorbereiten. Guerillas führen und gewinnen Marketingschlachten mit Mini- und Maxiwaffen. Maxiwaffen (≈ Massenmedien-Marketing) sorgen dafür, dass andere Marketingwaffen effektiver durchschlagen – und werden außerdem immer billiger.

Massenmedien-Marketing ist heute tatsächlich kostengünstiger denn je und deshalb eine echte Option für kleine Betriebe. Als Reaktion auf die wachsende Anzahl kleiner Unternehmen – die in den USA sage und schreibe 98 Prozent aller Unternehmen darstellen – tun die Werbemedien alles, um auch Kleinunternehmer anzuziehen: Die Preise sind im Keller, Zeitschriften und Zeitungen sind in regionalen Ausgaben verfügbar, Radiosender locken mit attraktiven Paketpreisen, Direktmailing mit Postkarten ist eine preiswerte Alternative für den preisbewussten Guerilla. Die Massenmedien befinden sich direkt vor Ihrer Nase, mit ihnen können Sie so werben wie die Großen, *ohne* groß Geld auszugeben.

Heute spielen Guerillas in allen Ligen. Sie nehmen es mit den Big Players auf, wenn es darum geht, Aufmerksamkeit – und das verfügbare Einkommen – der Öffentlichkeit für sich zu gewinnen. Veränderungen sind günstig für Guerillas, weil sie viele Marketingwaffen einsetzen, anstatt sich auf einige wenige zu beschränken. Schließlich sind Kunden heute überall anzutreffen. 1992 erreichte ein Fernsehspot während der *Bill Cosby Show*, die damals die höchsten Einschaltquoten erzielte, jeden vierten US-Haushalt. 1997 erreichte ein Fernsehspot in der Comedy *Seinfeld*, die in jenem Jahr die höchsten Einschaltquoten erzielte, jeden vierten Haushalt. 2005 erreichte ein Fernsehspot in der Sendung mit den höchsten Einschaltquoten jeden neunten Haushalt.

Noch 1975 zogen die drei größten Fernsehsender 82 Prozent der Zuschauer an. 2005 war diese Zahl bereits auf 25 Prozent gesunken.

Dabei ist das Fernsehen nicht das einzige Massenmedium, das sich im Umbruch befindet. Die angesagtesten Zeitschriften von heute gab es gestern noch gar nicht, und morgen können es bereits wieder andere sein, die in sind. Guerillas wissen: Medien stehen nie still, und potenzielle Kunden sind bewegliche Ziele.

Desktop-Publishing, Laserdruck, Satellitenfernsehen, Mobiltelefone, Faxgeräte, Voicemail und das Internet gehören heute zum Arsenal jedes Guerillas. Informieren Sie sich über diese Technologien und setzen Sie sie ein, bevor es die Großen tun. Sie sind ein Guerilla, wendig und flink. Große Unternehmen verfügen vielleicht über ein perfektes Image und viel Geld, aber ihre Werbeabteilungen manövrieren träge durch einen Morast voller Bürokratie, Sitzungen, Ausschüsse, Memos und Hierarchien.

Betreten Sie die Welt der Massenmedien mit Zuversicht. Nie gab es eine bessere Zeit, um dort als Guerilla aufzutreten. Packen Sie diese Gelegenheiten am Schopf!

Zeitungen

Ganz gleich, welche Art von Marketing Sie betreiben, es ist unerlässlich, dass Sie sich die ständigen Veränderungen des Marktes bewusst machen. Aufgrund des Babybooms zwischen 1946 und 1964 steigt das Durchschnittsalter der Amerikaner, aber auch ihre Lebenserwartung ständig an. 1990 waren nur 4 Prozent von ihnen älter als 85 Jahre. Heute sind es 12 Prozent – das entspricht ungefähr 3,8 Millionen Menschen. Nach einem Bericht der US-amerikanischen Statistikbehörde sind die Über-85-jährigen die am schnellsten wachsende Bevölkerungsgruppe in den USA.

Die Bevölkerung wird weiter in den sogenannten Sonnengürtel – Texas, Florida, Arizona und Kalifornien – ziehen. Einwanderer machen 25 bis 33 Prozent der US-amerikanischen Bevölkerung aus, wobei die Hispanics den Afroamerikanern den Rang als größte Minderheitsgruppe ablaufen werden. 10 Prozent der Bevölkerung Amerikas werden hispanischer Abstammung sein. Die Minderheiten werden weiterhin von den Innenstädten in die Vorstädte ziehen. Die Gruppe der Amerikaner asiatischer Abstammung wird rasch anwachsen.

Solche Entwicklungen sollten Sie sich bewusst machen, wenn Sie über Zeitungswerbung und darüber, welche Stellung sie in Ihrem Medienmix einnehmen soll, nachdenken. In den meisten Regionen gibt es mehrere Zeitungen, die sich an bestimmte Zielgruppen richten. Welche Zeitungen und damit welche Zielgruppen eignen sich für Sie am besten? Es gibt die Zeitungen in den Großstädten, landesweite und lokale Zeitungen, Verbraucherzeitungen, Anzeigenblätter, Studentenzeitungen, Wirtschaftszeitungen, Zeitungen speziell für Minderheiten sowie täglich, wöchentlich und monatlich erscheinende Zeitungen. Es liegt auf der Hand, was Sie angesichts dieser Vielfalt tun müssen: sorgfältig auswählen.

Wenn Sie sich für eine bestimmte Zeitung entscheiden, sollten Sie natürlich ihre Auflage kennen. Nehmen Sie die Auflagenzahl mal drei, dann kennen Sie die Anzahl der Leser. Eine Familie, die eine Zeitung abonniert hat und in der zwei Erwachsene und drei Kinder jede Ausgabe lesen, zählt nur als ein Abonnement, auch wenn es fünf Leser sind.

Zeitungswerbung ist die mit Abstand beliebteste Marketingmethode der Kleinunternehmer, auch wenn Onlinemarketing dabei ist, diesen Vorsprung aufzuholen. Natürlich ist es möglich, dass Ihr Geschäft von Zeitungswerbung nicht profitiert. Doch wenn Sie diesen Schritt in Erwägung ziehen, müssen Sie ihn gut vorbereiten.

Zeitungen bieten ein hohes Maß an Flexibilität, weil Sie bis zum Anzeigenschluss – also wenige Tage vor Erscheinen des Blattes – entscheiden können, ob Sie die Anzeige so wie sie ist schalten oder noch ändern möchten. Noch mehr Flexibilität gibt Ihnen das Radio, hier können Sie Änderungen bis zum Tag der Ausstrahlung vornehmen. Auch eine Webseite bietet einen hohen Grad an Flexibilität; kaum Flexibilität dagegen bieten Zeitschriften und das Fernsehen.

Wenn Sie keine Zeitung als klaren Favoriten für Ihre Anzeigen benennen können (hinsichtlich Ihrer Zielgruppe und der Eignung), versuchen Sie folgenden Test: Schalten Sie zunächst in so vielen Zeitungen Ihrer Region eine Anzeige, wie Sie können – vielleicht in über 30. Werben Sie in Ihren Anzeigen mit Gutscheinen und Rabattaktionen: Nachlass in Höhe von 5 Euro, ein kostenloses Buch, 15 Prozent Rabatt oder eine Pflanze als Werbegabe. Schreiben Sie in die Anzeige, dass der Kunde Ihre Anzeige ausschneiden und mitbringen oder erwähnen muss, wenn er Sie telefonisch oder per E-Mail kontaktiert.

Nun können Sie die Reaktionen analysieren und sehen bald, welche Zeitungen das beste Ergebnis erzielen, welche ein eher mittelmäßiges Resultat und welche Sie getrost vergessen können. Sie müssen ja nicht unbedingt in 30 Zeitungen Anzeigen schalten, um das herauszufinden, drei, fünf oder zehn sollten genügen. Es wäre jedoch höchst unklug, es überhaupt nicht auszutesten. Jetzt müssen Sie nur noch herausfinden, was Ihre Kunden mehr angesprochen hat: Ihr Angebot oder die Zeitung. Dazu führen Sie einen weiteren Test durch. Schalten Sie in der bisher effektivsten Zeitung eine andere Anzeige. Ist der Rücklauf ähnlich hoch, haben Sie auf das richtige Pferd gesetzt.

Vergessen Sie nicht, dass wir über Werbung als klassische Investition sprechen. Verschwenden Sie also nicht Ihr Marketingbudget, um in einer Zeitung zu werben, weil Sie sie lesen, weil ein Freund sie empfohlen hat, oder weil Sie die Anzeigenverkäuferin sympathisch finden. In der Zeitung, für die Sie sich letztlich entscheiden, werden Sie dauerhaft werben. Sie setzen Ihr Marketingprogramm, Ihre regelmäßigen Anzeigen, Ihr Geld, aber auch Ihre Hoffnungen darauf. Treffen Sie diese Entscheidung also mit der größtmöglichen Sorgfalt. Die Zeitung muss sich in Ihrem Gutscheintest bewährt haben und von potenziellen Kunden in Ihrem Marketinggebiet gelesen werden. Eine monatlich erscheinende Zeitung eignet sich in der Regel nicht so gut wie eine Wochenzeitung, oder besser noch, eine Tageszeitung.

Marketing ist halb Wissenschaft und halb Kunst – und Kunst ist nun mal eine subjektive Angelegenheit. Der künstlerische Aspekt des Marketings beschränkt sich nicht allein auf die Gestaltung von Text und Bild, sondern ist auch eine Frage des Timings, der Medienauswahl und des Anzeigenformats.

Die Bedeutung des Anzeigenlayouts darf nicht unterschätzt werden. Wesentlich mehr Menschen werden Ihre Anzeige wahrnehmen, als Sie persönlich kennenzulernen oder Ihrem Laden einen Besuch abstatten, das heißt Ihre (potenziellen) Kunden bilden sich auf Grundlage Ihrer Anzeige eine Meinung über Ihr Geschäft. Lassen Sie keinesfalls die Zeitungsangestellten Ihre Anzeige entwerfen oder den Text schreiben. Sonst wird sie sich nicht von den üblichen Anzeigen abheben. *Ihre Konkurrenz umfasst nicht nur die Mitbewerber Ihrer Branche, sondern jeden, der eine Anzeige schaltet.*

Sie buhlen mit Banken, Telekommunikationsunternehmen, Fluglinien, Automobilherstellern, Zigarettenproduzenten, Getränkeherstellern und vielen anderen um die Aufmerksamkeit des Lesers. Ihre Anzeige braucht daher einen unverwechselbaren Stil. Beauftragen Sie einen professionellen Grafiker mit der Gestaltung Ihrer Anzeige und weisen Sie die Zeitung an, die Designvorgaben zu beachten. Egal, ob nun Sie, ein talentierter Freund oder ein begnadeter Grafiker die Anzeige gestaltet, wichtig ist, dass Ihre Werbeidentität Ihrem Marketingplan folgt – auf unverwechselbare Weise. Mit langweiligen Anzeigen können Sie keinen Blumentopf gewinnen. Schließlich wollen Sie bei den Lesern Kaufverlangen wecken, und eine pfiffige Anzeige trägt dazu unermesslich bei – nein, messbar, sofern Sie die Ergebnisse analysieren.

Grob geschätzt verfügt vermutlich nur eine von 25 Zeitungen über eine erstklassige Werbeabteilung, die Anzeigen in der Qualität professioneller Werbeagenturen erstellt. Anders ausgedrückt haben 24 von 25 Zeitungen Werbeabteilungen, die Ihr Marketingbudget zum Fenster hinauswerfen, indem sie Ihnen 08/15-Anzeigen verkaufen. Das Gleiche gilt für den Text. Zeitungsangestellte helfen Ihnen gerne beim Texten – weil sie möchten, dass Sie bei ihnen werben. Mein Rat lautet: Spenden Sie Ihr Marketinggeld lieber. Oder geben Sie es einem fähigen Werbetexter, der bei den Lesern Ihrer Anzeige den Wunsch weckt: »Genau das und nichts anderes will ich.« Mit einer überzeugenden Zeitungsanzeige ist Ihr Marketinggeld gut investiert, und Sie können mit einem hohen Ertrag rechnen.

Wählen Sie eine gut lesbare Schriftart. Die Schriftgröße sollte größer als die Standardgröße der Zeitungsartikel sein. Machen Sie es Ihrem Leser einfach, die Anzeige zu lesen. Bei weißer Schrift auf schwarzem Hintergrund muss darauf geachtet werden, dass Buchstaben nicht unleserlich werden, weil die schwarze Farbe verläuft. Häufig erscheinen in Zeitungen Anzeigen mit schlecht oder gar nicht lesbarem Text (als Ergebnis des herkömmlichen Druckverfahrens, doch zum Glück für alle Guerillas weicht dieses Verfahren langsam dem wesentlich besseren Digitaldruck). Sie oder Ihr Grafiker sollten sich von der Produktionsabteilung der Zeitung bestätigen lassen, dass Ihre Anzeige perfekt gedruckt wird.

Was das Format anbetrifft, ist eine ganzseitige Anzeige vermutlich die beste Lösung, wenn Sie viel bewirken wollen. Aber die wöchentlichen Kosten dafür sprengen Ihr Budget vermutlich, also muss eine kleinere Anzeige genügen. Stellen Sie sich einfach diese Frage: Welche Anzeigengröße kann ich mir denn leisten?

Zeitungen berechnen Anzeigen nach Zeilen oder Zentimetern. Fragen Sie einfach nach den geltenden Preisen und legen Sie aufgrund dieser Auskunft die Größe Ihrer Anzeige fest und auch, wie oft sie erscheinen soll. Manche Unternehmer leisten sich Jahr ein, Jahr aus eine wöchentliche viertelseitige Anzeige und erfreuen sich infolgedessen einer jährlichen Umsatzsteigerung von 25 Prozent. Andere wollen ihren Umsatz noch weiter erhöhen und schalten halbseitige Anzeigen zweimal pro Woche. Ihre Entscheidung hängt natürlich von den Kosten der Werbung in einer bestimmten Zeitung ab.

Die meisten vollformatigen Zeitungen in den Vereinigten Staaten sind rund 50 Zentimeter hoch. Wenn Sie es sich leisten können, schalten Sie eine Anzeige im Hochformat von mindestens 25 Zentimetern. So können Sie sich sicher sein, dass ein Teil Ihrer Anzeige über dem Mittelfalz liegt. Die meisten vollformatigen Zeitungen sind sechs Spalten breit. Das bedeutet, wenn Ihre Anzeige über vier Spalten geht und 25 Zentimeter hoch ist, kann man sie nicht übersehen.

Wenn Sie sich für dieses Großformat entscheiden, können Sie sicher sein, dass Sie Ihr Geld nicht zum Fenster hinausgeworfen haben. Eine kleinere Anzeige mit einem auffälligen Rahmen ist jedoch wesentlich kostengünstiger, und nicht nur ganzseitige Anzeigen fallen auf. Wichtig ist, dass Annoncen das Interesse des Lesers wecken, ein Kaufbedürfnis auslösen und ihn motivieren, so zu reagieren, wie Sie das gerne hätten.

Wenn Sie Ihre Anzeige in einer kleinformatigen Zeitung platzieren, sparen Sie Geld. Eine 20 Zentimeter große Anzeige kann in einer großformatigen Zeitung untergehen, aber in einer kleinformatigen fällt sie auf. Viele Sonntagszeitungen sind kleinformatig; es bietet sich also an, hier den Rotstift anzusetzen. Doch letztlich dreht es sich nur um die Frage, ob Ihre Kunden diese Zeitung und den Teil, in dem Ihre Anzeige steht, auch lesen.

Folgende Richtlinien helfen Ihnen zu entscheiden, ob Sie große oder kleine

Anzeigen schalten sollen. Kleine Anzeigen haben Vor- und Nachteile. Kleine Anzeigen

- hinterlassen weniger Eindruck als große
- bieten kaum Platz für Namen oder Informationen
- eignen sich nicht für einen Farbdruck
- bieten kaum Platz für Fotos oder Abbildungen
- erzeugen keine Riesenumsätze
- können nicht überall in der Zeitung gedruckt werden.

Aber mit kleinen Anzeigen können Sie

- mehrere zum Preis einer großen Annonce schalten
- in vielen Anzeigen jeweils eines Ihrer Produkte bewerben
- verschiedene Zeitungen ausprobieren
- kostenlose Broschüren, Muster oder Kataloge anbieten
- eine Datenbank mit den Interessenten erstellen, die sich bei Ihnen melden
- in den Kleinanzeigen werben, die von Kaufinteressenten gelesen werden
- Ihre Webseite angeben, auf der potenzielle Kunden weitere Informationen finden.

An welchem Tag soll Ihre Anzeige erscheinen? Das hängt von der jeweiligen Stadt, aber auch von Ihrer Branche ab. Bitten Sie die Werbeabteilung der Zeitung um Rat. In der Regel lesen die meisten Leute die Sonntagszeitung, und an diesem Tag nehmen sie sich in der Regel auch am meisten Zeit dafür. Aber können Sie davon leben, Anzeigen an einem Tag zu schalten, an dem Ihr Geschäft geschlossen ist? Manche können das. Wenn Sie auch zu diesem erlauchten Kreis gehören, sollten Sie in der Sonntagszeitung werben.

Guerillas schalten auch gerne Anzeigen in den Samstagszeitungen, weil an diesem Tag meist Stellen- und Immobilienanzeigen geschaltet werden und die Zeitung von mehr Menschen gelesen wird – insbesondere eben der Anzeigenteil. Auch wer unter der Woche viel unterwegs ist, ist meistens am Wochenende wieder zu Hause und verbringt oft Stunden mit der Zeitungslektüre. Samstag ist auch deshalb ein recht guter Tag, weil viele Werber vor ihm zurückschrecken und Sie deswegen weniger Konkurrenz haben.

Wenn sich Ihr Angebot speziell an Männer richtet, empfiehlt sich auch der Montag. Viele Männer lesen die Montagsausgabe besonders aufmerksam, um die Sportergebnisse vom Wochenende zu erfahren. Manche Zeitungen erklären Mittwoch oder Donnerstag zum Tag des leiblichen Genusses und schalten dann zahlreiche Anzeigen von Restaurants, Delikatessenläden und anderen guten Adressen für Feinschmecker.

Verschaffen Sie sich selbst einen Eindruck von der Werbewirksamkeit der unterschiedlichen Zeitungen und wenden Sie sich dann an Ihren Ansprechpartner der Zeitung. Werbefläche ist deutlich günstiger, wenn Sie einen Ein-Jahres-Vertrag über ein bestimmtes Anzeigenformat unterzeichnen. Fragen Sie auch nach Mengenrabatten, das lohnt sich in den meisten Fällen.

In der Regel ist es am vorteilhaftesten, wenn Ihre Anzeige so weit vorne wie möglich erscheint, auf einer rechten Seite, über dem Mittelfalz. Leider sichern nur sehr wenige Zeitungen eine bestimmte Position für eine Anzeige zu, außer es besteht ein umfangreicher Vertrag mit dem Auftraggeber. Der Politikteil wird als optimaler Platz für eine Annonce angesehen, weil er von der Mehrheit der Leser gelesen wird, die noch dazu einen repräsentativen Querschnitt der Leserschaft darstellen.

Vielleicht legt Ihr Produkt nahe, dass Sie im Wirtschaftsteil, Sportteil oder im Feuilleton werben. Platzieren Sie Ihre Anzeige dort, wo es auch die Konkurrenz tut, oder dort, wo ähnliche Dienstleistungen oder Produkte angeboten werden. Warum? Weil die Leser darauf getrimmt sind, genau dort nach Angeboten wie dem Ihren zu suchen.

Im Übrigen ist es ziemlich wahrscheinlich, dass Ihre Anzeige gelesen wird. Immer wieder weisen Studien nach, dass Anzeigen fast so intensiv gelesen werden wie Zeitungsartikel. Und da Grafiken die Blicke auf sich ziehen, erhält manche Anzeige sogar mehr Aufmerksamkeit. Machen auch Sie Ihre Anzeige zum Blickfang, aber übertreiben Sie es auch nicht. Im Allgemeinen gelten mehr als drei oder vier Grafiken oder Fotos als zu viel des Guten. Merken Sie sich diese Regel – und brechen Sie sie, falls Sie es für angebracht halten. Ich selbst habe mehr als einmal bewusst dagegen verstoßen. Andererseits habe ich auch schon sehr erfolgreiche Anzeigen mit nur einer Grafik gestaltet. Eine blanke Anzeige – ohne Fotos oder Abbildungen – ist um 27 Prozent weniger effektiv.

Eine weitere Regel, die Sie im Bedarfsfall gerne übertreten dürfen, lautet, dass die Botschaft in der Printwerbung dreimal wiederholt werden sollte – in der Illustration beziehungsweise dem Foto, in der Überschrift und im Text. Grafiken, die sich direkt auf die Botschaft beziehen, wirken um 32 Prozent besser, wenn sie nicht gerade ein abgedroschenes Klischee darstellen.

Ein langer Werbetext kommt ebenso gut an wie ein kurzer, bei ernsthaft Kaufinteressierten sogar oft besser. Vage formulierte Überschriften verringern die Effektivität einer Anzeige um 11 Prozent, eine Prise Humor kann sie um

10 Prozent erhöhen. Prominente Persönlichkeiten können die Werbewirksamkeit um weitere 25 Prozent erhöhen, aber das hängt natürlich vom jeweiligen Beliebtheitsgrad ab. Kochrezepte erhöhen die Wirksamkeit um 20 Prozent, Gutscheine um 26 Prozent. Wenn Sie parallel zu Ihrer Zeitungsanzeige im Fernsehen werben, lässt sich die Schlagkraft Ihrer Zeitungsanzeige um 42 Prozent erhöhen, indem Sie ein Standbild aus Ihrem TV-Spot abbilden. So wird Werbung in mehreren Medien mit Synergieeffekten belohnt.

Eine wirklich gute Anzeige – eine, die alle Merkmale und Vorzüge Ihres Angebots ins rechte Licht rückt – verdient es, mehrfach eingesetzt zu werden: in Postwurfsendungen, Kundenbroschüren, Mailings und als Innenwerbung. Die Kosten für die Produktion sind ja bereits bei der Erstellung der Anzeige angefallen. Natürlich können Sie Ihre Annonce auch auf Plakatformat vergrößern.

Damit Ihnen die Zeitungswerbung möglichst viele Anfragen einbringt, ist es ein absolutes Muss, Ihren Namen und die Hauptbotschaft durchgängig in allen Anzeigen zu erwähnen. Zusätzlich sollten Sie an Folgendes denken:

- Nennen Sie Ihr Angebot in der Überschrift.
- Unterstreichen Sie die Dringlichkeit Ihres Angebots. Vielleicht ist das Angebot nur eine begrenzte Zeit gültig. Oder nur, so lange der Vorrat reicht. *Greifen Sie zu.*
- Betonen Sie das Wort *kostenlos* und wiederholen Sie es, wenn möglich.
- Wiederholen Sie Ihr Angebot leicht verändert in einer Unterüberschrift.
- Schmücken Sie Ihre Anzeige mit einer Abbildung Ihres Produkts in der Anwendung.
- Zitieren Sie zufriedene Kunden, wenn möglich.
- Heben Sie sich von den anderen Firmen ab, die in dieser Zeitung werben. Von allen – nicht nur von Ihrer direkten Konkurrenz.
- Heben Sie eine kleine Anzeige durch einen auffälligen Rahmen hervor.
- Ein Wort oder eine Wortgruppe sollte in sehr großer Schrift gesetzt werden. So wirkt selbst eine kleine Anzeige groß.
- Nennen Sie Firmenanschrift, Telefonnummer, E-Mail- und Homepageadresse. Machen Sie es den Lesern einfach, Sie zu finden.
- Legen Sie sich auf ein bestimmtes Layout fest und bleiben Sie dabei, um Ihre Identität zu definieren und den Wiedererkennungswert beim Verbraucher zu erhöhen.

- Experimentieren Sie mit unterschiedlichen Anzeigenformaten, Gestaltungsarten, Tagen und Zeitungsteilen.
- Ziehen Sie in Erwägung, in Zeitungsbeilagen zu werben. Das ist effektiv und billiger, als Sie glauben.
- Bringen Sie Farbe ins Spiel. Rot, blau und braun wirken gut – aber nur in größeren Anzeigen.
- Experimentieren Sie mit verschiedenen Anzeigentypen und Angebotstexten in unterschiedlichen Zeitungen, um die Annonce, das Angebot und das Format immer weiter zu perfektionieren. Anschließend können Sie die Anzeige voller Zuversicht schalten. Denken Sie daran: Übung macht den Meister.
- Vorsicht bei neu aufgelegten Zeitungen. Warten Sie, bis sie sich etabliert haben. Sobald das der Fall ist, betrachten Sie die Zeitung als Ihren Lebenspartner – und so eine Verbindung ist, wie Sie wissen, auf lange Zeit ausgelegt.
- Setzen Sie sich dafür ein, Ihrer Anzeige einen guten Platz oben rechts zu sichern. Nett darum zu bitten reicht meist nicht aus. Vielleicht müssen Sie persönlich vorbeischauen und Ihre Hartnäckigkeit unter Beweis stellen.
- Keine Angst vor langem Werbetext. Auch wenn lange Texte am besten in Zeitschriften aufgehoben sind, werden sie auch in Zeitungen erfolgreich eingesetzt.
- Schalten Sie Ihre Anzeige im Wirtschaftsteil, wenn sich Ihr Angebot an Unternehmer wendet, im Sportteil, wenn Sie Männer ansprechen wollen, im Kulturteil, wenn Sie für Ihr Restaurant werben. Am sorgfältigsten wird übrigens oft die Seite mit dem Horoskop gelesen. In der Regel ist der beste Platz für Anzeigen der Politikteil, und dort so weit vorne wie möglich.
- Studieren Sie die Anzeigen der Konkurrenz. Analysieren Sie deren Angebote. Ihres muss überzeugender, präziser, charmanter, anders und besser sein.
- Werten Sie den Rücklauf Ihrer Anzeige aus. Wenn Sie Ihre Experimente nicht analysieren, können Sie nicht aus Ihren Fehlern lernen.
- Anzeige, Zielmarkt, Produkt und Zeitung müssen aufeinander abgestimmt sein.
- Fassen Sie sich kurz. Kurze Wörter. Kurze Sätze. Kurze Absätze.

- Wenn Sie einen Gutschein verwenden, muss Ihre Adresse nicht nur auf ihm, sondern auch in der Anzeige selbst genannt werden, damit Interessenten Sie kontaktieren können, wenn der Gutschein schon ausgeschnitten wurde.
- Wählen Sie Fotos und Grafiken aus, die auch im Druck gut aussehen.
- Ihr Firmenname muss unten in der Anzeige stehen. Erwarten Sie nicht, dass die Leute Ihren Namen dem Text, der Überschrift, der Grafik oder einer Fotografie Ihres Ladens entnehmen. Außerdem sollte der Name in der Überschrift oder zumindest in der Unterüberschrift erwähnt werden.
- Platzieren Sie Ihre Web-Adresse an auffälliger Stelle oben in Ihrer Anzeige. Laden Sie die Leser dazu ein, Ihre Homepage zu besuchen.
- Ihre Anzeige muss interessant sein. Denken Sie daran: Zeitungsleser wollen Neues erfahren. Ihre Botschaft sollte sich also möglichst auf das aktuelle Geschehen beziehen.
- Fragen Sie jeden Neukunden, wie er von Ihnen erfahren hat. Wird die Zeitung nicht erwähnt, fragen Sie nach: »Haben Sie unsere Zeitungsanzeige gesehen?« Kundenfeedback ist unbezahlbar.
- Versuchen Sie mit Ihrer Anzeige die Menschen anzusprechen, die aktuell auf dem Markt nach Ihrem Angebot suchen.
- Als separate Marketingmaßnahme ist Zeitungswerbung nur sinnvoll, wenn Ihre Anzeigen regelmäßig einmal pro Woche erscheinen. Von gelegentlichen Anzeigen können Sie sich keine Wirkung erhoffen.

Diese Ratschläge, Ihr gesunder Menschenverstand, die Qualität der Zeitungen in Ihrer Region, deren Produktionsabteilung, Ihr persönlicher Ansprechpartner und die Anzeigen Ihrer Mitwerber sind Entscheidungskriterien, mit denen Sie einschätzen können, ob Sie Zeitungen als Teil Ihres persönlichen Guerilla Marketing-Mix einsetzen sollten. Vielen Guerillas zahlt die Zeitungsanzeige die Miete.

Zeitschriften

Wussten Sie, dass auch Selbstständige und Kleinunternehmer in bekannten und renommierten Zeitschriften werben können? Zeitschriftenwerbung hat schon vielen kleinen Unternehmen große Erfolge beschert. Denn der Hauptgrund, warum Verbraucher einem Anbieter die Treue halten, ist Vertrauen.

Und Zeitschriftenwerbung schafft Vertrauen, weil sie den Bekanntheitsgrad erhöht. *Eine gut gemachte, vorzugsweise ganzseitige Anzeige in einer Zeitschrift verleiht einem kleinen Unternehmen mehr Glaubwürdigkeit als jedes andere Massenmedium.*

Natürlich schenken Ihnen Kunden nicht notwendigerweise Vertrauen, nur weil Sie einmal eine Zeitschriftenanzeige geschaltet haben. Allerdings können Sie die Nachdrucke Ihrer Anzeige beliebig oft weiterverwenden. Eine sehr erfolgreiche Firma warb einmal in dem Nachrichtenmagazin *Time* und nutzte dann fast 25 Jahre lang Nachdrucke dieser Anzeige (für nicht einmal 1 Cent pro Stück) im Schaufenster, auf dem Ladentisch und in Direktmailings. Noch 2006 warb die Firma im Schriftverkehr mit dem Zusatz »Bekannt aus dem *Time*-Magazin« – ein zugkräftiger Name, der aufgrund einer einzigen Anzeige aus dem Jahr 1973 mal so eben erwähnt werden kann. Besser lässt sich Zeitschriftenwerbung wohl kaum ausnutzen.

Von einer Zeitschriftenanzeige im Jahr 2007 profitieren Sie also noch 2027, und die Investition an sich hält sich in Grenzen. Viele schlaue Unternehmer schalten eine einmalige Anzeige in der regionalen Ausgabe einer nationalen Zeitschrift und verwenden dann die Nachdrucke dieser Anzeige in Direktmailings – wodurch sie von dem Vertrauen profitieren, das die Zeitschrift in der Regel bei potenziellen Kunden genießt. Das ist der Sinn von Zeitschriftenwerbung für kleine Unternehmen. Sie verleiht Ihnen Glaubwürdigkeit, die sich in Ihren Umsätzen niederschlägt. Wer das Nachrichtenmagazin *Time* für zuverlässig, vertrauenswürdig und seriös hält, überträgt diese Qualitäten auf die Unternehmen, die im *Time*-Magazin werben. Wenn Sie glaubwürdig sein wollen, werben Sie einfach in seriösen Zeitschriften.

Übrigens ist es ratsam, eine Anzeige einmal und ausschließlich in der regionalen Ausgabe zu platzieren. Nicht alle Zeitschriften bieten regionale Ausgaben oder Teilbelegungen an, wie sie auch genannt werden. Aber wenn, sparen Sie damit ein Vermögen.

Die Anzahl der Zeitschriften, die diese günstige Werbemethode anbieten, wächst rasch. Ohne professionelle Medien-Agentur verliert man jedoch leicht den Überblick über die vielen Angebote, mit denen sich die Massenmedien an kleine Unternehmen wenden. Das ist einer der Gründe, warum Guerillas mit solchen Agenturen zusammenarbeiten.

Viele Menschen wissen gar nicht, dass es regionale Ausgaben großer Magazine gibt. Wenn die Leser Ihre ganzseitige Anzeige (oder eine kleinere Anzeige, falls Sie Fusion Marketing betreiben und sich die Kosten mit einem oder mehreren Partnern teilen) in einem angesehenen nationalen Magazin sehen, sind sie bestimmt beeindruckt. Dieser gute Eindruck erhöht das Vertrauen in Ihr Angebot. Suchen Sie in Ihrer Bibliothek oder im Internet nach Verbrauchermagazinen und Zeitschriften, die Teilbelegungen anbieten, und erkundigen Sie sich nach dem Preis für eine Annonce.

Wenn Sie einen Versandhandel betreiben und eine kleine Anzeige in einer landesweit erscheinenden Zeitschrift schalten, sollten Sie vorher möglichst viele Varianten ausprobieren. Eine günstige Testmethode sind die sogenannten Split-Runs, die viele Zeitschriften anbieten. Damit testen Sie zwei Überschriften auf ihre Werbewirksamkeit. Sie reichen zwei unterschiedliche Anzeigen ein, die jeweils einen speziellen Antwortcode enthalten, damit Sie später den jeweiligen Rücklauf zuordnen können. In einer Hälfte der Auflage erscheint dann die eine Überschrift, in der anderen Hälfte die andere.

Ein Anbieter von Trainingsgeräten schaltete zum Beispiel einmal eine Split-Run-Anzeige mit einem Gutschein. Eine Überschrift lautete: »Stärken Sie Ihre Handgelenke und verbessern Sie Ihr Handicap!« Die andere: »Stärken Sie Ihre Handgelenke in nur zwei Minuten täglich!« Im Coupon der ersten Anzeige war diese Adresse angegeben: Lion's Head, 7230 Paxton, Abt. G6A, Chicago, IL 60649, im Coupon der zweiten Anzeige: Lion's Head, 7230 Paxton, Abt. GOB, Chicago, IL 60649.

Obwohl beide Coupons bis auf die Adresse identisch waren, war es ein Leichtes festzustellen, dass die Anzeige, die mit täglich nur zwei Minuten Übung für das Gerät warb, mehr bewirkte als die andere, obwohl der Firmeninhaber jede Wette eingegangen wäre, dass das Versprechen eines besseren Handicaps deutlich mehr Kunden ansprechen würde. In der Abteilung GOB gingen vier Mal so viele Antworten ein wie in der Abteilung G6A. Restlos ausräumen ließen sich eventuelle Unklarheiten, da die Bestellungen durch den Code G6A eindeutig belegten, dass sie aufgrund der Anzeige in der Zeitschrift Golf (G), die im Juni (6) geschaltet wurde, eingegangen waren. Der Code lieferte also drei wichtige Informationen: Medium, Erscheinungsmonat der Anzeige und Effektivität.

In einem Code lassen sich auch das Jahr, die Anzeigengröße und andere Informationen verschlüsseln. Manche Medien bieten statt eines doppelten einen dreifachen Split-Run; so können Sie nicht nur mit zwei, sondern mit drei Überschriften experimentieren. Wenn Sie diese Möglichkeit haben, sollten Sie sie auch nutzen. Lassen Sie Ihre Zielgruppe entscheiden, welche Anzeige die beste ist. Diese Testläufe kosten nicht die Welt. Ein Split-Run spart Geld und liefert Ihnen unbezahlbare Informationen. Im Anschluss wissen Sie, womit Sie am meisten erreichen.

Lassen Sie sich von den Kosten nicht gleich davon abschrecken, in nationalen Zeitschriften zu werben. Vielleicht lassen sich die Kosten reduzieren, indem Sie Ihre Firma um eine eigene Werbeabteilung ergänzen oder Restanzeigenfläche, Teilbelegungen und winzige Anzeigenformate buchen. Oder Sie werben im Kleinanzeigenteil. Viele Zeitschriften bieten attraktive Anzeigenrabatte für den Versandhandel, und nahezu alle Zeitschriften haben ein Sortiment beeindruckender Werbematerialien: Aufstellkarten, Nachdrucke, Aufkleber mit dem Namen der Zeitschrift (»bekannt aus dem *Time*-Magazin«) und Aufbewahrungsmappen. Ihr Ansprechpartner bei der Zeitschrift wird Sie sicherlich gerne über die verfügbaren Werbematerialien informieren. Greifen Sie zu. Solche Materialien machen sich gut in Ihrem Geschäft, auf Ihrer Webseite, in Ihrem Schaufenster (wenn Sie denn eines haben) und in Kombination mit anderen Marketinginstrumenten.

Die beiläufige Bemerkung »Sie haben unsere Anzeige vermutlich in der *Freundin* gesehen« kann sich als äußerst hilfreich erweisen. Setzen Sie die Zeitschriftenanzeige einen Monat auf die Startseite Ihrer Webseite. Holen Sie heraus, was herauszuholen ist – und das ist wirklich jede Menge. Die Anzeige lässt sich als Beilage in Direktmailings und persönlichen Briefen verwenden, als Aushang an Schwarzen Brettern, als Flyer auf dem Ladentisch, als Plakat bei Messen, in Broschüren und Postwurfsendungen. Die Kosten dieser wirkungsvollen Guerilla Marketing-Waffe sind lächerlich gering, manchmal sogar gleich null. Setzen Sie sie richtig ein. Zeitschriftenwerbung hilft Ihnen jetzt und in der Zukunft. Freuen Sie sich auf die kommenden Jahre, in denen Sie Ihre Ernte einfahren können.

Zeitschriftenwerbung bietet noch weitere Vorteile, die nicht zu verachten sind. So können Sie Ihre Zielgruppe mit Zeitschriften viel genauer ins Visier nehmen als mit Zeitungsanzeigen, da Zeitschriften eine deutlich geringere Streuung besitzen. Sie erreichen Menschen, die bereits durch den Kauf oder das Abonnement der Zeitschrift Interesse am Skifahren, Gärtnern, Heimwerken, an Mode oder was auch immer bekunden. So verpulvern Sie Ihre Munition nicht umsonst. Jeder Leser ist zugleich ein potenzieller Kunde. Womit wir bei einem der wichtigsten Prinzipien des Guerilla Marketings wären, das lautet, sich in erster Linie an potenzielle Kunden anstatt an Schaufensterbummler zu wenden.

Es empfiehlt sich also eine Anzeige in einer Fachzeitschrift, die von vielen Ihrer zukünftigen Kunden abonniert und von vorne bis hinten gelesen wird. Eigentlich unverzichtbar ist das, wenn Sie Produkte für Unternehmen an den Mann oder die Frau bringen wollen.

Informieren Sie sich online oder in der Bibliothek, welche Fachblätter es überhaupt gibt. Abonnieren Sie mindestens eine Fachzeitschrift, um über die aktuellen Entwicklungen in Ihrer Branche auf dem Laufenden zu bleiben.

Der amerikanische Verlag Standard Rate and Data (SRDS) gibt diverse Verzeichnisse heraus, die vielleicht auch Ihnen nützen könnten. Hier finden Sie umfassende Mediendaten zu allen erhältlichen Presseerzeugnissen. Meiner Meinung nach müsste jeder BWL-Student mindestens einen Tag damit verbringen, SRDS-Publikationen zu studieren. Erfolgsorientierte Studenten würden sich freiwillig mehrere Tage damit beschäftigen wollen.

Ein großer Vorteil der Zeitschriftenwerbung ist, dass sich hier Farbe ins Spiel bringen lässt. Wenn Farbe in Ihrem Angebot eine Rolle spielt – weil Sie zum Beispiel Stoffe verkaufen –, lassen sich die Farbnuancen in einer Zeitschriftenwerbung hervorragend zur Geltung bringen.

Zeitschriften sind besser als jedes andere Medium (mit Ausnahme von Webseiten) für lange Texte geeignet. Im Gegensatz zum Zeitungsleser, der sich schnell über das Tagesgeschehen informieren möchte, schmökert ein Zeitschriftenleser in aller Ruhe in seinem Magazin.

Zeitschriften ziehen ihre Leser in Bann, und Ihre Anzeigen können das Gleiche tun. Studien zeigen, dass Menschen, die an einem Angebot nicht interessiert sind, einfach weiterblättern, während Kaufinteressierte jedes Wort davon lesen.

Nutzen Sie Unterüberschriften. Eine Anzeige, die zu 33 bis 50 Prozent Text enthält, sollte mindestens drei Unterüberschriften aufweisen. Bei weniger Text genügen eine oder zwei. Schreiben Sie Ihre Unterüberschriften nicht ausschließlich in Großbuchstaben und setzen Sie die Schrift fett.

Fassen Sie sich kurz – Unterüberschriften werden *vor* dem eigentlichen Text gelesen.

In Amerika publizieren Zeitschriften heute immer mehr regionale Ausgaben – vermutlich, um uns Guerillas entgegenzukommen. Jetzt, da Sie das wissen, blättern Sie doch mal durch die Regionalausgabe der Zeitschriften *Time*, *TV Guide*, *Sports Illustrated* oder *Better Homes and Gardens*. (In Deutschland können Sie durch entsprechende Zeitschriften blättern.) Wie viele kleine und mittlere Unternehmen werben hier? Wie viele nutzen Farbe, um ihre Produkte hervorzuheben? Wie viele werben mit langen Texten? Wer teilt sich die Kosten mit anderen Unternehmern, um kostengünstig mehrere kleinere Anzeigen auf einer Seite zu schalten? Die meisten dieser Unternehmen könnten sich niemals eine Anzeige in der landesweit erscheinenden Ausgabe dieser Zeitschrift leisten. Die stetige Zunahme von kleinen Unternehmern in Amerika hat regionalen Ausgaben den Weg geebnet. Wer darin wirbt, weiß, dass er sich dadurch in die erste Liga katapultiert. Ihre Anzeige kann Seite an Seite mit einer Anzeige der Bank of America, Rolls-Royce oder IBM stehen. Mit Guerilla Marketing spielen Sie in der ersten Liga, ohne sich erst durch die unteren Klassen kämpfen zu müssen.

Viele große Zeitschriften sind seit mehr als 40 Jahren für kleine Unternehmen als Werbemedium erschwinglich. Guerillas nutzen die Chancen der großen Zeitschriften und ihrer Werbematerialien als Schlüssel zu erfolgreichem Marketing. So stärken sie ihre Glaubwürdigkeit und gewinnen bei ihren Mitarbeitern, ihren Lieferanten und sogar bei ihren Konkurrenten an Ansehen.

Ein kluger Schachzug ist es, alle Möglichkeiten der Zeitschriftenwerbung auszuschöpfen. Werben Sie regelmäßig in der Zeitschrift, die Ihre Zielgruppe liest. Werben Sie einmal in einer prestigeträchtigen Zeitschrift, um deren Werbematerial verwenden zu können. Werben Sie in den Kleinanzeigen einer landesweit erscheinenden Zeitschrift, wenn Sie einen Versandhandel betreiben. Werben Sie mit einer Großanzeige im redaktionellen Teil, wenn Ihr Produkt für die Kleinanzeigen zu groß ist oder die Zeitschrift keinen Anzeigenteil hat.

Sie würden unheimlich gerne in einer nationalen Zeitschrift werben, da Ihnen die Vorteile des Imagegewinns, der großen Auflage und der leicht einzugrenzenden Zielgruppe absolut einleuchten, doch Ihnen fehlt das Geld für eine große Anzeige? Kein Problem.

Als gewitzter Guerilla machen Sie auch aus einer kleinen Zeitschriftenanzeige das Beste, indem Sie in jedem Ihrer anderen Marketingmedien darauf verweisen – im Rundfunk, in Direktmailings, auf Aushängen, in den Gelben Seiten, in persönlichen Briefen, im Telemarketing, auf Ihrer Webseite, in Ihrer E-Mail-Signatur – wo immer Sie können. Der Zusatz »Bekannt aus dem *Spiegel*« ist Gold wert. Auf die Größe kommt es hier wahrlich nicht an.

Erweist sich Ihre Anzeige als echter Renner, schalten Sie sie in mehreren Zeitschriften. Gut möglich, dass sich dadurch auch Ihr Gewinn beträchtlich vermehrt. Spitzenmäßige Anzeigen können jahrelang in vielen Zeitschriften geschaltet werden. Ein solcher Werbeerfolg veranlasst jeden Guerilla zu Luftsprüngen.

Aber der Hauptgrund, in Zeitschriften zu werben, ist der bleibende Wert der Anzeige. Für einen Kunden habe ich einmal eine ganzseitige Anzeige in der *Newsweek* gestaltet, die nur ein einziges Mal geschaltet wurde. Nachdem sie erschienen war, fragte mein Kunde jeden seiner Neukunden, wie er von seiner Firma erfahren hatte. Am Ende der ersten Woche hatten sich fünf Kunden auf die Anzeige in der *Newsweek* bezogen, am Monatsende waren es 18, und nach einem Jahr 36 Kunden. Das Beste kommt aber erst noch: Mein Kunde vergrößerte die Anzeige auf eine Höhe von 1,50 Meter und brachte sie als Plakat vor seinem Geschäft an. Und das brachte ihm Tausende von Stammkunden ein.

Die *Newsweek* hatte sich für ihn als Werbemedium des Jahres erwiesen – obwohl die Anzeige nur einmal erschienen war. Was ihm den Erfolg noch zusätzlich versüßte war, dass er die Anzeigenfläche zu einem Schnäppchenpreis bekommen hatte, weil es sich um Restwerbefläche gehandelt hatte, die bis kurz vor Anzeigenschluss nicht verkauft worden war. So konnte mein Kunde zu einem Bruchteil des regulären Preises auf einer ganzen Seite für sich werben.

Wenn Sie in einer bestimmten Zeitschrift werben möchten, informieren Sie den Leiter des lokalen Anzeigenteils, dass Sie großes Interesse an Restwerbefläche haben und benachrichtigt werden möchten, wenn sie verfügbar ist. Vielleicht müssen Sie etwas warten, aber das Warten lohnt sich. Käme diese Taktik für Coca-Cola in Frage? Nein. Und für erfolgreiche Guerillas? Darauf können Sie wetten.

Zeitschriftenwerbung kommt Kleinunternehmern selten in den Sinn, weil sie nicht wissen, dass es Regionalausgaben, Restwerbefläche, Agenturrabatte und hilfreiche Werbematerialien gibt und auch winzige Anzeigen enorm einschlagen können. Doch Sie wissen es jetzt, und es gibt keine Grund mehr, den verlockenden Aussichten der Zeitschriftenwerbung noch länger zu widerstehen.

Rundfunk

Sofern Sie nicht einen guten Freund haben, dem ein Radiosender gehört, ist Rundfunkwerbung in der Regel nicht umsonst. Nicht umsonst heißt jedoch nicht, dass unbedingt Geld die Hände wechseln muss. Laut Aussage der größten US-amerikanischen Werbeagentur wurden im Jahr 2005 mehr als die Hälfte aller Anzeigen über Tauschgeschäfte abgewickelt. Gelingt es Ihnen, dass Ihr Produkt oder Ihre Dienstleistung in einem Bericht oder Interview erwähnt wird, kostet Sie diese Werbung möglicherweise ebenfalls keinen Cent. Es ist nicht besonders schwierig, über das Radio kostenlose Publicity zu bekommen. Aber in diesem Kapitel geht es um Hörfunkwerbung, für die Sie bezahlen müssen – bar oder in Form eines Tauschgeschäfts. Um es nicht unnötig kompliziert zu machen, will ich mich hier auf Radiowerbung beschränken, für die Sie Geld ausgeben müssen.

Auf der Beliebtheitsskala der Marketingmedien für Kleinunternehmen rangieren zwar Zeitungen an erster Stelle, dicht gefolgt vom Direktmailing – wobei Online-Marketing langsam, aber sicher aufholt –, doch Rundfunkwerbung hat sich immerhin einen relativ sicheren dritten Platz erobert. Sie ist eine effektive Marketingwaffe für Unternehmen mit begrenztem Budget, mit der sich die Zielgruppe erreichen lässt und enge Beziehungen aufgebaut werden können. Über das Radio kommen Sie Ihren Kunden näher als beispielsweise über Zeitungen. Mit der Stimme der Sprecher, der musikalischen Untermalung und den Soundeffekten, mit denen Sie Ihre Botschaft unterstreichen, steht Ihnen durchschlagkräftige Munition für Ihr Marketingarsenal zur Verfügung, mit der Sie Kunden für sich erobern und die Kasse klingeln lassen können.

Natürlich kann Sie ein 30 Sekunden langer Radiospot bei einem großen Privatsender leicht 1 500 US-Dollar kosten. Ein Spot bei einem kleinen Lokalsender kostet Sie aber vielleicht nur 5 US-Dollar. Und auch wenn den teuren Spot deutlich mehr Menschen hören, erreichen Sie mit dem kostengünstigeren Spot immerhin mehr als nur ein paar Zuhörer.

Das heißt jetzt nicht, dass Sie mit 5 US-Dollar schon erfolgreiche Rundfunkwerbung betreiben können. Aber wenn Ihre fünf Spots zu 5 US-Dollar täglich vier Tage in der Woche drei Wochen hintereinander ausgestrahlt werden, decken Sie das Hörerprofil eines bestimmten Radiosenders angemessen ab – für etwa 300 US-Dollar monatlich.

Weil Radiohörer oft den Sender wechseln, sollten Sie die Spots bei mehr als einem Sender schalten. Auch das ist so eine Regel, die man zwar kennen sollte, aber auch brechen darf. Aber vergessen Sie nicht, dass ein Spot bei einem Sender noch keine Hörfunkkampagne ausmacht.

Wie viele Sender brauchen Sie also? Vielleicht nur einen. Aber aller Wahrscheinlichkeit nach drei, vier oder fünf. Vielleicht kommt Ihr Angebot über das Radio so gut an, dass Sie auf andere Medien verzichten können, weil Ihre Spots in zehn Sendern extrem erfolgreich ausgestrahlt werden. Für einige meiner Kunden funktioniert das ausgezeichnet. Einer der Vorteile, auf vielen Sendern ausgestrahlt zu werden, besteht darin, dass man durch die sorgfältige Analyse der Hörerreaktionen – das heißt durch das Zurückverfolgen, welche Sender zu Aufträgen oder Käufen führen – Verlierer aussortieren und die Kampagne auf die bewährten Zugpferde konzentrieren kann. Natürlich können Sie auch die in Kapitel 9 erläuterte Testmethode anwenden. Wählen Sie zum Beispiel fünf Sender aus und senden Sie jeweils unterschiedliche Spots. In jedem Spot bieten Sie einen anderen Vorteil – einen Sonderrabatt, ein Geschenk, einen 50-prozentigen Preisnachlass – und bitten die Hörer, sich darauf zu beziehen. So erfahren Sie schnell, welche Sender Sie getrost vergessen können (vielleicht alle) und mit welchen Sie sich auf Erfolgskurs befinden (vielleicht mit allen).

Nur wer die Reaktionen auf verschiedene Werbeaktionen und Medien sorgfältig auswertet, hat die Bezeichnung Guerilla verdient. Wer sich aufs Geratewohl in Marketingaktionen stürzt und blindlings Medien auswählt, verhält sich eher wie ein Lemming. Marketing ist auch eine Wissenschaft, und wenn Ihnen schon die Gelegenheit geboten wird, die Effektivität eines Medium wissenschaftlich auszuwerten, sollten Sie sie ergreifen.

Werten Sie die Reaktionen auf Ihre Werbung aus, egal ob nun Sie oder Ihre Vertriebsmitarbeiter Anfragen und Aufträge entgegennehmen. Fragen Sie Neukunden: »Wo haben Sie zuerst von uns gehört?« Lautet die Antwort: »Im Radio!«, dann fragen Sie nach dem Sender. Wird ein Sender genannt, in dem Sie nicht werben, haken Sie nach: »Welche Sender hören Sie normalerweise?« Wird auch dann kein Sender genannt, in dem Sie werben, helfen Sie dem Kunden auf die Sprünge, indem Sie einige Radiosender nennen (unter denen mindestens einer ist, in dem Ihr Spot läuft). Das macht zwar keinen großen Spaß, aber noch weniger Spaß macht es, Marketinggelder aus dem Fenster zu werfen. Finden Sie unbedingt heraus, welche Sender Ihre Kunden ansprechen und welche nicht. Nach ein bis drei Jahren können Sie Ihre Effektivitätsanalyse etwas herunterfahren, obwohl ich Ihnen davon abrate. Wenn Sie mit Sicherheit sagen können, auf welchen Sendern Sie am erfolgreichsten werben, mag Ihnen die mühselige Analyse möglicherweise überflüssig erscheinen. Solange Sie aber nicht 100-prozentig sicher sind, ist sie alles andere als überflüssig. Und weil sich Sender und Kunden beständig verändern, ist es empfehlenswert, dauerhaft am Ball zu bleiben.

Es gibt die unterschiedlichsten Radiosender. Manche widmen sich der Musik und strahlen Rock, Rap, Hiphop, Pop, Country, Hits, Jazz, Alternative, Oldies oder Reggae aus, manche widmen sich dem aktuellen Tagesgeschehen oder der Kultur, auf anderen laufen Talkshows und wieder andere wenden sich speziell an Landwirte, Gläubige, Intellektuelle und so weiter. Öffentlich-rechtliche Sender bringen in der Regel keine Werbung, kündigen aber kostenlos Veranstaltungen an. Welchen Sender hören Ihre Kunden? Auch wenn sich Radiosender in zahlreiche Kategorien aufteilen lassen, sind für uns nur zwei interessant: Hintergrund- und Vordergrundsender.

Die meist musikalischen Programme der *Hintergrundsender* erfordern keine Aufmerksamkeit. Sie laufen im Hintergrund, während man sich unterhält, arbeitet, spielt, bügelt oder kocht, und lenken nicht von diesen Tätigkeiten ab. Da man ihnen nicht aufmerksam zuhört, geht meistens auch die Werbung unter – leider. Allerdings nicht immer, denn wer zum Beispiel allein im Auto fährt und Radio hört, schenkt der Werbung – und Musik – mehr Beachtung.

In der Regel sind aber alle Sender, die ausschließlich Musik spielen, Hintergrundsender.

Sender, die sich explizit dem Sport, der Religion, der Wirtschaft oder Politik widmen oder ausschließlich Talkshows ausstrahlen, sind *Vordergrundsender*. Wer sich unterhalten, arbeiten oder sich konzentrieren will, stellt kaum einen Vordergrundsender ein, denn er fordert die volle Aufmerksamkeit der Zuhörer. Daher haben Werbespots auf diesen Sendern bessere Chancen, bewusst gehört zu werden. Das muss nicht heißen, dass Vordergrundradio für Werbung zwangsläufig besser geeignet ist als Hintergrundradio, den Unterschied zwischen beiden Kategorien sollten Sie aber kennen.

Natürlich gibt es noch weitere Unterschiede. Im Gegensatz zu Musiksendern, die manchmal noch nicht einmal von einem DJ moderiert werden, sondern nur Bandansagen einspielen, werden Talk-Sendungen immer von Moderatoren geleitet, die die Zuhörer mit einbeziehen, aus dem Nähkästchen plaudern und Persönliches preisgeben.

Im Folgenden stelle ich Ihnen eine Guerilla-Taktik vor, die bei Vordergrundsendern prima funktioniert. Nehmen wir an, Sie bieten Computerkurse an. Laden Sie einen bekannten Radiomoderator zu einem Kurs ein und kaufen Sie Werbezeit bei seinem Sender. Bitten Sie den Moderator, über Ihren Kurs zu plaudern – ohne Skript, sondern ganz, wie es ihm in den Sinn kommt. Das Ergebnis ist in der Regel wirklich gute Werbung, die nicht nur deutlich länger ist als die Sendezeit, für die Sie bezahlt haben, sondern auch viel überzeugender. Wenn Ihr Produkt oder Ihre Dienstleistung gut ist, wird der Moderator begeistert davon schwärmen. Sie bezahlen für einen 60-Sekunden-Spot und bekommen unter Umständen drei volle Minuten Werbung, ohne einen Cent mehr dafür auszugeben.

Das ist die große Ausnahme, bei der Sie den Text Ihrer Werbebotschaft einem anderen überlassen dürfen. In allen anderen Fällen reichen Sie dem Rundfunksender fertig produzierte Spots ein, die Sie in einem unabhängigen Tonstudio oder beim Sender selbst produzieren lassen. Schicken Sie keine Skripts an den Sender. Es gibt zwar viele gute Sprecher, aber ebenso viele, die Ihren Text völlig verunstalten oder einfach nur monoton herunterleiern. Murphy's Law scheint ganz besonders bei Radiosendern zuzuschlagen: Was bei Ihrem Spot schiefgehen kann, wird schiefgehen. Reichen Sie daher nur fertig produzierte Spots ein – es sei denn, Sie konnten einen Moderator dafür gewinnen, überzeugend für Sie zu werben.

So unklug es ist, sich eine Anzeige von der Zeitung texten zu lassen, so unklug ist es auch, sich das Skript eines Radiospots vom Sender schreiben zu lassen. Die meisten Sender bieten das an. Lehnen Sie das Angebot dankend ab, sonst klingt Ihr Spot wie all die anderen.

Bietet Ihnen der Sender an, Ihren Spot zu produzieren, ist das etwas anderes. Überzeugen Sie sich von der Qualität der technischen Ausstattung und hören Sie sich die Sprecher des Senders an. Ist die technische Ausstattung gut – was bereits produzierte Spots zeigen –, und Ihnen gefällt die Stimme und Ausstrahlung eines oder mehrerer Sprecher, spricht nichts dagegen, den Spot vom Sender produzieren zu lassen. Im Allgemeinen wird dafür nichts oder wenig berechnet, und bis auf wenige Ausnahmen wird Ihr Spot jeden Cent wert sein.

Unabhängig davon, in welchem Programm Ihr Spot letztendlich gesendet wird, stellt sich die Frage, wie lang er eigentlich sein soll. Ein 30-Sekunden-Spot ist noch teuer genug, denn meist kostet er nicht nur die Hälfte eines 60-Sekunden-Spots. Was sich in 60 Sekunden sagen lässt, kann normalerweise auch in 30 Sekunden ausgedrückt werden. Begnügen Sie sich daher lieber mit dem kürzeren Spot, auch wenn damit weniger Prestigegewinn verbunden ist. Langfristig zahlt sich die Investition in jedem Fall aus. Sind für Ihr Produkt oder Ihre Dienstleistung jedoch etwas ausführlichere Erklärungen erforderlich, sollten Sie sich für den längeren Spot entscheiden. Wenn es sich lohnt, kann ein Spot auch zwei Minuten lang sein. Nehmen Sie sich so viel Zeit, wie Sie brauchen, um Ihre Botschaft eindeutig zu vermitteln, aber beschränken Sie sich auf 30 Sekunden, falls diese Zeit ausreicht.

Ein Bekannter, der schon lange Hörfunkwerbung betreibt, sagte einmal, dass er 33 Prozent seines Budgets am liebsten für die musikalische Untermalung seiner Radiowerbung ausgeben würde. Er war der Meinung, dass Musik auf emotionaler Ebene wirkt und somit die Effektivität jedes Radiospots erheblich verbessert. Und genau so ist es. Musik vermittelt Gefühle, die oft nicht in Worte gefasst werden können, und kostet nicht die Welt. Fragen Sie den Sender nach sogenannter freier Musik, die ohne Lizenzgebühren genutzt werden kann. Lassen Sie sich von einem unbekannten Musiker ein Stück komponieren, was Sie sicherlich nicht viel kosten wird und ihm die Chance gibt, sich auf diese Weise einen Namen zu machen. Sie können auch viel Geld investieren und Lizenzgebühren für einen angesagten Hit bezahlen, denn wenn Ihr Radiospot sich dadurch ebenfalls als Hit erweist, werden sich die Kosten in Nullkommanichts amortisieren.

Ein anderer findiger Unternehmer traf mit einem Musiker eine spezielle Vereinbarung. Der Musiker hatte gerade ein neues Album herausgebracht, auf dem ein Stück war, das es dem Unternehmer angetan hatte. Der Preis von

3 000 US-Dollar war ihm jedoch etwas zu hoch. Er bot dem Musiker an, ihm ein Jahr lang monatliche Nutzungsgebühren in Höhe von 100 US-Dollar zu zahlen. Am Jahresende würde er ihm dann 3 000 US-Dollar bezahlen, sofern er noch im Geschäft und weiterhin an dem Stück interessiert wäre. Mit diesen für beide Seiten fairen Deal fielen für den Unternehmer nur die monatlichen Kosten an, und der Musiker blieb vorerst Eigentümer seines Stücks. Natürlich war die Werbung erfolgreich, und der Gesamtverdienst des Künstlers lag somit bei 4 200 US-Dollar. Für den Unternehmer, der sich zunächst kaum die monatlichen 100 US-Dollar leisten konnte, waren die 3 000 US-Dollar am Jahresende kein Problem. So hatten beide von ihrem Geschäft profitiert.

Auch tolle Soundeffekte verleihen Ihrer Botschaft ganz neue Dimensionen. Setzen Sie diese Effekte ein, wann immer Sie die Möglichkeit dazu haben. In Radiosendern (und den meisten Tonstudios) gibt es Archive voller Soundeffekte, die Sie gegen geringe Gebühr nutzen dürfen. Doch Vorsicht: Weniger ist in den meisten Fällen mehr.

Sie haben rund drei Sekunden, um sich bei den Zuhörern Gehör zu verschaffen. Drei Sekunden, die Interesse wecken müssen, sonst lässt die Aufmerksamkeit nach. Anders als bei gedruckten Werbetexten müssen die Formulierungen nun nicht das Auge, sondern das Ohr ansprechen. Und denken Sie daran, Ihr wichtigstes Verkaufsargument sowie den Firmennamen und die Adresse zu wiederholen.

Aus einem etwa halbstündigen Interview mit dem Chef Ihrer Firma lässt sich auch ein guter Radiospot entwickeln, indem Sie Ausschnitte aus dem Interview als sogenannte Sound-Bites nutzen. Sound-Bites sind auf den Punkt gebrachte Ideen. Ursprünglich stammt das Konzept von den PR-Profis der Politiker, den sogenannten Spin Doctors, die der öffentlichen Meinung über die politischen Größen den richtigen Dreh (engl. *spin*) geben. Spin Doctors schaffen es, einem Ölkonzern das Image einer engagierten Umweltschutzorganisation zu verpassen. Der Film *Wag the Dog – Wenn der Schwanz mit dem Hund wedelt* (1998) zeigt – wenn auch übertrieben –, mit welcher Raffinesse einflussreiche Spin Doctors die öffentliche Meinung in den USA von Washington aus manipulieren. Doch Spin Doctors sind kein amerikanisches Phänomen. Es gab sie schon immer und überall dort, wo politische Meinungsmache betrieben wird.

Verpassen Sie Ihrem Image auch den richtigen Dreh, indem Sie die geeigneten Sound-Bites aus dem Interview auswählen. Bedenken Sie aber, dass eine Manipulation nur dann die gewünschte Wirkung zeigt, wenn sie nicht als solche durchschaut wird.

Die meisten Radiosprecher können ganz gemütlich 70 Worte in 30 Sekunden sprechen. Studien zufolge hören die Zuhörer aber noch aufmerksamer zu, wenn schneller gesprochen wird. Eine Studie der Columbia University bestätigte kürzlich die Effektivität des Schnellsprechens. Sie als angehender Guerilla sollten folgende Tipps für das Rundfunkmarketing kennen:

- Sparen Sie sich unnötige Ausgaben, indem Sie Ihre Spots nur drei Wochen im Monat ausstrahlen lassen.
- Ihre Spots sollten nur an bestimmten Tagen ausgestrahlt werden, zum Beispiel von Mittwoch bis Sonntag.
- Werben Sie während des Feierabendverkehrs. Um diese Zeit sind die Zuhörer eher in Kauflaune als morgens, wenn sie gedanklich schon bei der Arbeit sind.
- Hören Sie sich Ihren fertig produzierten Werbespot auf einem normalen Autoradio an, nicht nur auf der bombastischen Hi-Fi-Anlage der Tonstudios. Das Entsetzen ist oft groß, wenn der im Tonstudio einwandfrei klingende Spot im Autoradio plötzlich miserabel klingt.
- Betrachten Sie die Preise der Radiosender als Verhandlungsbasis.
- Finden Sie heraus, welche Zuhörerschaft die Radiosender in Ihrem Marketinggebiet anziehen. Dann wählen Sie den optimalen Sender für Ihre Zielgruppe aus. Das dürfte ein Kinderspiel für Sie sein.
- Jugendliche erreichen Sie eher über das Radio als über die Zeitung.
- Erwähnen Sie die Adresse Ihrer Webseite. Im Radio haben Sie maximal eine Minute, um jemanden zu überzeugen; *online* haben Sie alle Zeit der Welt.

Das Schöne an Rundfunkwerbung ist, dass sie sich für das Direktmarketing eignet. Viele US-amerikanische Unternehmen nutzen 25 Sekunden ihres Spots dafür, die Werbebotschaft zu vermitteln, und fünf Sekunden für ihre gebührenfreie Telefonnummer – am besten eine, die ganz leicht zu merken ist, denn wer schreibt sich die Rufnummer schon sofort auf? Die Rücklaufquote entspricht der der Fernsehwerbung, die Kosten sind aber deutlich geringer. Dank Handys und Freisprecheinrichtungen vertragen sich Rundfunkwerbung und Direktmarketing noch viel besser.

Wenn Sie Ihren Radiospot für Direktmarketing einsetzen möchten, sollte Ihre Telefonnummer mindestens drei Mal klar und deutlich wiederholt werden. Wählen Sie einen Sprecher mit einer besonders angenehmen Stimme. Machen Sie sich zunutze, dass das Radio ein relativ intimes Medium ist. Senden Sie Ihren Spot am Wochenende und am Abend und rechnen Sie innerhalb der nächsten drei bis vier Tage mit den ersten Reaktionen. Ist die Rücklaufquote schlecht, ändern Sie sofort Ihre Botschaft. Falls das nichts hilft, liegt es vielleicht an Ihrem Angebot. Doch bevor Sie Ihr Angebot ändern, vergewissern Sie sich bitte, dass Ihr neues Angebot den Geschmack der Zuhörerschaft trifft.

Sofern Sie nicht mit Sicherheit ausschließen können, dass Rundfunkwerbung ein geeignetes Medium ist, sollten Sie es ruhig einmal ausprobieren. Dank seiner Flexibilität und den Möglichkeiten, Änderungen in letzter Minute vorzunehmen und Ihre Zielgruppe über Senderformat, Sendezeit und -tag punktgenau ansprechen zu können, bietet das Radio unschätzbare Vorteile. Einer meiner erfolgreichen Kunden besitzt einen Möbelladen. Obwohl er viele Medien einsetzt – Zeitungen, Gelbe Seiten, Plakatwände, Innenwerbung und Direktmailing –, gibt er 90 Prozent seines Marketingbudgets für Radiowerbung aus. Gilt denn aber jemand, der sein Geld fast ausschließlich auf ein einziges Medium setzt, noch als Guerilla? Aber sicher! Er hat über die Jahre gelernt, dass er seine Zielgruppe über das Radio am besten erreicht, was sich an den vielen Kunden zeigt, die sein Geschäft aufsuchen. Seine Werbespots laufen auf sechs bis zehn Sendern bis zu 15 Mal täglich. Und das 52 Wochen im Jahr. Da er seine Lieblingsmarketingwaffe perfekt beherrscht und extrem lukrativ einsetzt, ist er ein Meister des Guerilla Marketings. Für Rundfunkwerbung entschied er sich erst, nachdem er mit vielen anderen Marketingmethoden experimentiert hatte. Nun bleibt er dem Medium seiner Wahl konsequent treu. Dafür wird er so reichlich belohnt, dass er sich ein Luxusleben auf Hawaii leisten kann, während sein Geschäft im Mittleren Westen quasi von selbst läuft. Natürlich sind viele Faktoren für seinen Erfolg verantwortlich, aber seiner Ansicht nach gab die Rundfunkwerbung den entscheidenden Ausschlag. Er ist der lebende Beweis, dass man als Guerilla auch Erfolg haben kann, wenn man nur eine Waffe perfekt beherrscht.

Fernsehen

Fernsehen ist das effektivste aller Marketinginstrumente, der unangefochtene Weltmeister im Schwergewicht, auch wenn sich Online-Marketing immer mehr Hoffnungen auf diesen Titel macht und ihn vermutlich über kurz oder lang auch erringen wird. Zugleich ist Fernsehen aber auch das trügerischste Medium, bei dem man ziemlich leicht alles falsch machen kann. Trügerisch, weil alles so einfach aussieht und doch ziemlich kompliziert ist. Weil es großes Geschick erfordert und von den Branchenriesen beherrscht wird, die Kleinunternehmern einen falschen Eindruck über seine Nutzungsmöglichkeiten vermitteln. Sie können Fernsehwerbung leider nicht im Stil von Nike, Coca-Cola, Ford und McDonald's betreiben, denn dazu fehlt Ihnen wahrscheinlich das nötige Geld.

Das Fernsehen verführt geradezu dazu, alles falsch zu machen, denn schließlich kann es sich (fast) jeder leisten, einen oder zwei Fernsehspots – zumindest auf den Lokalsendern – zu senden. Nichts ist also einfacher als das – glaubt zumindest die Mehrheit. Fernsehen bietet heute mehr Optionen als je zuvor, es verdreht Unternehmern am gründlichsten den Kopf und es ist eine absolut eigenständige Disziplin. *Fernsehen ist alles andere als Radio mit Bildern, wie so mancher fälschlicherweise glaubt.*

Seit Nielsen Media Research in den 1950ern begann, den Fernsehkonsum zu erforschen, sahen noch nie so viele US-Bürger fern wie im Jahr 2005. Der neuesten Erhebung von Nielsen Media Research zufolge läuft der Fernseher im amerikanischen Durchschnittshaushalt täglich acht Stunden und elf Minuten. Das entspricht einer Steigerung von 2,7 Prozent gegenüber dem Vorjahr und einer Steigerung von 12,5 Prozent im Vergleich zu 1995. Der Einzelne sitzt etwa halb so lange vor dem Fernseher, das heißt im Schnitt vier Stunden und 32 Minuten – laut Nielsen so lange wie nie zuvor. Im Sommer 2005 wurde mehr ferngesehen als im selben Zeitraum ein Jahr zuvor.

Das Fernsehen unterlag einem drastischen Wandel, wobei dem wahren Guerilla alle Änderungen sehr entgegenkommen. So ist ein Fernsehspot mit einer Dauer von 30 Sekunden zur Hauptsendezeit (im Kabelnetz) für 20 US-Dollar und weniger zu haben.

Zudem lassen sich klar definierte Zielgruppen immer besser ins Visier nehmen: Sie können in einer bestimmten Stadt, einem bestimmten Stadtteil oder einer bestimmten Region auf Sendung gehen. Sie können Ihre Werbung in kaufkraftstarken Gebieten senden, wenn Sie zum Beispiel Luxusartikel verkaufen. Dank Satelliten- und Kabelfernsehen wählen Sie die Lieblingskanäle Ihrer potenziellen Kunden aus. Beim Satellitenfernsehen werden die Fernsehsignale mit einer Parabolantenne zu einem der 30 Kommunikationssatelliten gesendet – was *Uplink* genannt wird. Der Satellit sendet die Signale zurück zur Erde, wo sie von herkömmlichen Satellitenschüsseln empfangen werden. Dazu kommen die vielen Kabelanbieter, die das Programm eingespeister Satellitensender in Millionen von Haushalten bringen.

Ob man sich nun für Bildung, internationale Politik, Kinofilme, Erotik, Lokales, Kinder, Wirtschaft, Tiere, Game-Shows, Liebesfilme, Geschichte, Krimis, Wissenschaft, Nachrichten, Teleshopping, Religion, Sport, Reisen oder Wetter interessiert – über Satellit ist alles zu haben. Da Satellitenschüsseln so gut wie nichts mehr kosten, steigen die Zuschauerzahlen in astronomische Höhen, was das Medium Fernsehen gerade für Guerillas attraktiv macht. Einer der am schnellsten wachsenden Bereiche ist Teleshopping.

Nicht nur Fernsehtechnik, Kabelnetze, Satelliten und die Anzahl von Video- und DVD-Rekordern – heute besitzen über 90 Prozent der US-amerikanischen Haushalte solche Geräte – haben sich verändert, sondern auch die Sehgewohnheiten. Von den zehn Verwendungsmöglichkeiten eines modernen Fernsehgeräts sind drei werbefrei: Abspielen von Videos oder DVDs, Videospiele und die Nutzung des Fernsehers als Computermonitor. Am dritthäufigsten werden in den USA Lokalsender der nicht-kommerziellen TV-Senderkette PBS geschaut, die sich nicht besonders gut für Werbung eignen. Gehört Ihre Zielgruppe allerdings zu den Zuschauern von PBS, sollten Sie vielleicht Sponsor eines PBS-Programms werden. Damit sichern Sie sich so viel Aufmerksamkeit wie mit einem Spot auf CBS. Und eine große Extraportion Glaubwürdigkeit.

Als ich noch zur Schule ging, war Network TV der Sender schlechthin. Heute ist eine Taste meiner Fernbedienung zwar noch immer mit diesen Kanal belegt, aber seine Glanzzeit ist wohl vorbei. Kabel- und Satellitenfernsehen verzeichnen erheblich höhere Wachstumsraten.

Eine andere neue Möglichkeit, die sich jetzt in Amerika durchsetzt, ist das zunehmend werbefreundliche Public Broadcasting System (PBS). Viele lokale Partnersender akzeptieren Sponsorschaften, die sich im Prinzip in nichts von normalen Fernsehspots unterscheiden und für ähnlich gute Absatzzahlen sorgen. Ein gewisser Guerilla namens Jerry Baker, der sich selbst als Meistergärtner Amerikas bezeichnet, nimmt an PBS-Aktionen teil, indem er während der Spendenaufrufe kostenlose Gartentipps gibt. Als Gegenleistung werden seine Bücher und Videos unter den Spendern verlost. Sein Erfolg auf PBS wurde auf QVC fortgesetzt, einem der Teleshopping-Kanäle, sodass er mit jedem Spot Tausende von Videos verkauft. Auch wenn Gartenarbeiten nicht Ihr Ding sind, gibt es bestimmt etwas, was Sie bei einer Spendenaktion verlosen können.

Die US-amerikanische Fernsehlandschaft ist stark fragmentiert, was auf viele Medien zutrifft. Das Internet scheint der einzige Ort zu sein, an dem sich die vielen Fragmente wieder zusammensetzen lassen.

Der typische Fernsehzuschauer von heute ist nicht nur anspruchsvoller denn je, sondern hat auch sein Urteil über Fernsehwerbung gefällt. Für 31

Prozent der US-amerikanischen Zuschauer sind Fernsehspots irreführend, für 24,3 Prozent anstößig, für 17 Prozent informativ und für 15,9 Prozent unterhaltsam.

Von den zahlreichen Möglichkeiten, im Fernsehen zu werben, kann ich Ihnen eigentlich nur Kabelfernsehen empfehlen. Es ist im Kommen, und auch die Preise werden immer annehmbarer. Aber lassen Sie sich nicht von den niedrigen Kosten täuschen. Ebenso klein wie die Preise sind auch die Zielgruppen. Experten zufolge ist Kabelfernsehen am besten für Werbung in kleinen Marktgebieten geeignet, denn mit einer nationalen Ausstrahlung erreichen Sie ja auch Menschen, die in keiner Weise an Ihren Produkten interessiert sind, und müssen dennoch eine Menge Geld dafür ausgeben.

Nichtsdestotrotz können auch US-amerikanische Kleinunternehmer jetzt im Fernsehen werben, in jeder Kabelsendung, und zu Preisen, die sich selbst das kleinste aller Unternehmen leisten kann. Die 25 US-Dollar, die ich vorhin einmal erwähnt hatte, sind für das Kabelnetz noch hoch gegriffen. In den meisten Fällen liegen die Kosten im einstelligen Bereich. Sie können also zur besten Sendezeit werben und die Regionen auswählen, in denen Ihre Spots gesendet werden sollen. Im Amerika haben Sie die Qual der Wahl: CNN, ESPN, MTV, Nashville Network, Arts & Entertainment, Discovery Channel, Court TV, Animal Planet und viele andere mehr – und das Ganze zu einem Preis eines Radiospots. Nie zuvor war das Fernsehen eine so reale Marketingmöglichkeit für Kleinunternehmer. Unzählige amerikanische Guerillas entdecken jetzt in diesem Moment die Macht des Fernsehens. Schließen Sie sich diesem Kreis an.

Fernsehwerbung zeigt nur dann Wirkung, wenn sie oft ausgestrahlt wird. Oft heißt aber auch, dass es ein teures Vergnügen ist. Und wie oft ist eigentlich oft genug? Laut Expertenmeinung lässt sich das messen. Dazu müssen Sie wissen, was *Gross Rating Points*, kurz GRP, sind. Ein GRP entspricht 1 Prozent der Haushalte einer bestimmten Region mit einem Fernsehgerät. Gibt es dort zum Beispiel eine Million Fernseher, entspricht ein GRP 10 000 Haushalten. Die Kosten der Sendezeit für TV-Werbung richten sich danach, wie viele GRP es in einem bestimmten Gebiet gibt. Werbetreibende zahlen beim Kauf von Werbezeit also für eine bestimmte Anzahl von GRP. Experten raten von Fernsehwerbung ab, wenn Sie sich nicht mindestens 150 GRP im Monat leisten können – und ich stimme ihnen zu. Dabei spielt es keine Rolle, ob jede zweite Woche 75 GRP oder 50 GRP in drei von vier Wochen oder sogar 150 GRP eine Woche pro Monat ausgestrahlt werden. Wie viel ein GRP in einer Region kostet, hängt von ihrer Größe, der Anzahl an Mitbewerbern und auch der Saison ab. GRP kosten mehr in der Vorweihnachtszeit – von Oktober bis Dezember – und weniger im Sommer, wenn viele Wiederholungen laufen. GRP sind in kleinen Städten wesentlich günstiger als in großen. Die Preise in den USA reichen von etwa 4 US-Dollar pro GRP in kleineren Städten wie Helena oder Montana bis zu 2 000 US-Dollar in Metropolen wie New York oder Los Angeles.

Sie fragen sich vielleicht, ob Sie mit der Fernsehwerbung nicht erst klein anfangen und sich später steigern können? Das können Sie, wenn Sie mit 150 GRP monatlich beginnen und sowohl über das erforderliche Budget als auch den Schneid verfügen, mindestens drei Monate durchzuhalten. Wenn nicht, sollten Sie die Finger von TV-Werbung lassen. Selbst wenn Sie sich nur eine minimale Anzahl an GRP leisten können – und davon gehe ich aus, wenn Sie auf eine für Fernsehwerbung günstige Region abzielen, die es zuhauf in Amerika gibt, oder wenn Ihr Sparschwein prall gefüllt ist –, werden Sie feststellen, dass im Fernsehen im Gegensatz zu anderen Medien nahezu alles möglich ist. Sie können Ihre Produkte in aller Ausführlichkeit demonstrieren oder auch schauspielern, tanzen, singen, Ursache und Wirkung erläutern, eine Identität aufbauen, dramatische Effekte einsetzen, sehr viele oder nur ganz bestimmte Menschen ansprechen, auf der visuellen und verbalen Ebene argumentieren – und das alles auch noch gleichzeitig. Sie können die Adresse Ihrer Webseite nicht nur nennen, sondern diese sogar einblenden. Keine anderes Medium ist so vielseitig.

Wählen Sie für Ihre TV-Werbung auf keinen Fall die Hauptsendezeit (*Prime Time*) von 20.00 bis 23.00 Uhr (außer auf den günstigen Kabelkanälen). Lohnenswerter – was Zuschauer pro Dollar angeht – ist die sogenannte *Fringe Time* (die Zeit vor und nach der *Prime Time*), insbesondere auf Lokalsendern der großen Fernsehanstalten. Wer vor allem Zuschauerinnen ansprechen möchte, sollte vormittags werben. Nicht nur die Einschaltquoten, auch die Preise sind vormittags günstig. Günstig und für viele Kleinunternehmer erfolgversprechend ist auch das Nachtprogramm ab Mitternacht mit einer geradezu überschaubaren Zuschauerzahl. Bei manchen Sendungen ist die Einschaltquote so gering, dass sie sich nicht einmal mehr messen lässt. Das bedeutet für Sie, dass die Werbezeit in diesen Sendungen extrem wenig kostet. Machen Sie sich die Fernsehgewohnheiten Ihrer Zielgruppe klar, dann wissen Sie auch, wo und wann Sie werben sollten.

Viele beliebte Sendungen werden im Kabelfernsehen wiederholt. Als die Solarindustrie noch in den Kinderschuhen steckte, fanden Werbeexperten innerhalb kürzester Zeit heraus, dass die Fans von *Star Trek* gerne solarbetriebene Geräte kaufen und Männer, die sich lieber Science-Fiction-Filme als

Sportsendungen ansehen, stark an Solarenergie interessiert sind. Einige Solarenergieunternehmen gingen mit diesem Wissen zu ihrer Hausbank. *Star Trek* war selbst bei der zehnten Wiederholung noch immer ein wunderbares und günstiges Werbemittel für sie. Talkshows hingegen, die überwiegend von älteren Zuschauern angesehen werden, waren für diese Firmen gänzlich uninteressant, denn ihr Produkt sprach Senioren einfach nicht an – zumindest damals nicht. Heute ist Solarenergie als alternative Energiequelle akzeptiert und die entsprechenden Produkte werden in allen Medien gleichmäßig beworben – wohl eine Reaktion auf das gestiegene Umweltbewusstsein.

Damit Sie aus dem Medium TV das meiste herausholen können, müssen Sie sich immer vor Augen halten, dass die Preise der Fernsehsender, ebenso wie die der Radiosender, eine Verhandlungsbasis darstellen. Doch eigentlich sollten Sie eine Medien-Agentur mit der Planung und dem Kauf der Sendezeiten beauftragen. Zwar kostet Sie das etwa 7,5 Prozent zusätzlich, aber – glauben Sie mir – diese Agenturen sind ihren Preis in der Regel mehr als wert. Viele Kleinunternehmer glauben, selbst einen guten Preis herausschlagen zu können. Doch die Medien-Agenturen, die für mehrere Millionen Dollar monatlich Werbezeit buchen, erhalten Rabatte, von denen Sie noch nicht einmal träumen können.

Es gibt noch einen weiteren Grund, TV-Sendezeit lieber nicht selbst einzukaufen: Wer in der Werbeabteilung eines Fernsehsenders arbeitet, weiß das Ego seines Werbekunden zu kitzeln. Manche reden einem Neuling ein, dass er eine so wunderbare Stimme hat, dass er seine Produkte im Fernsehen doch selbst anpreisen kann. In den meisten Fällen ist das keine gute Idee, und man verliert genauso viele Kunden, wie man neue hinzugewinnt. Oft wird der Werbetreibende zur Lachnummer, dem niemand die Wahrheit sagt – schon gar nicht die Fernsehleute, die damit ja riskieren würden, einen Kunden zu verlieren. Sehen Sie zu, dass Ihnen Ihr Ego nicht in die Quere kommt, wenn Sie TV-Werbezeit einkaufen oder einen Werbeträger für Ihre Produkte auswählen. Als erfahrener Fernsehzuschauer wissen Sie, wovon ich rede.

Ein Freund von mir – natürlich ein Guerilla – macht es sich zur Regel, sämtliche unverkauften Werbeminuten von 6.00 Uhr bis 24.00 Uhr von einem bestimmten TV-Sender aufzukaufen, da er sie zu einem Bruchteil des marktüblichen Preises erhält. Was spricht dagegen, zur Hauptsendezeit auf einem Regionalsender zu werben, sofern dies zu den gleichen Kosten pro GRP möglich ist wie sonst für Werbeminuten nach Mitternacht?

Guerillas vergleichen grundsätzlich die Preise von Kabel- und Satellitenfernsehen. Gut möglich, dass Sie es sich leisten können, Ihr Angebot im Fernsehen zu vermarkten, zum Beispiel in einem neuen Kabelkanal. Statt 90 Prozent der Zuschauer mit Werbung zu berieseln, obwohl sie kein Interesse an Ihrem Produkt haben, ist es doch viel besser, eine kleine Zielgruppe direkt ins Visier zu nehmen. In dem Maß, wie Werbung im Kabel- und Satellitenfernsehen für den Kleinunternehmer erschwinglich wird, schwimmen den großen Sendern die Felle davon – sie verlieren jedes Jahr Milliarden von Dollar an das Kabelfernsehen. Und die Fernsehlandschaft ist immer noch in Bewegung – zugunsten der Guerillas. Also verhalten Sie sich wie einer! Erobern Sie das Fernsehen.

Wie können Sie feststellen, ob das Fernsehen ein geeignetes Medium für Sie und Ihre Anforderungen ist? Nun, indem Sie in Ihrem Spot mit einem speziellen Angebot werben und auf diese Weise die Ergebnisse messen können. Was ist von einer kostenlosen Broschüre oder einem Rabatt für jeden, der sich auf diese Fernsehwerbung beruft, zu halten? Oder Sie veranstalten ein Gewinnspiel. Schalten Sie Ihre Spots auf unterschiedlichen Sendern und nutzen Sie jeweils verschiedene Telefonnummern, damit Sie Flop von Top unterscheiden können. Beauftragen Sie einen Telemarketing-Service, der die Anrufe rund um die Uhr entgegennimmt, damit Ihrer Analyse nichts im Wege steht.

Denken Sie auch daran, dass die Verkaufszahlen für DVR-Rekorder rapide ansteigen – mehr als 90 Prozent aller Amerikaner besitzen ein solches Gerät, mit dem man zum Beispiel Sendungen im Nachtprogramm auf Festplatte aufzeichnen und zu einem beliebigen Zeitpunkt anschauen kann.

Viele Guerillas haben die Vorzüge des Direct-Response-TV, eingedeutscht Direktes-Reaktions-Fernsehen, entdeckt. Dieses Marketinginstrument ermöglicht es Kunden, das angebotene Produkt sofort zu bestellen. Meist wird eine gebührenfreie Telefonnummer eingeblendet, und natürlich werden die meisten Kreditkarten akzeptiert. Produkte, die sich dafür eignen, sind Kochutensilien und Küchengeräte, Bücher und Videos, Drogerie- und Kosmetikartikel, Sportgeräte sowie CDs und Musikkassetten – natürlich lässt sich diese Liste beliebig erweitern. Einmal habe ich ein Buchweizenkissen gekauft, weil ich zufällig einen Fernsehspot darüber sah, als ich gerade über den Kauf eines neuen Kopfkissens nachdachte. Ich bin immer wieder verblüfft, wenn Guerilla Marketing-Methoden bei mir funktionieren. Aber – sie tun es!

Das Schöne am Direct-Response-TV ist, dass sich ziemlich schnell zeigt, ob der Spot ein Flop oder Top ist. In der Regel weiß man innerhalb einer Woche, wie sich die Werbekampagne weiter perfektionieren lässt, indem man analysiert, welche Kanäle, Zeitfenster, Wochentage, Ausstrahlungshäufigkeit und Jahreszeit die größte Wirkung zeigen. Vielleicht strahlen Sie Ihren Spot sechs Monate aus und können dann zwei Monate Pause machen.

Die Messlatte für Ihren Erfolg sind die Kosten pro Auftrag (*cost per order*, CPO). Erhöht sich Ihr Umsatz für jeden in die Fernsehwerbung investierten Dollar um 2 Dollar, liegen Ihre Kosten pro Auftrag bei nur 1 US-Dollar, und das nenne ich einen guten Gewinn. Die Produktionskosten für den Spot und Ihren Einkaufspreis für das Produkt müssen Sie natürlich von Ihrem Umsatz abziehen. Was übrig bleibt, ist Ihr Gewinn. Falls nichts übrig bleibt, sollten Sie Ihre Preisgestaltung überdenken.

Was mir besonders gut am Direct-Response-TV gefällt, ist, dass sich der Verlust im Rahmen hält, wenn der Werbespot nicht gut ankommt, sich aber andererseits eine goldene Nase verdienen lässt, wenn man den Geschmack der Zuschauer trifft. Wenn Ihr Spot im Kabelfernsehen in einem kleinen Sendegebiet durchfällt, ruiniert Sie das kaum. Doch wenn er sich als echter Renner erweist, gibt es noch viele andere Kabelsender da draußen. Fernsehen ist eine Option, die Sie sich auf jeden Fall durch den Kopf gehen lassen sollten, wenn sich Ihr Angebot grundsätzlich dafür eignet.

Manche Direkt-Response-Werber lassen sich nur dann auf TV-Werbung ein, wenn sie die Kosten für den Spot pro Bestellung oder Kauf bezahlen können.

Wenn Sie sich für Fernsehwerbung entscheiden, stehen Ihnen viele Möglichkeiten offen, die Produktionskosten für einen Werbespot zu verringern. 2005 betrugen die durchschnittlichen Kosten für einen 30 Sekunden langen Spot 210 000 US-Dollar. Tatsache ist aber, dass es möglich ist, einen guten Spot für lediglich 1 000 US-Dollar oder sogar noch weniger zu produzieren.

Überlassen Sie dem Sender Ihrer Wahl die gesamte *Produktions*assistenz, aber nicht das Texten Ihres Spots. Die Bereitstellung der Geräte, die Kameraleute, die Beleuchter, der Regisseur und, am wichtigsten, der Cutter – all das fällt in den Aufgabenbereich des Senders. Um den Text müssen auf jeden Fall Sie sich kümmern, sonst wird sich Ihr Spot nicht vom restlichen Einheitsbrei abheben. Verfassen Sie – oder ein talentierter Texter, den Sie mit Geld oder einer anderen Gegenleistung bezahlen – ein tolles Skript. Die linke Seite Ihres Skripts enthält die Regieanweisungen. Hier wird jede einzelne Aktion genau beschrieben. Auf der rechten Seite steht der Audioteil, also Text und eventuelle Soundeffekte. Es empfiehlt sich, sowohl die Regieanweisungen als auch die Audioteile zu nummerieren und beides aufeinander abzustimmen.

In manchen Fällen sollten Sie ein Storyboard erstellen, eine bildliche Darstellung Ihres Skripts. Ein Storyboard besteht aus vielleicht zehn Frames oder Bildern. Jeder Frame enthält ein Bild dessen, was die Zuschauer sehen werden, eine Beschreibung des Geschehens und natürlich die Werbebotschaft. Es besteht allerdings die Gefahr, dass spontane Verbesserungsvorschläge während der Produktion von einem zu strikten Storyboard im Keim erstickt werden, es aber genau diese Gedankenblitze sind, die den Unterschied zwischen einer gewöhnlichen und einer außergewöhnlichen Werbung ausmachen. Die meisten Leute haben genug Fantasie, um sich den Spot anhand eines guten Skripts bildlich vorzustellen. Mangelt es den Leuten, mit denen Sie arbeiten, an der notwendigen Vorstellungskraft, müssen Sie vielleicht auf ein Storyboard zurückgreifen. Zeichner verlangen zwischen 10 und 500 US-Dollar pro Frame, was die Produktionskosten schnell in die Höhe schießen lässt.

Als ich noch für größere Werbeagenturen arbeitete, musste ich für jeden meiner Spots ein Storyboard erstellen. Bei mehr als 1 000 von mir entworfenen Spots haben mir zahlreiche Zeichner ihren Wohlstand zu verdanken. Im Laufe meiner Selbstständigkeit kamen bestimmt noch einmal 1 000 Werbespots dazu, doch Storyboards wurden nur für fünf erstellt – und diese fünf Spots waren auch nicht erfolgreicher als die anderen.

Eine weitere Sparmaßnahme ist, sich vor Produktionsbeginn mit allen Beteiligten zu treffen. Machen Sie den Schauspielern, dem Regisseur, dem Beleuchter, dem Requisiteur und allen anderen klar, was Sie von ihnen erwarten. Das gesamte Team muss das Skript verstehen und den Zeitplan einhalten. Lassen Sie kein Detail aus. Halten Sie mindestens eine Probe ab, bevor die Kameras laufen. So können Sie in der Zeit, in der normalerweise ein Spot produziert wird, zwei, wenn nicht gar drei produzieren. Wenn Sie 1 000 US-Dollar pro Tag für die Technik und das Team zahlen und in dieser Zeit drei Spots drehen, kostet Sie einer nicht 210 000, sondern 333,33 US-Dollar. Ein ziemlicher Unterschied, oder? Dieser Betrag galt für die 1980er und gilt auch heute noch. Mit ein bisschen Verhandlungsgeschick im Stil eines wahren Guerillas schaffen es auch Sie, so günstig im Fernsehen zu werben.

Sie möchten die Produktionskosten noch weiter senken? Sicher, denn das ist ja eines der Hauptanliegen eines wahren Guerillas. Amerikanischen Mit-Guerillas kann ich nur folgenden Rat geben: Machen Sie einen großen Bogen um Gewerkschaftsmitglieder aus der Filmbranche (in Städten wie Los Angeles oder San Francisco, die von Gewerkschaften dominiert werden, kein leichtes Unterfangen). Planen Sie die Proben und die Besprechung vor Produktionsbeginn sorgfältig, und denken Sie schon während der Planung an den Schnitt – ein mitunter sehr kostspieliges Unterfangen. Am besten, es fällt kaum Schnitt an. Experten behaupten, ein Spot entstünde eigentlich im Schneideraum. Ich kann Ihnen nur raten, dem Cutter bei der Arbeit über die Schulter zu sehen und ihn gegebenenfalls zurückzuhalten. Auch dieses Vorgehen gehört zur Ausbildung eines Guerillas.

Ob Sie Ihren Spot nun auf Film, Video oder digital aufzeichnen, spielt für Ihre Gesamtkosten in der Regel kaum eine Rolle. Das Medium Film hat jedoch Vorteile: Es erlaubt mehr Spezialeffekte, hat »magische« Qualität, wirkt irgendwie natürlicher als ein Video, und das Schneiden ist günstiger. Aber beim Film ist ein unmittelbares Feedback nicht möglich. Fehler zeigen sich erst nach der Entwicklung des Filmmaterials. Wird digital aufgezeichnet, können Sie sich die Aufnahme sofort ansehen, und wenn Ihnen die Szene missfällt, gleich noch mal drehen. Eine Entwicklung des Films ist natürlich auch nicht nötig. Was besser ist, lässt sich pauschal nicht sagen. Beides kann für Sie das Richtige sein, das hängt von Ihrer jeweiligen Situation ab. Sollten Sie planen, bei der Produktion auf die professionelle Unterstützung durch den Fernsehsender zurückzugreifen, sollten Sie sich für die Digitaltechnik entscheiden. TV-Sender arbeiten in der Regel nicht mit dem Filmformat. Und das ist gut so, denn die meisten Guerillas scheinen die Digitaltechnik zu bevorzugen.

Was macht eine gute Fernsehwerbung aus? Procter & Gamble ist in den Vereinigten Staaten beispielsweise für Werbespots bekannt, die einen Ausschnitt aus dem wahren Leben darstellen und kleine Geschichten erzählen – also die Art von Spot, die man spontan als langweilig oder banal bezeichnen würde. Unterstützt von dem gigantischen Werbeetat von P&G kommen sie trotzdem ausgezeichnet an, und viele Unternehmen haben dieses Format sehr erfolgreich kopiert. Verpassen Sie dieser Art von Werbung also besser nicht vorschnell das Prädikat »langweilig«. Von P&G kann man viel lernen, wie ich bestätigen kann. Unabhängig von der Art Ihres Spots dürften die folgenden Tipps ebenfalls hilfreich sein.

Fernsehen ist *in erster Linie ein visuelles Medium*, das heißt, das Bild spielt die Hauptrolle, der Ton die Nebenrolle. Nicht jedem scheint das klar zu sein. Ein wahrer Guerilla weiß, dass gute Fernsehwerbung *mit einer guten Idee beginnt*. Versuchen Sie, Ihre Idee zuerst in Bildern auszudrücken und erst dann mit Text, Musik und Soundeffekten zu untermalen, um die Botschaft zu verdeutlichen. Schauen Sie sich Ihren Spot einmal ohne Ton an. Wenn er wirklich gut ist, kommt der Inhalt auch nur in Bildern beim Publikum an.

Beschränken Sie sich möglichst auch hier auf 30 Sekunden, sofern Sie das Fernsehen nicht als Direct-Response-Medium nutzen und zum Beispiel eine gebührenfreie Nummer zur Bestellung Ihres Produkts einblenden wollen. In dem Fall müssen Sie die Telefonnummer mindestens drei Mal wiederholen und möglichst oft einblenden.

Im Fernsehen, wie auch im Radio, haben Sie nur drei Sekunden, um die Aufmerksamkeit des Zuschauers zu gewinnen. Gelingt Ihnen das nicht, haben

Sie verloren. Sagen Sie also sofort, was Sie zu sagen haben, und zwar auf gewinnende Art und Weise. Wiederholen Sie Ihre Botschaft in anderen Worten in der Mitte und am Ende Ihres Spots (anders oder identisch formuliert). Tappen Sie nicht in die Falle, Ihre Werbung interessanter als das Produkt zu gestalten. Vermeiden Sie unter allen Umständen, dass man sich Ihren Spot, aber nicht Ihren Namen merkt. Es gibt leider jede Menge Werbespots, die mit Preisen überschüttet wurden, von denen aber kein Mensch mehr weiß, wofür sie eigentlich warben. Traurig, traurig! Denken Sie also daran: Es geht um Ihren Profit, nicht um Auszeichnungen, Anerkennung und Applaus.

Man könnte fast glauben, TV-Spots würden heute von Menschen produziert, denen Werbung peinlich ist. Das würde auch erklären, weshalb die Spots zwar toll anzusehen sind, das Produkt selbst aber völlig ins Hintertreffen gerät. Der Zuschauer muss schon höllisch aufpassen, um den kleinsten Hinweis auf den Hersteller zu erkennen, und Guerillas wissen, dass bei der Fernsehwerbung niemand genau aufpasst. Meine Frau nennt das die »Übrigens«-Werbung im Stile von: »Wir wollen Sie vor allen Dingen unterhalten, faszinieren und erfreuen. Übrigens, wir würden uns freuen, wenn Sie unser Bier kaufen würden.«

Wenn möglich, *zeigen Sie Ihr Produkt in Aktion*. Die Merkfähigkeit von Menschen verbessert sich um 68 Prozent, wenn die Botschaft visuelle Elemente enthält. Drücken Sie Ihre Botschaft in Worten und in Bildern aus, vor allem aber in Bildern.

Der folgende 30-Sekunden-Spot gewann den ersten Preis beim Filmfestival in Venedig. Der Unternehmer musste die Ausstrahlung jedoch einstellen, weil die Nachfrage nach seinem Produkt so groß wurde, dass er mit der Lieferung nicht hinterherkam. Die Botschaft dieses Werbespots ist schlicht und ergreifend, dass »Sports«, ein Keks der Firma Carr's, schokoladiger ist als jeder vergleichbare andere Keks. Hier das Skript:

Bild	*Ton*
1. Beginnt mit zwei Slapstick-Charakteren, die in die Kamera blicken. *Einer ist groß, einer klein. Der große Mann fängt an zu reden:*	1. (*Großer Mann*) Guten Morgen. Sidney und ich würden Ihnen gerne beweisen, dass Sports von Carr's einen dickeren Schokoladenüberzug haben als alle anderen Kekse – deshalb wollen wir Ihnen zwei Arten der Keksproduktion zeigen.

2. Kleiner Mann lächelt, als sein Name fällt, seine Miene erstarrt jedoch, als er hört, dass er ein Keks sein soll.	2. Stellen Sie sich bitte vor, Sidney wäre ein Keks.
3. Der große Mann hebt einen riesigen Behälter hoch, der mit »Schokolade« beschriftet ist, und gießt flüssige Schokolade über den kleinen Mann.	3. Nehmen Sie einen Keks und übergießen Sie ihn mit Schokolade.
4. Die Kamera schwenkt nach unten und zeigt eine Schokoladenpfütze zu Füßen des kleinen Manns.	4. Effektiv, aber viel bleibt nicht dran. Das machen wir von Carr's mit Sports viel besser.
5. Schnitt – man sieht beide Männer. Der große Mann hebt den kleinen über eine Wanne, die mit »Schokolade« beschriftet ist. Dann lässt der große den kleinen Mann in die Wanne plumpsen.	5. Tauchen Sie den Keks in Schokolade.
6. Schnitt – man sieht den Kopf des kleinen Manns aus der Schokolade auftauchen und prompt wird noch mehr Schokolade über ihn gegossen.	6. Noch ein klein wenig dazu, und schon ...
7. Überblendung zu dem kleinem Mann, der jetzt komplett mit Schokolade überzogen ist. Er liegt am Boden. Der große Mann steht stolz über ihm.	7. ... haben Sie den schokoladigsten aller Kekse.
8. Der große Mann zieht eine Packung Carr's Sports aus der Tasche, während die Kamera darauf zoomt, bis eine Nahaufnahme der Packung das Fernsehbild füllt.	8. So machen wir bei Carr's Schokoladenkekse. Sports.

Da heutzutage so gut wie jeder die Fernbedienung in Reichweite liegen hat, ist die Wahrscheinlichkeit sehr hoch (etwa 70 Prozent), dass Zuschauer bei Werbung umschalten, den Ton ausschalten oder aufgezeichnete Sendungen vorspulen. Verzichten Guerillas deshalb auf Fernsehwerbung? Nein, natürlich nicht.

Stattdessen stellen sich Guerillas dieser unerfreulichen Tatsache und arbeiten mit ihr, nicht gegen sie. Zum Beispiel, indem sie ihre Botschaften in Bilder fassen, die zwar mit Ton und Musik untermalt sind, aber per se aussagekräftig genug sind, um auch bei abgeschaltetem Ton die gewünschte Wirkung zu erzielen. Zum Beispiel, indem sie ihren Namen – häufig mitten im Spot – im Stil von Nachrichtenschlagzeilen unten im Bildschirm einblenden. Ist Ihnen schon aufgefallen, wie viele Sender sich diese Technik zu eigen gemacht haben, um die visuelle Stärke ihres Mediums in vollem Umfang auszuschöpfen?

TV-Guerillas strahlen ihre Spots so gezielt und oft genug aus, dass sich bereits nach wenigen Monaten tolle Ergebnisse bemerkbar machen. Nach ein paar Monaten? Weshalb nicht sofort? Weil Fernsehwerbung zwar potenziell sehr effektiv ist, sofortige Ergebnisse aber nur dann erwartet werden können, wenn ein Produkt entweder zeitlich begrenzt verfügbar ist, ein Angebot nur für einen bestimmten Zeitraum gilt oder sofort über eine gebührenfreie Telefonnummer bestellt werden kann.

Tun Sie sich den Gefallen und schrauben Sie Ihre Erwartungen an das Fernsehen zurück, was den schnellen Erfolg angeht. Mit der Zeit wird Ihre Fernsehwerbung aber wahre Wunder für Sie wirken. Nur, es werden keine Wunder sein, sondern das Ergebnis Ihrer Geduld in Verbindung mit der Erkenntnis, dass das Fernsehen eine echte Wunderwaffe ist, wenn es um den Verkauf Ihrer Produkte geht. Allerdings ist neben Geduld auch eine Menge Geld vonnöten, um das Medium Fernsehen richtig nutzen zu können, so kostengünstig wie Spots heute auch sein mögen. Ein Experte, vor dem ich meine Hut ziehe, rät seinen Kunden, lieber nicht im Fernsehen zu werben, wenn sie einen Misserfolg ihres TV-Spots nicht locker wegstecken können.

Viele Kleinunternehmer scheuen aus mehreren Gründen vor Fernsehwerbung zurück, wobei der Hauptgrund natürlich darin besteht, dass ein 30-Sekunden-Spot zu teuer ist, ganz zu schweigen von einem 130-Sekunden-Spot. Was tut man in so einem Fall? Wenn Sie jemals die Reality-TV-Show *Survivor* angeschaut haben, ist Ihnen vielleicht aufgefallen, wie clever hier bestimmte Softdrink-Marken unter Palmen platziert oder Autos als Preise eingesetzt werden. Auch in der Sendung *American Idol* werden zum Beispiel Produkte von Ford oder Coca-Cola in die Show integriert – und zwar nicht in den Werbepausen, sondern im Zuge des *Product Placement*. Ein frühes Beispiel für Product Placement im Kino ist der Film *Love Happy* (1949), in dem Harpo Marx auf einem Dach zwischen verschiedenen Werbeplakaten herumtollt und den Bösewichten schließlich auf dem alten Symbol von Mobil Oil, dem roten Pegasus, entkommt. Auch das Bleichmittel Clorox kam nicht aus purem Zufall zu einem Gastauftritt in dem Boxerfilm *Million Dollar Baby*. Ebenso wenig wie die Kleenex-Schachteln, die die Kulisse in dem Filmdrama *The Aviator* bereichern. Und vergessen wir nicht den Internetanbieter AOL als Co-Star in *E-Mail für Dich* oder die Süßigkeit Reese's Pieces in einer Nebenrolle in *E.T.* Es ist eine gängige Praxis. Worauf warten Sie noch?

Möchten Sie Product Placement einmal ausprobieren, muss Ihr Produkt so in den Film oder die Fernsehsendung integriert werden können, dass es zur Handlung beiträgt und nicht sofort als (verbotene) Schleichwerbung auffällt. 2005 waren zum Beispiel in 19 verschiedenen Filmen Ford-Modelle zu sehen, doch der erste Platz in der Disziplin des Product Placement in Spielshows und Sportsendungen gebührt dem Erfrischungsgetränk Gatorade.

Product Placement ist eine clevere Möglichkeit, um auch die Zuschauer zu erreichen, die bei jedem konventionellen Werbespot sofort zur Fernbedienung greifen. Mit zunehmender Verbreitung dieser Taktik ist jedoch denkbar, dass die Zuschauer immun gegen Product Placement werden, was für einige Unternehmer eine Katastrophe wäre, für andere aber die Bestätigung, dass ihre Produkte Teil der kulturellen Landschaft geworden sind.

Eines sollte klar sein: Sie müssen ein wirklich gutes Produkt (oder eine wirklich gute Dienstleistung) anbieten, wenn sich Fernsehwerbung als wirkungsvolle Waffe erweisen soll. Zunehmend gefragt sind heutzutage Produkte und Dienstleistungen von eleganter Funktionalität, die einfach zu nutzen sind, dem gestiegenen Gesundheits- und Umweltbewusstsein entsprechen, politisch korrekt und verantwortungsvoll, »gut für mein Land« und dauerhaft im mittleren Preissegment positioniert sind.

Erfüllen Ihre Produkte diese Kundenanforderungen, kann Fernsehwerbung sich als wahre Goldgrube entpuppen. Sie müssen die Sache nur richtig angehen.

Außenwerbung

Zur Außenwerbung zählen Plakatwände, Werbung in und auf Bussen, Taxis, an Fassaden und auf Schildern. Und da es schlecht anderswo als im Freien erfolgen kann, fällt auch jede Werbung in der Luft – wie Himmelsschreiben oder

Werbung auf Heißluftballons – in diese Kategorie. Aber bleiben wir auf dem Boden und beginnen mit Plakatwänden. Nur wenige Unternehmer können allein mit Plakatwandwerbung überleben – aber es soll vorkommen. Plakatwerbung – wobei die Bezeichnung Werbung eigentlich etwas übertrieben ist – ist nichts anderes als Erinnerungswerbung. Die besten Resultate werden erzielt, wenn sie mit anderen Formen der Werbung kombiniert wird.

Ein Möbelgeschäft in Des Moines in Iowa wirbt jedes Jahr im Radio und in der Zeitung für eine vierwöchige Schnäppchenaktion, die zusätzlich auf Plakatwänden angepriesen wird. Die Umsätze steigen durchschnittlich um 18 Prozent – mit Plakatwerbung allein wäre so ein Ergebnis nicht zu schaffen. Doch als Ergänzung des Marketing-Mixes dieses Möbelladens lässt es die Kassen klingen.

Plakatwerbung muss nicht unbedingt nur Erinnerungswerbung sein, sondern kann auch als direkte Handlungsaufforderung dienen. Dazu müssen Sie nur zwei wichtige Wörter kennen: *Nächste Ausfahrt*. Zugegeben, im Vergleich zu anderen Schlagworten hören sie sich ziemlich unspektakulär an, können sich jedoch auf Ihrem Plakat als extrem einträgliche Marketingformel erweisen. Ein neuer Laden in der San Francisco Bay Area konnte sich nur eine Plakatwand leisten, bediente sich aber glücklicherweise der magischen Formel *Nächste Ausfahrt*. Der Erfolg ließ nicht lange auf sich warten und war überwältigend. Natürlich hatte der Ladeninhaber auch alles andere richtig gemacht, doch ausschlaggebend war die Plakatwand. Alternativ wirkt auch die Aufschrift »*Noch 2 Kilometer*« prima.

In den meisten Städten ist es unmöglich, nur eine einzige Plakatwand zu mieten. In der Regel werden zehn oder 20 Plakatwände auf einmal angeboten, von denen sich einige an sehr guten Standorten, andere an weniger guten befinden – um es vorsichtig auszudrücken. Vielleicht gelingt es Ihnen durch geschicktes Verhandeln oder eine Lücke im Vertrag der vermietenden Firma, eine einzige perfekt gelegene Plakatwand anzumieten. Schlagen Sie in einem solchen Fall ohne Zaudern und Zögern zu. Anderenfalls kann ich nur zur Vorsicht mahnen. Plakatwandwerbung eignet sich in erster Linie für Restaurants, touristische Attraktionen, Werkstätten, Tankstellen, Motels oder Hotels. Ist Ihr Angebot für Autofahrer uninteressant, lassen Sie diese Art der Werbung besser bleiben. Mit einer Autowaschanlage kurz nach der nächsten Ausfahrt könnte eine Plakatwand Gold wert sein, doch wenn Sie Computerkurse anbieten, vergessen Sie es. Allerdings können Sie mit Plakaten Ihre Identität pflegen, sofern Sie sich schon etabliert haben.

McDonald's betreibt mit Plakatwänden ganz hervorragende Identitätspflege. Worte sind unnötig, das goldene M reicht völlig aus. Wenn Sie noch nicht so bekannt sind wie McDonald's, streichen Sie die Idee, mit Plakatwänden Erinnerungswerbung zu betreiben, besser aus Ihrem Marketingplan.

Um einschätzen zu können, ob Plakatwerbung für Sie geeignet ist, sollten Sie wissen, wie viele Autos täglich am Standort des Plakats vorbeifahren, das heißt, Sie müssen das Verkehrsaufkommen kennen. Außenwerbungsfirmen stellen diese Informationen normalerweise zur Verfügung. Welche Zielgruppe passiert die Plakatwand? Sind es vor allem Lkw-Fahrer, kann Ihre Autowaschanlage wohl kaum großen Zulauf erwarten. Sind es vor allem Pendler, könnten sie sich dagegen durchaus dafür interessieren, dass sämtliche Speisen und Getränke Ihres Restaurants auch zum Mitnehmen sind.

Halten Sie sich bei der Gestaltung des Plakats an die Regeln für Außenwerbung. Mehr als sechs Wörter sollten es nicht sein. Denken Sie daran, dass Ihre potenziellen Kunden mit mindestens 50 Stundenkilometern an Ihrem Plakat vorbeifahren und sich auf den Verkehr konzentrieren müssen. Es ist also mehr als fraglich, ob sie überhaupt einen Blick auf Ihr Plakat werfen können. Machen Sie es den Autofahrern also so einfach wie möglich, indem Sie mit einem großen Bild auf sich aufmerksam machen. Die Schrift muss deutlich lesbar und ebenfalls groß genug sein. Fließt auch nachts viel Verkehr, muss Ihr Plakat beleuchtet sein. Das kostet zwar mehr, kann sich aber durchaus lohnen.

Firmen für Außenwerbung lassen meist mit sich handeln. Auch der Standort ist Verhandlungssache, wenngleich sie das niemals zugeben würden. Einmal wollte ich für einen Kunden eine Plakatwand an einem Standort mit hohem Verkehrsaufkommen anmieten und erhielt die Antwort, dass ich zusätzlich neun weitere Plakatwände mieten müsste – an völlig abgeschiedenen Standorten. Ich sagte natürlich ab, denn an so etwas hatten wir wirklich kein Interesse.

Einige Wochen später wurde mir die gewünschte Plakatwand in Kombination mit nur vier anderen – wiederum ziemlich abseits gelegenen – Standorten angeboten. Erneut lehnte ich ab. Schließlich rief mich ein Vertriebsmitarbeiter an, um mir den gewünschten Standort zu einem deutlich höheren Preis anzubieten. Es wäre ein guter Deal gewesen, aber in der Zwischenzeit war das Werbebudget des Kunden bereits für andere Aktionen ausgegeben worden. Hätte man mir das Angebot gleich unterbreitet, hätte ich natürlich *Nächste Ausfahrt* auf die Plakatwand gesetzt und Ihnen eine weitere Erfolgsgeschichte erzählen können.

Plakatwerbung ist mehr als eine Kaufaufforderung. Sie hilft, die Neugründung eines Geschäfts bekannt zu machen, und lässt sich sehr effizient mit einer Werbekampagne oder sonstigen verkaufsfördernden Maßnahmen kombinieren.

Einer der Vorteile der Plakatwerbung ist, dass die Plakatfirma die Produktion übernimmt, indem sie die von Ihnen gestaltete Anzeige auf Plakatformat vergrößert. Plakatwände werden in DinA1-Bögen gemessen. Normalerweise werden 24 Bögen für eine Plakatwand verwendet, wobei ein Bogen in etwa einem großen Poster entspricht.

Achten Sie unbedingt darauf, dass Ihr Plakat zum Rest Ihrer Werbekampagne passt. Der Unternehmer aus Iowa konnte seine Botschaft auf den zugkräftigen Plakaten in nur sechs Worten vermitteln – aber nur, weil er sie anderswo ausführlicher erläuterte. Ein Guerilla trifft mit wirkungsvollen Aufschriften wie *Nächste Ausfahrt*, *In 2 Kilometern* oder *Noch 5 Minuten* mitten ins Schwarze, unterstützt mit den Plakaten andere starke Werbekampagnen oder platziert ein einzelnes Plakat mit chirurgischer Präzision. Ein Guerilla mietet eine Plakatwand mit dem Aufdruck *Nächste Ausfahrt* niemals nur für zwei oder drei Monate, sondern unterzeichnet einen Vertrag über mehrere Jahre. Ein Guerilla lässt eine Plakatwand mit der Aufschrift *Nächste Ausfahrt* dort aufstellen, wo noch kein anderer damit wirbt. Und ein Guerilla weiß, dass Plakatwerbung in erster Linie nur eine Erinnerungshilfe ist – wenn auch eine groß(formatig)e.

Sofern sich aber Plakatwerbung für Ihre Geschäftstätigkeit nicht geradezu aufdrängt, sollten Sie die Finger davon lassen. Fahren Sie doch einmal mit dem Auto durch Ihre Gegend. Achten Sie dabei auf Plakatwerbung ortsansässiger Unternehmen und fragen Sie die Firmeninhaber, was ihnen diese Werbung einbringt. Wenn Sie kein direkter Konkurrent sind, erhalten Sie vermutlich eine ehrliche Antwort.

Kontaktieren Sie ein Unternehmen für Außenwerbung in Ihrer Stadt und hören Sie sich deren Verkaufsargumente an. Vielleicht bietet man Ihnen besondere Konditionen, die Erschließung neuer Standorte oder die Möglichkeit, Werbefläche mit anderen Firmen zu teilen. Solange Sie sich nichts aufschwatzen lassen, kann ja nichts schiefgehen. Rufen Sie an, reden Sie mit den Leuten. Besser noch: Hören Sie zu. Haben Sie einen guten Werbeslogan, können sich Plakatwände lohnen. Wie bei anderen Marketingmedien ist es empfehlenswert, die Werbewirksamkeit zu testen. Die Reaktion auf ein Plakat kann von Stadt zu Stadt anders ausfallen. Vielleicht kommen ja gerade in Ihrer Stadt Plakatwände bei den Verbrauchern besonders gut an. Los Angeles ist zugepflastert mit Werbetafeln für neue Filme, Stars und Shows. Werbung für Hämorrhoidencreme werden Sie hier nicht finden. Vielleicht ist Ihr Geschäftsstandort optimal für Plakatwandwerbung geeignet. In diesem Fall empfehle ich Ihnen, das Ganze auszuprobieren. Wenn Sie eine Plakatwand einen oder zwei Monate anmieten, und die Kunden rennen Ihnen nicht den Laden ein, hält sich Ihr finanzieller Verlust im Rahmen. Doch wenn Ihnen Ihr größter Konkurrent am Platz zuvorkommt und mit Plakatwerbung alle Kunden für sich gewinnt, ärgern Sie sich schwarz.

Plakatwerbung ist nahezu ausnahmslos sogenannte *Share-of-Mind*-Werbung – versucht also, bei den Verbrauchern »Marktanteile« hinsichtlich des Bekanntheitsgrades des beworbenen Produkts zu gewinnen. Share-of-Mind-Werbung soll sich in das Bewusstsein einschleichen und den Prozentsatz der Personen in ihrem Marketinggebiet, die Ihr Produkt kennen, kontinuierlich steigern. Das dauert in der Regel eine Weile, lässt sich nicht direkt in Ergebnisse übersetzen und lohnt sich nur langfristig, wenn überhaupt.

Share-of-Market-Werbung dagegen versucht, den Kunden direkt zu einem Kauf zu bewegen. Diese Art von Werbung zielt darauf ab, den *Share of Market*, also den Marktanteil, kontinuierlich zu steigern. Share-of-Market-Werbung ist die effektivste Art der Werbung, lässt sich sofort in Ergebnisse übersetzen und lohnt schon nach kürzester Zeit. Die meisten kleinen Unternehmen verschwenden keinen Gedanken an ihren *Share of Mind*. Was für eine Verschwendung! Sie wollen doch ihren Marktanteil erhöhen, und zwar augenblicklich. Lassen Sie sich Plakatwerbung in aller Ruhe durch den Kopf gehen, aber erwarten Sie nicht, dass kauflustige Neukunden sofort in Scharen in Ihr Geschäft einfallen.

Buswerbung und Taxiwerbung, ob außen oder innen, sind in etwa genauso effizient wie Plakatwerbung. Beides eignet sich als Ergänzung eines Marketingplans für Innenstadtbereiche. Die mobile Werbung wird von vielen potenziellen Kunden gesehen. In Großstädten erzielt Taxiwerbung beachtliche Resultate. Werbung in und an Bussen wird in der Regel von einer ähnlichen Zielgruppe wahrgenommen, die auch auf Taxiwerbung anspricht – Menschen, die bestimmte Strecken nicht mit dem eigenen Auto fahren, auch wenn Taxis natürlich oft andere Routen als Busse nehmen. Doch wenn Sie sowohl in Bussen als auch in Taxis werben wollen, sollten Sie daran denken.

Ein Kunde von mir, der Zeitarbeitspersonal vermittelte, hatte großen Erfolg mit Buswerbung, da seine Anzeigen sowohl Arbeitnehmer als auch Arbeitgeber ansprachen. Befindet sich Ihr Geschäft in der Nähe einer Busstrecke, sollten Sie Buswerbung in Erwägung ziehen. Sie kann zwar niemals einen umfangreichen Marketingplan ersetzen, ihn aber effektiv ergänzen.

Die Werbetafeln, die Harold's Club, Wall Drugs und Burma-Shave den Weg zu Ruhm und Reichtum ebneten, habe ich bereits erwähnt. Was macht eine gute Werbetafel aus? Lesbarkeit. Warmherzigkeit. Ein guter Standort. Einzigartigkeit. Eine Identität, die Ihrem Geschäft entspricht. Botschaften, die auch aus einiger Entfernung, im Vorbeifahren und bei Nacht klar erkennbar sind. Gute Farben. Eindeutiger und unmissverständlicher Zusammenhang mit dem Rest Ihres Marketings.

Ihre Werbung muss kommunizieren, worum es bei Ihrem Unternehmen geht. Zum Beispiel sagt »Moore's!« viel weniger aus als »Moore's Schreibwaren«. Damit Ihr Schild in Ihrem Viertel auf möglichst breite Akzeptanz trifft, muss es an die jeweiligen Gegebenheiten, sprich Anwohner, angepasst werden. Grelle Farben können in einem bestimmten Viertel genau den Geschmack treffen, während sie woanders auf Missfallen stoßen. Neonschilder, wie man sie in Las Vegas an allen Ecken und Enden der Stadt antrifft, wären in dem Stadtviertel, in dem meine Familie und ich leben, verpönt.

Was macht eine schlechte Werbetafel aus? Mangelnde Klarheit. Mangelnde Einzigartigkeit. Ausgefallene Schriftart. Nichtssagende Farben. Winzige Schriftgröße. Ungeeigneter Standort. Wenig Zusammenhang mit dem restlichen Marketing.

Lassen Sie Ihrer Fantasie freien Lauf. Aber denken Sie daran, dass Werbung, die von vorbeifahrenden Autofahrern gesehen wird, weniger wirksam ist als Werbung, die auf einen entspannten Interessenten trifft, der sich die Zeit nimmt, Ihre Werbebotschaft auf sich wirken zu lassen – zum Beispiel ein Adressat Ihrer Direktmailingaktion.

Direktmail-Marketing

Guerillas aufgepasst! Im Direktmarketing geht die Post ab. Direktmarketing heißt das Gebot der Stunde. Direktmarketing verfügt über einen eingebauten Spiegel, der Ihnen die Effektivität Ihrer Werbebotschaft vor Augen hält. Andere Marketinginstrumente bieten viel, aber Direktmarketing bietet viel mehr. Andere Marketinginstrumente helfen, aber Direktmarketing hilft mehr.

Zum Direktmarketing gehören Direktmailing, E-Mails, Webseiten, Versandhandel und Couponwerbung, aber auch Telefonwerbung, Direct-Response-Fernsehen, Werbepostkarten, Vertreterbesuche, Teleshopping und alle anderen Marketinginstrumente, die den Kunden gleich hier und jetzt zum Kauf bewegen wollen. Direktmarketing erfordert keinen Zwischenhändler, keinen Laden. Im Direktmarketing gibt es nur zwei Beteiligte: Verkäufer und Käufer. Viele andere, zum Teil überflüssige Prozesse entfallen hier. Was bleibt, sind messbare Ergebnisse. Bevor Ihr Rundfunk- oder Fernsehspot ausgestrahlt wird, haben Sie natürlich alles Menschenmögliche getan, damit Ihre Werbung Wirkung zeigt. Ob sie tatsächlich eingeschlagen ist wie eine Bombe, werden Sie nie sicher wissen. Aber bei einem Direktmailing erkennen Sie das klar und deutlich. Und mehr noch, Sie wissen auch, wie gut es geklappt hat. Im Falle eines Scheiterns können Sie einschätzen, wie katastrophal Ihre Niederlage war.

Direktmailing allein führt nicht unbedingt zum Verkauf, aber es bringt Ihnen die entscheidenden Kontakte, die zu Abschlüssen führen. Beeindruckende 89 Prozent aller Marketing-Profis nutzen es, um Kontakte zu potenziellen Kunden zu knüpfen, 48 Prozent, um Abschlüsse zu erzielen.

Neben dem unbezahlbarem Vorteil der Messbarkeit bietet Direktmarketing im Vergleich zu anderen Marketingmethoden noch weitere Vorzüge:

1. Sie können die Ergebnisse genauer messen.
2. Sie können mitteilsam oder kurz angebunden sein, ganz wie Sie wollen.
3. Sie können fast jede Zielgruppe punktgenau anvisieren.
4. Sie können Ihrem Marketing Ihren persönlichen Stempel verleihen.
5. Sie können von den höchsten Rücklaufquoten ausgehen.
6. Sie können fast unbegrenzt Tests durchführen.
7. Sie können Stammkunden zu Wiederholungskäufen veranlassen.
8. Sie können mit den ganz Großen konkurrieren, sie vielleicht sogar aus dem Feld drängen.

Zu diesen acht Vorteilen kommen noch einmal acht Daumenregeln:

1. Konzentrieren Sie sich auf das Wesentliche: die richtige Adressliste.
2. Machen Sie es dem Empfänger so einfach wie möglich, auf Ihr Schreiben zu reagieren.
3. Persönliche Anschreiben sind fast immer wirkungsvoller als Werbesendungen ohne Begleitschreiben.
4. Die besten Käufer sind die »Wiederholungstäter«, ein immer größer werdender Personenkreis.
5. Tun Sie alles, damit Ihr Brief gelesen wird.
6. Aktualisieren Sie Ihre Adresslisten regelmäßig.
7. Empfehlungen zufriedener Kunden verbessern die Rücklaufquote.
8. *Nichts ist so einfach, wie es aussieht.*

In echter Guerilla-Manier biete ich Ihnen außerdem sieben Tipps, mit denen Sie Ihre Traumrücklaufquote erreichen können:

1. Formulieren Sie Ihr Angebot bereits in der Überschrift klar und deutlich.
2. Der Empfänger muss auf den ersten Blick verstehen, was er als Nächstes tun soll.
3. Blau ist eine gute Zweitfarbe, aber Rot und Schwarz ist in der Regel die beste Kombination für Direktmailing.
4. Setzen Sie Rot sparsam für Hervorhebungen ein.
5. Die vier Hauptelemente im Direktmailing sind: Adressliste, Angebot, Text und Grafiken. Wahre Guerillas kümmern sich mit derselben Sorgfalt um alle vier Elemente.
6. Das am schnellsten wachsende Direktmailing-Segment sind interessanterweise die traditionellen Nichtkunden – also diejenigen, die auf Direktmailing noch nicht reagiert haben.
7. Erfolg im Direktmailing erzielt man durch den kumulierten Effekt mehrfacher Mailings. Setzen Sie also auf Wiederholungen, aber sorgen Sie dafür, dass sich die einzelnen Anschreiben voneinander unterscheiden.

Guerillas wissen, dass es keine »normale« Rücklaufquote gibt. Sie müssen schon selbst beurteilen, womit Sie zufrieden sind, und dieses Ergebnis kontinuierlich verbessern – darum geht es bei Direktmailing.

Machen Sie sich klar, dass die steigenden Postgebühren für zahlreiche Amateure Anlass sind, von der Briefpost auf E-Mails umzusteigen. Zurück bleibt ein nahezu grenzenloses Jagdrevier für Guerillas.

Für einen Guerilla ist Marketing teils Kunst, teils Wissenschaft. Direktmailing ist jedoch mehr Wissenschaft als Kunst. Es ist zwar durchaus eine Kunst, ein erfolgreiches Direktmailing-Paket zu schnüren, doch wir wollen uns auf den wissenschaftlichen Teil konzentrieren, von dem wir bereits einiges wissen. So wissen wir zum Beispiel, dass die drei wichtigsten Voraussetzungen für erfolgreiches Direktmarketing lauten: testen, testen und noch mal testen. Wenn Sie sich daran halten, sind Sie auf dem richtigen Weg. Wer frei nach Schnauze vorgeht, wird auf selbige fallen. Mit einem Mailing haben Sie eine gute Chance, *zu den Leuten durchzudringen*. Studien zufolge behaupten 60 Prozent der Verbraucher: »In der Regel lese ich Werbepost oder überfliege sie zumindest«, auf

31 Prozent trifft die Aussage zu »Teils lese ich Werbepost, teils nicht«, und auf 9 Prozent: »Ich lese überhaupt keine Werbepost«. Für Sie bedeutet das, Sie haben die Möglichkeit, 91 Prozent Ihrer Zielgruppe zu erreichen. Eine beeindruckende Zahl, nicht wahr?

Aktuellen Schätzungen zufolge erhält der US-amerikanische Durchschnittsmanager 20 Direktmailings am Tag, wovon etwa die Hälfte an die Entscheidungsträger weitergeleitet wird; die andere Hälfte wird von den Sekretärinnen abgefangen – den Torwächtern der Industrie. Guerillas wissen, nach welchem Prinzip gute Sekretärinnen vorgehen. Sie wissen, wie kostbar die Arbeitszeit ihres Vorgesetzten ist, und wollen erfahren, ob es sich erstens um ein seriöses Angebot einer seriösen Firma handelt, zweitens, ob das angepriesene Produkt für den Vorgesetzten und den Betrieb interessant ist, und drittens, ob das Schreiben persönlicher oder geschäftlicher Art ist.

Guerillas wissen, dass Führungskräfte keine Romane lesen wollen, und beschränken sich deshalb auf höchstens zwei oder drei Absätze. Guerillas stellen auch sicher, dass Briefe, die sich an obere Managementebenen richten, von einer hochrangigen Führungskraft unterzeichnet sind. Außerdem genügt es nicht, lapidar an die Leitung der Buchhaltung zu schreiben, man muss schon den Namen des Empfängers nennen. Manchmal senden Guerillas Mailings als Päckchen, weil da niemand widerstehen kann – sie werden schon allein aus Neugier geöffnet. Und von Fall zu Fall nehmen Guerillas selbst die höheren Kosten von Federal Express, UPS oder DHL in Kauf.

Die *60-30-10-Regel* ist eine wissenschaftliche Erkenntnis: 60 Prozent Ihres Direktmailings hängen von der richtigen Adressliste ab, 30 Prozent vom richtigen Angebot und 10 Prozent von der kreativen Verpackung. Folgende Tipps sollten Ihre Kreativität anfachen:

1. Umschläge in leuchtenden Farben erregen Aufmerksamkeit. Rot und blau haben sich bewährt, aber silbern, golden, malvenfarbig, gelb, orange und pink sind im Kommen. Und natürlich ist weiß immer eine gute Wahl.

2. Schreiben Sie die Adresse möglichst groß, denn unbewusst freut sich jeder darüber, seinen Namen gedruckt zu lesen. Je größer, umso besser.

3. Ein weißer Umschlag im üblichen Geschäftsformat mit einer Sondermarke und ohne Absender macht neugierig und wird bestimmt geöffnet. Probieren Sie diesen erstklassigen Guerilla-Tipp einfach einmal aus!

Es gibt viele Gründe für die Durchführung einer Direktmailing-Aktion. Sie sollten sich allerdings nicht nur auf Massenbriefe beschränken. Als Guerilla schreiben Sie Ihre Briefe, um

- bei einem Interessenten nachzuhaken
- einen Termin zu vereinbaren
- sich für einen Fehler zu entschuldigen
- ein Kompliment auszusprechen
- zu einem Jubiläum zu gratulieren
- schöne Feiertage zu wünschen – Weihnachten, Ostern, Valentinstag, Muttertag und so weiter
- einen Telefonkontakt zu vertiefen
- sich für die Teilnahme an einer Vorführung oder Präsentation zu bedanken
- sich für einen Kauf zu bedanken
- sich für die Aufmerksamkeit und Zeit zu bedanken, auch wenn kein Kauf zustande kam
- sich für eine Empfehlung zu bedanken
- jemandem zu seiner neuen Aufgabe zu beglückwünschen
- jemandem für gute Arbeit zu danken
- sich wiederholt für die tolle Zusammenarbeit zu bedanken
- jemandem zur Beförderung zu gratulieren
- zu erwähnen, dass Sie den Zeitungsbericht über ihn oder sie gelesen haben (Kopie beilegen)
- jemandem zu einer besonderen Leistung zu gratulieren
- sich bei jemandem für einen Gefallen zu bedanken
- jemandem für außergewöhnliche Dienste zu danken
- jemanden wissen zu lassen, dass Sie sein Produkt oder seine Dienstleistung zu schätzen wissen
- um jemandem für seine Zeit oder Mühe zu danken
- um Bedauern auszudrücken
- sich bei jemandem für eine Einladung zu bedanken

- jemandem gute Besserung zu wünschen
- Beileid auszusprechen
- zur Geburt, zur Hochzeit oder zu einem Hauskauf zu gratulieren
- alles Gute zum Geburtstag zu wünschen
- ein neues Produkt oder eine neue Dienstleistung anzukündigen
- einen guten Kunden frühzeitig über eine Sonderaktion zu informieren
- etwas zu verkaufen

Solche Briefe werden gerne gelesen.

Die schonungslose Ehrlichkeit, mit der Sie das Direktmailing wissen lässt, ob Sie gute Arbeit geleistet haben oder nicht, lässt sich nicht mit Gold aufwiegen. Mithilfe der Rücklaufquote können Sie feststellen, ob Sie mit Ihrem Angebot, Preis, der Verpackung, dem Werbetext, dem Timing und der Adressliste den Nagel auf den Kopf getroffen haben. Im Nu wird klar, ob Ihre Aktion ein Flop oder Top war.

Zunächst sollten Sie sich ernsthaft fragen, ob Ihr Produkt oder Ihre Dienstleistung überhaupt für Direktmarketing geeignet ist. Wenn Sie sich sicher sind, dass Sie die Welt des Direktmarketings gefahrlos betreten können, besteht der erste Schritt darin, die Beziehung zwischen Direkt-Response-Werbung und Nicht-Direkt-Response-Werbung zu verstehen.

Laut Expertenmeinung ist Direktmarketing kein neumodischer Begriff für Versandhandel, sondern ein interaktives Marketingsystem, das durch den Einsatz von Werbemitteln anstrebt, messbare Reaktionen beziehungsweise Transaktionen zu bewirken. Diese Definition entstammt übrigens der Fachzeitschrift *Direct Marketing* – vielen Dank!

Dieselbe Zeitschrift führt im Weiteren aus, dass Marketing alle Aktivitäten umfasst, die am Übergang der Waren oder Dienstleistungen vom Verkäufer zum Käufer beteiligt sind. Und sie macht einen wichtigen Unterschied deutlich. Ihr zufolge sollte *Direktmarketing dieselben Funktionen erfüllen wie jedes andere Marketing auch, zusätzlich ist jedoch die Pflege einer Datenbank erforderlich*. Darin werden die Namen jetziger, potenzieller und ehemaliger Kunden gespeichert. Sie dient somit als Instrument für die Speicherung und anschließende Auswertung der Direct-Response-Werbung. In der Datenbank lässt sich das gesamte Kaufverhalten speichern und auswerten. Und sie bietet die Möglichkeit, direkt zum Hörer zu greifen oder eine Mail zu verschicken.

Vorsichtige Unternehmer scheuen vor den Massenmedien zurück und ziehen es vor, Kaufinteressenten direkt anzusprechen. Vor noch nicht allzu langer Zeit musste man 50 Cent pro Person investieren, um eine breit gefasste Zielgruppe zu erreichen, während man mittlerweile 1 US-Dollar oder mehr auszugeben bereit ist, um Zielgruppen anzusprechen, deren demografisches und wirtschaftliches Profil sie als künftige Kunden ausweist. Hunderte von Millionen Menschen sehen regelmäßig Teleshopping-Sender. Diese Zahlen steigen und mit ihnen die Adresslisten, die von diesen Sendern zusammengestellt werden.

Wenn Sie mit Leib und Seele Guerilla sind, arbeiten Sie seit dem Tag der Gründung Ihres Unternehmens an Ihrer eigenen Adressliste. Als Erstes haben Sie natürlich Ihre eigenen Kunden eingetragen. Anschließend wurde die Liste um diejenigen erweitert, die kürzlich in Ihr Stadtviertel gezogen sind, geheiratet haben, geschieden wurden oder Kinder bekommen haben. Natürlich müssen Sie auch eine ganze Menge potenzieller Kunden von Ihrer Liste streichen, nämlich alle, die aus Ihrem Wohnviertel weggezogen sind – 2005 ist fast jeder vierte US-Bürger umgezogen.

Weshalb schicken Sie nicht einfach einmal Postkarten an Ihre Kunden, zum Beispiel, um auf den Beginn des Schlussverkaufs in der kommenden Woche aufmerksam zu machen? Ihre Kunden werden sich über die rechtzeitige Benachrichtigung freuen und ihrer Dankbarkeit wohl durch einen Kauf Ausdruck verleihen. Sie können aber auch ein groß angelegtes Mailing starten, mit einem sogenannten klassischen Paket, das aus einem Umschlag, einem Anschreiben, einer Broschüre, einem Bestellformular, einem Rückumschlag (frankiert oder nicht) und anderen Werbematerialien besteht.

Damit Ihr Direktmailing erfolgreich ist, verrate ich Ihnen jetzt folgende Tricks:

- Drucken Sie die wichtigsten Sätze in einer zweiten Farbe. Mit dem höheren Umsatz können Sie problemlos die höheren Druckkosten bezahlen. Wählen Sie eine leuchtende, warme Farbe.
- Nennen Sie Ihr tollstes Angebot auf dem Bestellformular ein zweites Mal. Die Wiederholung weckt das Kaufbedürfnis.
- Erhöhen Sie Ihre Rücklaufquote durch Abbildungen oder Fotografien in Ihrem Anschreiben. Die grafischen Elemente müssen Ihr Angebot unterstreichen.
- Beachten Sie die jahreszeitlichen Unterschiede: die schlechtesten Monate für Direktmailingaktionen sind März, Mai und Juni, die besten sind Januar,

Februar und Oktober. Der Zeitraum von Januar bis März eignet sich am besten für Direktmailings bei Unternehmen.
- Peppen Sie Ihr Angebot auf – und verbessern Sie Ihre Rücklaufquote –, indem Sie jeder Bestellung ein Geschenk beilegen. Ein Foto des Geschenks sollte auf dem Briefumschlag abgedruckt sein. Oder Sie bieten an, dass Ihr Produkt oder Ihre Dienstleistung kostenlos ausprobiert werden kann. *Kostenlos* zieht fast immer.
- Aktualisieren Sie Ihre Adressliste regelmäßig. Wer dies zwei Jahre versäumt, muss damit rechnen, dass 20 Prozent der Kontaktinformationen veraltet sind. Jedes Jahr fallen somit 10 Prozent Ihrer Daten weg.
- Bevor Sie auch nur ein Wort zu Papier bringen, fragen Sie einige Ihrer Kunden, was Sie an Ihrem Unternehmen mögen, und leiten Sie Ihr Anschreiben mit diesen Vorteilen ein.
- Sie müssen Ihren Produkten oder Dienstleistungen das gewisse Extra verleihen. Bieten Sie besondere Zahlungskonditionen oder eine umfassendere Garantie als üblich. Holen Sie defekte Waren zum Beispiel direkt von Ihrem Kunden ab.
- Fassen Sie sich kurz: kurze Wörter, kurze Sätze, kurze Absätze. Der Autor James Michener teilt die Überzeugung anderer Schriftsteller, Schreiben bedeute, ungewöhnliche Ideen in gewöhnliche Worte zu fassen. Niemand quält sich durch einen umständlich formulierten Brief. Das Leben ist auch ohne solche Anschreiben kompliziert genug.
- Zählen Sie nach, wie oft Sie die Wörter *Sie* oder *Ihr* (in sämtlichen grammatikalischen Formen) verwendet haben. Sie sollten mindestens doppelt so oft vorkommen wie *ich* und *mein*. Ein Verhältnis von vier zu eins wäre noch besser.
- Beziehen Sie sich auf die Wünsche und Probleme Ihrer Kunden. Beschreiben Sie Ihre Lösungen für diese Probleme und die Vorzüge Ihres Angebots.
- Schicken Sie Ihren Brief nicht sofort los. Lassen Sie ihn mindestens einen Tag liegen. Dann schreiben Sie ihn um. Verwenden Sie kürzere, einfachere, klarere und überzeugendere Formulierungen. Zeigen Sie ihn einigen Ihrer Kunden. Bei Kommentaren wie »Toller Brief« danken Sie ihnen freundlich. Bei Fragen wie »Wo kann man sich solche Briefe schreiben lassen?« wissen Sie, dass Ihr Anschreiben ins Schwarze getroffen hat.
- Führen Sie den ultimativen Härtetest durch. Kann der Leser Ihrem Angebot eindeutig entnehmen, worum es geht und was er tun muss, um in den

Genuss Ihrer Produkte zu kommen? Manche Guerillas zeigen ihre Werbebriefe Kindern, weil diese besser darin sind, den Wald vor lauter Bäumen zu sehen.

- Schicken Sie Testschreiben los und werten Sie die Resultate aus. Ein paar Dutzend oder auch einige 100 Briefe können Ihnen vermitteln, mit welcher Rücklaufquote Sie letztendlich rechnen können. Schließlich lassen die Rückantworten nicht ewig auf sich warten – oder doch? Wenn Ihre Rücklaufquote Ihre kühnsten Erwartungen allerdings übertrifft, und Sie mehr Umsatz machen als durch jede andere Aktion zuvor, genießen Sie Ihren Erfolg. Herzlichen Glückwunsch!

Früher bestand eine Direktmailingaktion immer nur aus einem Brief. Heute gehören dazu ein Anschreiben, zwei bis fünf Folgebriefe, zwei E-Mails, vielleicht ein oder zwei Anrufe und schließlich ein weiterer Werbebrief. Viele Unternehmer führen solche Kampagnen wöchentlich oder zumindest monatlich durch.

Vor einer solchen Aktion müssen Sie eine Vielzahl von Entscheidungen treffen und wissen, worauf es wirklich ankommt. Unterziehen Sie Ihre Adressliste, Ihr Angebot und natürlich Ihre Preisgestaltung einer kritischen Überprüfung. Welcher Zustelldienst kommt in Frage? Wenden Sie sich mit Ihren Schreiben an den Empfänger persönlich? Wenn ja, wie? Haben Sie eine gebührenfreie Telefonnummer, über die Ihr Produkt bestellt werden kann? Welche Kreditkarten akzeptieren Sie? Wirkt sich ein Direktverkauf auf Ihre Preisgestaltung aus? Diese scheinbar einfachen Themen werden umso komplexer, desto mehr Sie darüber wissen.

Umschläge

Der Briefumschlag ist ein so wichtiger Faktor, dass ich diesem Thema ein ganzes Unterkapitel widme. Führungskräfte mögen keine Umschläge mit Adressaufklebern, sondern ziehen es vor, Namen und Titel auf den Umschlag gedruckt zu sehen. Wenn Sie mit Bürobedarf oder Produkten speziell für Frauen handeln oder für Abgeordnete oder eine gute Sache werben, vermittelt ein von Hand beschrifteter Umschlag eine wunderbare persönliche Note. Bringen Sie ein wenig Abwechslung ins Spiel: Es gibt Umschläge in Standardgröße, Übergrößen, es gibt sie in verschiedenen Farben, kunstvoll bedruckt, mit und ohne Adressfenster. Lassen Sie den Absender doch einfach mal weg, um die Neugier des Empfängers anzustacheln.

Apropos Neugier: Eines der effizientesten Mittel, die Sie auf einem Umschlag verwenden können, ist der sogenannte *Teaser* – eine Textzeile, die den Empfänger neugierig auf den Inhalt des Schreibens macht. Hier nun einige erfolgreiche Teaser:

KOSTENLOS! Ihr neuer Mini-Taschenrechner.
Wollen Sie 10 000 Euro gewinnen?
Das beste Angebot des Jahres. Details dazu im Anschreiben.

Wie Sie sehen, gibt es unzählige Methoden, jemanden dazu zu bewegen, einen Brief zu öffnen und zu lesen. Und genau das soll Ihr Umschlag ja bezwecken: Der Empfänger muss förmlich darauf brennen, den Inhalt zu erfahren.

Guerillas wissen, dass zuerst der Name des Adressaten gelesen wird, dann der Teaser und schließlich der Absender. Wieso schreibt mir die Verkehrswacht oder die Lottozentrale? Das Finanzamt? Auch Schreiben der Hausbank werden (in den meisten Fällen) geöffnet. Auch ohne Teaser. Das Finanzamt kann vermutlich auch darauf verzichten.

Denken Sie bei der Umschlaggestaltung an die Bedürfnisse und Wünsche Ihrer Zielgruppe. Auch auf der *Rückseite* des Umschlag ist viel Platz. 75 Prozent der Empfänger lesen, was auf der Rückseite steht. Sie haben drei Sekunden Zeit, um Ihr Anschreiben vor dem Papierkorb zu bewahren. Vielleicht durch folgende Aufschriften?

- Ihr Geschenk anbei
- Sie sparen bares Geld
- Finanztipps für das neue Jahrtausend
- Vertraulich
- Wussten Sie, dass Sie Ihren Gewinn verdoppeln können?
- Was ein Unternehmer wie Sie wissen muss…
- Wie Sie mit nur 6 Cent täglich Ihren Umsatz steigern
- Mehr Infos über [praktisch alles] im Brief
- Neue Angebote – nur diese Woche!

Der Teaser muss nicht besonders toll, brillant oder aufregend formuliert sein. Schließlich soll er den Empfänger einfach nur dazu bringen, den Umschlag zu öffnen. Ja, es ist nur ein Umschlag, aber Guerillas wissen, dass selbst eine Kleinigkeit wie ein Umschlag über den Erfolg oder Misserfolg einer Werbeaktion entscheiden kann.

In der Regel werden Briefe, die als Einschreiben oder mit Eilzustellung gesendet werden, geöffnet. Doch das ist teuer – aber nicht für Guerillas. In Amerika gibt es offiziell zugelassene Umschläge, die wie *Priority*- oder *Express*-Umschläge aussehen.

Manche Guerillas werben mit besonderen Materialien und verpacken ihre Werbebotschaften in ein Stück Holz, eine Schmuckschatulle, CD-Hülle, braune Papiertüte, Grußkarte, Kunststoff oder eine Blechdose. Andere legen dem Schreiben eine CD, eine Münze, einen Kaugummi, eine magnetische Visitenkarte oder einen Luftballon bei, damit man dem Umschlag gleich ansieht, dass er irgendeine Kleinigkeit enthält. Letztendlich aber gewinnen Sie Ihre Kunden nicht durch ausgefallene Materialien und kleine Geschenke, sondern ausschließlich durch ein gut formuliertes Anschreiben.

Denken Sie an das Postskriptum, denn es wird in der Regel (häufiger als der Brieftext) gelesen. Vielen Direktmailings liegt zusätzlich ein sogenannter *Lift Letter* bei – ein Brief im Brief, der zum Beispiel mit »Nur lesen, wenn Sie noch nicht überzeugt sind« beschriftet ist. Im Lift Letter wird noch ein weiterer Versuch gestartet, den Kunden zum Kauf zu motivieren, vielleicht anhand einer handschriftlichen Mitteilung des Firmenchefs, die sich den Anschein einer wichtigen Aktennotiz gibt – im Fachjargon *Buck Slip* genannt.

Ein Postskriptum lässt sich auf sieben unterschiedliche Arten einsetzen:

1. *Fordern Sie den Kunden zum Handeln auf.* Tun Sie alles, was in Ihrer Macht steht, damit der Kunde in die Gänge kommt und jetzt eine Bestellung aufgibt.

2. *Bekräftigen Sie Ihr Angebot.* Wiederholen Sie das Angebot des Werbeanschreibens – auf noch überzeugendere, dringlichere Weise. Ein gutes Angebot gehört unbedingt auch in das Postskriptum.

3. *Erinnern Sie an das Werbegeschenk oder den Spezialrabatt.* Das kann den nötigen Kaufimpuls auslösen. Über ein Geschenk freut sich schließlich jeder.

4. *Betonen Sie Preis oder Konditionen.* Wenn der Preis oder die Zahlungsbedingungen das Besondere an Ihrem Angebot sind, weisen Sie hier noch einmal darauf hin.

5. *Warten Sie am Schluss mit einer echten Überraschung auf.* Vielleicht schlägt die Gleichgültigkeit des Lesers dadurch in Begeisterung um. Oder Sie formulieren hier den wesentlichen Nutzen Ihres Angebots noch einmal mit anderen Worten und machen klar, warum dieses Produkt jeder braucht.

6. *Betonen Sie die steuerliche Abzugsfähigkeit.* Jeder Geschäftsmann freut sich, wenn er betriebliche Ausgaben von der Steuer absetzen kann. Ist das für Ihr Produkt oder Ihre Dienstleistung ohne faule Tricks möglich, sollten Sie das im Postskriptum herausstellen.
7. *Weisen Sie auf die Garantie hin.* Auch wenn eine Gewährleistung gesetzlich vorgeschrieben ist, sollten Sie ihre Vorteile und eventuelle Zusatzleistungen betonen.

Wenn Sie Ihre Produkte oder Dienstleistungen nicht in einem Laden verkaufen, ist die Garantie ein wesentlicher Aspekt, der mitunter den Ausschlag für einen Kauf liefern kann. Ihr Kunde möchte sich verständlicherweise gegen Mängel absichern, und Sie sollten alles tun, um ihm diese Sicherheit zu geben.

Effektive Direktmailings betonen, dass es kein Problem ist, per Kreditkarte oder auf Rechnung zu zahlen. Ebenfalls positiv auf die Rücklaufquote wirkt sich aus, wenn Sie Ihr Angebot mit einer Frist verknüpfen. Guerillas setzen diese Waffe grundsätzlich bei ihren Direktmails ein.

Was auch immer Sie tun, formulieren Sie Ihr Angebot klar und deutlich, wiederholen Sie es mehrfach, fassen Sie sich kurz und bitten dann um die Bestellung. Reden Sie nicht um den heißen Brei herum. Machen Sie klar, was Sie sich von Ihren Kunden erwarten, und wiederholen Sie Ihre Aussage.

Gebührenfreie Telefonnummern können die Rücklaufquote in jedem Fall verdreifachen. Wussten Sie, dass täglich rund 750 000 Amerikaner Waren im Wert von 225 *Millionen* US-Dollar per Telefon bestellen?

Wenn Sie eine Direktwerbeanzeige mit Gutschein verschicken, empfiehlt sich dafür eine Miniaturausgabe Ihrer üblichen Werbeanzeige, mit Überschrift, Vorteilen und Angebot. Manche Direktmailing-Profis erstellen zuerst den Gutschein und dann die Anzeige. Das nennt man *working backward*. Guerillas wissen, dass dies ein cleverer Schachzug ist, denn bei dieser Vorgehensweise ist dafür gesorgt, dass Sie beim Verfassen des Anschreibens oder Prospekts immer vor Augen haben, was Sie von Ihren Kunden wollen.

Beim Direktmailing müssen alle Aufträge innerhalb einer Woche nach Entgegennahme der Bestellung ausgeliefert werden – also schneller als per Telefon, Fax oder online entgegengenommene Aufträge.

Auch Kundenanfragen sollten innerhalb einer Woche (und bei modernster Technologie gerne auch schneller) beantwortet werden; bei Internetbestellungen ermöglichen automatische Dienste die Auftragsannahme innerhalb von Sekunden. Und noch etwas: Guerillas bieten niemals Ware an, die nicht auf Lager ist oder nicht unverzüglich ausgeliefert werden kann. Sie wollen sich ja schließlich keine Feinde machen, sondern Gewinne. Außerdem können Guerillas mit allen Informationen aufwarten, die der Kunde erfahren möchte. Jeder Auftrag wird mit der gebotenen Dringlichkeit abgewickelt. Die meisten Guerillas wissen, wie lästig es ist, bei einem Anruf in der Warteschleife zu hängen, und nehmen Anrufe deshalb stets persönlich entgegen. Neulich erhielt ich eine Postkarte, auf der mir ein Vorzugspreis für ein Zeitschriftenabonnement angeboten wurde. Willens, sofort zuzuschlagen, rief ich dort an, und was musste ich hören? Eine Stimme vom Band, die mich um Geduld bat. Ich legte auf und zerriss die Postkarte.

An welcher Stelle in einer Zeitschrift oder Zeitung sollten Sie für Ihren Versandhandel werben? Der beste Platz, der seinen Preis wert ist, ist die Rückseite. Im Vergleich zu allen anderen möglichen Positionen ist die Rücklaufquote dann um bis zu 150 Prozent höher.

Jeder Guerilla, der sich für Direktmarketing entschieden hat, sollte seinen Rechnungen Werbung beilegen. Briefe, die eine Rechnung erhalten, werden (fast) immer geöffnet, das bedeutet, dass Ihre Werbung schon mal nicht von vornherein im Altpapier landet. Außerdem sparen Sie sich Portokosten, denn Ihre Rechnung frankieren Sie ja sowieso. Werbung als Beilage in Printmedien ist ebenfalls höchst effizient. Erkundigen Sie sich in der Anzeigenabteilung geeigneter Zeitschriften oder Zeitungen, ob und zu welchen Konditionen diese Möglichkeit besteht.

Postkarten

Noch effektiver als ein Werbebrief ist eine Werbepostkarte. Ohne lange zu überlegen, ob er den Umschlag nun öffnet oder nicht, liest der Empfänger sofort, was Sie ihm zu bieten haben. Guerillas mögen Postkartenaktionen, weil sie fast ein Drittel günstiger sind als Briefaktionen. Außerdem lassen sich hübsche Postkarten bequem am Computer erstellen. Wenn man sich schon kein Geld drucken darf, dann wenigstens Werbepostkarten. Sie sind perfekt geeignet, um sich zu bedanken, Kunden an Termine zu erinnern oder auf ein Superschnäppchen, ein neues Produkt oder eine tolle Dienstleistung aufmerksam zu machen. Auch hier gibt es übergroße Formate, und mit Farbe sollten Sie auch nicht geizen. Allerdings muss auch die Postkarte der Persönlichkeit Ihres Unternehmens entsprechen. Sogenannte Audiopostkarten können als »sprechende« Postkarten per E-Mail verschickt werden. Eine überzeugende Beschreibung in englischer Sprache samt Vorführung finden Sie auf audiogenerator.com.

Kreieren Sie Ihr eigenes Erfolgsrezept, indem Sie einfach die folgenden Punkte beachten, und erleben Sie mit, wie Ihre Rücklaufquote zu einem Höhenflug ansetzt.

- Definieren Sie zuerst die Empfänger Ihrer Mailingaktion, und zwar sorgfältig und richtig. Anderenfalls wird alles anders laufen als beabsichtigt.
- Klären Sie, zu welcher konkreten Aktion der Empfänger motiviert werden soll.
- Gestalten Sie den Umschlag so, dass jeder darauf brennt, ihn zu öffnen.
- Machen Sie ein Angebot, das man einfach nicht ablehnen kann.
- Der erste Satz und das Postskriptum müssen so verheißungsvoll sein, dass der ganze restliche Brief gelesen wird.
- Beschreiben Sie Ihr Angebot mit wohlklingenden, verführerischen Worten.
- Erläutern Sie, warum Ihr Angebot unwiderstehlich ist.
- Zählen Sie weitere Vorzüge Ihres Angebots auf.
- Stellen Sie unter Beweis, dass Sie wissen, mit wem Sie es zu tun haben.
- Erklären Sie den wesentlichen Nutzen Ihres Angebots.
- Sorgen Sie dafür, dass der Leser sofort bestellt.
- Machen Sie Ihrem Kunden die genaue Vorgehensweise bei der Bestellung unmissverständlich klar.
- Setzen Sie sich messbare Ziele.
- Planen Sie Ihre Nachfassaktion – entweder per Post oder per Telefon.
- Analysieren Sie die Ergebnisse Ihrer Aktion.
- Lernen Sie aus Ihren Fehlern.
- Überlegen Sie sich, ob Sie Ihr Anschreiben nicht einmal per Fax oder mit Eilzustellung verschicken möchten.
- Suchen Sie neue Märkte, in die Sie expandieren können.
- Steigern Sie Ihre Umsätze und Gewinne, indem Sie Ihre Texte überarbeiten.

Im Prinzip kann ich eigentlich nur davon abraten, Ihre private Telefonnummer unters Volk zu bringen. Allerdings kenne ich eine weibliche Guerillakämpferin, die ihre Privatnummer auf ihrer Visitenkarte angibt – und diese jedem ihrer Briefe beilegt. Dabei schickt sie jede Woche 25 Kunden einen persönlichen Brief und einen überaus freundlichen Serienbrief an rund 1 500 Kunden im Monat.

Kataloge

Kataloge gehören zwar auch zum Direktmarketing, unterscheiden sich aber grundlegend von den bisher genannten Werbemitteln. Befindet sich Ihr Unternehmen auf Wachstumskurs, ist es bestimmt eine gute Idee, Ihr Direktmarketing mithilfe eines Katalogs anzukurbeln. Positionierung, Warenauswahl, Warenart, Grafiken, Farben, Umfang (32 Seiten gelten als optimal), Überschriften, Unterüberschriften, Text, Verkaufsanreize und Bestellformulare sind Punkte, die im Vorfeld entschieden werden müssen. Dazu brauchen Sie unbedingt klare Vorstellungen davon, was Sie bezwecken möchten. Dann wird Direktmarketing mit einem Katalog zum Kinderspiel.

Kataloge kosten viel Geld – für den Druck und den Versand. Kalkulieren Sie diese beiden Posten unbedingt zu Ihren Gesamtausgaben.

Sind Sie im Versandhandel tätig, ist Ihr Katalog das Herzstück Ihres Unternehmens und entscheidet zu einem großen Teil über Ihren Profit. Ob Ihr Katalog ein Erfolg wird, hängt auch davon ab, wie viele Kunden bereits gute Erfahrungen mit Ihnen machen konnten. Zufriedene Kunden haben genügend Vertrauen in Sie, um die Angebote in Ihrem Katalog gerne wahrzunehmen.

Machen Sie sich darauf gefasst, dass sich die Herstellung und der Versand eines Katalogs zu einem hübschen Sümmchen addieren. Ein Freund von mir betrieb ein erfolgreiches Versandhandelsunternehmen (2 Millionen US-Dollar Umsatz bei 500 000 US-Dollar Kosten für das Marketing). Er investierte eine ganze Zeit lang die Hälfte seines Marketingbudgets in Direktmailing, 30 Prozent in Kataloge und 20 Prozent in Werbeanzeigen. Dann beschloss er, nur noch auf das Medium Katalog zu setzen, und gab 15 Prozent seines Marketingbudgets für Anzeigen, 20 Prozent für Direktmailing und 65 Prozent für die Kataloge aus. Die Kataloge wurden zu seiner stärksten Verkaufswaffe. Damals behauptete er oft im Scherz, er wäre nicht im Versandhandel, sondern in der Katalogbranche tätig.

Ihr Katalog sollte für Sie eine besondere Form des Direktmailings darstellen. Im Grunde entspricht das Warenangebot ja dem eines Ladens – nur eben auf Papier abgebildet. Ihre Zielgruppe bestimmt, welche Artikel in den Katalog aufgenommen werden, und das Gesamtsortiment sollte sich in irgendeiner Weise ergänzen oder aufeinander abgestimmt sein. Ein Katalog lohnt sich erst ab einem Kundenstamm von etwa 25 000 Kunden. Das ist eine ganz schöne Menge. Doch wenn Sie das ganz große Geld machen wollen, muss Ihre Kundenliste so lang sein. Wenn Sie keine 25 000 Kunden haben, fangen Sie klein an: mit einem Mini-Katalog mit acht Seiten in Schwarz-Weiß.

Ist der Katalog fertig gestaltet, kann er 5 000 oder 5 Millionen Mal gedruckt werden. Allerdings lohnen sich die Druckkosten erst ab 25 000 Stück. Diese Daumenregel hat sich schon mehr als einmal bewahrheitet.

Mit gekauften Adresslisten erzielen Sie Rücklaufquoten, die im besten Fall bei 85 Prozent der Quote liegen, die Sie mit Ihrer eigenen Adressliste erreichen. Gekaufte Adresslisten sind mit Vorsicht zu genießen und müssen vor ihrer Verwendung *sorgfältig* geprüft werden. Noch etwas: Verschicken Sie Ihren Katalog unbedingt in der Vorweihnachtszeit. Vor Weihnachten ist wirklich jeder in Kauflaune, und diese Chance sollten Sie nicht ungenutzt verstreichen lassen. Es gibt einen guten Grund, warum wirklich jeder Versandhändler vor Weihnachten Kataloge verschickt, und der lautet, dass massenweise *eingekauft* wird. Als der berüchtigte Bankräuber Willie Sutton gefragt wurde, weshalb er denn eigentlich Banken ausraubte, antwortete er: »Weil dort das Geld zu holen ist.« In der Vorweihnachtszeit ist für Sie das große Geld herauszuholen.

Formulieren Sie Ihren Katalogtext einfach, klar und prägnant. Ihre Kunden wollen von Fakten und Vorteilen lesen. Welche Eigenschaften haben Ihre Produkte? Beantworten Sie jede nur denkbare Frage bereits im Vorfeld. Geizen Sie nicht mit Informationen. Am besten, Sie schreiben den Text selbst.

Was macht Kataloge für Kunden so interessant?

- Man bekommt sie bequem ins Haus geliefert (36 Prozent)
- Die Produktpalette ist riesig (19 Prozent)
- Die Preise sind gut (17 Prozent)
- Die Qualität des Angebots überzeugt (6 Prozent)
- »Sonstige Gründe« oder ohne Angabe von Gründen (22 Prozent)

Was passiert mit Ihrem Katalog, nachdem die 78 Prozent der Katalogliebhaber ihn gelesen oder gar ihre Bestellung aufgegeben haben? 42 Prozent heben ihn auf, 41 Prozent werfen ihn weg, 10 Prozent geben ihn an Freunde und Verwandte weiter, und 7 Prozent sind unentschieden.

Beherzigen Sie bei Ihrer Planung diese Guerilla-Richtlinien:

- Legen Sie fest, was Sie mit dem Katalog erreichen wollen.
- Definieren Sie Ihre Zielgruppe. Gestaltung und Produktion müssen darauf abgestimmt sein.
- Planen Sie alle Elemente Ihres Katalogs, bevor er in die Produktion geht: Artikel, Preise, Lieferbedingungen und so weiter.

- Treffen Sie alle wichtigen Entscheidungen im Vorfeld: Welche Produkte müssen unbedingt in den Katalog aufgenommen werden? Welche nicht? Wie soll die Produktion abgewickelt werden?
- Ihre Produktpalette muss nach Warengruppen sortiert sein. Niemand möchte sich durch ein unübersichtliches Sammelsurium quälen.
- Entscheiden Sie, was in Ihrem Katalog enthalten sein soll – und ich meine wirklich alles.
- Welches Format soll Ihr Katalog haben? Legen Sie die Größe, Schrift, Papierstärke und Art der Bindung fest und entscheiden Sie sich für einen Farbdruck oder Schwarz-Weiß.
- Das Layout muss einfach strukturiert und logisch aufgebaut sein und (auf Ihre Zielgruppe) auch optisch Eindruck machen. Nur der Geschmack Ihrer Kunden zählt.
- Konzipieren, schreiben und überarbeiten Sie Ihren Text. Stellen Sie einen Zeitplan auf und halten Sie ihn ein.

Natürlich sind die Herstellung und der Versand eines Katalogs eine höchst komplexe Angelegenheit. Doch schon nach dem ersten Jahr sollte sich der Aufwand gelohnt haben – sofern Sie alles richtig gemacht haben. Wenn Sie mit dem Gedanken spielen, auch einmal einen Katalog zu produzieren, sollten Sie sich so viele Kataloge zuschicken lassen wie nur möglich. Wahrscheinlich quillt Ihr Briefkasten demnächst über.

Wussten Sie, dass 97 Prozent aller US-Amerikaner schon mindestens einmal einen Artikel aus einem Katalog bestellt haben? Tendenz steigend. Dafür muss es doch einen Grund geben, oder?

Amerikanische Versandhandelsunternehmen, die in den USA einem Marktanteil von 1 oder 2 Prozent haben, machen derzeit die Erfahrung, dass sie in anderen Märkten, in denen die Verbraucher noch nicht mit Katalogen überhäuft werden, leicht 10 oder 20 Prozent ihres Marktes erobern können. Wenn Ihnen diese Information hilft, globaler zu denken oder Ihren Katalog online zu stellen (was nicht teuer sein muss), sind Sie ein echter Guerilla.

Zusammenfassung Direktmailing

Selbst wenn Kataloge nicht für Ihr Unternehmen geeignet sind, sollten Sie – wenn irgend möglich – Direktmailing auf jeden Fall einmal ausprobieren. Ein

Probelauf schadet schließlich nie, vor allem wenn Sie mit einer kleinen Zielgruppe anfangen. Lernen Sie aus Ihren Fehlern. Wenn sich Kosten und Gewinn einer Direktmailingaktion die Waage halten, haben Sie bereits gute Arbeit geleistet. Ihr Ziel ist, ein Rezept zu entwickeln, das sich beliebig oft wiederholen, aber auch verfeinern lässt. Werden beispielsweise Sie und Ihr Unternehmen in einem Zeitungsartikel lobend erwähnt, ist es sicher eine gute Idee, Ihren Werbesendungen Nachdrucke dieses Zeitungsartikels beizulegen.

Aufgrund meiner langjährigen Erfahrung als Unternehmer und Experte für Direkt-Response-Marketing kann ich Ihnen Folgendes verraten: Umschläge mit einem Teaser führen zu höheren Rücklaufquoten als Umschläge ohne selbigen, kurze Briefe erzielen ebenso wie kurze Broschüren mehr Wirkung als lange, und Postkartenaktionen liefern oft sehr zufriedenstellende Ergebnisse. Aus persönlicher Erfahrung weiß ich, dass es sich lohnt, viele Listen auszuprobieren, bevor man sich für eine entscheidet. Ich weiß aber auch, dass die selbst erstellte Kundenadressliste nicht mit Gold aufzuwiegen ist. Außerdem ist eine Mailingaktion für sich nicht annähernd so effektiv wie eine, die mit einer oder mehreren Nachfassaktionen gekoppelt ist und in Kombination mit einer Telefonaktion zu den allerbesten Ergebnissen führt.

Für einen klugen Guerilla zeigt sich schnell, ob Direktmarketing eine geeignete Waffe ist. Wenn nicht, lässt er schnell wieder die Finger davon. Wenn ja, setzt er es gezielt ein, lernt kontinuierlich dazu, diskutiert mit Profis und perfektioniert es zu seiner kostengünstigsten Marketingmethode. Seltsam, aber wahr ist, dass sich die meisten Menschen über Werbebriefe freuen; also lassen Sie die Post ruhig für sich arbeiten.

Wenn Sie das Gefühl haben, dass sich mit dem Internet gravierende Veränderungen im Direktmarketing ergeben haben, liegen Sie goldrichtig. Möchten Sie Ihr Wissen über Direktmailing noch weiter vertiefen, dann statten Sie doch der Webseite *Direct Mail News* unter dmnews.com einen Besuch ab. Mit dieser Empfehlung ist dieses Kapitel endgültig abgeschlossen.

TEIL IV
Marketing-Spezialitäten

11 Marketing mit E-Medien

Im Marketing hat sich in den letzten Jahren viel verändert – zum Beispiel die Einkaufsmethode. Früher ging man einfach in ein Geschäft, wenn man etwas brauchte, oder man wählte die bequeme Methode, gab die Bestellung telefonisch durch und ließ sich den Einkauf ins Haus liefern. Wer heutzutage eine Anschaffung plant, informiert sich erst einmal ausführlich im Internet und erledigt seinen Einkauf vielleicht gleich online. Was sich jedoch nicht geändert hat ist, dass Verbraucher noch immer Angebote vergleichen, ob nun im Internet oder im Geschäft. Für welchen Anbieter sie sich dann entscheiden, ist offen, und selten ist es der erstbeste, dessen Webseite besucht wurde.

Über das Internet lässt sich nur eines mit Sicherheit sagen: nichts ist sicher, außer der Tatsache, dass man sich ständig auf dem Laufenden halten muss, welche Möglichkeiten dieser faszinierende Marktplatz zu bieten hat. Bevor Sie in die Welt des Online-Marketings eintauchen, sollten Sie zwei Dinge wissen. Erstens, wie groß ist sie eigentlich? Forrester Research prognostiziert, dass die Online-Umsätze im US-amerikanischen Einzelhandel zwischen 2003 und 2008 von 95,7 Milliarden US-Dollar auf 229 Milliarden US-Dollar ansteigen und somit 10 Prozent des Gesamtumsatzes ausmachen werden. Eine beachtliche Wachstumskurve!

Nach einer Studie von Jupiter Communications gaben US-amerikanische Internetbenutzer aufgrund ihrer Online-Recherchen über 632 Milliarden US-Dollar in Ladengeschäften aus. Viele Verbraucher informieren sich zuerst ausführlich im Internet und tätigen ihre Einkäufe anschließend in einem Geschäft oder geben die Bestellung telefonisch, schriftlich oder per Fax auf. Für einen meiner Kunden ist das Internet die effizienteste Verkaufswaffe seines gesamten Marketingarsenals. Und das, obwohl er online noch nie etwas verkauft hat. Auf seiner Webseite werden die Produkte beschrieben, die ausschließlich im Laden verkauft werden. Dank ihrer Recherche sind die Kunden bereits umfassend informiert, was die Transaktionszeit von einer Stunde auf 15 Minuten verkürzt hat. Dem Verkaufspersonal bleibt somit mehr Zeit, um noch mehr zu verkaufen.

Das Marktforschungsinstitut IDC, ein Tochterunternehmen des Verlags International Data Group, ermittelte, dass 2006 rund eine Milliarde Menschen – 15 Prozent der Weltbevölkerung – das Internet nutzte. Mehr braucht man über die Größenverhältnisse des Online-Marketings wahrscheinlich nicht zu sagen. Und doch steckt es momentan noch in seinen Kinderschuhen. Es kann und wird weiter wachsen und bietet jedem, auch Ihnen, die Möglichkeit, mitzuwachsen.

Die zweite Sache, die Sie sich von vornherein klarmachen müssen, ist, dass das Internet eine Waffe des Direktmarketings ist. Für das Internetmarketing gelten nach wie vor sämtliche Strategien und Feinheiten der Direktwerbung. Das Internet hat die menschlichen Verhaltensweisen schließlich nicht neu erfunden. Manche versagen nur deshalb kläglich mit Internetmarketing, weil sie nie mit Direktmarketing zu tun hatten und die richtigen Karten nicht ausspielen können, wenn es auf den Faktor Mensch ankommt. Guerillas dagegen feiern Online-Erfolge, weil sie unabhängig von ihren beruflichen Vorkenntnissen die Kunst und Wissenschaft des Direktmarketings erlernen und dabei wertvolle Einsichten über die menschliche Natur gewinnen. Beim E-Mail-Marketing spielt immer der Mensch die Hauptrolle!

Über Internetmarketing gibt es unendlich viel zu berichten, weshalb ich mich nur auf die Punkte konzentrieren will, die als gesicherte Fakten gelten und sich aller Wahrscheinlichkeit nach auch nicht mehr ändern werden.

Eine Warnung vorweg: Falls Sie sich mit Marketing nicht auskennen, bezweifle ich, dass Sie online wachsen und gedeihen werden. Das Internet ist nur eine von 100 Marketingwaffen. Sicher dehnt es sich rapide aus, sicher lässt sich jeder damit überall erreichen und natürlich ist es richtig genutzt unübertroffen lukrativ. Falls Sie jedoch nicht wissen, wie Marketing funktioniert, stehen die Chancen schlecht, dass Sie es richtig nutzen.

Das weltweite Netz ist zweifellos eine große Hilfe, um effektives Marketing zu betreiben. Es hilft auf eine Art und Weise, die sich die findigen Werbegenies des zwanzigsten Jahrhunderts noch nicht einmal in ihren Träumen vorstellen konnten. Den eigentlichen Job müssen aber definitiv noch immer Sie selbst erledigen. Ein Online-Geschäft lässt sich zwar so umfassend automatisieren, dass Sie wirklich fast nichts mehr zu tun haben, der Geschäftserfolg aber steht nicht in Verantwortung eines automatisierten Prozesses. Dafür sind Sie zuständig, und daran wird sich auch nichts ändern – Internet hin oder her.

Falls Sie sich für Online-Marketing entscheiden, prägen Sie sich am besten gleich einmal die *Drittelregel* ein: Von Ihrem festgelegten Online-Marketingbudget investieren Sie ein Drittel in den Entwurf Ihre Webseite, ein Drittel in die Werbung für die Seite und ein Drittel in ihre Pflege. Wer es nicht besser weiß, investiert in der Regel alles in die Entwicklung und wundert sich dann, weshalb der Supergewinn ausbleibt.

Ein Guerilla weiß, dass jede noch so großartige Webseite unsichtbar und kraftlos bleibt, falls sich niemand ihrer Existenz bewusst ist. In dem Moment, in dem der Online-Auftritt beschlossene Sache ist, überlegt er sich daher schon, wie sich in der virtuellen *und* realen Welt dafür werben lässt. Sobald die Webseite im Netz steht, ist sie sein »Baby«, das ständig gepflegt, aufmerksam beobachtet und auf den neuesten Stand gebracht werden muss.

Ein Guerilla freut sich darüber, wie sehr ihm seine Webseite die Arbeit erleichtert. Vorher musste er sein Marketing darauf ausrichten, etwas zu verkaufen. Nun muss er es darauf ausrichten, dass die Webseite möglichst gut besucht wird. Mit diesem glasklaren Ziel wird das Marketing noch viel leistungsfähiger.

Bevor wir tief in den Cyberspace eintauchen, um über die wichtigsten E-Medienthemen zu diskutieren – Adresslisten, E-Mail, Betreffzeilen, Landesseiten, automatische Antwortmails, automatisiertes Marketing, Suchmaschinen, Blogs, Podcasts, RSS, elektronische Postkarten, Webinars, Joint Ventures, internetbasierte Partnerprogramme, Webseiten mit und ohne Anmeldepflicht, virales Marketing, E-Zines, E-Books –, sollten Sie sich noch etwas über das Internet klarmachen: Seit dem Garten Eden gab es nichts mehr, was sich besser zum Anbandeln geeignet hätte.

Wichtiger noch als die oben aufgeführten Themen ist, dass sich über das Internet Beziehungen knüpfen und vertiefen lassen. Das Internet ist das Medium schlechthin, um Kontakt mit einem Menschen zu pflegen. Selbst wenn Sie über Massenmails Tausende von Menschen ansprechen, bauen Sie trotzdem mit jedem Einzelnen eine Beziehung auf. Dieses Gefühl vermitteln Sie zumindest jedem Empfänger.

Hier eine Schnelleinführung in erfolgreiches Internetmarketing:

1. Überlegen Sie sich ein richtig tolles Produkt oder eine großartige Dienstleistung.
2. Entwickeln Sie eine Webseite, die zum Kauf animiert.
3. Versenden Sie E-Mails mit einen Hyperlink auf Ihre Webseite (ein Mausklick, und schon ist man da).

Der leichteste Teil ist der mit dem tollen Produkt oder Service. Eine Webseite zu erstellen, die messbare Verkaufserfolge produziert, ist keine leichte Aufgabe. Er ist allerdings ein Kinderspiel im Vergleich dazu, eine Adressliste aus

Leuten zu erstellen, die von Ihnen informiert werden wollen, Ihren Namen oder sogar Sie persönlich kennen, gerne online in Ihrem Angebot stöbern und wissen, wie es geht. Wie bekommen Sie so eine Liste zustande?

Adresslisten erstellen

Adresslisten mit Millionen von Einträgen sind käuflich zu erwerben und zu mieten. Die beste Liste aber ist die, die Sie selbst erstellen: eine Liste mit Adressen von Menschen, die bereits mit Ihnen Geschäfte getätigt haben und zufrieden waren. Sparen Sie also Ihr Geld und krempeln Sie die Ärmel hoch. Eine Adressliste zu erstellen ist ein Prozess, zu dem die Definition Ihrer Zielgruppe und Zielsetzung ebenso gehören wie Überlegungen, wie Sie mit den Menschen in Ihrer Liste vertrauensvolle Beziehungen eingehen.

Fügen Sie nicht einfach nur Namen in Ihre Liste ein, das wäre nun wirklich zu simpel. Erkundigen Sie sich bei jedem, ob er oder sie damit einverstanden ist, in Ihre Liste eingetragen zu werden. Den zugehörigen Fachbegriff nennt man *Opt-in*. Lassen Sie jeden selbst entscheiden, ob er in Ihrer Liste stehen möchte. Erklärt sich jemand nicht damit einverstanden, wissen Sie wenigstens gleich, dass Sie sich jeglichen weiteren Aufwand sparen können. Erklärt sich allerdings jemand einverstanden, wissen Sie, dass er von Ihnen informiert werden will, dass er sich darauf freut, von Ihnen zu hören, und Ihre E-Mail niemals als unerwünschte Spam-Mail betrachten wird.

Bieten Sie auf Ihrer Webseite die Möglichkeit, dass sich Besucher als Empfänger Ihres kostenlosen Newsletters oder anderer Informationen registrieren lassen können, oder bieten Sie ein kostenloses E-Book an, um an potenzielle Kandidaten für Ihre Adressliste heranzukommen. Dahinter steckt die Idee, wichtige Informationen – am besten solche, an die man sonst nur schwer herankommt – kostenlos zur Verfügung zu stellen. Diejenigen, die sich auf Ihrer Webseite als registrierte Benutzer eintragen lassen oder Ihr Werbegeschenk erhalten möchten, tragen Sie in Ihre Liste ein. Sie besteht am Anfang vielleicht nur aus zehn Namen, doch wenn Sie am Ball bleiben, werden vielleicht schon bald 10 000 daraus. Im Allgemeinen findet es jeder toll, kostenlos an wertvolle Informationen zu kommen, und daran wird sich auch so schnell nichts ändern.

Preisausschreiben, Wettbewerbe, kostenlose E-Zines und Joint Ventures – alles optimale Mittel, die sich geradezu aufdrängen, um an weitere Namen zu kommen. Wenn Sie ein Weblog – kurz Blog – einrichten und sich an Diskussionen in Foren und Chat-Rooms beteiligen, werden Sie Ihre Liste ebenfalls beträchtlich erweitern können. All diese verschiedenen Erweiterungsmöglichkeiten haben eines gemein: Sie beginnen immer dort, wo es die wichtigsten Berührungspunkte mit Ihren Kunden gibt. Wann immer Sie persönlich Beziehungen knüpfen, bitten Sie um Visiten- oder Geschäftskarten. Scannen Sie diese ein, und schon haben Sie die Kontaktdaten in digitaler Form.

Eine andere gute Möglichkeit, ohne finanziellen Aufwand auf einen Schlag an ziemlich viele Namen zu kommen, ist diese: Schreiben Sie einen Fachartikel, den Sie in gekürzter Fassung an die Anbieter verschiedener Newsletter schicken, die sich mit Ihrem Thema beschäftigen. Verlangen Sie für Ihren Artikel nichts, außer dass Ihre Kontaktdaten mit abgedruckt werden. Wenn Sie besonderes Glück haben, wird sogar ein Hyperlink zu Ihrer Webseite eingefügt. Anschließend schicken Sie den Leuten, die Ihnen daraufhin eine E-Mail senden, den Fachartikel in ungekürzter Fassung und natürlich umsonst zu. Wenn Sie tatsächlich eine umfangreiche Adressliste erstellen möchten, sollten Sie sich diese Mühe machen.

Die folgenden elf Tipps haben sich beim Sammeln von Adressen schon vielfach bewährt.

1. Spicken Sie Ihre Webseiten mit Möglichkeiten, per E-Mail Einverständniserklärungen abzugeben. Je bequemer und häufiger die Möglichkeit zu nutzen ist, umso mehr Besucher machen davon Gebrauch. Das mag Ihnen selbstverständlich erscheinen, doch viele Firmen verstecken diese Erklärung entweder so gut, dass kaum jemand sie findet, oder fügen die Option nur auf ein oder zwei Seiten ein. Von 175 Online-Shops, die im Zuge der Silverpop-Studie »E-Mailmarketing im Einzelhandel 2005« untersucht wurden, gab es bei 23 Prozent überhaupt keine solche Erklärung auf der Homepage.

2. Gestalten Sie das Online-Registrierungsformular so kurz und komfortabel wie möglich. Löchern Sie die Homepagebesucher mit zu vielen Fragen, sinkt die Bereitschaft, sich registrieren zu lassen, gewaltig. Die Ergebnisse eines von MarketSherpa und Netline durchgeführten Tests zeigten, dass sich 25 Prozent mehr Besucher eintragen ließen – ein Anstieg von 50 auf 75 Prozent –, als die Fragen von 20 auf sechs reduziert wurden. Wie jeder Guerilla weiß, ist Zeit *nicht* Geld. Zeit ist wesentlich kostbarer! Verschwenden Sie daher nicht die Zeit Ihrer potenziellen Kunden und respektieren Sie das Bedürfnis nach Datenschutz. Mit sechs Fragen gelingt Ihnen das, mit 20 wohl kaum.

3. Sie haben bereits eine Adressliste! Eine Ihrer größten Herausforderungen besteht darin, viele Adressen von Menschen zu sammeln, die für Ihre Bot-

schaft empfänglich sind. Die gute Nachricht ist, dass Sie bereits ein aufmerksames Publikum haben – Ihre aktuellen Kunden. Die schlechte Nachricht ist, dass Sie wahrscheinlich nicht von jedem eine E-Mail-Adresse haben. In diesem Fall können Sie sich an einen der vielen E-Mail-Suchdienste wenden, die sich darauf spezialisiert haben, Postanschriften um E-Mail-Adressen aus umfangreichen Datenbanken zu ergänzen. Die Auswahl an kommerziellen Anbietern ist enorm, und es empfiehlt sich, ausführliche Recherchen im Internet zu betreiben. Machen Sie von vornherein klar, was Sie sich erwarten, und achten Sie darauf, dass der Suchdienst Ihrer Wahl einen guten Ruf genießt.

4. Denken Sie über die Möglichkeit der Co-Registrierung nach. Stellen Sie das Registrierungsformular oder die Einverständniserklärung auf der Webseite eines Fusion-Marketing-Partners zur Verfügung. Co-Registrierung erfreut sich unter Adressensammlern in den USA wachsender Beliebtheit. Lässt sich ein Benutzer auf der Seite Ihres Partners registrieren, sieht er auch gleich Ihren Eintrag und kann sich mit nur einem Mausklick für Ihre Mailingliste anmelden.

5. Dank der ansteckenden Wirkung des viralen Marketings lässt sich Ihre Adressliste ganz leicht vergrößern. Fordern Sie die Empfänger Ihrer Mail einfach dazu auf, sie an Freunde und Kollegen weiterzuleiten. Voraussetzung ist natürlich, dass Sie auch wirklich etwas Schlaues, Faszinierendes, Informatives, Witziges oder ganz Besonderes zu sagen haben.

6. E-Mail-Adressen ändern sich regelmäßig, zum Beispiel, wenn Kunden ihren Internetserviceprovider oder Arbeitgeber wechseln. Halten Sie Ihre Adressliste immer auf dem neuesten Stand. Auch hier können Sie die Dienste kommerzieller Anbieter in Anspruch nehmen, die Ihre Kundendaten für Sie aktualisieren.

7. Mit Direktmarketing lassen sich ebenfalls Adressen sammeln. Achten Sie darauf, in sämtlichen Ihrer konventionellen Direktmarketingaktionen die Adresse Ihrer Online-Registrierungsseite anzugeben. Dasselbe gilt auch für Fernseh-, Radio- und Anzeigenwerbung und – ganz im Stil vieler Guerillas – für die Ansage auf Ihrem Anrufbeantworter.

8. Drucken Sie Registrierungsformulare aus und legen Sie sie in Ihrem Laden an der Kasse oder anderen geeigneten Stellen aus. So kommen Sie bestimmt an viele E-Mail-Adressen, denn wer bei Ihnen einkauft, interessiert sich nicht nur für Ihr Angebot, sondern schenkt Ihnen gerade volle Aufmerk-

samkeit. Eine so großartige Chance, an Kundenadressen zu kommen, sollten Sie sich nicht entgehen lassen.

9. Halten Sie Ihr Verkaufs-, Service-, und Wartungspersonal dazu an, sich bei den Gesprächen mit den Kunden nach deren E-Mail-Adresse zu erkundigen. Im Jahr 2004 beauftragte der US-Einzelhändler-Dachverband Shop.org Forrester Research mit einer Studie, der zufolge nur 50 Prozent der Versandhändler ihre Servicemitarbeiter dazu anhalten, E-Mail-Adressen der Kunden zu erfragen. Eine »schockierende Nachlässigkeit«, wie Forrester fand. Ein Guerilla ist niemals so nachlässig.

10. Schlagen Sie aus der Produktregistrierung Kapital. Kann man sich als Benutzer Ihres Produkts registrieren lassen, bitten Sie auf dem entsprechenden Formular um die E-Mail-Adresse des Käufers.

11. Lernen Sie, wie sich der sogenannte Web-Traffic, der Internetverkehr, in hohe Konversionsraten umsetzen lässt. Toll, wenn Sie eine gigantisch große Mailingliste erstellt haben. Super, wenn Sie so überzeugende E-Mails versenden, dass die Empfänger in Sekundenschnelle auf Ihre Homepage surfen. Extrem deprimierend aber wäre, wenn Sie den vielen Besuchern nichts zu sagen, nichts zu verkaufen und nichts zu bieten hätten. Misslingt es Ihnen, aus Ihren Besuchern zahlende Kunden zu machen, haben Sie das Klassenziel des Internetmarketings nicht erreicht. Online-Marketing kann Spaß machen und als Spiel betrachtet werden, doch immerhin geht es um echtes Geld. Von dem werden Sie jedoch nicht viel einsacken können, wenn Sie die Spielregeln der Profis nicht beherrschen.

Betrachten Sie die hier vorgestellten Möglichkeiten als Anregungen, denn nicht jede wird sich für Sie als tauglich erweisen. Probieren Sie einfach verschiedene Methoden aus, bis sich herauskristallisiert, welche sich für Ihre Strategie am besten eignen. Ich kann Ihnen nur dazu raten, alle zu testen und auf alle Fälle mehrere miteinander zu kombinieren. Mit einer Methode alleine wird Ihre Adressliste ziemlich überschaubar bleiben.

Eine gute Adressliste kann nicht an einem Tag erstellt werden. Lassen Sie sich Zeit und gleichen Sie Ihre Liste mit Ihren anderen Marketingmaßnahmen ab, ob nun auf dem virtuellen oder realen Markt. Vergrößern Sie Ihre Liste nicht nur, sondern pflegen Sie sie auch. Wenn Sie Ihre Adressliste nicht kontinuierlich aktualisieren, verlieren Sie Ihre so mühevoll gesammelten Kontakte, denn E-Mail-Adressen verändern sich ständig.

Wer sich die Mühe macht, eigene Adresslisten zu erstellen, wird dafür reichlich belohnt. Den Erhebungen der Direct Marketing Association vom Oktober 2004 zufolge liegt die Rücklaufquote auf E-Mails an Empfänger aus einer intern erstellten Mailingliste weit über der Quote, die mit Direktwerbung an eine große Zielgruppe oder mit gekauften Adresslisten erreicht wird. *Die Rentabilität von E-Mail-Werbung übertrifft die jedes anderen Direktmarketingmediums – mit Ausnahme des Telemarketings.* Diese Feststellung müsste Motivation genug sein, um eine umfangreiche und erfolgversprechende Adressliste zu erstellen. Manchmal hört man, dass sich so Millionen verdienen lassen – mit Millionen von Adressen.

Blogs

Ein Blog ist eine Art digitales Tagebuch, das auf einer Webseite veröffentlicht wird. In ein Blog werden regelmäßig neue Einträge geschrieben, die in umgekehrt chronologischer Reihenfolge aufgelistet werden. *Blog* ist die Abkürzung von Weblog, und derjenige, der es erstellt, verwaltet, pflegt oder einen neuen Eintrag ins Netz stellt, ist ein *Blogger*. Die Einträge werden auch *Postings* oder *Posts* genannt.

Ein Blog kann aus reinem Text, aber auch aus Hypertext, Bildern, Links zu anderen Webseiten sowie Video-, Audio- und anderen Dateien bestehen. In Blogs kommuniziert man im Plauderton miteinander, und viele Blogs sind nicht nur informativ, sondern äußerst unterhaltsam. Besser als ein gutes Buch oder ein Spielfilm? Ja, manchmal schon. Und vor allem billiger. In der Verlagsbranche wirbeln Blogs ziemlich viel Staub auf, denn sie ermöglichen es jedem, sich als Autor, Herausgeber, Redakteur und Lektor zu betätigen. Mit einem gelungenen Blog kann jeder intelligent für sich werben und ausgezeichnete Beziehungen knüpfen.

Blogs beschäftigen sich üblicherweise mit einem bestimmten Interessengebiet, zum Beispiel den politischen Geschehnissen in Washington D.C. Das »D.C. Blogging« erfreut sich in den USA ungemeiner Beliebtheit und hat sich zu einem wichtigen Kommunikationsmedium gemausert, das nicht nur die Meinung der US-amerikanischen Öffentlichkeit, sondern auch die der internationalen Massenmedien beeinflusst.

In manchen Blogs werden ausschließlich private Erfahrungen ausgetauscht. Falls Ihre Zeit zu knapp bemessen ist, um ein ordentliches Blog herauszugeben und zu pflegen, fangen Sie gar nicht erst damit an. Haben Sie aber genügend Zeit und können zudem gut schreiben, können Sie Ihr Blog als leistungsstarkes und subtiles Verkaufswerkzeug nutzen. Probieren Sie es einfach aus. Es kann richtig Spaß machen, sich durch die Bereitstellung nützlicher Informationen eine neue Einkommensquelle zu eröffnen.

Um ein Blog ins Netz zu stellen, können Sie sich an einen der vielen Blog-Hosts wenden, die zum Teil noch nicht einmal Gebühren verlangen, oder Sie nutzen die Blog-Software Ihres Web-Hosting-Anbieters.

Zu einem typischen Blog-Eintrag gehören:

- Titel – das Thema des geposteten Eintrags
- Textkörper – der Inhalt des geposteten Eintrags
- Permalink (oder Permanentlink) – die URL des vollständigen Eintrags
- Datum – Datum und Uhrzeit des Eintrags

Zudem findet sich in einem Blog normalerweise auch die sogenannte *Blogroll*, eine Liste mit Links zu anderen Weblogs, die der Autor für interessant und empfehlenswert hält. Die Erstellung neuer Seiten ist bei Blogs ein Kinderspiel, was man von konventionellen Webseiten nicht immer behaupten kann. Als Bloggen noch nicht so bekannt und beliebt war, kommunizierten die Communities im weltweiten Netz über elektronische Schwarze Bretter, Mailinglisten und Diskussionsforen. In den 1990ern kamen beispielsweise die Softwarefunktionen auf, mit denen die Diskussionen in den Online-Foren über *Threads* thematisch sortiert werden konnten.

Zu dieser Zeit wurde das Blog geboren. Es entstand aus den Online-Tagebüchern, in denen Privatpersonen über ihre Erlebnisse und ihr Leben berichteten. Das erste Blog tauchte meines Wissens 1995 auf.

Damals wusste natürlich noch kein Mensch, was ein Blog ist. Der Begriff Weblog wurde am 17. Dezember 1997 von Jorn Barger geprägt, und Peter Merholz zeichnet für die Kurzform Blog verantwortlich, als er im Frühjahr 1999 auf der Navigationsleiste seines Weblogs die Schaltfläche »We blog« – wir bloggen – einrichtete. Seit 2001 weiß so ziemlich jeder, was ein Blog ist, und aufgrund seiner flexiblen Nutzungsmöglichkeiten – unter anderem als effiziente Waffe für Marketing-Guerillas – nimmt die Zahl der Blogger überall auf der Welt täglich zu.

Im Dezember 2002 geriet der prominente US-Senator Trent Lott aufgrund von Blog-Artikeln in eine politische Krise, die ihn letztendlich zum Rücktritt zwang – ein Vorfall, der das Bloggen in den USA zu einem seriösen Medium der Nachrichtenverbreitung werden ließ.

Seit 2003 wird Blogs immer mehr Bedeutung bei der Verbreitung, Darstellung und Aufdeckung wichtiger Ereignisse beigemessen. Als absolut gesellschaftsfähig gelten sie in den Vereinigten Staaten, nachdem politische Berater, Nachrichtenagenturen und Präsidentschaftsanwärter sie 2004 als Wahlkampf- und Meinungsbildungsinstrumente einsetzten.

Anfang 2005 nahm die Zahl der privaten Blogs explosionsartig zu, und hervorragend informierte Blogger machten sich aufgrund ihrer ebenso genialen wie treffend formulierten Kommentare einen Namen.

Im Januar 2005 veröffentlichte sogar das Magazin *Fortune* die Namen von acht Bloggern, die von der Wirtschaft »nicht mehr ignoriert werden können«.

2006 legte Blogging in den USA noch einmal so richtig nach, und es ist nicht abzusehen, dass die Blog-Begeisterung irgendwann nachlässt.

Blogging wird immer einfacher. Das ultimative Weblog-Werkzeug w.bloogar macht die Pflege des Weblogs und das Editieren der Einträge ganz bequem offline möglich. Auch einige Web-Hosting-Anbieter, Internetserviceprovider, Online-Verlage und Internetportale bieten diverse Weblog-Werkzeuge und Weblog-Hosting an.

Am häufigsten gelesen werden Kulturblogs, die sich mit Musik, Sport, Theater, Kunst und anderen kulturellen Themen befassen. Ideale Bloggingthemen sind natürlich auch lokale Klatsch- und Tratschgeschichten, da Ortsansässige ja immer bestens über die neuesten Neuigkeiten vor Ort informiert sind.

Themenblogs konzentrieren sich auf zum Teil sehr spezielle Themen. Der Googleblog zum Beispiel befasst sich ausschließlich mit Berichten rund um Google.

Beliebt sind auch Börsenblogs, in denen Profis und Amateure Tipps und Informationen austauschen. In Wirtschaftsblogs werden Unternehmen gelobt oder abgestraft, ökonomische Konzepte diskutiert, Informationen weitergegeben und vieles mehr.

In Blogs gibt es oft viele Autoren, die sich auf bestimmte Themen spezialisiert haben. Gemeinschaftsblogs sind entweder allen interessierten Lesern oder einer speziellen Benutzergruppe zugänglich.

Ein Internetforum ist kein Blog, doch ein Blog kann als Internetforum fungieren. In einem Forum darf sich normalerweise jeder an den Diskussionen beteiligen, während es in einem Blog üblicherweise nur dem Eigentümer und einem ausgewählten Benutzerkreis gestattet ist, Einträge zu posten.

Wenn Sie wöchentlich einige Stunden Arbeit in Ihr Blog investieren, müssen Sie natürlich auch dafür sorgen, dass man es kennt, damit sich der Aufwand lohnt. Guerillas verhelfen ihren Blogs zu gebührender Popularität, indem sie

- andere Webseitenbetreiber bitten, einen Link zu ihrem Blog (eventuell gegen eine Gebühr) einzufügen,

- sich in den einschlägigen »Blog-Hitparaden« platzieren, zum Beispiel der von Doc Searl (doc.weblogs.com/whoIsDoc),
- auf der Homepage und in E-Mails auf das Blog hinweisen,
- ihr Blog ebenso bekannt machen und pflegen wie ihre anderen Webseiten.

Guerillas wissen außerdem, dass der Erfolg eines Blog von den folgenden fünf Merkmalen abhängt:

1. *Persönlichkeit.* Darüber stellt sich bei den Lesern das Gefühl ein, sie wären mit dem Autor oder den Autoren persönlich bekannt. Anders als bei konventionellen Medien sollten Blog-Leser so etwas wie Intimität und Vertrautheit verspüren.
2. *Nützlichkeit.* Die bereitgestellten Informationen müssen entweder nützlich oder unterhaltsam oder beides sein. Die Leser sollten zum Nachdenken, Lachen oder Weiterklicken animiert werden. Links zu anderen hilfreichen Webseiten sind ebenfalls eine gute Idee.
3. *Schreibstil.* In Blogs wird Offenheit und Ehrlichkeit großgeschrieben. Treten Sie hier bitte nicht als typischer Verkäufer auf. Schreiben Sie keine Romane, sondern kurze, informative Beiträge. Verbreiten Sie über Ihr Blog vor allem die neuesten Neuigkeiten, müssen Ihre Informationen fundiert und aufschlussreich sein, sonst sind Sie Ihre Leser schnell wieder los.
4. *Benutzerfreundlichkeit und Layout.* Verwenden Sie eine gut zu lesende Schriftart. Stellen Sie sicher, dass die Leser über Links auf archivierte Beiträge zugreifen können. Schreiben Sie so, dass sich die Textinhalte auch beim flüchtigen Lesen erschließen. Unterüberschriften helfen dabei ebenso wie erklärende oder lustige Grafiken.
5. *Attraktivität.* Ihr Blog muss entweder so informativ oder so unterhaltsam sein, dass Sie die Leser halten können. Ist es nicht attraktiv genug, um immer wieder gerne gelesen zu werden, sollten Sie Ihre Zeit vielleicht für etwas Sinnvolleres verwenden.

Sollten Sie sich nicht mit dem Gedanken anfreunden können, wöchentlich zwei bis drei gute, kurze Beiträge zu schreiben und einen dauerhaften Dialog mit Ihren potenziellen Kunden zu führen, ist ein Blog vermutlich nichts für Sie. Ganz schlecht wäre es, ein Blog zu beginnen, das nach einigen Beiträgen ungenutzt vor sich hindümpelt wie ein Geisterschiff in den Weiten des Cyberspace. Ein vernachlässigtes Blog macht den Eindruck eines baufälligen Gebäudes, um das sich niemand kümmert, und dieser Eindruck überträgt sich in Windeseile auf Ihre Geschäftstätigkeit und Ihren Ruf. Wem es an zwischenmenschlichen

Qualitäten, Einfallsreichtum und Schreibtalent fehlt, sollte die Idee eines Blogs sofort wieder verwerfen.

Falls es dem Autor nicht gelingt, seine Botschaft ganz klar zu vermitteln, wird kein Mensch das Blog lesen. Wer sein Blog führt, als wäre es eine Plattform für gelegentliche Presseveröffentlichung, wird auf wenig Gegenliebe oder sogar auf heftigen blogosphärischen Gegenwind stoßen. Viele der angesagtesten Blogs werden mindestens dreimal wöchentlich aktualisiert, weshalb vernachlässigte Blogs uninteressant sind und schnell aus den Favoritenlisten der Leser verschwinden. Ein Unternehmer, der es nicht schafft, drei Einträge pro Woche zu posten, braucht kein Blog und sollte aus eigenem Interesse die Finger davon lassen.

Podcasting

Guerilla Marketing und Podcasting prophezeie ich eine rosige Zukunft. Es steht zu hoffen, dass Sie Podcasting auf die Liste Ihrer Guerilla Marketingwaffen bereits eingetragen haben. Podcasting ist eine der modernsten Waffengattungen, mit der Marketing-Guerillas Kontakte knüpfen, Marken stärken, Neukunden gewinnen, neue Märkte erschließen, die Kundenloyalität vertiefen, neue Vertriebskanäle entwickeln und Permission-Marketingprogramme zum Laufen bringen können. Einen Ausblick auf die Zukunft des Guerilla Marketings geben die Podcasts unseres Guerilla Marketing-Radioprogramms, die Sie über Yahoo! und iTunes beziehen können. Schauen Sie doch einfach einmal auf unsere englischsprachige Webseite unter gmarketing.com, und wenn Sie schon einmal da sind, können Sie sich auch gleich über die Teilnahme an dem Programm und die Bewertung informieren.

Podcasting ist in aller Munde. Es handelt sich dabei um das Produzieren und Anbieten von Audio- oder Videodateien – zum Beispiel Musik oder Videoclips – über das Internet. Die Mediendateien werden über RSS oder Atom (Atom Syndication Format ASF) automatisch geladen und können auf tragbaren Geräten oder Computern abgespielt werden. Umfragen zufolge, die Pew Internet und American Life im Jahr 2006 durchführten, besitzen 22 Millionen US-Amerikaner einen MP3-Player oder einen iPod – ein immens großes potenzielles Publikum. Chris McIntyre, Gründer von Podcast Alley in Nashville, US-Bundesstaat Tennessee, berichtet, dass sich sowohl die Anzahl der Podcast-Produktionen als auch die Anzahl der Zuhörer in nur wenigen Monaten nahezu verdreifacht hat. »Allein auf meiner Webseite haben sich rund 28 000 Menschen für einen der Podcast-Favoriten registrieren lassen«, so McIntyre.

Steve Rubel führt ein Blog über Technologien mit besonderer Überzeugungskraft (micropersuasion.com). Seiner Meinung nach bietet Podcasting jedem Unternehmer eine Vielzahl erfolgversprechender Marketinggelegenheiten. Zum Beispiel:

- Anstatt wie relativ üblich als Sponsor einer Radiosendung zu fungieren, kann ein beliebter und bekannter Podcast unterstützt werden.
- Über Gewinnspiele, Wettbewerbe und andere Aktionen, die sich in den konventionellen Medien bereits bewährt haben.
- Durch die Einbindung kurzer Werbespots, die beim Podcast-Download eingeblendet werden.

Wie jeder Guerilla weiß, geht es bei Podcasts prinzipiell darum, einem Publikum über Audio- oder Videodateien Inhalte zu bieten, die zu jedem beliebigen Zeitpunkt, an jedem beliebigen Ort und über das jeweilige Medium der Wahl abgespielt werden können.

Was Podcasts von konventionellen Downloads und dem Echtzeit-Video-Streaming unterscheidet, ist der automatische Bezug über einen sogenannten Feed, auch wenn auf manchen Podcast-Webseiten die Möglichkeit des direkten Downloads besteht. Ein Podcast besteht in der Regel aus mehreren Episoden, die den Podcast-Abonnenten entweder sporadisch oder in regelmäßigen Zeitabständen – täglich, wöchentlich oder monatlich – zugesendet werden.

Mit einem Podcast-Abonnement lassen sich die verschiedensten Sendungen von allem möglichen Anbietern sammeln. Im Gegensatz zu den traditionellen Radio- und Fernsehsendungen, die jeweils nur von einem Sender und zu einer bestimmten Sendezeit ausgestrahlt werden, können Podcasts abgespielt werden, wo und wann es beliebt.

Das Kunstwort *Podcasting* entstand 2004 aus der Kombination von *iPod* und *Broadcasting*, wobei zum Produzieren und Konsumieren eines Podcasts allerdings weder ein iPod noch ein anderes tragbares Abspielgerät oder eine Sendestation erforderlich sind.

Das Wort »Podcast« wurde von den Herausgebern des *New Oxford American Dictionary* zum Wort des Jahres 2005 erklärt und als »digitale Aufzeichnung eines Medienbeitrags (Audio oder Video), der über das Internet auf ein privates Abspielgerät heruntergeladen werden kann« beschrieben.

Ein Podcast ist mit einer aufgezeichneten TV- oder Radiosendung vergleichbar. Die Technologie ermöglicht es Guerillas, Episoden zum Download anzubieten, die beliebig oft abgespielt und wie jede andere Datei archiviert werden können. Wann immer ich einen Jogger mit einem iPod sehe, stelle ich mir gerne vor, dass er gerade einem meiner Guerilla Marketing-Podcasts lauscht. Und vielleicht tut es der eine oder andere ja tatsächlich, da wir schon sehr lange Podcasts produzieren und eine ganze Menge davon unters Volk bringen.

Die Kunde über Podcasts verbreitete sich in rasanter Geschwindigkeit über gut frequentierte Blogs. Am 28. September 2004 nahm sich der Technologieguru Doc Searls vor zu verfolgen, wie viele Treffer mit dem Suchbegriff *Podcasts* in Google nach und nach angezeigt wurden. An diesem Septembertag waren es gerade einmal 24 Treffer. Am 30. September waren es schon 526, und weitere drei Tage später 2 750 Treffer. Die Anzahl der Treffer verdoppelte sich alle paar Tage, und am 18. Oktober wurde die 100 000-Marke überschritten. Nach einem Jahr erbrachte die Google-Suche nach *Podcasts* über 100 000 000 Treffer.

Die Top-Ten-Liste zeigte, welche Podcast-Themen am besten ankamen: Vier drehten sich um Technologie, drei um Musik, einer um Spielfilme, einer um Politik. Auf dem ersten Platz rangierte der Podcast *The Dawn and Drew Show*, eine Radiosendung von *USA Today* aus den 1940er Jahren, in der sich die Ehepartner Dawn und Drew auf höchst unterhaltsame Weise einen Schlagabtausch nach dem anderen liefern. Senator John Edwards, der 2004 für das Amt des Vizepräsidenten kandidierte, war der erste US-amerikanische Politiker, der einen eigenen Podcast produzierte. Das erste und hoch gelobte Buch über Podcasting von Todd Cochrane erschien im Mai 2005 unter dem Titel *Podcasting: The Do-it-Yourself* Guide, und seit Sommer 2005 kann die wöchentliche Radioansprache von US-Präsident George W. Bush nicht nur als konventioneller Download, sondern auch als Podcast über RSS-Feed von der Webseite des Weißen Hauses bezogen werden. Auch Bundeskanzlerin Angela Merkel wendet sich seit Juni 2006 jeden Samstag per Video-Podcast (Vodcast) an die Öffentlichkeit.

Trotz alledem bezeichneten manche Internetexperten Podcasts lediglich als bessere Blogs oder MP3-Dateien und verkündeten das Ende der Podcast-Ära, da sich immer mehr Dilettanten auf diesem Gebiet betätigten. Diese Einschätzung hat sich jedoch als kurzsichtig und falsch erwiesen. Apple meldet vehement Ansprüche auf dieses Medium an, was sich daran zeigt, dass sich seit Juni 2005 die kostenlose iTunes-Software auch für Podcasts eignet und auf der Internet-Handelsplattform iTunes Store ein umfangreiches Podcast-Verzeichnis angeboten wird. Ebenfalls seit 2005 machen in den USA zwei neue Wortschöpfungen die Runde: *Podmercial* und *Poditorial*.

Im Februar 2006 schaffte es der erste Podcast in das *Guiness-Buch der Rekorde*: *The Ricky Gervais Show*. Durchschnittlich über eine Viertel Million Abonnenten bezogen die wöchentlichen erscheinenden Episoden. Eine Zahl, die bestimmt jeden Guerilla beeindruckt.

Ursprünglich war Podcasting vor allem für Leute attraktiv, die ihre eigene »Radiosendung« zusammenstellen wollten. Das gewaltige Marketingpotenzial muss jedoch jedem fortschrittlichen Unternehmer ins Auge stechen, weshalb kluge Marketing-Guerillas Podcasts schon längst in ihr Marketingarsenal aufgenommen haben und sich darüber freuen können, dass sich die relativ niedrigen Investitionen mehr als bezahlt machen.

»Das Marketing erledigt sich von ganz alleine«, verkündet ein Anwalt, der mit seinen Podcasts weltweit neue Kunden gewinnt. »In meinem Podcast informiere ich nur über meine Dienste«, führt er aus. »Wem mein Stil gefällt, möchte mich vielleicht kennenlernen und ruft mich einfach an. Mein Podcast ist alles andere als aggressive Werbung.« Merken Sie sich seine Worte! Viele Leute ziehen Podcasts der aggressiven und aufdringlichen Werbung in den kommerziellen Medien vor.

Unternehmen jeder Größenordung können Podcasts als potente Marketingwaffe einsetzen. Den größten Nutzen hat diese Technologie aber kleinen Unternehmen und Selbstständigen zu bieten, die mit Podcasts ein weltweites Publikum erreichen können. Podcasts eröffnen faszinierende Marketingmöglichkeiten. Anders als konventionelle Radio- oder TV-Werbung, die von einem Unterhaltungsprogramm umrahmt ist, muss sich ein Podcast durch einen eigenen Informations- oder Unterhaltungswert auszeichnen, sonst wird er zugunsten eines interessanteren Programms einfach weggeklickt.

Denken Sie immer daran, dass Ihr Podcast Teil des Permission-Marketingprogramms ist. Es ist unwahrscheinlich, dass Ihre Umsatzzahlen nach dem ersten Podcast sofort in die Höhe schnellen. Sehr wahrscheinlich ist aber, dass Sie damit die ersten Beziehungen knüpfen, Namen für Ihre Adressliste erhalten und an aussichtsreiche Kandidaten gelangen, die sich über Ihre E-Mails freuen werden, da sie sich durch das Anhören Ihrer Podcasts bereits als ernsthaft an Ihrem Angebot interessiert gezeigt haben.

Dank der freundlichen Art des Mediums dürfte es nicht schwierig sein, dafür zu sorgen, dass Ihnen Ihr Publikum freundlich gesinnt bleibt. Viele werden Ihr Podcast vermutlich als Hintergrundmusik zu Hause, im Auto oder bei sportlichen Aktivitäten laufen lassen und dabei ganz nebenbei mehr über Ihre Persönlichkeit erfahren, als das mit jedem anderen konventionellen Werbemedium möglich wäre.

Mit Podcasts können potenzielle Kunden Ihr Angebot kennenlernen. Als Jeff Kowal seine Plattenfirma gründete, suchte er nach einer Möglichkeit, sich und seiner wachsenden Schar an Musikern in der schnelllebigen Sphäre der Ambient Music Gehör zu verschaffen. Eine kostenintensive Marketingkampagne konnte er sich nicht leisten.

Er entschied sich für die Produktion eines Podcasts, das Kurzinterviews mit seinen Musikern, Konzertankündigungen, eine Auswahl an Musikclips seiner CDs und einige speziell für den Podcast produzierte Clips enthielt. Parallel dazu gab er einen Audio-Newsletter heraus, in dem er den Podcast beschrieb.

In einer groß angelegten E-Mail-Kampagne warb Kowal für den Podcast, den er LotusCast taufte. Natürlich stellte er ihn auch in verschiedene Podcast-Verzeichnisse, unter anderem in das iTunes-Verzeichnis von Apple, und spickte die Podcast-Beschreibung mit Schlüsselbegriffen wie »Ambient Music«, »Entspannung« und »Meditation«, damit Ambient-Music-Fans LotusCast schnell und einfach finden konnten. Der Lohn für seine Mühe: Lotuspike.com wurde hervorragend besucht, und die Online-Umsätze verdoppelten sich.

Als Guerilla möchten Sie dieses Medium sicherlich schnellstmöglich einsetzen, um Ihrer Konkurrenz vorauszueilen. Ein gutes Mikrofon, einen Computer und Podcasting-Software zur Aufbereitung der Audiodatei ist alles, was Sie dafür benötigen. Eine Schritt-für-Schritt-Anleitung und ausführliche Informationen finden Sie zum Beispiel im Podcast-Portal unter podcast.de.

Die Produktion Ihres Infomercials oder sonstigen Podcasts dürfte Sie nur ein paar Hunderter kosten. Die Endaufbereitung erfolgt über sogenannte Aggregatoren wie Ipodder und FeedDemon oder über webbasierte Verzeichnisse wie die Podcast-Zentrale, die Sie unter podcastzentrale.de finden. Die Podcasts werden über themenspezifische Feeds an die Abonnenten gesendet, die sie auf geeignete Abspielgeräte oder PCs herunterladen.

Die Kosten hängen vor allem davon ab, welches Mikrofon Sie kaufen, und je besser die Qualität, desto teurer wird es. Aufgrund des nahezu unüberschaubar großen Angebots empfehlen sich die Komplettpakete für die Podcast-Produktion von M-Audio, einem Teilbereich der Avid Technology Inc. Das Paket Postcast Factory umfasst zum Beispiel ein Mikrofon und alle Hardware- und Softwarekomponenten, die man für professionelles, gut klingendes Podcasting benötigt. Der Preis beträgt 179,00 Euro.

Dann brauchen Sie logischerweise eine Webseite, um Ihre Marke aufzubauen, Ihr Podcast ins Netz zu stellen und Ihren potenziellen Kunden eine zentrale Anlaufstelle zu bieten, um sich über Ihre Firma zu informieren. Die Hosting-Kosten variieren stark, weshalb es sich lohnt, sich ausführlich zu informieren.

Überlegen Sie sich, wie Sie Ihr Podcast strukturieren, und halten Sie es relativ kurz – üblich sind fünf bis 30 Minuten, gleichwohl sind einige meiner Podcasts nur eine Minute lang. Am besten verfassen Sie ein Skript, um nicht ins Stocken zu geraten oder vom Thema abzukommen. Entscheiden Sie sich, ob Ihr Podcast hauptsächlich aus Interviews, einem Vortrag oder einer Diskussionsrunde bestehen soll.

Die spannendste Frage ist, wie Sie Zuhörer gewinnen. Der erste Schritt besteht daraus, eine gute Tonqualität sicherzustellen. Eventuell würde sich die Anschaffung eines Mischpults lohnen, mit dem Sie Stör- und Hintergrundgeräusche ganz einfach löschen können.

Der Rat eines Podcasting-Profis lautet: »Ihr Podcast muss informativ, inspirierend und unterhaltsam sein und darf nicht als aufdringliches Werbemedium empfunden werden – halten Sie sich mit Ihren Verkaufsargumenten also bitte zurück. Wenn das Podcast nur eine Audioversion Ihrer Werbebroschüre ist, können Sie sich jegliche Hoffnungen abschminken, dass sich jemand dafür interessiert. Es empfiehlt sich, ein Podcast zu zweit aufzunehmen, denn eine Unterhaltung hört sich viel natürlicher an als der Vortrag einer Einzelperson.«

Um Ihren Zuhörern die neuen Versionen Ihres Podcasts *automatisch* zu senden, erstellen Sie am besten ein RSS-Feed. Die Abkürzung steht für *Really Simple Syndication* – »wirklich einfache Verbreitung« – und bezeichnet ein elektronisches Nachrichtenformat, der englische Begriff *Feed* ist in diesem Zusammenhang der Sendekanal. RSS-Feeds können abonniert und daraufhin automatisch geladen werden. Empfehlenswerte Adressen, um sich über RSS-Feeds zu informieren, sind Feedburner.com und Odeo.com.

Anschließend fügen Sie Ihren Feed in die geeigneten Podcast-Verzeichnisse ein, zum Beispiel in das von Yahoo unter podcasts.yahoo.com, in podcast.net oder in das iTunes-Verzeichnis von Apple unter apple.com/podcasting. Vergessen Sie dabei nicht, wichtige Informationen wie die Beschreibung Ihres Podcasts und Ihre Kontaktdaten anzugeben.

In derartigen Verzeichnissen vertreten zu sein bringt Ihnen nur dann etwas, wenn Podcast-Fans Sie beim Durchsuchen der Seite auch finden können. Nennen Sie daher die wichtigsten Schlüsselbegriffe in Ihrer Beschreibung. Spicken Sie Ihre Beschreibung mit möglichst vielen und relativ allgemein gehaltenen Begriffen, um ein großes Publikum anzusprechen. Werben Sie auf Ihren eigenen Webseiten kräftig für Ihr Podcast, und das nicht nur auf der Anfangsseite, sondern auf allen. Eröffnen Sie ein Blog, in dem Sie das Podcast immer wieder erwähnen. Dadurch stellen Sie sicher, dass Leute, die über Google nach Ihrem

Podcast suchen, Einträge darüber finden. Ganz im Stil echter Guerillas erwähnen und empfehlen Sie natürlich auch die Podcasts anderer, was Ihre Chance verbessert, ebenfalls lobend erwähnt zu werden. Und es versteht sich ja wohl von selbst, dass Ihr Podcast auch auf Ihrer eigenen Webseite zum Download bereitstehen muss. Vermarkten Sie es. Denken Sie sich ein eingängiges Mem dafür aus. Zeigen Sie allen, was Sie können!

Vielleicht wird Ihr Podcast sogar richtig berühmt und platziert sich in den Hitlisten der beliebtesten Produktionen. Wenn es Ihnen gelingt, sich auf Seiten wie PodcastAlley zu platzieren, haben Sie den Durchbruch geschafft, und jeder wird von Ihnen hören wollen.

Nanocasting

Nanocasting ist eine relativ neue Bezeichnung für kommerzielles Podcasting und stützt sich auf etablierte Medien und die Prinzipen des Direktmarketings. Den Begriff habe ich im ersten Kapitel schon einmal flüchtig erwähnt, und da sich dahinter eine potente Guerilla-Waffe verbirgt, will ich nun etwas genauer darauf eingehen.

Im Unterschied zu Podcasting setzt Nanocasting die genaue Definition der Zielgruppe, des Geschäfts- und Ertragsmodells und den Einsatz eines speziellen Systems voraus, mit dem die Zielgruppe genau ins Visier genommen wird. Dieses System nennt man RTS – Really Targeted Syndication –, was analog zur »wirklich einfachen Verbreitung« mit »wirklich gezielter Verbreitung« übersetzt werden kann. Mit Werbung, Sponsoren und Abonnenten allein ist kommerzielles Podcasting nicht getan. Die neuen Geschäftsmodelle setzten Standards für den kommerziellen Einsatz von Podcasts. »Sie machen sich sämtliche Erkenntnisse über Medien um Marketing zunutze und greifen auf das Wissen aus zehn Jahren E-Commerce zurück«, so Errol Smith, der mit dem Emmy Award ausgezeichnete Gründer von Jackstreet Media.

Nanocasting ist ein bewährter Ansatz, der Podcasting, sogenannte Streaming Media wie Web-Radio und Web-TV und E-Commerce-Technologien so miteinander kombiniert, dass sich Online-Radio für kommerzielle Werbung nutzen lässt. »Bis vor kurzem konnte kaum jemand etwas mit der Bezeichnung ›nano‹ im Zusammenhang mit Podcasting anfangen, doch seit Steven Jobs den Begriff in das allgemeine Marketingvokabular bei Apple einführte, ist der Weg für dieses kommerzielle Podcasting-Modell geebnet, das nicht nur in der Theorie, sondern auch in der Praxis Resultate erzielt«, führt Smith aus.

Weiter erklärt er, »Nanocasting bezieht sich auf eine Programmgestaltung für eine kleine und exakt definierte Zielgruppe. Diese setzt sich aus den Zuhörern zusammen, die sich nicht nur besonders für das Programm, sondern aus der Marketingperspektive betrachtet auch besonders für die damit beworbenen Produkte interessieren.«

Trotz des großen Trubels rund um Podcasts waren sie doch vor allem die Produkte frustrierter Möchtegern-Talkmaster, Hobby-DJs und der anderen üblichen Verdächtigen, die die Welt der Blogs besiedeln und normalerweise keine kommerziellen Interessen verfolgen.

Nanocasts sind für kommerzielle Zwecke produzierte Podcasts. Die Technologie ist dieselbe, doch im Nanocasting geht es ganz klar und ungeniert ums Geschäft.

Einfach ausgedrückt geht es allen Nanocast-Produzenten darum, über das Medium Web-Radio Geld zu verdienen, die Geschäftstätigkeit auszudehnen, Marken zu stärken, Kunden zu gewinnen, neue Produkte und Dienstleistungen anzubieten und Marktanteile zu vergrößern.

Experten aus den Bereichen Medien und Marketing, Wissenschaftler, Juristen und Berater aus den Vereinigten Staaten, dem Vereinigten Königreich und Australien gründeten die International Nanocasting Alliance (INA), in der sich das kollektive Wissen über dieses neue Medium sammelt. Die INA vereint in sich den Erfahrungsschatz der Branchenführer mit der Kreativität einer neuen Generation internationaler Medienpioniere, damit sich die klügsten Köpfe den Herausforderungen stellen können, mit denen diese gerade erst flügge gewordene Marketingtechnologie mit Sicherheit zu kämpfen haben wird.

Web-Radio und Podcasting sind im Prinzip rasant um sich greifende Guerilla-Phänomene. Sie stellen unkonventionelle Methoden dar, um sich zu informieren, zu unterhalten und weiterzubilden. Wenn Sie mehr über die INA erfahren möchten, besuchen Sie einfach die Seite unter nanocasting.org. Als Guerilla sind Sie es sich schuldig, nicht nur zu wissen, was Nanocasting ist, sondern es auch zu betreiben, wann immer es möglich ist. Es gestattet Ihnen, Ihre Zielgruppe präzise ins Fadenkreuz zu nehmen, wodurch Sie Ihre Marketingausgaben reduzieren und gleichzeitig Ihre Profite maximieren können.

Stellen Sie sich nur einmal vor, Sie sehen sich einen Film über Wanderwege entlang des Colorados an, und in der Werbepause wird der Spot eines Reisebüros ausgestrahlt, der Wanderurlaube entlang des Colorados anbietet. Ein Paradebeispiel für gelungenes Nanocasting.

E-Mail

Egal, mit welchen innovativen Anwendungen das Internet in Zukunft noch aufwarten wird, E-Mail wird immer einen wichtigen Stellenwert beibehalten. Selbst wenn Sie eine hitverdächtige Webseite betreiben, unschlagbar tolle Angebote machen, unübertroffene Qualität garantieren und jedem der Kiefer herunterklappt, wenn er Ihre günstigen Preise liest, ohne E-Mail werden Sie sich trotzdem nur frustriert die Haare raufen können. Mit E-Mail-Aktionen werden Sie vermutlich immer die meisten Kunden auf Ihre Webseite locken können.

Zu diesem Zweck kommt Ihnen die Adressliste gelegen, in der Sie die ausdrücklich mit Werbung einverstandenen Interessenten gesammelt haben. Diesen schicken Sie eine kurze E-Mail mit einem Link zu Ihrer Webseite. »Kurz« heißt, dass sie sich auf einen Blick auf dem Bildschirm lesen lässt, ohne dass der Empfänger nach unten blättern muss. Wer sich nicht für Ihre Mail interessiert, löscht sie vermutlich gleich wieder. Alle anderen aber werden Ihrer Webseite über den Link einen Besuch abstatten. Daher muss hier sofort jeder Besucher erkennen können, was er nun davon hat, dass er Ihrer Einladung gefolgt ist. So kurz und bündig E-Mails zu sein haben, für Ihre Webseite gilt das selbstverständlich nicht. Ihre Besucher *wollen* sich informieren, sonst wären sie schließlich nicht hier. Jetzt geht es ihnen nicht um Ihre besonders prächtig gestaltete Seite, sondern um den Vorteil, den sie sich von Ihrem Angebot versprechen.

In einer kurzen E-Mail lassen sich Ihre überzeugenden Argumente nicht ausführlich darlegen. Versuchen Sie es gar nicht erst, denn dann riskieren Sie, viele Interessenten gleich wieder zu verlieren. Kein Mensch hat die Lust, geschweige denn die Zeit, jede der unzähligen täglichen E-Mails von Anfang bis Ende durchzulesen.

Ihre E-Mail muss nicht nur kurz sein, sondern sich auch kurz anfühlen. Schreiben Sie kurze Absätze und Sätze, und verwenden Sie keine langen Bandwurmwörter. Kommen Sie schnellstmöglich auf den Punkt, der daraus besteht, dass die Empfänger Ihrer E-Mail vom Besuch Ihrer Webseite profitieren.

Ihre E-Mail kann in zweierlei Hinsicht kläglich scheitern:

1. Wenn es Ihnen nicht gelingt, die Empfänger über den Link in Ihrer E-Mail zu einem Besuch Ihrer Homepage zu bewegen, werden sie es später vermutlich auch nicht mehr tun, da ihnen die Zeit dafür fehlt.

2. Wenn Ihre E-Mail nicht einmal geöffnet oder vollständig gelesen wird, weil die Betreffzeile keinen Grund dafür liefert oder die Empfänger das geweckte Interesse durch einen langweiligen Text sofort wieder verlieren.

Wie Sie ja sehr wohl wissen, erhalten Ihre potenziellen Kunden unzählige E-Mails, von denen die meisten ungelesen gelöscht werden, weil sich ihre Betreffzeilen kaum unterscheiden, sie nach Spam-Mail riechen, aufdringliche Kaufaufforderungen enthalten, nichts Neues zu sagen haben, maßlos übertreiben, kein Interesse am Angebot besteht oder die Mail schlichtweg langweilt.

Für Sie heißt das: Überlegen Sie sich einen kurzen Betreff, der beim Empfänger keinen – gedanklichen – Alarm auslöst und ihn nicht sofort die Löschtaste betätigen lässt. Eventuell ist es sinnvoll, Ihren Namen oder den Ihrer Firma im Betreff zu nennen, damit die Empfänger erkennen, von wem die Mail überhaupt kommt. Falls Sie es noch nicht wissen, werden Sie schnell feststellen, dass es gar nicht so einfach ist, einen kurzen Betreff zu formulieren, der sich aus der Masse der E-Mails abhebt. Aber auch wenn es schwierig ist, so ist es doch möglich. Knöpfen Sie sich die Betreffzeilen aller E-Mails vor, die Sie erhalten. Sammeln Sie diejenigen, die Ihnen positiv ins Auge stechen, die sich aus der Masse abheben und Sie dazu veranlassen, die Mail sofort zu lesen. Mit etwas Glück und gebührender Sorgfalt haben Sie bald zwei oder drei richtig gute Betreffzeilen, an denen Sie sich orientieren können, um eine ähnlich gute Wirkung zu erzielen.

Zu meinen Favoriten gehören die folgenden Betreffzeilen:

Haben Sie das schon gesehen, Frankie?
Amy, diese Seite sollten Sie sich ausdrucken!
Was wollten Sie wissen, Jeremy?
Schade, dass Sie nicht dabei waren, Ginger!
Haben Sie kommenden Donnerstag Zeit, Josh?
Hier kommt Ihre Erinnerungsmail, Christie!
Könnten Sie mir einen Gefallen tun, Seth?
Sage, ich bräuchte Ihren Rat.
Noch ist nichts entschieden, Ramona.
Ganz ehrlich, James, ich bin etwas verwirrt!
Erinnern Sie sich noch daran, Jeannie?
Steve, in 72 Stunden ist es so weit!
Hätten Sie Lust, das auszuprobieren, Ruth?

Wink mit dem Zaunpfahl: Auf die persönliche Ansprache kommt es an, auch wenn Sie in Ihrem Fall die Empfänger vielleicht besser mit dem Nachnamen ansprechen. Einer der wichtigsten Kunstgriffe bei persönlich adressierter Werbung ist, schon auf dem Umschlag dafür zu sorgen, dass er geöffnet wird. Bei E-Mails besteht dieser Kunstgriff darin, dasselbe über die Betreffzeile zu erreichen.

Einem Guerilla bleibt gar nichts anderes übrig, als ein Meister des E-Mail-marketings zu werden, da er davon ausgehen kann, dass die Konkurrenz es entweder schon kann oder sich gerade darin übt. E-Mails zeigen eine Bombenwirkung, sowohl bei den Empfängern als auch im Geldbeutel, und Guerillas ist dies nicht entgangen. Guerillas pfeifen auf Porto und Briefpapier und finden es einfach spitze, dass mit elektronischer Post kaum Kosten verbunden sind. Schließlich ist eine E-Mail genauso gut wie ein persönliches Anschreiben, nur viel, viel billiger.

Anders als Briefwerbung unterliegt elektronische Werbung einer Kontrolle in Form von Spamfiltern. Sie müssen damit rechnen, dass Ihre E-Mail im Zuge heldenhafter Bemühungen, die Welt vor unerwünschter Werbung zu schützen, elektronisch durchleuchtet wird. Sogenannte Spamblocker suchen in Betreffzeilen und Texten nach indizierten Schlüsselwörtern und löschen gnadenlos alle E-Mails, die den Suchkriterien entsprechen. Um zu vermeiden, dass Ihre geschäftlichen E-Mails im Spamfilter Ihrer Kunden hängen bleiben, sollten Sie im Betreff und im Fließtext folgende Spam-Sünden unterlassen:

Verdächtige Anreden wie »Hallo«
Zu viele Ausrufungszeichen wie »!Unglaublich!« oder »Ihr Traumurlaub!! Jetzt bestellen!!!!«
Text in Großbuchstaben wie BILLIG, SOFORT ZUGREIFEN
Begriffe wie »heiß« und »scharf«
Euro- und Dollarzeichen im Betreff

Im Internet finden Sie viele Anbieter, bei denen Sie kostenlos ausführliche Spam-Begriffslisten anfordern können.

In den USA werden die meisten E-Mails dienstags und mittwochs zwischen sieben und 16 Uhr versendet. Gelesen werden die meisten Mails am Mittwoch, dicht gefolgt vom Dienstag. Am Wochenende haben die meisten Leute Besseres zu tun, als E-Mails zu lesen.

Eine Umfrage aus dem Jahr 2006 untersuchte, welche Kriterien die Betreffzeilen erfüllen müssen, damit E-Mails gelesen und beantwortet werden. Das Ergebnis:

- Hinweis auf Produkte und Dienstleistungen (54 Prozent)
- Ankündigung eines interessanten Textinhalts (40 Prozent)
- Eine an sich schon überzeugende Betreffzeile (35 Prozent)
- Ankündigung eines verlockenden Angebots (Preisnachlass, kostenfreier Versand) (33 Prozent)

Ich muss einfach noch einmal betonen, wie wichtig und unverzichtbar eine gute Betreffzeile ist, damit die Empfänger wissen, worum es geht und was vom Text zu erwarten ist. Ich selbst bin ein großer Fan von personalisierten E-Mails, obwohl nur knapp 5 Prozent der Rundmails sich heutzutage persönlich an den Empfänger wenden. Die meisten Leute lesen E-Mails gleich zu Beginn ihres Arbeitstages, obgleich es immer mehr werden, die das erst im Laufe des Tages tun. Der absolute Lieblingsplatz zum E-Mail-Lesen ist für uns Amerikaner übrigens das Bett, wie Jupiter Research herausfand.

Einer neueren Untersuchung der EmailLabs zufolge verbessert sich die Akzeptanz von E-Mails-Werbung, je kürzer die Betreffzeile ist und je mehr Hyperlinks im Text angeboten werden. Mit Betreffzeilen aus maximal 50 Zeichen und vielen interessanten Verknüpfungen erhöhen Sie die Wahrscheinlichkeit, dass Ihre Mail gelesen und die Links genutzt werden. Wer sich kurz und bündig in der Betreffzeile ausdrückt, wird eben schneller und einfacher verstanden.

Das Marktforschungsinstitut eMarketer berichtet, dass 91 Prozent der US-amerikanischen Internetbenutzer zwischen 18 und 64 Jahren regelmäßig E-Mails versenden und empfangen. Erstaunlicherweise ist der Prozentsatz bei den über 65-jährigen Internetbenutzern sogar noch höher. Allein in den Vereinigten Staaten verfügen 88 Prozent der erwachsenen Internetbenutzer über eine private E-Mail-Adresse, und 46 Prozent haben zusätzlich eine geschäftliche. Landesweit schreiben und lesen täglich 147 Millionen Menschen E-Mails, schätzt eMarketer. Die Beliebtheit der elektronischen Post ist fast nicht zu überbieten. Fast, denn annähernd ebenso beliebt ist die Möglichkeit, über Suchmaschinen im Internet Informationen zu sammeln.

Marketing mit E-Mails ist unaufhaltsam auf dem Vormarsch, und Spam ist erfreulicherweise auf dem absteigenden Ast.

Der E-Mail könnte ich leicht ein ganzes Kapitel, nein, eigentlich ein ganzes Buch widmen. Die wichtigsten Dinge habe ich aber bereits erläutert, und ich kann nur hoffen, dass Sie sich daran halten werden.

Ihre Webseite

Nehmen Sie sich doch einfach einmal Zeit, Ihre Webseiten gründlich zu durchforsten. Stellen Sie sich vor, Sie wären jemand anderes. Am besten ein richtig zynischer Kerl, der Ihre Seiten zum ersten Mal besucht und sich mit Argusaugen alles ganz genau ansieht. Je einfacher und bedienerfreundlicher Ihre Webseiten gestaltet sind, umso besser werden sie auch kritische Kunden von Ihrem

Angebot überzeugen und Ihren Umsatz fördern. Entfernen Sie daher überflüssige Inhalte, verwirrende Links und alberne Spielereien, damit Ihre Verkaufsargumente nicht untergehen.

Eine professionelle Webseite zeichnet sich durch die folgenden zehn Elemente aus:

1. *Eine fesselnde, markante Schlagzeile oder Überschrift.* Wer Ihre Seite besucht, muss anhand dieser Zeile sofort erkennen können, welchen unschlagbaren Vorteil Ihr Produkt oder Ihre Dienstleistung zu bieten hat. Die Überschrift ist das Kernelement Ihrer Seite. Sie entscheidet darüber, ob Besucher auf der Webseite bleiben und sich über Ihr Angebot informieren.

Ihre Überschrift muss klar verständlich, prägnant und aussagekräftig sein – und neugierig machen. Sie muss Interesse wecken, damit die Besucher Ihrer Webseite unbedingt mehr über Ihr Angebot erfahren wollen. Betonen Sie beispielsweise, was Ihr Produkt oder Ihre Dienstleistung für sie tun kann. Denken Sie daran, dass sich Ihre Besucher herzlich wenig für Sie, dafür umso mehr für sich selbst interessieren. Alle denken zuerst einmal an sich, daher können Sie punkten, wenn Sie auf Ihre Besucher eingehen.

Und das gleich in der Überschrift, die sich von übrigen Text klar abheben muss. Verwenden Sie eine große Schrift, fett, kursiv, in Großbuchstaben oder einer anderen Farbe – je nachdem, was am besten zu Ihrem Seitendesign passt.

2. *Benutzerfreundliche Navigation.* Nichts vertreibt Ihre Besucher schneller als eine verwirrende oder komplizierte Navigation durch die Seiten. Ihre Kunden müssen zu jeder Zeit nachvollziehen können, auf welcher Seite sie sich befinden und welche sie bereits besucht haben.

Die Navigationsleiste oder das Navigationsmenü muss einfach und verständlich zu bedienen sein. Gestalten und platzieren Sie es auf jeder Seite gleich. Nichts ist ärgerlicher als eine nicht auffindbare oder ständig anders erscheinende Navigationsleiste.

3. *Gut formulierter Text.* Die Wortwahl Ihrer Produktbeschreibung und Verkaufsargumente entscheidet über Ihren Geschäftserfolg. Mit der Mehrzahl der Webseitenbesucher knüpfen Sie ausschließlich über diesen Text die ersten Kontakte. Strengen Sie sich also an. Legen Sie den Lesern sofort die faszinierendsten Vorteile dar, um sie am Haken zu halten und zum Kauf zu animieren. Gleichzeitig muss der Text Ihrem Angebot Glaubwürdigkeit verleihen, denn ohne Vertrauen gibt es kein Geschäft. Beschreiben Sie die Vorteile Ihres Produkts oder Dienste, und erklären Sie, weshalb niemand

darauf verzichten kann. Es dürfte Ihnen nicht schwerfallen, ehrlich zu sein – wozu ich Ihnen dringend rate –, doch glaubwürdig zu sein ist oft schwieriger, als man meint. Legen Sie sich so richtig ins Zeug, um »Klartext« zu reden, wie der Werbeprofi Leo Burnett immer zu sagen pflegte.

4. *Eine klare Ansage, was zu tun ist.* Wenn Sie möchten, dass man Ihre Produkte oder Dienstleistungen erwirbt, müssen Sie nicht nur erklären, wie das geht, sondern explizit dazu auffordern. Niemand wird sich die Mühe machen, es selbst herauszufinden. Gehen Sie kein Risiko ein. Erklären Sie genau, wie der Kauf vonstatten geht, und gestalten Sie den Prozess möglichst einfach. Möchten Sie, dass man Ihr Produkt kauft, fordern Sie zum Bespiel so dazu auf:

»HIER KLICKEN, um die Monats-Vorratspackung von Produkt X zu bestellen.« Bieten Sie die Bestellmöglichkeit mehrmals und auf mehreren Webseiten an.

Geben Sie Ihren Kunden eindeutige und unmissverständliche Anweisungen, wie sie eine Bestellung aufgeben. Informieren Sie sie ganz genau darüber, was passiert, wenn sie auf den Link klicken, der die Bestellseite aufruft.

5. *Zweckmäßige Grafiken.* Über gute Grafiken oder Fotos lassen sich Produkte und Dienste sowie deren Vorteile oft sehr gut darstellen. Fügen Sie Abbildungen Ihrer Produkte auf den Webseiten ein. Gute Fotos können den Absatz fördern. Sehr effektiv sind auch Bilder, die Produkte im praktischen Einsatz zeigen.

Falls Sie viele Produkte im Sortiment führen, empfehlen sich Vorschaubilder, auch Thumbnails genannt. Klickt der Kunde darauf, öffnet sich das Foto in Originalgröße. Dank der kleinen Vorschaubilder bauen sich Ihre Webseiten schneller auf. Wenn Sie keine »greifbaren« Produkte, sondern beispielsweise E-Books oder Software verkaufen, könnten Sie Bildschirm-Schnappschüsse erstellen, um auch diese Art von Produkten etwas greifbarer zu machen.

6. *Ein gutes Opt-in-Angebot.* Beim ersten Besuch einer Webseite wird üblicherweise noch nichts gekauft. Die Tatsache, dass jemand Ihre Seite besucht, legt aber zumindest eine gewisse Neugier auf Ihr Angebot nahe.

Damit die erste Neugier geschürt und in echtes Kaufinteresse verwandelt werden kann, sollten Sie sich die E-Mail-Adressen der Webseitenbesucher beschaffen, indem Sie die Möglichkeit anbieten, sich registrieren zu lassen, um Ihren kostenlosen Newsletter zu beziehen oder ein nützliches Programm kostenlos herunterladen zu können. So verschaffen Sie sich gute Gelegenheiten, per E-Mail Informationen oder Updates zu versenden, wodurch Sie die Beziehung weiter ausbauen können. Mit der Zeit wird man so viel Vertrauen in Sie gewinnen, dass dem Kauf nichts mehr im Wege steht.

Die Möglichkeit, sich registrieren zu lassen, hat schon viele Internetsurfer zu Kunden werden lassen, die den Absatz des jeweiligen Anbieters steigern. Ihr Opt-in-Angebot sollte mit jeder Ihrer Webseiten verknüpft oder gleich separat auf jeder Seite verfügbar sein. Je einfacher Sie es Ihren Besuchern machen, umso mehr werden davon Gebrauch machen.

7. *Referenzen.* Die beste Art, sich Glaubwürdigkeit zu verschaffen, ist der Nachweis, dass Ihr Angebot tatsächlich hält, was es verspricht. Und am besten gelingt Ihnen der Nachweis mit den Aussagen zufriedener Kunden, die die Nützlichkeit Ihrer Produkte oder Leistungen bestätigen.

Sofern die Kunden damit einverstanden sind, nennen Sie Namen, Wohnort und vielleicht sogar berufliche Tätigkeit unter den jeweiligen Aussagen. Auch Fotos machen sich gut. Sehen Ihre Webseitenbesucher, dass hinter deren Äußerungen ganz normale Menschen stehen, die von Ihrem Produkt begeistert sind, wirkt das Lob echter und glaubwürdiger.

Um auf den ersten Blick einen guten Eindruck zu machen, könnten Sie die besten Referenzen als Aushängeschild auf der Anfangsseite einfügen, was eine separate Webseite mit den gesammelten Referenzen aber nicht überflüssig macht. Je mehr zufriedene Kunden Sie unschlüssigen Besuchern vorführen können, desto besser.

8. *Eine »Über uns«-Seite.* Viele Leute scheuen vor Online-Käufen zurück, weil sie den zwischenmenschlichen Kontakt vermissen, der den persönlichen Einkauf in einem Ladengeschäft auszeichnet. Eine Seite, auf der Sie sich, Ihr Team und Ihre Firma vorstellen, kann diese Scheu überwinden helfen. Am besten fügen Sie Fotos von sich und Ihren Mitarbeitern ein. Oft lösen sich viele Bedenken in Luft auf, wenn zögerliche Interessenten sehen können, mit wem sie es zu tun haben.

Denken Sie aber trotzdem daran, dass die meisten Leute lieber mehr über sich als über Sie lesen möchten.

9. *Eine »FAQ«-Seite.* Eine Seite mit häufig gestellten Fragen (Frequently Asked Questions) ist immer eine gute Idee. Hier können sich Kunden über die häufigsten Fragen informieren und gleich die Antworten nachlesen, bevor sie den Kauf Ihrer Produkte oder Dienstleistungen in Betracht ziehen.

Impressumspflicht in D

10. *Ihre Kontaktdaten und Impressum.* Um Geschäfte zu tätigen und Ihrer Glaubwürdigkeit Nachdruck zu verleihen, müssen auf Ihren Webseiten sämtliche Kontaktinformationen einschließlich Post- und E-Mail-Adresse, Fax- und Telefonnummer angegeben werden. Zudem besteht in Deutschland eine Impressumspflicht für Online-Inhalte. Wer auf Webseiten nur seine E-Mail-Adresse angibt, riskiert nicht nur, als unseriös und sogar zwielichtig zu erscheinen, sondern verstößt gegen geltende Gesetze.

Ihre Kontaktinformationen sollten auf jeder Webseite enthalten sein, um es Interessenten zu vereinfachen, Informationen anzufordern oder eine Bestellung aufzugeben.

Überprüfen Sie regelmäßig Ihre Webseiten, um sicherzustellen, dass sie inhaltlich und optisch immer in Bestform sind. Erstellen Sie sich eine Liste mit Aufgaben, die Sie nach und nach abarbeiten, um die Seiten zu optimieren – auch hinsichtlich der Aufbaugeschwindigkeit. Bereinigen Sie Ihre Webseiten von allen Inhalten und Effekten, die nicht unbedingt notwendig sind, und vereinfachen Sie den Verkaufsprozess. Denken Sie immer daran, dass Sie über abgespeckte Seiten mehr verkaufen.

Nehmen Sie sich auch die Zeit, um die Webseiten Ihrer Mitbewerber zu besuchen. Wie stellt sich Ihr Internetauftritt im Vergleich dazu dar? Was gefällt oder missfällt Ihnen auf den Seiten der Konkurrenz? Derartige kleine Spionageaktionen helfen Ihnen, ein Gespür dafür zu entwickeln, was Sie auf Ihren eigenen Webseiten tun oder unterlassen sollten. Wenn Sie Ihre Webseiten optimiert haben, bitten Sie einige Bekannte darum, sich Ihre Seiten zur Brust zu nehmen. Gelangen Sie einfach von Seite zu Seite? Sind bereits besuchte Seiten einfach wiederzufinden? Sind Bestell- und Kaufvorgänge gut verständlich beschrieben? Welchen Gesamteindruck hinterlässt Ihre Webseite?

Gebührenpflichtige Webseiten

Eine Webseite, auf der sich Benutzer gegen eine Gebühr registrieren lassen müssen, könnte sich als echte Guerilla-Goldgrube erweisen, was Ihnen so mancher Mitstreiter bestätigen wird. Da es sowieso nie einfach ist, irgendwem irgendetwas zu verkaufen, können Sie genauso gut sogenannte Subskriptionen – ähnlich wie Abonnements – für beliebige Online-Produkte oder -Dienste verkaufen. Die anfängliche Mühe lohnt sich insofern, als dass Sie die Früchte Ihrer Arbeit über Monate oder gar Jahre hinweg ernten können.

Das Platzen der Dot.com-Blase machte deutlich, dass es sich rächt, zu viel umsonst herzugeben. Wer sich im Geschäftsleben behaupten will, muss Gewinne erwirtschaften.

Diese Lektion mussten viele auf die harte Tour lernen. Ohne einen Plan, wie sich daraus Profit schlagen lässt, wurden Millionen in großartige Webseiten investiert. Der Großteil dieser Seiten ist heute wieder von der Bildfläche verschwunden, und die Investitionen wurden in den Sand gesetzt.

Doch nicht alle der ersten Internetfirmen gingen unter. Einige entdeckten im Subskriptionsverkauf eine lukrative Einnahmequelle und konnten sich bis heute behaupten, während viele der Online-Pioniere, die an anderen Geschäftsmodellen festhielten, in den Ruin getrieben wurden.

Auf einer gebührenpflichtigen Webseite ist es nur den registrierten Benutzern gestattet, nach Entrichtung einer Subskriptions- oder Mitgliedsgebühr auf deren Inhalte zuzugreifen. Wie bei einem Club dürfen nur die rein, die ihre Beiträge gezahlt haben. Der Vorteil für den Webseitenbetreiber liegt auf der Hand: Die Kosten für die Bereitstellung und Pflege der Seiten sind durch die Gebühren gedeckt.

Im Vergleich zu öffentlich zugänglichen Webseiten herrscht auf den gebührenpflichtigen natürlich nur ein Bruchteil des Besucherverkehrs, dafür ist der Wartungsaufwand entsprechend geringer. Weniger Besucher hört sich erst einmal negativ an, doch viele Betreiber stellten fest, dass sie den Verlust von 99 Prozent der nichtzahlenden Besucher mehr als verkraften, da sich die Gebühren des einen Prozents zahlender Besucher zu einem ordentlichen Profit summieren. Die Reduzierung der Betriebskosten bei gleichzeitiger Profitsteigerung ist doch eine feine Sache.

Auch die zahlenden Besucher – die registrierten Mitglieder – genießen Vorteile. Wie eine eingeschworene Gemeinschaft oder ein exklusiver Club erhalten sie Zugang zu wertvollen Informationen und Inhalten, die normalerweise nirgendwo sonst im Internet zu finden sind. Dazu gehören unter anderem Berichte über brandaktuelle Themen, die Möglichkeit, mit Experten in Kontakt zu treten, und der Zugriff auf Dateien und Softwareprogramme.

Auf der gebührenpflichtigen Webseite unserer Guerilla Marketing Association bieten wir beispielsweise jedem Mitglied an, einmal pro Woche mit einem renommierten Buchautor, einem anerkannten Experten und mit mir zu telefonieren. Besuchen Sie uns auf guerillamarketingassociation.com und werden auch Sie Mitglied. Und wenn wir das erste Mal miteinander telefonieren, sagen Sie mir bitte Bescheid, dass Sie diese Zeilen gelesen haben.

Gebührenpflichtige Webseiten zeichnen sich auch durch eine soziale Komponente aus. Die Mitglieder finden sich in einer Gemeinschaft aus Gleichgesinnten wieder, die ähnliche Vorstellungen und Ziele verfolgen, und können in den Diskussions- und Chat-Räumen wertvolle Kontakte knüpfen.

Nachfolgend habe ich zwölf Tipps zusammengestellt, und wenn Sie mit Ihrer gebührenpflichtigen Webseite nicht auf die Nase fallen wollen, sollten Sie sie auch lesen.

1. *Ihre Webseite muss Erfahrungen und Informationen vermitteln, die nirgendwo sonst im Internet zu finden sind.* Stellen Sie exklusiv zu diesem Zweck verfasstes Material bereit. Wenn Informationen desselben Autors kostenlos im Internet zur Verfügung stehen, geraten Sie schnell in Erklärungsnot, weshalb Sie dafür Gebühren verlangen.

   Das Prinzip lautet: Wer die Informationen haben will, muss eine Mitgliedsgebühr entrichten. Falls potenzielle Mitglieder aber der Ansicht sind, sie könnten anderswo umsonst an die Informationen gelangen, werden sie logischerweise nicht dafür bezahlen.

2. *Wenden Sie sich mit Ihrer Webseite an einen kleinen und exklusiven Benutzerkreis, dem Sie spezielle Informationen zu einem klar umrissenen Fachthema anbieten.* Unser exklusiver Benutzerkreis sind Kleinunternehmer. Unser Fachthema ist Guerilla Marketing. Mit einem Thema, für das sich nur 5 000 Benutzer interessieren, dafür aber aus ganzem Herzen, sind Sie besser bedient als mit einem Thema, für das sich jeder so ein bisschen interessiert, aber nicht emotional angesprochen fühlt.

   Denken Sie immer daran, dass die meisten Kaufentscheidungen nicht aufgrund logischer Überlegungen, sondern aus dem Bauch heraus getroffen werden. Stellen Sie daher sicher, dass Ihre gebührenpflichtige Webseite sowohl die Gefühls- als auch die Verstandesebene der Besucher anspricht.

3. *Ihre Webseite muss ein Wir-Gefühl vermitteln.* Jeder Besucher muss sofort erkennen, dass sich auf Ihrer Seite eine starke Gemeinschaft Gleichgesinnter zusammengefunden hat, die Informationen, Gedanken und Meinungen über genau das Thema austauscht, das ihn emotional bewegt. Es muss klar werden, dass eine Mitgliedschaft die Chance bietet, Teil dieses Netzwerks zu werden.

4. *Betonen Sie den exklusiven Nutzen Ihrer Webseite.* Vermitteln Sie den Besuchern das Gefühl, mit der Mitgliedschaft einer eingeschworenen Gemeinschaft beizutreten, die nur denjenigen, die ihr angehören, exklusive Vorteile bietet. Das Gefühl, einen besonderen Nutzen zu genießen, der dem

Rest der Welt verschlossen bleibt, erhöht den empfundenen Wert und die Attraktivität Ihrer Webseite.

5. *Ernennen Sie einen Verantwortlichen für Ihre Webseite.* Sie brauchen eine Autoritätsperson, die die Gemeinschaft zusammenhält, auf das gemeinsame Interesse und Thema einschwört und dafür sorgt, dass der Strom an wertvollen und aktuellen Informationen nicht abreißt, damit Ihre zahlenden Mitglieder nicht abspringen.

6. *Ihre Webseite muss einen zwingenden Grund für die Mitgliedschaft nennen.* Selbst wenn Sie die vorherigen fünf Punkte vortrefflich umgesetzt haben, ist noch lange nicht gesagt, dass sich Besucher als Mitglieder eintragen lassen. Dafür müssen Sie ihnen schon einen zwingenden Grund liefern. Der Idealfall ist, dass sich jeder Besucher nach einem Blick auf Ihre Webseite sagt: »Toll, genau danach habe ich gesucht! Da melde ich mich sofort an.« Wenn Sie Ihre Zielgruppe auf diese Art begeistern, sieht Ihre Zukunft rosig aus.

7. *Stellen Sie eine vernünftige Geschäftskalkulation auf.* Falls Sie 5 000 zahlende Mitglieder benötigen, um keine roten Zahlen zu schreiben, ist der Ruin schon von Anfang an vorprogrammiert. Ihre Erfolgsaussichten steigen, je weniger Fixkosten Sie haben, da Ihre Kalkulation dann auch mit weniger zahlenden Mitgliedern aufgeht.

8. *Ihre Webseite muss auf den ersten Blick überzeugen.* Dilettantische, verwirrende Seiten ohne thematischen Schwerpunkt, auf denen man sich kaum zurechtfindet, gibt es zuhauf. Wer auf Ihrer Seite landet, sollte sich sofort gut aufgehoben fühlen. Falls nicht, wird er nach wenigen Sekunden wieder verschwunden sein.

9. *Jedes Element Ihrer Webseite muss die Besucher subtil zur Mitgliedschaft animieren.* Vor allem auf Ihrer Anfangsseite muss jedes Element die Mitgliedschaft nahelegen und dazu animieren, angeklickt zu werden. Die meisten Besucher landen auf Ihrer Webseite, weil sie nach genau den Informationen suchen, die Sie zu bieten haben. Machen Sie daher auf Ihren Anfangsseiten Appetit auf mehr, indem Sie einen Einblick gewähren, worauf sich die Mitglieder freuen können.

10. *Sie müssen Ihre Webseiten problemlos erstellen und pflegen können.* Gebührenpflichtige Webseiten mit umfangreichen Inhalten zu pflegen und zu verwalten kann eine zeitaufwändige Angelegenheit werden. Wir haben die Aufgabe einem Webmaster übertragen, der seine Arbeitszeit nach Stunden in Rechnung stellt. Er ist sehr entgegenkommend und gewissenhaft – Ei-

genschaften, die jeder, der eine gebührenpflichtige Webseite betreibt, unbedingt mitbringen muss. Gut, dass wir uns nicht selbst um unsere Seiten kümmern müssen!

11. *Schützen Sie Ihre Webseite mit einen Passwort.* Geben Sie Hackern keine Chance, auf Ihren Seiten Schaden anzurichten.
12. *Besorgen Sie sich geeignete Protokollierungs-Tools für Ihre Webseite.* Um eventuelle Probleme zu lösen und den zahlenden Mitgliedern bessere Inhalte zu bieten, ist es erforderlich, über die Vorgänge auf Ihrer Webseite auf dem Laufenden zu sein. In den Protokollen können Sie nachvollziehen, wer Ihre Webseite besucht, nach welchen Informationen gesucht wird, was im Allgemeinen überhaupt so getrieben wird und wie sich welche Trends entwickeln. Außerdem müssen Sie natürlich eingehende und fällige Beitragszahlungen überprüfen und die Datensätze der Aktivitäten aufrufen können. Für diese Aufgaben sind spezielle Kontenführungsprogramme erhältlich.

Wenn Sie diese zwölf Tipps beherzigen, steigen die Erfolgschancen Ihrer gebührenpflichtigen Webseite. Wenn Sie allerdings nur einen Tipp nicht befolgen, steigt die Wahrscheinlichkeit, dass Sie massive Probleme bekommen werden.

Der schlimmste Fehler, den Sie begehen können, ist, sich auf das falsche Thema einzuschießen. Mit dem Thema steht oder fällt Ihre Webseite. Liegen Sie einmal daneben, ist der Schaden vielleicht nie wiedergutzumachen. Bei der Auswahl Ihres thematischen Schwerpunkts spielt keine Rolle, was Ihre potenziellen Mitglieder Ihrer Ansicht nach brauchen, sondern ausschließlich das, was sie wollen. Die Leute kaufen nicht unbedingt das, was sie brauchen, sondern meistens das, was sie haben wollen. Auch für die Mitglieder Ihrer Webseite gilt, dass die Gebühren nicht unbedingt für Inhalte gezahlt werden, die dringend benötigt werden, sondern für Inhalte, über die sie aus eigenem Antrieb mehr erfahren möchten. Befreien Sie sich einmal von Ihren vorgefassten Ansichten und denken Sie über Dinge nach, die sich die Menschen wünschen, auf die sie geradezu scharf sind. Denken Sie sich ein Thema aus, das Träume wahr werden lässt, dann werden Sie mehr Erfolg haben als mit einem Thema, das sich mit lästigen Notwendigkeiten befasst.

Teleseminare

Teleseminare – Seminare, die in Echtzeit über das Telefon abgehalten werden – werden immer beliebter. Im Vergleich zum gleichermaßen beliebten Webinar fehlt beim Teleseminar der Sichtkontakt. Die Teilnehmer wählen sich in eine telefonische Konferenzschaltung ein und lauschen bequem von zu Hause, vom Büro oder sogar dem Auto aus einem Vortrag. Die Möglichkeit, dem Seminarleiter Fragen zu stellen, ist in den meisten Fällen gegeben.

Da ich viel Zeit in meinem Wohnmobil verbringe, veranstalte ich gerne Teleseminare und Webinare. Für mich sind das tolle Gelegenheiten, Informationen weiterzugeben, Geld zu verdienen und neue Kontakte zu knüpfen. Und das Beste ist, dass ich nicht Koffer packen, rechtzeitig am Flughafen eintreffen und den Sicherheitscheck über mich ergehen lassen muss. Kein Wunder, dass Teleseminare und Webinare so beliebt sind, und mit unserer Telekonferenzseite accuconference.com haben wir bislang nur gute Erfahrungen gemacht.

Webinare

Ein Webinar ist ein Online-Seminar. Im Gegensatz zu einem Webcast, bei dem Informationen einfach nur in einer Richtung übertragen werden, ist im Webinar der interaktive Austausch zwischen Seminarleiter und Publikum vorgesehen. Im Gegensatz zum Teleseminar ist der Seminarleiter für die Teilnehmer zu sehen. Ein Webinar ist die Live-Übertragung einer Schulung mit einem Zeitplan und festen Anfangs- und Endzeiten. Die Tonübertragung erfolgt entweder über das herkömmliche Telefonnetz oder über eine Internettelefonverbindung, während auf dem Bildschirm eine PowerPoint-Präsentation abgehalten wird. Die Seminarteilnehmer können sich über das Telefon an dem Vortrag beteiligen, wobei sich Headsets oder die Freisprechfunktion des Telefons anbieten. Häufig werden auch Webcams eingesetzt, damit der Seminarleiter vor Ort für die Teilnehmer zu sehen ist.

Das Microsoft Office Live Meeting ist ein gutes Beispiel eines Webinars. Den entsprechenden Link finden Sie auf der Microsoft Homepage unter »Trainings und Veranstaltungen«.

Eines der Schlüsselelemente von Webinars ist die Interaktivität – die Möglichkeit, Informationen zu vermitteln, zu erhalten und zu diskutieren. Man muss sich dazu noch nicht einmal Daten aus dem Netz herunterladen. Einfach die angegebene Nummer wählen, auf die Webseite gehen, auf der die Präsentation zur Verfügung steht, und fertig. Schon können Sie in Echtzeit mit anderen interagieren, Fragen stellen und sich Wissen aneignen – per Mausklick oder Tastendruck. (Üblich ist, dass am Ende eines Webinars Zeit für Fragen und Antworten eingeplant ist).

Guerillas finden Webinars aus verschiedenen Gründen toll.

- Sie bieten die Möglichkeit, sich unkompliziert, bequem und kostengünstig weiterzubilden.
- Man muss noch nicht einmal aus dem Büro, geschweige denn verreisen, um daran teilzunehmen. Notwendig sind nur PC, Internetzugang und Telefon.
- In einem Webinar lassen sich professionelle Vorträge mit web-kompatiblen Texten, Grafiken und guter Tonqualität abhalten.
- Webinars sind hervorragend strukturiert, zielgerichtet und vermitteln ganz spezielle Inhalte.
- Webinare lassen sich für ein kleines und ein großes Publikum abhalten. Ich habe schon Webinare für acht, aber auch für 1 400 Teilnehmer durchgeführt. Für den Seminarleiter macht die Teilnehmerzahl keinen Unterschied.

Viele erfolgreiche Unternehmen nutzen Webinare, um

- firmeninterne Konferenzen mit vielen Teilnehmern durchzuführen,
- geografische Entfernungen bei der Schulung von Kunden und Auszubildenden zu überbrücken,
- jedem bei der nächsten großen Veranstaltung einen Platz in der ersten Reihe zu sichern,
- Mitarbeitern an verschiedenen Standorten die Teilnahme an Sitzungen zu ermöglichen.

RSS (Really Simple Syndication)

RSS ist ein elektronisches Nachrichtenformat, mit dem Web-Inhalte an Dritte weitergegeben werden. Diese Weitergabe wird auch als »Syndication« bezeichnet. RSS basiert auf dem XML-Format und dient unter anderem Webseitenbetreibern, Bloggern und Podcast-Produzenten dazu, ihre Dateien auf »wirklich einfache Weise zu verbreiten« – wie »really simple syndication« sinngemäß übersetzt werden kann. Über sogenannte Web-Feeds werden Artikel von Webseiten oder deren Kurzbeschreibungen zusammen mit Links auf den vollständigen Inhalt oder auf andere Daten bereitgestellt.

Seit Mitte 2000 hat sich RSS auch in einigen der großen Nachrichtenagenturen wie Reuters, CNN, RP Newswire und der BBC durchgesetzt. Auf vielen Webseiten stellen die Nachrichtenagenturen seitdem die Schlagzeilen und Kurzmeldungen bereit, die sich abhängig von den jeweils vereinbarten Nutzungsbedingungen als RSS-Feed laden lassen. RSS ist vielseitig einsetzbar, unter anderem für Marketing. Viele Unternehmen geben heute die neuesten Firmenmeldungen nicht mehr über E-Mail und Fax heraus, sondern nutzen RSS.

Während die traditionellen Medien das Potenzial von RSS erst so nach und nach erkennen, nutzen es die neuen Medien bereits als innovative Nachrichtenquelle. Verbraucher und Journalisten sind dank RSS in der Lage, sich ohne langwierige Recherchen automatisch mit den aktuellsten Informationen versorgen zu lassen.

Im November 2002 bot die *New York Times* ihren Lesern an, RSS-Feeds zu verschiedenen Themenbereichen zu abonnieren. Nach Ansicht vieler Beobachter gab dieser Schritt den Ausschlag dazu, dass sich das RSS-Format zu einem Branchenstandard entwickelte. Mit einem RSS-Leser lassen sich Inhalte verschiedener Quellen, wie CNN.com, samt Schlagzeilen, Zusammenfassungen und Links zu vollständigen Berichten lesen. RSS-Feeds werden auch dazu genutzt, um Inhalte in Blogs zu integrieren. RSS ist kein US-amerikanisches Phänomen, was Zahlen aus China zeigen: 34,4 Prozent aller chinesischen Internetbenutzer machten im Frühjahr 2006 von RSS Gebrauch.

MarketingSherpa, eine zuverlässige und vertrauenswürdige Quelle neuester Online-Weisheiten, hat ja immer ausgezeichnete praktische Tipps und aktuelle Daten von Marketingprofis parat. Die Auskünfte über RSS machen da keine Ausnahme:

- Obwohl Marketingfirmen ihre RSS-Feeds deutlich offensiver vermarkten könnten, wächst die Zahl der RSS-Abonnenten ganz von alleine in rapider Geschwindigkeit. Laut Angabe von *USA Today* nimmt der RSS-Verkehr Monat für Monat in unglaublichem Unfang zu, obwohl die RSS-Feeds kaum beworben werden.

- Die bekannte Garten- und Samenbedarfsfirma W. Atlee Burpee & Co. gab an, dass sich durch den ersten RSS-Testlauf, in dem der »Samen des Tages« vorgestellt wurde, die Novemberumsätze vervierfachten.
  Neben dem Nachweis, dass sich RSS als Umsatzsteigerungsmaßnahme eignet, lässt sich daran auch erkennen, was sich für RSS eignet. In diesem Fall ein täglich wechselndes E-Commerce-Feed über das Angebot des Tages.

- Wie *USA Today* feststellte, erobert RSS nun auch die Herzen der konservativen Online-Verbraucher. Es ist daher ratsam, das RSS-Marketing dieser Entwicklung strategisch anzupassen und das Abonnement so benutzerfreundlich wie möglich zu gestalten, um die große Masse der technisch eher unbedarften Verbraucher nicht abzuschrecken.
- Travelocity vermarktet seine RSS-Feeds, indem es die Kunden-Mailinglisten in Yahoo!- und MSN-Kunden aufteilt und anschließend Angebote über RSS-Feed-Abonnements versendet, die die Kunden über den Online-Dienst ihrer Wahl beziehen können.

Erstaunlicherweise konnte Travelocity zwei Drittel der angemailten Kunden als Abonnenten gewinnen, was zeigt, wie groß der Bedarf nach dem Nachrichtenkonsum über RSS tatsächlich ist. *Sie müssen es nur auf angemessene Weise anbieten.*

Dazu gehört, informativ dafür zu werben. Informieren statt verkaufen, lautet das Motto. Die gute Nachricht ist, dass Sie Ihre Werbung mit Grafiken untermauern können. Die schlechte Nachricht ist, dass es noch keine zuverlässigen Richtlinien über die beste Länge der Werbung gibt, außer dieser: Die Werbung sollte nicht länger sein als der Inhalt des RSS-Feeds.

Starten Sie einfach einen Versuch und bieten Sie ein RSS-Feed auf Ihrer Webseite an. Wer weiß, vielleicht erweist es sich als Kundenmagnet.

RSS kann der E-Mail noch lange nicht das Wasser reichen. Schrauben Sie Ihre Erwartungen besser nicht zu hoch, was die Anzahl Ihrer Abonnenten angeht. Die große Masse lässt sich mit Werbung über RSS nicht ansprechen. Aber Sie werden bestimmt einschätzen können, was RSS für Sie tun kann.

E-Books

Ein E-Book ist ein Buch in digitaler Form, das auf dem Bildschirm gelesen wird (es kann auch eine kostenlose Textdatei, von Ihnen verfasst, sein). Wer unbedingt Papier in der Hand halten will, kann es sich natürlich ausdrucken. Ein E-Book bietet viele Vorteile:

- Man kann über die Suchfunktion nach Text suchen, sofern er nicht in einer Grafik eingebunden ist.
- Der Platzbedarf ist kaum der Erwähnung wert. Auf einem Datenträger lassen sich Hunderte, wenn nicht gar Tausende von Büchern abspeichern.

Auf einer CD-ROM ist im Durchschnitt Platz für 500 Bücher, die in Druckversion viele Regale füllen würden.

- Bei E-Books kommt es nie vor, dass sie gerade vergriffen sind oder nicht mehr gedruckt werden. Je nach vertraglicher Regelung können E-Book-Autoren Tantiemen bis ans Ende ihrer Tage erhalten, und Leser finden immer auch ältere Bücher ihrer Lieblingsautoren.
- E-Books lassen sich mit dem entsprechenden Lesegerät auch bei schlechten Lichtverhältnissen oder sogar in völliger Dunkelheit lesen.
- Schriftgröße und Schriftart können beliebig geändert werden.
- Es ist schwierig bis unmöglich, ein einmal erschienenes E-Book wieder in der Versenkung verschwinden zu lassen.
- Der Vertrieb von E-Books kostet Sie wenig – weder an Geld noch an Zeit. Der interessierte Leser kann sofort darin schmökern, ohne einen Fuß vor die Tür setzen zu müssen.
- E-Books bieten Ihnen eine faszinierende und potenziell einträgliche Chance: *virales Marketing*. Dazu gleich mehr.

Buchfreunden können E-Books aber auch ein paar Widrigkeiten bereiten: Möglicherweise stellen sie sich als nicht kompatibel mit der vorhandenen Hard- und Software heraus, und das stundenlange Lesen am Bildschirm ist nicht gerade gut für die Augen.

Wie jeder ausgefuchste Guerilla weiß, vervielfacht sich der Besucherverkehr auf der Webseite im Handumdrehen, wenn er etwas von höchst ansteckender Wirkung zu bieten hat. Dieses Etwas sollte sich selbstständig, in rasender Geschwindigkeit und zu Nullkosten im Internet verbreiten wie ein Virus – ein unschädlicher, versteht sich. Genau auf diese Weise ist es Hotmail, Blue Mountain Arts, Napster, Blair Witch Project, Joke-A-Day und anderen gelungen, ohne erwähnenswerten Marketingaufwand eine so große Anhängerschar zu gewinnen. Allein der Besuch dieser Seiten und die Nutzung der verfügbaren Produkte reichen aus, um anderen davon zu erzählen, und aufgrund des Schneeballeffekts verzeichneten diese Anbieter ein enormes Wachstum. Doch wie verhelfen Sie Ihrer Webseite zu einer derartigen Ansteckungskraft?

Zuerst einmal muss klar sein, dass sich nicht jede Webseite und nicht jedes Produkt mit einem ansteckenden Virus »infizieren« lassen. Wenn Sie über Ihre Homepage Traktoren verkaufen, versuchen Sie bitte gar nicht erst, Ihre Traktoren als Zugpferde des viralen Marketings einzuspannen. Allerdings können

Sie sich etwas anderes mit ansteckender Wirkung ausdenken. Jeder Webmaster und jede Webseite sollten diese Kunst beherrschen.

Vielleicht erstellen Sie ja ein informatives, virales E-Book, das jeder Leser begeistert an andere weitergibt. Ansteckend wirkende E-Books erreichen mit der Zeit unglaublich viele Menschen, und jeder einzelne Leser erfährt darüber auch von Ihrer Webseite. E-Books sind hervorragend dafür geeignet, Ihre Adressliste zu erweitern, und verbreiten sich von selbst, ohne dass Sie dafür etwas tun oder bezahlen müssen.

Die Zutaten des Erfolgsrezepts für ein E-Book sind relevante, informative, nützliche Inhalte, die kostenlos zur Verfügung gestellt werden. Ein E-Book darf auf keinen Fall lediglich aus Produktwerbung bestehen. Kein Mensch wird das als nützlich und somit als empfehlenswert erachten. Nützliche und hilfreiche Informationen, mit denen man praktisch etwas anfangen kann, weiß aber jeder zu schätzen und gibt sie gerne weiter. Um virales Marketing zu betreiben, müssen Sie nichts weiter tun, als eben solche Informationen kostenlos bereitzustellen und für einen Anreiz zu sorgen, sie weiterzugeben.

Ihr E-Book sollte sich inhaltlich auf Ihre Geschäftstätigkeit beziehen, damit es auch die Menschen anspricht, die sich für Ihre Angebote interessieren. Um den Namen *Buch* zu verdienen, sollte Ihres schon aus rund 20 Seiten bestehen (oder es ist lediglich eine Broschüre). Geraten Sie nicht in Panik, wenn Sie sich gerade fragen, wie Sie an so viel Inhalt kommen sollen. Kaufen oder leihen Sie sich ein paar Bücher über Ihr Thema. Recherchieren Sie im Internet, nutzen Sie Dokumente, die keinem Urheberrecht mehr unterliegen. Lassen Sie Google für sich arbeiten und formulieren Sie Ihre Rechercheergebnisse anschließend in eigenen Worten, und schon ist Ihr E-Book fertig.

Um herauszufinden, welches Thema in Ihrer Branche gerade in aller Munde ist, sehen Sie einfach auf Amazon.com nach, welche Bücher momentan reißenden Absatz finden. Denken Sie auch daran, dass Sinn und Zweck Ihres kostenlosen E-Books ist, potenzielle Käufer in Ihren Online-Shop zu locken. Fügen Sie daher in der Fußzeile jeder Seite die Adresse Ihrer Homepage ein.

Soll sich Ihr E-Book wie ein Virus verbreiten, beherzigen Sie diese drei Grundregeln: *Erstens, verlangen Sie kein Geld für das Buch oder Teile davon. Zweitens, der Inhalt muss relevant, informativ und nützlich sein und darf nicht einfach nur aus Produktwerbung bestehen.* Bieten Sie Themen an, die die Leute lesen möchten, um sich anschließend freuen zu können, wieder etwas dazugelernt zu haben. *Drittens, bieten Sie einen Anreiz, Ihr Buch weiterzuempfehlen.* Der Informationsgehalt ist zwar auch schon ein guter Grund, reicht aber nicht. Der beste Anreiz ist immer noch ein finanzieller. Den können

Sie über eine Werbekooperation bieten, das heißt die Teilnahme an einem sogenannten Affiliate-Programm.

Das Affiliate-Programm

Kannst du deinen Gegner nicht besiegen, verbünde dich mit ihm. Doppelt hält besser. Gemeinsam sind wir unschlagbar. Wenn Sie diesen geflügelten Worten zustimmen können, ist ein Affiliate-Programm genau Ihr Ding. Wer seine Zielgruppen ausweiten, Marktanteile gewinnen, Hürden überspringen oder einfach in kürzester Zeit immense Profite erwirtschaften will, erkennt den Wahrheitsgehalt dieser alten Weisheiten immer mehr.

Wollen Sie wissen, wie ich meine Brötchen verdiene? Ein Drittel meines Einkommens beziehe ich aus den Tantiemen meiner Bücher, ein weiteres Drittel aus den Honoraren für meine Vorträge und das letzte Drittel verdanke ich Joint Ventures, auch strategische Allianzen genannt. Als ich das erste *Guerilla Marketing*-Buch schrieb, war der Verdienst aus Joint Ventures gleich null.

Laut einer Studie des Commonwealth Alliance Program erwirtschafteten US-amerikanische Firmen im Jahr 2005 25 Prozent ihres Gewinns über strategische Allianzen – in Summe 40 Billionen US-Dollar. Und diese schwindelerregende Zahl steigt weiter, je mehr unternehmenstüchtige Einzelkämpfer und Kleinbetriebe sich weltweit zusammenschließen. Falls Sie an strategischen Allianzen interessiert sind und sich etwas Grundwissen aneignen möchten, bevor Sie den ersten Schritt wagen, oder wenn Sie keine Vorstellung haben, woraus dieser erste Schritt überhaupt besteht, sollten Sie jetzt sehr aufmerksam weiterlesen.

Zuerst einmal sind acht Grundzutaten wichtig, auf die keine strategische Allianz verzichten kann.

1. Der geeignete Partner.
2. Der richtige Zeitpunkt und eine Vision.
3. Der strukturelle Aufbau der strategischen Allianz.
4. Der Plan.
5. Ihre Mitarbeiter sowie die Ihres Partners.
6. Die Ausführung des Plans.
7. Alle Karten auf den Tisch legen, niemand darf seinen Partnern etwas verheimlichen.
8. Strategien zur Beendigung der Allianz.

Eine strategische Allianz wird von mindestens zwei Parteien geschlossen, um in partnerschaftlicher Kooperation Märkte, geistiges und finanzielles Kapital, Wissen und natürlich Profite zu teilen. Auch Firmen, die eigentlich direkt miteinander konkurrieren, können mit vereinten Kräften Märkte erobern, die im Alleingang entweder nie zur Debatte stünden oder Unmengen an Investitionen voraussetzen würden.

Einer meiner potenziellen Allianzpartner bietet erstklassige Weiterbildungskurse zum Preis von 6000 US-Dollar an. Er ist stark daran interessiert, sein Angebot den 40 000 Leuten aus meiner Adressliste zu unterbreiten, und hat mir 2000 Dollar für jeden gebuchten Kurs angeboten. Wir haben das von meinem Partner verfasste Anschreiben an unsere Kunden versendet, von denen sich bisher elf für seinen Kurs angemeldet haben. Ich habe von ihm einen Scheck über 22 000 US-Dollar erhalten. So funktionieren erfolgreiche strategische Allianzen.

Es gibt Märkte, die man sich nur über eine strategische Allianz mit einem lokal ansässigen Partner erschließen kann. Manchmal gehen auch große Unternehmen eine Partnerschaft mit einem Kleinbetrieb ein, um sich ganz schnell notwendigen Zugriff auf geistiges Kapital, spezielle Technologien oder Ressourcen zu verschaffen.

Über den finanziellen Erfolg einer strategischen Allianz entscheidet weniger die Tatsache, dass sie eingegangen wird, sondern vielmehr, wie sie ausgeführt wird. Es liegen zwar keine offiziellen Zahlen über die Erfolgsquote bestimmter Allianzen vor, doch Studien aus dem Jahr 2003 erbrachten eine Misserfolgsquote von 60 Prozent. Zum Glück hat sich hier einiges zum Besseren verändert. Experten schätzen die Erfolgsquote heute auf 80 Prozent, sofern sich die richtigen Partner zusammenschließen und alle Mitarbeiter am gleichen Strang ziehen.

Falls Ihre strategische Allianz in die Brüche geht, müssen Sie mit enttäuschten Erwartungen fertig werden. Falls sie sich aber als erfolgreich erweist, haben Sie einen loyalen Partner gefunden, mit dem Sie über viele Jahre hinweg erfolgreich zusammenarbeiten können.

Automatisiertes Marketing

Eine der vielen sensationellen Neuerungen des digitalen Zeitalters ist, dass man sich in manchen Fällen entspannt zurücklehnen kann, während die Technologie Schwerstarbeit leistet. Ich habe Mitch Meyerson, seines Zeichens Guru in Sachen Automatisierung, um eine Stellungnahme gebeten, was von der Einstellung, man müsse schließlich nicht alles selber machen, zu halten ist. Seine Antwort gebe ich hier in eigenen Worten wieder.

Jeder Guerilla weiß, dass es darum geht, mit minimalem finanziellem Aufwand maximale Aufmerksamkeit zu erregen. Noch nie gab es dafür einen besseren Zeitpunkt oder eine bessere Technologie als heute. Dank des Internets samt seinen unerschöpflichen Möglichkeiten hat jedes Unternehmen – ob groß oder klein – heute die Chance, mit nahezu gleichberechtigten Mitteln den Konkurrenzkampf anzutreten. Noch nie konnten Zeit, Energie, Fantasie und Wissen so spielend einfach ins Feld geführt werden, um Online-Transaktionen zu automatisieren und Gewinnspannen zu vergrößern.

Wie Sie inzwischen wissen, setzt der kontinuierliche Profit aus Online-Geschäften voraus, in drei Bereichen zu glänzen: im Aufbau und der Pflege einer Adressliste, in der Sie die Daten Ihrer Kunden sammeln, im Geschick, potenzielle Kunden zu zahlenden Kunden zu machen, die beständig Wiederholungskäufe tätigen, und in der Automatisierung Ihrer Prozesse mithilfe *sequenzieller Autoresponder und Online-Zahlungssystemen*, die Ihnen mehr Zeit für andere Aktivitäten verschaffen. Diese zwei Begriffe finden Sie in keinem meiner vorherigen *Guerilla Marketing*-Bücher.

Die elektronischen Einkaufswagen oder Warenkörbe, in denen Online-Einkäufer ihre Produkte ablegen, eröffnen dem Marketing innovative Möglichkeiten. Sobald der Kunde seinen Namen und seine E-Mail-Adresse eingibt, werden die Daten automatisch in Ihre Datenbank eingetragen. Automatische Antwortmailfunktionen, sogenannte Autoresponder, übernehmen die Daten und können darauf konfiguriert werden, Kunden automatisch Werbebotschaften, spezielle Produktinformationen, Newsletter, Mini-Produktschulungen oder Warenproben zu senden, was sich für Sie als wahre Goldgrube erweisen kann.

Legen Sie unterhalb des Registrierungsfeldes – dem *Opt-in* – oder an anderer sofort ersichtlicher Stelle Ihre Maßnahmen zum Schutz der personenbezogenen Daten und Finanzinformationen offen und informieren Sie die Kunden, wie Sie den Bezug Ihrer automatisch versendeten Mails jederzeit und problemlos abbestellen können. Das Registrierungsfeld sollte sich im oberen Bereich Ihrer Webseite befinden und deutlich als solches erkennbar sein. Internetsurfer zeichnen sich durch eine relativ kurze Aufmerksamkeitsspanne aus, weshalb die Zeit, in der Sie einen guten ersten Eindruck machen können, kostbar und im Nu wieder verstrichen ist.

Neueren Verbraucherstudien zufolge geben 48 Prozent der im Vertrieb Beschäftigten nach dem ersten erfolglosen Nachhaken bei einem Kunden auf, 25

Prozent werfen nach dem zweiten Misserfolg das Handtuch. Autoresponder sind das ideale Instrument, um konsequent bei Kunden nachzuhaken und Zielgruppen zu erreichen. Und das Beste daran ist, dass Sie sich nach der ersten Konfiguration nicht weiter darum kümmern müssen. Ihr automatisiertes E-Mail-Programm wird jahrelang fehlerfrei für Sie arbeiten.

Als Mittel zu mehr registrierten Webseitenbesuchern und als vertrauensbildende Maßnahme hat es sich auch bewährt, kostenlose Abonnements von Minikursen anzubieten. In diesen Minikursen werden informative Inhalte vermittelt, die den Abonnementen automatisch per E-Mail zugeschickt werden und nicht nur informieren, sondern auch dazu motivieren, wieder einmal Ihre Homepage zu besuchen, um sich Ihre neuesten Angebote anzusehen und bei Ihnen einzukaufen. Natürlich sollten Sie auf die Besucher vorbereitet sein, zum Beispiel, indem Sie ergänzende interessante Inhalte zu Audio-, Video- und Multimediaanwendungen oder andere geeignete Produkte und Dienste in Ihrer Angebotspalette bereithalten. Wenn Sie sich vorstellen, wie sich dieser Prozess entwickeln könnte, wird sicherlich klar, dass Sie mithilfe der Automatisierung hervorragende Beziehungen mit Ihren Kunden eingehen können.

Die Einrichtung eines Online-Zahlungssystems über PayPal oder ein anderes System Ihrer Wahl ist heutzutage ein Kinderspiel. Sobald Sie ein Konto eröffnet haben, müssen Sie nur noch einen Online-Einkaufswagen oder Warenkorb integrieren, und schon können Sie Ihre Produkte oder Dienstleistungen im Internet verkaufen. Den Einkaufswagen oder Warenkorb benötigen Sie, um die E-Mail-Adressen der Kunden zu erfassen, den Mailverkehr zu automatisieren, bei potenziell interessierten Käufern nachzufassen und Kunden rund um den Erdball zu jeder Zeit Einkäufe zu ermöglichen. Auf gmarketing.com finden Sie die besten Lösungen zu Warenkörben, Automatisierungstechniken und Zahlungssystemen, denn wir halten uns an das Motto: Lebe, was du lehrst!

Wer Routineaufgaben automatisiert, verschafft sich die Zeit, um sich auf Wachstumsstrategien zu konzentrieren. Statt *im* Geschäft zu arbeiten, können Sie ja auch *für* Ihr Geschäft arbeiten. Verschaffen Sie sich Zeit für die schönen Dinge des Lebens, ohne Mitarbeiter einstellen zu müssen oder ständig daran zu denken, dass Sie sich eigentlich ums Geldverdienen kümmern müssten. *Wenn Sie Ihre Geschäftsprozesse automatisieren, ist Ihre ständige Anwesenheit nicht zwingend erforderlich.* Im Allgemeinen können Sie Ihre Verkäufe und Bestellungen über jeden beliebigen Browser betrachten, auch wenn Sie gerade Urlaub machen.

Der Marktplatz Internet ist heiß umkämpft. Mit der richtigen Strategie sowie leistungsstarken und praktischen Systemen verschaffen Sie sich einen wertvollen Konkurrenzvorteil. Sie werden für Kunden attraktiver, ohne sie kosten- und zeitaufwändig umwerben zu müssen. Mit Automatisierungsdiensten und Automatisierungssoftware führen Sie die besten Waffentechnologien ins Feld, um Tag und Nacht Geld zu verdienen, egal, was Sie gerade machen. Guerillas können heutzutage sogar im Schlaf Geld verdienen.

Suchmaschinenoptimierung

Eine ausführliche Diskussion über Online-Marketing würde den Rahmen dieses kleinen Buchs sprengen. Ich will das Thema Suchmaschinen daher nur auf einige wenige Aspekte beschränken, von denen ich meine, dass Sie zumindest schon einmal davon gehört haben sollten.

Die meisten Internetsurfer interessieren sich nur für die ersten zehn oder 20 Webseiten, die in der Ergebnisliste der Suchmaschine aufgeführt sind. Die Firmen, die diese Webseiten betreiben, können sich vermutlich weder über die Anzahl der Online-Shopper noch über mangelnde Profite beklagen. Des Weiteren trifft es meist zu, dass sich Investitionen in gelungene Internet-Marketingkampagnen mehr bezahlt machen als Investitionen in traditionelle Kampagnen. *Je länger man es versäumt, die eigene Webseite unter den ersten Ergebnisanzeigen zu platzieren, umso schwieriger gestaltet es sich, da sich der Wettbewerb zunehmend verschärft*, warnen viele Experten.

Nehmen Sie sich viel Zeit für die wichtigsten Schlüsselbegriffe und den geeigneten Title-Tag, informieren Sie sich über Meta-Tags und ALT-Attribute, darüber, was Sie tun und lassen sollten und wie viel Geduld Sie aufbringen müssen. Stellen Sie möglichst viele Artikel und Beiträge ins Netz, um Ihr Suchmaschinen-Ranking zu optimieren. Je höher Sie sich platzieren, umso besser – und der Weg nach oben kostet nicht immer Geld. Die besten Adressen, um sich über Suchmaschinen und Optimierungsmöglichkeiten zu informieren, sind nach einhelliger Meinung aller Guerillas Google und Yahoo!, die das an sich unübersichtliche Terrain überschaubar machen. Unser gutes altes gmarketing.com rangiert bei Google in den USA an fünfter Stelle.

Eine kürzlich vom Georgia Institute of Technology durchgeführte Studie erbrachte, dass 87 Prozent aller Internetsurfer Suchmaschinen nutzen, um neue Webseiten zu finden. Täglich werden im Internet 100 Millionen Suchaktionen ausgeführt. Versäumen Sie es, Ihre Webseite für die zwölf beliebtesten Suchmaschinen zu optimieren, machen Sie sich womöglich für einige Ihrer besten Kunden unauffindbar.

Hinzu kommt, dass Kunden ihre Suche nach unterschiedlichen Kriterien starten, weshalb Sie über viele verschiedene Suchbegriffe zu finden sein müssen. Suchmaschinenoptimierung bedeutet für Sie, Ihre Webseite entsprechend vorzubereiten und sie in den Suchmaschinen eintragen zu lassen, um mit einem ausgezeichneten Ranking den Besucherverkehr zu maximieren.

80 bis 90 Prozent aller Internetsurfer sehen sich noch nicht einmal die zweite Seite der gesamten Suchergebnisse an. Um für möglichst viel Verkehr auf Ihrer Homepage zu sorgen, müssen Sie daher zuerst dafür sorgen, dass sie auf der ersten Ergebnisseite zu finden ist. Dies setzt voraus, dass Ihre Webseite bei den zwölf am häufigsten genutzten Suchmaschinen angemeldet ist, wobei sich die Hitliste dieser zwölf Favoriten hin und wieder neu zusammenstellt.

Eine nach allen Schikanen optimierte Webseite zieht extrem kaufmotivierte Benutzer an, die explizit nach Informationen oder nach sofort verfügbaren Angeboten suchen. Suchmaschinen bieten in der Regel eine zehn bis 100 Mal bessere Konversionsrate als Bannerwerbung. Im Vergleich zu anderen Werbeaktionen, die nur kurzfristig das Verkehrsaufkommen verdichten, kann die Suchmaschinenoptimierung zu einer über Monate oder Jahre erhöhten Besucherdichte führen.

Die Suchmaschinenoptimierung ist eine hervorragende und preisgünstige Maßnahme, Ihre Zielgruppe auf direktem Weg auf Ihre Webseite zu leiten. Zudem ergänzt sie weitere Marketingaktionen, indem zum Beispiel Kunden, die nur Ihre Printwerbung kennen, erfahren, dass Sie auch bequem im Internet zu erreichen sind. Die Suchmaschinenoptimierung ist ein recht dynamisches Betätigungsfeld, das Wissen über die Funktionsweise von Suchmaschinen sowie eine kontinuierliche Lernbereitschaft voraussetzt, um sich in den Ergebnislisten dauerhaft einen Platz in den ersten Reihen zu sichern.

Die wichtigsten Optimierungsfaktoren sind die Schlüsselbegriffe, unter denen Sie zu finden sein möchten. Diese müssen nicht nur positiv besetzte, emotional ansprechende und erfolgversprechende Begriffe sein, sondern auch diese Kriterien erfüllen:

- Zu den am häufigsten gesuchten Begriffen zählen
- Möglichst konkurrenzlos sein
- Kaufinteressierte, kaufbereite und zahlungsfähige Kunden in Ihren Online-Shop locken können

Wenn Ihnen bekannt ist, über welche Suchbegriffe normalerweise nach Ihren Angeboten gesucht wird, sind Sie schon fast am Ziel. Unterziehen Sie die Effizienz Ihrer Schlüsselbegriffe dem Praxistest, zum Beispiel mit dem Google

AdWords-Programm, das Sie auf der Google-Homepage unter »Unternehmensangebote« finden.

Der Aufwand, sich mit vielen Suchbegriffen ein hervorragendes Ranking zu sichern, lohnt sich auf alle Fälle und ist zudem eine wesentlich preisgünstigere Marketingmethode als Bannerwerbung. In den USA fallen im Durchschnitt zum Beispiel für jeden Besucher, der über Bannerwerbung auf die Webseite gelangt, Werbekosten in Höhe von 6 US-Dollar an, da die sogenannte Click-Through-Rate (CTR) bei 0,5 Prozent liegt, und die Kosten für 1 000 Bannereinblendungen 30 US-Dollar betragen. Im Vergleich dazu fallen bei der Suchmaschinenoptimierung pro Besucher im Idealfall nur Werbekosten von 1 US-Cent an – eine kaum erwähnenswerte Ausgabe. In viele Suchmaschinen können Sie sich sogar kostenlos eintragen lassen.

Eine ganz einfache Möglichkeit, in den wichtigen Suchmaschinen eingetragen zu werden, ist eine Verlinkung zu einer bereits gut platzierten anderen Webseite. Überprüft die Suchmaschine die Links auf der »Gastgeberseite«, wird Ihre Seite automatisch mit in die Suchergebnisse einbezogen.

Zusammengefasst noch einmal die wichtigsten Tipps zur Suchmaschinenoptimierung:

- Weisen Sie jeder Webseite einen eindeutigen Titel zu.
- Beschreiben Sie im Titel, welche Vorteile Ihre Produkte bieten und welche Bedürfnisse damit erfüllt werden.
- Verwenden Sie im Titel die passenden Schlüsselbegriffe.
- Besorgen Sie sich einen Domänennamen, in dem zumindest einer der Schlüsselbegriffe enthalten ist.
- Markieren Sie einige der im Seitentext vorkommenden Schlüsselbegriffe fett.
- Erwähnen Sie die wichtigsten Schlüsselbegriffe ganz oben und auch unten auf Ihrer Homepage.

Am besten geben Sie jetzt einfach einmal den Suchbegriff »Suchmaschinenoptimierung« in Ihrer bevorzugten Suchmaschine ein. Vermutlich werden Ihnen an die 100 Millionen Treffer angezeigt, doch vermutlich werden Sie sich nur die Ergebnisse der ersten, vielleicht gerade noch die der zweiten Seite ansehen. Und genau dasselbe passiert, wenn potenzielle Kunden nach Angeboten und Produkten wie den Ihren suchen. Weiter als bis zur zweiten Ergebnisseite kommt kaum jemand.

Landeseiten

Eine Webseite enthält ausführliche Informationen, die das Ziel haben, potenzielle Kunden zum Abschluss eines Geschäfts hinzuführen. Eine Landeseite macht den Geschäftsabschluss zu einer beschlossenen Sache. Stellen Sie für jede Sonderangebotsaktion und für jede Kampagne eine gelungene Landeseite ins Netz, kann sich dadurch Ihr Umsatz vervielfachen. Mit Werbung wecken Sie Interesse, und die Landeseite übernimmt anschließend dort, wo die Werbung ihre Schuldigkeit getan hat: Sie bringt den Kaufinteressenten an den Ort, wo er den Kauf tätigt.

Die vielen Stunden voller konzentrierter Arbeit, die Sie investieren müssen, um Ihre Landeseiten zu perfektionieren, sind angesichts der Erfolgsaussichten jeden Schweißtropfen wert. Mangelt es Ihnen an Vorstellungskraft, Ideen und Konzentration bei der Gestaltung Ihrer Landeseiten, schlägt sich dies extrem negativ auf Ihren Gesamtmarketingerfolg aus, vor allem, wenn Sie Direktmarketing betreiben. An der Zielsetzung einer Landeseite gibt es nichts zu rütteln: Sie muss Interessenten in zahlende Kunden verwandeln und es Ihren Marketingbemühungen ermöglichen, ihren Zweck zu erfüllen.

Obwohl es ja nun diesen neumodischen Begriff der Landeseite gibt, wissen Sie genauso gut wie ich, was damit gemeint ist. Nennen wir das Kind beim Namen: der Geschäftsabschluss. Trotz aller neuen, schillernden Aspekte, die das Marketing vor allem im Internet umgeben, bleibt das Grundprinzip immer dasselbe: sich Aufmerksamkeit verschaffen, die Präsentation abhalten, den Geschäftsabschluss besiegeln.

12 Infomedien-Marketing

Viele Marketingwaffen lassen sich beim besten Willen nicht in die üblichen Kategorien einordnen, sind aber dennoch äußerst effektive Werbeinstrumente, mit denen sich Ihre Profite ordentlich steigern lassen. Die Tatsache, dass sich diese Waffen einer einfachen Klassifizierung entziehen, hat leider dazu geführt, dass einige in keinem Marketingfachbuch auch nur erwähnt werden, weshalb so mancher Unternehmer noch nie von ihnen gehört hat.

Die hier vorgestellten Infomedien haben jedoch mehr gemeinsam als die Tatsache, dass sie bislang zu kurz gekommen sind. Sie alle dienen der Verbreitung von Informationen. Richtig und gezielt eingesetzt, verhelfen Ihnen diese Waffen zu Abschlüssen und klingelnden Kassen.

Grund genug, einige dieser Taktiken in Ihren Marketingplan aufzunehmen. Sie belasten Ihr Budget nicht allzu sehr und könnten sich schon bald als unverzichtbarer Teil Ihres langfristigen Marketingplans erweisen. Wie der Name vermuten lässt, dienen Infomedien ausschließlich der Informationsvermittlung. Obwohl dies auf fast alle Medien zutrifft, bieten Infomedien die Möglichkeit, Inhalte informativer, gezielter und mit besseren Ergebnissen zu verbreiten.

Kostenlose Beratung

Da Ihnen viel an guten und dauerhaften Kundenbeziehungen liegt, will ich Ihnen einen der besten Tipps zur Beziehungspflege verraten: Gratisberatungen. Eine kostenlose Beratung, die Sie per Post oder telefonisch, in Ihrer Werbung oder auf Ihrer Webseite anbieten, setzt Kunden nicht unter Druck und stellt für Sie keinen nennenswerten Aufwand dar. »Sind Sie an einer kostenlosen Produktpräsentation interessiert?« – »Nein, danke!« »Sind Sie an einer kostenlosen halbstündigen Beratung interessiert?« – »Oh, das klingt gut. Wann hätten Sie denn Zeit?«

Eine Gratisberatung bietet Ihnen vielfältige Chancen. Sie können Sie als eine Art Warenprobe betrachten, um Ihr Können unter Beweis zu stellen, als eine Art Seminar, bei dem Sie die Gelegenheit haben, eine persönliche Beziehung zu knüpfen, und als eine Art Präsentation, bei der Sie zeigen, inwiefern Sie Ihrem potenziellen Kunden weiterhelfen können. Das Angebot einer Gratisberatung ist einfach anzunehmen, und es gibt nur fünf Regeln, die Sie als Guerilla beachten müssen:

1. *Absolut tabu ist, eine Verkaufsveranstaltung daraus zu machen.* Sie haben eine kostenlose Beratung angeboten, und daran müssen Sie sich auch halten.
2. *Wenn Sie eine halbstündige Beratung angeboten haben, verabschieden Sie sich auch bitte nach einer halben Stunde.* Falls Ihr Kunde Sie um weitere Informationen bittet, können Sie die Beratung natürlich fortsetzen. Falls nicht, ist es Ehrensache, dass Sie das Gespräch beenden. Nutzen Sie Ihre Beratungsgespräche dazu, sich als professioneller, hilfsbereiter, zuverlässiger, engagierter und erfahrener potenzieller Geschäftspartner zu präsentieren, der gut zuhören kann.
3. *Beweisen Sie Ihrem Kunden während des Beratungsgesprächs, dass Sie ihm von großem Nutzen sein können.* Bemühen Sie sich aufrichtig, ihm weiterzuhelfen. Verteilen Sie großzügig gute Ratschläge – dazu sind Sie ja schließlich da.
4. *Stellen Sie Fragen, hören Sie gut zu und gehen Sie ausführlich auf die Antworten ein.* Sinn Ihrer Beratung ist nicht, Wissen zurückzuhalten, sondern Ihren Gesprächspartner kostenlos daran teilhaben zu lassen. Beraten Sie ihn gut, werden Sie reichlich dafür belohnt.
5. *Fassen Sie innerhalb von 48 Stunden nach.* Auch wenn Sie sehr beschäftigt sind, zum Beispiel mit weiteren kostenlosen Beratungen, sollten Sie sich bei dem Interessenten noch einmal für seine Zeit bedanken und die wichtigsten Punkte der Beratung kurz zusammenfassen. Bringen Sie sich in Erinnerung, sonst könnten sich Ihre kostenlosen Beratungen als Zeitverschwendung erweisen.

Ein Web-Designer kann beispielsweise Computer-Neulingen auf seinem Laptop vorführen, wie einfach es ist, eine Webseite zu erstellen. Wenn Sie während Ihrer Beratung etwas vorführen können, bekommen Sie massenhaft neue Kunden. Um so richtig in die Kunst des Guerilla-Consulting einzusteigen, lesen Sie den Amazon-Bestseller *Guerilla Marketing for Consultants* von Michael McLaughlin und – unschwer zu erraten – Jay C. Levinson.

Kostenlose Beratungen gehören zu meinen persönlichen Lieblingsmarketinginstrumenten, weil sie unglaublich effektiv sind und schnell zu Erfolgen führen. Genauso gut wie kostenlose Beratungen sind kostenlose Warenproben. Nach Ansicht von Procter & Gamble, das seinen Markt in den USA zu 97 Prozent durchdrungen hat, lassen sich mit kostenlosen Warenproben Kunden quasi kaufen. Gleich nach kostenlosen Beratungen und kostenlosen Proben kommen kostenlose Vorführungen und schließlich kostenlose Seminare. Was auch nicht vergessen werden darf sind kleine Geschenke. Der gemeinsame Nenner ist wohl nicht zu übersehen.

Die magische Formel »kostenlos«

Auch Broschüren und Kataloge, Newsletter und E-Zines dürfen Sie mit gutem Gewissen – und guten Erfolgsaussichten – kostenlos verteilen. Ich möchte Ihnen zwei Infomedien ans Herz legen, die besonders effektiv sind, und kann Ihnen nur dazu raten, eventuell vorhandene Unsicherheiten Ihrerseits schnellstmöglich zu überwinden, um so schnell wie möglich davon profitieren zu können. Das eine ist die Veröffentlichung von Artikeln in Ihrem Lokalblatt, was voraussetzt, dass Sie die Vorstellung nicht schreckt, man könnte sie vielleicht ablehnen. Das zweite ist, Vorträge bei lokalen Veranstaltungen zu halten, was Ihnen abverlangt, Lampenfieber, weiche Knie und Herzklopfen zu ignorieren.

Selbst wenn manche der Infomedien recht unspektakulär erscheinen, verfügen sie doch über das Potenzial, Ihnen auf Dauer ein ordentliches Einkommen zu sichern.

Wie Sie wissen, geben Guerillas gerne. Geben und Nehmen gehören zusammen und bilden ein einträgliches geschäftliches Wechselspiel. Falls sie es nicht sowieso schon immer gewusst haben, machen Guerillas sehr schnell die Erfahrung, dass ihnen umso mehr gegeben wird, je mehr sie selbst geben. Guerillas sind daher extrem großzügig und kreativ bei der Auswahl ihrer Gaben und sehen die Welt durch die Augen ihrer Kunden – was unerlässlich ist, um zu entscheiden, über welche Geschenke sich diese besonders freuen.

Als Geschenke eignen sich alle möglichen Kleinigkeiten für den Schreibtisch oder den Computer. Guerillas verschenken aber auch gerne Extraservice, Extraaufmerksamkeit und Extrawert. Und weil wir mitten im Informationszeitalter stecken, geben Guerillas bevorzugt Informationen heraus, die ihren Kunden helfen, ihre Ziele zu erreichen – wertvolle Informationen, die Kunden reicher und glücklicher machen.

Guerillas informieren auf vielerlei Arten und Weisen. Durch Vorträge bei lokalen Veranstaltungen, in kostenlosen Seminaren und an Volkshochschulen, im Zuge kostenloser Beratungen und Produktpräsentationen oder bei Online-Konferenzen. Weitere Möglichkeiten sind kostenlose Firmenführungen im eigenen Betrieb oder dem eines zufriedenen Kunden oder die Veröffentlichung von Artikeln in Publikationen, die von der Zielgruppe gelesen werden.

Viele Guerillas setzen auf moderne Technologien, um hilfreiche, lehrreiche und erbauliche Informationen noch großzügiger unters Volk zu bringen. Sie schreiben Artikel für das Internet und finden Webseiten-Betreiber, die sich darüber freuen, kostenlos wertvolle Informationen zu erhalten. Guerillas überzeugen natürlich auch auf ihren eigenen Webseiten mit informativen Inhalten, die immer wieder wissbegierige Interessenten anlocken.

Diese Sorte von Guerillakämpfern unterstützt Foren und Chat-Sitzungen und organisiert Konferenzen für potenzielle und bestehende Kunden. Auch informative CD-ROMs und DVDs zählen zu den großzügig und gerne verteilten Geschenken. Kluge Guerillas erforschen alle Möglichkeiten, die ihnen der Stand der Technik bietet, da ihnen bewusst ist, dass die Weitergabe von Wissen eine leistungsfähige Marketingwaffe darstellt.

Zu diesen Möglichkeiten zählen Newsletter und informative Broschüren ebenso wie selbst herausgegebene Bücher und Flugblätter, Kataloge und Kurznachrichten, tägliche oder wöchentliche E-Mail-Informationsschreiben, ja sogar Mauspads und Bildschirmschoner. Was könnte Ihren potenziellen Kunden gefallen? *Was Kunden wollen und brauchen – was sie ihren Zielen näher bringt –, sind oft Informationen, die vorhandene Wissenslücken schließen.* Und genau diese Informationen können Sie vermitteln. Einzig und alleine Sie? Wenn Sie Glück haben, ja!

Wie können Sie Ihr Wissen am besten weitergeben? Vielleicht laden Sie ja zu einem Treffen ein, in dem Sie die Herzen Ihrer potenziellen Kunden mithilfe der Technik erobern – mit einer Multimedia-Präsentation.

Bei einer Präsentation des Investment-Gurus Charles Schwab legte nach der Veranstaltung fast ein Drittel der Anwesenden Geld bei ihm an. Die Präsentation war so mitreißend und unterhaltsam gewesen, dass man darüber leicht vergessen konnte, dass man eigentlich an einer Verkaufsveranstaltung teilnahm. Es ist schon erstaunlich, wie packend sich nüchterne Inhalte durch musikalische Untermalung und aufregende Grafiken vermitteln lassen. Dem Computer sei Dank. Und das Gute daran ist: Sie müssen nicht Charles Schwab heißen, um eine ebenso mitreißende Präsentation abzuhalten.

Zweifellos haben Sie in Ihrer Unternehmensstrategie kalkuliert, was Sie einnehmen können. Zur Strategie eines Guerillas gehört zudem, was er hergeben kann. Und geben können Sie heutzutage sehr viel.

Kostenlose Seminare

Einer meiner Kunden bietet ganz hervorragende Computerkurse an, doch mit den üblichen Marketingmethoden gelang es ihm nicht, für ausreichend Teilnehmernachschub zu sorgen. Daher entschied er sich, kostenlose Kurse für Computer-Einsteiger ohne jegliche Vorkenntnisse anzubieten. Er schaltete eine entsprechende Anzeige, und zu dem ersten Kurs meldeten sich bereits über 500 Teilnehmer an.

Hätte er mit einem Verkaufsprofi zusammengearbeitet, hätte er vermutlich 50 Prozent der Teilnehmer als zahlende Kundschaft für die regulären Kurse gewinnen können. Da er auf diesen Ansturm jedoch nicht vorbereitet gewesen war, meldeten sich letztendlich nur rund 5 Prozent zu seinen Computerkursen an. Zu seinem nächsten kostenlosen Anfängerkurs wird er sicherlich besser vorbereitet erscheinen – am besten in Begleitung eines guten Verkäufers.

Viele Selbstständige, die sich ihren Lebensunterhalt mit Seminaren oder Kursen verdienen, bieten im Wirtschaftsteil der Tageszeitung kostenlose Seminare an. Im Fernsehen habe ich auch schon einmal eine Werbung für einen kostenlosen Schnelllese-Kurs gesehen, und ein Steuerberater wirbt im Radio für seine kostenlose Seminare, indem er in Talkshows zufriedene Teilnehmer zu Wort kommen lässt. Mit Weiterbildungsseminaren und speziellen Kursen lässt sich gut Geld verdienen, doch Zeitungsanzeigen allein reichen oft nicht aus, um genügend zahlende Kundschaft anzulocken. Guerillas bieten daher kostenlose Seminare an, da sich den Teilnehmern die regulären Kurse anschließend viel einfacher verkaufen lassen.

Ihnen als meinem Mit-Guerilla rate ich zur selben Taktik. Sofern sich Ihr Produkt oder Ihre Dienstleistung dazu eignet, empfehle ich Ihnen, in einer Zeitungsanzeige ein kostenloses Seminar anzukündigen, das sich mit einem für Ihre Branche wichtigen Thema beschäftigt. Organisieren Sie Ihr Seminar für möglichst viele Teilnehmer, denn jeder Einzelne ist ein potenzieller Neukunde. Wenn Sie ein überzeugendes Seminar halten, stehen die Chancen gut, Ihr Produkt oder Ihre Dienstleistung zu verkaufen.

Vielleicht ist *Seminar* etwas missverständlich, denn im Grunde sollten Sie einen Vortrag halten, in dem Sie Ihren Zuhörern wertvolle Informationen vermitteln, Ihr Fachwissen unter Beweis stellen und die Vorteile Ihres Angebots herausstellen. Planen Sie hierfür 45 Minuten ein und lockern Sie Ihren Vortrag, falls möglich, durch Bildmaterial auf. Eine Multimedia-Präsentation zu erstellen ist heutzutage wirklich kinderleicht. Die restlichen 15 Minuten widmen Sie dem Verkauf. Betrachten Sie diese Viertelstunde als Werbezeit, die Ihnen – oder einem Verkaufsprofi Ihrer Wahl – exklusiv für überzeugende Verkaufsargumente zur Verfügung steht. Nach einer Stunde ist Ihre Informationsveranstaltung beendet, und Sie können Aufträge entgegennehmen. Falls Sie nicht zufällig tatsächlich professioneller Kursanbieter sind, geht es im Anschluss an die Veranstaltung natürlich nicht darum, Teilnehmer für Ihre kostenpflichtigen Seminare zu gewinnen, sondern darum, ihnen die Möglichkeit zu geben, Ihr Produkt zu erwerben oder Ihre Dienste in Anspruch zu nehmen. Und das werden sie, weil Ihr mitreißender und informativer Vortrag in den Teilnehmern den Wunsch geweckt hat, zu kaufen, was Sie zu bieten haben.

Fraglos ist persönliche Werbung besser als Radio- oder Fernsehwerbung, und natürlich sind 15 Minuten Werbung wirkungsvoller als 30 Sekunden. Kein Wunder also, dass sich Seminare und Vorführungen als Marketinginstrumente zunehmender Beliebtheit erfreuen.

Ein Vortrag, eine Beratung oder Präsentation ähnelt einer Warenprobe, da sich Interessenten persönlich ein Bild davon machen können, was Sie anzubieten haben. Verkaufen Sie ein Produkt, können Kaufinteressenten es anfassen, was immer gut ist, und sie können Fragen stellen, egal, was Sie verkaufen wollen. Kaum eine der herkömmlichen Marketingmethoden kann Interessenten vergleichbar gut und unmittelbar informieren. Ebenso, wie die Warenprobe eines guten Produkts zum Kauf animiert, animiert eine Kostprobe Ihres Könnens in Form eines Vortrags oder einer Beratung dazu, mit Ihnen Geschäfte zu tätigen.

Bevor ich dieses Thema weiter ausführe, muss ich Sie allerdings darauf hinweisen, dass kostenlose Seminare, Beratungen oder Präsentationen als Marketingwaffen ihr Ziel verfehlen, wenn nicht zwei andere Faktoren berücksichtigt werden. Erstens, Ihre kostenlose Informationsveranstaltung muss so beworben werden, dass möglichst viele potenzielle Kunden daran teilnehmen. Werben Sie in der Zeitung, im Radio, im Fernsehen. Nutzen Sie Direktmailing und Telemarketing. Verteilen Sie Flugblätter. Nehmen Sie alle kostenlosen Werbemittel in Anspruch, die Ihnen zur Verfügung stehen. Weisen Sie darauf hin, um welches konkrete Thema sich Ihre Veranstaltung dreht, um möglichst viele Menschen anzusprechen, die nicht nur halbherzig, sondern ernsthaft interessiert sind.

Zweitens, stellen Sie sicher, dass Ihr Produkt oder Service nach der Veranstaltung an den Mann oder die Frau gebracht wird – von Ihnen oder einem Verkaufsprofi. Mein Kunde war ein brillanter Redner, der jedes Publikum fesseln konnte. Es machte wirklich Spaß, ihm zuzuhören und zuzusehen, doch als Verkäufer war er eine echte Niete. Er hatte keine Ahnung, wie man ein Geschäft zum Abschluss bringt. Es mangelte ihm an Kampfgeist und Hartnäckigkeit, und er war einfach nicht der Typ, der die Begeisterung seiner Zuhörer gewinnbringend für sich nutzen konnte. Daher wurden ja auch leider nur 5 statt der möglichen 50 Prozent der Teilnehmer zu Kunden.

Wenn es sich einrichten lässt, sollten Sie Ihr Produkt oder Ihre Dienstleistung während des Seminars unbedingt vorführen. Ihre Veranstaltung kostet die Teilnehmer zwar kein *Geld*, doch immerhin mindestens eine Stunde ihrer *Zeit*. Und jeder erwartet sich etwas, je nachdem, wie Sie für Ihre Veranstaltung geworben haben. Sie müssen den Teilnehmern daher etwas von Wert bieten und ihre Erwartungen erfüllen oder sogar übertreffen. Stellen Sie sich vor, Ihr Publikum hätte für die Veranstaltung gezahlt, und verhalten Sie sich entsprechend. Auch wer nichts kauft, darf anschließend nicht das Gefühl haben, er hätte seine Zeit vergeudet. Vielleicht kauft er ja zu einem späteren Zeitpunkt bei Ihnen ein.

Wo sollten Sie Ihr Seminar abhalten? Am besten in Ihren Geschäftsräumen, falls möglich. Mieten Sie die erforderlichen Stühle. Dreht sich Ihr Vortrag um Gartentipps und Pflanzenpflege, bietet sich eine Veranstaltung unter freiem Himmel an. Wenn Sie Sportgeräte vorführen und verkaufen wollen, wäre ein Fitnessstudio gut geeignet. Vielleicht können Sie auch die Räumlichkeiten eines Fusion-Marketing-Partners nutzen, mit dem Sie sich zusammengeschlossen haben, um mit vereinten Kräften und Ressourcen zu werben. (Ausführliche Informationen über strategische Allianzen können Sie in *Guerilla Marketing Excellence* nachlesen.) Die meisten Seminare werden in Hotels abgehalten, da dort sowohl die Räumlichkeiten als auch die technische Ausrüstung zur Verfügung stehen. Wenn Sie eigene Geschäftsräume haben, sollten Sie Ihr kostenloses Seminar dort abhalten, denn Ihre Interessenten erfahren auf diese Weise auch gleich, wo Sie sind und was Sie verkaufen. So wäre zum Beispiel der beste Veranstaltungsort eines »Schöner-wohnen«-Seminars logischerweise das Möbelhaus des Veranstalters.

Jeder weiß nützliche Informationen zu schätzen. Umso mehr, wenn sie kostenlos sind. Wenn Sie ein Seminar oder einen Workshop abhalten, einen Vortrag halten, ein Produkt oder eine Dienstleistung vorführen oder einen Interessenten beraten, stellen Sie Ihr Fachwissen unter Beweis. Sie etablieren sich als Autorität und gewinnen an Glaubwürdigkeit. Und Teilnehmer, die nicht sofort zu neuen Kunden werden, kommen ja vielleicht zu einem späteren Zeitpunkt auf Sie zurück.

Um den Verkaufserfolg im Anschluss an eine Informationsveranstaltung zu maximieren, greifen manche Unternehmen auf die erfolgreiche, aber auch aggressive Taktik zurück, auf dem Weg zum Ausgang drei »Verkaufspunkte« einzurichten. Am Ende des kostenlosen Seminars teilt der Vortragende den Anwesenden mit, dass sie sich an einem Stand oder bei bestimmten Mitarbeitern für das kostenpflichtige Seminar anmelden können. In der Regel sind vier Mitarbeiter als Ansprechpartner anwesend. Die Teilnehmer, die kein unmittelbares Kaufinteresse erkennen lassen, müssen auf dem Weg zum Ausgang zwangsläufig drei Verkaufspunkte passieren. An jedem wird mit einem Verkaufsargument geworben, das umso überzeugender und eindringlicher formuliert ist, je näher sich der Verkaufspunkt am Ausgang befindet. Das Ergebnis dieser Taktik ist, dass sich die Teilnehmer, die sich im Vortragsraum nicht zu einem Kauf entscheiden, am ersten, zweiten und dritten Verkaufspunkt meist doch noch überzeugen lassen. Normalerweise gelingt es nur wenigen, sich der eindringlichen Argumentation zu widersetzen und das Gebäude zu verlassen, ohne die Geldbörse gezückt zu haben. Mir persönlich ist diese Taktik ehrlich gesagt zu aufdringlich.

Kostenlose Seminare können sich auch ohne diese drei Verkaufspunkte als Goldgrube erweisen, und Sie sollten sie als Marketingwaffe ins Feld führen, wenn möglich. Natürlich gibt nicht jede geschäftliche Tätigkeit ein geeignetes Thema her, zu dem ein Seminar abgehalten werden kann. Wenn Sie Fensterputzen, Autowaschen oder Print-on-Demand anbieten, eignen sich Seminare vielleicht nicht, doch wenn Sie als Steuerberater, Dozent oder Möbelhändler tätig sind, schon.

Denken Sie einmal über Ihre Geschäftstätigkeit nach. Über welche fachbezogenen Themen ließe sich eine Dreiviertelstunde referieren? Welche Themen beziehen sich direkt auf Ihr Angebot? Haben Sie das Zeug, die Aufmerksamkeit Ihrer Zuhörer 45 Minuten lang zu fesseln? Wenn nicht, wem übertragen Sie diese Aufgabe? Haben Sie das Talent, nach Ihrem Vortrag in die Rolle eines Verkaufsprofis zu schlüpfen? Wenn nicht, wer übernimmt den Verkauf? Was wollen Sie bei dem Seminar verkaufen? Produkte? Dienstleistungen? Bücher? Kurse? Ein kostenpflichtiges Seminar? Produkte oder Dienstleistungen eines Fusion-Marketing-Partners?

Falls sich Ihre Geschäftstätigkeit dafür eignet, bieten Sie ein kostenloses Seminar als eine Art Warenprobe an, um für Ihr Geschäft die Werbetrommel zu rühren. Das kann nicht nur viel Spaß machen, sondern auch ziemlich lukrativ sein, und das bei deutlich niedrigeren Werbekosten pro Verkauf als bei traditioneller Print- und Hörfunk-Werbung. Kostenlose Seminare bieten sofortige und langfristige Vorteile. So können Sie zum Beispiel in Zukunft damit werben, Vorträge über Ihr Fachgebiet abzuhalten. Kostenlose Seminare sind noch immer eine sehr innovative Marketingmethode. Müssen geeignete Räumlichkeiten gemietet werden, kostet das in den USA zwischen 50 und 500 US-Dollar, zuzüglich der Ausgaben für die Bewirtung der Gäste. Kaffee, Tee und sonstige Getränke sollten auf jeden Fall angeboten werden, wenn das Seminar länger als eine Stunde dauert. Findet das Seminar am Morgen statt, macht es sich gut, frisches Gebäck anzubieten. Ja, auch das ist eine Waffe im Arsenal des Guerilla Marketings! Guerillas wissen, dass es oft die Kleinigkeiten sind, die große Wirkung zeigen.

Zu den Kosten für den Raum und die Bewirtung addieren Sie die Kosten für die geschalteten Anzeigen und etwaige ausgehändigte Unterlagen. Teilen Sie den Bestellwert oder die Bareinnahmen nach Ihrem Seminar durch die Summe der Ausgaben, um die Kosten pro Verkauf zu berechnen. Hat sich Ihr Seminar gelohnt, behalten Sie diese Marketingmethode bei. Bei einer lukrativen Investition müssen die Kosten pro Verkauf noch nicht einmal besonders niedrig sein. Angenommen, Sie verkaufen zehn Kunden ein Produkt für 1 000 US-Dollar, das Sie 100 US-Dollar gekostet hat, und Ihre Fixkosten summieren sich zu weiteren 1 000 US-Dollar. Dann haben Sie 10 000 US-Dollar verdient und 2 000 US-Dollar ausgegeben, was pro Verkauf Kosten von 80 US-Dollar ergibt. Auf den ersten Blick sind das beträchtliche Kosten, doch angesichts eines Gewinns von 900 US-Dollar pro Produkt sind 80 Dollar ziemlich wenig. Kein Wunder also, dass heutzutage so viele kostenlose Seminare angeboten werden. Zudem haben Sie die Gelegenheit, mit potenziellen Kunden zu sprechen, die ihr ernsthaftes Interesse dadurch bekunden, dass sie sich die Zeit nehmen, Ihren Vortrag zu besuchen.

Kostenlose Vorführungen

Produkte können nicht nur auf Seminaren, sondern auch zu Hause, auf Partys, in Läden, auf Messen, in Parks, an Stränden, kurz gesagt fast überall vorgeführt werden. Eine kleine Menschenmenge hat magnetische Anziehungskraft, und wo etwas kostenlos vorgeführt wird, versammeln sich immer einige Leute. Nach einer Produktvorführung, die höchstens fünf Minuten dauern sollte, wird das Produkt sofort verkauft oder kann bestellt werden. Da derjenige, der ein Seminar abhält oder Produkt vorführt, in der Regel sowieso alle Hände voll zu tun hat, empfiehlt es sich, dass sich andere um den Verkauf kümmern und Kreditkarten, Schecks und Bargeld annehmen. Treffen Sie daher die entsprechenden Vorbereitungen.

Es ist nicht unbedingt erforderlich, für eine kostenlose Produktvorführung zu werben wie für ein Seminar. Hängen Sie an strategisch günstigen Stellen einfach einige auffällige Reklameschilder auf und führen Sie Ihr Produkt an einem stark frequentierten Platz vor. Es spricht natürlich nichts dagegen, für Ihre Vorführung zu werben und Flugblätter zu verteilen, notwendig ist es aber nicht. Zwingend notwendig dagegen ist es, einen gelungenen öffentlichen Auftritt bieten zu können und über Verkaufsgeschick zu verfügen.

Können Sie sich und Ihr Angebot gut in Szene setzen? Beantworten Sie sich diese Frage ehrlich. Wenn ja, versuchen Sie es. Eine so glänzende Gelegenheit, Geld zu verdienen, bietet sich nur selten.

Werbepartys

Werbepartys sind ganz groß im Kommen und funktionieren so: Der Gastgeber lädt Freunde und Bekannte zu einer Werbeparty ein, bei der er die Produkte eines anderen Anbieters verkauft – ganz im Stil der allseits bekannten und höchst erfolgreichen Tupperware-Partys, die es schon seit Jahrzehnten gibt. Besonders beliebt ist diese Art von Marketing übrigens auch bei Kunstgalerien.

Bei Kaffee und Kuchen oder kleinen Snacks wirbt der Gastgeber geschickt und überzeugend für die zu verkaufenden Artikel. Er nennt Beispiele, hält einen kurzen Vortrag, verteilt Warenproben und führt das Produkt vor. Beleuchtung und Musik sind speziell auf die Werbeparty abgestimmt. Er sprüht vor Begeisterung und ist offensichtlich von seinem Angebot überzeugt. Das wirkt ansteckend auf die Gäste und weckt immer größeres Interesse. Und die Preise erst! Unschlagbar günstig. Wenn das nicht in einem Kaufrausch endet! 15 Produkte zum Einkaufspreis von je 25 US-Dollar werden für jeweils 100 US-Dollar verkauft.

75 US-Dollar Gewinn pro Produkt sind nicht schlecht und ein Grund, stolz auf sich zu sein. Der Verdienst eines Abends beläuft sich auf 1 125 US-Dollar, abzüglich 50 US-Dollar für Getränke – unterm Strich bleiben also 1 075 US-Dollar übrig. Und das ist erst der Anfang. Vielleicht haben die Freunde nun auch Lust bekommen, Werbepartys zu veranstalten, was einen Schneeballeffekt auslösen könnte. Vielleicht werden die Werbepartys schon bald in mehreren Städten veranstaltet, und der Urheber der Partys erhält natürlich den Löwenanteil der Gewinne, die die von ihm angeworbenen Gastgeber bei ihren Werbepartys einnehmen. Unser Partylöwe verdient viel Geld. Die Freunde und

Bekannten verdienen viel Geld. Seinen Lieferanten geht es gut – dank ihm. Er ist überglücklich, dass er Werbepartys für sich entdeckt hat.

Können auch Sie Werbepartys veranstalten? Folgende Produkte werden bereits erfolgreich bei Werbepartys verkauft: Sportgeräte, Kunst, Küchengeräte, Mode, Vitaminpräparate, Erotikprodukte, Kosmetik, Computer, Schmuck und Dessous. Und diese Aufzählung ist sicherlich nicht vollständig.

Werbepartys sind ideal für Vorführungen, und die Gäste sind bereits darauf *eingestellt*, etwas zu kaufen. Das sind optimale Verkaufsbedingungen für jeden Guerilla. Von all den Gelegenheiten, die sich für kostenlose Seminare oder Produktvorführungen anbieten, rangieren Werbepartys ganz oben in der Beliebtheitsskala.

Der größte Nachteil bei kostenlosen Seminaren, Beratungen und Vorführungen (mit Ausnahme von Werbepartys) besteht darin, dass Sie ständig unterwegs sind. Sie können Ihre Veranstaltungen ja nicht ewig nur in demselben Einzugsbereich abhalten. Irgendwann wird die Zeit reif sein, Ihr Stammrevier zu verlassen, um neue Interessenten zu gewinnen. Vielleicht erweitern Sie Ihren Marketingplan einfach um ein bis zwei kostenlose Veranstaltungen pro Jahr. Ein echter Guerilla findet immer einen Weg, diese Marketingwaffe einzusetzen.

Newsletter

Können Sie sich eine halbe Stunde Zeit nehmen? Länger dauert es nämlich nicht, einen Newsletter zu gestalten, der Ihnen alle Ehre macht. Mit kinderleicht zu bedienender Software, die eine Vielzahl von Vorlagen zur Auswahl anbietet, ist es überflüssig, sich über die Gestaltung den Kopf zu zerbrechen. Seitenlayout, Grafiken, Format, Impressum und Schriftart werden einfach per Mausklick ausgewählt. Sie werden staunen, wie kreativ Sie sein können. Noch mehr werden Sie staunen, wie lukrativ es ist, über diese Art von Marketingwaffe zu verfügen, und wie viel Geld Sie sparen, wenn Sie sich diese Waffe selbst erstellen. Glauben Sie mir, es *ist* ein Kinderspiel.

Jeder weiß, dass die meisten Infobriefe – sogenannte *Newsletter* – heutzutage digital versendet werden. Was aber noch nicht jeder weiß, ist: Kaum jemand hat Zeit, lange Newsletter zu lesen. Daher geht der Trend hin zu einseitigen Newslettern, eine Idee von Roger C. Parker, die er auf der Webseite onepagenewsletters.com vorstellt.

Wie für Newsletter im Allgemeinen gilt auch für eine solche Kurzinfo, sie mindestens einmal im Monat zu verschicken. Auf keinen Fall seltener als alle zwei Monate, wenn Sie eine treue Leserschaft haben wollen. Und wie bei längeren Newslettern gilt auch für die Kurzinfo die 75:25 Regel: zu 75 Prozent informieren, zu 25 Prozent werben. Dank der vielen frei im Internet verfügbaren Inhalte dürfte es nicht schwierig sein, einen Newsletter zu verfassen, ob er nun aus einer Seite besteht oder mehrere umfasst.

Publishing-on-Demand

Als Autor hat man es heute deutlich leichter als früher, da man sich durch einfache und schnelle Technologien viele Stressfaktoren ersparen kann. Zugegeben, ein Buch muss man nach wie vor erst einmal schreiben – was kein Zuckerschlecken ist. Doch ist es erst einmal fertig, lassen sich die aufreibenden Verhandlungen mit Agenten, Verlagen, Lektoren, Buchhandlungen und Kritikern ganz einfach vermeiden.

Heutzutage schicken Sie Ihr Buch einfach an einen der vielen Publishing-on-Demand-Anbieter, die Ihre hilfreiche Suchmaschine für Sie findet. Betrachten Sie das Schreiben eines Buches als eine Investition von Zeit, Energie, Fantasie und Wissen in ein Werk, das Ihnen viele Türen öffnet und Ihre Glaubwürdigkeit stärkt. Und vermutlich werden Ihnen die offenen Türen und die gewonnene Glaubwürdigkeit mehr einbringen als jedes Buch.

Nehmen wir an, Sie haben ein Buch geschrieben, das Sie zum Beispiel für 39,95 US-Dollar über Publishing-on-Demand verkaufen wollen. In den USA gibt es Anbieter, die für ungefähr 10 US-Dollar pro Buch das Layout, den Druck und Versand Ihres Buchs übernehmen. Sie müssen zwar eine einmalige Vorauszahlung von einigen 100 US-Dollar leisten, doch letztendlich bringt Ihnen jedes verkaufte Buch einen Gewinn von 29,95 US-Dollar ein – das ist mehr, als meine US-amerikanischen Leser für das Buch, das Sie gerade lesen, gezahlt haben.

Die Besonderheit dieses Publikationsverfahren, liegt darin, dass ein Buch erst dann gedruckt wird, wenn eine Bestellung eingegangen ist. Theoretisch eignet sich zwar jedes Druckverfahren für Publishing-on-Demand, doch da sich der Digitaldruck als Standard durchgesetzt hat, wird unter beiden Bezeichnungen meist dasselbe verstanden.

Publishing-on-Demand, Print-on-Demand und Book-on-Demand beschreiben alle dasselbe Publikationsverfahren, das ich im Folgenden kurz als PoD bezeichne. Mit PoD können Bücher unabhängig von der Auflagenzahl zu fixen Stückkosten herausgegeben werden. Die Digitaldrucktechnik ist ideal dafür geeignet, um Bücher oder Plakate auf Anfrage in Kleinstauflagen zu produzieren. Auch wenn der Stückpreis pro Exemplar höher ist als beim klassischen Offsetdruck, bietet das digitale PoD-Verfahren gerade bei Kleinstauflagen vergleichsweise niedrigere Stückkosten, da die für den Offsetdruck erforderlichen Arbeitsschritte entfallen.

Trotz der höheren Stückkosten sind die Vorteile von PoD nicht von der Hand zu weisen. Die Notwendigkeit, Bücher oder andere Drucksachen in ausreichenden Mengen auf Lager zu haben, entfällt. Der Druck erfolgt schneller und kostengünstiger als bei den aufwändigeren herkömmlichen Druckverfahren, und Ladenhüter sind passé. Diese Vorteile verringern nicht nur die Risiken für die Verlage, sondern vergrößern vielleicht bald die Auswahl an Lesestoff für die Verbraucher. Die meisten PoD-Anbieter verlangen zwar eine Vorauszahlung, um die Kosten für Lektorat, Layout und die Erstellung der digitalen Vorlage zu decken, doch ein Offsetdruck würde Sie mit Sicherheit deutlich teurer zu stehen kommen.

Bei PoD streichen Sie pro Exemplar den Gewinn ein, wobei die Höhe vom Vertriebsweg abhängt. Am vorteilhaftesten für den Autor ist in der Regel der Direktverkauf über die Webseite des PoD-Dienstleisters. Gut verdienen kann der Autor auch, wenn er seine Bücher, die er dem Verlag zu einem Sonderpreis abkauft, selbst verkauft, und beim Vertrieb über Buchhandlungen sind mit Online-Shops etwas bessere Margen zu realisieren als mit traditionellen Buchläden.

Für Autoren, denen die langwierigen Verhandlungen mit traditionellen Verlagshäusern zu umständlich sind, deren Manuskripte vielleicht schon wiederholt abgelehnt wurden oder die für den privaten Gebrauch die Familienmemoiren oder ein Kochbuch herausgeben möchten, ist ein attraktiv gestaltetes PoD-Buch eine gute Lösung, die preisgünstiger ist als der Selbstverlag. Zudem bietet PoD viele Vorzüge wie die garantierte Veröffentlichung und keine inhaltliche Einmischung seitens des Verlags. Und weil die Bücher nur auf Bestellung produziert werden, werden Sie auch ganz bestimmt nicht auf Kisten voller unverkaufter Exemplare sitzen bleiben.

Für Jungautoren, die das Schreiben zu ihrem Beruf machen möchten, ist PoD keine gute Wahl, da es gemeinhin mit dem sogenannten *Vanity Publishing* gleichgesetzt wird, und im Selbstverlag veröffentlichte Bücher genießen meist kein hohes Ansehen. Als Sprungbrett zum Ruhm ist PoD daher eher ungeeignet. 2004 berichtete die *New York Times*, dass nur 20 von den ungefähr 10 000 Titeln, die seit der Gründung von Xlibris produziert worden sind, von kommerziellen Verlagen veröffentlicht wurden.

Auch wenn einzelnen Autoren tatsächlich der große Durchbruch gelang, verkauft sich ein PoD-Buch im Durchschnitt nur 150 bis 175 Mal, in erster Linie an den Autoren und dessen Freunde und Verwandte sowie an den einen oder anderen ortsansässigen Buchhändler, der dazu überredet werden kann, einige Exemplare zu ordern. Wie der Chef von iUniverse im oben erwähntem *New York Times*-Artikel angab, werden 40 Prozent der von iUniverse herausgegebenen Bücher von den jeweiligen Autoren gekauft.

Der Buchhandel verträgt sich mit PoD nicht besonders gut. Um sich mit dem Verkauf von Büchern den Lebensunterhalt verdienen zu können, ist noch immer ein echtes Ladengeschäft mit Büchern zum Anfassen und Schmökern erforderlich. Den Todesstoß hat das Internet dem traditionellen Buchhandel trotz aller anfänglichen Aufregung nicht versetzt, bedenkt man, dass nicht einmal 10 Prozent aller Bücher online gekauft werden. Die meisten Menschen gehen noch immer am liebsten in die Buchhandlung, um sich mit Lesestoff zu versorgen. Aber: Schon mancher Autor hat gutes Geld verdient, indem er seine Bücher bei Amazon anbot und sowohl seine als auch die Kunden seiner Fusion-Marketing-Partner darauf aufmerksam machte. Mit kooperativen Partnern, die über umfangreiche Adresslisten verfügen, kann sich ein Buch auf den Bestsellerlisten von Amazon platzieren, was höchst erfreuliche und einträgliche Langzeiteffekte hat.

Autoren, die bereit sind, die ortsansässigen Buchläden persönlich abzuklappern, können die Besitzer oft dazu überreden, ihr Buch auf Lager zu nehmen. Meist lautet der Deal dabei allerdings, dass die Bücher entweder nur auf Kommission verkauft werden oder der Autor nicht verkaufte Exemplare wieder zurücknehmen muss.

Trotz der erstaunlichen Erfolge einiger PoD-Bücher sind die Lobeshymnen über das Publikationsverfahren mit Vorsicht zu genießen. Von vielen PoD-Verlagen wird es als revolutionäres Modell angepriesen, das Autoren unglaubliche Chancen eröffnet. PoD soll althergebrachte *Denkmuster aufbrechen* und den *Demokratisierungsprozess* einläuten. Aber eigentlich ist doch alles beim Alten geblieben. Wer etwas veröffentlichen will, muss oftmals dafür bezahlen, und die unglaublichen Chancen eröffnen sich den Verlagen, die damit Geld verdienen.

Das Beste am PoD-Verfahren ist, dass es keinerlei Risiko mit sich bringt. Anstatt mehrere Tausend Exemplare drucken zu müssen (wie mein Verleger), drucken Sie jedes Buch nur, wenn es bestellt wurde. Wenn Sie gerne schreiben und sich dadurch bessere Chancen für Ihre Geschäftstätigkeit versprechen, geben Sie PoD eine Chance. Vielleicht stehen ja auch Sie eines schönen Tages auf der Bestsellerliste.

E-Zines

Ein E-Zine ist – wie das große »E« vermuten lässt – ein Magazin in elektronischer Form. Wie ein E-Book enthält es jede Menge wichtige Informationen, und wie ein Newsletter wird es regelmäßig einmal in der Woche oder einmal im Monat an diejenigen gesendet, die es bestellt haben. Über E-Zines gäbe es ziemlich viel zu schreiben, allerdings befürchte ich, dass Sie das meiste schon wissen. Daher mache ich es mir nun einfach und bitte Sie, den Suchbegriff »E-Zine« in Google einzugeben, dann können Sie selbst einschätzen, was Sie schon wissen und was nicht. Angesichts der Millionen von Treffern nehme ich an, Sie sind schon relativ gut informiert. Doch etwas dazulernen kann man ja immer. Zum Beispiel, dass sich ein E-Zine prima dafür eignet, Besucher auf Ihre Webseite zu locken und Ihr Suchmaschinen-Ranking zu verbessern. Außerdem ist ein E-Zine ein hervorragendes Instrument, um bei Ihren Kunden und Interessenten geschickt nachzuhaken – obwohl Instrument vielleicht eine zu sterile Bezeichnung für ein so persönliches Kommunikationsmedium ist.

Ein E-Zine ist nicht nur ein digitales Magazin, sondern kann dazu genutzt werden, Ihre Adressliste zu erweitern. So könnten Sie einen längeren Artikel schreiben, dessen ersten Teil Sie den Herausgebern anderer E-Zines zur Verfügung stellen. Weisen Sie am Ende des ersten Teils darauf hin, dass die Fortsetzung auf Ihrer Webseite zu finden ist. Sie werden staunen, wie viele neue Besucher plötzlich den Weg auf Ihre Seite finden.

Kolumne

Wenn Sie gerne schreiben, sich eine Extraportion an Glaubwürdigkeit verschaffen und extrem effektiv und kostenlos für sich werben möchten, fragen Sie bei einer Zeitung nach, ob man an einer Kolumne interessiert ist, für die Sie die Beiträge schreiben. Teilen Sie dem Chefredakteur mit, dass Sie kein Honorar verlangen, aber namentlich – am besten mit Telefonnummer und Homepageadresse – erwähnt werden möchte. Da Chefredakteure auch nur Menschen sind und kostenlosen Angeboten nur schwer widerstehen können, werden Sie es sicher nicht sehr schwer haben, einen zu finden, der Ihr Angebot mit Freuden annimmt.

Bringen Sie in Ihrer Kolumne wertvolle Informationen unters Volk. Es versteht sich wohl von selbst, dass jegliche Art von Eigenwerbung absolut tabu ist. Der Chefredakteur will eine Kolumne mit journalistischen Meinungsbeiträgen, nicht mit Werbung. Dafür werden Sie sich als Autorität in Ihrem Fachgebiet etablieren. Da jeder weiß, dass Kolumnen von Experten geschrieben werden, müssen Sie einer sein – denn Sie schreiben eine Kolumne.

Stellen Sie Ihre Kolumnen ins Internet und fügen Sie sie in Ihre Marketingunterlagen ein. Die Tatsache, dass Sie eine Kolumne schreiben, verleiht Ihren Worten und Taten generell mehr Glaubwürdigkeit.

Sammeln Sie Ihre Kolumnen und stellen Sie daraus eine Broschüre zusammen, die Sie kostenlos an Interessenten verteilen. Als Kolumnist gelten Sie gleichzeitig als renommierter Experte, was Ihnen spürbar zugute kommen wird. Je informativer und fundierter Ihre Kolumnenbeiträge sind, umso mehr wird Ihr Geschäft davon profitieren.

Das Angebot, eine regelmäßige Kolumne zu schreiben, setzt natürlich voraus, dass Sie gerne und vor allem gut schreiben und der Versuchung widerstehen können, in der Kolumne für sich zu werben.

Weisen Sie in Ihren Werbeaktionen darauf hin, dass Sie für Ihre Zeitung eine Kolumne schreiben, denn dadurch gewinnen Ihre Marketingaussagen enorm an Glaubwürdigkeit. Überlegen Sie sich, ob Ihre Kolumne wöchentlich, monatlich oder vierteljährlich erscheinen soll. Sie könnten auch vorsichtig nachfragen, ob Sie nach Ihrer Kolumne in einigen Zeilen für sich Werbung machen dürfen. In der Kolumne selbst hat Werbung auf keinen Fall etwas verloren.

Von einer solchen Vereinbarung profitiert jeder Beteiligte. Die Zeitung, die Leser und Sie. Und das Beste: Es kostet Sie nichts.

Artikel

Sie haben keine Zeit für eine regelmäßige Kolumne? Kein Problem. Schreiben Sie einen Artikel. Ein einmaliger Artikel wird Ihnen auf Jahre hinaus nützlich sein. Die Vorgehensweise bleibt mehr oder weniger dieselbe, doch die Verpflichtung, regelmäßige Beiträge zu schreiben, entfällt.

Sagen Sie dem zuständigen Chefredakteur, dass Sie kein Honorar verlangen und nicht einmal im Traum daran denken, mithilfe Ihres Artikels etwas zu verkaufen. Bitten Sie nur darum, mit Namen, Telefonnummer und Homepageadresse genannt zu werden. Erscheint Ihr Artikel, lassen Sie sich Sonderdrucke in einer Auflage von 10 000 Stück anfertigen. Nein, machen Sie 20 000 daraus. Verwenden Sie sie überall – in E-Mails, auf Ihrer Webseite, als Flugzettel –, überall, wo sie von potenziellen Kunden gesehen werden.

Genau wie die Kolumne macht Sie der Artikel zum renommierten Experten Ihres Fachgebiets. Schließlich sind es Ihre Informationen wert, gedruckt zu werden, was Sie als Geschäftspartner sehr interessant macht. Verzichten Sie in Ihrem Artikel auf Eigenwerbung jeglicher Art, sondern konzentrieren Sie sich darauf, wichtige Informationen und kluge Ratschläge zu vermitteln.

In welcher Zeitung soll Ihr Artikel erscheinen? Wählen Sie die, in der Sie am liebsten eine Werbeanzeige schalten würden, doch statt Ihrer Anzeige veröffentlichen Sie hier nun Ihren Artikel. Es muss auch nicht unbedingt eine Zeitung sein, Ihr Artikel könnte auch in einer Zeitschrift oder einem Newsletter gedruckt werden. Im Prinzip kommt es vor allem auf die Sonderdrucke an, da sie es sind, die Ihre Kassen klingeln lassen.

Vielleicht ist es eine angenehme Überraschung für Sie, wie leicht es im Grunde ist, einen Artikel zu veröffentlichen. Ist er interessant und kommt bei den Lesern gut an, wird er vielleicht sogar mehrmals veröffentlicht. Wenn Sie selbst nicht gut schreiben können, lassen Sie sich von einem Ghostwriter helfen.

Bereits ein einziger Artikel kann Sie als Autorität etablieren, als Quelle wichtiger Informationen und als vertrauenswürdige Persönlichkeit. Und es kostet Sie keinen Cent. So ganz nebenbei ist es ja auch ein befriedigendes Gefühl, die eigenen Weisheiten schwarz auf weiß abdruckt zu sehen. Ihre Interessenten werden nicht nur beeindruckt, sondern auch der Meinung sein, dass mit Ihnen gute Geschäfte zu machen sind.

Ihre Geschäftstätigkeit und beruflichen Qualifikationen dürfen in Ihrem Artikel mit keinen Wort erwähnt werden. Achten Sie explizit darauf, keinerlei Werbung anklingen zu lassen. Lassen Sie die Qualität Ihres Artikels für sich sprechen und zeigen Sie so, dass Sie ein Unternehmen sind, mit dem man Geschäfte machen will. Ihre Professionalität ist überzeugend genug.

Wenn Ihnen schon beim Gedanken ans Schreiben mulmig wird, weil Sie ein Perfektionist sind und sich vor Ablehnung fürchten, denken Sie an die Worte von Anne Lamott, eine der besten Autorinnen, die ich je gelesen habe. In Ihrem Buch *Bird by Bird – Wort für Wort. Anleitungen zum Schreiben und Leben als Schriftsteller* sagt sie: »Die erste Fassung ist immer schrecklich.«

Vorträge

Einige meiner Kunden haben mich doch tatsächlich darum gebeten, Ihnen diese eine Marketingwaffe nicht in die Hand zu geben. Vorträge zu halten ist unglaublich wirkungsvoll und als Marketingmethode noch wenig verbreitet.

Viele Firmen und Vereine in Ihrer Stadt wären höchst erfreut, Sie als Sprecher bei sich begrüßen zu dürfen, zumal Sie kein Honorar verlangen. Wie bei Kolumnen und Artikeln dürfen Sie Ihren Vortrag auf keinen Fall als Verkaufsveranstaltung missbrauchen. Ihre Zuhörer erwarten sich wertvolle Informationen, von denen sie in irgendeiner Weise profitieren.

Am Ende des Vortrags ist es natürlich in Ordnung, die Adresse Ihrer Webseite zu nennen. Wenn Sie während des Vortrags und auf Ihrer Webseite mit wertvollen Informationen überzeugen, können Sie damit rechnen, dass rund die Hälfte der Anwesenden über kurz oder lang zu zahlenden Kunden wird. Es spricht schließlich für Sie, dass Sie für Ihren Vortrag weder etwas verlangt noch versucht haben, ihnen etwas zu verkaufen.

Allerdings muss ich Sie eindringlich darauf hinweisen, dass Sie Ihr Talent, einen Vortrag zu halten, realistisch beurteilen sollten und sich unbedingt sorgfältig vorbereiten müssen. Außer Nerven kostet Sie so ein Vortrag jedoch nichts. Angeblich fürchten sich weniger Menschen vor dem Tod als davor, vor einem großen Publikum sprechen zu müssen. So gesehen wäre man besser dran, bei einer Beerdigung im Sarg zu liegen, als die Trauerrede zu halten. Dabei es ist gar nicht so schwer, das Lampenfieber zu überwinden. Konzentrieren Sie sich auf Ihre Unterlagen, Ihr Skript oder Ihre Präsentation. Achten Sie nicht so sehr auf das Publikum und vor allem nicht auf sich selbst. Sie werden feststellen, dass dadurch das flaue Gefühl im Bauch verschwindet. In den USA sind bei Toastmasters International und der National Speakers Association viele hilfreiche Tipps für Redner verfügbar. Informieren Sie sich über die geeigneten Ansprechpartner in Ihrem Land.

Einer meiner Kunden plante einmal eine groß angelegte Marketingoffensive. Die Hälfte seines Marketingbudgets wollte er für Fernsehwerbung, die andere Hälfte für Zeitungsannoncen ausgeben. Ich empfahl ihm, zunächst einige Firmen und Vereine in seiner Stadt zu kontaktieren und ihnen anzubieten, Vorträge zu halten. Da er sich davor fürchtete, vor einem Publikum zu sprechen, trat einer seiner Mitarbeiter als Redner auf. Die Ergebnisse waren so überwältigend, dass er seine ursprünglichen Marketingpläne sofort wieder verwarf und stattdessen zwei Profis engagierte, die im Namen seiner Firma Vorträge hielten. Wäre das nicht auch etwas für Sie?

Kontaktieren Sie einfach die örtliche Handelskammer, um zu erfahren, welche Firmen und Verbände es in Ihrer Stadt oder Region gibt. Denken Sie daran: Fast jeder freut sich darüber, informative und interessante Vorträge umsonst geboten zu bekommen.

Wie auch beim Schreiben von Kolumnen oder Artikeln etablieren Sie sich durch Vorträge als Autorität in Ihrem Fachgebiet. Es wird sich schnell herumsprechen, dass Sie der Profi vor Ort sind. Machen Sie sich lieber darauf gefasst, dass sich Ihr Kundenstamm beträchtlich erweitern wird. Aber um eines möchte ich Sie noch bitten: Verraten Sie niemandem diesen Trick – meinen Kunden zuliebe.

13 Der Mensch als Marketingmedium

Wer über seine Marketingmaßnahmen nicht weiter nachdenken möchte, braucht die in diesem Kapitel zusammengetragenen Informationen nicht unbedingt zu lesen. Für all diejenigen, die sich ernsthaft und regelmäßig mit Marketing beschäftigen, sind sie jedoch unverzichtbar.

Viel im Leben hängt davon ab, sich als Siegertyp zu qualifizieren. Wenn Sie wissen, wie das geht, werden Sie ganz schnell vergessen, dass es überhaupt so etwas wie Niederlagen gibt.

Beginnen wir die Untersuchung des Menschen als Marketingmedium mit seinem Kontrollzentrum – dem menschlichen Gehirn –, bevor wir uns dem Drumherum widmen. Ein Marketing-Guerilla sollte seine wichtigen Verbündeten sehr genau kennenlernen, und noch nie war der Zeitpunkt so günstig, sie unter die Lupe zu nehmen.

Essenzielles Marketingwissen

Sie haben keine Ahnung, wie und warum Marketing funktioniert, keinen Schimmer, wodurch sich zeitgemäßes Marketing von dem früherer Zeiten unterscheidet, und stehen dem Ganzen sowieso ziemlich ratlos gegenüber? Dann sollten Sie lieber für jemanden arbeiten, der sich auskennt. Sich auszukennen heißt hier, sich in die Lage der Kunden zu versetzen. Es ist nicht weiter verwunderlich, dass Guerillas einen extrem guten Riecher für die wirtschaftliche Entwicklung haben, denn ihnen ist klar, dass Interessenten und Kunden eigentlich grundsätzlich von schlechten Zeiten ausgehen. Guerillas verfügen über das Wissen, wie sich Marketingausgaben reduzieren lassen, ohne dabei Profiteinbußen zu riskieren.

Anstatt mögliche Zielgruppen und Otto Normalverbraucher anzuvisieren, umwerben Guerillas in erster Linie ihre vorhandenen Kunden. Folgen Sie diesem Beispiel. Vertrauen Sie den Menschen, die bereits erkannt haben, dass sie

Ihnen vertrauen können, und unterbreiten Sie Ihren Kunden unschlagbare Angebote. Wenn Sie sich prinzipiell an diesen simplen und kosteneffizienten Tipp halten, brauchen Sie sich nicht zu wundern, dass Sie immer weniger ausgeben und immer mehr verdienen.

Greifen Sie zum Telefon, um nachzuhaken. Gerade in harten Zeiten bringen Guerillas die Telefonleitung zum Glühen. Räumen Sie jegliche Bedenken aus, dass mit dem Einkauf bei Ihnen ein Risiko verbunden sein könnte. Betonen Sie Garantie- und Rückgabefristen, bieten Sie einen beispiellosen Kundenservice. Versichern Sie jedem Kunden, *dass jedes Geschäft für Sie erst dann als abgeschlossen gilt, wenn er rundum zufrieden ist.* Ein Guerilla weiß, dass diese Zusicherung auch den misstrauischsten Zweifler beruhigen kann.

Halten Sie mit Argusaugen Ausschau nach neuen Einnahmequellen, Gelegenheiten für Fusion Marketing und Kooperationen. Denken Sie immer daran, dass geometrisches Wachstum nur mit der Ausdehnung der Transaktionen, mit Wiederholungskäufen und Weiterempfehlungen möglich ist. Machen Sie diese Art der Geometrie zu Ihrem Lieblingsfach.

Empfehlungen sind die beste Werbung. Geben Sie sich daher die größte Mühe, Ihre Kunden durch gewissenhaftes, freundliches Nachhaken davon zu überzeugen, dass man Ihnen bedenkenlos drei, vier oder fünf aussichtsreiche Kontakte nennen kann. Im Kampf um den Profit versucht ein Guerilla, an die Namen potenzieller Käufer zu kommen, und führt ungefähr alle zwei Jahre einen entsprechenden Feldzug.

An Marketingwissen kommt man heute wirklich einfach heran. Bücher darüber gibt es in rauen Mengen, und viele sind ausgesprochen empfehlenswert. Marketing-Newsletter stehen zum Teil kostenlos im Internet zur Verfügung. Umherreisende Marketing-Gurus halten überall auf der Welt immer wieder Vorträge über die neusten Trends und Erkenntnisse, und wer sein Büro oder Zuhause nicht so gerne verlässt, kann sich diese Gurus dank moderner Webinare ja einfach auf den Bildschirm holen.

Unter Freiberuflern, Kleinunternehmern und sogar unter Möchtegern-Marketingprofis gibt es erstaunlich viele Menschen, die nicht verstehen, was Marketing eigentlich ist. Wem dieses Verständnis fehlt, kann natürlich auch nicht einschätzen, was Marketing leisten kann oder wo es an seine Grenzen stößt. Umfangreiches und nützliches Marketingwissen ist jedoch jedem zugänglich, der sich die Zeit nimmt, um im Internet zu recherchieren. Wenn Sie einfach nur einmal eine Stunde auf Entdeckungsreise gehen, werden Sie wertvolle Erkenntnisse sammeln, die nicht nur Ihrer Weiterbildung, sondern auch Ihrem Kontostand zugute kommen.

Sie können sich das Wissen natürlich in der Praxis aneignen, allerdings zeichnet sich dieser langwierige Lernprozess meist durch extrem schmerzhafte Erfahrungen aus. Die schnellere und schmerzlose Methode ist, regelmäßig über neue Erkenntnisse im Marketing zu lesen. Angesichts des rapiden Fortschritts auf diesem Gebiet lohnt es sich nicht, Ihnen Literatur zu empfehlen, da sich schon morgen wieder alles geändert haben kann.

Die Tatsache, dass Sie gerade mein neues Buch lesen, beweist, dass Sie sich auf dem Laufenden halten wollen. Das ist auch gut so, denn die Bereitschaft, sich kontinuierlich weiterzubilden und weiterzuentwickeln, ist die Voraussetzung dafür, sich im Wettbewerb durchsetzen zu können. Kaum glaubt man, endlich alles gelernt zu haben, tauchen neue Erkenntnisse auf. Und wer dann nicht am Ball bleibt, verliert ganz schnell den Anschluss – für einen Guerilla völlig inakzeptabel. Nicht Zeit, sondern Marketingwissen ist Geld. Sich als Siegertyp zu qualifizieren heißt, sich in dieser schnelllebigen Branche immer auf dem aktuellsten Wissensstand zu halten.

Sie. Ja, Sie!

Auch Sie sind eine Marketingwaffe. Dabei zählt nicht nur, was Sie sagen und tun, sondern auch Ihre Persönlichkeit und geistige Haltung. Ich hoffe, Sie zeichnen sich durch *Extrovertiertheit, Liebenswürdigkeit, emotionale Ausgeglichenheit, Gewissenhaftigkeit und die Offenheit für neue Erfahrungen* aus – Charaktermerkmale, die nach den im *Time Magazine* vorgestellten Untersuchungen Ihren Zwecken am dienlichsten sind. Und natürlich ist es extrem hilfreich, wenn Sie gerne mit Menschen zu tun haben.

Auch in folgendem klugen Spruch liegt weitaus mehr als nur ein Körnchen Wahrheit: *Mit Menschen, die man mag, macht man gerne Geschäfte.* Ihre Mission ist also klar: Benehmen Sie sich so, dass man Sie einfach mögen muss. Sind Sie ein liebenswürdiger Mensch, sind Sie selbst Ihre beste Marketingwaffe. Falls nicht, werden Sie auch mit anderen Waffen kaum Treffer erzielen.

Bevor Sie irgendetwas verkaufen können, müssen Sie sich erst einmal selbst verkaufen. Dasselbe gilt auch für Ihre Mitarbeiter. Auch wenn es den Anschein hat, es ginge um Waren und Geld, spielt doch der Mensch auf der Bühne der Wirtschaft die eigentliche Hauptrolle. Wer Sie sympathisch findet, wird vermutlich auch bei Ihnen einkaufen. Einer meiner Kunden musste sogar einmal eine überaus pünktliche, ehrliche, fleißige und kluge Mitarbeiterin entlassen, weil sich Kunden und Kollegen vehement über ihre unfreundliche Art beschwert und sich geweigert hatten, weiter mit ihr zusammenzuarbeiten.

Bei der Interaktion mit Interessenten und Kunden sind zwischenmenschliche Kompetenzen gefragt, was beinhaltet, auf andere einzugehen und ihnen zuzuhören. Gewöhnen Sie sich an, in Ihrem Gegenüber zuerst den Menschen und erst dann den potenziellen Kunden zu sehen. Gewinnen Sie seine oder ihre Sympathie, steigen die Chancen auf einen Geschäftsabschluss, auf Wiederholungskäufe sowie Weiterempfehlungen.

Was immer Sie von Angesicht zu Angesicht zum Besten geben, ist ungleich wirkungsvoller und eindringlicher als jeder noch so gut geschriebene Werbetext. Sich im Internet zu präsentieren ist zwar eine feine Sache, aber ich bin mir ganz sicher, dass Sie von Mensch zu Mensch noch viel besser rüberkommen.

Seth Godin und ich haben ein ganzes Buch darüber geschrieben, wie man sich selbst als Marketingwaffe ins Feld führt: *Get What You Deserve: How To Guerilla Market Yourself.* Der Grundgedanke des Buches ist, dass Sie das wichtigste Rädchen im Getriebe Ihrer Marketingmaschinerie darstellen. Es kostet Sie nichts – hoffentlich keine Überwindung und Geld schon gleich gar nicht –, als liebenswürdige und einnehmende Persönlichkeit aufzutreten. Was es Sie aber kosten würde, als unsympathische Nervensäge empfunden zu werden, möchten Sie gar nicht erst wissen.

Kommen wir also gleich zur Sache: Sind Sie gut genug, um sich Marketing-Guerilla nennen zu können? Mit der freundlichen Unterstützung des Buchautors und Psychologen Mitch Meyerson habe ich einen Guerilla-Eignungstest entwickelt, mit dem Sie Ihre Fitness in den 16 Guerilla-Kompetenzen prüfen können. Sind Sie bereit?

Lesen Sie jede Aussage sorgfältig durch und beurteilen Sie, wie gut sie auf Ihre entsprechende Kompetenz zutrifft, indem Sie sich 1 bis 10 Punkte vergeben, von 1 = trifft gar nicht zu bis 10 = trifft voll und ganz zu. Führen Sie den gesamten Test zweimal durch: einmal aus Ihrer eigenen Perspektive und anschließend aus der Ihrer Kunden.

1. Ich betrachte jeden Kontakt mit einem Kunden als Marketinggelegenheit. Ich überlege mir ganz genau, was ich sage, was ich tue und wie ich mich verhalte, und orientiere mich dabei an meinen Marketingzielen. .... ☐

2. Ich beurteile meine Marketingaktivitäten aus der Kundenperspektive und erkundige mich konsequent nach den Wünschen und Bedürfnissen meiner Kunden. .... ☐

3. Mein Marketing ist zielstrebig und offensiv. .... ☐

4. Für meine Marketingoffensive steht mir ein umfangreiches Arsenal an Strategien zur Verfügung, für die ich viele der 100 Marketingwaffen nutze. .... ☐

5. Heute befragt, würden meine Kunden bestätigen, dass ich zeitnah auf Anfragen und Wünsche eingehe und konsequent nachhake. ... ☐

6. Ich überprüfe und messe die Effizienz meiner Marketingwaffen anhand eines sorgfältig geführten Marketingprotokolls. .... ☐

7. Meine Freunde, potenziellen Kunden und Stammkunden kennen mich als engagierten und optimistischen Menschen und Geschäftspartner. .... ☐

8. Ich habe mir eine klar umrissene Marktnische geschaffen. .... ☐

9. Ich habe einen eindeutig formulierten Marketingplan, nach dem ich meine wöchentlichen Aktivitäten ausrichte. .... ☐

10. Online-Marketing ist für mich eine Selbstverständlichkeit. Ich schöpfe die Möglichkeiten der E-Mail-Kommunikation, meiner Homepage und des Internets aus, um Neukunden zu gewinnen und den Kontakt mit Stammkunden zu pflegen. .... ☐

11. Ich bemühe mich um persönliche Beziehungen zu Interessenten und Kunden, da ich weiß, dass meine Verkaufschance steigt, je besser sie mich kennen. .... ☐

12. Bei mir gibt es auch etwas umsonst. Zum Beispiel Beratung, nützliche Tipps, Werbegeschenke und hilfreiche Informationen. Großzügigkeit ist fester Bestandteil meines Gesamtmarketingplans. .... ☐

13. Ich suche konstant nach Möglichkeiten, um meinen Kunden einen Service der Extraklasse zu bieten. .... ☐

14. Mit viel Fantasie entwickle ich kontinuierlich unkonventionelle Marketingstrategien, die sich aus der Masse abheben und meine Zielgruppe auf mich aufmerksam machen. .... ☐

15. Ich bemühe mich aktiv um geeignete Partner für strategische Allianzen. .... ☐

16. Ich halte mich strikt an meinen Marketingplan. .... ☐

In allen Bereichen, in denen Sie sich eher schlecht bewertet haben, sind Hürden zu überwinden, die Ihre Erfolgsaussichten schmälern. Bemühen Sie sich, überall Bestnoten zu verdienen, damit Sie sich in die Liga der Spitzen-Guerillas einreihen können.

Ihre Vertriebsmitarbeiter

Die Top-Leute unter den Vertriebsmitarbeitern ziehen es aus gutem Grund vor, statt eines Gehalts lieber eine Beteiligung an den Gewinnen zu beziehen, die sie dank ihres Verkaufstalents erwirtschaften. Daher verdienen manche der Profis sogar mehr als ihr eigener Chef.

Wenn Sie das Glück haben, solche Leute zu kennen, kostet es Sie keinen Cent, sie einzustellen, und kann Ihnen ein Vermögen einbringen, sie als Verkäufer Ihrer Produkte ins Feld zu schicken. Es gibt Unternehmen, die Tausende dieser Verkaufsprofis ausschließlich auf Provisionsbasis beschäftigen. Aber auch ein oder zwei fähige Vertriebsmitarbeiter reichen für Sie völlig aus. Ich kenne zwei Unternehmer, die ihren Erfolg einem Spitzenverkäufer zu verdanken haben, auf dessen Konto 90 Prozent aller Verkäufe gehen. Man braucht keine Armee von Verkäufern, um beträchtliche Profite einzustreichen. Ein fähiger Elitesoldat erreicht das Ziel der Mission auch alleine.

Sie sollten Ihre Top-Leute natürlich mit ausreichend Munition in Form von Webseiten, spezifischen Daten, überzeugenden Vorteilen und sonstigem Werbematerial ausstatten, um den Weg für den Geschäftsabschluss zu ebnen, den sie herbeiführen sollen. Höchst motivierend ist eine großzügige Provision zwischen 5 und 33 Prozent. Ob Sie Ihre Mitarbeiter wirklich nur nach Leistung bezahlen möchten, ist natürlich ganz alleine Ihre Entscheidung.

Wer die besten Leistungen erzielt, sollte dafür immer extra belohnt werden. Ihre Vertriebsmitarbeiter müssen selbstverständlich im Verkauf Ihrer Produkte geschult werden, doch oft übernehmen die Spitzenverkäufer aufgrund ihres angeborenen Verkaufstalents die Schulung ihrer Kollegen.

Sie werden feststellen, dass es nicht sonderlich schwierig ist, gute Verkäufer zu finden. Die besten Talente setzen ihre Fähigkeiten oft für mehrere Auftraggeber ein, doch so lange sie auch Ihnen gute Profite erwirtschaften, ist schließlich nichts dagegen einzuwenden. Nicht die Masse, sondern das Können Ihrer Verkäufer entscheidet über Ihren Erfolg. In fast jedem Vertrieb gilt, dass stattliche 80 Prozent des Umsatzes den 20 Prozent der Mitarbeiter zu verdanken sind, die das größte Verkaufstalent besitzen. Stellen Sie also fest, wer zu diesen

20 Prozent gehört, und bitten Sie diese Spitzenkräfte, die restlichen 80 Prozent zu schulen. Wer gut verkaufen kann, ist üblicherweise auch ein guter Lehrmeister in diesem Fach.

Überfliegen Sie nur einmal die Stellenanzeigen in Ihrer Zeitung. Die Nachfrage nach gutem Vertriebspersonal ist enorm, und jeder der fantastischen Verkäufer, die sich auf dem Arbeitsmarkt tummeln, könnte sich als Ihr persönlicher Goldesel erweisen. Die Bitte nach einer Anstellung mit festen Gehalt sollten Sie freundlich, aber bestimmt ablehnen. Das Angebot, auf Provisionsbasis für Sie zu arbeiten, sollten Sie aber nicht ablehnen. Mit diesen Partnern prophezeie ich Ihnen eine glückliche und für beide Seiten einträgliche Beziehung.

Gute Kleidung macht gute Mitarbeiter

Natürlich sollen Sie Ihre Mitarbeiter nicht in eine Uniform stecken oder ihnen eine strenge Kleiderordnung auferlegen. Doch es muss einmal erwähnt werden, dass Mitarbeiter, die von Kopf bis Fuß gepierct und tätowiert sind oder in T-Shirts mit faschistischen Symbolen Beratungsgespräche führen, bei Kunden und denen, die es werden könnten, nicht so gut ankommen.

Kunden beurteilen Sie immer nach Ihren Mitarbeitern, und wenn nur einer durch ungepflegtes oder geschmackloses Äußeres unangenehm auffällt, färbt der schlechte Eindruck auf Ihren Ruf ab. Verzichten Ihre Mitarbeiter darauf, modische Geschmacklosigkeiten während der Arbeitszeit zur Schau zu stellen oder ihrer Individualität durch Nasenringe oder Gesichtstätowierungen Ausdruck zu verleihen, fühlt sich kein kaufwilliger Kunde dazu genötigt, aus Ihrem Geschäft zu fliehen. Im anderen Fall dagegen besteht durchaus eine hohe Fluchtgefahr.

Nach Ansicht von Alison Lurie, Autorin des Buchs *The Language of Clothes*, ist Mode eine Art Zeichensprache und somit eine Form der nonverbalen Kommunikation. Zum Vokabular der Modesprache gehört nicht nur die Kleidung an sich, sondern auch Accessoires, Frisur, Schmuck und sonstige »Körperdekoration«. Ihr Erscheinungsbild sowie das Ihrer Mitarbeiter setzt sich demnach aus vielen Puzzleteilen zusammen, die einzeln und als Ganzes etwas aussagen.

Neben Kleidung und Haartracht trägt so gut wie jeder sichtbare und spürbare Aspekt, einschließlich Auto und geistiger Flexibilität, zum Gesamteindruck Ihrer Mitarbeiter bei. John Malloy, Autor von *Dress for Success*, hat einige Regeln zu angemessener Kleidung parat, die Sie immer gut aussehen lassen:

- Tragen Sie elegante Markenkleidung, falls Sie es sich leisten können.
- Achten Sie immer auf Sauberkeit, ohne dabei den Eindruck von zwanghafter Pingeligkeit zu vermitteln.
- Kleiden Sie sich immer einen Tick förmlicher als Ihre Kunden.
- Bringen Sie über Ihre Kleidung nie persönliche Überzeugungen zum Ausdruck.
- Passen Sie Ihren Kleidungsstil dem Ihrer Kunden und Geschäftspartner an.

Im Allgemeinen wird Dunkelblau mit Autorität, Braun mit einem eher niedrigen Bildungsstand assoziiert. Schwarz ist die Farbe der Mächtigen, vielleicht schon etwas Übermächtigen, und rote Kleidung rückt den Träger ins Rampenlicht, wobei das Inhaltliche etwas ins Hintertreffen gerät. Wer sich nach dem neuesten modischen Schrei kleidet, riskiert, dass seine Botschaft nicht mehr gehört wird – es sei denn, er bewegt sich geschäftlich in der Welt der Haute Couture.

Im Einzelhandel ist es üblich, dass Mitarbeiter Arbeitskleidung mit dem Namen und Logo der Firma tragen, wodurch sie sich als Ansprechpartner für die Kunden zu erkennen geben. Probieren Sie einfach einmal aus, was passiert, wenn Ihre Mitarbeiter dunkle Anzüge und Krawatte, Ihre Mitarbeiterinnen dunkle Kostüme oder Hosenanzüge, dazu Schuhe mit leichtem Absatz, tragen. Eine solche Kleiderordnung hat sich schon für viele Guerillas als ausgezeichnete Profitsteigerungsmaßnahme erwiesen, und weshalb sollte es in Ihrem Fall anders sein?

Der Kreis guter Freunde und entfernter Bekannter

Selbst wenn Sie irgendwo auf dem Land wohnen und arbeiten, sind Sie doch immer von einigen Menschen umgeben, auf die Sie Einfluss haben und umgekehrt. Zu diesem Kreis zählen Freunde, Verwandte, Kollegen, Geschäftspartner, Golfpartner, die Mitglieder Ihrer Pokerrunde, Mannschaftskollegen, Klassenkameraden, Kunden und Zulieferer, die Mitglieder Ihres Fußball-Fanclubs, Nachbarn, Gemeindemitglieder, Menschen, mit denen Sie ein gemeinsames Hobby ausüben, ja sogar ganz normale Bekannte.

Ihr Freundes- und Bekanntenkreis ist üblicherweise die erste und beste Adresse, um Ihren Traum vom Marketingerfolg wahr werden zu lassen. Jeder dieser Menschen ist vielleicht nicht nur Ihr nächster Kunde, sondern hat selbst wiederum viele Freunde und Bekannte, die ebenfalls bald zu Ihrem Kundenstamm gehören könnten. Schon oft hat sich Marketing im engsten Kreis der Freunde als Beginn einer viralen Marketingkampagne erwiesen. Und jeder Mensch ist Teil eines solchen Kreises.

Werben Sie im Kreis Ihrer Bekannten, die Sie kennen, mögen und Ihnen vertrauen, auf dieselbe Art und Weise für Ihre Angebote, wie Sie es potenziellen Kunden gegenüber tun würden. Einen besseren Start für Ihre Geschäftstätigkeit gibt es vermutlich nicht. Und eine bessere Gelegenheit, um eventuelle Marketingschwächen auszumerzen, sicherlich auch nicht. Außerdem wird Ihnen die ehrliche Meinung Ihrer Bekannten dabei helfen, die überzeugendsten Vorteile Ihres Angebots besser herauszustellen. In seltenen Glücksfällen trägt sich ein Geschäft alleine über Aufträge und Bestellungen aus dem Bekanntenkreis, was den Marketingaufwand auf null reduziert.

Man sagt ja, dass jeder mindestens zwölf einflussreiche Menschen kennt, von denen auch wieder jeder zwölf einflussreiche Menschen im Bekanntenkreis hat. Sie sehen schon, welche Kreise das ziehen kann, nicht wahr? Allerdings im positiven wie im negativen Sinn, und schlechte Nachrichten verbreiten sich sogar schneller als gute. Passen Sie daher lieber auf, welche Art der Mundpropaganda Sie auslösen.

Ihr Einflussbereich ist vermutlich größer, als Ihnen bewusst ist, und der ideale Ausgangspunkt für eine Mundpropagandaaktion. Viele Kleinunternehmer zielen mit ihrem Marketing auf Gott und die Welt und hochgesteckte Ziele ab, was sie übersehen lässt, dass sich vor ihrer Nase die wohlgesinnte Zielgruppe der Freunde und Bekannten befindet. Natürlich muss man diesen Menschen schon etwas ganz Besonderes bieten, damit sie sich in der Öffentlichkeit zu Begeisterungsstürmen hinreißen lassen, ohne Gefahr zu laufen, sich zu blamieren. Mit einem prima Angebot, das unzählige Vorzüge bietet, nach denen sich jeder die Finger leckt – oder doch zumindest einem überzeugenden Wettbewerbsvorteil –, werden Sie in Ihrem Bekanntenkreis aber garantiert auf große Unterstützung und die Bereitschaft treffen, Sie weiterzuempfehlen.

Zeit für Beziehungspflege

In manchen Geschäften spaziert die Kundschaft nur kurz herein, sagt, was sie will, zückt Geldbeutel oder EC-Karte und ist Minuten später schon wieder weg, während sich der Kaufabschluss in anderen Geschäften über 30 Minuten hinziehen kann. Wer seine Kunden eine halbe Stunde um sich hat, ist ein Glückspilz.

Diese wertvolle Zeit kann und muss marketingstrategisch sinnvoll genutzt werden, zum Beispiel zur Vertiefung der Kundenbeziehung, zur Ausweitung der Transaktion, zur Verdeutlichung, dass man sich aufrichtig um den Kunden bemüht, und zum Sammeln vielversprechender Kontaktadressen.

Die Zeit, die Sie Ihren Kunden widmen, kostet Sie nichts und macht sich auf Dauer bezahlt.

Beabsichtigt Ihr Kunde, ein Produkt oder eine Dienstleistung zu kaufen, weisen Sie ihn darauf hin, welche vergleichbaren oder ergänzenden Produkte Sie im Angebot führen. Natürlich notieren Sie sich auch seine E-Mail-Adresse und Kontaktdaten. Vom Marketingstandpunkt aus ist die Zeit mit Ihrem Kunden eine traumhafte Gelegenheit, um den gegenseitigen Nutzen der Beziehung herauszustellen. Der Nutzen für den Kunden besteht daraus, über weitere Produkte und Dienste informiert zu werden, die ihm das Leben erleichtern können, und ihr Nutzen dürfte sich von selbst erklären. Die Zeit, die Sie sich für die Beziehungspflege nehmen, motiviert Kunden dazu, Sie zu unterstützen, bei Ihnen einzukaufen und Sie weiterzuempfehlen, da sie sich nicht unter Druck gesetzt fühlen, sondern ganz entspannt mit Ihnen plaudern können.

Während der gemeinsam verbrachten Zeit bieten sich unzählige Chancen, aus denen Sie Kapital schlagen können. Gelegenheit dazu haben Sie nicht nur, wenn Sie der Kunde mit konkreten Kaufabsichten aufsucht, sondern auch, wenn er sich einfach nur umsehen will, etwas zur Reparatur vorbeibringt, sich über Neuheiten informieren möchte, ja sogar, wenn er eine Beschwerde loswerden will. Nutzen Sie diese Gelegenheiten, um Ihren exzellenten Kundenservice unter Beweis zu stellen und für Ihre Angebotspalette zu werben.

Eine der großen US-amerikanischen Friseurketten steigerte ihre Profite um 29 Prozent, nachdem sie Haarpflegeprodukte in die Angebotspalette aufgenommen hatte. Meine Schwester kam kürzlich nicht nur mit einer neuen Frisur, sondern auch mit einer neuen Halskette und einem neuen Armband von ihrem Guerilla-Coiffeur zurück. Ganz offensichtlich hatte er die Zeit mit meiner Schwester ausgezeichnet genutzt.

Wenn Sie Ihrem Kunden Vorteile zu bieten haben, gewinnen auch Sie. Disney weiß das ebenso gut wie die meisten Profisportverbände. Die Leute sind in Kauflaune, zeigen Ihnen, dass Sie zu ihren bevorzugten Geschäftspartnern zählen, und haben die Entscheidung, Ihr Angebot wahrzunehmen, schon so gut wie getroffen.

Sehr seltsam, dass es immer noch den einen oder anderen Geschäftsinhaber gibt, der die Zeit mit Kunden als lästige Zeitverschwendung empfindet. Aber zu der Sorte gehören Sie ja glücklicherweise nicht.

Guten Tag und auf Wiedersehen

Die drei wichtigsten Dinge, die Sie bei der Begrüßung und Verabschiedung beachten müssen, sind:

1. Lächeln
2. Blickkontakt
3. Persönliche Anrede

Nichts davon kostet Sie etwas, alles zahlt sich aus. Wie schon erwähnt, sind Freundlichkeit und Kundennähe die besten und einfachsten Mittel, um positiv aufzufallen. Oder passiert es Ihnen womöglich ständig, dass man Sie freundlich lächelnd mit Ihrem Namen begrüßt und verabschiedet?

Meiner Meinung nach ist das in der Regel nicht der Fall, weshalb Sie bei der Begrüßung und Verabschiedung prima punkten können. Ist Ihnen der Name des Kunden noch nicht bekannt, haben Sie im Zuge Ihres Gesprächs Gelegenheit genug, ihn in Erfahrung zu bringen und ihn dann bei der Verabschiedung zu erwähnen. Schon allein die Tatsache, dass Sie Ihren Kunden nach seinem Namen fragen, zeigt ihm, dass Sie nicht nur einen Käufer, sondern den Menschen in ihm sehen. Pflegen Sie mit Ihren Kunden fast nur telefonisch Kontakt, denken Sie daran, dass man am Klang Ihrer Stimme ebenfalls hört, ob Sie lächeln. Dass Sie Ihren Kunden im Verlauf des Telefonats persönlich ansprechen, versteht sich hoffentlich von selbst, nur mit dem Blickkontakt wird es wohl schwierig.

Es liegt in der menschlichen Natur, mit Leuten, die man gut leiden kann, gerne Geschäfte zu tätigen. Garantiert wird man Sie schon einmal viel besser leiden können, wenn Sie freundlich lächeln, Blickkontakt suchen und lauter nette Dinge sagen. So vermitteln Sie Ihren Kunden das Gefühl, in den Genuss einer Sonderbehandlung zu kommen und sich in jeder Angelegenheit auf Sie verlassen zu können.

Erstaunlich, wie viel Geld für TV- und Printwerbung ausgegeben wird, wenn man sich überlegt, dass man allein mit der richtigen Begrüßung und Verabschiedung Freunde fürs Leben gewinnen kann. Wer sich dank Ihrer freundlichen Bemühungen als Ihr wichtigster Kunde überhaupt fühlen kann, wird sehr wahrscheinlich bei Ihnen einkaufen, gerne wiederkommen und hinter Ihrem Rücken lauter nette Sachen über Sie erzählen.

Nur für den unwahrscheinlichen Fall, dass Sie es noch nicht wissen sollten: Freundlichkeit und menschliche Wärme, Fürsorglichkeit sowie die Achtung und Beachtung der Mitmenschen zeichnen Guerilla Marketing aus. Für nichts davon sind Geld, Zeit, Energie oder Fantasie erforderlich.

Die Kunst des Geschichtenerzählens

Zwischen dem Informieren über Fakten und dem Erzählen von Geschichten liegt ein himmelweiter Unterschied. Den will ich Ihnen gleich einmal anhand folgender Geschichte verdeutlichen: Es war einmal vor langer Zeit, da wanderte die Wahrheit durch die Lande. Eines Tages kam sie in ein kleines Dorf. Sie klopfte an die erste Tür, doch kaum wurde diese geöffnet, schlug man sie ihr auch gleich wieder vor der Nase zu. Dasselbe geschah an der nächsten und übernächsten Tür und so weiter. Wo immer die Wahrheit anklopfte, wurde ihr der Eintritt verwehrt.

Schließlich suchte die Wahrheit das Haus der Fabel auf. »Warum lässt mich keiner der Dorfbewohner in sein Haus?«, wollte die Wahrheit von der Fabel wissen. »Weil kein Mensch die nackte Wahrheit ertragen kann«, lautete die Antwort. Plötzlich kam der Fabel eine gute Idee. Sie lieh der Wahrheit eines ihrer Mäntelchen, und siehe da, als die verhüllte Wahrheit nun an den Türen der Dorfbewohner klopfte, ließ sie jeder herein.

Damit will ich Ihnen Folgendes sagen: Mit nüchternen Fakten fesseln Sie Ihre Kunden weitaus weniger als mit spannenden, lustigen oder faszinierenden Geschichten. Wie die Kindersendung *Blue Clues*, die im Jahr 2003 im deutschen Fernsehen unter dem Titel *Blau und Schlau* lief, zeigte, hört jeder gebannt zu, wenn Geschichten zum Besten gegeben werden. Und ist die Geschichte zu Ende, wollen die Kinder sie gleich noch einmal hören.

Das Problem mit der kurzen Aufmerksamkeitsspanne löst sich beim Geschichtenerzählen in Luft auf. Wann immer es Ihnen möglich ist, sollten Sie Ihre Fakten nicht als nackte Wahrheiten präsentieren, sondern Sie in fesselnde Geschichten verpacken. Auf Zucker geträufelt lässt sich auch die bitterste Medizin schlucken.

Verkaufen will gelernt sein

Ich habe schon mit ziemlich vielen Arbeitgebern und Auftraggebern zusammengearbeitet. Manche schwören auf Anzeigenwerbung, andere auf Direktwerbung. Die dicksten Gewinne aber strichen Jahr für Jahr diejenigen ein, die der Schulung ihres Vertriebspersonals oberste Priorität einräumten. Sprechen Sie mir nun laut und deutlich nach: Es gibt kaum eine kosteneffizientere Marketingstrategie als die Schulung meiner Verkäufer.

Um den gewünschten Effekt zu erzielen, sollte mindestens einmal pro Woche eine Schulung stattfinden, die vom Leiter der Vertriebsabteilung, vom Chef persönlich, vom Topverkäufer der Firma oder von einem externen Fachdozenten abgehalten wird. Wie Sie bereits wissen, gelangt eine Werbebotschaft durch häufige Wiederholungen am besten ins Ziel. Auch die goldenen Regeln des Verkaufens gehen durch Wiederholungen am besten in Fleisch und Blut über. Es ist also alles andere als schlimm, wenn Sie sich häufig wiederholen. Schlimm dagegen wäre es, wenn Ihre Verkäufer bei Verkaufsgesprächen den einen oder anderen wichtigen Punkt einfach vergessen. Dieses Risiko minimieren Sie, indem Sie die Schulungen regelmäßig wiederholen.

Denken Sie immer daran, dass großartige Verkäufer nicht als solche geboren wurden, sondern ihre Fähigkeiten erlernt haben. Andre Agassi, Tiger Woods, Michael Jordan, LeBron James, die Williams-Schwestern und Michelle Wie sind natürlich keine Topverkäufer, sondern Topsportler, doch auch sie haben hart trainiert, um an die Spitze zu kommen. Die Stars unter den US-amerikanischen Verkaufstalenten wurden sicherlich nicht als Verkäufer geboren. Mag sein, dass ihnen Begeisterungsfähigkeit und Aufrichtigkeit in die Wiege gelegt wurden, doch die Kunst des Verkaufens mussten sie erst lernen.

Für Ihre 30- bis 90-minütigen Schulungen bieten sich Rollenspiele an. Lassen Sie einen Mitarbeiter in die Rolle des Kunden schlüpfen, der einen Ihrer Verkäufer mit den in Ihrer Branche üblichen Schwierigkeiten und Einwänden konfrontiert. So kann Ihr Verkäufer üben, jedes Problem Schritt für Schritt in angemessener Weise zu lösen. Anschließend wird das Rollenspiel im Team besprochen. Vielleicht werden Problemlösungen vorgeschlagen, auf die Sie noch gar nicht gekommen sind. Wenn Sie Ihr gesamtes Vertriebspersonal einbeziehen und ausdrücklich um Vorschläge bitten, steht allen der gesamte Erfahrungsschatz offen, wodurch die häufigsten Fehler ganz einfach vermieden werden können.

Vertriebsschulungen und Verkaufstraining können richtig Spaß machen. Gute Schulungsleiter würzen die Lektionen mit genau der richtigen Prise Humor, was weit über die Aussicht auf höhere Gewinnbeteiligungen hinaus zum Lernen animiert. Allerdings sollten die Schulungen regelmäßig einmal die Woche stattfinden, sonst wird man bezweifeln, dass Ihnen ernsthaft am Training Ihrer Verkäufer gelegen ist.

Ihr Kontaktnetzwerk

Unter dem Beziehungsgeflecht aus vielen Kontakten, dem sogenannten Networking, verstehen Sie möglicherweise etwas ganz anderes als ich. Während

Sie vielleicht daran denken, sich mit gleichgesinnten Guerillas zu umgeben, denen Sie Ihre Visitenkarte in die Hand drücken und Ihre Geschichte erzählen, denke ich daran, sich mit potenziellen Kunden zu umgeben, sich deren Visitenkarten in die Hand drücken und deren Geschichten erzählen zu lassen. *Welche Erfolgsaussichten Ihnen Ihr Kontaktnetzwerk eröffnet, hängt nicht davon ab, wie viele Visitenkarten Sie verteilen, sondern wie viele Sie einsammeln.*

Als guter Guerilla kontaktieren Sie innerhalb einer Woche jeden, der Ihnen seine Visitenkarten überreichte. Als Spitzen-Guerilla tun Sie das zwar auch, haben aber zusätzlich schon beim ersten Kontakt daran gedacht, sich einige Informationen über die Person zu notieren, auf die Sie sich bei dem Gespräch beziehen können. Wann immer Sie Ihre Netze auswerfen, richten Sie Ihre Antennen darauf aus, Probleme zu erfassen, mit denen andere zu kämpfen haben. Und wenn Sie diese Probleme auch noch lösen können, haben Sie höchstwahrscheinlich einen Neukunden gewonnen.

Wenn Sie Netzwerkveranstaltungen besuchen, sollte man Sie als angenehmen, geselligen Mensch empfinden, nicht als Kundenjäger auf Beutezug. Bedenken Sie, dass Sie mit vielen Teilnehmern nur ganz kurz zu tun haben werden. Der erste Eindruck zählt, machen Sie also das Beste daraus. Überlegen Sie sich vorab, wie Sie ein Gespräch in Gang bringen können. Lesen Sie die Zeitung, schauen Sie fern, gehen Sie ins Kino oder in ein Konzert, surfen Sie im Internet, um sich ein Repertoire an unverfänglichen Small-Talk-Themen zuzulegen. Falls der Organisator des Netzwerktreffens einen Newsletter versendet hat, finden Sie darin sicherlich auch einiges, worüber Sie sich unterhalten können.

Schauen Sie sich unter den Teilnehmern um. Wer wäre ein guter Netzwerkkontakt, wer ein ausgezeichneter Partner für Fusion Marketing, wer könnte sich für Ihr Angebot interessieren? Statt mit bloßen Visitenkarten sollten Sie sich mit Geschäftskarten im Format einer Minibroschüre ausstaffiert haben, damit Sie Ihr Angebot mitsamt den wichtigsten Vorteilen standesgemäß unters Volk bringen können. Drückt man Ihnen eine Karte in die Hand, stecken Sie diese bitte nicht einfach wortlos ein. Ihr Gegenüber wird Sie in besserer Erinnerung behalten, wenn Sie etwas Nettes dazu sagen.

Suchen Sie Blickkontakt und lächeln Sie. Wichtig ist auch ein fester Händedruck. Sperren Sie Ihre Ohren auf und schenken Sie jedem Gesprächspartner Ihre volle Aufmerksamkeit. Sie haben sich bestimmt auch schon einmal darüber geärgert, dass ein Gesprächspartner den Blick im Raum umherschweifen lässt, während Sie ihm etwas erzählen. Das ist nicht nur unhöflich, sondern geradezu dumm, aber leider keine Seltenheit.

Durch übermäßigen Alkohol- oder Nahrungskonsum sollten Sie besser nicht auf sich aufmerksam machen. Und was Ihr Arzt vom Zigarettenkonsum hält, wissen Sie ja selbst. Zeigen Sie sich im Gespräch humorvoll und achten Sie darauf, niemandem zu nahe zu treten. Ihnen ist der Name Ihres Gesprächspartners entfallen? Halb so schlimm, gestehen Sie es ihm frei heraus. Wenn Sie mehr über Kontaktnetzwerke erfahren möchten, empfehle ich Ihnen *Guerilla Networking*, das ich gemeinsam mit Monroe Mann geschrieben habe. Auch *Networking Magic* von Jill Lublin kann ich Ihnen ans Herz legen. Treffen Sie Leute, mit denen Sie schon zu tun hatten, bringen Sie sich durch eine nette Begrüßung erneut in Erinnerung. Pflegen Sie Ihre Kontakte, haken Sie nach und haben Sie Spaß dabei. Machen Sie sich klar, dass jeder einzelne Ihrer Kontakte wertvoll und wichtig ist.

Affiliate-Programme

Das sogenannte Affiliate-Marketing bezeichnet eine Form des kooperativen Marketings und Vertriebs im Internet und ist eine der besten Erfindungen der neuen Online-Welt. Diese höchst effiziente Taktik in Kombination mit den unzähligen Menschen, die sich im Cyberspace tummeln, könnte sich für Ihr Online-Geschäft als außerordentlich lukrativ erweisen. In Affiliate-Programmen schließen sich Partner zusammen, die ihre Online-Geschäfte über die eigene Webseite und die der Partner hinaus ausdehnen möchten. Zu diesem Zweck werden die Produkte oder Dienstleistungen gegen eine Provisionsgebühr auf den Webseiten der Partner beworben und verkauft.

Für Sie springt dabei heraus, zu Nullkosten zu werben, was die Besucherzahl auf Ihren Webseiten potenziell in die Höhe treibt und Ihren Absatz steigert. Für die Partner springt dabei heraus, sich über die Provisionen eine zusätzliche Einkommensquelle zu erschließen, für die sie nichts weiter tun müssen, als Werbeplatz auf ihren Webseiten zur Verfügung zu stellen. Das Amazon-Partnerprogramm ist eines der größten und erfolgreichsten Affiliate-Programme. Das Konzept ist einfach. Die Partner erhalten eine Werbekostenerstattung für alle Käufe, die über ihre Links zu Amazon.de generiert werden. Je mehr Besucher die Partner an Amazon vermitteln, desto mehr wird gekauft und umso mehr verdienen die Partner.

Derartige Affiliate-Programme sind erstaunlich leicht auf die Beine zu stellen. Bei dem Partnerprogramm von Amazon fügen Sie einfach einen Link ein, der eine spezielle Kennung enthält, über die Amazon erkennt, dass der Besucher über Ihre Webseite vermittelt wurde. Kauft der Besucher bei Amazon ein, bekommen Sie ein Stück vom Kuchen ab.

Bei der Planung eines eigenen Affiliate-Programms müssen Sie mit Ihren Partnern klar vereinbaren, dass nur dann Provisionen gezahlt werden, wenn bestimmte Kriterien erfüllt sind, zum Beispiel, dass über den Link zu Ihrem Online-Geschäft ein Kauf getätigt wird. Erfolgt über die Verlinkung eine deutliche Absatzsteigerung, können Sie die Provision erhöhen. Ziel eines Affiliate-Programms ist es, Ihre Ausgaben für die Kundenakquise zu senken. Es ist daher sinnvoll, möglichst viele Partner für das Programm zu gewinnen. Ist es Ihnen zu aufwändig, ein eigenes Programm ins Rollen zu bringen, treten Sie einfach als Partner einem bereits bestehenden Affiliate-Programm bei. Über die Suchbegriffe »Affiliate-Marketing« oder »Affiliate-Programm« (in unterschiedlichen Schreibweisen) finden Sie im Internet viele geeignete Ansprechpartner.

Die Teilnehmer Ihres Affiliate-Programms sind Ihre Geschäftspartner, die Sie pfleglich behandeln sollten. Kommunizieren Sie mit ihnen, halten Sie sie auf dem Laufenden und bedanken Sie sich, wenn sich das Programm für Sie als einträglich erweist. Um sich mit den Feinheiten des Affiliate-Marketings vertraut zu machen, wäre es vielleicht eine ganz gute Idee, wenn Sie sich als Partner anbieten. Bestimmt warten viele Online-Geschäftsinhaber nur darauf, Sie als neuen Partner begrüßen zu dürfen. So lernen Sie das Programm von der Pike auf kennen. Und das Schöne dabei ist: Ihre Lektion zahlt sich auch gleich in barer Münze aus. Eine große Auswahl lohnenswerter Lektionen finden Sie über Ihre hilfreiche Suchmaschine.

Und natürlich werden Sie auch ein Guerilla-Partner! Schauen Sie bei gmarketing.com vorbei und melden Sie sich gleich an.

Zufriedene Kunden

Das effizienteste aller Marketingmedien steht Ihnen bereits zur Verfügung und kostet Sie gar nichts: die zufriedene Kundschaft. Die Menschen, die Sie bereits begeistern konnten, werden Sie ohne zu zögern weiterempfehlen. Sie sind der lebende Beweis dafür, dass Sie halten, was Sie versprechen, und darauf können Sie stolz sein.

Zufriedene Kunden zeichnen sich durch die großartige Eigenschaft aus, sich in treue Stammkunden zu verwandeln, die immer wieder bei Ihnen einkaufen. Wer schlau ist, investiert 10 Prozent des Marketingbudgets in allgemeine Werbeaktionen, 30 Prozent in Zielgruppenwerbung und 60 Prozent in das Marketing, das sich explizit an die Stammkunden richtet. Umwerben Sie Ihre zufriedenen Kunden, denn mit diesen Menschen machen Sie das beste Geschäft.

Wenn Sie jeden einzelnen Ihrer zufriedenen Kunden als inoffiziellen Mitarbeiter Ihres Vertriebspersonals betrachten, kann ich Sie zu Ihrer Einstellung nur beglückwünschen. Im Vergleich zu Ihren Mitarbeitern, die Ihre Produkte nur verkaufen, kaufen Ihre zufriedenen Kunden bei Ihnen ein und verschaffen Ihnen neue Kunden. Wenn das keine geglückte Kombination ist! Denken Sie immer daran, dass es Sie nur ein Sechstel der Ausgaben für Neukundenakquise kostet, Ihre Stammkunden zu halten.

Verhalten Sie sich Ihrer zufriedenen Kundschaft gegenüber immer herzlich, loyal, entgegenkommend und professionell. Wenn Sie Ihnen zudem dauerhaft gute Erfahrungen verschaffen, werden diese Menschen rundum zufrieden sein und bleiben. Glauben Sie nicht, dass ein Kunde auch immer gleichzeitig ein zufriedener Kunde ist. Je mehr zufriedene Kunden Sie haben, umso mehr kommen mit der Zeit dazu. Ein Stamm zufriedener Kunden wächst fast von selbst, was sich sehr positiv auf Ihren Kontostand auswirken wird.

Ihr wichtigstes Kapital setzt sich aus Ihrer Glaubwürdigkeit, Ihrem Ruf, Marketingprogramm und Ihrer zufriedenen Kundschaft zusammen. Gehen Sie sorgsam und respektvoll mit diesen Vermögenswerten um, denn eine bessere Ausgangsbasis für maximale Marketingerfolge werden Sie auch für alles Geld der Welt nicht errichten können.

Wie Sie wissen, habe ich ziemlich viele Guerilla Marketing-Bücher geschrieben. Hätte ich nicht eine ganze Menge zufriedener Kunden, wäre das erste sicherlich zugleich das letzte Buch gewesen.

Ihr designierter Guerilla

Bei der Lektüre dieses Buches lernen Sie jetzt alles Wichtige über Guerilla Marketing, doch eigentlich sind Sie viel zu sehr mit anderen Dingen beschäftigt, um Ihrem Marketing auch wirklich die Zeit zu widmen, die es verdient. Kein Grund, es nicht trotzdem mit voller Kraft voranzutreiben! Vielleicht haben Sie einfach keine Zeit, Ihr Marketingprogramm an den Start zu bringen und regelmäßig auf Herz und Nieren zu überprüfen. Dann brauchen Sie eben einen Guerilla, der Ihnen diese Aufgabe abnimmt.

Vielleicht fällt Ihnen spontan ein Kollege ein, der schon beim Gedanken an eine Marketingoffensive leuchtende Augen bekommt. In jedem Fall muss Ihr designierter Guerilla diese Herausforderung freudig annehmen und Marketing von ganzem Herzen lieben.

Natürlich können Sie Ihren Guerilla auch aus den Reihen der brillanten Marketingprofis wählen, die sich in der Welt da draußen tummeln. Diese erfahrenen Experten helfen Ihnen auch gerne dabei, eine Strategie auszutüfteln, einen Plan aufzustellen und sich einen Slogan und ein Mem für Ihre Firma auszudenken. Auch externe Fachleute können die täglichen Aktionen Ihres Marketingprogramms organisieren und verfügen nicht nur über umfassende Berufserfahrung, sondern meist auch über großes Talent.

Den besten aller designierten Guerillas aber finden Sie, wenn Sie jetzt einen Blick in den Spiegel werfen. Sie können viele Aufgaben und noch mehr Kleinigkeiten delegieren, was Sie jedoch nicht delegieren können, sind Ihre leidenschaftliche Begeisterung und visionären Ziele. Die ansteckende Begeisterung muss von Ihnen ausgehen.

Falls Sie zu beschäftigt sind, um sich um die Produktion, das Finanzielle und den Verkauf zu kümmern, sollten Sie sich ernsthaft fragen, ob Sie Ihre Prioritäten richtig gesetzt haben. Selbst wenn Sie all diese Aufgaben in kompetente Hände gelegt haben, sollten Sie bedenken, dass es das Marketing ist, das Ihr Geschäft so richtig ankurbelt. Nur das Marketing macht Ihre sonstigen Bemühungen lohnenswert und lässt Ihre Ziele in greifbare Nähe rücken.

Irgendjemand muss sich mit schwungvollem Elan dem Marketing annehmen. An geeigneten Kandidaten wird es wahrscheinlich nicht mangeln, doch wird sich vermutlich niemand so leidenschaftlich und unermüdlich ins Zeug legen und das große Ganze so deutlich erkennen wie Sie. Wenn in Ihnen das Herz eines Guerillas schlägt, kommt für diese Aufgabe kein anderer in Frage als Sie.

Interesse an den Mitmenschen

Egal, womit Sie glauben, Ihre Brötchen zu verdienen, in Wahrheit sind Sie eigentlich in vier Bereichen gleichzeitig tätig. Der erste ist der, den Sie sich ausgesucht haben und der auf Ihrer Geschäftskarte steht.

Der zweite ist Marketing. Ohne Werbung läuft gar nichts. Sollten Sie das einmal vergessen, ist es um Ihre Erfolgsaussichten nicht gut bestellt. Eine Ihrer wichtigsten Aufgaben ist, sich kontinuierlich um die Verbesserung Ihres Marketings zu bemühen. Guerillas überlegen sich ständig, wie sie besser werben können, weshalb sie sich auch Guerillas nennen dürfen und so beeindruckende Gewinne erwirtschaften.

Der dritte ist der Kundenservice. Vom ersten Moment an muss jeder Kunde hervorragend bedient und unterstützt werden. Wird Ihnen erst einmal klar, dass Sie eigentlich ein Dienstleister sind, bieten Sie automatisch einen so ausgezeichneten Kundendienst, dass sich Wiederholungskäufe und Empfehlungen wie von selbst ergeben.

Der vierte Bereich ist der zwischenmenschliche Bereich. Ihre Produkte werden von Menschen hergestellt, von Menschen vermarktet und Menschen angeboten. Wie gut Sie Menschen von Ihrem Angebot überzeugen und zum Kauf motivieren können, hängt stark davon ab, wie groß Ihr Interesse für Ihre Mitmenschen ist. Ich kann Ihr Interesse an anderen wohl kaum mit meinen Buch wecken, möchte aber doch ausdrücklich darauf hinweisen, wie unglaublich wichtig es ist, über zwischenmenschliche Kompetenzen zu verfügen.

Ein aufrichtiges Interesse an anderen zeigt sich daran, die richtigen Fragen zu stellen – Fragen, die Kunden dazu bewegen, sich zu öffnen und Ihnen zu vertrauen – und daran, dass Sie aufmerksam zuhören. Je mehr Sie sich für Ihre Mitmenschen interessieren, umso besser werden Sie darin, zuzuhören. Guerillas sind ganz hervorragende Zuhörer.

Kein Wunder, dass Guerillas so gut darin sind, dauerhafte Beziehungen entstehen zu lassen. Kein Wunder, dass so viele Interessenten ganz schnell zu Kunden werden.

Jeder – wirklich jeder – ist ein einzigartiger und faszinierender Mensch. Wenn Sie das verinnerlicht haben, stellt sich das Interesse an Ihren Mitmenschen ganz von selbst ein. Ihre Mitmenschen werden es Ihnen durch ihre Treue danken.

14 Indirektes Marketing

Einige wichtige Marketinginstrumente erfordern keinerlei Medieneinsatz, was aber nicht heißt, dass die folgenden Methoden Ihren Gewinn nicht erheblich steigern könnten. Hier geht es um indirektes Marketing.

Machen Sie nicht den Fehler, das Potenzial dieser Marketingwaffen zu unterschätzen, nur weil dabei keine finanziellen Investitionen Ihrerseits nötig sind. Denn Sie müssen schon einiges investieren – und zwar Zeit, Energie, Fantasie und Wissen. Ihren Geldbeutel können Sie getrost zu Hause lassen.

Das indirekte Marketing verlangt ebenso viel Sorgfalt und Respekt wie alle anderen Arten des Marketings. Streng genommen handelt es sich auch hier um Medien – nur nicht um die Art von Medien, auf die sich der gewöhnliche Nicht-Guerilla konzentriert, was häufig dazu führt, dass diese höchst effektiven Methoden vernachlässigt werden. Es besteht durchaus die Möglichkeit, dass Ihr Unternehmen durch diese indirekte Medientaktiken seinen Bekanntheitsgrad mehr steigert als durch alle herkömmlichen Medienoffensiven. Mein Rat: Stürzen Sie sich auf diese Guerilla-Medien und lassen Sie sich nicht davon abschrecken, dass sie Sie keinen Cent kosten. Rechnen Sie lieber aus, was Ihnen an Profit entgeht, wenn Sie diese Gelegenheiten nicht beim Schopf packen.

Service

Die jetzt folgende neue Definition des Begriffs *Service* ist eine Definition für Guerillas, eine Definition in einer Zeit, in der gerade die kleinen Unternehmen auf jede Form von Unterstützung angewiesen sind und in der sie sich jeden nur denkbaren Wettbewerbsvorteil sichern müssen. Also aufgepasst: Service ist, *was immer der Kunde dafür hält*. Vergessen Sie getrost, was darüber im Servicehandbuch steht. Service ist auch nicht, was Sie bisher unter diesem Namen angeboten haben, und schon gleich gar nicht, was Ihre Kunden fürchten. Nein, Service ist, wovon Ihre Kunden träumen. Leben Sie diese Definition – und fangen Sie heute noch an. Sie greifen dadurch auf eine der wirksamsten Taktiken in der Geschichte des Marketings zurück – und zugleich auf eine der neuesten.

Lange Zeit galt die Kundenzufriedenheit als ultimatives Ziel der Unternehmen. Aus diesem Credo wurde mit der Zeit das Glück der Kunden. Wahre Guerillas haben das schon immer geahnt, wenn nicht gar gewusst. Die einzige Methode, Kunden wirklich glücklich zu machen, besteht darin, all ihre Wünsche zu erfüllen. Keine Bange – Sie werden nicht ständig mit überzogenen oder gar völlig verrückten Forderungen konfrontiert werden. Die Mehrheit Ihrer Kunden ist vernünftig, intelligent und bereit, Ihr Unternehmen über den grünen Klee zu loben. Die besten Empfehlungen stammen noch immer von zufriedenen Kunden.

Es gibt viele neue Bücher zum Thema Kundenservice, was zeigt, dass er ein wesentlicher Teil des Marketings, ja eigentlich des gesamten Geschäftslebens ist. Ganz gleich, in welcher Branche Sie tätig sind, darüber hinaus sind Sie immer auch im Marketing und im Service tätig – denn zu jedem Produkt und jeder Dienstleistung gehören untrennbar Serviceleistungen.

Das Geheimnis eines perfekten Kundenservices liegt in der Fähigkeit, seinen Kunden zuzuhören. Achten Sie auf alle Äußerungen Ihrer Kunden, aber lesen Sie auch zwischen den Zeilen, hören Sie das, was sie nicht auszusprechen wagen. Wenn Sie ohne großes Federlesen die Träume und Wünsche Ihrer Kunden erfüllen, sichern Sie sich ihre Dankbarkeit und Loyalität. Es ist denkbar, dass Sie dafür ganz andere Leistungen anbieten müssen als bislang. Aber wenn Sie dafür dankbare Kunden erhalten, die Ihre Firma in den Himmel loben, ist es doch auf jeden Fall die Mühe wert.

Von den fünf Gründen, warum jemand ein bestimmtes Unternehmen bevorzugt, rangiert Service auf dem dritten Platz, gleich hinter Vertrauen und Qualität und noch vor der Auswahl und dem Preis. Es mag 50 weitere Gründe geben, warum man sich für ein bestimmtes Geschäft entscheidet, aber Sie können es sich definitiv nicht leisten, den drittwichtigsten Grund zu vernachlässigen.

Öffentlichkeitsarbeit

Öffentlichkeitsarbeit wird auch *Public Relations* genannt und umfasst genau das: Ihre Beziehungen zur Öffentlichkeit. Dazu gehört natürlich auch die *Publicity* – kostenlose Artikel, Features, Storys, Sendungen und so weiter über Sie oder Ihr Unternehmen in Zeitungen, Zeitschriften, Newslettern, Hörfunk und Fernsehen und anderen Medien. Außerdem gehört jede Beziehung, die Sie führen, dazu, ganz gleich mit wem. *Zwischenmenschliche* Beziehungen sind wohl die reinste Form von Public Relations.

Publicity gibt es zum Nulltarif. Publicity verschafft Ihnen und Ihrem Unternehmen Glaubwürdigkeit und eine Persönlichkeit. Publicity verhilft Ihrem Unternehmen, seinen Platz in der Welt des Unternehmertums zu finden, und verleiht Ihnen eine gewisse Autorität. Vielen Menschen ist die Publicity eines Unternehmens sehr wichtig, und möglicherweise bleibt sie deshalb vielen im Gedächtnis.

Zahlreiche Unternehmen sind davon überzeugt, dass es keine schlechte Publicity gibt, sondern dass es genügt, seinen eigenen Namen in der Zeitung zu lesen. Doch die meisten Guerillas wissen, dass schlechte Publicity zu negativer Mundpropaganda führt, die sich bekanntermaßen schneller verbreitet als ein Steppenbrand. Schlechte Publicity ist und bleibt schlecht. Gute Publicity ist großartig.

Allerdings steht es nicht in Ihrer Macht, etwas an Ihrer Publicity zu ändern, oder zu entscheiden, wann und wie sie der Öffentlichkeit präsentiert wird. Sie wird nur in Ausnahmefällen wiederholt und sie lässt sich nicht kaufen. Alles in allem ist Publicity jedoch eine hervorragende Waffe, die in jedem gut sortierten Waffenarsenal vorhanden sein sollte. Ein Marketingplan, der überhaupt keine Öffentlichkeitsarbeit vorsieht, vergisst etwas ganz Wesentliches und ist somit keine Option für einen Guerilla.

Public Relations zeigen – und das ist ein nicht zu unterschätzender, wenngleich häufig nicht erkannter Vorteil – langfristige Wirkung. Lobende Zeitungsartikel lassen sich rahmen und aufhängen, für Broschüren verwenden, an Flipcharts anbringen, und stärken Ihre Glaubwürdigkeit. Natürlich wärmt es Ihnen das Herz, wenn Ihre Story in der Zeitung erscheint, aber die tatsächliche Schlagkraft stellt sich oftmals erst in den folgenden Jahren heraus. Am wichtigsten ist es jedoch, dass Sie von Neuigkeiten berichten, die eine Veröffentlichung wert sind. Nachrichtenmedien leben von Neuigkeiten, und wenn Sie welche haben, können Sie den Medien geben, wonach sie suchen. Mein Buch *Guerilla Publicity*, das ich zusammen mit Rick Frishman und Jill Lublin verfasst habe, bietet jede Menge interessanter und wichtiger Details zum Thema Public Relations. In diesem Buch erfahren Sie, wie Sie zur Höchstform auflaufen können, um die kostenlose Publicity zu bekommen, die so vielen Unternehmen Geld in die Kassen spült. Statt Geld investieren Sie Arbeit, Telefonanrufe, Briefe, Zeit, Entschlossenheit und endloses Nachfassen. Die Mühe lohnt sich. Erfahrene Unternehmer setzen Public Relations mit Profit gleich. Wenn ein Zirkus in die Stadt kommt und ein Reklameschild aufhängt, spricht man von Werbung. Wenn der Elefant mit dem Schild auf seinem Rücken durch die Stadt marschiert, nennt man das Promotion. Trampelt der Elefant mit dem Schild auf dem Rücken jedoch durch den Garten des Bürgermeisters, und die Zeitung berichtet darüber, ist es Publicity. Wenn Sie den Bürgermeister dazu bringen, darüber zu lachen, dem Elefanten zu vergeben und auf seinem Rücken in den Zirkus zu reiten, dann sind Sie ein wahrer Meister der Guerilla-Public-Relations. Ohne Publicity passiert etwas Schreckliches: nämlich gar nichts.

Doch das können Sie vermeiden, indem Sie die Hilfe eines Profis in Anspruch nehmen. Es ist eine Sache, eine Pressemappe mit Hochglanzfotos, Presseerklärungen und Datenblättern an die Medien zu senden. Etwas ganz anderes hingegen ist es, wenn Sie Ihre Freundin Diane, die bei der Zeitung arbeitet, anrufen. »Diane, ich habe da etwas, was deine Leser sicherlich interessiert. Komm, ich lade ich zum Mittagessen ein und erzähle dir davon.« Natürlich kann Diane – wie wir alle – einer Einladung zum Essen nicht widerstehen. Also hört sie sich beim Essen Ihre Story an und nimmt Ihre Pressemappe entgegen. Bingo: Zwei Tage später können Sie Ihre Geschichte in der Zeitung lesen.

Genau aus diesem Grund sind die Honorare von PR-Profis – es lässt sich nicht anders sagen – gesalzen. In ihren Karteikästen befinden sich die gesammelten Kontaktdaten zahlreicher Ansprechpartner bei den verschiedensten Medien. Eine Ihrer Aufgaben als Guerilla besteht darin, sich so einen Karteikasten zusammenzustellen. Die Formel ist ganz einfach: Je mehr Kontakte, desto mehr kostenlose Publicity. Es ist wirklich außerordentlich wichtig, gute Beziehungen zu den Medien zu pflegen – das ist und bleibt das Geheimnis erfolgreicher PR-Kampagnen.

Medienbeziehungen sollten für alle Beteiligten nützlich sein. Sie als Guerilla sind an Publicity für Ihr Produkt oder Unternehmen, die Medien immer an fesselnden Geschichten interessiert. Machen Sie sich folgende vier Grundsätze klar:

1. Im Prinzip sind Sie nichts anderes als eine nützliche Informationsquelle für die Medien.
2. Kontakte zu den Endkunden der Medien sind niemals persönlich.
3. Die Medien können die Spielregeln ändern, Sie jedoch nicht.
4. Für die Medien zählt nur, was Sie für sie und ihre Leserschaft tun können.

Nehmen Sie an Veranstaltungen teil, bei denen Sie Journalisten treffen könnten. Treten Sie dem lokalen Presseclub bei. Besuchen Sie die Bars, Cafes und Restaurants, in denen Journalisten verkehren. Machen Sie sich zu einer unentbehrlichen Informationsquelle. Fragen Sie nach, woran sie gerade arbeiten. Beschaffen Sie sich ihre Telefonnummern und E-Mail-Adressen, um jederzeit in Kontakt mit ihnen treten zu können.

Die Kontaktaufnahme ist aber noch längst nicht alles. Sie müssen diese Beziehungen auch pflegen und am Ball bleiben. E-Mails sind dafür wohl das optimale Medium. Folgen Sie den Regeln der Medien, denn diese haben die Oberhand, die Macht. Sorgen Sie dafür, dass Sie nicht in Vergessenheit geraten.

Die Tatsache, dass Sie für die Vertreter der Medien eine unversiegbare Quelle für Neuigkeiten sind, ist ebenso wichtig wie ein freundschaftliches Verhältnis zu ihnen. Fast 80 Prozent aller Pressemappen landen ungelesen im Müll. Doch ein persönlicher Kontakt kann Ihre Mappe vor diesem Schicksal retten.

Ein Schlagwort noch, bevor wir das Thema Öffentlichkeitsarbeit hinter uns lassen: Buzz-Marketing, das zur Familie des viralen Marketings gehört. Marketingkommunikation – insbesondere Werbung – ist teuer und muss sich auf einem Markt behaupten, in dem nicht alles Gold ist, was glänzt. Zudem wird der Verbraucher mit Werbung förmlich überschüttet, was ihn immun gegen die darin versteckten Botschaften werden lässt. Dieses Symptom ist insbesondere bei der Generation X und Y zu beobachten. Beide Gruppen bevorzugen zwar die ein oder andere Marke, aber sie reagieren zunehmend zynisch auf Marketingbotschaften und verzichten mehr und mehr auf traditionelle Informationsquellen, wenn sie Neues über ihre Marken oder Trends erfahren wollen.

Aus diesem Grund ist Buzz-Marketing einer der neuesten Trends der Branche. Buzz-Marketing kombiniert viele Einflüsse, darunter die gute alte Mundpropaganda, virales Marketing und *Trendsetting* und *Trendspotting* – die Bildung und das Aufspüren von Trends. Buzz-Marketing funktioniert, weil es noch immer etwas Besonderes, zugleich aber eine der unaufdringlichsten Formen von Werbung ist. Buzz-Marketing ist das trojanische Pferd des Marketings und seine wachsende Akzeptanz beruht auf der Tatsache, dass sich einige der weltweit wichtigsten Marketingexperten damit beschäftigen. In dem Online-Marketing-Newsletter ICONOCAST heißt es: »Um Kunden dazu zu bringen, neue Ideen aufzugreifen, sind in den Werbeagenturen ganze Abteilungen mit Buzz-Marketing beschäftigt. Ein Beispiel dafür ist die WOW Factory von MindShare, eine Gruppe von Leuten, die sich ausschließlich mit dem Überraschungsmoment befasst.«

Buzz-Marketing und sein Vorläufer, die Mundpropaganda, sind wahrlich nichts Neues in der Welt des Marketings. Plattenfirmen und Modemarken setzen diese Taktik schon seit geraumer Zeit ein. In der Spirituosenbranche war es üblich, Mitarbeiter in angesagte Bars zu schicken, die das neue Getränk bestellten und sich mit Barkeepern und anderen Gästen darüber unterhielten. Auf diese Weise brachten sie die Marke ins Gespräch – und ein Anfang war gemacht. Es gibt zahlreiche Beispiele dafür, dass diese Methode funktioniert. Unbekannte Marken wurden allein deshalb ausprobiert und weiterempfohlen, ohne dass die Hersteller Unsummen in die Werbung stecken mussten.

Dieser Trick funktioniert auch heute noch. Abercrombie & Fitch, eine US-amerikanische in der Modebranche tätige Einzelhandelskette, zu deren Kunden hauptsächlich gut betuchte College-Kids zählen, lebt davon, »künstliche Kontroversen« (so die Fachzeitschrift *Potentials*) anzuzetteln, »in denen das Unternehmen einen Sturm der Entrüstung um die Marke entfacht, sich später dafür entschuldigt (oder auch nicht), dass man jemandem auf den Fuß getreten ist, und dann ganz entspannt den so provozierten Ansturm neugieriger Kunden abwartet«.

Für die Einführungskampagne des Handys T68i engagierte Sony Ericcson 120 Schauspieler und Schauspielerinnen, die an beliebten Sehenswürdigkeiten in den USA, wie dem Empire State Building in New York, Touristen mimen sollten. Diese baten dann die Passanten, sie mit der eingebauten Kamera des Handys zu fotografieren. Der Verbraucher, der diesen Trick natürlich nicht durchschaute, wurde also nicht wie üblich über die Werbung mit der Botschaft des Unternehmens konfrontiert, sondern von einem weitaus effizienteren Medium: einem coolen, attraktiven und von dem Handy ganz offensichtlich begeisterten Fremden. Auf diese Weise nimmt der virale Marketingprozess seinen Anfang. Stößt das Thema oder Produkt auf allgemeines Interesse, ist *Buzz-Marketing* eine extrem effektive und vor allem kostengünstige Methode, um Neuigkeiten zu verbreiten.

Wie gelang es Hotmail, in nur 18 Monaten über zwölf Millionen angemeldete Nutzer zu gewinnen? Weshalb wurde der Low-Budget-Film *The Blair Witch Project* so unglaublich erfolgreich? In beiden Fällen lautet die Antwort: durch *Buzz-Marketing*. Mundpropaganda verführt mehr Menschen dazu, ein bestimmtes Produkt zu kaufen (oder eben nicht) als jede andere Marketingform. Seien wir doch ehrlich, Mundpropaganda ist noch immer weitaus interessanter als jede noch so gut gemachte Werbebotschaft.

- Überlegen Sie sich durch Brainstorming, welche Zielgruppen sich durch Ihre Produkte oder Dienstleistungen angesprochen fühlen. Ziehen Sie die Medien, Meinungsmacher, Lead User (Produktanwender, die lange vor anderen Kunden neue Produkte kaufen und nutzen), Politiker und Analysten mit ins Kalkül. Und denken Sie an Chat-Räume, Mailinglisten, Internetforen und Newsgroups, auch wenn sich die Kunde von einem neuen Produkt noch immer vorrangig von Mensch zu Mensch verbreitet.

- Versuchen Sie herauszufinden, wie Informationen unter Ihren Kunden ausgetauscht werden. Fragen Sie Ihre Kunden, woher sie in der Regel von neuen Produkten und Dienstleistungen erfahren. Wer oder was sind ihre Informationsquellen? Wessen Rat schätzen sie? Sie sollten eher nach Personengruppen suchen, da es in diesem Zusammenhang weniger um den Einzelnen geht. Andererseits kann sich auch ein Einzelner als Meinungsmacher entpuppen, der seine Mitmenschen in seinen Bann zieht.

- Sie brauchen eine klare und prägnante Werbebotschaft, die genau die Vorzüge Ihres Produkts herausstellt, die Sie durch die unterschiedlichen Gruppen vermitteln wollen. Konzentrieren Sie sich auf die Einzigartigkeit des Produkts und überlegen Sie, wie sich damit Zeit und Geld sparen lässt – also zwei Bedürfnisse erfüllt, die den meisten Menschen sehr wichtig sind.

- Denken Sie darüber nach, wie Sie diese Gruppen dazu bringen können, über Ihre Produkte und Dienstleistungen zu reden.

- Bieten Sie Interessenten einfache Möglichkeiten an, Ihr Produkt oder Ihre Dienstleistung auszuprobieren. Die Hersteller des Gesellschaftsspiels Pictionary luden Passanten in Parks, Einkaufszentren und anderen öffentlichen Einrichtungen und Plätzen dazu ein, es einfach einmal zu spielen.

- Lassen Sie Ihrer Kreativität freien Lauf, um Produktvorführungen auf Messen interessanter zu gestalten. Was können die Messebesucher mit nach Hause nehmen, um an Ihr Unternehmen, Ihre Produkte und die positive Erfahrung, die sie damit auf der Messe gemacht haben, erinnert zu werden? Was kann den Anstoß zu viralem Marketing geben? Es muss natürlich kreativer sein als ein Schlüsselanhänger oder Kugelschreiber. Je stärker das Werbegeschenk mit Ihrem Produkt in Verbindung gebracht wird, umso besser. Schließlich wollen Sie ja, dass sich die Leute an Sie erinnern und über Sie sprechen – natürlich nur Gutes!

- Was spricht dagegen, bestimmten Gruppen einen Rabatt zu gewähren, einen Ratenkauf zu ermöglichen oder gar ein Gratisexemplar in die Hand zu drücken? Sie wollen doch, dass Gruppen oder Einzelpersonen, die Ihr Produkt kennen und für gut empfinden, es bekannt machen. Als seinerzeit FedEx gegründet wurde, bot das Unternehmen seinen Neukunden den kostenlosen Versand von Paketen an. Und America Online lockt immer wieder neue Kunden an, weil es ihnen stundenlanges Surfen im Internet zum Nulltarif ermöglicht.

- Halten Sie Pressekonferenzen ab, um die Medien über Ankündigungen und Produkteinführungen zu informieren, aber tun Sie das nur, wenn Sie wirklich etwas mitzuteilen haben.
- Sneak-Previews bei Messen erzeugen Neugier und lassen Ihr Produkt zum Tagesgespräch werden. Die Zuschauer müssen die Vorführung genießen und einen Blick hinter die Kulissen erhaschen. Fernsehen und Kino haben aus Sneak-Previews eine Kunst gemacht – lernen Sie daraus.

Buzz-Marketing überbietet zahlreiche konventionelle Marketinginstrumente. Vermutlich gibt es keine Methode, die noch mehr Jahre auf dem Buckel hat und sich schon so lange bewährt hat. Deshalb sollte sie unverzichtbarer Teil Ihres Marketingplans sein.

Messen

Es gibt sehr erfolgreiche Unternehmer, die ein wichtiges Marketingmittel nutzen: Sie stellen ihre Waren auf Verbraucher- und Fachmessen aus, um sie dort gewinnbringend an den Mann und die Frau zu bringen. Schließlich besucht niemand eine Messe, der nicht ernsthaftes Interesse an den dort vorgestellten Waren hätte. In der Regel verkaufen diese Unternehmer dort eher Produkte und weniger Dienstleistungen. Natürlich sind diese Messestände nicht ihr einziges Marketinginstrument, aber auf jeden Fall das wichtigste. Doch in einigen Fällen ist es auch das einzige. Letzteres habe ich Ihnen nur sehr ungern verraten, denn ich möchte keineswegs, dass sich bei Ihnen die Einstellung durchsetzt, es genüge, wenn Sie Ihre Waren auf Messen zeigen.

Der Marketingplan vieler Guerillas sieht vier Messeausstellungen pro Jahr vor. Vorher müssen allerdings Prospekte oder Broschüren erstellt werden, die dort unters Volk gebracht werden sollen. Ansonsten steht nichts weiter in diesem Marketingplan – und das reicht auch aus.

Vor längerer Zeit wollte ich mit einem Kunden, dem Inhaber einer Möbelkette, eine große Möbelmesse besuchen. Er wollte unbedingt zu den Ersten gehören, die am Morgen des ersten Tages der dreitägigen Ausstellung die Messehalle betraten. Als ich ihn nach dem Grund dafür fragte, erwiderte er, dass er zunächst durch die gesamte Ausstellung gehen, sich alle Stände ansehen und sich Notizen machen würde. Danach würde er schnell zu den Ständen zurückgehen, die seine Aufmerksamkeit geweckt hatten, und dort seine Bestellungen für das nächste Jahr aufgeben. Allerdings nur unter der Bedingung, dass er der exklusive Anbieter für jedes dieser Möbelstücke sein würde.

Tatsächlich brauchte er nur eine halbe Stunde für den kilometerlangen Rundgang – und ich war ihm immer dicht auf den Fersen. Im Anschluss daran verbrachte er zwei Stunden damit, mit den Herstellern oder Großhändlern zu verhandeln, deren Produkte sein Interesse gefunden hatten. Nach zweieinhalb Stunden war er mehr als glücklich, dass er seine Einkäufe für das nächste Jahr getätigt und sämtliche Verträge abgeschlossen hatte. Und genauso froh – vielleicht noch froher – waren die Hersteller, die mit ihren Waren, ihrem Stand, ihrem Verkaufstalent seine Aufmerksamkeit errungen und diesen Abschluss nicht zuletzt ihrer Bereitschaft zu verdanken hatten, Zugeständnisse zu machen. Ich erinnere mich noch gut an den Gesichtsausdruck eines Mannes, als ihm bewusst wurde, dass er in nur zehn Minuten Waren im Wert von einer halben Million US-Dollar verkauft hatte.

Arbeiten Sie sich in der Bibliothek einmal durch eine Ausgabe von Messeführern, um die Vielfalt der Messen, auf denen Sie ausstellen können, kennenzulernen. Die Zeit, die Sie auf Messen verbringen, ist gut investiert. Wenn diese Marketingmethode für Sie infrage kommt, müssen Sie unbedingt *Guerrilla Trade Show Selling: New Unconventional Weapons and Tactics to Meet More People, Get More Leads, and Close More Sales* von Mark S. A. Smith und Orvel Ray Wilson lesen.

Es gibt viele Methoden, um Ihre Waren auf Messen zu präsentieren. Die Standardmethode besteht darin, für mehrere hundert oder tausend Dollar einen Messestand zu mieten, die Waren auszustellen und auf das Beste zu hoffen. Eine andere Methode, die Guerilla-Methode – die sich im Übrigen auch als Testlauf anbietet –, besteht darin, auf einer Messe einen Aussteller zu suchen, dessen Ware zu Ihrer passt oder sie ergänzt, und ihm vorzuschlagen, ob er bereit sei, Ihnen ein Stückchen seines Standes frei zu räumen. Anders ausgedrückt, Sie teilen sich die Kosten, gehen gemeinsam auf Kundenfang und stellen Ihre Produkte zusammen mit denen Ihres neuen Freundes aus.

Sobald Sie ein paar Messen besucht haben, werden Sie ein Gespür dafür entwickelt haben, welche Produkte mit Ihren in Konkurrenz stehen oder sie ergänzen. Sie werden aber auch Produkte entdecken, von denen Sie nur in höchsten Tönen schwärmen können, oder Produkte, mit denen Sie gerne in Zusammenhang gebracht werden würden – was über Fusion Marketing durchaus machbar ist. Die Erfahrung wird Sie lehren, Ihre Waren ins rechte Licht zu rücken. Natürlich lässt sich auch von Ihren Mitbewerbern etwas über Broschüren, Schilder und Vorführungen lernen. Profitieren Sie aus den Fehlern anderer – wie zum Beispiel von Firmen, die zwar tolle Produkte herstellen, aber keinen blassen Schimmer von deren Vermarktung haben. Und natürlich werden Sie Menschen kennenlernen, die Ihnen beim Vertrieb Ihrer Produkte helfen können.

Dazu möchte ich Ihnen ein Beispiel im Detail schildern. Ein Ehepaar, das Grußkarten vertrieb und persönlich unzählige Schreibwarenläden abklapperte, wurde auf Fachmessen aufmerksam, bei denen unter anderem Grußkarten ausgestellt wurden. Dort, so hieß es, könnten sie gemeinsam mit anderen Kartenherstellern ihre Karten ausstellen und verkaufen, und, noch besser, Vertreter treffen, die den landesweiten Vertrieb ihrer Karten übernehmen würden. Gesagt, getan. Die beiden besuchten eine solche Fachmesse, sahen sich die Stände und Karten der anderen Aussteller an und lernten Vertreter kennen, die ihnen anboten, den Vertrieb ihrer Karten zu übernehmen. Als Anfänger schlugen sie ohne lange zu überlegen zu und unterzeichneten gleich mehrere Verträge.

Ihr Geschäft verzeichnete schon im Jahr darauf erhebliche Umsatzsteigerungen. Doch im Gespräch mit anderen Vertriebspartnern erfuhren sie, dass es zwei Arten von Vertretern gibt, die man auf Messen antrifft: den gemeinen Vertreter und den sogenannten Supervertreter. Der gemeine Vertreter arbeitet nicht mehr als er muss, besucht die normalen Läden und erzielt den üblichen Umsatz. Genau mit dieser Sorte von Vertreter hatte unser Ehepaar seine Verträge abgeschlossen. Ein Supervertreter hingegen nimmt nur eine begrenzte Anzahl von Grußkarten in sein Angebot auf, das sich ausschließlich an Läden richtet, deren Geschäft boomt, und ist mit Leidenschaft bei seiner Arbeit dabei.

Im Jahr darauf besuchte unser Paar wieder dieselben Fachmessen, unterzeichnete dieses Mal aber nur Verträge mit Supervertretern. Dadurch konnte das Paar seinen Umsatz im Vergleich zum Vorjahr um das Fünffache erhöhen. Sollen Ihre Produkte landesweit vertrieben werden, müssen Sie diese Aufgabe in die Hand eines Profis legen.

Als Aussteller Ihrer eigenen Produkte in Ihrem eigenem Messestand – wovon ich ausgehe – sollten Sie unbedingt folgende Marketingmittel ausprobieren:

1. *Flyer*: Meiner Meinung nach spricht nichts dagegen, eine attraktive Aushilfskraft oder Studentin (oder einen gut aussehenden Mann, sollte die von Ihnen anvisierte Zielgruppe weiblich sein) Ihre Flyer während der Messe verteilen zu lassen. Die Kosten dafür sind erschwinglich. Es sollten rund

5 000 Flyer unter Volk gebracht werden. Auf diese Weise unterscheiden Sie sich schon einmal sehr deutlich von anderen Ausstellern, da sich diese Guerilla-Taktik noch nicht durchgesetzt hat, und machen zugleich wesentlich mehr potenzielle Kunden auf sich aufmerksam.

2. *Broschüren*: Da Broschüren meist teurer in der Herstellung sind als Flyer, werden Sie diese wohl nicht so großzügig unters Volk bringen wollen wie Flyer. Am besten, Sie verteilen sie nur an Ihrem Messestand, denn hier tummeln sich ernsthafte Kaufinteressenten. Broschüren sind geradezu unschlagbar als Verkaufstaktik, denn viele Leute besuchen Messen ausschließlich wegen der Broschüren, die sie zu Hause in aller Ruhe durchlesen wollen, um anschließend wohlinformiert ihre Kaufentscheidung zu treffen.

3. *Führen Sie Ihre Waren vor*. Am besten natürlich Interessenten, die in Kauflaune sind. Zeigen Sie Ihre Waren gleich einer größeren Menschenmenge. Und da Ihre Mitbewerber wahrscheinlich auch unter den Ausstellern sind, sollten Sie die Gelegenheit nutzen und in aller Deutlichkeit herausstellen, wodurch sich Ihre Produkte von denen Ihrer Mitbewerber unterscheiden.

4. *Verteilen Sie Gratisproben*. Selten ergibt sich die Gelegenheit für Sie, so vielen potenziellen Kunden eine Warenprobe in die Hand zu drücken. Ich kenne keinen besseren Ort dafür als eine Messe.

Clevere Unternehmer nutzen die Gelegenheiten, die sich ihnen auf Messen bieten, zu 100 Prozent, stecken viel Energie in die Planung und Ausführung und lassen sich das Ganze auch etwas kosten. 91 Prozent der Teilnehmer einer Umfrage halten Messen für die nützlichste aller Quellen von Kaufinformationen. Messen ergänzen auch Ihre anderen Marketingkampagnen bestens. Werbebriefe werden im Allgemeinen von 13 Prozent der Angeschriebenen gelesen und erzielen eine Rücklaufrate von 2 Prozent, was von Nichtguerillas als gut befunden wird. Wird dasselbe Schreiben an potenzielle Kunden gesendet, die man auf der Messe angesprochen hatte, lesen es immerhin 45 Prozent, und die Rücklaufrate liegt bei 20 Prozent, was für Guerillas durchweg akzeptabel ist.

Warum stellen Guerillas ihre Waren auf Messen aus? Das Buch *Guerilla Trade Show Selling* nennt 15 Gründe:

1. Damit sie ihre Waren an Besucher verkaufen.
2. Damit sie ihre Waren an andere Aussteller verkaufen.
3. Damit sie Kontakte knüpfen und später dort nachfassen können.
4. Damit sie sich mit Kollegen und anderen Experten austauschen können.

5. Damit sie sich in ihrer Branche positionieren.
6. Um Kunden zu treffen.
7. Um neue Kunden kennenzulernen.
8. Um neue Produkte einzuführen.
9. Um Marktforschung zu betreiben.
10. Um neue Händler, Vertreter und Vertriebsleute zu treffen.
11. Um neue Mitarbeiter zu rekrutieren.
12. Um Besprechungen durchzuführen.
13. Um mehr über die Konkurrenz zu erfahren.
14. Um dazuzulernen.
15. Um die Medien auf sich aufmerksam zu machen.

Sie haben noch nicht genug? Gut, dann habe ich hier weitere zehn Gründe für Sie:

16. Um Tausende von Adressen von Kaufinteressenten zu erhalten.
17. Um eine gute Beziehung zu aktuellen und potenziellen Kunden aufzubauen.
18. Um den Namen seines Unternehmens bekannt zu machen.
19. Um neue Märkte in kurzer Zeit zu erobern.
20. Um das Unternehmen neu zu präsentieren.
21. Um den Kontakt zu seinen Lieferanten zu verbessern.
22. Um seine Adressliste zu erweitern.
23. Um Freundschaften zu schließen.
24. Um sich einen Namen in seiner Branche zu verschaffen.
25. Um sich von der Konkurrenz zu unterscheiden.

Guerillas wissen, dass eine Messe sorgfältig vorbereitet werden will und dass das dauern kann. Guerillas beginnen die Werbetrommel für eine Messe zu rühren, indem sie die wichtigsten Interessenten gemeinsam mit guten Kunden zum Messestand einladen. Dafür bedienen sich Guerillas der von den Organisatoren der Messe zur Verfügung gestellten Daten und verleihen ihren Briefen natürlich eine persönliche Note, denn sie wissen nur allzu gut, was das für einen Unterschied macht.

Guerillas geben in Anzeigen in Messezeitschriften, über Faxe, E-Mails, persönliche Briefe und telefonisch kund, dass sie an einer Messe teilnehmen. Als waschechter Guerilla finden sie heraus, in welchen Hotels die Teilnehmer untergebracht sind, und schieben ihre Einladung oder ihren Flyer unter der Hotelzimmertür durch.

Entscheidend für den Erfolg eines Messeauftritts ist das Nachfassen. So interaktiv Messen auch sein mögen, die entscheidende Interaktivität findet oft erst nach der Messe statt, wenn der Kunde erneut kontaktiert wird.

Die meisten Messebesucher wissen ganz genau, welche Stände sie besuchen, wo sie sich über was informieren und wie viel Zeit sie auf der Messe verbringen wollen. Und weil 90 Prozent des Werbematerials, das man auf Messen mitnimmt oder in die Hand gedrückt bekommt, zu Hause weggeworfen wird, verschicken so viele Guerillas ihre Werbung erst nach der Messe.

Und wieder enthülle ich ein Geheimnis. Also aufgepasst! Denn dieses Geheimnis macht den Unterschied aus zwischen einem durchschlagenden Erfolg und einem kläglichen Scheitern. Vergessen Sie bei allen Ihren Messeaktivitäten nie: Der einzige und alleinige Zweck Ihres Messeauftritts besteht darin, *Ihr Produkt zu verkaufen.*

Keine Frage, natürlich geht es auch darum, Ihre Produkte zu präsentieren, potenzielle Kunden darüber zu informieren und Ihre Kundenliste zu erweitern. Doch im Prinzip wollen Sie doch Ihre Produkte verkaufen. Es gibt nichts Schöneres, als direkt am Messestand Bestellungen entgegennehmen. Dafür braucht es einen Mitarbeiter, der den ganzen lieben langen Tag nichts anderes tut. Setzen Sie sich ein Ziel, wie viel Umsatz auf der Messe gemacht werden soll. Es spielt dabei keine Rolle, wie viele Broschüren Sie verteilen. Denken Sie immer an den Besitzer des Möbelgeschäfts, von dem ich Ihnen schon erzählt habe. Ihm waren Broschüren völlig egal, denn er hatte nur eines im Sinn: kaufen, kaufen, kaufen.

Haben Sie Ihr Ziel nicht erreicht, war diese Aktion für die Katz. Wenn Ihr Umsatz Ihnen nicht die Freudentränen in die Augen schießen lässt, haben Sie eine gute Gelegenheit ungenutzt verstreichen lassen. Ich erinnere mich noch gut an zwei Konkurrenten, die beide auf einer großen landesweiten Messe ausstellten. Beider Stände waren beeindruckend, ihre Produktvorführungen zogen die Besucher in ihren Bann, und auch ihre Broschüren waren wirklich gut gemacht. Doch eines der beiden Unternehmen hielt die Messe einzig und allein für eine Gelegenheit, seine Waren zur Schau zu stellen, weshalb es nicht weiter überrascht, dass dort so gut wie nichts verkauft wurde. Für das andere Unternehmen war die Messe eine einzige Verkaufsshow, kein Wunder also, dass es in drei Tagen einen Umsatz von 4,5 Millionen US-Dollar verbuchen konnte.

Fusion Marketing

Eine Hand wäscht die andere – das gilt seit Menschengedenken und auch für das Marketing. Seit geraumer Zeit setzen nun immer mehr Unternehmen darauf, ihre Marketingbemühungen gezielt zu vereinen, sodass sich im allgemeinen Sprachgebrauch mittlerweile mehrere Begriffe für dieses Phänomen durchgesetzt haben: Fusion Marketing, Marketingkooperativen, Verbundmarketing, Gemeinschaftswerbung, Werbepartnerschaften und viele mehr.

Sie sehen einen Werbespot und denken sofort an Coca-Cola. Oder ist es etwa doch McDonald's? Erst ganz am Schluss merken Sie, dass der Spot für den neuen Disney-Film warb. Viele Unternehmen, vor allem die kleinen Fische, setzen mittlerweile auf Fusion Marketing, denn damit lässt sich die Werbebotschaft zum halben Preis unters Volk bringen.

»Darf ich mein Reklameschild auf Ihrem Grund und Boden aufstellen? Ich nehme Ihres dann auch gleich mit.« »Weshalb sollten wir unsere Webseiten nicht gegenseitig verlinken?« »Gut, ich verschicke Ihre Broschüre bei meiner nächsten Massenwerbung, wenn Sie dasselbe auch für mich tun.« »Ich bin dafür, dass wir uns gegenseitig weiterempfehlen.«

Diese Werbemethode setzt sich mehr und mehr durch, da sie kaum etwas kostet, Wirkung zeigt und einfach umzusetzen ist. Eine simple Bitte kann Ihnen Tür und Tor öffnen.

Diese Art der Werbung verpflichtet Sie zu rein gar nichts – es ist schließlich keine Hochzeit. Wenn es Spaß macht, sollten Sie es wiederholen. Wenn nicht, lassen Sie die Finger davon. Die meisten erfolgreichen Kleinunternehmer haben 20 oder mehr Marketingpartner für sich gewonnen. Japan scheint hier die Nase vorn zu haben: Dort schließen sich sogar Branchenriesen mit Ein-Mann-Betrieben zu Marketingkooperationen zusammen – was sich für alle Beteiligten auszahlt.

In vielen amerikanischen Städten gründen Anwälte, Versicherungsvertreter und Steuerberater eine Art Club, die das alleinige Ziel verfolgen, die Adressen von Kunden auszutauschen. Möglicherweise könnten Sie diese Idee übernehmen. Fragen Sie doch einmal bei Firmen nach, die eine vergleichbare Zielgruppe ansprechen und – weitaus wichtiger – die denselben hohen Standards genügen wie Sie selbst. Es ist durchaus möglich, dass Ihr Vorschlag zur Gründung einer solchen Kooperation auf fruchtbaren Boden fällt. Schließlich handelt es sich um ein absolut erfolgreiches Konzept, das jeder Guerilla einmal ausprobieren sollte. Worauf warten Sie noch?

Ehrenamtliche Tätigkeiten

Mittlerweile hat sich die Erkenntnis, dass man lieber mit Freunden als mit Fremden Geschäfte macht, bei allen Guerillas und sogar Nichtguerillas durchgesetzt. Wer sich in seiner Gemeinde ehrenamtlich engagiert, gewinnt viele Freunde. Ich brauche Ihnen wohl nicht zu sagen, dass das allerdings mehr bedeutet, als irgendeinem Ausschuss beizutreten und sich dann nicht mehr dort blicken zu lassen.

Ehrenamtliches Engagement heißt, sich für seine Straße, sein Viertel oder die ganze Gemeinde einzusetzen und seinen Worten Taten folgen lassen. Wer Sie – die Hemdsärmel hochgekrempelt – bei der Arbeit beobachtet und zugleich weiß, dass Sie dafür kein Geld bekommen, zieht wohl den Schluss, dass Sie sich noch mehr ins Zeug legen, wenn es sich um einen bezahlten Job handelt – und schon winkt der nächste (bezahlte) Auftrag für Sie.

Ganz nebenbei können ehrenamtliche Tätigkeiten also Ihr Geschäft ankurbeln. Lenken Sie aber unter keinen Umständen die Aufmerksamkeit darauf. Ihre guten Taten sprechen für Sie – ganz ohne Zutun Ihrerseits.

Eine ehrenamtliche Arbeit für Ihre Gemeinde ist ein ausgezeichneter Ausgangspunkt, um sich und Ihr Unternehmen bekannt zu machen. Auf diese Weise erfahren Sie nämlich als einer der Ersten von den Problemen, mit denen sich die Gemeinde herumschlagen muss. Und wer weiß – vielleicht können Sie ja helfen. Sicherlich verschlingt Ihr Engagement jede Menge Zeit und sicherlich auch Energie, aber es lohnt sich auf jeden Fall. Schon so mancher hat deshalb keinen einzigen Cent mehr für Werbung ausgeben müssen.

Gemeinnützige Arbeit kann viele Formen annehmen. Vielleicht entwickeln Sie ja ein Projekt für die örtliche Schule. Oder Sie bieten Ihr Produkt oder Ihre Dienstleistung als Dankeschön für Spenden für eine gute Sache an. Sie könnten aber auch die Kosten für die Verschönerung eines Parks in Ihrem Stadtviertel übernehmen. Oder die lokalen Medien unterstützen. Einer meiner Kunden knüpft viele neue Kontakte, weil er die Schirmherrschaft über einen 10 000-Meter-Lauf übernommen hat. Eine gute Idee sind auch Schreib- oder Malwettbewerbe für Kinder und Jugendliche. Alle Möglichkeiten, Gutes zu bewirken, hier aufzuzählen, würde den Rahmen dieses Buchs bei Weitem sprengen. Lassen Sie Ihrer Fantasie freien Lauf und tun Sie Gutes für Ihre Mitmenschen und letztlich auch für sich.

Es ist keine Frage, dass viele Städte auf das soziale Engagement ihrer Bürger und Bürgerinnen angewiesen sind. Auch Ihr Einsatz ist gefragt. Viele Menschen stellen dabei ihre Selbstlosigkeit unter Beweis, hoffentlich gilt das auch für Sie. Ganz gleich, aus welchem Beweggrund heraus Sie sich engagieren, Hauptsache, Sie engagieren sich. Wenn Sie sich für das Wohl anderer einsetzen, werden das andere auch für Sie tun.

Mitgliedschaft in Clubs, Vereinen und Verbänden

Soziales Engagement und die Mitgliedschaft in einem Verein oder Club entspringen wohl einer ähnlichen Motivation. Schließlich lässt sich auch hier durch Taten statt Worte zeigen, dass Leistung und Qualität für Sie oberstes Gebot sind. In einem Verein ist es ein Kinderspiel, die lokale Prominenz Ihres Städtchens kennenzulernen und den ein oder anderen Brocken Insiderwissen aufzuschnappen.

Sie sollten eine Mitgliedschaft auch dann in Erwägung ziehen, wenn zunächst nicht zu erkennen ist, wie das Ihnen oder Ihrem Geschäft nützen soll. Früher oder später zahlt sie sich aber aus. Sie machen sich dadurch einen Namen und sind persönlich bekannt. Mag schon sein, dass Sie dort nicht allzu viele neue Kunden gewinnen, aber einige dicke Fische sind bestimmt darunter. Außerdem ist eine Mitgliedschaft die perfekte Grundlage für viele Weiterempfehlungen.

Viele Guerillas sichern sich ihr Einkommen, indem sie sich bei der Freiwilligen Feuerwehr melden, Jagdvereinen, Berufsverbänden, Unternehmensverbänden, Fitnessstudios oder anderen Institutionen beitreten. Schließlich sind wir soziale Wesen und lieben von daher die Gemeinschaft mit anderen. Eines sollten Sie jedoch unbedingt sein lassen: Treten Sie keinem Verein bei, bloß weil Sie Aufträge an Land ziehen wollen! In dem Moment, in dem Ihr wahres Motiv auffliegt, sind Sie Ihre auf diese Weise gewonnenen Kunden schnell wieder los.

Machen Sie sich klar, dass manche Ihre Mitgliedschaft in einem bestimmten Verein gut finden – andere jedoch nicht. Unterschätzen Sie nie Ihre Mitmenschen und deren Intelligenz. Ganz gleich, ob Sie ein guter Schauspieler sind oder nicht, man wird den Braten riechen, wenn es Ihnen gar nicht um den Verein an sich ging. Und das kommt gar nicht gut an!

In einem Verein lernen Sie Interessenten, Lieferanten und Mit-Guerillas kennen, und mit viel Glück auch Vertreter der lokalen Presse. Man wird Ihnen dort nur allzu gerne erzählen, worüber man sich gerade fürchterlich ärgert. Vielleicht können ja Sie etwas dagegen tun? Es wird zahlreiche Gelegenheiten für Sie geben, an Ihrem Ruf zu arbeiten, von neuesten technischen Errungenschaften oder auch dem neuesten Klatsch aus der Gerüchteküche zu erfahren, vom Wissen und der Erfahrung Gleichgesinnter zu profitieren oder enge Freundschaften mit anderen Mitgliedern zu schließen. Wie war das doch gleich? Es gibt drei Dinge, die man nicht kaufen kann? Liebe, Freunde und Tomaten aus dem eigenen Garten. Wer weiß, vielleicht kommen Sie in einem Verein gleich an alle drei Dinge heran?

Möglicherweise profitiert Ihre ganze Branche von Ihrer Mitgliedschaft, die Ihnen zahlreiche Vorteile bietet, und das, ohne dass Sie Ihre Geldbörse zücken müssen. Es ist wirklich wahr: Es werden mehr Verträge auf Golfplätzen, beim Kartenspiel und in Vereinsräumen abgeschlossen, als Sie sich vorstellen können.

Nachfassen

Was veranlasst Kunden dazu, Unternehmen untreu zu werden? Schlechter Service? Nein. Schlechte Produktqualität? Wieder falsch gelegen. Ja, warum dann? Ich verrate es Ihnen: *Weil sich niemand mehr um sie kümmert, sobald ein Geschäft abgeschlossen wurde.* Kunden wechseln zu anderen Anbietern, weil sie sich ignoriert und vernachlässigt fühlen. Nur aus diesem Grund verlieren US-amerikanische Unternehmen erschreckende 68 Prozent ihrer Kunden.

Wer glaubt, nach dem Abschluss eines Geschäfts wäre auch Schluss mit dem Marketing, täuscht sich. Und zwar ganz gewaltig, denn nun fängt das Marketing erst so richtig an. Das sollten Sie sich unbedingt merken, falls Sie Ihren geschäftlichen Erfolg nicht aufs Spiel setzen möchten.

Zuerst müssen Sie begreifen, was Nachfassen für einen Guerilla bedeutet. Das Nachfassen geht jedem Guerilla in Fleisch und Blut über, denn er weiß ja, dass ihn ein Geschäftsabschluss mit einem Neukunden sechs Mal so viel kostet wie der Abschluss mit einem Stammkunden. Daher bedankt sich ein Guerilla nach jedem Abschluss innerhalb von 48 Stunden schriftlich bei seinem Kunden und kontaktiert ihn nach 30 Tagen noch einmal schriftlich oder telefonisch, um nachzufragen, ob alles in Ordnung ist oder irgendwelche Fragen anliegen. Durch dieses umsichtige Verhalten wird die Beziehung gefestigt. Wie jeder Guerilla weiß, lassen sich die Beziehungen zu Interessenten und Kunden am besten durch gewissenhaftes Nachfassen pflegen. Daher versendet er innerhalb von 90 Tagen ein weiteres Schreiben, das zum Beispiel über interessante Produktneuheiten oder ergänzende Produkte informiert, die er oder ein Kooperationspartner anbietet.

Ein waschechter Guerilla ist immer daran interessiert, Marketingallianzen zu schmieden, denn sie bringen ihn seinem lobenswerten Ziel näher, die eigene Marktpräsenz auszudehnen und zugleich die Marketingkosten zu senken. Nach weiteren sechs Monaten informiert ein Guerilla den Kunden über eine bevorstehende Sonderaktion, und nach neun Monaten bittet er um die Kontaktdaten dreier Personen, die Interesse haben könnten, in die Mailingliste des Guerillas aufgenommen zu werden. Der Kunde kommt dieser Bitte meist gerne nach, denn drei Namen für einen Geschäftspartner, der sich so umsichtig um ihn gekümmert hat, sind nun wirklich nicht zu viel verlangt. Nach einem Jahr bedankt sich der Guerilla bei seinem Kunden schriftlich für das einjährige Bestehen der Geschäftsbeziehung.

Eine gute Gelegenheit, dem Dankesschreiben einen Gutschein beizulegen, mit dem der Kunde zu vergünstigten Preisen einkaufen kann. Die Wahrscheinlichkeit ist hoch, dass der Kunde das Angebot wahrnimmt, Wiederholungskäufe tätigt und den freundlichen Guerilla weiterempfiehlt. So werden Beziehungen geknüpft und mit der Zeit gefestigt. Dieselbe sorgfältige Pflege sollten Sie natürlich auch potenziellen Kunden angedeihen lassen, die durch Ihr Nachfassen sicher zu zufriedenen Stammkunden werden.

Entweder Sie bemühen sich um Ihre Kunden oder sie laufen Ihnen davon. Die Entscheidung dürfte nicht schwerfallen.

Mundpropaganda

In der Regel läuft ein geschickter Marketing-Feldzug so ab: Sie verschicken 50 E-Mails am Tag, stellen Reklameschilder auf, pflegen Ihre informative Webseite, schalten Zeitschriftenanzeigen und sorgen sogar für eine PR-Story im Lokalblatt. Das Marketing wirkt, und in Ihrem Laden wimmelt es vor lauter Kaufinteressenten. Doch auf die Frage »Wie kommen Sie denn auf uns?« erhalten Sie in der Mehrzahl der Fälle die Antwort: »Ein Freund hat Sie mir empfohlen.«

Sind Sie bereit für ein weiteres Geheimnis? Bitte, hier ist es auch schon: Die meisten Menschen hassen es zuzugeben, dass sie auf Werbung (und ihre hinlänglich bekannten Tricks) hereingefallen sind, und schieben deshalb einen guten Freund vor, der ihnen angeblich ein bestimmtes Produkt empfohlen hat. Andererseits verlassen sich die meisten auf ihren Freundes- und Bekanntenkreis, wenn es um neue Produkte geht. Deshalb müssen Sie sich mächtig ins

Zeug dafür legen, wenn Sie und Ihre Produkte Gesprächsthema Nummer eins werden wollen.

Wenn Sie 24 Stunden am Tag, 365 Tage im Jahr alles richtig machen, können Sie sich darauf verlassen, dass Ihr Unternehmen in aller Munde ist. Doch haben Sie wirklich so viel Zeit? Echte Guerillas kennen ein paar Tricks, um diesen Prozess zu beschleunigen.

Die erste Methode besteht in einem simplen Faltblatt, das Sie Ihren Neukunden direkt nach dem Kauf in die Hand drücken. Im Prinzip tritt nämlich im Anschluss daran ein Phänomen auf, das als »Moment maximaler Zufriedenheit« (MMS, *moment of maximum satisfaction*) bekannt ist. Es hält von dem Zeitpunkt des Kaufs bis höchstens 30 Tage danach an. In dieser Zeit reden die meisten Menschen gerne über ihre neueste Anschaffung, und zwar nicht nur, weil sie ihnen Freude macht, sondern auch um sich im Nachhinein ein paar Argumente zu liefern, die diese Ausgabe rechtfertigen. Da kommt ihnen ein solches Faltblatt gerade recht. Denn da stehen vermutlich einige Punkte, die ihnen selbst gar nicht eingefallen wären. Und was haben Sie davon? Eine Weiterempfehlung nach der anderen.

Probieren Sie doch auch noch eine andere Taktik aus und fragen Sie sich: »Wo kaufen meine potenziellen Kunden denn noch ein?« Ein Restaurantbesitzer tat genau das und erhielt als Antwort: in Parfümerien und Kosmetikstudios. Kurze Zeit später erhielten deren Betreiber und Betreiberinnen im näheren Umkreis Gutscheine, aber nicht nach dem abgedroschenen Schema F »Zwei Menüs zum Preis von einem« oder »Gilt nur an einem Mittwoch Abend zwischen 17.15 und 17.35 Uhr«. Nein, der Gutschein lautete über zwei kostenlose Menüs, alles inklusive. Die Einladung wurde begeistert aufgenommen, und diese Geschichte verbreitete sich rasend schnell im ganzen Viertel – und ist vermutlich noch heute Gesprächsstoff.

Nur kurze Zeit später musste man in diesem Restaurant schon Wochen und Monate im Voraus einen Tisch bestellen, und die Gäste standen auf der Straße Schlange, um einen heiß ersehnten Platz zu bekommen. Die Kosten für diesen durchschlagenden Werbeerfolg? Zwei Essenseinladungen – also kaum der Rede wert. Ich denke doch, dass dieses Ergebnis für sich spricht. Und es ist ja auch so einfach: Sie brauchen lediglich herauszufinden, wo Ihre Kunden noch gern gesehene Stammgäste sind, und verwöhnen sie dann mit einem passenden Gutschein. Das war es dann auch schon. Schon können Sie sich zurücklehnen und sich an Ihrer klingelnden Kasse erfreuen. Nur gut, dass sich dieser kleine, aber feine Trick noch nicht herumgesprochen hat.

Ein anderes neues Restaurant hat Witz und Kreativität unter Beweis gestellt, als es darum ging, Gesprächsthema zu werden. Der Besitzer lud ein Dutzend enger Freunde in sein neu eröffnetes Restaurant ein – aber nur unter der Bedingung, dass sie vor der Tür des Restaurants für eine gewisse Zeit lang eine Schlange bildeten. Natürlich kamen sie seiner Bitte nach. Autofahrer und Passanten bemerkten den Ansturm und fragten sich natürlich, was sie da verpassen würden. Kurz darauf war des Restaurant immer gut besucht, denn schließlich hatte sich innerhalb kürzester Zeit herumgesprochen, dass das Essen dort so gut war, dass die Leute dafür sogar Schlange standen ...

Preisausschreiben

Der Hauptgrund für Preisausschreiben besteht darin, an Adressen zu kommen. Darüber hinaus sollten Sie noch wissen, dass sich Ihre Webseite optimal dafür eignet, Ihre Besucher auf ein Preisausschreiben hinzuweisen. Es genügt, wenn Sie sie wissen lassen, dass sie für die Teilnahme bloß ihre E-Mail-Adresse angeben müssen.

Wenn Sie im Einzelhandel tätig sind, stellen Sie eine Box im hinteren Teil Ihres Geschäfts auf, damit die Teilnahmekarten dort eingeworfen werden können. Die Teilnehmer müssen also den ganzen Weg durch ihren Laden gehen, sehen ganz nebenbei, was Sie alles anbieten, werden auf Sonderangebote aufmerksam gemacht und lernen Sie und Ihre Mitarbeiter kennen. Wer sich in einem Laden auskennt, kauft dort viel lieber und damit auch öfter ein – tun Sie also, was Sie können, um Stammkunden zu gewinnen.

Sollten Sie dem Gewinner Ihres Preisausschreibens einen Gewinn in Aussicht stellen? Auf keinen Fall! Loben Sie stattdessen zehn Preise für zehn Gewinner aus. Viele Unternehmen stellen Ihnen nur allzu gerne kostenlos ihre Produkte als Gewinne zur Verfügung, wenn Sie dafür im Gegenzug ihren Namen in Ihrem Laden, auf Ihrer Webseite oder bei sonstigen Werbeaktionen nennen.

Wann immer bei einem Preisausschreiben eines beliebigen Einzelhändlers als Hauptgewinn eine kostenlose Reise nach Las Vegas winkt, können Sie darauf wetten, dass ein Reisebüro dahintersteckt, das bekannt werden möchte. Dagegen lässt sich doch nichts einwenden, oder?

Ein Preisausschreiben verhilft Ihnen nicht nur zu jeder Menge Adressen, sondern erregt auch die Aufmerksamkeit der Medien – ein weiterer Grund, weshalb Preisausschreiben zunehmend beliebter werden. Laden Sie doch einfach den Vertreter der lokalen Presse zur Preisverteilung ein. Zumindest den Lokalnachrichten ist das bestimmt ein paar Zeilen wert.

Die Teilnehmer Ihres Preisausschreibens sollten Sie innerhalb der kommenden 30 Tage anschreiben. Schließlich soll man sich noch an Sie erinnern, und umgekehrt dürften nur wenige in der kurzen Zeit umgezogen sein. Achten Sie auch darauf, die gesetzlichen Bestimmungen für Preisausschreiben zu erfüllen, damit Sie nicht der Gefängnisinsasse mit der längsten Adressliste werden. Wie Sie bereits wissen, kaufen wir alle lieber in Läden, in denen wir uns auskennen und die Mitarbeiter kennen. Und eines steht fest: Nach einem Preisausschreiben sind Sie nicht nur für die glücklichen Gewinner ein vertrautes Gesicht.

Wettbewerbsvorteile

Viele Unternehmen wie Ihres machen mit marktschreierischen Methoden auf ihre Wettbewerbsvorteile aufmerksam. Potenzielle Kunden nehmen die derart angepriesenen Produkteigenschaften genau unter die Lupe und vergleichen sie zudem auch mit anderen Produkten, um noch vor dem Kauf herauszufinden, welches Produkt ihnen den größtmöglichen Nutzen bietet. Die Kaufentscheidung basiert letztlich darauf, ob ein Produkt besser ist als ein vergleichbares. Für Sie bedeutet das, etwas anbieten zu müssen, was Ihre Konkurrenz nicht im Angebot hat. Und das sollten keine leeren Versprechen sein.

An unserem früheren Wohnort gab es unzählige Restaurants, die Bestellungen auch ins Haus lieferten. Sie unterschieden sich kaum in Qualität, Auswahl und Preis. Trotzdem hatten wir uns für einen bestimmten Lieferservice entschieden, dem wir treu blieben. Der Grund für unsere Entscheidung war, dass dieser Service als einziger zusicherte, alle Bestellungen innerhalb einer Stunde auszuliefern. Keine Frage, er musste sich ganz schön ins Zeug legen, um dieses Versprechen auch halten zu können, aber wir waren vermutlich nicht die einzigen Kunden, denen es wichtig war, wie lange sie auf das Essen warten mussten. Natürlich zogen seine Konkurrenten mit der Zeit nach, aber es war zu spät. Wir blieben unserem Lieferservice treu, weil er der erste war, der diesen Service anbot. Und wenn wir noch immer dort lebten, würden wir auch bis ans Ende unserer Tage bei ihm – und nur bei ihm – bestellen.

An diesem Ort gab es fast mehr Friseure als Einwohner. Meine Frau ließ sich jedoch nur von dem Friseur die Haare schneiden, der auch Hausbesuche anbot. Für diesen eindeutigen Wettbewerbsvorteil griff meine Frau liebend gerne etwas tiefer in die Tasche.

Ihre Werbung sollte sich um Ihre Wettbewerbsvorteile drehen. Wie bitte? Ihnen fällt da auf die Schnelle keiner ein? Dann sollten Sie sich in ein ruhiges Eckchen verziehen und in Ruhe nachdenken. Auch die Umsetzung sollten Sie mit ein wenig Fantasie, Zeit und Energie leicht schaffen. Machen Sie sich klar, dass bei jedem Vergleich immer das Unternehmen gewinnt, das mit den meisten Wettbewerbsvorteilen aufwarten kann.

Je blühender Ihre Fantasie, umso besser. Versetzen Sie sich einfach in die Lage Ihrer Kunden, dann fallen Ihnen bestimmt einige Dinge ein, mit denen Sie Ihre Mitbewerber ausstechen können. Dabei reicht ein einziger Wettbewerbsvorteil aus – vorausgesetzt, er bietet Ihren Kunden wirklich etwas Tolles.

»Aufzugspräsentation«

Für den Fall, dass ein Guerilla im Fahrstuhl einmal auf einen vielversprechenden Interessenten trifft, hat er einen sogenannten *Elevator Pitch* parat – eine Präsentation seines Angebots, die in wenigen Sekunden einen Überblick über die überzeugendsten Argumente gibt. So eine Aufzugpräsentation parat zu haben ist wichtig, denn heutzutage ist ja jeder in Eile und mit den Gedanken schon bei der übernächsten Aufgabe. Stellen auch Sie sich eine zusammen, lernen Sie sie auswendig und üben Sie so lange, bis sie Ihnen flüssig über die Lippen kommt.

Eine gute Aufzugspräsentation kommt ohne Umschweife zur Sache und auf den Wert, die Vorteile und die Qualität Ihres Angebots zu sprechen. Sie dauert ungefähr zehn Sekunden, und Sie sollten sie im Schlaf aufsagen können. Im Prinzip geht es nur sekundär um Ihr Angebot, denn primär müssen Sie sich innerhalb kürzester Zeit verkaufen.

Wissen Sie, was die meisten Leute denken, wenn sie sich die Verkaufsargumente einer tollen Aufzugspräsentation anhören? »Na und? Was geht's mich an?« Einem Guerilla passiert so etwas nicht. Ein Guerilla langweilt sein »Opfer« nicht dadurch, dass er über sich selbst spricht, sondern lässt den anderen von sich erzählen – und schon ist er beliebter Gesprächspartner.

Falls Sie glauben, eine Aufzugpräsentation käme nur in Aufzügen zum Einsatz, haben Sie nur teilweise recht. Sicher ist sie für die Zeitspanne ausgelegt, die es dauert, gemeinsam ein paar Stockwerke nach oben oder unten zu fahren. Sie lässt sich aber auch prima an den Mann oder die Frau bringen, wenn Sie telefonische Kundenakquise betreiben, sie kann als Nachricht auf dem Anrufbeantworter hinterlassen, auf Ihre Visitenkarte gedruckt und auf

Ihrer Webseite eingefügt werden. Sie macht sich gut in Ihrem Lebenslauf, Ihrer Kurzbiografie, Ihrer E-Mail-Signatur und Ihrem Marketingmaterial. Und wann immer Sie neue Beziehungen knüpfen, ist sie natürlich auch äußerst praktisch.

Sie können den aufregendsten Beruf der Welt haben oder es mit einer bahnbrechenden Erfindung auf sämtliche Titelseiten geschafft haben. Nur – den meisten Menschen ist das ziemlich egal. Letztendlich interessiert sich jeder nur für sich selbst. Beziehen Sie sich in Gesprächen daher immer direkt auf Ihr Gegenüber, auf sein Leben, seine Arbeit, seine Familie – auf alles, was ihm wichtig ist. Das sind seine Lieblingsthemen.

Die Entwicklung und Verfeinerung Ihrer Aufzugspräsentation könnte eine Ihrer wichtigsten taktischen Aufgaben sein und sich womöglich als Schlüssel zu Ruhm und Reichtum herausstellen. Das ändert jedoch nichts an der Tatsache, dass niemand besonders scharf darauf ist, sie zu hören. Kein Mensch erhofft sich als Höhepunkt des Tages, heute im Fahrstuhl mit einem Verkaufsgespräch unterhalten zu werden. Nichtsdestotrotz brauchen auch Sie einen Elevator Pitch, und je perfekter er ist, desto mehr wird sich der Aufwand für Sie auszahlen.

Das Gegenteil einer überzeugenden Aufzugspräsentation ist eine nicht vorhandene Aufzugspräsentation. Nur wenige Kleinunternehmer haben sich damit überhaupt schon einmal befasst, geschweige denn eine parat, weshalb ihnen auch so manche gute Gelegenheit durch die Lappen geht.

Garantie

Mit einer Garantie nehmen Sie Ihren Kunden jedes möglicherweise mit einem Kauf verbundene Risikogefühl. Allerdings sind die Garantiebestimmungen in Deutschland gesetzlich geregelt, weshalb Sie sich unbedingt rechtlich beraten lassen sollten, bevor Sie Garantien abfassen. Sind die rechtlichen Fragen geklärt, stellen sich andere Fragen: Wie umfassend, spezifisch und überzeugend können Sie Ihre Garantie gestalten? Könnten Sie damit in Ihrer Branche Maßstäbe setzen? Ihrer Konkurrenz den Schlaf rauben? Genau so eine Garantie sollten Sie gewähren.

In seinem Buch *Guaranteed Sales Résumés* nennt Kevin Michael Donlin einige Beispiele aus Amerika, die Ihrer Fantasie garantiert auf die Sprünge helfen. Vielleicht ist ein Beispiel dabei, das sich so oder in abgewandelter Form für Ihre Geschäftstätigkeit eignet.

Branche	Garantie
Immobilien	Wenn ich Ihr Haus nicht verkaufe, erhalten Sie von mir 1 000 US-Dollar.
Restaurant	Wenn es Ihnen nicht geschmeckt hat, laden wir Sie auf Kosten des Hauses zu einem Essen Ihrer Wahl ein.
Physiotherapeut	Wir befreien Sie von Ihren Schmerzen. Falls Ihre Beschwerden anhalten, behandeln wir Sie kostenlos bei Ihnen zu Hause weiter.
Hunde-Sitter	Wir garantieren Ihnen absolute Zuverlässigkeit. Sollten wir uns tatsächlich einmal verspäten, erhalten Sie für Ihren Vierbeiner Hundefutter im Wert von 50 US-Dollar.
Florist	Falls Sie mit einem unserer Gestecke oder Sträuße einmal nicht zufrieden sein sollten, erhalten Sie von uns eine Schachtel Pralinen.
Computerreparatur	Wir bringen Ihren Computer sofort wieder zum Laufen. Falls nicht, stellen wir die weitere Reparatur nicht in Rechnung, und Sie erhalten zusätzlich 100 US-Dollar bar auf die Hand!
Einzelhandel	Wenn Sie einen unserer Artikel anderswo günstiger finden sollten, erhalten Sie den doppelten Betrag des Verkaufspreises zurück.

Zusätzlich zu einer Geld-zurück-Garantie könnte eine Bäckerei sechs Stück Kuchen, ein Computerreparaturdienst ein Sharewareprogramm und ein Buchhändler ein Buch als Entschädigung für den Ärger anbieten. Ein Kurierdienst könnte den Versandpreis zurückerstatten, wenn die Sendung nicht pünktlich ankommen sollte – wie FedEx. Und natürlich kann man Kunden auch immer anbieten, den Kaufpreis zurückzuerstatten und als Wiedergutmachung noch 5, 10 oder 50 US-Dollar draufzulegen.

Ein Unternehmen, das auf Zack ist, kann bestimmte Lieferzeiten garantieren – bis zehn Uhr morgens, innerhalb von 24 Stunden oder was auch immer. Können Sie garantieren, dass Sie die größte Produktauswahl in der Stadt zu bieten haben? Dann tun Sie es, sofern Ihre Behauptung der Wahrheit entspricht. Von lapidaren Versprechungen wie »Sie werden garantiert zufrieden sein« sollten Sie Abstand nehmen. Führen Sie stattdessen konkrete Gründe auf, weshalb Sie Kundenzufriedenheit garantieren.

Dabei gilt: Je länger die Garantiefristen, umso besser. Eine lebenslange Garantie klingt äußerst beruhigend und wird Ihnen viele Neukunden einbringen. Und fast niemand wird sie jemals in Anspruch nehmen. Fragen Sie L. L. Bean, den legendären Textileinzelhändler, der eine lebenslange Garantie auf seine Textilien gewährt.

Branded Entertainment

Branded Entertainment, die Verschmelzung von Werbung und Unterhaltung, gehört zu den Marketinginstrumenten, die – außer in Seifenopern – noch gar nicht existierten, als ich an der ersten, zweiten und sogar, als ich noch an der dritten Auflage von *Guerilla Marketing* schrieb. Mittlerweile setzt es sich in Film und Fernsehen zunehmend durch.

Bei Branded Entertainment handelt es sich um die subtile Integration einer Marke in ein audiovisuelles Programm (TV, Radio, Podcast, Videocast), wobei es keine Rolle spielt, ob der Impuls für diese Form der Werbung vom Hersteller der jeweiligen Marke oder dem Sender ausgeht. Branded Entertainment will in erster Linie unterhalten, zugleich aber Marken die Gelegenheit bieten, auf sich aufmerksam zu machen.

Die Wurzeln des Branded Entertainment reichen bis zu den Seifenopern der 1950er Jahre zurück. Heutzutage verpacken die Werbemacher ihre Werbebotschaften darin so geschickt, dass sie »nicht so kommerziell« wirken. Diese Entwicklung ist nicht zuletzt auf die Tatsache zurückzuführen, dass es mittlerweile zu viele Fernsehsender gibt, und der bewährte 30-Sekunden-Spot ausgedient hat und die Verbraucher einfach nicht mehr anspricht. Sicherlich trägt das Internet auch zu dieser Entwicklung bei.

Die Liaison zwischen Hollywood-Glamour und Marken gut betuchter Hersteller ist seit Jahren immer wieder Stadtgespräch. Doch auch wenn die großen Marken sozusagen Schlange stehen, um allein in diesem Jahr geschätzte 2 Milliarden US-Dollar in die sogenannte Cross-Promotion, die Nutzung verschiedener Kommunikationskanäle, in Kino und TV zu investieren, bleibt doch die Frage: Was ist Branded Entertainment wert? Oder konkreter formuliert: Wie können die Werbemacher – die in der Regel für eine einzige Werbekampagne zig Millionen Dollar ausgeben können – die Profitabilität ihrer Ausgaben beziffern? Und wie berechnen die Studios die gezielte Aufnahme bestimmter Produkte in ihre Filme und Fernsehsendungen?

»Ja, das ist eine unserer wichtigsten Fragen«, gibt der ehemalige Produktionsleiter von Walt Disney, Rich Frank, zu. Der Mitgründer und Managing Partner von Integrated Entertainment Partners, einem vielversprechenden Start-up-Unternehmen, bringt als unabhängiger Vermittler Markenunternehmen und namhafte Vertreter der Unterhaltungsbranche an den grünen Tisch. »Diese Frage wird sich auch in den nächsten Jahren noch stellen, weil noch niemandem eine Antwort darauf eingefallen ist.«

Bei anderen Medien hat sich die Werbebranche längst auf den Tausend-Kontakt-Preis (TKP) geeinigt, also auf den Preis für 1 000 Einblendungen einer Werbung oder 1000 Abrufe von Suchergebnissen – ganz gleich, ob es sich um Zeitschriftenanzeigen, TV-Spots oder Bannerwerbung handelt. Doch für das Branded Entertainment hat sich ein solcher Standard noch nicht durchgesetzt. Aufgrund ständig steigender Kosten für die TV-Werbung bei gleichzeitig nachlassender Wirkung suchen Werbeexperten nach Alternativen, deren Effizienz sich auf den Cent genau beziffern lässt. »Heutzutage müssen Unternehmen die Profitabilität ihrer Investition genau kennen. Das gilt insbesondere in Zeiten, in denen die Wirtschaft in einer Krise steckt und die Budgets knapp sind.«

Jeep und Toyota gaben jeweils über 10 Millionen US-Dollar aus für einen Auftritt ihrer Modelle Rubicon und Tundra, die in *Lara Croft Tomb Raider: Die Wiege des Lebens* von Paramount und *Terminator 3: Rebellion der Maschinen* von Warner Bros. Pictures zu bewundern waren. Mitsubishi ließ es sich über 25 Millionen US-Dollar kosten, dass seine Modelle in *2 Fast 2 Furious* von Universal die Hauptrollen spielen durften. Haben sich diese Ausgaben gelohnt – für alle Beteiligten?

Der Schlüssel für die Bewertung des Branded Entertainment liegt in der Steigerung der Markenbekanntheit. Selbst wenn ein Filmstudio einen Film als völligen Flop betrachtet, könnte das ein Sponsor anders sehen, wenn sein Produkt die erwartete Aufmerksamkeit erhält. Schließlich dreht sich in dieser Branche mehr oder weniger alles darum, die Aufmerksamkeit des Publikums zu erhaschen. Die Vermarktung von Produkten und Dienstleistungen folgt nur einem einzigen Ziel: Man möchte die Kasse klingeln hören. Aus diesem Grund wird um jedes kleine bisschen Aufmerksamkeit, das der Zuschauer der Werbung schenkt, gebuhlt wie nie zuvor.

So manche Werbung lässt sich einfacher bewerten als andere. Bei der zweiten Staffel der TV-Sendung *American Idol* (dem US-amerikanischen Gegenstück zu *Deutschland sucht den Superstar*) gab es drei Hauptsponsoren: Ford,

Coca-Cola und AT&T Wireless. Für Coke wurde das »rote Zimmer« eingerichtet, in dem die Mitglieder der TV-Jury an Gläsern gefüllt mit Coca-Cola nippten, und Ford griff tief in die Tasche, damit die Finalisten in einem Ford Focus vorfuhren. Beide Unternehmen konnten sich über fantastische TKP freuen, da die Einschaltquoten von *American Idol* doppelt so hoch wie ursprünglich angenommen waren.

AT&T Wireless hingegen sahnte am allermeisten ab: Beim Finale von *American Idol* wurden so viele SMS verschickt wie noch nie zuvor: über 7,5 Millionen SMS-Nachrichten – ein wahrhaft krönender Abschluss dieser Staffel. Die Kassen klingelten hörbar, und die Einnahmen pro SMS ließen sich auf den Cent genau berechnen.

Hunderttausende von AT&T-Kunden verschickten während dieser Sendung zum ersten Mal in ihrem Leben eine SMS – und hatten offenbar Gefallen daran gefunden, denn die langfristige Umsatzsteigerung des Telekommunikationsunternehmens lässt den Rückschluss zu, dass es keine Eintagsfliege war, SMS zu verschicken. Die Investition von AT&T hat sich also mehr als gelohnt. Allein die durch die Sendung verstärkte Bekanntheit von AT&T wäre die Ausgaben schon wert gewesen. Zweifellos sind diese neuen Partnerschaften zwischen Sendern und Studios auf der einen Seite und den Verbrauchermarken auf der anderen Seite ein wichtiger Schritt, die heutige zerklüftete Medienlandschaft wieder mehr zu einen.

Apple Computer ist dafür bekannt, seine Produkte in Film und Fernsehen zu platzieren, weshalb so mancher den Eindruck gewinnt, man kenne die Geräte nicht aus den Büros oder weil sie Freunde nutzen, sondern weil man sie ständig im Fernsehen sieht. Als moderne Variante zum herkömmlichen Product Placement werden in IKEA-Katalogen ausschließlich Computer von Hewlett-Packard abgebildet, und auch in den Ausstellungsräumen der IKEA-Einrichtungshäuser finden sich nur Kunststoffmodelle von HP-Geräten. Damit löst HP Apple als Werbeträger des schwedischen Möbelhändlers ab. So manchen Verbraucher beschleicht das Gefühl, als bliebe man selbst auf der einsamsten Insel nicht von Product Placement verschont. Vielleicht wäre weniger hier mehr?

Dem Guerilla bieten sich also neue Optionen, während zugleich bewährte Methoden weiterentwickelt werden. Der schlaue Guerilla kennt alle Optionen und probiert viele davon aus, ganz nach dem Motto »Der Narr hat viele Möglichkeiten, der Weise nur einige wenige«.

TEIL V
Das Wesen des Guerillas

15 Was braucht die Guerilla-Firma?

Selbst wenn Sie mit Leib und Seele Guerilla sind, besteht das Risiko, mit all Ihren Bemühungen ins Leere zu laufen, falls es Ihrer Firma an bestimmten Merkmalen mangelt. Sich diese anzueignen kostet Sie nichts, nicht über sie zu verfügen könnte Sie aber teuer zu stehen kommen.

Viele Firmen verfügen zumindest über einige dieser strategisch wichtigen Merkmale, anderen sind sie noch nicht einmal bekannt. Natürlich müssen Sie einiges an Zeit, Energie, Fantasie, Wissen und Geduld mitbringen, um Ihre Firma standesgemäß auszustatten, doch diese Investitionen machen sich langfristig spürbar bezahlt.

Die erforderlichen Merkmale nenne ich Ihnen auf den folgenden Seiten, die Umsetzung ist jedoch Ihre Sache, und Sie werden feststellen, dass es gar nicht so einfach ist, ihnen im Geschäftsalltag Leben einzuhauchen. Sie zu erstellen, umzusetzen und zu verstehen ist einfach. Da jedoch so viele Ihrer Mitbewerber dennoch keinen Wert auf sie legen, verschaffen Sie sich schon alleine dadurch, sie in Ihrer Firma lebendig werden zu lassen, diverse Wettbewerbsvorteile.

Der Name

Die erste geschäftliche Entscheidung eines Guerillas will wohlüberlegt sein: der Name der Firma. Von dem Beratungsunternehmen Lexicon, das die Namen Pentium, PowerBook und DeskJet ersann, können wir die fünf Regeln der Namensgebung lernen.

1. *Ist der Name unkonventionell?* Namen, die in der bunten, lauten Welt des Marketings nicht auffallen, haben schon so gut wie verloren. Der Name Ihrer Firma muss sich von denen Ihrer Konkurrenten abheben.
2. *Wird der Name Ihren Mitbewerbern Kopfschmerzen bereiten?* Einen geschützten Markennamen kann Ihnen niemand mehr streitig machen. Am

besten ist ein rundum gelungener Name, der Ihre Mitbewerber stöhnen lässt, wann immer er ihnen ins Gesicht lacht. Je besser der Name, umso mehr werden sie sich ärgern, dass sie ihn nicht verwenden dürfen.

3. *Ist der Name Programm?* Großartige Namen vermitteln ein Versprechen oder eine Geschichte. Alle Buchstaben, Wörter und der Klang des Namens sollten eine Einheit bilden, der eine starke Botschaft zum Ausdruck bringt. Der richtige Name ist das Fundament für langfristige Kundenbeziehungen und eine unglaublich starke Marketingwaffe.

4. *Deutet der Name auf eine wichtige Produkteigenschaft oder einen unschlagbaren Vorteil hin?* Ein vortrefflicher Name lässt die Verbraucher bereits den verlockendsten Vorteil erkennen, auf den sie die nächsten Jahre keineswegs verzichten wollen. Der Name macht Ihr Angebot ummissverständlich klar.

5. *Weckt der Name auch in Ihnen gemischte Gefühle?* Großartige Namen provozieren, fallen auf und lassen Risikofreude erkennen. Sie passen sich nicht einfach brav der Masse an.

Die Namensänderung eines bereits laufenden Geschäfts ist eine der frustrierendsten Angelegenheiten, die man sich nur vorstellen kann. Nehmen Sie Ihre Geschäftstätigkeit lieber erst dann auf, wenn Sie den richtigen Namen für Ihr »Baby« gefunden haben.

Jeder Guerilla weiß, dass es nur zwei Arten von Namen gibt: gute und schlechte. Schlechte Namen zeichnen sich dadurch aus, dass sie sich nur schwer richtig aussprechen lassen, nach Übertreibung riechen, zu gewöhnlich sind, sich an etablierten Firmennamen orientieren oder sich nur mit Mühe fehlerlos schreiben lassen. Zu den guten Namen gehören alle, die diese Kriterien nicht erfüllen. Ihre Hausaufgabe: Denken Sie sich einen guten Namen aus.

Schränken Sie sich mit Ihrer Namensgebung nicht von vornherein ein. Der Kopierladen, der sich »Copy Factory« taufte, musste sich einige Jahre nach der Firmengründung in »The Print and Copy Factory« umtaufen, nachdem sich der geschäftliche Schwerpunkt vom Kopieren auf den Druck verlagert hatte. Auch das Schlafmöbelgeschäft mit dem wohlklingenden Namen »Santa Rosa Bedding« musste sich aufgrund einer stark erweiterten Angebotspalette später der Namensänderung in »Santa Rosa Bedding and Furniture« unterziehen.

Wählen Sie keinen Namen, der dem Firmenwachstum sowie der Ausdehnung und Erweiterung Ihrer Produktpalette Grenzen setzt. Denken Sie sich einen Namen aus, der Sie ins Rampenlicht rückt. Planen Sie einen Eintrag in den Gelben Seiten, wäre es beispielsweise clever, einen Namen zu wählen, der mit A beginnt, damit Sie unter den ersten Anbietern zu finden sind. Clever ist auch, einen aussagekräftigen Namen zu wählen. Ein Name wie »LightSpeed Software« drückt auf Anhieb mehr aus als die Bezeichnung »Zednia«.

Je kürzer Ihr Name ist, umso größer können Sie ihn in Ihrem Werbematerial darstellen. Ausgerechnet ich muss Ihnen nun sagen, dass es eben doch auf die Größe ankommt. Bevor Sie sich auf einen Namen festlegen, vergewissern Sie sich bitte, dass er überhaupt verwendet werden darf und nicht schon geschützt ist.

Viele große Unternehmen tragen ziemlich nichtssagende Namen wie Sherwin Williams, Westinghouse und Honda. Allerdings können es sich diese Konzerne leisten, ein Vermögen zu investieren, um sich im wahrsten Sinn des Wortes weltweit einen Namen zu machen. Da Sie wohl kaum ein Vermögen investieren können, muss Ihr Name integrierter Bestandteil Ihres Marketingprogramms sein.

Das kann für oder gegen Sie arbeiten. Egal, aus wie vielen Aspekten sich Ihre Geschäftstätigkeit und Ihr Marketing zusammensetzten, der Name ist der offensichtlichste und zugleich derjenige, mit dem Ihre Kunden zuerst in Berührung kommen.

Das Mem

Der Begriff »Mem« wurde 1976 geprägt und umschreibt die simpelste aller Kommunikationsmöglichkeiten. Versetzen wir uns zurück in die Frühzeit. Irgendwann watet da ein Höhlenmensch namens Uba hüfttief in den kalten Fluss und versucht, mit bloßen Händen einen Fisch zu fangen. Natürlich sind seine Versuche nicht von Erfolg gekrönt. Zurück in seiner Höhle eröffnet er der hungrigen Familie, dass das Abendessen leider ausfällt. Er blickt sich ratlos um, als sein Blick plötzlich an der Höhlenwand haften bleibt. Ist da nicht etwas auf die Felsen gemalt? Tatsächlich, er erkennt drei Zeichnungen. Die eine stellt einen Donnervogel dar, die zweite ein hirschähnliches Wesen. Und die dritte Zeichnung zeigt ein Strichmännchen, das einen langen Stecken hält, an dessen Ende ein Fisch aufgespießt ist. Sofort rennt Uba wieder hinunter zum Fluss, bricht sich einen Ast vom Baum und spitzt diesen mit einem scharfkantigen Stein an. Mit seinem neuen Speer fängt er so viele Fische, dass seine Familie keinen Hunger mehr leiden muss.

Ein Mem rettete Uba und seine Familie vor dem Hungertod. Ein Mem vermittelt auf den ersten Blick eine Idee, die so einfach und eindeutig ist, dass sich jede weitere Erklärung erübrigt. Meme können Ideen optisch, verbal und durch Gesten vermitteln: als international verständliche Verkehrszeichen, weltweit durchgesetzte Begriffe wie »Lean Cuisine« und als hochgehaltener Daumen, an dem man jeden Tramper erkennt.

Heutzutage wird jeder Mensch von allen Seiten unaufhörlich mit Werbung bombardiert, weshalb Ihr Mem sich in all dem Trubel Aufmerksamkeit verschaffen muss. Stellen Sie Ihr Mem in Ihren Werbematerialien, auf Ihrer Homepage, auf Ihrem Briefpapier und Ihrer Visitenkarte heraus. Führen Sie es bei jeder Gelegenheit ins Feld. Glauben Sie nicht, dass ein Logo genug des Guten ist. Es symbolisiert zwar Ihre Firma, doch das reicht längst nicht aus. Ein Mem steht sowohl für die Firma als auch für eine Idee, die sich üblicherweise auf den wichtigsten Vorteil bezieht, den die Firma zu bieten hat. Green Giant, Name des US-amerikanischen Lebensmittelherstellers und der 16 Meter hohen Statue in Blue Earth, Minnesota, sind ein Mem. Das Michelin-Männchen ist ein Mem. Natürlich ist auch der Marlboro-Cowboy ein Mem. Strengen Sie Ihre Gehirnzellen an und erfinden Sie ein Mem für Ihre Firma. Jetzt! Behalten Sie es bei, solange es Ihre Firma gibt.

Meme verbreiten sich einfach von selbst und sind ganz leicht zu erstellen. Denken Sie einfach über den wichtigsten Vorteil Ihres Angebots nach und überlegen Sie sich, wie Sie ihn bildlich oder verbal am einfachsten kommunizieren könnten. Wenn Sie an den Adler als Mem für Amerika, an die Lichthupe als Mem, das Fernlicht auszuschalten, und an den Flamingo als Mem für Florida denken, wird klar, dass Meme in unserem Leben selbstverständlich sind.

Im Marketing stellen sie jedoch noch etwas Besonderes dar. Je schneller Ihnen die zündende Idee kommt, umso schneller können Sie von ihr profitieren. Stellen Sie Ihr eigenes Mem auf die Beine, um es an die Spitze Ihres Marketingfeldzugs zu setzen. Visualisieren Sie einfach Ihren überzeugendsten Vorteil. Destillieren, komprimieren und vereinfachen Sie ihn. Konzentrieren Sie sich auf seine Essenz, dann haben Sie die besten Voraussetzungen für Ihr Mem bereits geschaffen. Das stärkste Mem der Menschheitsgeschichte ist vermutlich das Rad. Das Rad beförderte nicht nur bequem und schnell wichtige Dinge von Ort zu Ort, sondern trug die geniale Idee seiner Erfindung gleich mit im Gepäck.

Der Slogan

Es kostet Sie keinen Cent, sich einen einnehmenden, unumstößlichen und einprägsamen Slogan auszudenken, der den Charakter Ihrer Firma in wenigen

Worten verdeutlicht. »Sie haben es sich verdient.« »Hier tanken Sie auf.« »Qualität ist das beste Rezept.« Ich denke, Sie wissen, was ich meine.

Ihr Slogan sollte für die Ewigkeit gemacht sein. Ändern Sie ihn nicht alle paar Jahre, denn er gewinnt Jahr für Jahr an Stärke und Überzeugungskraft. Wie alt sind wohl der Weiße Riese und Meister Proper? Ziemlich alt. An Zugkraft haben jedoch beide nicht eingebüßt.

Verwenden Sie Ihren Slogan bei jeder Gelegenheit: in der Werbung, auf der Homepage, in der E-Mail-Signatur, auf den Visitenkarten und dem Briefpapier – lassen Sie es sich von mir aus eintätowieren. Jeder eingefleischte Harley-Davidson-Fan trägt stolz sein Harley-Tattoo zu Schau, den ultimativen Beweis seiner Markentreue. Der Slogan erwächst aus der Identität Ihrer Firma und knüpft starke emotionale Bande mit Ihren Kunden und solchen, die es werden möchten.

In der Kombination sind Mem und Slogan doppelt einprägsam. Gehen Sie daher möglichst weitsichtig ans Werk und vermeiden Sie Begriffe und Sprüche, die vielleicht bald schon veraltet oder abgedroschen sein könnten. Sobald Sie mit Ihrer Formulierung zufrieden sind, überprüfen Sie sie auf mögliche Ähnlichkeiten zu den Slogans anderer Firmen. Besteht auch nur die geringste Ähnlichkeit, vergessen Sie es. Sie brauchen ein Motto, das ganz alleine Ihre Firma charakterisiert.

Im Idealfall besteht Ihr Slogan – Ihre Devise, Ihr Wahlspruch, Motto oder wie immer Sie Ihr Leitmotiv nennen möchten – nur aus wenigen Worten. Möchten Sie es auf Ihren Visitenkarten oder in einem Branchenverzeichnis abdrucken, muss es sowieso relativ kurz sein. Im Gegensatz zu Coca-Cola, das regelmäßig mit immer neuen hervorragenden Slogans aufwartet, brauchen Sie sich wohl keine Sorgen machen, dass Ihre Zielgruppe ständig neue Geniestreiche von Ihnen erwartet. Ich persönlich bin ja der Ansicht, dass sich viele der Coca-Cola-Slogans für die Ewigkeit geeignet hätten, doch wahrscheinlich werden dem Unternehmen die eigenen Sprüche irgendwann langweilig, nachdem es einige Zeit sehr intensiv damit geworben hat.

Die besten Slogans haben natürlich einen positiven Inhalt, meiden aber Superlative. »Ein Diamant ist unvergänglich.« »Just do it.« »Irgendwie clever.« Bekannte Slogans, die auf jegliche Angeberei verzichten. Wie Ihr sonstiges Marketing muss auch Ihr Slogan glaubwürdig sein. Übertreibungen untergraben Ihre Glaubwürdigkeit, und je häufiger Sie einen übertriebenen Slogan nutzen, umso unglaubwürdiger werden Sie.

Wie beim Mem gilt auch für den Slogan, ihn möglichst schnell einsatzbereit zu machen, da er mit der Zeit an Überzeugungskraft gewinnt. Selbst ein kurzer

Slogan hat enormes Wirkungspotenzial, das Sie nicht unterschätzen dürfen. Ihr Slogan ist der Flaggenträger Ihrer Marketingkampagne.

Branding

In einem Artikel der *Harvard Business Review* hieß es einmal, dass aufgrund der steigenden Zahl neu gegründeter kleiner und mittlerer Unternehmen Kleinunternehmer zukünftig nur dann noch realistische Erfolgschancen hätten, wenn sie eigene Markennamen aufbauten und diese ihrer jeweiligen Zielgruppe publik machten. Haben Sie – salopp gesagt – den Trend verpennt, ist vermutlich auch eines der vieldiskutierten und spannenden Konzepte des kommerziellen Treibens an Ihnen vorübergegangen: *Branding*. Der Aufbau und die Pflege einer Marke steigern den Bekanntheitsgrad Ihrer Firma in einem Maß, das kaum mit Gold aufzuwiegen ist. Sogar MasterCard würde dem bedenkenlos zustimmen. Für einen waschechten Guerilla ist ein hoher Bekanntheitsgrad oberstes Gebot, egal, was in irgendwelchen Artikeln zum Besten gegeben wird. Der Bekanntheitsgrad einer Marke ist gleichbedeutend mit ihrer Glaubwürdigkeit. Je bekannter eine Marke ist, umso mehr vertraut man ihr normalerweise, und Vertrauen ist der Schlüssel zum finanziellen Erfolg.

Viele Verbraucher kaufen Produkte oder Dienste, mit deren Markennamen sie vertraut sind. Marken werden einfach aus dem Grund gekauft, weil man sie kennt, spezielle Produktvorteile spielen dabei oft eine ebenso untergeordnete Rolle wie der Preis. Bei Verbraucherumfragen erhält man auf die Frage »Warum haben Sie dieses Produkt gekauft?« sehr häufig die Antwort: »Weil ich schon einmal davon gehört habe.«, Und eine Marke, von der die Verbraucher »schon einmal gehört haben« ist eine Marke mit hohem Bekanntheitsgrad.

Wie verschafft sich eine Firma einen hohen Bekanntheitsgrad? Richtig, durch die ständig wiederholte Nennung ihres Namens. Häufige Marketingaktionen, markante Logos oder sonstige Symbole oder auch die regelmäßige Berichterstattung in den Medien sind als Einzelmaßnahme oder in Kombination ausgezeichnete Möglichkeiten, den Namen Ihrer Firma immer wieder zu erwähnen. Durch häufige Wiederholung schleicht sich eine Botschaft in das Unterbewusstsein des Verbrauchers ein, auf der Ebene also, auf der die meisten Kaufentscheidungen getroffen werden. Kein Wunder also, dass so viele Produkte gekauft werden, »weil man schon einmal davon gehört hat«.

Marken genießen Vertrauen. Meines, und Ihres natürlich auch. Die Leute kaufen gerne bei Freunden ein. Wer Ihren Namen immer wieder hört, hat das

Gefühl, Sie zu kennen, was Sie als potenziellen Freund qualifiziert. Wiederholung führt zu spontaner Markenidentifizierung, die auch als »Top-of-the-Mind-Awareness« bezeichnet wird. Bevor man an die Eroberung neuer Marktanteile denkt, müssen zuerst die Herzen der Verbraucher erobert werden.

Je höher der Bekanntheitsgrad ist, desto länger bleibt der Markenname im Gedächtnis haften. Der Empfänger einer Werbebotschaft mag sich den Namen der beworbenen Marke für ein oder zwei Wochen merken. Hört er jedoch anschließend nichts mehr von ihr, vergisst er sie. Eine dauerhafte Markenbekanntheit lässt sich nur durch konsequente Präsenz erreichen. Eine bekannte Marke verkauft sich zwar nicht automatisch, wird aber mit höherer Wahrscheinlichkeit gekauft als ein unbekanntes Konkurrenzprodukt.

Es ist nicht davon auszugehen, dass Ihre Marke über Nacht bekannt wird. Üben Sie sich in Geduld, denn das Warten zahlt sich aus – wie alles andere, was die Überlebensfähigkeit Ihrer geschäftlichen Unternehmung sichert.

Positionierung

Ihre Zielgruppe wird den Namen Ihrer Firma mit einer bestimmten Vorstellung verbinden, ganz gleich, in welchem Bereich Sie tätig sind. Diese Vorstellung definiert Ihre Nische oder Positionierung. Was ist wohl der erste spontane Gedanke, der Ihren Kunden und Interessenten bei der Erwähnung Ihres Firmennamens in den Sinn kommt? Diese Frage können nur Sie alleine beantworten. Denken Sie gründlich darüber nach.

Soll man Sie als den preisgünstigsten Anbieter kennen oder als beste Adresse für Importwaren? Möchten Sie sich als der Schnellste, Freundlichste oder Fachmännischste etablieren? Stellen Sie die anspruchsvollsten Kunden zufrieden? Möchten Sie der Spezialist sein, von dem sich jeder Freiberufler das Büro zu Hause ausstatten lässt? Nischen gibt es genug, in denen Sie sich einrichten können. Treffen Sie eine kluge Wahl, denn Ihre geschäftliche Zukunft hängt davon ab.

Welche Positionierung Sie auch wählen, stellen Sie sicher, dass sie sich Ihrer Zielgruppe unmissverständlich kommunizieren lässt. Haben Sie sich Ihre Nische erst einmal geschaffen, wird es für die Konkurrenz schwer, sie Ihnen streitig zu machen. Bei der Auswahl sollten Sie Ihre Stärken, Ihre Mitbewerber sowie eventuelle Markttrends in Erwägung ziehen. Ist Ihre Positionierung an sich schon ungewöhnlich, haben Sie wenig bis keine Konkurrenz zu befürchten. Wie schon Winston Churchill so treffend bemerkte, bildet Komplexität die Grundlage für Einfachheit. Ihre Nische muss durch Einfachheit bestechen.

Sie können sich in mindestens zehn Bereichen im Wettbewerb herausstellen: in der Standortwahl und Preisgestaltung, in der Art der Werbung, mit Ihren Mitarbeitern, Ihrem Produkt, dem Service, der Angebotspalette, in Qualität, Komfort und Reaktionsgeschwindigkeit. Der Bereich, in dem Sie sich über ein Alleinstellungsmerkmal abheben, ist Ihre Marktpositionierung.

Ihre Positionierung muss sich wie ein roter Faden durch Ihr gesamtes Marketing ziehen, sich innerhalb kürzester Zeit kinderleicht kommunizieren, in wenigen Worten beschreiben, demonstrieren und beweisen lassen. Sie ist nicht nur Ergebnis, sondern integraler Bestandteil Ihres Marketingplans.

Der Name Ihrer Firma und Ihre Positionierung müssen sich gegenseitig reflektieren und bestärken. Achten Sie darauf, sich nicht aufgrund einer Modelaune zu positionieren. Modelaunen und Trends sind diametral entgegengesetzte Strömungen. Glauben Sie nicht, Sie könnten es einfach einmal mit irgendeiner Positionierung probieren und abwarten, ob Ihre Rechnung aufgeht. Sie will sorgfältig und gründlich überlegt werden. Orientieren Sie sich an den Erfolgen anderer, und wenn Sie eine kluge Positionierung gewählt haben, bleiben Sie ihr auf Lebzeiten treu.

Für Ihre Zielgruppe ist ausschlaggebend, was Ihre Positionierung für sie bedeutet. Bedeutet sie Vorteile, haben Sie sich auf dem Siegertreppchen positioniert.

Qualität

Stellen wir gleich einmal die zwei wichtigsten Dinge klar, die es über das Merkmal Qualität zu wissen gilt: Erstens, nach dem Vertrauen und vor dem Service ist Qualität der zweitwichtigste Grund für Kunden, einem Anbieter treu zu bleiben. Zweitens, Qualität definiert sich nicht über die Maßnahmen, die Sie in Ihr Produkt oder Ihre Dienstleistung hineinstecken, sondern über die Vorteile, die Ihre Kunden daraus ziehen.

Qualität ist der Preis, den Sie für Ihren erfolgreichen Geschäftsauftritt zahlen müssen. Lässt die Qualität zu wünschen übrig, schaufeln Sie sich mit Guerilla Marketing Ihr eigenes Grab, da sich die Kunde über Ihre Qualitätsdefizite schneller und einfacher verbreitet als jemals zuvor. Ihren Marketingetat werfen Sie geradezu zum Fenster hinaus, wenn Sie keinen Wert auf Qualität legen.

Qualität bezieht sich sowohl auf Ihr Angebot als auch auf Ihren Service. Die

Verbraucher beurteilen jeden Aspekt Ihrer Geschäftstätigkeit nach seiner Qualität, weshalb ich Ihnen nur raten kann, es ihnen gleichzutun. Minderwertige oder gar fehlende Qualität fällt augenblicklich unangenehm auf.

Am Kriterium der Qualität können Sie Ihr Angebot mit dem Ihrer Mitbewerber vergleichen. Hervorragende Qualität ist die Würze Ihrer Mundpropaganda und muss auch in allen anderen Werbeaktionen hervorgehoben werden. Selbst wenn Sie die beste Qualität der Welt zu bieten haben, kann es die Welt nur erfahren, wenn Sie in Ihren Marketingkampagnen darüber informieren. Und wenn Ihre qualitativ hochwertigen Angebote bereits viele begeisterte Anhänger gefunden haben, werden diese über Ihr Marketing weiter darin bestärkt, dass sie mit dem Einkauf bei Ihnen genau die richtige Entscheidung treffen.

Mit Guerilla Marketing lassen sich Produkte und Dienstleistungen verkaufen. Allerdings nur einmal. Es ist die Qualität Ihres Angebot, das Kunden dazu veranlasst, wiederholt bei Ihnen einzukaufen und Sie weiterzuempfehlen. Es ist die Qualität, die Ihrem Verkaufspersonal das Leben erleichtert und Ihren Kunden Gesprächsstoff liefert. Das Beste, was Ihnen passieren kann, ist, dass man sich über Ihre fantastische Qualität auslässt, wenn man schon hinter Ihrem Rücken über Sie redet.

Qualitativ minderwertige Produkte zu Dumpingpreisen zu verschleudern wird Sie nicht retten. Der schnellste Kundendienst und die größte Produktauswahl können Sie nicht vor dem Schaden schützen, den Qualitätsmängel anrichten. Ohne Qualität kein Geschäft!

Standort

Für Guerilla Marketing eignen sich bekanntlich drei Standorte: das Internet, das Internet und das Internet. Standorte in der Innenstadt, im Einkaufszentrum oder im Industrieviertel gleich nach der Autobahnausfahrt haben ausgedient.

Der beste Standort ist online – im Internet, wo sich Millionen von Menschen umfassend informieren, bevor sie einkaufen gehen. 90 Prozent der Verbraucher stöbern in den meisten Fällen erst einmal in Online-Geschäften, bevor sie sich anderswo umschauen. Und warum auch nicht? Die Auswahl ist riesig, es dauert nicht lange und die lästige Parkplatzsuche erübrigt sich auch noch.

Wer will schon noch teure Mieten für Geschäfte, Läden und Büros bezahlen, wenn sich eine neue Art des Bummelns und Einkaufens durchsetzt? Online-Shopping ist groß im Kommen und hat sich in manchen Branchen schon vollständig durchgesetzt. Knapp 75 Prozent der Amerikaner sind rund 14 Stunden pro Woche online, Tendenz steigend. Internet-Surfer lesen weniger Bücher, Zeitschriften und Zeitungen und konsumieren 37 Prozent weniger Fernsehsendungen als ihre Mitbürger, die das Internet nicht nutzen. In seiner Verbreitungs- und Nutzungsrate hat das Internet alle anderen Medien weit hinter sich gelassen.

Sie können sich wirklich glücklich schätzen, sich einen so ausgezeichneten, exponierten und zunehmend beliebten Standort leisten zu können. Tag für Tag wird das Internet besser, einfacher und wertvoller. Und wenn Sie Ihren Standort nicht mittendrin haben, können Sie eigentlich gleich einpacken, denn dann werden Ihre Kunden Sie nicht dort finden, wo sie heutzutage zuerst Bummeln und Einkaufen gehen.

Diese wunderbare Entwicklung sollte Sie zu Freudensprüngen animieren. Was ein bombiger Standort wert ist, wissen wir ja alle. Dass er bisher verdammt viel kostete, wissen wir auch. Und jetzt kostet er gar nichts mehr. Von welcher anderen Marketingarena lässt sich das schon behaupten?

Dass man Sie als Guerilla an den teuersten Standorten finden kann, hat wohl keiner Ihrer Kunden je ernsthaft von Ihnen erwartet. Was jedoch jeder erwartet ist, dass man Sie im Internet findet. Falls Sie diese Erwartung enttäuschen, können Sie sich von Ihrem Traum, reich und berühmt zu werden, verabschieden. Er wird nie im Leben wahr werden.

Sehen Sie es einfach so: Im Internet haben Sie Millionen von Standorten – direkt dort, wo Ihre besten und lukrativsten Kunden arbeiten oder wohnen. Was wollen Sie eigentlich mehr? Da könnte selbst McDonald's glatt neidisch werden.

Verlockende Extras

Wenn sich ein Kunde zum Kauf entschlossen hat, bietet sich Ihnen eine hervorragende Chance, den Deal zu erweitern, indem Sie diverse Extras oder Zusatzprodukte anbieten. Da der Kunde sowieso schon in Kauflaune ist, dürfte es nicht sonderlich schwer sein, ihm das eine oder andere zusätzlich schmackhaft zu machen.

Vielleicht gefällt ihm ein Ergänzungsprodukt, oder er entscheidet sich doch lieber für die Luxusausführung anstelle der Billigversion. Möglicherweise können Sie ihn auch davon überzeugen, dass er mit dem 12-Monate-Servicevertrag besser bedient ist als mit dem, der nach einem Monat ausläuft. In jedem Fall kostet es Sie keinen Cent, für Ihre Produkte und Leistungen zu werben, doch jeder Cent, den Sie dadurch einnehmen, fließt direkt auf Ihr Konto.

Autohändler sind wahre Meister darin, Transaktionen auszuweiten. Da entscheidet sich ein Kunde zum Kauf des billigsten Modells, doch da der Autoverkäufer darin geschult ist, alle möglichen Extras anzupreisen, besteht eine hohe Wahrscheinlichkeit, dass der Käufer letztendlich in einem mit allen Schikanen ausgerüsteten Neuwagen davonfährt.

Wie wäre es, wenn auch Sie attraktive Produktpakete schnüren? Vielleicht kauft Ihr nächster Kunde dann nicht nur ein Buch, sondern wählt den hübschen Geschenkkorb mit fünf Büchern, die sich thematisch ergänzen. So verfünffacht sich nicht nur die Transaktion, sondern auch Ihr Gewinn.

Guerillas haben zu einem Standardangebot auch immer die Luxusausführung im Programm, da sie wissen, wie wichtig das gewisse Extra ist, mit dem noch nicht einmal nennenswerte Kosten verbunden sind. Erfahrungsgemäß entscheiden sich Kunden häufig für die teure Ausführung eines Produkts oder Dienstes. Es wäre geradezu eine sträfliche Vernachlässigung, wenn Sie nicht damit dienen könnten.

Möchte der Kunde für das gerade gekaufte Produkt auch einen Wartungsvertrag über fünf Jahre abschließen? Ja? Prima, schon haben Sie das Transaktionsvolumen vergrößert. Darf es zum Kaffee auch ein Krapfen sein? Schön, wieder ein Extra verkauft. Wie wäre es mit dieser Krawatte und jenem Hemd, die hervorragend zum neuen Anzug passen? Jeder von uns hat doch schon oft mehr gekauft als ursprünglich beabsichtigt. Und wissen Sie was? Die Vorschläge des Verkaufspersonals werden in den meisten Fällen nur allzu gerne angenommen.

Egal, in welcher Branche Sie tätig sind, es fällt Ihnen sicherlich nicht schwer, sich Extras für Ihre Kunden auszudenken. Wer meinen Newsletter bestellt, erhält von mir prompt ein vergünstigtes Angebot über meine Kassetten, CDs, Videos und DVDs. Ich mache es jedem kinderleicht, mein Angebot anzunehmen. Und jetzt sind Sie an der Reihe, sich verlockende Extras auszudenken.

Kontaktvermittlung

Die überwältigende Mehrheit erfolgreicher Geschäftsleute wird Ihnen ohne Umschweife zwei Dinge bestätigen: Erstens, die beste Strategie, um Neukunden zu gewinnen, ist, mit guten Referenzen aufzuwarten, und zweitens, an Neukunden kommt man am besten über die Stammkunden. Sie müssen nichts weiter tun, als Ihre Stammkunden um die Vermittlung von Kontakten zu bitten. Nehmen Sie sich die Liste Ihrer Kunden und Ansprechpartner vor und bitten Sie diese netten Menschen darum, Sie weiterzuempfehlen. Das allein ist schon fast so gut wie bares Geld. Über Ihre Kunden vermittelte Kontakte aber *sind* bares Geld.

Je einfacher Sie es Ihren Kunden machen, umso besser stehen Ihre Chancen. Bitten Sie sie zum Beispiel in einer E-Mail darum, Ihnen drei Personen zu nennen, die von Ihrem Angebot profitieren könnten. Da Sie nur um drei Kontakte bitten, ist es für Ihre Kunden kein allzu großer Aufwand, Ihnen die Namen und E-Mail-Adressen zu geben. Und da Sie Ihre Anfrage per E-Mail versenden, kostet es auch Sie nur wenig Zeit und kein Geld.

Schulen Sie Ihre Mitarbeiter darin, wie die Bitte nach Kontakten am besten vorzutragen ist. Eine geeignete Einleitung wäre zum Beispiel etwas in dieser Art: »Um unsere Preise halten zu können, ziehen wir Empfehlungen unserer zufriedenen Kunden teuren Werbemaßnahmen vor. Wir wären Ihnen daher sehr verbunden, wenn Sie uns drei Ansprechpartner nennen könnten, für die unser Angebot von Interesse sein könnte.« Die höchste Konversionsrate können Sie sich von Kontakten erwarten, die über Ihre Kunden vermittelt werden. Ein Guerilla sichert sich die Hilfsbereitschaft seiner Kundschaft, indem er sie immer gut behandelt.

Ein Empfehlungsprogramm – auch Referral-Programm genannt – ist eine einfache Software, die in regelmäßigen Zeitabständen – etwa alle sechs Monate – automatisch um Kontaktinformationen bittet. Danken Sie den Programmierern, die sich das ausgedacht haben. Im Zuge einer Telekonferenz befragten wir einmal die 300 daran teilnehmenden Chiropraktiker zu diesem Thema. 100 gaben an, sie hätten 50 Prozent ihrer Patienten Weiterempfehlungen zu verdanken. Auf unsere Frage, wer über Weiterempfehlungen 80 Prozent oder mehr seiner Patienten gewonnen hätte, meldeten sich nur noch drei. Von diesen dreien wollten wir natürlich wissen, wie sie das geschafft hatten. Sie erzählten, sie hätten jeden Mitarbeiter darauf getrimmt, sogar das Personal an der Anmeldung. Jeder Patient, der telefonisch einen Termin vereinbaren wollte, wurde gefragt, ob er vielleicht auch gleich einen Termin für ein schmerzgeplagtes Familienmitglied ausmachen wollte. Eine einfache und naheliegende Frage, die viele neue Patienten in die Praxis führte.

Stellen Sie einen Plan auf, wie Sie an neue Kontakte gelangen, und halten Sie sich daran, dann werden Sie Ihre Kundenliste bald erweitern können. Und jeder neue Kunde kann Ihnen drei weitere Kontakte vermitteln. Machen Sie sich das Leben leichter und formulieren Sie Ihre E-Mail beizeiten, sodass alles fix und fertig ist und Sie bei Bedarf nur noch auf »Senden« drücken müssen. Dann können Sie entspannt darauf warten, dass die Kasse klingelt.

Aussagen begeisterter Kunden

Der Produktempfehlung eines Menschen, den man kennt und achtet, schenkt man mehr Glauben als dem Verkäufer. Das ist nur einer der vielen Gründe, weshalb Guerillas sogenannte Testimonials – Fürsprachen für ein Produkt oder eine Dienstleistung – sammeln, veröffentlichen und auf sie bauen. Weitere Gründe sind, dass Testimonials umsonst, leicht zu haben, zeitlos, immer verfügbar und flexibel im Einsatz mit anderen Marketingwaffen sind. Und glaubwürdig sind sie auch noch. Eine der unverzeihlichsten unternehmerischen Nachlässigkeiten ist, sich nicht um Fürsprecher zu bemühen, was ja nicht mehr Mühe kostet, als sie einfach nur zu fragen.

Begeisterte Kunden, die Ihr Produkt oder Ihre Dienstleistung als »gut«, »super« oder »wertvoll« bezeichnen, sind zwar ganz nett, aber mehr auch nicht. »Dank Ihres Programms konnten wir unseren Gewinn in nur 60 Tagen um 19 Prozent steigern« hört sich doch deutlich überzeugender an. Auch »Mein Mann hat mich noch nie für meine Kochkünste gelobt, aber nachdem ich Ihren Kochkurs belegt habe, fiel er mir vor Begeisterung doch tatsächlich um den Hals!« wäre eine super Fürsprache. Je konkreter das Lob ausfällt, umso stärker die Wirkung.

Am überzeugendsten wirken die Aussagen zufriedener Kunden, wenn sich reale Personen über reale Zahlen und Problemlösungen äußern. Mir kommt jedenfalls eine Aussage einer Frau J. W. D. suspekter vor als die Aussage eines Steve Neese, der in der 6808 Crandon Avenue in Chicago wohnt.

Noch besser ist es natürlich, wenn Menschen von Ihrem Angebot begeistert sind, mit denen sich Ihre potenziellen Kunden identifizieren können – die ihnen ähnlich sind, die mit vergleichbaren Problemen und Situationen konfrontiert werden und die sich vergleichbare Ergebnisse erhoffen.

Können Sie mit solchen Fürsprechern aufwarten, werden deren Aussagen mit maximaler Kraft einschlagen. Falls Ihre Kunden damit einverstanden sind, untermauern Sie die Glaubwürdigkeit Ihrer Fürsprecher, indem Sie ihre Telefonnummern mit angeben, damit sich jeder selbst vom Wahrheitsgehalt der Aussagen überzeugen kann.

Die Aussagen Ihrer zufriedenen Kunden verdienen es, im Rampenlicht zu stehen. Gewähren Sie ihnen einen Ehrenplatz auf Ihren Webseiten, verwenden

Sie einige als Schlagzeilen, rahmen Sie sie ein und lassen Sie sie in Texte einfließen, am besten in einer anderen Schriftart, damit sie gleich auffallen. Sammeln Sie überzeugende Fürsprachen, indem Sie Ihre Kunden einfach fragen, weshalb sie sich für Ihr Angebot entschieden haben und ob es ihren Anforderungen und Erwartungen entsprach. Dabei kann es vorkommen, dass einer Ihrer Kunden Sie bittet, den Text für ihn zu formulieren und ihm zur Bestätigung vorzulegen. Dieser Fall ist ein Glücksfall!

Glaubwürdigkeit

Der Weg zum finanziellen Erfolg führt über Ihre Glaubwürdigkeit, die Sie sich erst einmal verdienen müssen. Dabei kommt es darauf an, wie und wo Sie mit Ihrer Werbung und Ihrem Angebot auftreten, wie Sie Ihre Mitmenschen behandeln, wie Sie agieren und wie professionell Sie Ihr Geschäft führen. Mit Glaubwürdigkeit verschaffen Sie sich Respekt.

Die hier vorgestellten Taktiken und Strategien eignen sich allesamt dazu, sich Glaubwürdigkeit zu verschaffen. Jede einzelne ist ein Baustein Ihrer Glaubwürdigkeit. Je mehr Bausteine Sie für Ihr geschäftliches Fundament zusammentragen, umso vertrauenswürdiger werden Sie. Und Sie wissen ja, dass Vertrauen eine wichtige Voraussetzung für Ihren Geschäftserfolg ist.

Es kostet Sie nichts, sich in der Öffentlichkeit einen guten Namen zu machen, was Sie dadurch an Glaubwürdigkeit gewinnen, ist jedoch von unschätzbarem Wert. Bauen Sie durch einen glaubwürdigen Internetauftritt und die Qualität Ihrer Werbetexte darauf auf. Ein Schreib- oder Grammatikfehler reicht schon aus, um Ihre Glaubwürdigkeit zu untergraben.

An Glaubwürdigkeit zu gewinnen ist ein Prozess, der sich kaum abkürzen lässt. Es gibt jedoch einen Faktor, der immens dazu beiträgt: konsequentes Marketing nach Plan, und das kostet Sie nichts. Wenn die Verbraucher erkennen, dass Sie aufrichtig an ihnen interessiert sind und sich um sie bemühen, vertrauen sie Ihnen. Und wer Ihnen vertraut, hält Sie für glaubwürdig.

Glaubwürdigkeit erlangt man nicht unbedingt durch kostspielige Marketingkampagnen. Auch die finanzkräftigsten Unternehmen wissen, dass selbst die beste Werbung nicht zwangsläufig glaubwürdig ist. Sie mag helfen, kann aber nichts garantieren. Qualität, konsequente Präsenz und Kundendienst verhelfen Ihnen zu Glaubwürdigkeit. Engagement, Öffentlichkeitsarbeit, gute Interviews und Vorträge und fundierte Fachbeiträge verhelfen Ihnen zu noch mehr Glaubwürdigkeit.

Glaubwürdigkeit lässt sich nicht kaufen, aber mit der richtigen Einstellung und Handlungsweise kann man sie sich verdienen. Eine der besten Möglichkeiten, sich Glaubwürdigkeit zu verdienen, ist eine gute Mundpropaganda. Dasselbe gilt für Testimonials, die ja nichts anderes sind als Mundpropaganda in schriftlicher Form. Zusätzliche Punkte in punkto Glaubwürdigkeit lassen sich beispielsweise durch Vorträge und ehrenamtliche Tätigkeiten sammeln.

Es ist übrigens nicht damit getan, sich nur um mehr Pluspunkte auf Ihrem Glaubwürdigkeitskonto zu bemühen, denn gleichzeitig müssen Sie darauf achten, sich keine Minuspunkte einzuhandeln. Glaubwürdigkeit ist unglaublich wichtig. Geben Sie alles, um Sie sich zu verdienen und niemals etwas davon einzubüßen.

Reputation

Es ist verflixt schwierig, sich einen guten Namen zu machen, und so einfach, ihn sich zu ruinieren. Ein in vielen Jahren mühevoll aufgebauter guter Ruf lässt sich problemlos von jetzt auf gleich zerstören. Hat nur ein Kunde schlechte Erfahrungen mit Ihnen gemacht, können Sie darauf wetten, dass innerhalb eines Monats 22 weitere Leute Wind davon bekommen. Und als ob das noch nicht schlimm genug wäre, bedenken Sie, dass 13 Prozent dieser Menschen es 40 anderen weitererzählen werden. Böse Sache! Es ist geradezu eine Art Volkssport, schlechte Dinge über jemanden weiterzutratschen, deshalb breiten sich Gerüchte schneller aus als ein Waldbrand und richten einen noch verheerenderen Schaden an. Alice Roosevelt Longworth bemerkte dazu einmal so treffend: »Wenn Sie mir nichts Gutes über jemanden erzählen können, setzen Sie sich am besten neben mich.«

Einen guten Ruf verschaffen Sie sich, indem Sie über längere Zeit immer das Richtige tun. Das Image lässt sich ebenso wenig kaufen wie Glaubwürdigkeit, sondern will verdient werden. Und das dauert. Niemand kann sich am Anfang seiner Geschäftstätigkeit schon eines guten Namens rühmen. Keines der angesehenen Unternehmen, denen man heute vertraut, hatte von Anfang an einen guten Ruf. Sie alle mussten über viele Jahre hinweg immer das Richtige tun, um sich ganz langsam einen guten Namen zu machen.

Wie jeder Guerilla weiß, ist für Kunden bei der Wahl eines Anbieters in erster Linie das Vertrauen zu ihm entscheidend, und ein guter Ruf ist extrem vertrauenerweckend.

Ihren ausgezeichneten Ruf verdienen Sie sich dadurch, indem Sie in jeder

Hinsicht immer alles richtig machen. Sie werden eine große Portion Geduld aufbringen müssen, bis es so weit ist, doch es lohnt sich. Ihr Verhalten muss vorhersehbar sein, damit Ihre Kunden Sie besser einschätzen können. Bieten Sie einen beispiellosen Kundendienst, um Ihren guten Ruf weiter auszubauen. Ihre Kunden möchten mit Ihnen Geschäfte machen, weil sie wissen, dass sie sich auf Sie verlassen können. Um nicht mehr und um nicht weniger geht es bei Ihrer Reputation.

Jedem einzelnen Ihrer Mitarbeiter muss die Bedeutung eines guten Namens ebenso klar sein wie Ihnen. Sie wissen ja, wie schnell der schlechte Eindruck eines Einzelnen auf alle anderen abfärben kann. Schärfen Sie daher allen Mitarbeitern und Geschäftspartnern ein, dass sie wesentlich zu Ihrem Ruf beitragen. Je besser Ihr Ruf, umso erfolgreicher läuft Ihr Geschäft, was schließlich allen zugute kommt.

Kostet es viel Geld, sich einen hervorragenden Namen zu machen? Nein, es kostet Sie gar nichts. Kostet es Sie Zeit? Durchaus. Und es kostet Sie Mühe. Ihre Reputation könnte sich aber als Ihr wertvollstes Gut erweisen. Machen Sie sich einen guten Namen. Hüten Sie ihn wie Ihren Augapfel. Seien Sie stolz darauf. Verdienen Sie ihn sich durch harte Arbeit und sorgfältige Kundenpflege.

Ratenzahlungen ermöglichen

Machen Sie Ihre Kunden glücklich und bieten Sie ihnen an, selbst kleinere Beträge in noch kleineren Beträgen abzubezahlen. Liebäugelt Ihr Kunde mit einem Produkt für 50 US-Dollar, machen Sie ihm eine Freude, indem Sie ihm mitteilen, dass er auch in fünf Raten zu je 10 Dollar bezahlen kann.

Viele Kunden werden das Angebot gerne annehmen, denn der Betrag von 10 Dollar belastet den Geldbeutel weniger als 50 Dollar. Überlegen Sie sich ein Ratenzahlungssystem, mit dem Sie gut leben können. Auch Angebote wie »Keine Anzahlung erforderlich« oder »Heute mitnehmen, nächsten Monat bezahlen« ziehen Kunden geradezu magisch an. Hinter alledem steckt der Gedanke, die finanzielle Belastung zu minimieren.

Eine weitere Entlastungsmöglichkeit ist, möglichst viele verschiedene Kreditkarten zu akzeptieren. Wer das Limit seiner Visa-Karte oder MasterCard schon erreicht hat, kann dann mit der Karte von American Express, Discover oder Diner's Club bezahlen. Machen Sie es Ihren Kunden so einfach wie möglich, bei Ihnen Geld auszugeben. Weisen Sie in Ihrem Geschäft darauf hin, dass

Sie alle Kreditkarten akzeptieren und die Bezahlung außerdem in erstaunlich niedrigen Raten erfolgen kann. Halten Sie Ihr Verkaufspersonal dazu an, Kunden auf diese einfachen Bezahlungsmöglichkeiten hinzuweisen.

Die Zeiten, in denen Ratenzahlungen nur beim Kauf eines Hauses, eines Autos oder einer neuen Küche üblich waren, sind vorbei. Heutzutage kann man sogar ein Zeitschriftenabonnement in Raten bezahlen. Weltweit gewöhnen sich die Verbraucher nicht nur an Ratenzahlungen, nein, sie wünschen sie sich sogar. Erfüllen Sie diesen Wunsch.

Präsentieren Sie sich als freundlicher und umgänglicher Geschäftspartner und Ihre Preise als erschwinglich und geldbeutelfreundlich. Ratenzahlungen sind ausgesprochen geldbeutelfreundlich, weshalb Sie diese praktische Lösung unbedingt in den Vordergrund rücken sollten. Ein geschäftstüchtiger Guerilla wirbt daher mit einfachen Finanzierungsmöglichkeiten, Ratenzahlungssystemen und der Akzeptanz verschiedener Kreditkarten. Es kostet Sie nichts, Ihren Kunden mit kleinen Beträgen eine große Freude zu bereiten, und für Ihr Entgegenkommen werden Sie mit reichlichen Gewinnen belohnt.

Können Sie vielleicht sogar zinslose Ratenzahlungen anbieten? Wenn Sie diese Frage spontan bejahen, prophezeie ich Ihnen eine höchst lukrative Zukunft!

Spionage

Eine Pflichtübung für jeden Guerilla ist, der Realität furchtlos ins Auge zu blicken. Genauer gesagt, der Realität des Wettbewerbs und wie Sie darin abschneiden. Der Vergleich zwischen Ihrer Art der Geschäftstätigkeit und der Ihrer Konkurrenz. Im Wettbewerb geht es darum, in allem besser zu sein als die anderen.

Ein Guerilla spioniert deshalb die Konkurrenz, die Branche und vor allem sich selbst aus. Machen Sie sich bewusst, dass heutzutage mehr geschäftliche Informationen verfügbar sind als jemals zuvor und Ihre Konkurrenten nicht dumm sind. Im Gegenteil. Auch die Mitbewerber lernen jeden Tag dazu, und die einzige Möglichkeit, herauszufinden, wie Sie im Wettbewerb abschneiden ist, sie aktiv und regelmäßig auszuspionieren.

Rufen Sie bei einem Ihrer Konkurrenten an und bitten Sie darum, Ihnen Informationen zuzusenden. Würde man Sie an Ihrer Stimme erkennen, bitten Sie einen Freund darum, für Sie anzurufen. Wie wird man bei der Konkurrenz als Anrufer behandelt? Wie lange dauert es, bis das Informationsmaterial zugeschickt wird? Wie schnell, wie fit und wie gut ist die Konkurrenz beim Nachhaken? Haben Sie eine Firma und Angestellte, wiederholen Sie den Test in Ihrem Betrieb. Wird der Anrufer ebenso zuvorkommend behandelt wie bei Ihrem Konkurrenten? Wird das Informationsmaterial ebenso schnell zugeschickt? Wie schnell, fit und gut sind Ihre Mitarbeiter beim Nachhaken? Ist die Konkurrenz in irgendeinem Punkt besser als Sie, sollten Sie das sofort ins Gegenteil umkehren.

Spionieren Sie bei Ihren direkten Mitbewerbern, bei ortsansässigen Betrieben und bei Firmen an verschiedenen anderen Standorten. Entdecken Sie auf Ihrer Mission einen vorbildlichen Betrieb, von dem Sie sich eine Scheibe abschneiden können, freuen Sie sich, denn Sie lernen eine wichtige Lektion und können sich verbessern.

Es kostet nicht viel und ist äußerst informativ, ein bisschen herumzuspionieren. Gewöhnen Sie sich an, regelmäßig zu spionieren – mindestens zweimal im Jahr. Häufiger, wenn Sie Ihr Guerilla-Dasein ernst nehmen. Die Wahrheit ist ein wertvoller Verbündeter, und jeder Guerilla ist sich dessen bewusst. Die schonungslose Wahrheit kann ziemlich schmerzhaft sein, vor allem, wenn man erkennt, dass man der Konkurrenz hinterherhinkt. Die Chance, etwas dagegen zu unternehmen und der Beste zu werden, gleicht diese schmerzhafte Erkenntnis jedoch wieder aus. Bereiten Sie sich seelisch darauf vor, dass bei der Spionage in Ihrer Firma einige recht unangenehme Wahrheiten ans Tageslicht kommen. Es besteht nur eine winzige Chance, dass Sie in jedem Punkt besser sind als die Konkurrenz. Doch wenn Sie aus Ihren Spionageaktionen lernen, besteht eine große Chance, dass Sie es werden.

Der Einsatz für eine gute Sache

Einer der am schnellsten wachsenden Bereiche im Marketing ist zweckgebundenes Marketing. Sich für eine Sache zu engagieren, sie finanziell zu unterstützen und ihr Zeit zu widmen dient nicht nur einem guten Zweck, sondern auch Ihrem Geschäft, Ihren Kunden und unserem Planeten.

Verkünden Sie, dass Sie Verantwortung übernehmen und umweltverträglich agieren. Führen Sie betriebliche Praktiken und Verhaltensweisen ein, die die Umwelt schonen. Verwenden Sie Produkte, die in der Herstellung und Entsorgung die Umwelt nicht belasten, stellen Sie auf Mehrwegverpackungen und recyclebare Materialien um, nutzen Sie nachwachsende Rohstoffe. Werben Sie damit, dass Sie verantwortungsvoll und umweltbewusst agieren, und Sie werden feststellen, dass Sie für Gleichgesinnte ein attraktiver Geschäftspartner werden.

An Hilfsbedürftigen herrscht kein Mangel. Ob Obdachlose, MS- oder AIDS-Patienten, missbrauchte Frauen und Kinder – jedes Hilfsprojekt verdient es, von Ihnen und anderen Menschen unterstützt zu werden. Spenden Sie einen Teil Ihres Profits für einen guten Zweck. Tun Sie etwas Gutes und weisen Sie in Ihrer Werbung darauf hin.

Studien belegen, dass 63 Prozent der US-amerikanischen Verbraucher bis zu 36 Prozent mehr zu zahlen bereit sind, wenn die Anbieter nachweislich umweltverträglich wirtschaften. Wissen die Verbraucher, dass sie mit dem Kauf Ihrer Produkte auch gleichzeitig eine gute Sache unterstützen, ist das ein nicht zu unterschätzendes Argument, bei Ihnen einzukaufen. Zweckgebundenes Marketing ist mehr als eine clevere Werbestrategie. Es zeigt, dass Sie Ihren Worten Taten folgen lassen – dass Sie einer noblen Sache Zeit und Energie widmen und mit einem Teil Ihres Einkommens zum Wohl der Allgemeinheit beitragen. In meinem ersten Guerilla-Buch, das 1980 erschien, war keine Rede von zweckgebundenem Marketing, weil es noch nicht existierte. Aber heute wird es in großem Umfang betrieben, da es eine perfekte Gelegenheit bietet, durch die Unterstützung guter Zwecke sich selbst zu helfen.

Die zweckgebundenen Marketingprojekte haben den Initiatoren nicht nur in den USA zu enormer Aufmerksamkeit verholfen. Zu diesen Projekten gehören der Brustkrebs-Kreuzzug von Avon, die Bücherspenden für Schulen von Walkers/News International, die »Help the Aged Partnership« von British Gas, die Unterstützung des Kinderkrankenhauses Alder Hey in Liverpool durch Iceland USA und die Tesco-Intitiative »Computer für Schulen«. Gute Zwecke, die Unterstützung benötigen und verdienen, gibt es wahrlich genug. Und wer sie unterstützt, zieht möglicherweise das Interesse der Medien auf sich. Überlegen auch Sie, wofür Sie sich ganz unabhängig von Ihrer Geschäftstätigkeit engagieren können. Eine Möglichkeit, Ihre gute Sache in das Betriebsleben zu integrieren, findet sich immer.

16 Die innere Einstellung

Sie wissen nun alles über die mehr oder weniger formalen Aspekte des Marketings. Doch Sie sollten auch die informalen Aspekte kennen. Damit meine ich Ihre Einstellung, Ihre innere Haltung – die sich in allem zeigt, was immer Sie auch tun. Sie haben bereits verinnerlicht, dass Sie selbst Ihre beste Marketingwaffe sind. Mit *Sie* meine ich hier sowohl Sie als Person als auch Ihr Unternehmen – selbst wenn Sie noch Einzelkämpfer sind und keine Angestellten haben.

Die Wahrheit ist, Sie können alle besprochenen Marketingtaktiken anwenden und trotzdem eine Bauchlandung machen. Wenn das eingetreten ist, handelt es sich um ein mehr als deutliches Indiz, dass Ihre Einstellung zu wünschen übrig ließ. Kunden sind heutzutage gewiefter denn je. Ihre Erwartungen sind hoch und sollten von Ihnen erfüllt, wenn nicht gar übertroffen werden. Hapert es an Ihrer Einstellung, nützt Ihnen die beste Arbeit ebenso wenig wie die besten Absichten. Da alles, was Sie tun, unter den Begriff Marketing fällt, spielt Ihre persönliche Haltung dabei naturgemäß eine entscheidende Rolle. Sie zeigt sich in jedem Ihrer Worte, im Klang Ihrer Stimme, in jeder Kommunikation, an jedem Tag Ihres Geschäftslebens. Gut möglich, dass man Sie bereits seit zwei Jahren in den Gelben Seiten findet, doch manche Kunden lesen Ihren Namen heute zum ersten Mal und kommen bei Ihnen vorbei oder rufen Sie an. Da jedem von uns das persönliche Wohl am Herzen liegt, achten auch diese potenziellen Kunden stark auf die Einstellung, die Sie ihnen gegenüber an den Tag legen. Ihre Haltung ist von dem Moment, an dem neue Kunden sie zum ersten Mal erfahren, allgegenwärtig und spiegelt sich unbewusst in ihrer Beziehung zu Ihnen wider – oder erstickt jegliche Art von Beziehung im Keim.

Leidenschaft

Selbst das beste Marketing bewirkt nichts ohne Begeisterung und Leidenschaft. Begeisterung bedeutet, dass Sie mit Enthusiasmus dabei sind – und dieser richtet sich nicht auf Ihre Produkte oder Dienstleistungen, sondern darauf, was sie für Ihre Kunden bedeuten oder tun können. Diese Art von Begeisterung ist hoch ansteckend und natürlich Ziel eines jeden Unternehmers. Ihre Kunden werden sie sofort spüren. Natürlich sind Sie als Erster gefragt, wenn es um Leidenschaft geht. Sie werden Ihre Mitarbeiter, Ihre Kunden und später deren Freunde und Bekannte damit anstecken – und das ist gut so.

Leidenschaft ist noch viel mehr als Begeisterung. Der erfolgreichste Guerilla trägt diese Leidenschaft Tag für Tag in sich – und kann sie förmlich spüren, weil er weiß, was sie auslösen kann. Wenn Sie nicht voller Leidenschaft hinter Ihrem Produkt stehen, sollten Sie sich vielleicht etwas anderes suchen. Leidenschaft ist ohne Begeisterung nicht möglich. Und Gewinne ebenso wenig.

Wie kommt wahre Begeisterung für die eigenen Produkte oder Dienstleistungen auf? Sehen Sie sie sich doch einmal genau an und rücken Sie ihre wichtigsten Vorzüge ins rechte Licht. Je besser Sie Ihre Produktpalette kennen, umso einfacher wird es Ihnen fallen, sie mit voller Leidenschaft der ganzen Welt anzubieten. Wenn Sie den Eindruck haben, dass Sie Ihren Mitbewerbern in einigen Punkten voraus sind, wird sich die Leidenschaft für Ihr Angebot in einem nie gekannten Ausmaß bald von selbst einstellen.

Ihre potenziellen Kunden erhoffen sich unbewusst diese Leidenschaft von Ihnen. Sie wollen spüren, dass Sie so sehr an Ihr Produkt glauben, dass Sie ihnen ohne Weiteres vermitteln können, weshalb es auch Teil ihres Lebens werden soll. Mangelt es Ihnen daran, sehen sie kaum einen Grund, etwas bei Ihnen zu kaufen.

Begeisterung und Leidenschaft für was auch immer mögen zwar durchaus rationalen Überlegungen entspringen, doch eine Ansteckung Ihrer Mitmenschen kann nur aus dem Herzen kommen. Sie müssen dafür sorgen, dass jeder über die von Ihnen angebotenen Vorteile im Bilde ist und sich von Ihrer Begeisterung anstecken lässt. Das funktioniert nur, wenn Sie selbst absolut überzeugt sind von dem, was Sie tun oder vielmehr anbieten. Meine Tochter sollte einmal bei der Einführungsveranstaltung ihrer Universität einen Vortrag halten. Allein der Gedanke daran bereitete ihr Bauchschmerzen. Ich riet ihr, nicht an sich selbst oder die Zuhörer zu denken, sondern nur an ihr leidenschaftliches Engagement für das Thema – es ging nämlich um Obdachlosenhilfe. Der Gedanke daran half ihr, eine mitreißende Rede zu halten – von Lampenfieber keine Spur.

Leidenschaft ist ziemlich selten. Sie finden Sie in der Liebe – zu anderen Menschen, zur Natur und manchmal zum Geld. Ich hoffe, dass Sie Ihrer Arbeit tiefe Gefühle entgegenbringen – wie auch Ihrem Privatleben. Im Leben eines Guerillas regiert die Leidenschaft.

Großzügigkeit

Sie müssen nicht immer etwas verschenken, um Ihre Großzügigkeit zu beweisen. Hören Sie Ihren Kunden einfach gut zu und versetzen Sie sich in ihre Lage. Stehen Sie Ihren Kunden mit Rat und Tat zur Seite und geizen Sie nicht mit Insidertipps – diese Form der Großzügigkeit kommt immer an.

Verhandlungsgeschick und Großzügigkeit haben nichts miteinander zu tun. Zeigen Sie Ihren Kunden, dass Sie ihnen gerne einen Gefallen tun, aber lassen Sie sich nicht im Preis herunterhandeln.

Es ist immer gut, wenn Sie Ihre Preise so kalkuliert haben, dass Sie Ihrem Kunden *nach* dem Kauf ein kleines Präsent in die Hand drücken können – aber das wissen Sie ja selbst. Diese noble Geste wird auch garantiert von Ihren Kunden als solche erkannt – denn niemand erwartet das dann noch von Ihnen. Der Bettenverkäufer, der einen Satz Bettwäsche kostenlos dazupackt, der Autohändler, der ein Navigationssystem gratis einbauen lässt – ihre Kunden sprechen gerne über sie und ihre Großzügigkeit. Das ist nun mal so. Positive Erlebnisse beim Einkaufen sprechen sich rasch herum, und Großzügigkeit ist eine solche Erfahrung. Natürlich streben Sie grundsätzlich und bei allen Details nach einem perfekten Kauferlebnis. Großzügigkeit ist nur eines dieser Details, auf die es ankommt.

Schnelligkeit

Zeit ist eben *nicht* Geld, auch wenn Sie vermutlich Ihr Leben lang vom Gegenteil überzeugt waren. Wenn das Geld knapp wird, gibt es zig Wege, sich welches zu beschaffen. Wenn dagegen Ihre Zeit um ist – ist sie unwiderruflich um.

Die amerikanischen Meinungsforschungsinstitute Roper, Gallup und Harris führen jedes Jahr gemeinsam mit den Universitäten Maryland und Pennsylvania Studien durch, um herauszufinden, was den Amerikanern am meisten bedeutet. »Zeit« führte 1988 zum ersten Mal die Liste an – und behielt diesen Platz seither bei. Vermutlich wird sich daran für alle Ewigkeit nichts ändern. In unser aller Leben geht es mittlerweile fast nur noch um Zeit – was wohl jedes kleine Kind weiß. Aus diesem Grund ist das Tempo das A und O des Geschäftslebens. Wer diesen Grundsatz nicht beherzigt, ist schnell raus aus dem Geschäft. Kunden können es im Allgemeinen nämlich gar nicht leiden, wenn sie warten müssen. Und wenn sie sich für etwas entschieden haben, dann wollen sie es auch sofort. Warten müssen heißt in ihren Augen keinen Respekt vor einem kostbaren Gut – einer Mangelware, wenn Sie wollen – zu haben, nämlich vor unser aller Zeit.

Bei telefonischen Anfragen sollten Sie eine zügige Bearbeitung zusichern. E-Mails sollten Sie innerhalb von 24 Stunden beantworten, besser wären allerdings zwei Stunden, und am allerbesten zwei Minuten. Die Auslieferung einer Bestellung muss innerhalb der zugesicherten Lieferfrist erfolgen. Falls es einmal gar nicht anders geht und ein Anrufer landet in der Warteschleife, versüßen Sie ihm diese Wartezeit mit einer interessanten Werbebotschaft.

Einer meiner Kunden leitet einen medizinischen Notdienst. Umfragen unter den Patienten ergaben, dass lange Wartezeiten allgemein als größtes Ärgernis betrachtet wurden. Deswegen lautete seine Werbebotschaft: »Wenn Sie länger als 20 Minuten auf den Arzt warten müssen, werden Sie kostenlos behandelt.« Er war der Erste in der Branche, der dieses Versprechen wagte und sich daran hielt. Sicherlich hätte er noch viele andere Vorteile seines Notdienstes ins Feld führen können, aber mit diesem Slogan hat er mitten ins Schwarze getroffen.

Schnelligkeit wird überall immer wichtiger. Wenn Sie diesen Anspruch Ihrer Kunden nicht erfüllen, wird Ihnen ein Mitbewerber zuvorkommen – weil er seine Kunden spüren lässt, dass er weiß, dass ihre Zeit kostbar ist. Schnelligkeit muss zu Ihrem Trumpf werden, den Sie bei Bestellungen, Wartungsarbeiten, beim Service, bei Lieferungen, aber auch Reklamationen ausspielen. Niemand wartet gerne, weder am Telefon noch auf den Aufbau Ihrer Webseite, nicht in Ihrem oder im eigenen Büro und schon gleich gar nicht bei der Kommunikation mit Ihnen und Ihren Mitarbeitern. Ihre Kunden wissen, dass Zeit eben nicht Geld ist. Verschwenden Sie niemals die Zeit Ihrer Kunden.

Ordnung ist das halbe Leben

Sauberkeit und Ordnung sind nicht unbedingt Themen, die Sie von einem Buch oder einem Kurs über Marketing erwarten. Und doch sind sie beispielsweise Teil des Marketingplans von Branchenriesen wie Disney und Nordstrom. Diese Unternehmen wissen aus eigener Erfahrung, welchen Einfluss Ordentlichkeit, aber auch Unordnung auf Kunden haben.

Wenn Kunden sehen, wie ordentlich und sauber Ihre Geschäftsräume sind, nehmen sie an, dass dies Ihrer Arbeitsweise entspricht. Herrscht in Ihrem Laden hingegen das Chaos, wird dieser Eindruck auf Ihre Art, Geschäfte zu machen, übertragen. Weshalb, glauben Sie, gehen Menschen wie Sie und ich zu

McDonald's? Wichtigster Grund: saubere Toiletten. Zweitwichtigster Grund: leckere Pommes Frites.

Disney ist ein wahrer Meister, wenn es um die Sauberkeit von Gelände und Räumlichkeiten geht. Die Toiletten werden im Viertelstundentakt geputzt, und Müll wie leere Getränkedosen wird, kaum dass er den Boden berührt, in den Abfalleimer befördert. Walt Disney, der Gründer von Disney, und Ray Kroc, der Gründer von McDonald's, waren beide Fans von Sauberkeit und Ordnung und ihre Unternehmen spiegeln diese Haltung wider. Dieses Faible ließ beider Kassen klingeln.

Ordnung und Sauberkeit ist nicht etwas, dass Sie am Montagmorgen erledigen, sondern ein 24-Stunden-Job. Ordentlichkeit kostet Sie nur Zeit und Energie. Sie wären erstaunt, wenn Sie wüssten, wie viele Menschen ein Geschäft nicht erneut aufsuchen, nur weil der Fußboden nicht blitzblank war.

Ordentlichkeit und Sauberkeit gelten für Ihr Büro, Ihren Laden, Ihr Auto, Ihre Lieferfahrzeuge, Ihre Mitarbeiter, sogar für Ihre Telefonmanieren, Ihre Reklameschilder, Ihre Korrespondenz, Ihre Fenster und Ihren Arbeitsplatz. All das ist, wie jeder Guerilla weiß, Teil des Marketings.

Ihr Anspruch an Sauberkeit muss sich mit dem Ihrer Geschäftspartner decken. Wenn alle Beteiligten ihren Stellenwert kennen, sollte es nicht allzu schwierig sein, alles picobello zu halten. Natürlich gilt das auch für Sie und Ihre Mitarbeiter. Wenn Ihr Laden nicht blitzt, funkelt und glänzt, werden Ihre Kunden daraus Rückschlüsse auf die Art ziehen, wie Sie Ihr Unternehmen führen. Wenn bei Ihnen zu Hause der Papierkorb überquillt und sich Berge von Werbeanschreiben auf dem Tisch stapeln, ist das natürlich Ihre Sache. Doch an Ihrem Arbeitsplatz und in Ihren Geschäftsräumen ist eine solche Unordnung fehl am Platz, denn sie schreckt die Kunden ab.

Telefonetikette

Ihre ganz besondere Aufmerksamkeit sollten Sie allen widmen, die in Ihrem Unternehmen anrufen. Es kann niemals angehen, dass Sie einen Anrufer als lästig empfinden – selbst wenn es manche von ihnen durchaus sind –, denn schließlich sind Anrufe mit ein Grund, warum Sie überhaupt im Geschäft sind.

Vor längerer Zeit führte ich eine Umfrage für die Kfz-Werkstättenkette Midas Muffler Shops durch. Wir fanden heraus, dass alle Erstkontakte bei Midas telefonisch erfolgten. Doch lediglich bei 71 Prozent dieser Anrufe wurden Werkstatttermine vereinbart. Der Grund für diese schlechte Erfolgsquote lag darin, dass grundsätzlich derjenige ans Telefon ging, der gerade neben einem solchen Apparat stand – ganz gleich, ob sich derjenige mehr für Auspuffsysteme als für Kunden interessierte, ob er schlecht gelaunt war oder ob derjenige gar keine Zeit hatte, sich auf ein längeres Gespräch einzulassen.

Wir empfehlen den Mitarbeitern von Midas ein sechsstündiges Telefontraining und die Einführung einer neuen Regel: »Wer auch immer bei Midas den Hörer abhebt, muss entsprechend geschult worden sein.« Als Folge davon vereinbarten nun 94 Prozent der Anrufer einen Termin. Jeder Mitarbeiter, der ans Telefon geht, klingt gut gelaunt und höchst erfreut über den Anruf. Kein Wunder, dass die Gewinne des Unternehmens anstiegen, nachdem man sich die Bedeutung des Telefonverhaltens bewusst gemacht hatte und entsprechende Änderungen einführte.

Ihre Anrufer sollen Ihr Lächeln an Ihrer Stimme merken. Kunden wollen zuvorkommend und nett behandelt werden und sich wichtig fühlen, denn das sind sie ja schließlich. Ihre Anrufer sollten glauben, dass sie recht haben – auch wenn sie falsch liegen.

Nutzen Sie jeden Anruf, um Ihre Beziehung mit dem Anrufer zu vertiefen. Ein Anruf kann im schlimmsten Fall jede Form von Beziehung zerstören. Vermeiden Sie so etwas und antworten Sie auf jede Frage des Kunden offen und ehrlich. Denken Sie daran, wie wichtig der erste Eindruck ist. Machen Sie sich und Ihren Mitarbeitern bewusst, dass ein Anruf oft der erste Eindruck ist, den der Anrufer von Ihrem Unternehmen hat.

Sie müssen sich immer mit demselben freundlichen Spruch am Telefon melden, sodass allen, die zum ersten Mal anrufen, sofort klar ist, dass es sich um ein durch und durch professionelles Unternehmen handelt, und Stammkunden immer wieder die Erfahrung machen, dass sie sich auf Sie verlassen können. Kunden wissen so etwas zu schätzen, keine Frage. Und Sie werden die steigenden Gewinne zu schätzen wissen, die aus freundlichem und umgänglichen Telefonmanieren entstehen.

Wert

Lassen Sie uns gleich zum Kern der Sache kommen. *Der Wert eines Produkts ist viel entscheidender als sein Preis.* Die meisten Kunden sind durchaus willens, höhere Preise für Produkte und Dienstleistungen zu zahlen, vorausgesetzt die Qualität ist diesen Preis wert. Noch höhere Preise zahlen Kunden allerdings gerne für Produkte und Dienstleistungen, von denen sie glauben, dass dies durch deren Qualität durchaus gerechtfertigt ist. Wenn dem nicht so wäre, wäre Rolls-Royce schon längst aus dem Geschäft, und niemand wüsste mehr, was ein Ferrari ist.

Bücher über Marketingthemen füllen bei mir zu Hause ganze Bücherregale. Es verblüfft mich immer wieder, dass sich nur wenige davon mit dem Wert von Produkten und Dienstleistungen befassen, oder, noch wichtiger, dem »gefühlten Wert«. Offensichtlich sind alle so sehr mit Qualität, Service, Exzellenz, Teamwork, Statistik und Technologie beschäftigt, dass sie den Wald vor lauter Bäumen nicht mehr sehen. Letztlich geht es doch nur um eines: Um den Wert, den ein Produkt für einen Kunden hat. Mit Preis hat das nicht viel zu tun, vielmehr mit Wahrnehmung. Guerillas sind sich bewusst, dass diese Wahrnehmung oder dieses Gefühl die Realität für den Kunden ist, nach der er seine Kaufentscheidung fällt – oder eben nicht. Kunden haben ein sicheres Gespür dafür, ob Sie und Ihr Unternehmen einen Wert schaffen.

Viele Experten vertreten die Ansicht, dass Wert nichts anderes ist als der Unterschied zwischen dem Preis, den der Kunde zu zahlen bereit ist, und dem tatsächlichen Preis. Laut dieser Definition gibt es keinen Unterschied zwischen dem tatsächlichen und dem gefühlten Wert. Diese Sichtweise ist stichhaltig, weil sie berücksichtigt, dass letztlich doch Gefühle und Wahrnehmung entscheiden, und nicht der Preis.

Und wieder enthülle ich ein Geheimnis: Es geht letztlich also um den gefühlten Preis und wie Sie ihn beeinflussen. Die Kosten für Produktion und Rohstoffe stehen fest, dort haben Sie kaum Spielraum. Aber was ist mit den Gefühlen und der Wahrnehmung Ihrer Kunden? Beides können Sie sehr wohl beeinflussen. Sie können den gefühlten Preis über das Image Ihres Unternehmens, die Präsentation Ihres Warenangebots, ja sogar den Werbetext und die Bilder, die Sie verwenden, beeinflussen. In Luxusgeschäften einer bestimmten Adresse erwartet man einfach gesalzene Preise. Darüber hinaus lassen sich Preise aber auch durch das handgeschöpfte Büttenpapier, das für Geschäftsbriefe verwendet wird, die geschmack- und stilvolle Einrichtung und die maßgeschneiderten Anzüge und Kostüme des Verkaufspersonals beeinflussen.

Für ein Abendessen zu zweit mit romantischem Kerzenlicht und ebensolcher Musik ist jeder bereit, tiefer in die Tasche zu greifen als für ein typisches Kantinenessen, das bei grellem Neonlicht und unnachahmlicher Geräuschkulisse serviert wird. Die Kosten für Zutaten, Küchenpersonal, Kühlung und so weiter halten sich in etwa die Waage. Aber das »Wertempfinden« der Gäste des Luxusrestaurants wird erheblich von der romantischen Beleuchtung, der leisen Musik und der stilvollen Einrichtung beeinflusst. Gutes Marketing trägt erheblich zu einem guten Image bei und verbessert mit Sicherheit Ihre Glaubwürdigkeit, aber wenn es um Beleuchtung und Einrichtung geht, ist es machtlos. Wenn Sie das Ruder auch nicht herumreißen können, sollten Sie hart an Ihrer Werbebotschaft arbeiten und sich auf die Macht der Bilder verlassen – beides kann Wunder für den gefühlten Wert Ihres Unternehmens bewirken.

Kundenfreundlichkeit

Einer meiner Kunden konnte seine Umsätze in den ersten acht Jahren seiner Geschäftstätigkeit jeweils verdoppeln. Im neunten Jahr nahm ich an einer Vorstandssitzung teil, in der mein Kunde als Chef der Firma das diesjährige Unternehmensziel ankündigte, das da lautete: Nullwachstum. Wie bitte? Die Manager trauten ihren Ohren nicht.

Der Firmenchef erklärte daraufhin, dass das Unternehmen aufgrund seines raschen Wachstums nun nicht länger in der Lage sei, Bestellungen bereits am nächsten Tag auszuliefern und mindestens ebenso prompt auf Anfragen zu reagieren. Auch der bürokratische Aufwand geriete langsam außer Kontrolle, weshalb sich im kommenden Jahr alle darum bemühen sollten, den Kunden wieder einen perfekten Service zu bieten.

Sein Plan hat funktioniert. In jenem Jahr wuchs das Unternehmen so gut wie nicht, doch im Jahr darauf verdoppelte es seine Umsätze erneut, und ein weiteres Jahr später wurde es von einem Fortune-500-Unternehmen für eine unglaubliche Summe gekauft. Nur wenigen Unternehmen wäre ein Nullwachstum überhaupt eine Überlegung wert, und das alles, »bloß« um den Kundenservice zu optimieren? Die meisten Firmen wachsen, bis sie zu groß sind, um auch nur im Entferntesten noch an einen Familienbetrieb zu erinnern. Für sie sind und bleiben Wachstum und Gewinn das Allerwichtigste, während Service und Kundenfreundlichkeit erst ganz unten auf ihrer Liste stehen.

Was kostet es, die Kundenfreundlichkeit zu optimieren? Nichts. Alles, was Sie brauchen, ist ein feines Gespür für die Bedürfnisse Ihrer Kunden. Das eingangs erwähnte Unternehmen änderte seine Ziele nicht, weil sich Kundenbeschwerden häuften. Nein, denn es kam diesen Beschwerden zuvor, weil der Chef einfach wusste, was er, vor allem aber, was seine Kunden wollten. Tief in seinem Inneren wusste er, dass er in dieser Übergangszeit auch einmal Nein zu seinen Kunden sagen musste – und er war bereit dafür.

Guerillas nehmen ihr Unternehmen aus der Sicht ihrer Kunden wahr. Deshalb bitten sie ihre Freunde und Bekannten, sich als potenzielle Kunden auszugeben und komplizierte Anfragen zu stellen. Nur dann wissen sie, wie der Hase läuft. Tritt auch nur ein winziges Problem dabei auf, müssen sie das Übel an der Wurzel packen. Verhindern auch Sie Probleme, noch bevor sie auftreten.

In *Zen und die Kunst, ein Motorrad zu warten* geht es darum, Reparaturen durchzuführen, bevor sie erforderlich sind. Der Autor Robert Persig wartete sein Motorrad regelmäßig, weshalb es nie repariert werden musste. Und die Moral von der Geschichte: Ihr Unternehmen muss Ihr Motorrad sein. Warten Sie es mit Liebe und Sachverstand, bevor es kaputtgeht.

Flexibilität

Auch die Wirtschaft unterliegt gewissen Trends. In jedem Jahrzehnt wird ein anderes unternehmerisches Konzept vergöttert. In den 1980ern setzte man nahezu ausschließlich auf Qualität. Sie war das Maß aller Dinge, ohne sie war es kaum möglich, ein Geschäft abzuschließen. Für die Kunden war Qualität das Selbstverständlichste auf der Welt.

In den 1990ern war es dann die Flexibilität. Unternehmen mussten lernen, in fast allen Bereichen flexibel zu sein: Zuerst natürlich beim Kundendienst, aber auch was Verfügbarkeit und Auswahl der Produkte anbelangt. Selbstverständlich hatte auch das Personal so flexibel wie möglich zu sein. Im ersten Jahrzehnt des neuen Jahrtausends scheint Innovation das Gebot der Stunde zu sein.

Mir wird angst und bange, wenn ich an die Unternehmen denke, die sich noch immer auf ihren Lorbeeren aus den 1980er Jahren ausruhen und für die Flexibilität noch immer ein Fremdwort ist. Dabei ist es doch ein Kinderspiel, flexibel zu sein. Und Ihre Kunden werden Sie dafür lieben, denn Flexibilität bedeutet, auf fast alle Kundenanfragen angemessen reagieren zu können. Ein Kunde kann zum genannten Termin nicht zu Ihnen kommen? Na, dann bieten Sie ihm doch an, dass Sie ihn besuchen. Ein Kundin bekommt das gewünschte Modell nicht? Kein Thema, Sie bestellen das noch heute. Sie führen eine bestimmte Marke nicht? Tun Sie, was immer nötig ist, um diese Marke in Ihr Angebot aufzunehmen. Zeigen Sie Flexibilität im Service, bei der Qualität, der Auswahl, im Preis, bei den Zahlungsbedingungen und im gesetzlichen Rahmen sogar bei den Öffnungszeiten.

Mehr und mehr Kunden erwarten nicht mehr nur Qualität, sondern auch Flexibilität. Wenn Sie diesem Anspruch nicht genügen, ist das kein Problem, denn es gibt mehr als genug Alternativen. Solche Kunden wieder in den eigenen Laden zurückzuholen ist nahezu unmöglich. Vergraulen Sie Ihre Kunden nicht mit Sprüchen wie »Das war schon immer so«, wenn Sie Ihre Flexibilität unter Beweis stellen sollen.

Insbesondere im Service kommt es fast nur noch auf die Flexibilität des Unternehmens an. Guerilla-Firmen überschlagen sich, um ihren Kunden einen Service der Superlative zu bieten, und ohne Flexibilität ist das nun mal ein Ding der Unmöglichkeit.

Meine Tochter hatte gerade ein neues Salzwasseraquarium gekauft und war mit ihrem neuen Hobby natürlich völlig überfordert. Sie fragte den Besitzer des Zoogeschäfts, ob er ihr in den ersten Monaten mit dem Aquarium helfen könnte. Seine Antwort lautete: »Normalerweise bieten wir diesen Service nicht an, aber ich komme gerne einmal in der Woche vorbei.« Das nenne ich Flexibilität. Und genau das ist der springende Punkt. Meine Tochter schwärmt in höchsten Tönen von diesem Zoogeschäft, wann immer die Sprache auf ihr neues Aquarium und ihre prächtigen Fische kommt. Kostet dieser Extraservice? Keine Frage, aber nicht viel – und sie zahlt diesen Preis gern. Flexibilität ist der Grund, warum sie diesem Geschäft bis an das Ende ihrer Tage treu bleiben wird.

Flexibilität ist ein unschlagbarer Wettbewerbsvorteil, den Sie unbedingt für sich nutzen sollten. Wer kauft schon gerne ein, wenn der Ärger schon vorprogrammiert ist, weil der Laden für seine Inflexibilität bekannt ist? Ich jedenfalls nicht – und Sie wohl auch nicht. Das Leben hält immer die ein oder andere Überraschung für uns bereit, weshalb wir auf flexible Unternehmen und ebensolche Mitarbeiter angewiesen sind. Thomas Jefferson, der dritte Präsident der Vereinigten Staaten von Amerika (1801–1809), sagte einmal, dass eines der Geheimnisse des Lebens darin bestünde, Schmerz zu vermeiden. Flexibilität vermittelt Ihren Kunden das Gefühl, dass es nicht wehtut, mit Ihnen Geschäfte zu machen.

17 Die Psychologie des Guerilla Marketings

Dass die Psychologie bei der Werbung eine wichtige Rolle spielt, wissen Sie bereits. Sie wissen auch, dass 90 Prozent aller Kaufentscheidungen auf der Ebene des Unterbewusstseins getroffen werden, und dass ein Guerilla über eine zielsichere Waffe verfügt, um in das Unterbewusstsein vorzudringen: *Wiederholung*. Darüber hinaus wissen Sie, dass Kaufentscheidungen aus emotionalen Gründen getroffen werden, auch wenn jeder sie mit vernünftigen Gründen zu erklären versucht.

Mit Sicherheit ist Ihnen auch bekannt, dass es *vernunftbetonte Menschen gibt, die logisch und analytisch denken und handeln, und gefühlsbetonte Menschen, die sich von ihren Emotionen und spontanen Eindrücken leiten lassen.* Und da sich die Menschheit wohl so ziemlich zur Hälfte in Verstandes- und Gefühlsmenschen aufteilt, liegt auf der Hand, dass Marketingbotschaften Verstand und Gefühl ansprechen müssen, sonst ist die Hälfte Ihrer Marketingausgaben zum Fenster hinausgeworfen.

Ihre Botschaften an die vernunftbetonte Hälfte der Menschheit sollten daher möglichst *viele Zahlen* beinhalten, denn Kopfmenschen stehen auf Daten und Fakten. Verpacken Sie Ihre Daten auch in *viele Worte*, denn Kopfmenschen brauchen Informationen. Weil diese Leute immer wissen wollen, warum etwas so und nicht anders ist, müssen die Botschaften *logisch* nachvollziehbar sein. Am besten präsentieren Sie die wichtigsten Fakten in *tabellarischer Form* – nummeriert oder mit einem markanten Aufzählungszeichen –, damit sie sich deutlich von restlichen Text abheben. Spicken Sie Ihre Botschaft mit jeder Menge *Details*, denn Kopfmenschen lassen sich von überzeugenden Argumenten beeinflussen.

Vernunftbetonte Menschen sprechen Sie mit Zahlen, Worten, Logik, Tabellen und Details an, gefühlsbetonte Menschen mit Bildern, Sinnesanreizen, Farben, Rhythmen und räumlicher Weite.

Als Bilder kommen natürlich nicht nur Grafiken und Fotografien, sondern auch audiovisuelle Effekte und Präsentationen verschiedenster Art in Frage.

Mit Sinnesanreizen regen Sie die Vorstellungskraft gefühlsbetonter Menschen an. Bei der Farbauswahl ist nichts Besonderes zu berücksichtigen, da Gefühlsmenschen im Allgemeinen auf alle Farben positiv reagieren. Ihre Kommunikation und Ihr Nachhaken, die Präsentation Ihrer Fakten, Ihre Homepage und Verkaufspräsentation sollten einen harmonisch aufeinander abgestimmten Rhythmus aufweisen. Vermitteln Sie bei der Gestaltung Ihrer Webseite, Ihrer Geschäftsräume und bei Produktverpackungen das Gefühl von räumlicher Weite. Gefühlsmenschen lieben freie Flächen.

Aber das haben Sie ja alles schon gewusst, bevor Sie sich diese Neuausgabe meines Buchs gekauft haben. Was Sie aber vielleicht noch nicht wissen ist, wie Sie dieses Wissen einsetzen, um Guerilla Marketing auf einer neuen Ebene zu betreiben, die von dem Guerilla-Ausbilder Paul R. J. Hanley erschlossen wurde. Mit ihm habe ich das Buch *The Guerilla Marketing Revolution: Precision Persuasion of the Unconscious Mind* geschrieben. Kurz nachdem unser Buch 2006 auf den Markt kam, kam Paul ums Leben, als er mit seinem Zweisitzer-Flugzeug im Norden Englands abstürzte. Viele der Informationen, die ich in diesem Kapitel zusammengetragen habe, sind sein Vermächtnis an alle Marketing-Guerillas. Es beginnt mit seiner eindringlichen Bitte an Sie, *nicht* an blaue Elefanten zu denken. (Falls Sie den Effekt nicht kennen: Jemand, dem man sagt, er solle nicht an drei blaue Elefanten denken, denkt garantiert daran.)

Weiterhin empfiehlt er, mit Werbung direkt auf das Unterbewusstsein der Verbraucher abzuzielen. Fünf Gründe sprechen dafür:

1. *Zum besseren Verständnis auf bewusster Ebene arbeitet das menschliche Gehirn mit bildhaften Vorstellungen.* Jedem, der dieses Kapitel bisher gelesen hat, spukte gerade das Bild eines blauen Elefanten im Kopf herum, doch Ihr blauer Elefant sieht bestimmt anders aus als der, den sich andere Leser vorstellen. Keiner der vielen blauen Elefanten gleicht einem anderen bis in das letzte Detail. Genauso verhält es sich mit Ihren potenziellen Kunden. Sie lassen sich zwar in verschiedene demografische Gruppen einordnen, doch jeder für sich ist einzigartig. Nur wenn Sie jeden Einzelnen als Individuum behandeln, wird er sich Ihren Erwartungen gemäß verhalten. Bildhafte Vorstellungen zu vermitteln ist Teil Ihrer Werbebotschaft, darf jedoch nicht ihr ausschließlicher Inhalt und Zweck sein.

2. *Unser Unterbewusstsein ist viel klüger als der bewusste Part unseres menschlichen Verstands.* Trotzdem legt unser Unterbewusstsein nur in den seltensten Fällen ein Veto gegen bewusste Entscheidungen ein. So kommt

das Unterbewusstsein nicht gegen die bewusst getroffene Entscheidung an, mehr Geld auszugeben, als man sich eigentlich leisten kann, Zigaretten zu rauchen oder Junk-Food zu essen. Zwar findet im Vorfeld ein internes Streitgespräch zwischen beiden Ebenen statt, doch meist zieht das Unterbewusstsein dabei den Kürzeren.

3. *Das Unterbewusstsein steuert den internen Dialog.* Jeder Ihrer potenziellen Kunden führt interne Dialoge, ganz unabhängig davon, ob Sie dazu gezielt etwas beizusteuern haben oder nicht. Ein Guerilla betrachtet es als seine Aufgabe, seinen Kunden über die intern geführten Dialoge zu einer positiven Geisteshaltung zu verhelfen. Das bedeutet, sich von der Vorstellung zu verabschieden, am besten ließen sich die Lösungen von Problemen verkaufen (»Ohne Alarmanlage sind Ihr Zuhause und Ihre Familie in Gefahr«). Stattdessen wirbt ein Guerilla mit Formulierungen, die Kunden zu positiven Denken animieren (»Im Wissen um die Sicherheit Ihrer Familie und Ihres Zuhauses können Sie beruhigt schlafen gehen«). Es stimmt zwar nach wie vor, dass Problemlösungen häufig gute Verkaufsargumente sind, doch neue psychologische Erkenntnisse legen nahe, dass positiv formulierte Vorteile eine bessere Wirkung erzielen.

Studien belegen, dass nur 34 Prozent der Verbraucher ein Produkt oder eine Dienstleistung noch einmal vom selben Anbieter kaufen würden. Das zeigt, dass viele Verbraucher Kaufentscheidungen nachträglich bereuen. Eine positive Einstellung lässt derartige Reuegefühle jedoch entweder gar nicht erst aufkommen oder löst sie im Nu in Wohlgefallen auf. Falls möglich, sollten Sie durch Ihren Beitrag zum internen Dialog eine positive Denkweise fördern.

4. *Das Unterbewusstsein kann mehrere Botschaften gleichzeitig verstehen und miteinander verknüpfen.* Guerillas richten sich mit mehreren Werbebotschaften an das Unterbewusstsein, da sich so verschiedene Ebenen der menschlichen Psyche gleichzeitig ansprechen lassen. Da das Unterbewusstsein mehrere Werbebotschaften verarbeitet und zu einer in sich stimmigen Aussage verknüpft, wird die Kaufentscheidung normalerweise nicht nur schneller getroffen, sondern im Nachhinein auch nicht mehr angezweifelt. Das Unterbewusstsein verlässt sich stärker auf sein eigenes Urteilsvermögen als auf von außen herangetragene Entscheidungskriterien.

5. *Noch bevor bewusste Überlegungen angestellt werden, hat das Unterbewusstsein bereits eine Entscheidung getroffen.* Guerillas eröffnet dies eine Möglichkeit, potenzielle Kunden Entscheidungen treffen zu lassen, bevor

sie sich dessen bewusst werden. Vereinfacht wird dies durch die zwangsläufig hohe Reaktionsgeschwindigkeit des Unterbewusstseins. Ein Guerilla weiß, dass die Frage »Haben Sie Probleme damit, neue Aufträge an Land zu ziehen?« spontan verneint wird. Stattdessen fragt er: »Unter welchen Umständen haben Sie Probleme damit, neue Aufträge an Land zu ziehen?«, wodurch der Grundstein für die Beziehung zum Kunden gelegt wird.

Gefällt Ihnen die Vorstellung, dass man sich schnell und ohne nachträgliche Reue zum Kauf Ihrer Produkte entscheidet, sollten Sie ganz bewusst das Unterbewusstsein Ihrer potenziellen Kunden ansprechen. Das heißt natürlich nicht, die bewusste Ebene gänzlich außer Acht zu lassen. Dennoch sollten Sie immer daran denken, dass in den meisten Köpfen das Unterbewusstsein das Sagen hat, auch wenn sich das bewusste Ich nicht immer brav unterordnen will.

Ein anderes für Guerillas interessantes Thema ist das der visuellen, auditiven und kinästhetischen Wahrnehmung. Visuell orientierte Menschen sagen Dinge wie »Ich sehe es bildhaft vor mir« oder »Können Sie es mir zeigen?«, während auditiv orientierte Menschen Aussagen wie »Ich verstehe Sie gut«, »Das habe ich schon einmal irgendwo gehört« oder »Ich bin mir ehrlich gesagt unsicher« machen. Kinästhetisch orientierte Menschen dagegen sagen, »Legen wir die Karten auf den Tisch«, »Bleiben wir in Verbindung« oder »Dabei habe ich kein gutes Gefühl«.

Können Sie sich an Ihre letzte Erkältung erinnern? Wissen Sie noch, wie sich die ersten Symptome bemerkbar machten? Wie nach den Halsschmerzen der Husten kam, die Temperatur anstieg und sich die Erkältung immer weiter ausbreitete, bis Ihnen sämtliche Glieder schmerzten? Sie befanden sich in einem Zustand, in dem Ihr kinästhetisches Wahrnehmungsvermögen extrem ausgeprägt war.

Mit dem, was ich Ihnen gleich verraten werde, kann jede beliebige Marketingkampagne schneller bessere Ergebnisse erzielen. Doch keine Bange. Kaum jemand weiß darüber Bescheid. Diejenigen aber, die in das Geheimnis eingeweiht sind, können sich innerhalb kürzester Zeit über beträchtlich steigende Profite freuen. Ich gehe davon aus, dass Sie gute Gründe hatten, sich mein Buch zu kaufen. Einer der besten Gründe ist, dass ich Sie nun in Folgendes einweihe: *Den Ausschlag zu einer Kaufentscheidung gibt die kinästhetische Empfindung, die sich nach dem Kauf einstellt.*

Um Missverständnisse auszuschließen, wiederhole ich es lieber noch einmal in anderen Worten: Sorgen Sie dafür, dass sich Ihre Kunden *nach dem Kauf gut fühlen können.* Wenn Sie sich darauf konzentrieren, werden Sie sich bald eine goldene Nase verdienen.

Einfach ausgedrückt, will jeder Mensch mit sich und seinen Entscheidungen zufrieden sein können. Bauen Sie Ihr Marketing auf dieser psychologischen Erkenntnis auf, dann werden Sie mit hervorragenden Ergebnissen belohnt. Früher galt in der Werbung, dass man den Verbrauchern vor Augen halten müsse, mit welch schrecklichen Problemen sie zu kämpfen hätten, um dann als Retter in der Not mit einer Lösung aufzutrumpfen. So habe ich es einmal gelernt. Aber ganz ehrlich: Rundum glücklich und mit sich zufrieden sein können Kunden auf diese Weise nicht.

Der menschliche Körper ist die Exekutive des menschlichen Geistes, und auf welche Ideen der menschliche Geist so kommt, lässt sich steuern. Nicht nur bei sich selbst, sondern auch bei anderen. Sie können tatsächlich dazu beitragen, dass andere positiv denken und fühlen und dabei zusehen, wie sich die Dinge zum Guten wenden. Wenn Sie es wünschen, können Sie andere sogar an blaue Elefanten denken lassen.

Laut Paul Hanley beinhaltet die auf das Unterbewusstsein gerichtete Werbung jede Menge bewusster Marketingaktionen. Er rät:

- Kontaktieren Sie Kunden nur, wenn Sie etwas Neues mitzuteilen haben.
- Machen Sie es Ihren Kunden so leicht wie möglich, mit Ihnen Geschäfte zu tätigen.
- Betonen Sie Ihr stärkstes Verkaufsargument bei jeder Gelegenheit.
- Absolute Ehrlichkeit und höchste ethische Prinzipien haben oberste Priorität.
- Verstehen Sie, was Ihre Kunden wirklich brauchen, und gehen Sie auf die Bedürfnisse ein.
- Gestalten Sie Ihr Marketing in sich schlüssig, nachvollziehbar und vorhersehbar.
- Betreiben Sie gezielte Überzeugungsarbeit.

Um Marketing in seiner reinsten Form zu betreiben, hilft es, sich in die *Seele eines Kindes zu versetzen und sich am kindlichen Verhalten zu orientieren.* Das heißt nicht, dass Sie sich eine Verhaltensstörung zulegen sollen, ganz im Gegenteil. Denn:

- Kinder sind ausdauernd und beharrlich.
- Kinder hinterfragen alles.
- Kinder lassen sich nicht dadurch einschränken, was andere für notwendig halten.
- Kinder haben eine blühende Fantasie.
- Kinder geben sich selten mit einem endgültigen Nein als letzte Antwort zufrieden.
- Kindern macht Lernen Spaß.
- Kinder lieben es, mit der neuesten Neuigkeit herauszuplatzen.
- Kinder gehen alles spielerisch und mit großem Vergnügen an.
- Kinder reden so lange, bis sie davon überzeugt sind, dass man sie verstanden hat.

Kinder untersuchen alles, was sie noch nicht kennen, neugierig und wissbegierig. Ich kann Ihnen nur empfehlen, es ihnen gleichzutun. Wenn Sie Ihr Marketing nicht auf das Unterbewusstsein Ihrer Kunden und Interessenten zuschneiden, könnte es sein, dass Ihre Anstrengungen ins Leere laufen.

Neue Erkenntnisse bergen immer die Wurzeln der Genialität in sich. Wenn Sie diese Erkenntnisse geschickt umsetzen, wird die ihnen innewohnende Genialität wahre Wunder für Sie vollbringen können. Guerilla Marketing ist das beste Beispiel dafür. Die Saat des Guerilla-Gedankens ging auf, wurde kultiviert und steht heute in voller Blüte. Dabei durfte nicht nur ich der Gärtner sein, sondern kann voller Stolz bezeugen, dass Guerilla Marketing jedem, der es richtig betreibt, eine beständige und reichhaltige Ernte beschert.

Die Ernte war noch nie so gut wie heuer. Und nächstes Jahr wird sie noch besser sein.

Die 200 Waffen des Guerilla Marketings

Minimedien

1. Marketingplan
2. Marketing-Terminkalender
3. Identität
4. Geschäfts- bzw. Visitenkarten
5. Briefpapier
6. Persönliche Anschreiben
7. Telefonmarketing
8. Gebührenfreie Telefonnummer
9. Personalisierte Telefonnummer
10. Gelbe Seiten bzw. Branchenverzeichnisse
11. Postkarten
12. Postkartenständer
13. Kleinanzeigen
14. Abrechnungsmodelle pro Auftrag oder pro Anfrage
15. Werbung in Einkaufswagen
16. Wurfsendungen
17. Schwarze Bretter und ähnliche Anschlagtafeln
18. Regionale Kinowerbung
19. Reklameschilder
20. Werbetransparente
21. Schaufensterwerbung
22. Innenwerbung
23. Poster
24. Persönliche Kundenakquise
25. Türdekoration
26. Aufzugspräsentationen
27. Erfolgsgeschichten
28. Stammkundenwerbung
29. Empfehlungsschreiben
30. Besuch von Fachmessen und branchenspezifischen Veranstaltungen

Maximedien

31. Anzeigenwerbung
32. Direktwerbung
33. Zeitungswerbung
34. Radiowerbung
35. Zeitschriftenwerbung
36. Plakatwerbung
37. Fernsehwerbung

E-Medien

38. Computer
39. Drucker/Fax
40. Chat-Rooms
41. Internetforen
42. Online-Werbeflächen
43. Adresslisten
44. Personalisierte E-Mails
45. E-Mail-Signatur
46. Automatisierte E-Mails
47. Massenmails
48. Elektronische Postkarten
49. Domänenname
50. Webseite
51. Landeseite
52. Online-Bezahlungssystem
53. Elektronische Warenkörbe bzw. Einkaufswagen
54. Autoresponder
55. Suchmaschinenoptimierung
56. Elektronische Broschüren
57. RSS-Feeds
58. Blogs
59. Podcasts
60. Eigenes E-Zine
61. Werbeanzeigen in anderen E-Zines
62. E-Bücher
63. Für andere Webseiten interessante Inhalte
64. Webinare
65. Joint Ventures beziehungsweise strategische Allianzen
66. »Word of Mouse«, im Online-Kontext das Äquivalent zur Mundpropaganda, die im Englischen als »Word of Mouth« bezeichnet wird
67. Virales Marketing
68. eBay/Webseiten von Online-Auktionen
69. Klickraten-Analyse
70. Anzeigen, die pro Mausklick berechnet werden
71. Suchbegriffe für Suchmaschinen
72. Adworks-Programm von Google
73. Gesponserte Links
74. Gegenseitige Verlinkung
75. Banner-Austausch
76. Konversionsrate der Webseiten-Besucher

Infomedien

77. Fundiertes Marktwissen
78. Marktforschungsstudien
79. Kundenspezifische Daten
80. Fallstudien
81. Kooperation, gemeinsame Nutzung
82. Broschüren
83. Kataloge

84. Branchenverzeichnisse
85. Bekanntgaben von Behörden
86. Infobriefe, Rundschreiben und Newsletter
87. Vorträge
88. Kostenlose Beratung
89. Kostenlose Produktvorführungen
90. Kostenlose Seminare
91. Artikel
92. Kolumnen
93. Bücher
94. Veröffentlichungen auf Anfrage
95. Vorträge bei Vereinen
96. Teleseminare
97. Infomercials
98. Kontinuierliches Lernen

Das Medium Mensch

99. Marketingwissen
100. Sie selbst
101. Angestellte und sonstige Mitarbeiter
102. Der designierte Guerilla
103. Erscheinungsbild der Mitarbeiter
104. Zwischenmenschliche Kompetenzen
105. Zielgruppen
106. Ihr direkter Einflussbereich
107. Zeit mit Kunden
108. Begrüßung und Verabschiedung
109. Talent, Wissen zu vermitteln
110. Geschichten
111. Verkaufstraining
112. Nutzung von Ausfallzeiten
113. Beziehungsnetzwerk
114. Berufsbezeichnung
115. Affiliate-Marketing bzw. Werbekooperativen
116. Medienbeziehungen
117. Liste der Lieblingskunden
118. Kernaussagen
119. Gefühl der Dringlichkeit
120. Angebote, die zeitlich begrenzt sind oder nur gelten, so lange der Vorrat reicht
121. Handlungsaufforderung
122. Zufriedene Kunden

Non-Medien

123. Auflistung der Angebotsvorteile
124. Wettbewerbsvorteile
125. Werbegeschenke
126. Kundenservice
127. Öffentlichkeitsarbeit
128. Fusion Marketing
129. Tauschgeschäfte
130. Mundpropaganda

131. Buzz-Marketing
132. Gemeinnütziges Engagement
133. Mitgliedschaft in Vereinen
134. Kostenlose Verzeichniseinträge
135. Messestände
136. Sonderveranstaltungen
137. Namensschild bei Veranstaltungen
138. Besonders attraktive Produktverpackung für Messen und sonstige Veranstaltungen
139. Geschenkgutscheine
140. Audiovisuelle Hilfsmittel
141. Flipcharts
142. Sonderdrucke
143. Sammelpunkte
144. Warenproben
145. Garantie
146. Wettbewerbe und Verlosungen
147. Kreativität und künstlerisches Talent
148. Kauf von Kontaktadressen
149. Nachfassen
150. Gezielte Nachverfolgung
151. Marketing auf Abruf
152. Durch Marken finanzierte Unterhaltung, »Branded Entertainment«
153. Produkt-Placement
154. Auftritt als Gast in einer Radio-Talkshow
155. Auftritt als Gast in einer Fernseh-Talkshow
156. Unterschwellige Werbung

Firmenmerkmale

157. Die richtige Marketingperspektive
158. Markenbewusstsein
159. Positionierung
160. Firmenname
161. Mem
162. Slogan
163. Schreibtalent
164. Wissen über Urheberrechte
165. Überschriften und Schlagzeilen
166. Standort
167. Tägliche Öffnungszeiten
168. Generelle Geschäftszeiten
169. Akzeptanz verschiedener Kreditkarten
170. Finanzierungsdienste und Ratenzahlungssysteme
171. Glaubwürdigkeit
172. Reputation
173. Effizienz
174. Qualität
175. Service
176. Auswahl
177. Preisgestaltung
178. Aufrüstungsmöglichkeiten und Luxusausführungen
179. Referenzen und Empfehlungen
180. Spionage
181. Aussagen zufriedener Kunden
182. Zusätzlicher Wert
183. Unterstützung einer guten Sache

Firmencharakter

184. Umgänglich in allen Geschäftsbeziehungen
185. Aufrichtiges Interesse an den Mitmenschen
186. Telefonetikette
187. Leidenschaftliche Begeisterung
188. Sensibilität
189. Geduld
190. Flexibilität
191. Großzügigkeit
192. Selbstvertrauen
193. Ordnung und Sauberkeit
194. Kampfgeist
195. Wettbewerbstüchtigkeit
196. Energie
197. Geschwindigkeit
198. Zielstrebigkeit
199. Detailliebe
200. Handlungsfähigkeit

Danksagung

Man sollte meinen, als Autor und Koautor von 65 Büchern wäre man endlos vielen Menschen zu Dank verpflichtet. Das dachte ich zumindest. Doch als ich mich daranmachte, die Namen zusammenzuschreiben, stellte sich heraus, dass der Kreis der Menschen, bei denen ich mich bedanken möchte, eigentlich recht überschaubar ist.

Meine Literaturagenten Michael Larsen und Elizabeth Pomada haben es bei jedem Buch aufs Neue geschafft, meine Erwartungen zu übertreffen und meine Träume wahr werden zu lassen. Sie haben mich hervorragend beraten und mich davor bewahrt, in die typischen Stolperfallen der Verlagsbranche zu tappen. Sie haben meine Frau und mich zu einigen der besten kulinarischen Köstlichkeiten meines Lebens eingeladen und mir jemanden zur Seite gestellt, der mir literarische und seelische Schützenhilfe leistete. Sie sind ebenso Teil der Guerilla-Marke wie das traditionelle Tarnmuster auf den Buchumschlägen. Dasselbe gilt für meinen Herausgeber Eamon Dolan, der so oft ins Schwarze getroffen hat und dessen Vorschläge sich für mich immer wieder als unschätzbar wertvoll und für Sie als außerordentlich lukrativ erweisen. Eamon hat sich zum Enfant terrible der Marke erkoren, indem er mir Dinge durchgehen ließ, die jeden anderen Herausgeber zum Erblassen gebracht hätten. Auch seinem Nachfolger Ken Carpenter, der bereits jetzt eine gewisse Seelenverwandtschaft mit Eamon und den Herausgebern früherer Bücher – Gerard van de Leun und Marnie Patterson Cochran – erkennen lässt, bin ich zu Dank verpflichtet. Die gesamte Truppe bei Houghton Mifflin macht immer wieder klar, weshalb schon Henry David Thoreau und Mark Twain dieses Verlagshaus wählten.

Mein besonderer Dank gilt Roger und Betsy Parker, die – um es in den Worten eines australischen Mitguerillas auszudrücken – unsere Guerilla-Marketing-Association-Telefonaktion jeden Mittwochabend »zu einem unschätzbaren Highlight der ganzen Woche« werden lassen.

Errol Smith, der für sein Podcasting mit dem Emmy Award ausgezeichnet wurde, hat nicht nur unser Guerilla Marketing Radio Network aufgezogen, sondern beträchtlich dazu beigetragen, dass unsere Podcasts nicht einfach nur gut, sondern absolut fantastisch und weltweit berühmt sind. Danke, Errol!

Unendlich dankbar bin ich dem Lehrmeister unzähliger Marketing-Guerillas Will Reed, dessen engagiertem Einsatz es zu verdanken ist, dass Guerilla Marketing heute sogar in Japan jedem ein Begriff ist (wie auch immer man es dort aussprechen mag), dem Gründer und Leiter der Guerilla Marketing Academy Larry Loebig, dem Leiter unseres Franchise-Schulungsprogramms Todd Woods und dem verstorbenen Paul Hanley, unserem Mann in Europa, Russland und dem Mittleren Osten, der 2006 mit seinem Privatflugzeug tödlich verunglückte, doch in seinen Werken und den Herzen seiner Lieben weiterlebt.

Orvel Ray Wilson ist mir in allen Guerilla-Angelegenheiten – von der Marke bis hin zu vielen Büchern – ein wertvoller Begleiter und Ratgeber gewesen. Ihre Dynamik hat unsere Guerilla-Marke zu großen Teilen Bill Shear zu verdanken. Derjenige, der es uns Guerillas überhaupt erst ermöglicht, im Rampenlicht zu stehen, ist unser Mitstreiter hinter den Kulissen – unser Webmaster Jeremy Rhoten. Mitch Meyerson hat mit der Entwicklung und Leitung unseres Guerilla Marketing Schulungs- und Beratungsprogramms eine unglaubliche Leistung vollbracht. Clevere Guerillas aus allen Teilen der Welt konnten davon schon profitieren. Ich verbeuge mich in Dankbarkeit vor Mitch und all unserer zertifizierten Guerilla-Ausbildern. Zu ewigem Dank ist unsere Marke Anthony Hernandez verpflichtet, dem genialen Kopf, der für unsere Chat-Rooms und Internetforen verantwortlich zeichnet. Den vielleicht härtesten Job von allen erledigt Mary Ann Crossman, die mit Argusaugen über unsere Buchhaltung wacht.

Das Beste habe ich mir für den Schluss aufgehoben. Die umfangreichsten, zeitraubendsten und aufwändigsten Recherchen zu diesem Buch übernahm meine Tochter Amy Levinson, die so ganz nebenbei Vizechefin unserer Firma, ein wahres Allround-Genie und Mutter von dreien meiner 26 Enkel ist. Die Mutter von jeweils einem Elternteil der anderen 23 Enkel ist meine Frau Jeannie Levinson, die das Manuskript zu diesem Buch wie ihren Augapfel gehütet hat, es überarbeitete, vergnügt mit Marketingweisheiten jonglierte und zugleich für unser leibliches Wohl sorgte, während wir – wenn wir nicht gerade an einem unserer sechs Wohnorte längere Pausen einlegten – im Wohnmobil kreuz und quer durch 13 Bundesstaaten reisten. Ich fahre, sie sagt mir, wo es langgeht. Guerilla Marketing ist mein Baby, das stimmt. Dann stimmt es aber auch, dass Amy ein Kind des Guerilla Marketings und Jeanny seine Mutter ist.

Es gibt nicht viele immer wieder neu aufgelegte Bücher, an denen eine so fantastische Familie wie die meine und ein so herausragendes Team an Helfern mitgeschrieben und mitgearbeitet haben – und das vor der Kulisse vieler spektakulärer Sonnenuntergänge. Danke, Sonne! Dank dem gesamten Universum!

Jay Conrad Levinson
Immer unterwegs

Literatur

Abraham, Jay, *Getting Everything You Can Out of All You've got: 21 Ways You Can Out-Think, Out-Perform, and Out-Earn the Competition*. New York: Truman Talley Books / St. Martin Press, 2000.

Abraham, Jay, *93 Extraordinary Referral Systems*. Nightingale Conant-Audio CD-Set, 2004.

Acuff, Daniel, *What Kids Buy And Why: Psychological Secrets to Creating Products That Kids Love*. New York: Free Press, 1997.

Adams, Bob, *Streetwise Small Business Start-Up*. Holbrook, IL: Adams Media, 1996.

Albrecht, Donna G., *Promoting Your Business with FREE or Almost Free Publicity*. Englewood Cliffs, NJ: Prentice Hall, 1997.

Albrecht, Karl, *The Only Thing That Matters: Bringing the Power of the Customer into the Center of Your Business*. New York: HarperBusiness, 1992. [Deutschsprachige Ausgabe: *Total quality service: Das einzige, was zählt*. Düsseldorf: Econ, 1993.]

Allen, Robert G., *Creating Wealth*, überarbeitet und aktualisiert. New York: Simon & Schuster, 1986.

Allen, Robert G., *Multiple Streams of Income*. Hoboken, NJ: Wiley, 2004.

Allen, Robert G., *Multiple Streams of Internet Income: How Ordinary People Make Extraordinary Money Online*. Hoboken, NJ: Wiley, 2006.

Ambler, Tim, *Marketing from Advertising to Zen*. London: Pitman, 1996.

Anderson, Kristin und Ron Zemke, *Delivering Knock Your Socks Off Service*, 2. Auflage. New York: AMACOM, 1997. [Deutschsprachige Ausgabe: *Umwerfender Service: Die Bibel für den direkten Kundenkontakt*. 5. Auflage. Frankfurt / New York: Campus, 2002.]

Anthony, Joseph, *Kiplinger's Revised and Updated Working for Yourself*. Washington DC: Kiplinger Books, 1995.

Anthony, Robert und Jim Blau, *Job Surfing Freelancing: Using the Internet to Find a Job and Get Hired*. New York: Random House, 2002.

Applegate, Jane, *The Entrepreneur's Desk Reference: Authoritative Information, Ideas, and Solutions for Your Small Business*. Princeton, NJ: Bloomberg Press, 2003.

Applegate, Jane, *Succeeding in a Small Business.* Bergenfield, NJ: Plume, 1992.
Arkebauer, James B., *The McGraw-Hill Guide to Writing a High-Impact Business Plan.* New York: McGraw-Hill, 1995.
Armstrong, Gar und Philip Kotler, *Marketing: An Introduction,* 7. Auflage. Upper Saddle River, NJ: Pearson/Prentice Hall, 2005.
Assaraf, John, *The Street Kid's Guide to Having It All.* San Diego, CA: Street Kid Company, 2003.
Astle, Richard, *The Common Sense MBA: The Seven Pursuits of Enduring Business for the Entrepreneur.* New York: St. Martin's Press, 1994.
Aurich, Barry und Len Gill, *Event and Entertainment Marketing.* Chicago: Probus, 1994.
Bade, Nicholas, *Marketing Without Money.* Lincolnwood, IL: National Textbook, 1994.
Bangs, David H. *The Market Planning Guide: Creating a Plan to Successfully Market Your Business, Products or Service.* Dover, NH: Upstart, 1994
Barnhart, Tod, *The Five Rituals of Wealth: Proven Strategies for Turning The Little You Have into More Than Enough.* New York: HarperBusiness, 1995. [Deutschsprachige Ausgabe: *Die fünf Schritte zum Reichtum: Machen Sie mehr aus Ihrem Geld.* Düsseldorf: Econ, 1996.]
Baron, Gerald, R., *Friendship Marketing. Grants Pass,* OR: Oasis Books, 1997.
Barrett, Gavin, *Forensic Marketing: Optimizing Results from Marketing Communications.* New York: McGraw-Hill, 1995.
Barter Publishing Staff, *Barter Referral Directory: Small Business Edition.* Denver: Prosperity & Profit Unlimited, 1992.
Beatty, Jack, *The World According to Peter Drucker.* New York: Free Press, 1998. [Deutschsprachige Ausgabe: *Die Welt des Peter Drucker.* Frankfurt/New York: Campus, 1998.]
Beckwith, Harry, *Selling the Invisible: A Field Guide to Modern Marketing.* New York: Warner, 1997.
Beemer, C. Britt und Robert L. Shook, *Predatory Marketing.* New York: William Morrow, 1997.
Bell, Chip R., *Customers as Partners: Building Relationships That Last.* San Francisco: Berrett-Koehler, 1994.
Bendinger, Bruce, *The Copy Workshop Workbook.* Chicago: Copy Workshop, 1993.
Blackwell, Roger D., *From Mind to Market: Reinventing the Retail Supply Chain.* New York: HarperBusiness, 1997.
Bobrow, Edwin E., *The Complete Idiot's Guide To New Product Development.* New York: Alpha Books, 1997.
Bond, Jonathan und Richard Kirschenbaum, *Under the Radar: Talking to Today's Cynical Consumer.* New York: Wiley, 1998.

Brandenburger, Adam und Barry Nalebuff, *Co-Opetition*. New York: Doubleday, 1996. [Deutschsprachige Ausgabe: *Coopetition – kooperativ konkurrieren: mit der Spieltheorie zum Unternehmenserfolg*. Franfurt/New York: Campus, 1996.]

Bredin, Alice, *The Virtual Office Survival Handbook: What Telecommuters and Entrepreneurs Need to Succeed in Today's Non-Traditional Workplace*. New York: Wiley, 1996.

Bregman, Walter, *Spray the Bear: Reminiscences from the Golden Age of Advertising*. Bloomington, IN: Authorhouse, 2002.

Brooks, William T., *Niche Selling: How to Find Your Customers in a Crowded Market*. Burr Ridge, IL: Irwin, 1992.

Burg, Bob, *Endless Referrals: Networking Your Everyday Contacts Into Sales*. New York: McGraw-Hill, 1994.

Burgett, Gordon, *Niche Marketing for Writers, Speakers and Entrepreneurs*. Santa Monica, CA: Communications Unlimited, 1993.

Bygrave, William D. und David Ackroyd, *The Portable MBA in Entrepreneurship*. 2. Auflage, New York: Wiley, 1997.

Cafferky, Michael E., *Let Your Customers Do the Talking: 301+ Word-of-Mouth Marketing Tactics Guaranteed to Boost Profits*. Chicago: Upstart Publishing, 1996.

Canfield, Jack und Mark Victor Hansen, *The Aladdin Factor*. New York: Berkley, 1995. [Deutschsprachige Ausgabe: *Der Aladin-Faktor: Das mentale Erfolgsprogramm für Privatleben und Beruf*. München. Econ Taschenbuch-Verlag, 2000.]

Canfield, Jack und Janet Switzer, *The Success Principles: How to Get from Where You Are to Where You Want to Be*. New York: HarperCollins, 2005. [Deutschsprachige Ausgabe: *Kompass für die Seele: So bringen Sie Erfolg in Ihr Leben*. München: Goldmann, 2005.]

Canfield, Jack, Mark Victor Hansen und Les Hewitt, *The Power of Focus*. Deerfield Beach, FL: Health Communications, 2000.

Caple, John, *The Right Work: Finding It and Making It Right*. New York: Dodd, Mead, 1987.

Caples, John und Fred E. Hahn, *Tested Advertising Methods*, 5. Auflage. Paramus, NJ: Prentice Hall, 1997.

Carnegie, Dale, *How to Win Friends and Influence People*. New York: Pocket Books, 1982. [Deutschsprachige Ausgabe: *Wie man Freunde gewinnt*. Wien: Uebereuter, 2007.]

Carter, Susan M., *How to Make Your Business Run Without You! Streamline Your Business Operations to Pave the Way for More Business, Bigger Profits, and a Business That Virtually Runs Itself*. Bloomington, MN: Nasus, 1999.

Chapman, James, *Street-Smart Business Tactics*. San Mateo, CA: Human Intellectual Press, 1990.

Cialdini, Robert B., *Influence: The Psychology of Persuasion*, New York; Morrow, 1993. [Deutschsprachige Ausgabe: *Die Psychologie des Überzeugens: Ein Lehrbuch für alle, die ihren Mitmenschen und sich selbst auf die Schliche kommen wollen.* 5. Auflage. Bern: Huber, 2007.]

Clancy, Kevin und Robert S. Schulman, *Marketing Myths That Are Killing Business: The Cure for Deathwish Marketing*. New York: McGraw-Hill, 1994.

Cohen, William A., *The Marketing Plan*, 2. Auflage, New York: Wiley, 1998.

Connor, Dick und Jeff Davidson, *Getting New Clients*. New York: Wiley, 1993.

Covey, Stephen R., *The 7 Habits of Highly Effective People: Powerful Lessons in Personal Change*. New York: Free Press, 2004. [Deutschsprachige Ausgabe: *Die sieben Wege zur Effektivität: ein Konzept zur Meisterung Ihres beruflichen und privaten Lebens*, 11. Auflage. Frankfurt/New York: Campus, 2000.]

Crandall, Rick, *Marketing Your Services for People Who Hate to Sell*. Chicago: Contemporary Books, 1996.

Cyr, Donald G. und Douglas Gray, *Marketing Your Product*. Bellingham, WA: Self-Counsel Press, 1994.

Davidson, Jeff, *Marketing on a Shoestring*. New York: Wiley, 1994.

Debelak, Don, *Marketing Magic: Action Oriented Strategies That Will Help You*. Holbrook, IL: Bob Adams, 1994.

Decker, Sam, *301 Do-It-Yourself Marketing Ideas: From America's Most Innovative Small Companies*. Belmont, CA: South-Western Educational, 1997.

Dennison, Dell, *The Advertising Handbook for Small Business*. Bellingham, WA: Self-Counsel Press, 1994.

Desatnick, Robert L., *Managing to Keep the Customer Happy*. San Fransisco: Jossey-Bass, 1987.

Dewitt, Paula Mergerhagen, *Targeting Transitions*. Chicago: Probus, 1994.

Dobkin, Jeoffrey, *How to Market a Product for Under $500*. Merion Station, PA: Danielle Adams, 1996.

Donnelly, James H. Jr., *Close to the Customer*. Burr Ridge, IL: Irwin, 1991.

Dru, Jean-Marie, *Disruption: Overturning Conventions and Shaking Up the Marketplace*. New York: Wiley, 1996. [Deutschsprachige Ausgabe: *Disruption: Regeln brechen und den Markt aufrütteln*. Frankfurt/New York: Campus, 1997.]

Dunckel, Jacqueline und Brian Taylor, *Keeping Customers Happy*. Bellingham, WA: Self-Counsel Press, 1994.

Dunn, Declan, *Winning the Affiliate Game* (Hörkassette), Chico, C: ADNet Intl. 1999.

Edwards, Mark und Ann Ewen, *360 Degree Feedback*, New York: AMACOM, 1996. [Deutschsprachige Ausgabe: *360-Grad-Beurteilung: Klareres Feedback, höhere Motivation und mehr Erfolg für alle Mitarbeiter*. München: C.H. Beck, 2000.]

Edwards, Paul; Sarah Edwards und Laura Clampitt Douglas, *Getting Business to Come to You*. New York: Tarcher/Putnam, 1991.

Eker, T. Harv, *Secrets of the Millionaire Mind: Mastering the Inner Game of Wealth*. New York: HarperCollins, 2005. [Deutschsprachige Ausgabe: *So denken Millionäre: Die Beziehung zwischen ihrem Kopf und ihrem Kontostand*. Kulmbach: Börsen-Medien, 2006.]

Elton, Kim, *Net Benefits: The Internet Beyond Technology and Down to the Button Line*. Victoria, BC: N. B. Publishing, 1997.

Falk, Edgar A., *1001 Ideas to Create Retail Excitement*. Englewood Cliffs, NJ: Prentice Hall, 1994.

Feig, Barry, *Marketing Straight to the Heart*. New York: American Management Assoc., 1997. [Deutschsprachige Ausgabe: *Marketing direkt ins Herz: Wie Sie durch die Macht der Emotionen Kunden gewinnen und binden*. Landsberg/Lech: mi-Verlag, 1998.]

Fisher, Roger; William Ury und Bruce Patton, *Getting to Yes: Negotiating Agreement Without Giving In*, 2. Auflage. New York: Penguin Books, 1991. [Deutschsprachige Ausgabe: *Das Harvard-Konzept: Der Klassiker der Verhandlungstechnik*, 22. Auflage. Frankfurt/New York: Campus, 2004.]

Floyd, Elaine, *Marketing With Newsletters*. St. Louis: Newsletter Resources, 1996.

Floyd, Elaine, *Quick and Easy Newsletters*. St. Louis: Newsletter Resources, 1998.

Fortini-Campbell, Lisa, *Hitting the Sweet Spot: How Consumer Insights Can Inspire Better Marketing and Advertising*. New York: AMACOM, 1994.

Frause, Bob und Julie A. Colebur, *Environmental Marketing Imperative*. Chicago: Probus, 1994.

Fournles, Ferdinand F., *Why Customers Don't Do What You Want Them to Do – And What to Do About It*. New York: McGraw-Hill, 1994.

Frishman, Rick, Jill Lublin und Mark Steisel, *Networking Magic*. Avon, MA: Adams Media, 2004.

Gallagher, Bill, Orvel Ray Wilson und Jay Conrad Levinson, *Guerilla Selling: Unconventional Weapons and Tactics for Increasing Your Sales*. Boston: Houghton Mifflin, 1992. [Deutschsprachige Ausgabe: *Guerilla Verkauf: Mit unkonventionellen Ideen den Kunden gewinnen*. Frankfurt/New York: Campus, 1993.]

Garfinkel, David, *Advertising Headlines That Make You Rich*. Garden City, NY: Morgan James, 2006.

Gelb, Michael, *How to Think Like Leonardo Da Vinci: Seven Steps to Genius Every Day*. New York: Delacorte Press, 1998. [Deutschsprachige Ausgabe: *Das Leonardo-Prinzip: Die sieben Schritte zum Erfolg*. Köln: vgs, 1998.]

Gerber, Michael E. und Patrick O'Heffernan, *The E-Myth: Why Most Business Don't Work and What to Do About It*. Cambridge, MA: Ballinger, 1986.

[Deutschsprachige Ausgabe: *Erfolgsstrategien für Unternehmer: Wie Sie an Ihrem Unternehmen arbeiten statt in ihm.* Bonn: Rentrop, 1989.]

Gerber, Michael E., *E-Myth Mastery: The Seven Essential Disciplines for Building a World Class Company.* New York: HarperCollins, 2005.

Gitomer, Jeffrey H., *How to Not Suck at Sales.* DVD Video, Better Life Media, 2005.

Gitomer, Jeffrey H., *Jeffrey Gitomer's Little Red Book of Sales Answers.* New York: Prentice Hall, 2006.

Gladwell, Malcolm, *The Tipping Point: How Little Things Can Make a Big Difference.* Boston: Back Boy Books, 2002. [Deutschsprachige Ausgabe: *Der Tipping-Point: Wie kleine Dinge Großes bewirken können.* Berlin: Berlin-Verlag, 2000.]

Godin, Seth, *The Big Red Fez: How to Make Any Website Better.* New York: Fireside, 2002.

Godin, Seth, *Free Prize Inside: The Next Big Marketing Idea.* New York: Portfolio, 2004.

Godin, Seth, *Permission Marketing: Turning Strangers into Friends, and Friends into Customers.* New York: Simon & Schuster, 1999. [Deutschsprachige Ausgabe: *Permission-Marketing: Kunden wollen wählen können.* München: FinanzBuch-Verlag, 2001.]

Godin, Seth, *The Purple Cow: Transform Your Business by Being Remarkable.* New York: Portfolio, 2003. [Deutschsprachige Ausgabe: *Purple cow: So infizieren Sie Ihre Zielgruppe durch virales Marketing.* Frankfurt/New York: Campus, 2004.]

Godin, Seth, *Small Is the New Big and 183 Other Riffs, Rants, and Remarkable Business Ideas.* New York: Portfolio, 2006.

Goetsch, Hal, *Developing, Implementing and Managing an Effective Marketing Plan.* Lincolnwood, IL: NTC Business Books, 1994.

Gill, Michael und Sheila Patterson, *Fired Up! From Corporate Kiss-Off to Entrepreneurial Kick-Off.* New York: Viking/Penguin, 1996.

Gordon, Josh, *Tough Calls: Selling Strategies to Win Over Your Most Difficult Customers.* New York: AMACOM, 1997. [Deutschsprachige Ausgabe: *Umsatz mit schwierigen Kunden: Preiskiller, Nörgler und Unentschlossene schlagfertig überzeugen.* Frankfurt: Redline, 2004.]

Goodman, Andrew, *Winning Results with Google AdWords.* New York: McGraw-Hill Osborne Media, 2005.

Green, Chuck, *Design It Yourself Graphic Workshop: A Step-By-Step Guide.* Gloucester, MA: Rockport, 2004.

Griffin, Jack, *Customer Loyalty: How to Earn It.* San Francisco: Jossey-Bass, 1997.

Gumpert, David E., *How to Really Create a Successful Marketing Plan*. Boston: Goldhirsh Group, 1997.

Hahn, Fred E. und Kenneth G. Mangun, *Do-It-Yourself Advertising and Promotion*. 2. Auflage, New York: Wiley, 1997.

Hall, Doug, *Jump Start Your Business Brain: Win More, Lose Less, and Make More Money with Your New Products, Services, Sales, and Advertising*. Cincinnati, OH: Brain Brew Books, 2001.

Hall, Robert E., *The Streetcorner Strategy for Winning Local Markets*. Austin, TX: Bard Books, 1994.

Hamper, Robert J. und L. Sue Baugh, *Strategic Market Planning*. Lincolnwood, IL: National Textbook, 1998.

Hansen, Mark Victor und Robert G. Allen, *The One Minute Millionaire: The Enlightened Way to Wealth*. New York: Harmony Books, 2002.

Harding, Ford, *Rain Making: The Professional's Guide to Attracting New Clients*. Holbrook, IL: Bob Adams, 1994.

Harrell, Wilson, *For Entrepreneurs Only: Success Strategies for Anyone Starting or Growing a Business*. Franklin Lakes, NJ: Career Press, 1995.

Hiam, Alexander, *Marketing for Dummies*. Foster City, CA: IDG Books, 1997. [Deutschsprachige Ausgabe: *Marketing für Dummies: Mit überzeugenden Ideen den Markt erobern*, 3. Auflage. Weinheim: Wiley-VCH, 2005.]

Hiebing, Roman G. Jr., und Scott W. Cooper, *How to Write a Successful Marketing Plan*. Lincolnwood, IL: National Textbook, 1997.

Horner, Jody, *Power Marketing for Small Business*. Grants Pass, OR: Oasis Press/PSI Research, 1993.

Hughes, Arthur, *Strategic Defense Marketing*, Chicago: Probus, 1994.

Hunter, Victor L. und David Tietyen, *Business to Business Marketing*. Lincolnwood, IL: National Textbook, 1997.

Jackson, Robert R. und Paul Want, *Strategic Defense Marketing*, Lincolnwood, IL: National Textbook, 1994.

Jones, John Philip, *When Ads Work; New Proof That Advertising Triggers Sales*. New York: Lexington Books, 1995.

Joyner, Mark, *The Irresistible Offer: How to Sell Your Product or Service in 3 Seconds or Less*. Hoboken, NJ: Wiley, 2005.

Kabodian, Armer J., *The Customer Is Always Right! Thought Provoking Insights on the Importance of Customer Satisfaction from Today's Business Leaders*. Cambridge, MA: Harvard Business School Press, 1996.

Kaden, Robert J., *Guerilla Marketing Research: Marketing Research Techniques That Can Help Any Business Make More Money*. Philadelphia: Kogan Page, 2006.

Kawasaki, Guy, *The Art of the Start: The Time-Tested, Battle-Hardened Guide for Anyone Starting Anything*. New York: Portfolio, 2004.

Kawasaki, Guy, *How to Drive Your Competition Crazy: Creating Disruption for Fun and Profit*. New York: Hyperion, 1995. [Deutschsprachige Ausgabe: *Die Kunst, die Konkurrenz zum Wahnsinn zu treiben*. Wien: Signum, 1996.]

Kawasaki, Guy, *Selling the Dream: How to Promote Your Product, Company or Ideas – And Make a Difference – Using Everyday Evangelism*. New York: McGraw-Hill, 1995. [Deutschsprachige Ausgabe: *Selling the dream: Die Kunst, aus Kunden Missionare zu machen*. Wien: Signum, 1997.]

Keirsey, David, *Please Understand Me II: Temperament, Character, Intelligence*. Del Mar, CA: Prometheus Nemesis, 1998.

Kennedy, Dan S., *How to Succeed in Business by Breaking all the Rules: A Plan for Entrepreneurs*. New York: Dutton, 1997.

Kennedy, Dan S., *No B. S. Business Success: The Ultimate No Holds Barred Kick Butt – Take No Prisoners Tough and Spirited Guide*. Irvine, CA: Entrepreneur Media, 2004.

Kennedy, Dan S., *The Ultimate Marketing Plan: Find Your Hook, Communicate Your Message, Mark Your Mark*. Avon, MA: Adams Business, 2006.

Kiyosaki, Robert T. und Sharon L. Lechter, *Rich Dad, Poor Dad*. New York: Warner Books, 2004. [Deutschsprachige Ausgabe: *Rich dad, poor dad: Was die Reichen ihren Kindern über Geld beibringen*. München: Goldmann, 2007.]

Klaus, Peggy, *Brag! The Art of Tooting Your Own Horn Without Blowing It*. New York: Warner Books, 2003.

Kotler, Philip, *Ten Deadly Marketing Sins: Signs and Solutions*. Hoboken, NJ: Wiley, 2004. [Deutschsprachige Ausgabe: *Die zehn Todsünden im Marketing: Fehler vermeiden – Lösungen finden*. Berlin: Econ, 2005.]

Kotler, Philip und Gar Armstrong, *Principles of Marketing*, 10. Auflage. Upper Saddle River, NJ: Prentice Hall, 2004.

Kotler, Philip und Eduardo L. Roberto, *Social Marketing: Strategies for Changing Public Behaviour*. New York: Free Press, 1989.

Krass, Peter, *The Book of Business Wisdom: Classic Writings by the Legends of Commerce and Industry*. New York: Wiley, 1991. [Deutschsprachige Ausgabe: *Faszination Business: Was Sie von den Legenden der Wirtschaft lernen können*. Landsberg/Lech: mi-Verlag, 1999.]

Kremer, John, *The Complete Direct Marketing Sourcebook*. New York: Wiley, 1992.

Kremer, John und J. Daniel McComas, *High-Impact Marketing on a Low-Impact Budget*. Rocklin, CA: Prima, 1997.

Lakhani, Dave, *Persuasion: The Art of Getting What You Want*. Hoboken, NJ: Wiley, 2005.

Lambesis, Barbara, *101 Big Ideas for Promoting a Business on a Small Budget*. Phoenix: Marketing Methods Press, 1989.

Landon, Hal, *Marketing With Video: How to Create a Winning Video for Your Small Business or Non-Profit*. Slate Hill, NY: Oak Tree Press, 1996.

Langemeier, Loral, *The Millionaire Maker: Act, Think, and Make Money the Way the Wealthy Do.* New York: McGraw-Hill, 2006.

Lant, Jeffrey, *Cash Copy.* Cambridge, MA: JLA, 1992.

Lant, Jeffrey, *Money Making Marketing.* Cambridge, MA: JLA, 1993.

Lant, Jeffrey, *The Unabashed Self-Promoter's Guide: What Every Man, Woman, Child & Organization in America Needs to Know About Getting Ahead by Exploiting the Media*, 2. Auflage. Cambridge, MA: JLA, 1992.

Lautenslager, Al und Jay C. Levinson, *Guerilla Marketing in 30 Days: A 30 Day Tactical Plan to Maximize Profits and Increase Customers.* Irvine, CA: Entrepreneur Media, 2005.

Levinson, Jay C. und Bruce Blechman, *Guerilla Financing: Alternative Techniques to Finance Any Small Business.* Boston: Houghton Mifflin, 1991.

Levinson, Jay und David Hancock, *Guerilla Marketing for Mortgage Brokers.* Garden City, NY: Morgan James, 2005.

Levinson, Jay C. und Al Lautenslager, »Mind over Market«, *Entrepreneur Magazine* (März 2005).

Levinson, Jay C. und Anthony Hernandez, *Guerilla Marketing Success Secrets.* Garden City, NY: Morgan James, 2006.

Levinson, Jay C. und David Perry, *Career Guide for the High Tech Professional.* Franklin Lakes, NJ: Career Press, 2004.

Levinson, Jay C. und Dean Lindsay, *Cracking the Networking Code.* Plano TX: World Gumbo, 2005.

Levinson, Jay C. und Jay Aaron, *Guerilla Marketing to the Masses.* Garden City, NY: Morgan James, noch nicht erschienen.

Levinson, Jay C. und Kathrin Tyler, *Guerilla Saving: Secrets of Keeping Profits in Your Home-Based Office.* New York: Wiley, 2000.

Levinson, Jay C. und Loral Langemeier, *Guerilla Wealth: The Tactical Secrets of the Wealthy.* San Rafael, CA: Live Out Loud, 2004.

Levinson, Jay C. und Mitch Meyerson, *Guerilla Marketing on the Front Lines.* Garden City, NY: Morgan James, noch nicht erschienen.

Levinson, Jay C. und Monroe Mann, *Guerilla Networking.* Garden City, NY: Morgan James, noch nicht erschienen.

Levinson, Jay C. und Paul Hanley, *Guerilla Marketing Revolution: Precision Persuasion of the Unconscious Mind.* London: Piatkus, 2006.

Levinson, Jay C. und Theo Brandt-Sariff, *Guerilla Travel Tactics.* New York: American Management Association, 2004.

Levinson, Jay C. und Todd Woods, *Guerilla Marketing for franchisees.* Garden City, NY: Morgan James, 2006.

Levinson, Jay C., *Bigwig Briefs: Guerilla Marketing – The Best of Guerilla Marketing & Marketing on a Shoestring Budget.* Boston: Aspatore Books, 2001.

Levinson, Jay C., *Guerilla Advertising.* Boston: Houghton Mifflin, 1994. [Deutschsprachige Ausgabe: *Guerilla-Werbung: Ein Leitfaden für kleine und mittlere Unternehmen.* Frankfurt/New York, 1995.]

Levinson, Jay C., *Guerilla Creativity: Make Your Message Irresistible with the Power of Memes.* Boston: Houghton Mifflin, 2001.

Levinson, Jay C., *Guerilla Marketing: Put Your Advertising on Steroids.* Garden City, NY: Morgan James, 2005.

Levinson, Jay C., *Guerilla Creativity: Secrets for Making Big Profits from Your Small Business,* 3. Auflage. Boston: Houghton Mifflin, 1998.

Levinson, Jay C., *Guerilla Creativity Attack for Attorneys.* Sab Ramon, CA: RW Lynch Company, 2006.

Levinson, Jay C., *Guerilla Marketing During Tough Times.* Garden City, NY: Morgan James, 2005.

Levinson, Jay C., *Guerilla Marketing for the New Millennium.* Garden City, NY: Morgan James, 2005.

Levinson, Jay C., Mark S. Smith und Orvel Ray Wilson, *Guerilla Trade Show Selling.* New York: Wiley, 2001.

Levinson, Jay Conrad, *555 Ways to Earn Extra Money Revised for the '90s,* überarbeitete Ausgabe. New York: Holt, 1991.

Levinson, Jay Conrad und Charles Rubin, *Guerilla Marketing Online: The Entrepreneur's Guide to Earning Profits on the Internet,* 2. Auflage. Boston: Houghton Mifflin, 1997. [Deutschsprachige Ausgabe: *Guerilla Marketing Online: Chancen für kleine und mittlere Unternehmen im weltweiten Datennetz.* Frankfurt/New York: Campus, 1996.]

Levinson, Jay Conrad und Charles Rubin, *Guerilla Marketing Online Weapons: 100 Low-Cost, High-Impact Weapons for Online-Profits and Prosperity.* Boston: Houghton Mifflin, 1996.

Levinson, Jay Conrad und David Perry, *Guerilla Marketing for Job-Hunters: 400 Unconventional Tips, Tricks and Tactics to Land Your Dream Job.* Hoboken, NJ: Wiley, 2005.

Levinson, Jay Conrad und Jane Marriott, *An Earthling's Guide to Satellite TV.* Mendocino, CA: Quantum, 1995.

Levinson, Jay Conrad und Michael W. McLaughlin, *Guerilla Marketing for Consultants: Breakthrough Tactics for Winning Profitable Clients.* Hoboken, NJ: Wiley, 2005.

Levinson, Jay Conrad und Seth Godin, *Get What You Deserve! How to Guerilla-Market Yourself.* New York: Avon, 1997.

Levinson, Jay Conrad und Seth Godin, *Guerilla Marketing for the Home-Based Business.* Boston: Houghton Mifflin, 1995.

Levinson, Jay Conrad und Seth Godin, *The Guerilla Marketing Handbook.* Boston: Houghton Mifflin, 1994. [Deutschsprachige Ausgabe: *Das Guerilla Marketing*

Handbuch: Werbung und Verkauf von A bis Z. Frankfurt/New York: Campus, 2000.]

Levinson, Jay Conrad, *Earning Money Without A Job: Revised for the '90s.* New York: Holt, 1991.

Levinson, Jay Conrad, *Guerilla Marketing Attack: New Strategies, Tactics and Weapons for Winning Big Profits For Your Small Business.* Boston: Houghton Mifflin, 1989.

Levinson, Jay Conrad, *Guerilla Marketing Excellence: The 50 Golden Rules For Small-Business Success.* Boston: Houghton Mifflin, 1993. [Deutschsprachige Ausgabe: *Guerilla Marketing für Fortgeschrittene: Erfolg im kleineren Unternehmen: 50 goldene Regeln*, 2. Auflage. Frankfurt/New York: Campus, 2001.]

Levinson, Jay Conrad, *Guerilla Marketing for Free: 100 No-Cost Tactics to Promote Your Business and Energize Your Profits.* Boston: Houghton Mifflin, 2003.

Levinson, Jay Conrad, *Guerilla Marketing for the Nineties: The Newest Secrets for Making Big Profits From Your Small Business.* Boston: Houghton Mifflin, 1993.

Levinson, Jay Conrad, *Guerilla Marketing Weapons: 100 Affordable Marketing Methods for Maximizing Profits From Your Small Business.* New York: Plume, 1990.

Levinson, Jay Conrad, *Guerilla Marketing with Technology: Unleashing the Full Potential of Your Small Business.* Reading, MA: Addison-Wesley, 1997.

Levinson, Jay Conrad, Mark S. A. Smith und Orvel Ray Wilson, *Guerilla Teleselling: New Unconventional Weapons and Tactics to Sell When You Can't Be There in Person.* New York: Wiley, 1998.

Levinson, Jay Conrad, Mark S. A. Smith und Orvel Ray Wilson, *Guerilla Trade Show Selling: New Unconventional Weapons and Tactics to Meet More People, Get More Leads, and Close More Sales.* New York: Wiley, 1997.

Levinson, Jay Conrad, *Mastering Guerilla Marketing: 100 Profit-Producing Insights You Can Take to the Bank.* Boston: Houghton Mifflin, 1999. [Deutschsprachige Ausgabe: *Die 100 besten Guerilla-Marketing-Ideen.* Frankfurt/New York: Campus, 2006.]

Levinson, Jay Conrad, Mark S. A. Smith und Orvel Ray Wilson, *Guerilla Negotiating: Unconventional Weapons and Tactics to Get What You Want.* New York: Wiley, 1999.

Levinson, Jay Conrad, *Quit Your Job! Making the Decision, Making the Break, Making It Work.* New York: Dodd, Mead. 1987.

Levinson, Jay Conrad, Rick Frishman und Jill Lublin, *Guerilla Publicity: Hundreds of Sure-Fire Tactics to Get Maximum Sales for Minimum Dollars.* Avon, MA: Adams Media, 2002.

Levinson, Jay Conrad, Rick Frishman und Michael Larsen, *Guerilla Marketing for Writers.* Cincinnati, OH: Writer's Digest Books, 2001.

Levinson, Jay Conrad, *The Ninety-Minute Hour.* New York: Plume, 1991.

Levinson, Jay Conrad, Orvel Ray Wilson und Elly Valas, *Guerilla Retailing*. Boulder, CA: Guerilla Group, 2004.

Levinson, Jay Conrad, *The Guerilla Entrepreneur*. Garden City, NY: Morgan James, 2006.

Levinson, Jay Conrad, *The Way of the Guerilla*. Boston: Houghton Mifflin, 1998.

Levinson, Jay C. und Mitch Meyerson, *Guerilla Marketing on the Go*. Garden City, NY: Morgan James, 2006

Levitt, Theodore, *The Marketing Imagination*. New York: Free Press, 1986. [Deutschsprachige Ausgabe: *Marketing Imagination: Die unbegrenzte Macht des kreativen Marketing*. Landsberg: mi-Verlag, 1984.]

Lichtenberg, Ronna, *Pitch Like a Girl: How a Woman Can Be Herself and Still Succeed*. Emmaus, PA: Rodale, 2005.

Lonier, Terri, *The Frugal Entrepreneur: Creative Ways to Save Time, Energy & Money in Your Business*. New Paltz, NY: Portico Press, 1996.

Lonier, Terri, *Working Solo: The Real Guide to Freedom & Financial Success with Your Own Business*. New York: Portico Press, 1994.

Lonier, Terri, *Working Solo: Sourcebook: Essential Resources for Independent Entrepreneurs*. New Paltz, NY: Portico Press, 1994.

Lopiano-Misdom, Janine und Joanne De Luca, *Street Trends: How Today's Alternative Youth Cultures Are Creating Tomorrow's Mainstream Markets*. New York: HarperBusiness, 1997.

Luecke, Richard, *Managing Projects Large and Small*. Boston: Harvard Business School Press, 2004.

Mackay, Harvey, *Dig Your Well Before You're Thirsty: The Only Networking Book You'll Ever Need*. New York: Currency/Doubleday, 1997. [Deutschsprachige Ausgabe: *Networking: Das Buch über die Kunst, Beziehungen aufzubauen und zu nutzen*. Düsseldorf: Econ, 1997.]

Maltz, Maxwell, herausgegeben und aktualisiert von Dan S. Kennedy, *The New Psycho-Cybernetics: The Original Science of Self-Improvement and Success That Has Changed the Lives of 30 Million People*. Paramus, NJ: Prentice Hall, 2002. [Deutschsprachige Ausgabe: *Erfolg kommt nicht von ungefähr: Psychokybernetik*, 12. Auflage. Düsseldorf: Econ, 1987.]

Mann, Monroe, *The Theatrical Juggernaut: The Psyche of the Star*. Bloomington, IN: Authorhouse, 2001.

Marconi, Joe, *Creating the Marketing Experience: New Strategies for Building Relationships with Your Target Market*. Belmont, CA: South-Western Educational, 2005.

Marconi, Joe, *Image Marketing Using Public Perceptions to Attain Business Objectives*. Lincolnwood, IL: National Textbook, 1996.

Marder, Eric, *The Laws of Choice: Predicting Customer Behavior*. New York: Free Press, 1997.

McCrimmon, Mitch, *Unleash the Entrepreneur Within: How to Make Everyone an Entrepreneur and Stay Efficient.* London: Pitman, 1995.

McDonald, Malcolm H. B. und Warren J. Keegan, *Marketing Plans That Work: Targeting Growth and Profitability.* Boston: Butterworth-Heinemann, 1997.

McKee, Lex, *The Accelerated Trainer: Using Accelerated Learning Techniques to Revolutionize Your Training.* Burlington, VT: Gower, 2004.

McKeever, Mike, *How to Write a Business Plan*, Berkeley: Nolo, 1997.

McKenna, Regis, *Real Time: Preparing for the Age of the Never Satisfied Customer.* Boston: Harvard Business School Press, 1997. [Deutschsprachige Ausgabe: *Real Time Marketing: Der Schnellere gewinnt.* St. Gallen/Zürich: Midas-Management-Verlag, 1998.]

Meyerson, Mitch, *Success Secrets of the Online Marketing Superstars.* Chicago: Dearborn, 2005.

Moser-Wellman, Annette, *The Five Faces of Genius: The Skills to Master Ideas at Work.* New York: Viking, 2001.

Misner, Ivan R., *Seven Second Marketing: How to Use Memory Hooks to Make You Instantly Stand Out in a Crowd.* Austin, TX: Bard Press, 1996.

Misner, Ivan R., *The World's Best Known Marketing Secret: Building Your Business with Word-of-Mouth Marketing.* Austin, TX: Bard & Stephan, 1994. [Deutschsprachige Ausgabe: Misner, Ivan R., *Marketing zum Nulltarif: Mit Networking und Empfehlungsmarketing zu neuen Kunden*, 2. aktualisierte Auflage. Frankfurt: Redline, 2004.]

Moore, James F., *The Death of Competition.* New York: HarperBusiness, 1996. [Deutschsprachige Ausgabe: Moore, James F., *Das Ende des Wettbewerbs: Führung und Strategie im Zeitalter unternehmerischer Ökosysteme.* Stuttgart: Klett-Cotta, 1998.]

Murphy, Dallas, *The Fast Forward MBA in Marketing.* New York: Wiley, 1997.

Nelson, Carol, *How to Market to Women.* Detroit: Visible Ink, 1994.

Newberg, Jay und Claudio Marcus: *Target Smart! Database Marketing for the Small Business.* Grants Pass, OR: Oasis Press/PSI Research, 1996.

Newell, Frederick, *The New Rules of Marketing: How to Use One-to-One Relationship Marketing to be the Leader in Your Industry.* New York: McGraw-Hill, 1997.

Nicholas, Ted und Sean P. Melvin, *How to Form Your Own Corporation Without a Lawyer for Under $75.00*, 26. Auflage. Chicago: Dearborn, 1996.

Nulman, Philip R., *Start-Up Marketing: An Entrepreneur's Guide to Advertising, Marketing and Promoting Your Business.* Grants Pass, OR: Oasis Press/PSI Research, 1996.

Ogilvy, David, *Confessions of an Advertising Man.* New York: Atheneum, 1988. [Deutschsprachige Ausgabe: *Geständnisse eines Werbemannes.* Düsseldorf: Econ, 1991.]

Ogilvy, David, *Ogilvy on Advertising*. New York: Vintage Books, 1985. [Deutschsprachige Ausgabe: *Ogilvy über Werbung*. Düsseldorf: Econ, 1984.]

Olivier, Richard, *Inspirational Leadership, Henry V and the Muse of Fire: Timeless Insights from Shakespeare's Greatest Leader*. Dover, NH: Industrial Society, 2001.

Parker, Roger C., *Design to Sell: Use Microsoft Publisher to Plan, Write and Design Great Marketing Pieces*. Redmond, WA: Microsoft Press, 2006.

Parker, Roger C., *Web Content and Design*. New York: MIS Press, 1997.

Parker, Roger C., *Web Design and Desktop Publishing for Dummies*. Foster City, CA: IDG Books Worldwide, 1997.

Parmerlee, David, *Developing Successful Marketing Strategies*, 2. Auflage. Chicago: NTC Business Books, 1997.

Peppers, Don und Martha Rogers, *The One-to-One Future: Building Relationships One Customer at a Time*. New York: Currency Doubleday, 1997. [Deutschsprachige Ausgabe: *Die 1:1-Zukunft: Strategien für ein individuelles Kundenmarketing*. Freiburg: Haufe, 1994.]

Perry, David, *Career Guide for the High-Tech Professional: Where the Jobs Are Now and How to Land Them*. Franklin Lakes, NJ: Career Press, 2004.

Peters, Tom, *The Brand You 50: or: Fifty Ways to Transform Yourself From an »Employee« into a Brand That Shouts Distinction, Commitment, and Passion!* New York: Knopf, 1999. [Deutschsprachige Ausgabe: *Top-50-Selbstmanagement: Machen Sie aus sich die Ich AG*. München: Econ Taschenbuch-Verlag, 2001.]

Phillips, Michael, Salli Raspberry und Diana Fitzpatrick, *Marketing Without Advertising*. Berkeley, CA: Nolo, 2005.

Pink, Daniel H., *A Whole New Mind: Moving from the Information Age to the Conceptual Age*. New York: Riverhead Books, 2005.

Pinskey, Raleigh, *101 Ways to Promote Yourself*. New York: Avon Books, 1997.

Pinson, Linda und Jerry Jinnett, *Anatomy of a Business Plan*. Chicago: Dearborn Trade, 1993.

Port, Michael, *Book Yourself Solid: The Fastest, Easiest, and Most Reliable System for Getting More Clients Than You Can Handle Even if You Hate Marketing and Selling*. Hoboken, NJ: Wiley, 2006.

Putnam, Anthony O., *Marketing Your Services: A Step-by-Step Guide for Small Business Professionals*. New York: Wiley, 1990.

Rackham, Neil, *The Spin Selling Fieldbook: Practical Tools, Methods, Exercises, and Resources*. New York: McGraw-Hill, 1996.

Ragas, Matthew W. und B. J. Bueno, *The Power of Cult Branding: How 9 Magnetic Brands Turned Customers into Loyal Followers (and Yours Can, Too)*. Roseville, CA: Prima, 2002.

Ramacitti, David, *Do-It-Yourself Advertising*. Saranac Lake, NY: AMACOM, 1992.

Ramacitti, David, *Do-It-Yourself Advertising*. Saranac Lake, NY: Random House Value Publishing, 1994

Rapp, Stan und Thomas Collins, *Beyond Maximarketing*. New York: McGraw-Hill, 1993.

Reed, William, *Ki – A Road That Anyone Can Walk*. New York: Kodansha America, über Oxford University Press, 1992.

Restak, Richard M., *Mozart's Brain and the Fighter Pilot: Unleashing Your Brain's Potential*. New York: Harmony Books, 2001.

Reichheld, Frederick F. und Thomas Teal, *The Loyalty Effect: The Hidden Force Behind Growth, Profits, and Lasting Value*. Cambridge, MA: Harvard Business School Press, 1996. [Deutschsprachige Ausgabe: *Der Loyalitäts-Effekt: Die verborgene Kraft hinter Wachstum, Gewinnen und Unternehmenswert*. Frankfurt/New York: Campus, 2007.]

Reitman, Jerry I., *Beyond 2000: The Future of Direct Marketing*. Lincolnwood, IL: National Textbook, 1994.

Reynolds, Don, *Crackerjack Positioning: Niche Marketing Strategy for the Entrepreneur*. Tulsa: OK, Atwood, 1993.

Rheingold, Howard, *The Virtual Community: Homesteading on the Electronic Frontier*. Reading, MA: Addison-Wesley, 1993. [Deutschsprachige Ausgabe: *Virtuelle Gemeinschaft: Soziale Beziehungen im Zeitalter des Computers*. Bonn/Paris: Addison-Wesley, 1994.]

Ries, Al und Laura Ries, *The 11 Immutable Laws of Internet Branding*. New York: HarperBusiness, 2000. [Deutschsprachige Ausgabe: *Die 11 unumstößlichen Gebote des Internet-Branding*. München: Econ Taschenbuch-Verlag, 2001.]

Ries, Al, *Focus: The Future of Your Company Depends on It*. New York: HarperBusiness, 1996. [Deutschsprachige Ausgabe: *Die Strategie der Stärke*. Düsseldorf: Econ, 1996.]

Ries, Al und Jack Trout, *Marketing Warfare*. Sonderausgabe, New York: McGraw-Hill, 2006. [Deutschsprachige Ausgabe: *Marketing generalstabsmäßig*. Hamburg/New York: McGraw-Hill, 1986.]

Ries, Al und Jack Trout, *Positioning the Battle for Your Mind*. Sonderausgabe, New York: McGraw-Hill, 2001. [Deutschsprachige Ausgabe: *Positioning: Die neue Werbestrategie*. Hamburg/New York: McGraw-Hill, 1986.]

Ries, Al und Jack Trout, *The 22 Immutable Laws of Internet Branding: Violate Them at Your Own Risk*. New York: HarperBusiness, 1993.

Ritchie, Karen, *Marketing to Generation X*. New York: Lexington Books, 1995.

Robbins, Anthony, *Awaken the Giant Within: How to Take Immediate Control of Your Mental, Emotional, Physical and Financial Destiny*. New York: Simon & Schuster, 1992. [Deutschsprachige Ausgabe: *Das Robbins-Power-Prinzip*. Berlin: Ullstein, 2004.]

Robbins, Anthony, *Unlimited Power: The New Science of Personal Achievement*. New York: Simon & Schuster, 1997. [Deutschsprachige Ausgabe: *Grenzenlose*

Energie: Das Powerprinzip: Wie Sie Ihre persönlichen Schwächen in positive Energie verwandeln. Berlin: Ullstein, 2004.]

Roberts, Ralph und John Gallagher, *Walk Like a Giant, Sell Like a Madman*. New York: HarperBusiness, 1997.

Ross, Marilyn und Tom Ross, *Country Bound! Trade Your Business Suit Blues for Blue Jean Dreams*. Chicago: Upstart, 1997.

Rossman, Marlene L., *Multicultural Marketing: Selling to a Diverse America*. New York; AMACOM, 1994.

Sanchez, Diane, Stephen E. Heiman und Tad Tuleja, *The Selling Machine*. New York: Times Business, 1997.

Sanow, Arnold und Daniel McComas, *Marketing Boot Camp*. Dubuque, IA: Kendall/Hunt, 1994.

Schmitt, Bernd und Alex Simonson, *Marketing Aesthetics: The Strategic Marketing of Brands, Identity, and Image*. New York: Free Press, 1997. [Deutschsprachige Ausgabe: *Marketing-Ästhetik: Strategisches Management von Marken, Identity und Image*. Düsseldorf: Econ, 1998.]

Schultz, Don E., Stanley Tannenbaum und Robert E. Lauterborn, *Integrated Marketing Communications: Pulling It Together & Making It Work*. Lincolnwood, IL: National Textbook, 1996.

Scoble, Robert und Shel Israel, *Naked Conversations: How Blogs Are Changing the Way Businesses Talk with Customers*. Hoboken, NJ: Wiley, 2006. [Deutschsprachige Ausgabe: *Unsere Kommunikation der Zukunft: BLOGS – Der Meilenstein in der Direktvermarktung*. München: FinanzBuch-Verlag, 2007.]

Seda, Cathryn, *Search Engine Advertising: Buying Your Way to the Top to Increase Sales*. Berkeley, CA: New Riders Press, 2004.

Shane, Michael, *How to Think Like an Entrepreneur*. New York: Brett, 1994.

Shapiro, Stephen, *Goal-Free Living: How to Have the Life You Want Now!* Hoboken, NJ: Wiley, 2006.

Shefsky, Lloyd, *Entrepreneurs Are Made, Not Born: Secrets from 200 Successful Entrepreneurs*. New York: McGraw-Hill, 1994.

Shook, Hal und Allen Overmeyer, *Flying Spirit: A Leader's Guide to Creating Great Organizations*. Huntington, WV: Humanomics, 1998.

Silber, Lee T., *Time Management for the Creative Person*. New York: Three Rivers Press, 1998.

Sinetar, Marsha, *To Build the Life You Want, Create the Work You Love: The Spiritual Dimension of Entrepreneuring*. New York: St. Martin's Press, 1996.

Slutsky, Jeff, *How to Get Clients*. New York: Warner, 1997. [Deutschsprachige Ausgabe: *Erfolgreiches Marketing für Dienstleister und Freiberufler*. Bonn: VNR Verlag für die Deutsche Wirtschaft, 1996.]

Smith, Jeanette, *Entrepreneur Magazine: Guide to Integrated Marketing*. New York: Wiley, 1996.

Smith, Jeanette, *The New Publicity Kit: A Complete Guide to Entrepreneurs, Small Businesses and Non-Profit Organizations*. New York: Wiley, 1995.

Spoelstra, Jon, *Ice to the Eskimos: How to Market a Product Nobody Wants*. New York: HarperBusiness, 1997.

Stanley, Thomas J., *Marketing to the Affluent*. New York: McGraw-Hill, 1997.

Stansell, Kimberly, *Bootstrapper's Success Secrets: 151 Tactics for Building Your Business on a Shoestring Budget*. Franklin Lakes, NJ: Career Press, 1997.

Stevenson, Doug, *Never Be Boring Again: Make Your Business Presentations Capture Attention, Inspire Action, and Produce Results*. Colorado Springs, CO: Cornelia Press, 2003.

Stephenson, James und Courtney Thurman, *Ultimate Small Business Marketing Guide*, 2. Auflage. Irvine, CA: Entrepreneur Press, 2007.

Strauss, Judy, Adel El-Ansary und Raymond Frost, *E-Marketing*, 4. Auflage. Upper Saddle River, NJ: Prentice Hall, 2005.

Sugarman, Joseph, *Advertising Secrets of the Written Word: The Ultimate Resource on How to Write Powerful Advertising Copy from One of America's Top Copywriters and Mail Order Entrepreneurs*. Las Vegas: DelStar, 1998.

Sugarman, Joseph, *Triggers: 30 Sales Tools You Can Use to Control the Mind of Your Prospect to Motivate, Influence and Persuade*. Las Vegas: DelStar, 1999.

Sussmann, Jeffrey, *Power Promoting: How to Market Your Business to the Top!* New York: Wiley, 1997.

Sykes, Timothy, *Self-Publishing E-Books & Pods: One Step at a Time*. Spring, TX: Forager Publications, 2004.

Tracey, Brian: *Getting Rich Your Own Way: Achieve All Your Financial Goals Faster Than You Ever Thought Possible*. Hoboken, NJ: Wiley, 2004.

Trout, Jack, *A Genie's Wisdom: A Fable of How a CEO Learned to Be a Marketing Genius*. Hoboken, NJ: Wiley, 2003. [Deutschsprachige Ausgabe: *Der Geist und das Greenhorn: die wundersame Verwandlung vom Erbsenzähler zum Marketing-Genie*. München: Redline, 2003.]

Trout, Jack, *The New Positioning: The Latest on the World's #1 Business Strategy*. New York: McGraw-Hill, 1997. [Deutschsprachige Ausgabe: *New positioning: das Neueste zur Business-Strategie Nr. 1*. Düsseldorf: Econ, 1996.]

Trout, Jack and Steve Rivkin, *Differentiate or Die: Survival in Our Era of Killer Competition*. Hoboken, NJ: Wiley, 2000. [Deutschsprachige Ausgabe: *Differenzieren oder verlieren: So grenzen Sie sich vom Wettbewerb ab und gewinnen den Kampf um die Kunden*. München: Redline, 2003.]

Truax, Pamela und Monique Reece Myron, *Market Smarter, Not Harder*. Dubuque, IA: Kendall/Hunt, 1996.

Trump, Donald, *The Way to the Top: The Best Business Advice I Ever Received*. New York: Crown Business, 2004.

Trump, Donald und Meredith McIver, *How to Get Rich*. New York: Random

House, 2004. [Deutschsprachige Ausgabe: *Trump: Wie man reich wird.* München: FinanzBuch-Verlag, 2004.]

Trump, Donald und Tony Schwartz, *The Art of the Deal.* Boston, Mass: G. K. Hall, 1989.

Unruh, James A., *Customers Mean Business: Six Steps to Building Relationships That Last.* Reading, MA: Addison-Wesley, 1996.

Vitale, Joe, *The Power of Outrageous Marketing.* Nightingale-Conant Audio Course, 1998.

Vitale, Joe, *Hypnotic Writing: How to Seduce und Persuade Customers with Only Your Words.* Hoboken, NJ: Wiley, 2006.

Vitale, Joe, *There's a Customer Born Every Minute. P. T. Barnum's Secrets to Business Success.* New York: AMACOM, 1998.

Wallace, Carol Wilkie, *Great Ad!* Blue Ridge Summit, PA: TAB Books, 1990.

Wares, Bruce, *Partner$ell: Creating Lucrative and Lasting Client Relationships.* Dubuque, IA: Kendall/Hunt, 1994.

Whitely, Richard und Diane Hessan, *Customer-Centered Growth.* Reading, MA: Addison-Wesley, 1996.

Williams, Roy H., *The Wizard of Ads: Turning Words into Magic and Dreamers into Millionaires.* Austin, TX: Bard Press, 1998.

Williams, Roy H., Janet Thomae und Chris Maddock, *Accidental Magic: The Wizard's Techniques for Writing Words Worth 1,000 Pictures.* Austin, TX: Bard Press, 2001.

Wilson, Jerry R., *Word-of-Mouth Marketing.* New York, Wiley, 1994. [Deutschsprachige Ausgabe: *Mund-zu-Mund-Marketing.* Landsberg/Lech: mi-Verlag, 2001.]

Withers, Jean und Carol Viperman, *Marketing Your Service Business.* Bellingham, WA: Self-Counsel Press, 1992.

Woolf, Brian P., *Customer Specific Marketing.* Greenville, SC: Teal Books, 1996.

Yohalem, Kathy C., *Thinking Out of the Box: How to Market Your Company into the Future.* New York: Wiley, 1997.

Yudkin, Marcia, *Six Steps for Free Publicity and Dozens of Other Ways to Win Free Media Attention for You and Your Business.* Bergenfield, NJ: Plume, 1994.

Ziccardi, Donald, *Master Minding the Store: Advertising, Sales, Promotion, and the New Marketing Reality.* New York: Wiley, 1997.

Ziglar, Zig, *Selling 101: What Every Successful Sales Professional Needs to Know.* Nashville, TN: Thomas Nelson, 2003.

Register

60-30-10-Regel 243

Abhängigkeit(en) 36f., 49, 52
Adresslisten 241, 246, 255, 263f., 267f., 319, 409
Affiliate-Programm(e) 298, 339f., 410
Akzeptanz 112, 117, 165, 240, 283, 348, 389, 411
Alleinstellungsmerkmal(e) 135, 380
Anschlagtafeln 185–190, 408
Anschluss 36, 47
Anschreiben, persönliche(s) 26, 48, 61, 71, 88, 123, 129, 140–151, 156, 158, 161, 164, 166, 169, 241f., 246–251, 253, 282, 299, 408
Ansichten 15, 20, 291
Anzeigen/-werbung 21f., 26–28, 30f., 34, 39, 42, 44–46, 51, 58, 64, 66, 70f., 73, 85f., 88–92, 97, 100, 102–106, 125, 152, 162, 166–168, 170–174, 176, 178, 182, 191, 194f., 201–209, 211–215, 239, 252, 254, 266, 310, 314, 331, 336, 355, 361, 369, 408f.
Aufzugspräsentation 365f., 408
Aushänge 26, 31, 34, 61, 82, 86, 88–90, 190, 214
Außenwerbung 235, 237f.
Autorität 72, 76, 290, 312, 321f., 324, 332, 346

Bartergeschäft 96f., 101
Benutzerfreundlichkeit 116, 271
Beratung 22, 50, 87, 159, 171, 176, 186, 193, 195, 306–309, 311, 316, 329, 331, 410, 414
Beziehungspflege 306, 333f.
Blickkontakt 127, 133f., 335, 338
Blog(s) 62, 70, 80, 263f., 268–274, 277, 279, 293f., 409
Branded Entertainment 368f., 411
Briefumschlag/-umschläge 161, 247f.
Broschüren 20, 26, 32, 61, 78, 81, 86, 88–90, 92, 103, 124f., 130, 139, 160–162, 164, 167–169, 183, 189, 205, 207, 212, 257, 308f., 346, 351, 353f., 356, 409
Budget(s) 18, 24, 26f., 29f., 46, 54, 63, 83, 87, 167, 170, 184, 192, 219, 222, 254, 323, 340, 369
Buswerbung 239
Buzz-Marketing 348f., 351, 411

Chat-Gruppen/-Rooms 58, 78, 80, 104, 116, 264, 289, 309, 350, 409
Clubmitgliedschaft 80, 81, 180, 186, 239, 288, 332, 348, 357, 359, 388
Cold Calls 138
Customer Lifetime Value (CLV) 20

Desktop Publishing (DTP) 91, 188, 200
–, Programme 124f.

Dialog 23, 56, 133, 271, 404
Direktmailing 26, 28, 58, 60, 62, 79, 81, 86, 88, 91 f., 199 f., 210, 212, 214 f., 222, 240–248, 250 f., 254, 256 f., 311
Direktwerbung 20 f., 23, 151, 262, 268, 336, 408
Drittelregel 262
Du-Marketing 20

E-Books 99, 263, 285, 295–297
Effektivität 26, 199, 206, 211, 217, 221
–, einer Anzeige 206, 211
–, der Marketingmaßnahmen 48
–, eines Radiospots 219
–, der Werbebotschaft/Werbung 31, 240
Effektivitätskontrolle 48
Effizienz 18, 93, 95, 100 f., 174, 303, 329, 369, 411
–, des Marketings 95, 100 f., 329
–, des traditionellen Marketings 18
–, der Werbemedien 174, 369
–, von Nanocasting 93
–, von Podcasting 93
Effizienzmessung 101, 129
Ehrenamtliche Tätigkeiten 358, 387
Einstellung(en) 10, 15, 64, 75, 77, 133, 136, 138, 183, 300, 341, 351, 387, 392, 404
Einverständnis 23, 36 f., 50, 52
Einverständniserklärung 37, 265 f.
Elevator Pitch 365f,
E-Mail(s) 15, 20 f., 34, 47, 60f, 70 f., 79 f., 89, 104, 110–113, 116, 124, 139, 142 f., 145 f., 150 f., 165, 167 f., 177, 188, 202, 207, 214, 240, 242, 248, 252, 262–268, 271, 275 f., 280–283, 285–287, 294 f., 300 f., 309, 321, 329, 334, 348, 355, 361, 363, 366, 377, 384, 395, 409

E-Medien 261, 263, 409
Empfehlungskunden/-marketing 34, 65, 89
Engagement 36 f., 40–46, 52, 80, 82, 386, 393
–, gemeinnütziges 82, 411
–, soziales 358 f.
Ethnische Gruppen 55, 57 f.
Eventsponsoring 26
Extras 63, 308, 382 f., 401
E-Zine(s) 73, 263 f., 308, 320, 409

Fernsehen 22 f., 26, 31 f., 39, 45 f., 62, 68, 71, 73, 78 f., 84–86, 89, 93, 102, 160, 183, 189, 200, 202, 207, 222–231, 234, 240, 310 f., 336, 346, 351, 368, 370
Firmenlogo 19
Firmenname 15, 19, 31, 97, 164 f., 190, 209, 220, 374, 379, 411
Flexibilität 25, 32 f., 81, 124, 165, 202, 222, 331, 400 f., 412
Fragebogen 49, 99, 112–115, 117, 141
Frauen 34, 38 f., 55–57, 77, 248
Freudsches Marketing 75
Fusion Marketing 19, 51, 62, 83, 149, 210, 266, 312 f., 319, 326, 338, 352, 357, 410

Garantie 37, 62, 146, 149, 179, 187, 247, 251, 280, 318, 326, 366–368, 411
Gelbe Seiten 26 f., 32, 34, 62, 66, 71, 80, 82, 88, 90, 92, 123, 190–195, 214, 222, 374, 392, 408
Geschäftskarte(n) 139 f., 169, 265, 338, 342
Geschenkgutschein(e) 177 f., 411
Glaubwürdigkeit 58, 69, 78, 82, 91, 93, 97, 139, 165, 210, 214, 224, 284, 286 f., 312, 317, 320 f., 341, 346, 377 f., 385–387, 399, 411

Global Player 24, 74
Großzügigkeit 329, 394, 412
Gruppendruck 117
Guerilla-Techniken 9 f., 25, 30

Handzettel 160–162, 167, 169, 178, 188
Homepage 20 f., 23, 42, 47 f., 51 f., 69–71, 91, 95, 99, 101–104, 139, 145, 163, 165–167, 175, 177, 195, 207, 209, 265, 267, 271, 280, 292, 296 f., 301, 303 f., 320 f., 329, 376 f., 403
Hörfunkwerbung 42, 72, 78, 81, 86, 89–92, 192, 215 f., 219, 313

Ich-Marketing 20
Identität 45, 57, 60–62, 64 f., 87, 182, 203, 207, 226, 236, 240, 377
Infomedien 306, 308, 409
Infomercials 20, 276, 410
Interaktivität 78, 80, 292, 356
International Nanocasting Alliance (INA) 279
Internetmarketing 262 f., 267
Investition(en) 16 f., 28, 36, 43–46, 51 f., 65 f., 83, 87, 89, 95 f., 100, 109, 128 f., 181, 202, 210, 219, 275, 288, 299, 302, 314, 317, 344, 369 f., 373
Involvement 36

Joint Venture(s) 263 f., 298, 409
Jungunternehmer 25, 27, 30, 45

Kataloge 103 f., 124, 205, 254–256, 308 f., 370, 409
Kaufentscheidung(en) 18, 56, 75, 80, 142, 178, 184 f., 195, 289, 354, 364, 378, 398, 402, 404 f.
Kinästhetische Wahrnehmung 405

Kleinanzeige(n) 26, 34 f., 60, 62, 78, 80, 82, 86, 88–90, 102, 123, 125, 169–177, 205, 212, 214, 408
Kleinunternehmer 24–26, 29–35, 49, 74, 91, 95, 98, 103, 106, 110, 124, 140, 142, 151, 159, 170 f., 188, 192, 200 f., 209, 215, 223, 225–228, 234, 289, 326, 333, 357, 366, 378
Kolumne 320–323, 410
Kombination von Marketingmethoden 21, 25 f., 34, 74, 86, 100, 142, 156, 212, 237, 242, 257, 273, 339, 341, 377 f.
Komfort 36 f., 47, 52 f., 81, 110, 265, 380
Konkurrenzkampf 9 f., 300
Kontrolle 36 f., 48, 52, 100, 154, 282, 399
Kooperation(en) 83, 97, 101, 149, 298 f., 326, 357
Kooperationspartner 37, 97, 99, 360
Kostenlose Beratung 306–309, 410
Kreativität 27, 66 f., 70–76, 243, 279, 350, 362, 411
Kreativstrategie 44, 67 f., 70, 178
Kundenakquise 73, 79, 88, 107, 126–132, 134, 138 f., 340 f., 365, 408
Kundendatenbank 25, 150
Kundenpflege 16, 19, 42, 388
Kundenstamm 16, 99, 254, 324

Landeseite(n) 101, 305, 409
Leidenschaft 15, 183, 342, 353, 392 f., 412
Links 20, 60, 268 f., 271, 283 f., 293 f., 304, 339, 409

Markennamen 373, 378
Marketingerfolg 15, 28, 36, 305, 332, 341

Marketingkalender 83–85
Marketingplan/-pläne 24, 32, 34,
　40–42, 51, 53, 59, 61–67, 71, 83,
　86 f., 96, 114 f., 123, 126, 129, 152,
　189, 199, 203, 237, 239, 306, 316,
　323, 329, 346, 351, 380, 395, 408
Marketingprogramm 36 f., 40 f., 43 f.,
　51, 65 f., 68, 73, 100, 107, 202,
　272, 275, 341 f., 375
Marketingstrategien 10, 16, 21, 77,
　100, 157, 180, 329
Marktforschung 26, 58, 62, 99,
　109–112, 114 f., 117–119, 262,
　283, 355, 409
Marktposition 38, 59, 380
Massenmedien-Marketing 197, 199 f.
Maximedien 408
Medienplan 44, 62, 64
Mem(e) 19 f., 87, 139, 278, 342,
　375–377, 411
Messe(n) 22, 26, 49, 78, 82, 88 f.,
　103 f., 116, 128, 161, 163, 186,
　212, 314, 350–356, 408
Minimedien 408
Mundpropaganda 19, 24 f., 31, 33 f.,
　49, 89, 93, 149, 333, 346, 348 f.,
　361, 381, 387, 409
Mythen/Mythos 56 f.

Nachfassaktion 253, 257
Nanocasting 22, 93, 278 f.
Newsletter 23, 72 f., 91, 99, 103, 111,
　115, 117, 124, 189, 264 f., 276,
　285, 300, 308 f., 316 f., 320, 322,
　326, 338, 346, 348, 383, 410
Non-Medien 410

Offenheit 271, 327
Öffentlichkeitsarbeit 15, 26, 64, 67, 82,
　88, 90, 176, 345 f., 348, 386, 410
Online-Effizienz 101

Online-Marketing 80, 176, 216, 222,
　261 f., 267, 302, 329, 348

PI-Vereinbarungen 101
Plakatwände 26, 222, 235–238
Podcasting 92, 272–279
Positionierung 53 f., 59–62, 68, 254,
　379 f., 411
Postskriptum 143, 145 f., 250 f., 253
Postwurfsendungen 26 f., 34, 61, 123,
　207, 212
Präsentation(en) 15, 38, 62, 79, 103,
　107, 127–139, 156, 174, 244, 292,
　305–307, 309–311, 323, 365 f.,
　398, 402 f., 408
Preisausschreiben 69, 264, 363 f.
Printmedien 34, 39, 170, 173 f., 252
Profitabilität 67, 368 f.
Public Relations siehe Öffentlichkeitsarbeit
Publishing-on-Demand (PoD) 317

Qualität 25 f., 33, 45, 50, 54, 64, 80,
　102 f., 107, 119, 131, 140, 142,
　148, 153, 155, 161, 171, 175, 203,
　209 f., 219, 231, 255, 272, 276 f.,
　280, 293, 322, 345, 359 f., 364 f.,
　377, 380 f., 386, 397 f., 400, 411

Ratenzahlungen 388 f.
Really Simple Syndication (RSS) 73,
　263, 272, 274, 293–295, 409
Reichweite 19, 92 f., 160, 234
Reputation 387 f., 411
RSS-Feed(s) 274, 277, 293–295, 409
Rücklaufquote 97, 112, 114, 116, 150,
　199, 221 f., 241 f., 245–248,
　251–253, 255, 257, 268
Rundfunkmarketing 221
Rundfunkspot(s) 33, 240
Rundfunkwerbung 215 f., 221 f.

Schnelligkeit 102, 394 f.
Schwarzes Brett 26, 31, 34, 61, 80, 82, 86, 88–90, 123, 16, 185–187, 189, 212, 269, 408
Seminare 26, 60–62, 78, 86–89, 114, 291–293, 307 f., 310–316
–, kostenlose 92, 308, 310–316, 410
–, Online- 292
Senioren 55, 77, 227
Serienbrief 143, 253
Single-Exposure-Marktforschung 56
Skinnersches Marketing 75
Skript(s) 106, 153 f., 156–158, 160, 218, 229 f., 232, 277, 323
Slogan 38, 74, 81, 87, 97, 139, 174, 238, 342, 376–378, 395, 411
Soziale Akzeptanz 117
Sparsamkeit 95
Spezialrabatt 250
Spionage 287, 389 f., 411
Stammkunden 29, 48, 117, 149, 215, 251, 329, 340 f., 360 f., 363, 383 f., 397, 408
Standort 15, 25, 28, 61 f., 86, 175, 180, 182, 236–240, 293, 380f–382, 390, 411
Status 39, 58, 117
Substanz 36 f., 50–52
Suchmaschine(n) 111 f., 116–118, 170, 263, 283, 302–304, 317, 320, 340, 409
–, Optimierung 302–304, 409
–, Ranking 320

Taxiwerbung 239
Telefonetikette 160, 396, 412
Telefonmarketing 26 f., 31, 33, 78, 81, 89, 123, 140, 150–154, 156, 158–160, 184, 408
Telemarketing 79, 151 f., 157–160, 199, 214, 228, 268, 311

Teleseminare 291 f., 410
Timing 63, 148, 203, 245
Transaktion(en) 19, 108, 149, 158, 160, 245, 261, 300, 326, 334, 383
Trendspotting 348

Unterbewusstsein 18, 78, 378, 402–407
Unternehmensgründer 25 f., 28–30, 63 f.
Unternehmensrichtlinien 33, 57

Verbandsmitgliedschaften 359
Verblüffung 36 f., 48, 52
Verbundenheit 36 f., 48 f., 52
Vereinsmitgliedschaften 359
Verhaltensweisen 16, 75, 125, 262, 390
Verkaufsgespräch(e) 48, 129, 143, 151, 153 f., 156, 337, 366
Verkaufszyklus 19
Verpackung 15, 27, 67, 179, 183, 243, 245, 390, 403, 411
Vertrauen 36 f., 45 f., 48, 51, 65, 82, 94, 103, 112, 128, 142, 149, 166, 179, 209–211, 254, 284, 286, 345, 378, 380, 386 f.
Vertriebsmitarbeiter 28, 164, 217, 237, 330
Visitenkarte(n) 25, 31 f., 34, 87, 123, 128 f., 130, 139 f., 185, 250, 253, 338, 365, 376 f., 408
Vorführung(en) 26, 78, 166, 311, 316, 350, 353, 356
–, kostenlose 308, 314, 410

Wachstum 18, 62, 65, 119, 149, 166, 224, 254, 261, 296, 301, 326, 374, 399
–, geometrisches 18, 149, 326
–, lineares 18
Wachstumsplan 5
Waffen 9, 23, 26, 31, 36 f., 47–52, 59 f., 70, 83, 103, 126, 161, 168,

179, 183–185, 199f., 262, 272, 302, 306, 311, 327, 329, 344, 385, 408
Waffenarsenal 37, 47, 52, 104, 346
Warenproben 26, 300, 308, 315, 411
Warnsignale 29
Webinare 86, 263, 291–293, 326, 409
Web-Traffic 267
Werbeagentur(en) 27, 29f., 35, 37, 58, 80, 91, 97, 105f., 183, 203, 215, 230, 348
–, hausinterne 91, 105f.
Werbebotschaft(en) 21, 118, 168, 184, 218, 221, 229, 240, 250, 300, 337, 349f., 357, 368, 379, 395, 399, 403f.
Werbegeschenk(e) 23, 26, 42, 62, 64, 71, 82, 86f., 90, 104, 129, 180, 250, 264, 329, 350, 410
Werbepartys 315f.
Werbeplakate 39, 123, 178f., 235
Werbepostkarte(n) 240, 252
Werbetafeln 26, 180, 238f.
Wettbewerbsvorteile 139, 364f., 373, 410
Wiedererkennungswert 36, 45f., 52, 207

Wiederholung(en) 18, 65, 140, 146, 164, 226f., 242, 246, 337, 378f., 402
Wiederholungskauf/-käufe(r) 107, 149, 241, 300, 326, 328, 343, 361

Zeitschriften/-werbung 9, 22f., 26, 34, 39, 60, 64, 73, 78, 86f., 90, 98–100, 113f., 116f., 129, 168, 170f., 174–176, 199f., 202, 208–215, 252, 346, 355, 361, 369, 382, 389, 408
Zeitungen 9, 22, 26, 34, 39, 58, 60, 62, 86–90, 92, 98, 104, 113f., 125, 168, 170, 172, 175f., 199–206, 208f., 215f., 222, 252, 346, 382
Zielgruppen 18f., 21f., 54–56, 58f., 61, 67–71, 73–75, 78f., 81, 86f., 93, 99, 110, 113f., 117, 124f., 130, 139, 142, 160, 175f., 178, 201f., 211f., 214, 216, 221–226, 228, 237, 239, 241, 243, 246, 249, 254–257, 264, 268, 278f., 290, 298, 301, 303, 309, 325, 329, 333, 340, 349, 353, 357, 377–380, 410
Zielmarkt 54, 60f., 110, 142, 208